建筑隔震减震优秀设计案例详解

主　编　苏经宇　曾德民
副主编　马东辉　左　江　安晓文

北　京
冶 金 工 业 出 版 社
2017

内容提要

本书通过将获奖的工程设计实例进行汇编，能够让工程师们从中有所借鉴，对减隔震工程的设计、施工有所帮助。工程实例涉及办公、学校、医院、住宅、商业综合体、机场等类型的建筑。书中每项工程均从工程概况、减隔震装置布置、结构计算结果及分析、减隔震部件检测、构造要求与施工维护等方面进行了详细介绍。

本书可供设计院结构设计人员、减隔震技术研究人员阅读，也可供建筑专业有关师生参考。

图书在版编目(CIP)数据

建筑隔震减震优秀设计案例详解/苏经宇，曾德民主编．—北京：冶金工业出版社，2017.7

ISBN 978-7-5024-7457-7

Ⅰ.①建…　Ⅱ.①苏…　②曾…　Ⅲ.①建筑结构—防震设计—案例　Ⅳ.①TU352.104

中国版本图书馆 CIP 数据核字（2016）第 323518 号

出版人　谭学余
地　　址　北京市东城区嵩祝院北巷 39 号　邮编　100009　电话　(010)64027926
网　　址　www.cnmip.com.cn　电子信箱　yjcbs@cnmip.com.cn
责任编辑　郭冬艳　美术编辑　吕欣童　版式设计　孙跃红
责任校对　石　静　责任印制　李玉山
ISBN 978-7-5024-7457-7
冶金工业出版社出版发行；各地新华书店经销；三河市双峰印刷装订有限公司印刷
2017 年 7 月第 1 版，2017 年 7 月第 1 次印刷
787mm×1092mm　1/16；30.75 印张；741 千字；461 页
110.00 元

冶金工业出版社　投稿电话　(010)64027932　投稿信箱　tougao@cnmip.com.cn
冶金工业出版社营销中心　电话　(010)64044283　传真　(010)64027893
冶金书店　地址　北京市东四西大街 46 号(100010)　电话　(010)65289081(兼传真)
冶金工业出版社天猫旗舰店　yjgycbs.tmall.com

（本书如有印装质量问题，本社营销中心负责退换）

序

建筑隔震减震技术，通过在建筑物下部设置隔震层或在上部结构中设置耗能元件，吸收地震能量，降低上部结构地震作用，是大幅提高建筑物抗震性能的最有效手段。国内外大量经受地震灾害的实例证实了这种技术的成熟性和可靠性。

国内建筑减隔震技术应用研究从20世纪80年代开始，30年来取得了包括产品研发、设计理论、工程实践等大量成果。近年来我国建筑减隔震技术逐渐成为工程抗震技术的应用热点，减隔震建筑总量已接近10000栋。尤其是2013年“4·20”芦山地震中，采用隔震技术的医院经受地震检验，抗震性能优异，医疗救助功能未中断，充分体现了隔震技术在建筑物的主体结构、围护结构和设备设施功能三个方面同时保护保障的特有优势。

目前，国家和各地建设行政主管部门相继出台了相关文件，鼓励大力推广建筑减隔震技术的应用。

为了推动减隔震技术的健康有序推广应用，激发工程设计人员在该领域的自主创新和技术进步，加快科技成果转化。中国勘察设计协会组织了“优秀抗震防灾专业奖”的评选工作。

本书汇总了“2015年度全国优秀工程勘察设计行业奖优秀抗震防灾专业奖”的获奖工程设计实例，涉及办公、学校、医院、住宅、商业综合体、机场等类型的建筑。这些获奖案例集中体现了我国近年来减隔震事业发展的丰硕成果和先进水平。本书的出版必将推动我国建筑减隔震技术的更好更快发展。

中国工程院院士　周福霖

2016年11月

前　言

根据中国勘察设计协会《关于评选2015年度全国优秀工程勘察设计行业奖的通知》（中设协字［2015］24号），中国勘察设计协会抗震防灾分会在中国勘察设计协会的领导下，组织了“2015年度全国优秀工程勘察设计行业奖优秀抗震防灾专业奖”（以下简称“抗震防灾奖”）的评选工作。

鉴于当前我国建筑减隔震工程应用日趋广泛，为促进其更好更快地发展，特将首届“抗震防灾奖”评选范围集中在建筑隔震减震工程中。

按照中国勘察设计协会对评审专家条件的要求，组成了首届“优秀抗震防灾奖”评审专家组，专家组成员9名，其中有中国工程院院士1名，全国勘察设计大师2名。专家组认真评审，共评出了24项获奖项目，其中一等奖4项，二等奖9项，三等奖11项。

本次获奖工程项目代表了我国建筑减隔震技术发展的先进水平，在新装置应用、减隔震工程设计方法、抗震措施和施工工艺等方面多有技术创新，对减隔震建筑行业发展具有重要意义。获奖项目各具特点，或是针对建筑工程功能要求或特殊工程条件发挥了减隔震技术的优势，解决了抗震领域重大技术问题；或是对城乡建设特定防灾救灾功能保障及减轻人员伤亡和经济损失具有重大作用，包括要求灾时使用功能不能中断、承担灾后应急救灾功能的医院、指挥中心、重要生命线等工程项目；或是在经济水平不高但设防烈度较高的地区，应用规模大、抗震减灾效益突出。

本书根据申报材料，将获奖的减隔震工程进行一一整理，内容十分丰富，为真实反映各个工程自身特点，在体例上仅做大致统一。文中对每项工程从工程概况、减隔震装置选型和布置、结构分析、减隔震部件检测、构造要求与施工维护等方面进行了详细介绍，特别适合结构工程师们在设计减隔震工程时参考使用，对施工、监理人员或其他关注减隔震技术的人员也将有所帮助。

中国勘察设计协会抗震防灾分会会长　苏经宇

2016年11月

目　录

案例1　昆明长水国际机场航站楼

1　工程概况

昆明机场航站楼南北长约855.1m，东西宽约1131.8m，主楼地下3层、局部4层，地上3层。建筑中轴屋脊最高点相对标高72.25m。支撑屋顶的钢结构采用空间交叉彩带的形状，为国内空白。航站楼总建筑面积（航站楼一期）约548300m²。

主体结构采用钢筋混凝土框架结构，屋顶采用钢结构。钢筋混凝土框架结构基本柱网12m×12m、18m×18m，支撑屋顶钢结构柱距约24m×26m。6道温度缝将整个航站楼分为7个区（结构分块图见图1），其中核心区（A段）屋顶东西方向尺寸337m，南北方向尺寸275m，单体投影面积近90000m²。

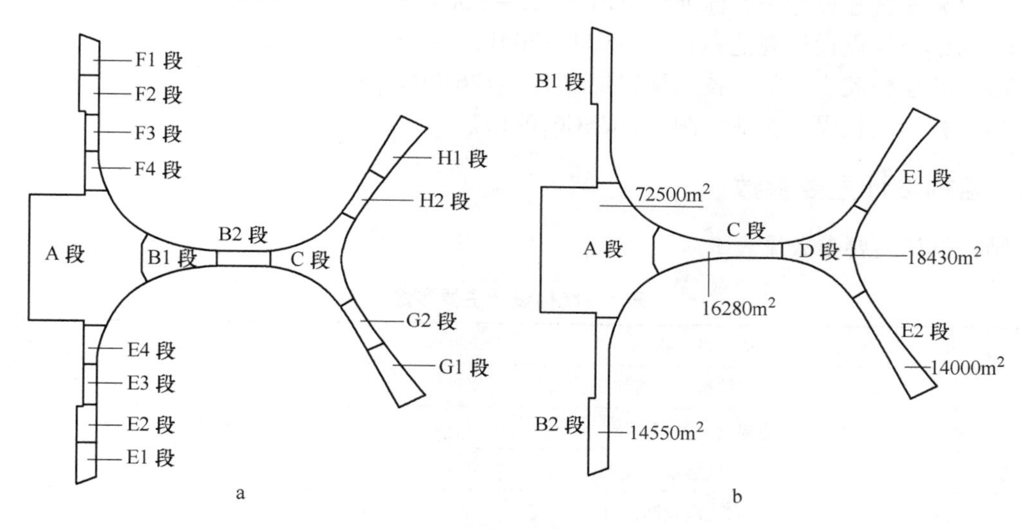

图1　结构分块图

a—混凝土分块；b—钢结构分块

2　工程设计

2.1　场地概况

建设场地跨越多个地貌单元，地形起伏；不良地质作用——岩溶非常发育；多条断层从场区穿过；场地为半挖半填场地，填筑厚度差异大，地基极不均匀。昆明新机场面临严峻的地震形势：建设场地位于近南北向小江地震带西缘，属地震高烈度区，使用期内遭遇强震的可能性大。新机场距小江断裂带只有9km；小江断裂带为世界上活动级别最高的断裂带之一；500年来，平均150年发生一次近8级地震，至今170年没有7级以上地震，形势越来越严峻。自1599年有破坏性地震记载，至今共计有$M \geqslant 4.7$级地震7次，其中5~5.9级4次、6~6.9级2次、8级1次，主要集中在场地东侧，为小江地震带内强震。

2.2　设计依据

（1）本工程结构隔震分析、设计采用的主要计算软件有：

1）中国建筑科学院开发的商业软件PKPM/SATWE，本项目利用该软件进行结构的常规分析和设计。

2）美国CSI公司开发的商业有限元软件ETABS，本项目利用该软件的非线性版本进行常规结构分析和隔震结构的非线性时程分析。

（2）设计过程中，采用的现行国家标准、规范、规程及图集主要有：

1）《建筑结构可靠度设计统一标准》（GB 50068—2001）；

2）《建筑结构荷载规范》（GB 50009—2001）（2006年新版）；

3）《高层建筑混凝土结构技术规程》（JGJ 3—2002）；

4）《建筑地基基础设计规范》（GB 50007—2002）；

5）《建筑抗震设防分类标准》（GB 50223—2004）；

6）《建筑抗震设计规范》（GB 50011—2001）（2008年新版）；

7）《叠层橡胶支座隔震技术规程》（CECS 126:2001）；

8）《建筑结构隔震构造详图》（03SG610-1）。

2.3　结构设计主要参数

结构设计主要参数见表1。

表1　结构设计主要参数

序号	基本设计指标	参　数
1	建筑结构安全等级	一级
2	结构设计使用年限	50年
3	建筑物抗震设防类别	丙类
4	建筑物抗震设防烈度	8度
5	基本地震加速度值	0.20g
6	设计地震分组	第三组
7	水平向减震系数	0.46
8	建筑场地类别	Ⅱ类
9	地基基础设计等级	甲级
10	特征周期/s	0.40
11	基础形式	桩筏基础
12	上部结构形式	混凝土框架+屋盖异形钢结构
13	地下室结构形式	混凝土框架
14	隔震层位置（标高和层）	-14.2m/基础

续表1

序号	基本设计指标	参数
15	隔震层顶板体系	现浇混凝土梁板
16	隔震设计基本周期/s	2.36/2.33
17	上部结构基本周期/s	1.03/0.85
18	隔震支座设计最大位移/cm	43.2

3 隔震设计

3.1 隔震设计目标

昆明新机场航站楼采用减隔震技术进行设计，其抗震设防目标高于常规抗震设计结构，要保证上部结构在罕遇地震作用下实现功能完好、设备安全、维持航站楼正常运转，要保证结构复杂、功能要求很高的昆明新机场航站楼在大震后功能完好。保证钢彩带间嵌入式玻璃幕墙、层间变形满足玻璃幕墙能承受的极限变形要求。

本工程隔震后的设防烈度定为7.5度。

根据《建筑抗震设计规范》12.2.5条，水平向减震系数是按照隔震前后结构的层间剪力的比例来确定的。为了使本结构在隔震后达到7.5度（0.15g）的地震水平，水平向减震系数应该为：[7.5度（0.15g）小震反应谱分析时的最大水平地震影响系数0.12]/[安评报告给出的小震下最大水平地震影响系0.184]=0.6522。规范中水平减震系数和层剪力比之间留了0.7的安全系数，因此，本结构隔震前后的层剪力系数应该为0.6522×0.7=0.46。

3.2 隔震元件的布置

隔震后上部按7.5度（减0.7度）设计，隔震层由普通叠层橡胶垫、铅芯橡胶垫以及黏滞阻尼器组成，其中RB1000无铅芯橡胶支座1156个，LRB1000铅芯橡胶支座654个，黏滞阻尼器108个，橡胶垫和阻尼器参数列于表2和表3；隔震支座及阻尼器布置见图2～图4。

表2 橡胶垫参数

型号	剪切模量/MPa	类型	1次形状系数	2次形状系数	有效面积/cm^2	水平刚度/$kN \cdot m^{-1}$			竖向刚度/$kN \cdot mm^{-1}$
						屈服前刚度	屈服力	屈服后刚度	
RB1000	0.55	无铅芯橡胶垫	38.0	5.4	7834	2540			5500
LRB1000	0.55	铅芯橡胶垫	41.7	5.2	7854	28140	211	2280	5730

表3 阻尼器参数

布置方向	阻尼系数/$kN \cdot (mm/s)^{-0.4}$	速度指数α	最大阻尼力/t	个数
X向	1500	0.4	160	54
Y向	1500	0.4	160	54

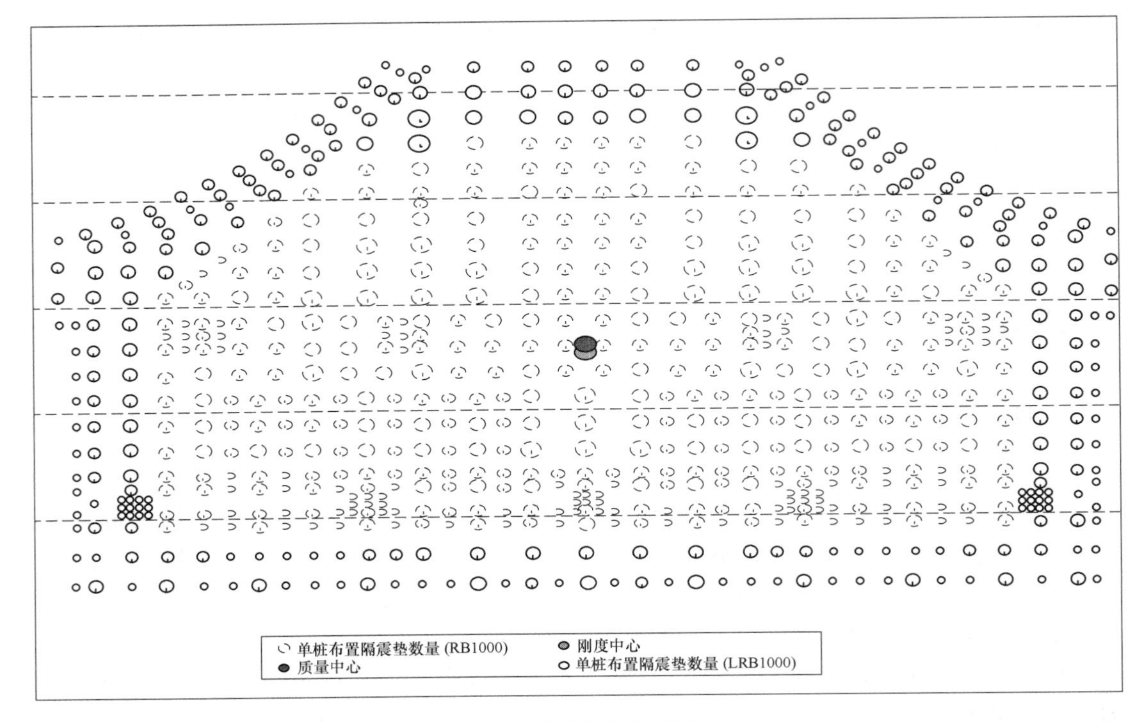

图2　隔震支座布置图

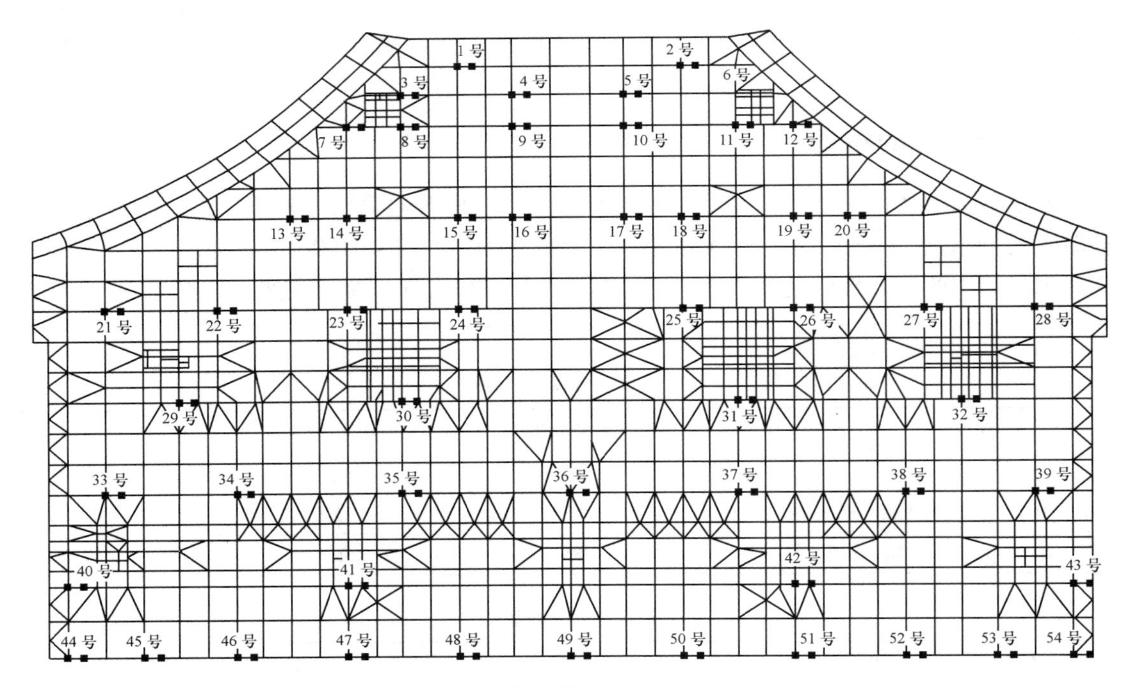

图3　*X*向阻尼器布置图

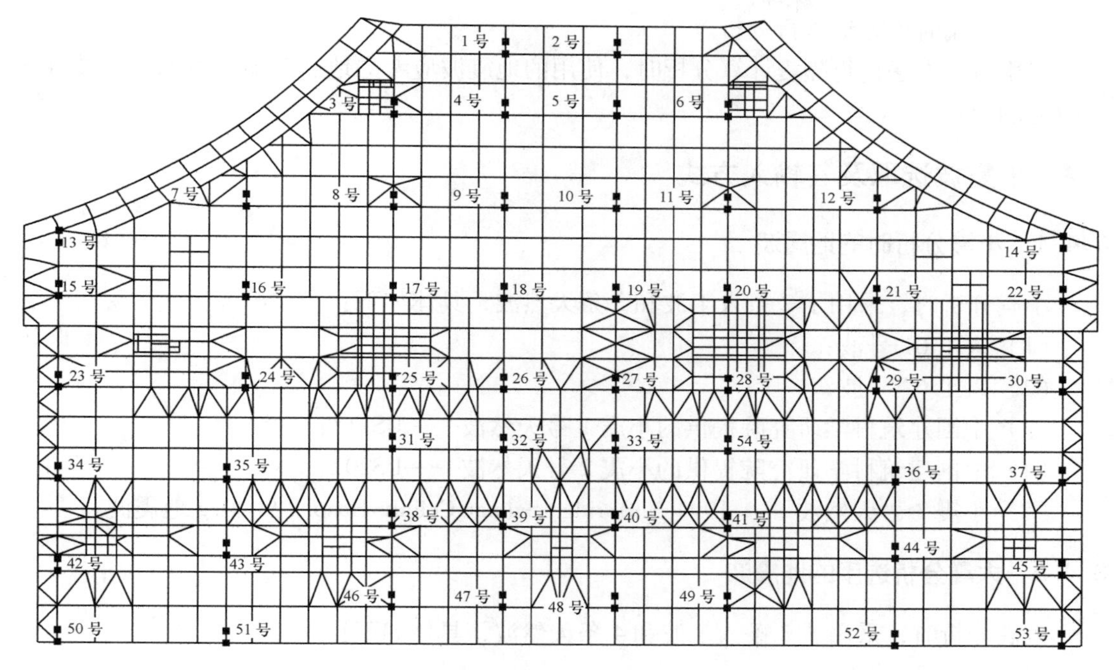

图4 *Y*向阻尼器布置图

3.3 计算模型和方法

3.3.1 计算模型

隔震分析模型为整体结构计算模型，模型中包括下部混凝土结构、屋顶支承钢结构、屋顶结构以及隔震层。隔震层由普通叠层橡胶垫、铅芯橡胶垫和黏滞阻尼器组成，如图5所示。其中，普通叠层橡胶垫计算模型取线性模型；铅芯橡胶垫计算模型为非线性模型；黏滞阻尼器采用 Maxwell 模型。

图5 隔震结构计算模型示意图

在整体结构计算模型中，统一采用了 0.05 的阻尼比，在计算屋顶支承结构的层间（相对）侧移时，计算结果放大 1.32 倍。

3.3.2 计算方法

依据《建筑抗震设计规范》第 12.2.2 条给出的关于隔震计算分析方法的规定，隔震结构计算采用时程方法进行分析。

采用时程方法进行隔震计算分析时，使用的地震波应考虑地震动输入方向、行波和场地效应的影响。

3.4 地震波选取及其输入方式

3.4.1 小震分析时的地震波

小震分析时，采用了2条人工波和3条天然波，具体如下：

（1）人工61号波；

（2）人工62号波；

（3）中国建筑科学研究院提供的小震1号天然波——US118；

（4）中国建筑科学研究院提供的小震2号天然波——US202；

（5）小震3号天然波 ——1994 Northridge Sylmar County Hosp.，90 Deg 地震波。

3.4.2 大震分析选用的地震波

大震分析时，采用了2条人工波和4条天然波，具体如下：

（1）人工31号波。

（2）人工32号波。

（3）中国建筑科学研究院提供的大震1号天然波。

（4）中国建筑科学研究院提供的大震2号天然波。

（5）中国建筑科学研究院提供的大震3号天然波。

（6）中国地震局工程力学研究所提供的大震5号天然波。

3.4.3 输入方式

针对不同的计算目的和解决的问题，采用不同的输入方式：

（1）确定减震系数时，采用单方向水平输入。

（2）大震位移计算时，按双向水平输入（$X:Y=0.85:1$ 或 $1:0.85$）。

（3）计算隔震垫极限拉、压应力时，按三向输入（$X:Y:Z=0.85:1:0.65$ 或 $1:0.85:0.65$）。

3.5 隔震分析结果

3.5.1 隔震结构周期

隔震结构小震时，在 X、Y 方向的周期为2.21s和2.19s。

隔震结构大震时，在 X、Y 方向的周期为2.82s和2.80s。

3.5.2 时程法与反应谱法计算的底部剪力比较

按照《叠层橡胶支座隔震技术规程》第4.2.6条公式，计算隔震结构总的水平地震作用标准值为265262kN。

时程法计算的 X、Y 向基底剪力及其与反应谱法计算基底的比值见表 4。两种方法计算的底部剪力吻合得较好。

表 4 时程法与反应谱法对比

地震方向		人工 61 波	人工 62 波	小震 1 号天然波	小震 2 号天然波	小震 3 号天然波	时程波平均
X 方向	时程分析/kN	257106	268507	217086	204233	293096	248006
	反应谱/kN	265262					
	时程/反应谱	0.97	1.01	0.82	0.77	1.10	0.93
Y 方向	时程分析/kN	250812	255310	219126	206457	285990	243539
	反应谱/kN	265262					
	时程/反应谱	0.95	0.96	0.83	0.78	1.08	1.23

3.5.3 小震下的计算结果

根据计算结果，小震下隔震结构与非隔震结构各层剪力比值均小于 0.46，因此，隔震后能达到 7.5 度的设防目标。

隔震后，非隔震模型计算的剪重比按照 7.5 度、阻尼比 0.05 振型反应谱法计算各层剪重，最小剪重比大于《建筑抗震设计规范》第 5.2.5 条 8 度设防的 0.032 要求。

3.5.4 大震下的位移计算结果

罕遇地震下的位移计算采用时程分析法，地震输入采用二维输入（X:Y = 1:0.85 和 X:Y = 0.85:1），结果列于表 5。各类橡胶垫的位移限值列于表 6。

表 5 隔震层位移 (mm)

地 震 波	0.85:1 方向输入下计算的位移	1:0.85 方向输入下计算的位移
大震 31 波	517	517
大震 32 波	518	519
大震 1 号天然波	459	457
大震 2 号天然波	500	516
大震 3 号天然波	450	448
大震 5 号天然波	437	406
平均值	480	477

表 6 各类橡胶垫的位移限值 (mm)

橡胶垫	$0.55D$	$3T_r$	限 值
RB1000	550	552	550
LRB1000	550	552	550

从表 5 和表 6 中，可以看出大震下橡胶垫的位移均满足限值。大震下，楼层位移和层

间位移如图6和图7所示，最大层间位移为17mm，最大层间位移角1/294。

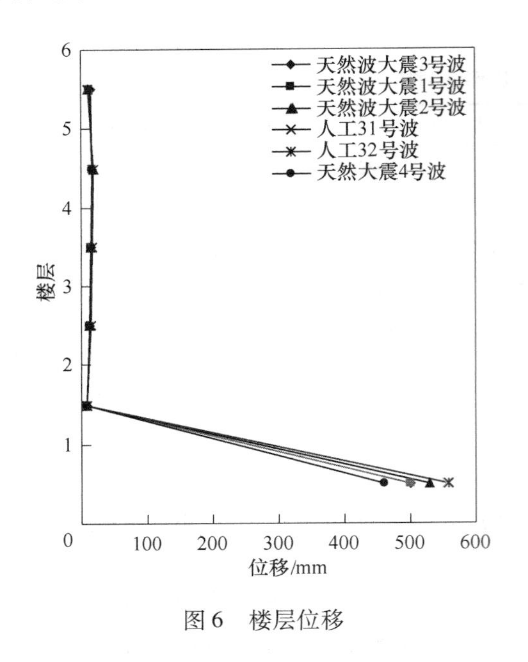

图6 楼层位移

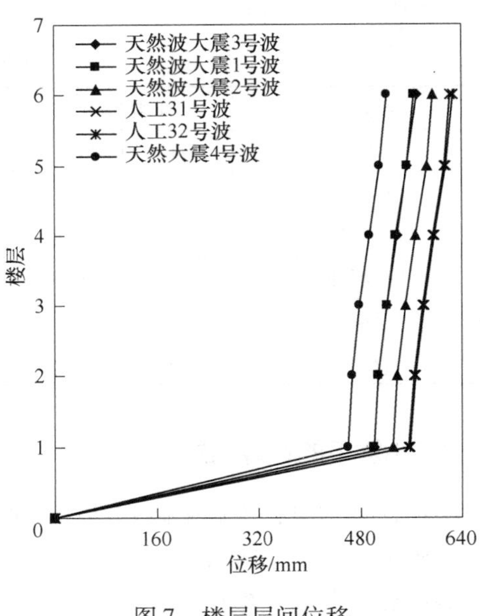

图7 楼层层间位移

3.5.5 大震下阻尼器最大阻尼力

阻尼器所提供的最大阻尼力是阻尼器的重要参数之一，表7给出了在大震作用下阻尼器的最大阻尼力。

表7 阻尼器最大阻尼力 (kN)

地 震 波	1:0.85 输入	0.85:1 输入
大震31波	1481	1523
大震32波	1498	1537
大震1号天然波	1351	1392
大震2号天然波	1531	1457
大震3号天然波	1362	1399
大震5号天然波	1419	1500
平均值	1440	1468

3.5.6 其他荷载下，隔震层位移

考察风荷载、温度荷载下隔震层的位移。经计算，风荷载下，隔震层位移为2.5mm；温度荷载下，隔震层位移为10mm。

3.5.7 阻尼比问题

本工程为下部混凝土、上部大跨钢结构的混合结构形式，在隔震的各项计算中，结构的阻尼比均统一按0.05取用。对于此类混合结构，阻尼比介于0.05~0.02之间，但是对阻尼比进行比较准确的计算还比较困难，特别是用于实际工程中。

由于隔震前后结构的阻尼比均取为0.05，对于小震情况下的减震系数的计算没有太大的影响，但是对于大震下钢结构的响应会有较大影响。下面通过对不同阻尼比的结构进行大震下的计算，说明不同阻尼比对钢结构响应的影响。

采用同样的大震波（31波），分别按照0.05和0.02的阻尼比进行时程分析，对比大震31波作用下钢结构的彩带顶相对位移，以研究两种阻尼比取法对于钢结构响应的影响。

表8计算的结果显示，阻尼比0.02的时程计算结果大致为阻尼比0.05时程计算结果的1.30倍。按照《建筑抗震设计规范》中关于反应谱阻尼调整系数的计算方法，0.02阻尼比和0.05阻尼比的反应谱调整系数为1.32，这和时程法计算的结果非常吻合。

表8 彩带顶部点计算结果

位 置	1-1	1-5	1-9	23-1	23-5	23-9	4-1	4-5	4-9
阻尼比0.02	40	158	44	33	153	37	44	171	48
阻尼比0.05	31	117	36	25	112	29	33	125	38
比 值	1.28	1.36	1.21	1.31	1.37	1.28	1.32	1.36	1.27
位 置	5-1	5-5	5-9	6-1	6-5	6-9	7-1	7-5	7-9
阻尼比0.02	56	181	64	58	182	65	61	180	76
阻尼比0.05	44	133	50	45	134	51	47	134	61
比 值	1.27	1.36	1.27	1.29	1.36	1.26	1.30	1.35	1.25

在航站楼核心区采用隔震设计后，支承屋顶的钢结构基本处于弹性，为简化计算，从工程应用的角度，支承屋顶的钢结构响应（除减震系数外）采用取0.05阻尼比的整体结构分析结果乘以阻尼调整系数的办法，阻尼调整系数取为1.32。

4 振动台试验研究

4.1 研究内容

航站楼核心区隔震结构模型地震模拟振动台试验在中国建筑科学研究院成功进行，主要研究了以下内容：

（1）掌握结构在不同水准地震动作用下的动力特性（自振频率、振型和阻尼比等）的变化情况。

（2）量测结构在多遇、基本、罕遇地震作用下的位移和加速度反应，检验结构是否满足《建筑抗震设计规范》要求，验证其隔震效果。

（3）考察结构在不同水准地震动作用下的破坏形态，隔震层的受力变形状况，整体结构扭转反应和结构薄弱环节等，研究其破坏机理。

（4）在综合分析振动台试验结果的基础上，提出相应的设计建议或改进措施。

4.2 模型设计

原型结构为大跨、钢和混凝土组合的复杂基础隔震结构，原型结构平面尺寸为339m×246m，振动台台面尺寸为6.1m×6.1m，缩比后的模型平面尺寸应小于振动台台面尺寸，因此首先确定其几何相似比为1:60；其次，振动台试验中考虑到振动台噪声、台面承载力和振动台性能参数等因素，通常确定加速度相似比在 2 ~ 3 之间，本试验综合考虑后确定加速度相似比为 2:1；最后，按试验室可以实现的混凝土强度关系确定应力相似比为 1:4。地震模拟振动台试验如图 8 所示。

图 8　地震模拟振动台试验

4.3　模型制作

昆明新国际机场航站楼 A 区结构的动力模型选用微粒混凝土材料制作钢筋混凝土主体结构，选用紫铜材料制作钢结构彩带，选用方钢管材料制作网架结构，选用镀锌铁丝模拟受力钢筋。隔震层通过隔震支座和阻尼器模拟，其中隔震支座采用直径 100mm 铅芯和无铅芯两种橡胶隔震支座，由原型隔震支座生产厂家制作；阻尼器由上海材料研究所制作提供。

4.4　试验研究

实验过程中采集模型结构在不同水准地震作用下不同部位的加速度、位移和应变等数据，同时对结构变形和开裂状况进行观察。然后根据采集的模型结构地震反应数据及观察到的模型结构破坏情况，分析推断原型结构的地震反应及其综合抗震性能。为比较阻尼器安装前后结构的抗震性能，对于未安装阻尼器的结构，特别增加了 8. 2 度多遇和罕遇地震作用下的振动台试验。

根据试验研究目的，试验工况按照隔震和非隔震两类分别进行，激励选用了 El Centro 波、Taft 波和人工波（多遇、基本烈度采用 Wave61，罕遇烈度采用 Wave31）作为振动台输入的台面激励。试验地震水准按照地震安全性评价进行模拟。

隔震模型试验加载工况按照 8. 2 度多遇、8. 2 度基本和 8. 2 度罕遇的顺序分 3 个阶段进行；上述试验完成后，拆除隔震层的阻尼器后进行 8. 2 度多遇和 8. 2 度罕遇烈度 El Centro 波激励下的模型试验。

试验工况按照 $X+0.85Y$ 或 $0.85X+Y$ 进行双向输入，天然波采用三向地震记录，人工波采用单向记录（或对人工波仅进行单向地震激励）。在 8. 2 度多遇工况中进行 X、Y、Z 三向输入试验。

原型结构各层在 X、Y 方向的最大加速度反应和动力放大系数 K_i。如表 9 ~ 表 11 所示。

表9 原型结构在多遇地震下隔震与非隔震最大加速度（g）和加速度放大系数

楼层号	测点布置	8.2度多遇地震（隔震）				7.5度多遇地震（非隔震）			
		X主震方向		Y主震方向		X主震方向		Y主震方向	
		MAX	K	MAX	K	MAX	K	MAX	K
7	网架	0.089	1.116	0.183	2.293	0.089	1.620	0.208	3.783
6	F3层	0.039	0.490	0.079	0.987	0.077	1.398	0.112	2.039
5	F2层	0.032	0.399	0.069	0.864	0.069	1.248	0.076	1.376
4	F1层	0.032	0.396	—	—	0.082	1.487	—	—
3	B1层	0.032	0.397	0.062	0.778	0.084	1.530	0.139	2.531
2	B2层	0.031	0.391	0.060	0.756	0.091	1.656	0.106	1.935
1	隔震层	0.032	0.405	0.060	0.744	0.058	1.049	0.091	1.654
0	地面	0.080	1.000	0.080	1.000	0.055	1.000	0.055	1.000

表10 原型结构在基本地震下隔震与非隔震最大加速度（g）和加速度放大系数

楼层号	测点布置	8.2度多遇地震（隔震）				7.5度多遇地震（非隔震）			
		X主震方向		Y主震方向		X主震方向		Y主震方向	
		MAX	K	MAX	K	MAX	K	MAX	K
7	网架	0.140	0.538	0.384	1.476	0.181	1.209	0.352	2.350
6	F3层	0.093	0.358	0.228	0.875	0.153	1.022	0.190	1.264
5	F2层	0.096	0.369	0.224	0.863	0.154	1.029	0.161	1.077
4	F1层	0.087	0.334	—	—	0.202	1.349	—	—
3	B1层	0.099	0.380	0.193	0.741	0.140	0.936	0.237	1.577
2	B2层	0.083	0.317	0.195	0.748	0.149	0.994	0.195	1.300
1	隔震层	0.084	0.323	0.199	0.767	0.143	0.955	0.210	1.401
0	地面	0.260	1.000	0.260	1.000	0.150	1.000	0.150	1.000

表11 原型结构在罕遇地震下隔震与非隔震最大加速度（g）和加速度放大系数

楼层号	测点布置	8.2度多遇地震（隔震）				7.5度多遇地震（非隔震）			
		X主震方向		Y主震方向		X主震方向		Y主震方向	
		MAX	K	MAX	K	MAX	K	MAX	K
7	网架	0.274	0.560	0.705	1.439	0.388	1.251	0.624	2.014
6	F3层	0.255	0.520	0.507	1.036	0.396	1.277	0.392	1.264
5	F2层	0.215	0.439	0.415	0.848	0.319	1.030	0.355	1.147
4	F1层	0.209	0.427	—	—	0.330	1.065	—	—
3	B1层	0.211	0.430	0.395	0.806	0.398	1.283	0.480	1.550
2	B2层	0.212	0.432	0.410	0.836	0.397	1.280	0.389	1.256
1	隔震层	0.202	0.413	0.408	0.833	0.302	0.974	0.403	1.300
0	地面	0.49	1.000	0.490	1.000	0.310	1.000	0.310	1.000

4.5　试验总结

（1）原型结构在隔震状态下的第一自振频率为0.473Hz，振动形态为X向平动；结构的第二自振频率为0.472Hz，振动形态为Y向平动；相应的自振周期分别为2.114s、2.120s；在非隔震状态下的第一自振频率为0.929Hz，振动形态为X向平动；结构的第二自振频率为0.827Hz，振动形态为Y向平动；相应的自振周期分别为1.076s、1.210s。结构的扭转不是太明显，其中隔震结构的扭转角要比非隔震结构小，装有阻尼器结构的扭转要好于无阻尼的结构。结构的扫描频率随地震输入地震动幅值的增大而降低，结构阻尼比随结构的破坏加剧而增大。

（2）通过各工况下各层最大加速度和放大系数可知，隔震以后上部结构的加速度响应要比非隔震结构小很多，隔震以后上部结构的层间位移要明显小于非隔震结构。从加速度和位移对比来看，X向的隔震效果要优于Y向。不同的波形对结构的影响不同。

（3）从加速度对比表（见表9～表12）中可以看出，8.2度大震、中震、小震下隔震结构各层的加速度反应都要低于7.5度非隔震结构对应工况的各层加速度反应；通过8度罕遇地震下对隔震结构和非隔震结构时程对比可以看出，隔震结构的加速度反应要小于非隔震结构，非隔震结构在结构顶部的加速度的放大作用要大于隔震结构。其中，F3层和网架要更加明显，非隔震结构在结构顶部的加速度的放大作用要大于隔震结构。从相对隔震层位移的绝对值时程来看，隔震结构的位移要比非隔震结构小得多。

（4）从扭转角来看，各工况下隔震结构的扭转角都要比非隔震结构对应的扭转角小。综上所述，隔震结构已经很好地达到隔震效果。

（5）对隔震结构模型，在小震和大震下，对装有阻尼器和没有装阻尼器的结构分别进行试验。在有阻尼器的状态下，结构的加速度放大系数、结构的相对楼层位移、层间剪力以及扭转角都要小于无阻尼器结构。其中，在小震下，个别层的加速度在有阻尼器的结构中比无阻尼器略大，大震下阻尼器的作用要更加明显。综上说明阻尼器对结构耗能减震是具有明显作用的。

通过对隔震结构和非隔震结构的振动台模型试验结果对比分析，发现基础隔震能够有效地降低隔震层上部结构的加速度、位移等地震反应。在隔震结构中，罕遇地震工况下，隔震层的阻尼器对隔震层的扭转和最大位移有很好的控制作用。从该试验模型各工况的试验结果可以得出，本结构能够满足我国规范“小震不坏，大震不倒”的抗震设防要求。从整体上看，该航站楼结构设计基本合理，隔震效果明显，可满足8度的设防要求。

5　隔震支座力学性能及检验

5.1　隔震橡胶支座力学性能

为了满足设计要求，试制了剪切模量0.58MPa和0.68MPa的两种橡胶支座。橡胶材料物理性能和橡胶支座力学性能分别见表12和表13。

表 12 橡胶支座内内部橡胶材料的物理性能

试验项目	剪切模量/MPa	
	0.55	0.68
拉伸强度/MPa	20.1	24.7
拉断伸长率/%	740	650
硬度（邵氏 A 度）	38	52
黏合强度/kN·m^{-1}		12.6
永久变形/%	9.6	22.4

表 13 橡胶支座的力学性能

试验项目	剪切模量/MPa			
	0.58		0.68	
	有铅芯	无铅芯	有铅芯	无铅芯
竖向刚度/kN·mm^{-1}	3055	2936	6030	5779
屈服力/kN	207		258	
第一刚度/kN·mm^{-1}	115		28.9	
第二刚度/kN·mm^{-1}	2.07	1.72	2.67	2.54
等效阻尼比/%	23.5	7	21.7	8
等效水平刚度/kN·mm^{-1}	3	2.02	3.85	2.94

检验结果表明，胶料和支座的出厂检验和型式检验都符合 GB 20688.3—2006 要求。

另外，根据试验昆明新机场航站楼用 ϕ1000 隔震支座极限承载力为 112098kN。根据支座直径及各类建筑平均压应力的规定，按公式 $Q = Pv/A$ 可以计算出各类建筑的设计承载力及安全系数（见表 14），其设计承载力具有较大的安全储备。

表 14 ϕ1000 橡胶支座极限承载力、设计承载力及安全系数

建筑类别	甲类建筑	乙类建筑	丙类建筑
极限承载力/kN	112098	112098	112098
设计承载力/kN	7750	9420	11775
安全系数	14.46	11.9	9.52

在竖向荷载作用下，水平压剪位移是确保地震时隔震橡胶支座正常工作的重要指标。隔震橡胶支座设计时，要求最大位移应能满足 0.55D 及与 3T_r 相适应。而极限位移要求达到 3.5T_r，并在此条件下仍能稳定支承建筑物。隔震支座的压剪承载力及水平压剪位移见表 15。

表 15　ϕ1000 橡胶支座压剪承载力及水平压剪位移

支座规格	设计承载力/kN	设计最大位移/mm	$3T_r$/mm	$3.5T_r$/mm
ϕ1000	9420	550	567	600
现　象	未破坏	未破坏	未破坏	未破坏

由表 15 可见，压剪水平位移能满足要求。

此外，在隔震支座进场时，还需要提供质量证明书、铅锭产品质量证明书、橡胶材料检验报告、橡胶材料物理性能检验记录、胶料出片记录、胶料快速检验记录、支座生产过程原始记录、支座外观质量及尺寸检测记录、支座压缩性能检测记录（自检）、隔震支座力学性能第三方检测报告（50% 抽检）产品合格证等。

5.2　隔震支座检测

5.2.1　隔震支座形式检验

2008 年 5 月，云南震安橡胶减震技术有限公司根据昆明新机场航站楼隔震设计的产品性能要求研制出 ϕ1000 橡胶隔震支座，随后委托武汉华中科技大学土木工程检测中心进行型式检验。检验按照 GB/T 20688.1—2007《橡胶支座　第 1 部分：隔震橡胶支座试验方法》和 GB 20688.3—2006《橡胶支座　第 3 部分：建筑隔震橡胶支座》要求进行，检验项目包括竖向力学性能（竖向刚度、竖向极限压应力、竖向极限拉应力）、水平力学性能（水平刚度、等效黏滞阻尼比）、耐久性（老化性能、徐变性能、疲劳性能）及各种相关性能。检验结果表明各项检测指标合格，性能符合昆明新机场隔震设计提出的性能要求。

5.2.2　产品性能检验

（1）产品检验依据。

1）GB/T 20688.1—2007《橡胶支座　第 1 部分：隔震橡胶支座试验方法》。

2）GB 20688.3—2006《橡胶支座　第 3 部分：建筑隔震橡胶支座》。

3）《叠层橡胶支座隔震技术规程》（CECS 126:2001）。

4）《关于昆明新机场航站楼隔震支座的检测内容及要求》——北京市建筑设计研究院。

5）《昆明新机场航站楼核心区隔震设计抗震设防专项审查意见》——全国超限高层建筑工程抗震设防审查专家委员会。

（2）产品检测数量。

根据上述标准规程和文件要求，委托加工厂家对其生产的隔震支座进行支座外观和竖向压缩变形检验，并按各自生产支座数量的 50% 比例送第三方检测隔震支座基本力学性能。

云南省地震工程研究院委托武汉华中科技大学土木工程检测中心对昆明新机场航站楼隔震支座产品进行基本力学性能测试，检测项目为：竖向刚度、100%剪切变形等效刚度和阻尼比、屈服后刚度及屈服力（铅芯支座）。

昆明新机场隔震支座共测试了905个，占昆明新机场隔震支座总数1810个的50%，其中：云南震安288个；无锡圣丰329个；武汉臣基74个；柳州东方214个。

6 隔震支座施工安装

隔震支座的安装精度要求高，施工质量控制十分关键。确定经济可行、便于大面积施工和保证质量精度的安装工法，对保证隔震施工质量和工期十分重要。为此2008年8月1日和8月7日指挥部两次召开“昆明新机场隔震支座安装工法试验方案研讨会”，制定了安装施工质量标准；决定在大面积安装施工前开展安装工法试验，由云南省地震工程研究院和北京市建筑设计研究院编制试验施工方案，专业承包单位为云南省地震工程研究院，安装施工为中国建筑股份有限公司。根据实际试验结果编制施工工法，以便高效地在大面积施工中推广应用。

6.1 安装质量控制标准

（1）橡胶隔震支座的标识齐全、清晰、丝扣无裂纹损毁。

（2）橡胶隔震支座表面清洁，无油污、泥沙、破损等，防腐涂层均匀、光洁无漏刷现象。

（3）支承隔震支座的下支墩，其顶面水平度误差不宜大于5‰；在隔震支座安装后，隔震支座顶面的水平度误差不宜大于8‰。

（4）隔震支座中心的平面位置与设计位置的偏差不应大于5.0mm。

（5）隔震支座中心的标高与设计标高的偏差不应大于5.0mm。

（6）同一支墩上多个隔震支座之间的顶面高差不宜大于5.0mm。

（7）隔震支座连接板和外露连接螺栓应采取防锈保护措施。

（8）在隔震支座安装阶段，应对支墩（或柱）顶面、隔震支座顶面的水平度、隔震支座中心的平面位置和标高进行测量并记录。

（9）在工程施工阶段，应对隔震支座的竖向变形做观测并记录。

（10）在工程施工阶段，应对上部结构、隔震层部件与周围固定物的脱开距离进行检查。

6.2 隔震支座施工工法

根据2008年8月1日和8月7日两次“昆明新机场隔震支座安装工法试验方案研讨会”意见，由昆明新机场航站楼抗震关键技术课题组组织隔震支座的试验施工，根据实际施工情况，编制施工方案，以便高效地大面积展开施工。云南省地震工程研究院与中国建筑股份有限公司于2008年8月21日~9月6日完成了隔震支座全过程安装试验。在试验的基础上，综合两套试验方案，取优去劣，总结了图 9 所示的施工方案。

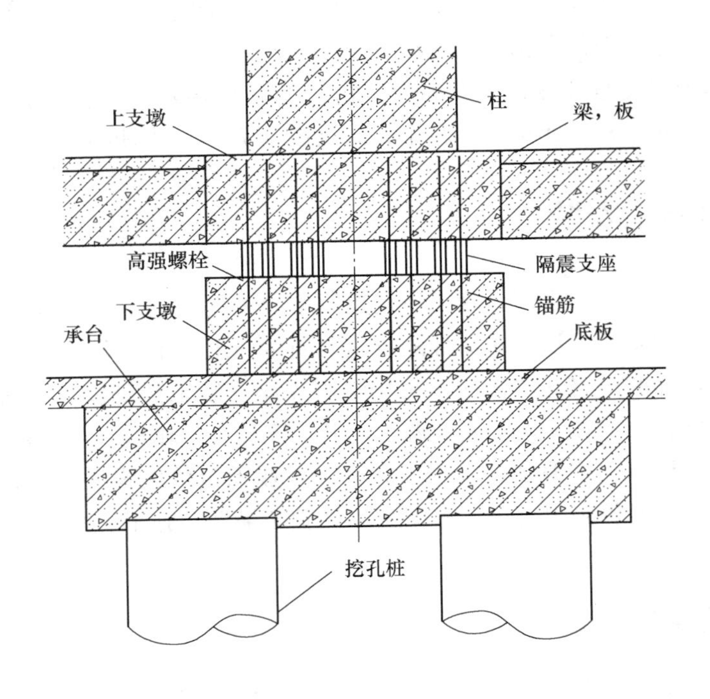

图 9　隔震支座安装设计示意图

该施工方法的创新之处在于节省了上下两块预埋板，节约钢材 1000t，约节省 700 万元；通过三次高精度定位测量控制施工精度，省去安装后对下支墩与支座下链接板间用高强灌浆料进行二次找平的工序，简化了施工工法，适合于普通工人大面积施工，利于大面积施工质量控制，进度加快。

（1）施工工艺流程，见图 10。

（2）施工方法：

1）承台、底板施工；

2）绑扎下支墩钢筋及侧模安装；

3）预埋套筒及预埋钢筋定位、固定；

4）下支墩侧模安装；

5）下支墩浇筑及顶面找平；

6）安装隔震支座；

7）上部预埋套筒、预埋钢筋固定；

8）上支墩底模安装；

9）上支墩钢筋绑扎；

10）修漆处理。

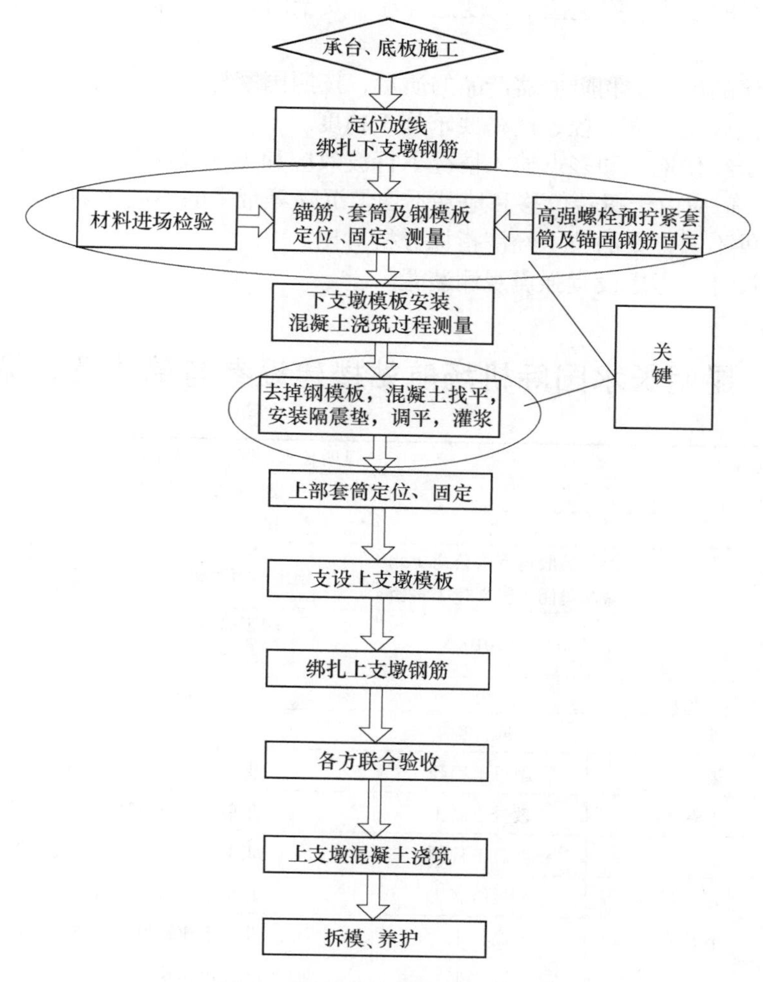

图10 隔震支座安装施工流程

7 技术审查意见

2008年4月9日，由北京市建筑设计研究院组织召开了昆明新机场航站楼核心区隔震结构技术研讨会。与会专家对昆明新机场隔震设计的必要性和上述隔震设计思路给予了充分肯定，并对设计方案进一步优化提出了宝贵意见。

2008年4月19日由云南省建设厅主持，委托"全国超限高层建筑工程抗震设防专家委员会"组织的专家组对昆明新机场航站楼核心区隔震设计抗震设防进行了专项审查。2008年5月，设计方案通过由云南省建设厅主持，委托"全国超限高层建筑工程抗震设防专家委员会"组织的专家组对昆明新机场航站楼超限设计抗震设防专项审查。

专家会议的主要意见如下：

（1）在高烈度区、地震多发区，采用隔震方案是必要的，也是可行的。应对隔震装置进一步优化，尽可能采用大直径橡胶支座。构造措施要细化，考虑限位或其他保护措施。

（2）隔震后的设防烈度定位 7.5 度是合理、安全的，关键部位的节点和构件应提高抗震性能目标。

（3）要确保隔震支座和阻尼器产品的质量，按照国家标准严格检验，检验数量大于总量的 50%。加强施工过程监控，严格要求施工精度。

（4）进一步细化地震动多点输入情况下行波效应和场地效应分析。隔震支座应考虑足够的安全储备，适应由于扭转位移和地基不均匀沉降等带来的不利影响。

（5）应提供不同方案的技术经济指标分析对比。

（6）建议设计中考虑设置强震观测装置。

附录　昆明长水国际机场航站楼建设参与单位及人员信息

项目名称	昆明长水国际机场航站楼		
设计单位	北京市建筑设计研究院有限公司		
用　途	航站楼	建设地点	云南省昆明市
施工单位	中国建筑股份有限公司 + 北京城建集团 + 云南建工集团	施工图审查机构	云南安泰建设工程施工图设计审查事务所有限公司
工程设计起止时间	2007.5 ~ 2010.5	竣工验收时间	2011.12

参与本项目的主要人员：

序号	姓　名	职　称	工 作 单 位
1	束伟农	副总工程师	北京市建筑设计研究院有限公司
2	王春华	教授级高工	北京市建筑设计研究院有限公司
3	朱忠义	副总工程师	北京市建筑设计研究院有限公司
4	祁　跃	教授级高工	北京市建筑设计研究院有限公司
5	卜龙瑰	高　工	北京市建筑设计研究院有限公司
6	秦　凯	高　工	北京市建筑设计研究院有限公司
7	王　毅	高　工	北京市建筑设计研究院有限公司

案例 2　江苏宿迁苏豪银座

1　工程概况

宿迁市苏豪银座项目位于江苏省宿迁市中心城区幸福路与渔市口街商业繁华核心地段，是宿迁市中心重要的商业、居住综合楼之一。该工程由 2 层地下室、4 层商业裙房和坐落在裙房之上的 2 栋 16 层塔楼组成，基本特征为大底盘双塔楼形式，两个塔楼通过隔震层与大底盘裙房相连，总建筑面积约 67027m^2。地下二层为甲类防空地下室，战时作为人员掩蔽工程，防护等级为 6 级，平时兼做地下汽车库；地下一层为商场，局部为 2 层地下自行车库。裙房为商场和超市，建筑高度 23.9m。A 栋塔楼为高层住宅，B 栋塔楼为高层住宅式公寓，建筑总高度 73.7m。主楼结构塔楼 A 及塔楼 B 平面均呈“L”形，属平面不规则。该工程采用层间隔震设计，隔震层设置于裙房屋面和塔楼底层之间，隔震层高 1.8m。建筑剖面图见图 1。

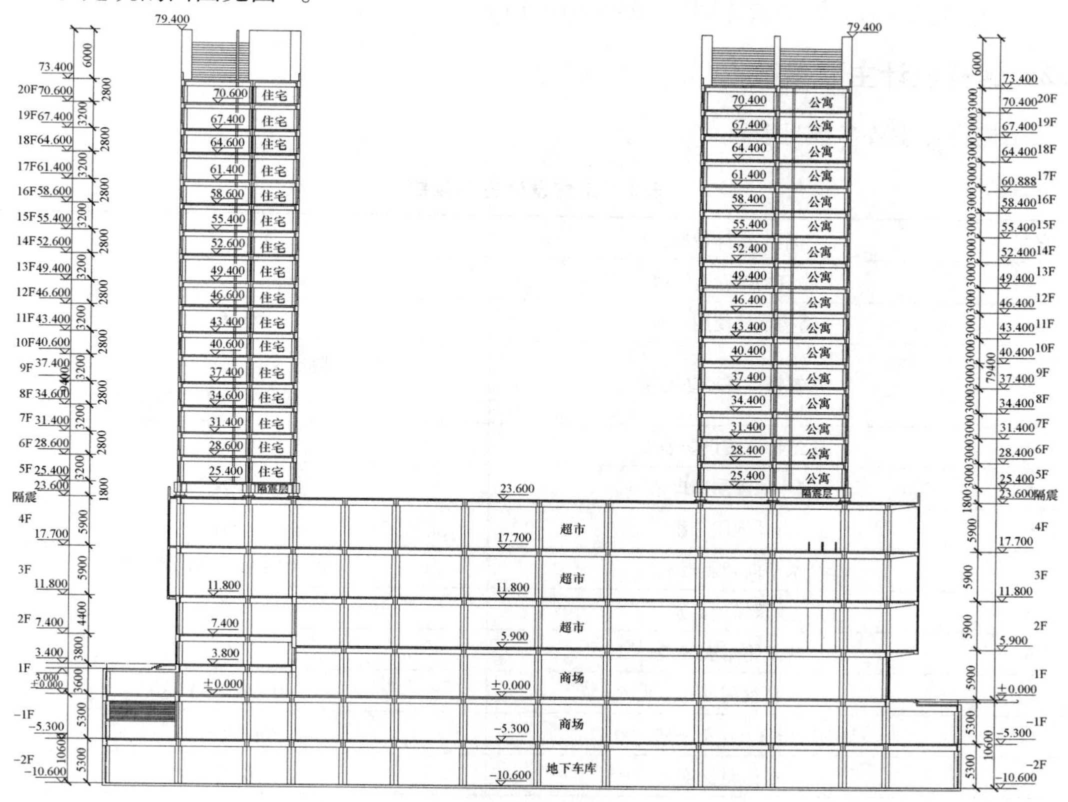

图 1　苏豪银座建筑剖面图

2　工程设计

2.1　设计主要依据和资料

（1）该工程结构隔震分析、设计采用的主要计算软件如下：

1）中国建筑科学院开发的商业软件 PKPM/SATWE，该项目利用该软件进行结构的常规分析和设计。

2）美国 CSI 公司开发的商业有限元软件 ETABS，该项目利用该软件的非线性版本进行常规结构分析和隔震结构的非线性时程分析。

（2）设计过程中，采用的现行国家标准、规范、规程及图集主要有：

1）《建筑结构可靠度设计统一标准》（GB 50068—2001）；

2）《建筑结构荷载规范》（GB 50009—2001）（2006 年新版）；

3）《高层建筑混凝土结构技术规程》（JGJ 3—2002）；

4）《建筑地基基础设计规范》（GB 50007—2002）；

5）《建筑抗震设防分类标准》（GB 50223—2004）；

6）《建筑抗震设计规范》（GB 50011—2001）（2008 年新版）；

7）《叠层橡胶支座隔震技术规程》（CECS 126:2001）；

8）《建筑结构隔震构造详图》（03SG610-1）。

2.2　结构设计主要参数

结构设计主要参数见表 1。

表 1　结构设计主要参数

序号	基本设计指标	参　　数
1	建筑结构安全等级	二级
2	结构设计使用年限	50 年
3	建筑物抗震设防类别	裙房（隔震层以下）：重点设防类 塔楼部分：标准设防类
4	建筑物抗震设防烈度	8 度
5	基本地震加速度值	0.30g
6	设计地震分组	第一组
7	水平向减震系数	0.50(X)，0.51(Y)
8	建筑场地类别	Ⅱ类
9	建筑物耐火等级	一级
10	特征周期/s	0.35/0.40
11	基本风压（100 年一遇）/kPa	$W_0=0.40$
12	地面粗糙度	B 类
13	风荷载体型系数	1.4

续表1

序号	基本设计指标	参数
14	基础形式	钢筋混凝土筏板基础
15	上部结构形式	框架-剪力墙
16	地下室结构形式	框架-剪力墙
17	隔震层位置	裙房屋面（层间隔震）
18	隔震层顶板体系	梁板结构
19	隔震设计基本周期/s	3.74(ETABS)
20	上部结构基本周期/s	1.64(ETABS)
21	隔震支座设计最大位移/cm	50
22	高宽比	3.58/2.85（塔楼A/塔楼B）

3 隔震设计

3.1 隔震设计性能目标

宿迁苏豪银座隔震系统使用了铅芯橡胶支座和天然橡胶支座，从中小震到大震，隔震装置都能发挥良好的隔震效果。根据上部结构的抗震性能，并针对地震动发生的频度和大小，上部结构、下部结构以及隔震装置的抗震性能目标设置见表2，通过地震响应分析确认响应值在设定的目标值以内。

表2 苏豪银座层间隔震结构抗震性能目标

水准 部位	多遇地震	罕遇地震
隔震层上部塔楼结构	最大层间位移角1/1000以内 地震响应比常规结构降1度	最大层间位移角1/300以内 塔楼位移比小于1.4
隔震层下部裙房结构	最大层间位移角1/2000以内	最大层间位移角1/500以内
隔震装置	稳定变形，剪切变形在100%以内	稳定变形，剪切变形在300%以内
地下室和墩柱	短期允许应力以内	短期允许应力以内
地基	长期允许应力以内	长期允许应力以内
结构抗风	100年一遇风荷载作用下隔震层不屈服	

3.2 隔震层设计

3.2.1 橡胶隔震支座

该项目层间隔震设计选用的隔震装置为铅芯橡胶支座（以下简称LRB）和天然橡胶支座（以下简称RB）。隔震支座（见图2）必须长期承受较大的竖向荷载，同时在较大水平变形时还必须有足够稳定的性能。选择隔震支座时，需考虑到建筑物预设的变形量、支座的面压、隔震层的水平恢复力特性以及隔震层偏心率等因素，通过控制支座的拉、压应力来保证隔震结构的抗倾覆能力。表3给出了隔震支座面压及隔震层偏心率的计算结果。

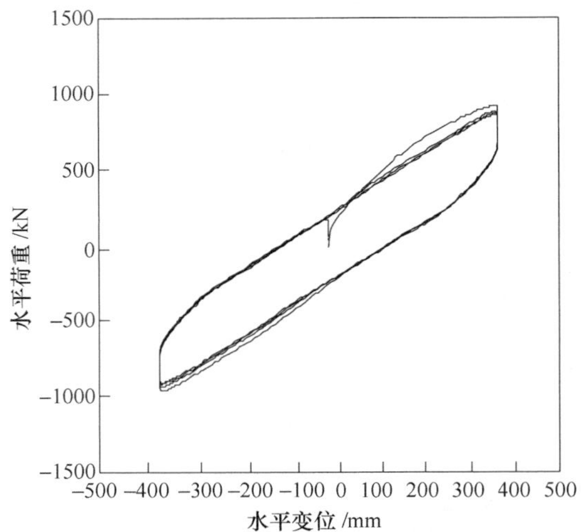

图 2　橡胶隔震支座及压剪试验曲线

表 3　支座面压及隔震层偏心率

支座面压	长期面压/MPa	12.0
	短期面压/MPa	+26.4/−0.85
隔震层偏心率	塔楼 A 偏心率	0.007（X 向）0.001（Y 向）
	塔楼 B 偏心率	0.001（X 向）0.007（Y 向）

3.2.2　黏滞阻尼器

该工程隔震层采用了速度相关性的非线性黏滞阻尼器（见图 3），特点是阻尼器无初始刚度，其阻尼力仅与运动速度有关，受环境温度变化的影响较小，黏滞阻尼器设计参数详见表 4。

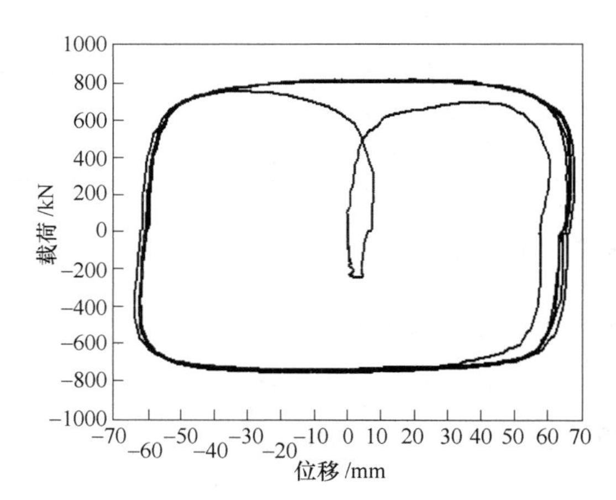

图 3　隔震层的黏滞阻尼器及试验曲线

表 4 黏滞阻尼器设计参数

布置方向	阻尼系数/kN·(m/s)$^{-0.4}$	阻尼指数	行程/mm
X 向	800	0.4	±400
Y 向	800	0.4	±400

选择的黏滞阻尼器产品其力学滞回曲线须符合公式：$F = C \cdot V^{\alpha} = 800 \cdot V^{0.4}$，且在不同试验条件（频率0.1~4Hz，不同位移幅值）下，阻尼器产品试验曲线与理论计算要求误差在15%以内。阻尼器在罕遇地震作用下产生的最大阻尼力约为850kN，在此阻尼力水平下阻尼器具有稳定的性能。

3.2.3 隔震支墩及阻尼器连接构造

在进行隔震支墩的设计时，应考虑到支座高度、上下预埋钢板尺寸、锚栓的型号、锚栓的布置方式以及与支墩相连的框架梁柱配筋等因素，图4给出了隔震支墩现场照片。

通过在隔震层设置黏滞阻尼器，可以有效地控制隔震层的最大变位，并通过活塞式运动吸收地震输入到建筑物的能量。阻尼器与结构的连接方式有两种，一种为直接与上部隔震支墩相连；另一种为通过牛腿与上部框架梁相连(见图5)。

图 4 隔震支墩现场照片

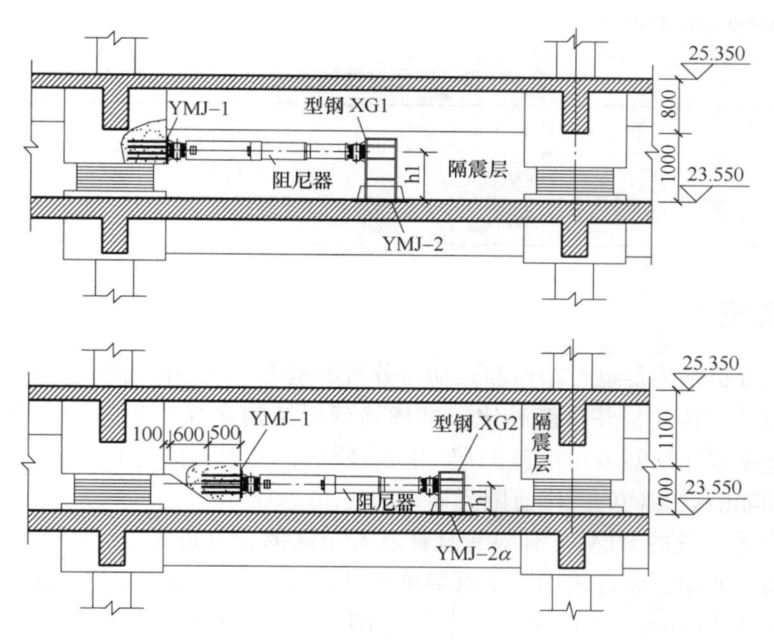

图 5 阻尼器连接构造

3.2.4　隔震元件的布置

通过大量计算分析，最终确定在原结构隔震层分别设置 24 个直径 900mm 的铅芯橡胶支座（LRB900），21 个直径 1000mm 的铅芯橡胶支座（LRB1000），8 个直径 1100mm 的铅芯橡胶支座（LRB1100），3 个直径 1300mm 的铅芯橡胶支座（LRB1300），8 个直径 1000mm 的天然橡胶支座（RB1000），5 个直径 1200mm 的天然橡胶支座（RB1200），16 个非线性黏滞阻尼器。隔震支座及黏滞阻尼器的性能参数列于表 5 和表 6，隔震支座布置见图 6 和图 7。

表 5　隔震支座性能参数

型　号	LRB900	LRB1000	LRB1100	LRB1300	RB1000	RB1200
有效面积/cm^2	6107	7540	9157	12821	7815	11271
第一形状系数	37.5	41.7	39.3	46.4	33.2	40.4
第二形状系数	5.0	5.1	4.9	5.0	4.9	5.9
竖向刚度/$kN \cdot mm^{-1}$	4415	5321	5476	7325	4003	6803
水平刚度/$kN \cdot mm^{-1}$	2.52	2.83	2.90	3.41	1.489	2.147
屈服前刚度/$kN \cdot mm^{-1}$	18.12	20.34	21.72	26.20	—	—
屈服后刚度/$kN \cdot mm^{-1}$	1.394	1.565	1.671	2.016	—	—
屈服力/kN	202.9	250.4	276.1	360.6	—	—
配置数量/个	24	21	8	3	8	5

注：橡胶剪切弹性模量 0.392MPa。

表 6　黏滞阻尼器性能参数

布置方向	阻尼系数/$kN \cdot (m/s)^{-0.4}$	阻尼指数	个　数
X 向	800	0.4	8
Y 向	800	0.4	8

3.3　隔震计算模型

建立可靠的分析模型是进行结构静、动力分析的基础，可靠的分析模型首先能够真实地反映出结构的动力特性，并且能够比较准确地分析结构在弹性和弹塑性阶段的动力响应。为了宿迁苏豪银座层间进行准确的层间隔震分析，用大型商业有限元软件 ETABS 建立了隔震结构和非隔震结构的三维有限元模型。

美国 CSI 公司开发的 ETABS 有限元软件具有很高的计算可靠度，并提供了丰富的有限元结构分析的单元库。软件采用三维框架单元（Frame Element）模拟梁柱构件，采用三维壳体单元（Shell Element）模拟剪力墙构件。ETABS 除了可以对一般高层结构的进行计算分析之外，还可以对含有隔震支座、滑板支座、阻尼器、间隙、弹簧、斜板、变截面梁等特殊构件的结构进行计算分析。

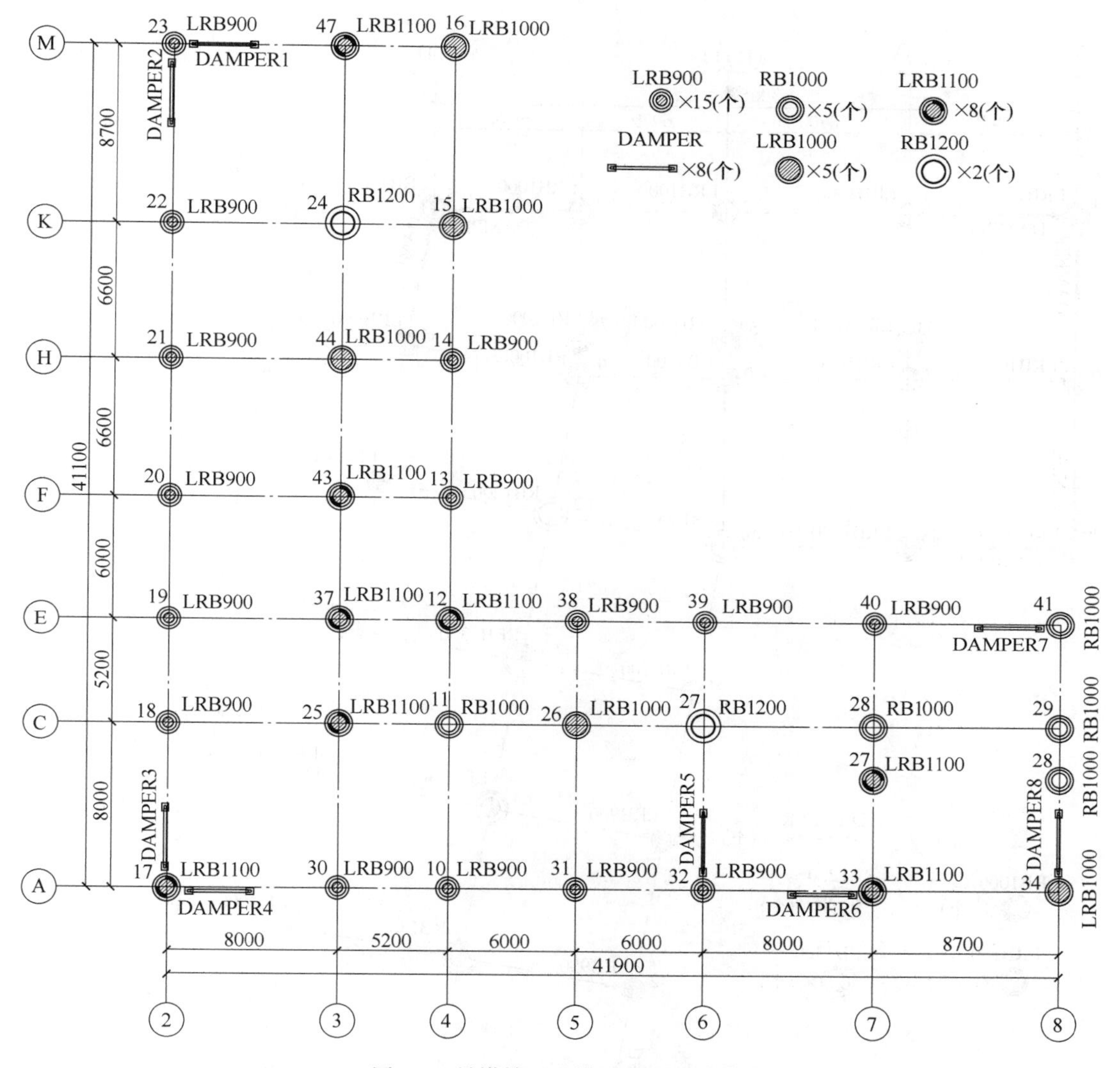

图6 1号塔楼（A塔）隔震层布置

在非隔震结构有限元分析模型的基础上可以建立隔震结构的三维有限元分析模型，EATBS软件提供了天然橡胶隔震支座、铅芯橡胶隔震支座以及滑移隔震支座的模拟单元，可以根据产品的试验结果提供各类隔震单元的计算参数。

根据最终确定的隔震方案建立了宿迁苏豪银座楼隔震结构的有限元模型，图8为隔震结构有限元模型的三维视图。

隔震结构的动力特性会随隔震支座剪应变的变化而不断发生变化，同样采用Ritz向量法计算出隔震体系100%剪应变时前60阶动力特性的结果，其中前6阶周期结果列于表7。从表7中可以看出，隔震体系的周期较原结构增大了很多，基本周期由原来的1.642s延长至3.735s，已经远离了建筑场地的卓越周期。

隔震后的结构两个塔楼的振型主要是以平动为主，减小了扭转的不利影响。

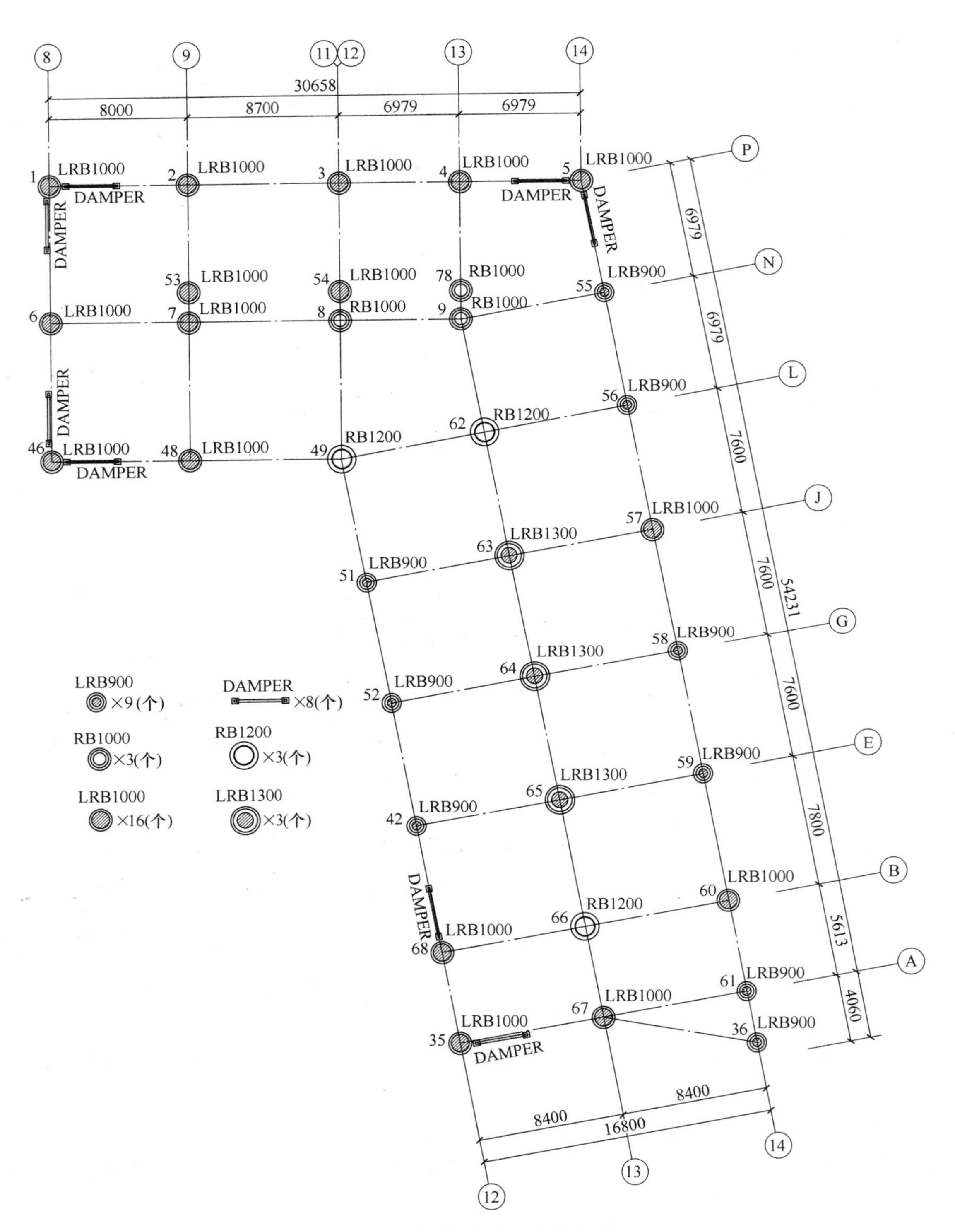

图 7　2 号塔楼（B 塔）隔震层布置

图 8 隔震结构有限元模型三维视图

表 7 非隔震结构与隔震结构前 6 阶振型的周期 (s)

振 型	非隔震结构	隔震结构
1	1.642	3.735
2	1.614	3.721
3	1.440	3.389
4	1.275	3.378
5	1.114	3.220
6	0.985	3.095

3.4 地震波选取

地震的发生是概率事件，为了保证结构具有足够的抗震能力，在进行结构动力分析时，应选择合适的地震波输入。我国建筑抗震设计地震动的选用标准主要按建筑场地类别和设计地震分组，选用和设计反应谱影响系数曲线具有统计意义的不少于两组的实际强震记录和一组人工模拟的加速度时程曲线，并且以最大加速度来评价地震动的输入水平。

依照抗震规范要求，本工程选用了四组地震动记录（两组天然地震动记录和两组人工波），依次为：天然波 1（两方向）、天然波 2（两方向）、人工波 1（两方向）和人工波 2（两方向）。各分析工况，均采用反应谱较大的分量作为主方向输入，主、次方向地震波强度比按 1∶0.85 确定。

3.5 多遇地震作用下的计算结果

3.5.1 多遇地震作用下的最大层间剪力分析

利用 ETABS 非线性有限元软件计算出了非隔震结构和隔震结构在 8 度多遇地震（α_{max} = 110gal）作用下的最大层间剪力。其中，隔震结构分析时，隔震层的铅芯滞回阻尼和阻尼器的黏滞阻尼，全部不予考虑，将其作为安全储备。图 9 给出了非隔震结构和隔震结构在 8 度多遇地震（$\alpha_{max}=110$gal）作用下的层间剪力及对比结果。

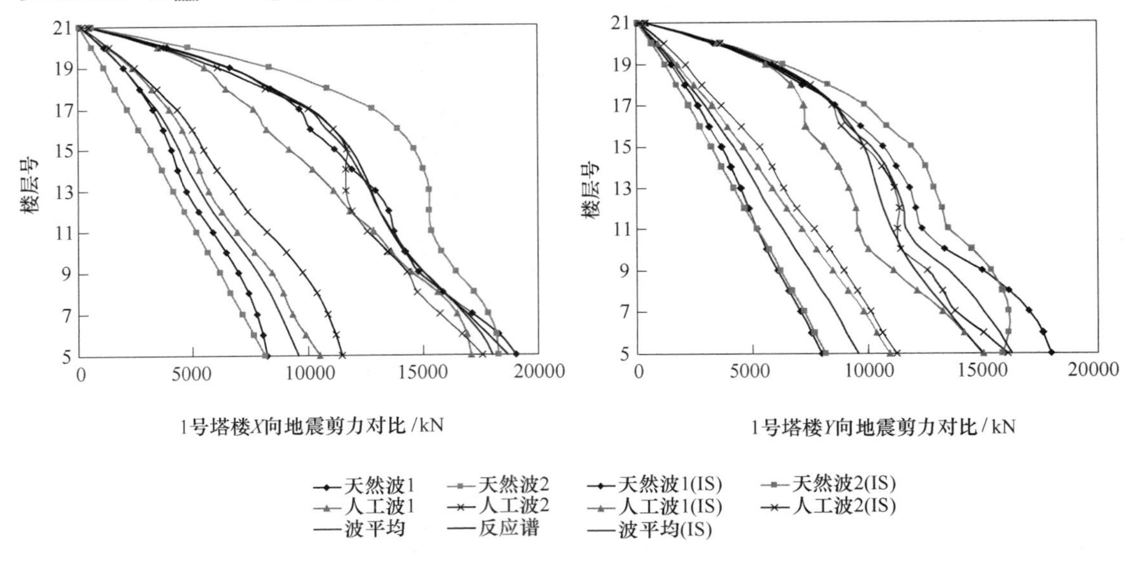

图 9　隔震结构和非隔震结构在多遇地震作用下的层间剪力比较

3.5.2　多遇地震作用下的位移角响应分析

利用 ETABS 非线性有限元软件，计算出了非隔震结构和隔震结构在 8 度多遇地震（$\alpha_{max}=100$gal）及反应谱作用下的最大层间位移角，表明隔震体系的位移响应大为减小。

层间隔震结构的上部两个塔楼层间位移角都小于 1/1000。

隔震结构在多遇地震作用下具有良好的抗震性能。

3.6　基本烈度地震作用下地震响应分析

3.6.1　隔震结构在 8 度基本烈度地震作用下地震力分析

利用 ETABS 非线性有限元软件对层间隔震结构进行了整体非线性时程分析，计算出了 1 号塔楼、2 号塔楼层间隔震结构及裙房在 8 度基本烈度地震作用下的最大层间剪力，见图 10 和图 11。

3.6.2　隔震结构在 8 度基本烈度地震作用下位移响应分析

利用 ETABS 非线性有限元软件对层间隔震结构进行了整体非线性时程分析，计算出了 1 号塔楼、2 号塔楼层间隔震结构及裙房在 8 度基本烈度地震（$\alpha_{max}=294$gal）作用下的层间位移角。

在基本烈度地震作用下，层间隔震结构的上部层间位移角都小于 1/674，下部楼层的层间位移角都小于 1/1000，基本处在弹性阶段。

隔震支座在基本烈度地震作用下最大水平位移为 $\Delta_{max}=164$mm，对于 LRB900 规格的

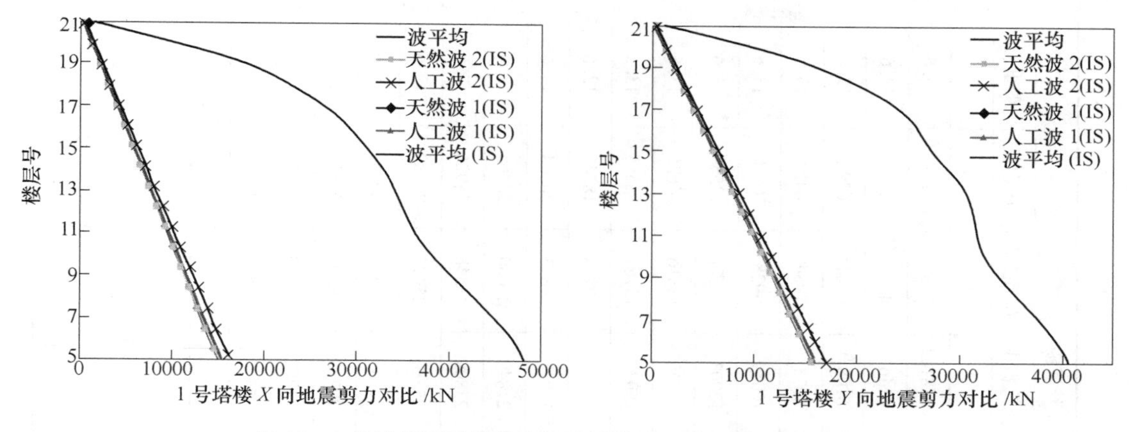

图 10　1 号塔楼隔震结构在基本烈度地震作用下的楼层剪力

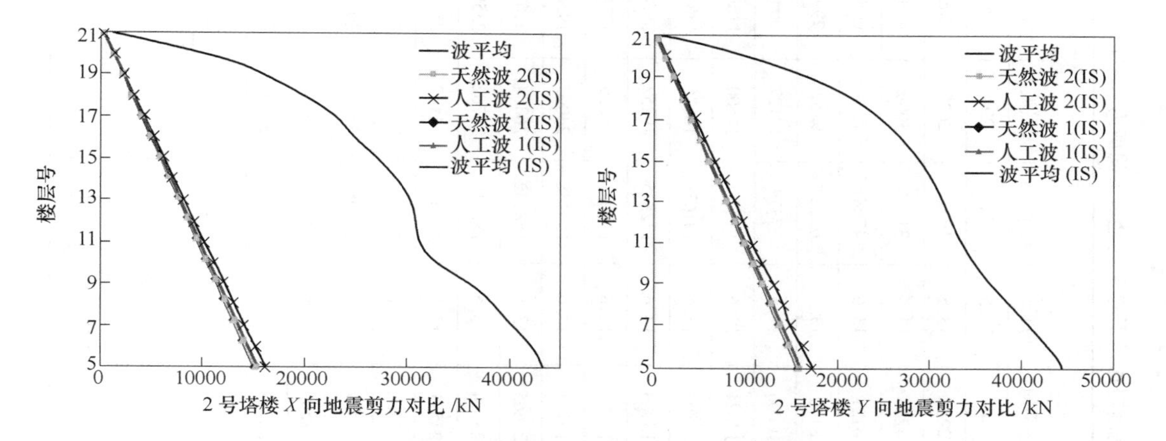

图 11　2 号塔楼隔震结构在基本烈度地震作用下的楼层剪力

支座，该水平位移相当于 74% 的剪应变，远小于 $0.55D(0.55D=495\text{mm})$ 和 300% 的剪应变（$300\%\gamma=540\text{mm}$），满足规范要求。且 $\Delta_{max}=200\text{mm}$，小于电梯井钢框架的极限位移 250mm，所以在基本烈度地震作用下，电梯可正常运行。

3.7　罕遇地震作用下的计算结果

3.7.1　罕遇地震作用下的最大层间剪力分析

利用 ETABS 非线性有限元软件对层间隔震结构进行了整体非线性时程分析，计算出了 1 号塔楼和 2 号塔楼层间隔震结构在 8 度罕遇地震（$\alpha_{max}=510\text{gal}$）作用下的最大层间剪力计算结果，见表 8 和表 9。

3.7.2　罕遇地震作用下的最大层间位移角

利用 ETABS 非线性有限元软件对层间隔震结构进行了整体非线性时程分析，计算出了 1 号塔楼和 2 号塔楼层间隔震结构在 8 度罕遇地震（$\alpha_{max}=510\text{gal}$）作用下的最大层间位移角计算结果，见表 10 和表 11。

表 8　隔震结构在双向罕遇地震作用下的 X 向地震层间剪力（X:Y = 1:0.85）　　（kN）

楼层	1 号塔楼							2 号塔楼						
	累计重量	天然波 1	天然波 2	人工波 1	人工波 2	波平均	剪重比	累计重量	天然波 1	天然波 2	人工波 1	人工波 2	波平均	剪重比
21	1837	286	234	237	234	248	13.5	1311	204	167	169	167	177	13.5
20	16522	2581	2117	2136	2113	2237	13.5	16824	2635	2161	2181	2157	2284	13.6
19	31390	4910	4026	4064	4020	4255	13.6	31966	5009	4107	4146	4101	4341	13.6
18	45166	7064	5792	5847	5783	6121	13.6	47087	7379	6051	6108	6041	6395	13.6
17	60034	9392	7702	7775	7689	8140	13.6	62229	9752	7997	8073	7984	8452	13.6
16	73809	11546	9468	9558	9453	10006	13.6	77379	12127	9945	10039	9928	10510	13.6
15	88677	13875	11378	11485	11359	12024	13.6	92521	14500	11891	12003	11871	12567	13.6
14	102452	16029	13144	13268	13122	13891	13.6	107678	16876	13839	13970	13816	14625	13.6
13	117320	18357	15054	15196	15029	15909	13.6	122835	19252	15788	15937	15761	16685	13.6
12	131096	20511	16820	16979	16792	17776	13.6	138001	21629	17737	17904	17708	18745	13.6
11	145964	22840	18730	18907	18699	19794	13.6	153158	24005	19685	19871	19653	20804	13.6
10	159776	25000	20501	20694	20467	21665	13.6	168332	26384	21636	21840	21600	22865	13.6
9	174722	27340	22421	22632	22383	23694	13.6	183510	28762	23587	23809	23548	24926	13.6
8	188576	29506	24197	24425	24157	25571	13.6	198695	31143	25539	25780	25496	26989	13.6
7	203522	31847	26117	26363	26073	27600	13.6	213872	33522	27489	27749	27444	29051	13.6
6	217375	34013	27893	28156	27846	29477	13.6	229057	35902	29441	29719	29392	31114	13.6
5	231929	36354	29812	30094	29763	31506	13.6	244338	38297	31405	31702	31353	33189	13.6
隔震层		36826	30200	33632	30157	32704			38091	32423	35594	31837	34486	

裙房	累计重量	天然波 1	天然波 2	人工波 1	人工波 2	波平均	剪重比
4	556316	92094	75522	76235	75397	79812	14.4
3	639270	105037	86136	86949	85993	91029	14.2
2	722988	118099	96848	97761	96687	102349	14.2
1	807427	131293	107667	108683	107488	113783	14.1

表9 隔震结构在双向罕遇地震作用下的 *Y* 向地震层间剪力（$X:Y=0.85:1$） (kN)

楼层	1号塔楼							2号塔楼						
	累计重量	天然波1	天然波2	人工波1	人工波2	波平均	剪重比	累计重量	天然波1	天然波2	人工波1	人工波2	波平均	剪重比
21	1837	263	234	235	233	241	13.1	1311	188	167	168	166	172	13.1
20	16522	2374	2116	2120	2102	2178	13.2	16824	2424	2160	2164	2146	2224	13.2
19	31390	4515	4024	4032	3999	4143	13.2	31966	4606	4105	4114	4080	4226	13.2
18	45166	6496	5790	5801	5753	5960	13.2	47087	6786	6048	6060	6010	6226	13.2
17	60034	8638	7699	7714	7650	7925	13.2	62229	8969	7994	8009	7943	8229	13.2
16	73809	10619	9464	9483	9404	9742	13.2	77379	11153	9940	9960	9877	10233	13.2
15	88677	12760	11373	11395	11301	11707	13.2	92521	13336	11885	11909	11811	12235	13.2
14	102452	14741	13138	13164	13055	13525	13.2	107678	15521	13833	13860	13746	14240	13.2
13	117320	16883	15047	15077	14952	15490	13.2	122835	17706	15780	15812	15681	16245	13.2
12	131096	18863	16812	16846	16706	17307	13.2	138001	19892	17729	17764	17617	18250	13.2
11	145964	21005	18721	18758	18603	19272	13.2	153158	22077	19676	19715	19552	20255	13.2
10	159776	22991	20491	20532	20362	21094	13.2	168332	24264	21626	21669	21490	22262	13.2
9	174722	25144	22410	22454	22269	23069	13.2	183510	26452	23576	23622	23427	24269	13.2
8	188576	27136	24185	24233	24033	24897	13.2	198695	28641	25526	25577	25366	26278	13.2
7	203522	29289	26104	26156	25940	26872	13.2	213872	30829	27476	27531	27303	28285	13.2
6	217375	31281	27879	27935	27704	28700	13.2	229057	33018	29427	29486	29242	30293	13.2
5	231929	31935	29798	29857	29611	30675	13.2	244338	35220	31390	31453	31193	32314	13.2
隔震层		31935	30461	33123	30090	31402			35374	31461	35348	32959	33786	

裙房	累计重量	天然波1	天然波2	人工波1	人工波2	波平均	剪重比
4	556316	84696	75486	75636	75011	77708	14.0
3	639270	96599	86095	86266	85553	88629	13.9
2	722988	108612	96801	96994	96192	99650	13.8
1	807427	120746	107616	107830	106939	110783	13.7

表10　隔震结构在双向罕遇地震作用下的 X 向层间位移角（X:Y=1:0.85）

<table>
<tr><th rowspan="2">楼层</th><th colspan="5">1号塔楼</th><th colspan="5">2号塔楼</th></tr>
<tr><th>天然波1</th><th>天然波2</th><th>人工波1</th><th>人工波2</th><th>波平均</th><th>天然波1</th><th>天然波2</th><th>人工波1</th><th>人工波2</th><th>波平均</th></tr>
<tr><td>21</td><td>1/537</td><td>1/625</td><td>1/637</td><td>1/569</td><td>1/589</td><td>1/371</td><td>1/436</td><td>1/433</td><td>1/562</td><td>1/441</td></tr>
<tr><td>20</td><td>1/315</td><td>1/405</td><td>1/384</td><td>1/317</td><td>1/351</td><td>1/376</td><td>1/440</td><td>1/438</td><td>1/566</td><td>1/445</td></tr>
<tr><td>19</td><td>1/308</td><td>1/396</td><td>1/375</td><td>1/311</td><td>1/343</td><td>1/367</td><td>1/430</td><td>1/427</td><td>1/556</td><td>1/435</td></tr>
<tr><td>18</td><td>1/302</td><td>1/390</td><td>1/368</td><td>1/306</td><td>1/337</td><td>1/360</td><td>1/422</td><td>1/419</td><td>1/548</td><td>1/427</td></tr>
<tr><td>17</td><td>1/295</td><td>1/382</td><td>1/360</td><td>1/300</td><td>1/330</td><td>1/352</td><td>1/414</td><td>1/409</td><td>1/539</td><td>1/418</td></tr>
<tr><td>16</td><td>1/289</td><td>1/374</td><td>1/352</td><td>1/295</td><td>1/323</td><td>1/344</td><td>1/405</td><td>1/400</td><td>1/531</td><td>1/410</td></tr>
<tr><td>15</td><td>1/284</td><td>1/367</td><td>1/345</td><td>1/290</td><td>1/317</td><td>1/337</td><td>1/397</td><td>1/391</td><td>1/524</td><td>1/402</td></tr>
<tr><td>14</td><td>1/279</td><td>1/360</td><td>1/339</td><td>1/286</td><td>1/313</td><td>1/332</td><td>1/391</td><td>1/384</td><td>1/519</td><td>1/396</td></tr>
<tr><td>13</td><td>1/275</td><td>1/353</td><td>1/335</td><td>1/283</td><td>1/308</td><td>1/327</td><td>1/386</td><td>1/379</td><td>1/510</td><td>1/391</td></tr>
<tr><td>12</td><td>1/273</td><td>1/348</td><td>1/332</td><td>1/282</td><td>1/305</td><td>1/323</td><td>1/382</td><td>1/374</td><td>1/476</td><td>1/387</td></tr>
<tr><td>11</td><td>1/272</td><td>1/345</td><td>1/331</td><td>1/282</td><td>1/304</td><td>1/322</td><td>1/380</td><td>1/372</td><td>1/448</td><td>1/386</td></tr>
<tr><td>10</td><td>1/275</td><td>1/347</td><td>1/334</td><td>1/285</td><td>1/307</td><td>1/323</td><td>1/382</td><td>1/373</td><td>1/429</td><td>1/387</td></tr>
<tr><td>9</td><td>1/278</td><td>1/350</td><td>1/339</td><td>1/289</td><td>1/311</td><td>1/326</td><td>1/385</td><td>1/376</td><td>1/415</td><td>1/391</td></tr>
<tr><td>8</td><td>1/286</td><td>1/351</td><td>1/345</td><td>1/297</td><td>1/319</td><td>1/332</td><td>1/393</td><td>1/383</td><td>1/410</td><td>1/398</td></tr>
<tr><td>7</td><td>1/291</td><td>1/356</td><td>1/350</td><td>1/310</td><td>1/333</td><td>1/343</td><td>1/406</td><td>1/396</td><td>1/418</td><td>1/412</td></tr>
<tr><td>6</td><td>1/308</td><td>1/377</td><td>1/370</td><td>1/330</td><td>1/353</td><td>1/360</td><td>1/426</td><td>1/416</td><td>1/448</td><td>1/432</td></tr>
<tr><td>5</td><td>1/373</td><td>1/459</td><td>1/451</td><td>1/387</td><td>1/419</td><td>1/407</td><td>1/482</td><td>1/473</td><td>1/559</td><td>1/489</td></tr>
<tr><td>隔震层/mm</td><td>340</td><td>372</td><td>386</td><td>390</td><td>372</td><td>359</td><td>388</td><td>392</td><td>401</td><td>385</td></tr>
<tr><td>裙房</td><td colspan="2">天然波1</td><td colspan="2">天然波2</td><td colspan="2">人工波1</td><td colspan="2">人工波2</td><td colspan="2">波平均</td></tr>
<tr><td>4</td><td colspan="2">1/640</td><td colspan="2">1/767</td><td colspan="2">1/739</td><td colspan="2">1/693</td><td colspan="2">1/741</td></tr>
<tr><td>3</td><td colspan="2">1/703</td><td colspan="2">1/841</td><td colspan="2">1/810</td><td colspan="2">1/753</td><td colspan="2">1/806</td></tr>
<tr><td>2</td><td colspan="2">1/847</td><td colspan="2">1/1010</td><td colspan="2">1/978</td><td colspan="2">1/891</td><td colspan="2">1/966</td></tr>
<tr><td>1</td><td colspan="2">1/1238</td><td colspan="2">1/1460</td><td colspan="2">1/1429</td><td colspan="2">1/1282</td><td colspan="2">1/1387</td></tr>
</table>

表 11 隔震结构在双向罕遇地震作用下的 Y 向层间位移角（$X:Y=0.85:1$）

楼层	1 号塔楼					2 号塔楼				
	天然波 1	天然波 2	人工波 1	人工波 2	波平均	天然波 1	天然波 2	人工波 1	人工波 2	波平均
21	1/372	1/405	1/426	1/481	1/417	1/548	1/637	1/623	1/543	1/585
20	1/377	1/393	1/438	1/481	1/419	1/465	1/590	1/543	1/444	1/504
19	1/368	1/391	1/426	1/474	1/411	1/452	1/573	1/527	1/433	1/490
18	1/360	1/391	1/415	1/469	1/405	1/442	1/551	1/514	1/424	1/479
17	1/352	1/387	1/403	1/463	1/397	1/430	1/522	1/499	1/414	1/466
16	1/344	1/379	1/392	1/458	1/389	1/418	1/494	1/485	1/404	1/454
15	1/337	1/371	1/382	1/454	1/382	1/407	1/468	1/461	1/395	1/442
14	1/332	1/366	1/374	1/452	1/376	1/398	1/446	1/441	1/387	1/430
13	1/327	1/360	1/367	1/451	1/371	1/379	1/425	1/422	1/380	1/410
12	1/324	1/357	1/361	1/452	1/368	1/363	1/407	1/407	1/375	1/392
11	1/322	1/356	1/358	1/456	1/367	1/350	1/393	1/394	1/372	1/378
10	1/325	1/359	1/359	1/445	1/370	1/341	1/384	1/386	1/368	1/369
9	1/329	1/363	1/362	1/438	1/375	1/335	1/377	1/381	1/360	1/362
8	1/337	1/372	1/370	1/439	1/385	1/333	1/375	1/380	1/358	1/360
7	1/351	1/388	1/385	1/451	1/402	1/338	1/381	1/386	1/364	1/366
6	1/375	1/416	1/413	1/476	1/425	1/350	1/394	1/398	1/380	1/380
5	1/430	1/478	1/479	1/556	1/487	1/398	1/447	1/448	1/446	1/433
隔震层/mm	323	367	378	382	363	356	382	388	391	379

裙房	天然波 1	天然波 2	人工波 1	人工波 2	波平均
4	1/515	1/581	1/585	1/557	1/558
3	1/561	1/633	1/638	1/599	1/606
2	1/656	1/740	1/747	1/707	1/711
1	1/956	1/1079	1/1098	1/1027	1/1036

从表 10 和表 11 中的数据可以看出，层间隔震结构的上部层间位移角都小于 1/304，下部楼层的层间位移角都小于 1/500，基本处在弹性阶段。

3.7.3　与隔震支座连接构件的地震作用

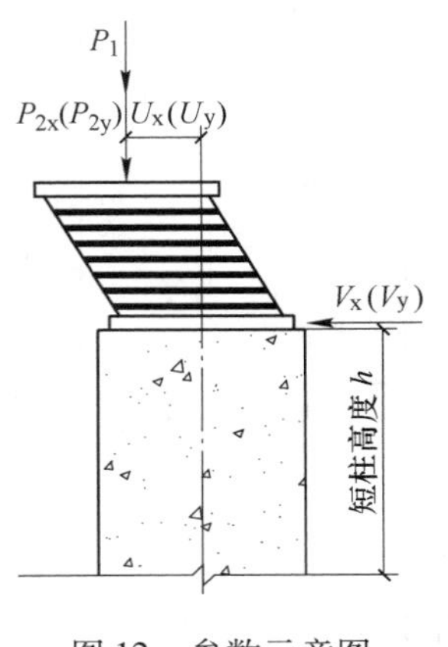

图 12　参数示意图

我国《建筑抗震设计规范》第 12.2.9 条规定，与隔震层连接的下部构件（如地下室、下墩柱）的地震作用和抗震验算，应采用罕遇地震下隔震支座的竖向力，水平力和力矩进行计算。如图 12 所示，隔震支座传给下部结构的竖向力包括了重力荷载代表值产生的轴力 P_1 和地震作用下产生的轴力 P_{2x}/P_{2y}；水平力即地震作用下隔震支座传给下部结构的剪力 V_x/V_y；力矩包含三部分：第一部分为轴向力 P_1 在隔震支座最大位移下产生的弯矩 M_{dx}/M_{dy}，等于 P_1 与隔震支座的最大位移的乘积（$M_{dx}=P_1\times U_x/M_{dy}=P_1\times U_y$），第二部分为地震作用下的轴力在隔震支座最大位移下产生的弯矩 $M_{ex}(M_{ey})$，等于 P_{2x} 和 P_{2y} 与隔震支座的最大位移的乘积（$M_{ex}=P_{2x}\times U_x$，$M_{ey}=P_{2y1}\times U_y$），第三部分为地震剪力 V_x 和 V_y 对下部结构产生的弯矩，等于地震剪力乘以短柱高度 h。

由计算可知，隔震支座在罕遇地震作用下最大水平位移为 403mm，对于 LRB900 规格的支座，该水平位移相当于 223% 的剪应变，远小于 0.55D（0.55D = 495mm）和 300% 的剪应变（300%γ = 540mm），满足规范要求。

3.7.4　隔震结构在罕遇地震作用下的层间位移比

为了分析隔震结构在罕遇地震作用下的扭转效应，隔震结构在各条波作用下位移比都很小，说明隔震结构的扭转效应不显著。

3.7.5　隔震结构抗倾覆验算

高层隔震结构的抗倾覆问题在我国规范中尚没有明确的规定，本报告参考《台湾建筑物耐震设计基准及解说》中的相关内容进行了苏豪银座层间隔震结构的抗倾覆验算，该设计基准明确规定建筑物隔震系统的抗倾覆力矩不得小于倾倒力矩，倾倒力矩应该以设计地震力的 1.2 倍进行计算，抗倾覆力矩则依照隔震系统上部结构总重量的 0.9 倍进行计算。

宿迁苏豪层间隔震体系 1 号塔楼的 X 向的抗倾覆力矩是罕遇地震作用下倾倒力矩的 3.20 倍，Y 向的抗倾覆力矩是罕遇地震作用下倾倒力矩的 3.26 倍；2 号塔楼的 X 向的抗倾覆力矩是罕遇地震作用下倾倒力矩的 3.85 倍，Y 向的抗倾覆力矩是罕遇地震作用下倾倒力矩的 4.92 倍，1、2 号塔楼隔震体系具有良好的抗倾覆能力。

3.7.6　小结

对江苏宿迁苏豪银座进行了系统的层间隔震设计，采用三维非线性时程分析方法对隔震结构进行了罕遇地震作用下的响应分析，得出以下主要结论：

（1）隔震支座配置合理，隔震层具有足够的初始刚度保证结构在风荷载、较小地震或其他非地震水平荷载作用下的稳定性，而且隔震层屈服后比屈服前提供了较低的水平刚度，保证结构在较大地震下能很好地减小地震反应。

（2）隔震结构的地震响应远小于和非隔震结构的地震响应，隔震结构的抗震性能大大提高。

（3）在罕遇地震作用下，下部楼层的层间位移角都小于1/500，基本处在弹性阶段。

4 上部结构设计

该工程为大底盘双塔楼形式，双塔楼通过隔震层与大底盘（裙房）相连，裙房和塔楼均为钢筋混凝土框架-剪力墙结构。根据隔震分析的结果，塔楼均可按隔震分析得到的水平地震作用来进行设计，隔震层以下结构（大底盘及基础）仍按本地区8度（0.30g）抗震设防烈度进行。

4.1 主要材料及截面

裙房总高度为23.85m，裙房平面尺寸为92.80m（东西）×57.50m（南北）的矩形，典型柱网为8.0m×8.0m、8.4m×7.6m。柱截面尺寸800mm×800mm、900mm×900mm、1000mm×1000mm，墙厚500mm/450mm/400mm，梁断面400mm×800mm、500mm×800mm、600mm×800mm，楼板主要厚度110mm、200mm（裙房屋面）。

A楼平面尺寸为42.60m（东西）×41.80m（南北）的L形，典型柱网为8.0m×8.0m、6.0m×8.0m。B楼平面尺寸为31.35m（东西）×53.60m（南北）的L形，典型柱网为8.4m×7.6m。A、B楼均为16层，总高度为48m，均属A级高度高层建筑结构。柱截面尺寸700mm×700mm、800mm×700mm，剪力墙厚度200mm/300mm。采用现浇混凝土梁板结构，楼板厚度为100mm/120mm，梁高为650mm/700mm。

4.2 计算结果及分析

4.2.1 塔楼A的主要计算结果

塔楼A按单体建模进行分析，计算工况分为“非隔震计算工况”、“隔震计算工况”两种。在“非隔震计算工况”中不考虑隔震支座刚度影响，将隔震层视作塔楼的嵌固部位；在“隔震计算工况”中建立含隔震层的计算模型，即按隔震支座的计算等效刚度建模。计算振型数SATWE取为20阶（ETABS取为40阶），并考虑CQC（耦联）、双向地震扭转效应及单向地震作用时的偶然偏心影响。

4.2.1.1 地震剪力

地震剪力见图13～图16。

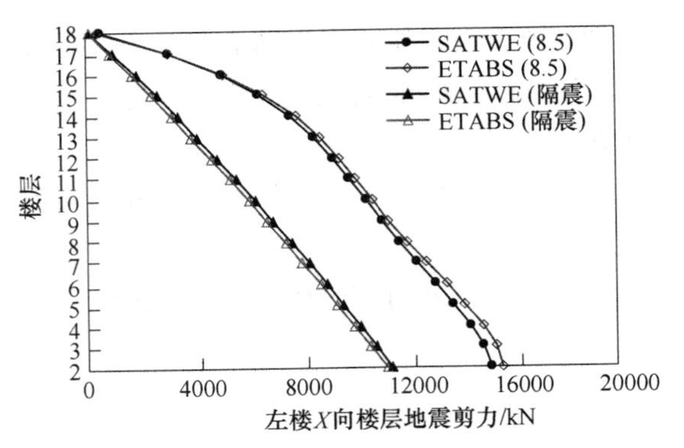

图 13　*X* 向楼层地震剪力的对比

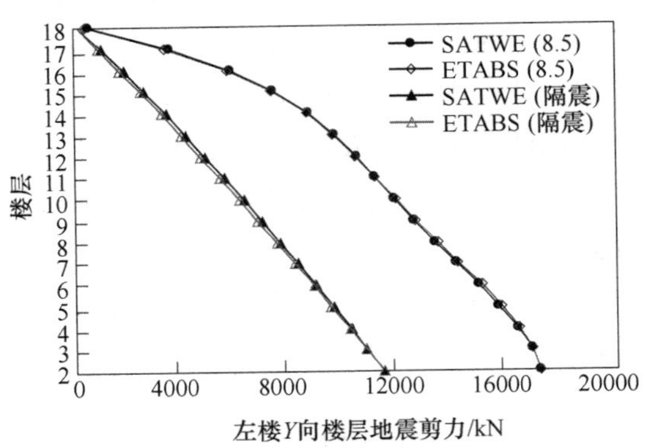

图 14　*Y* 向楼层地震剪力的对比

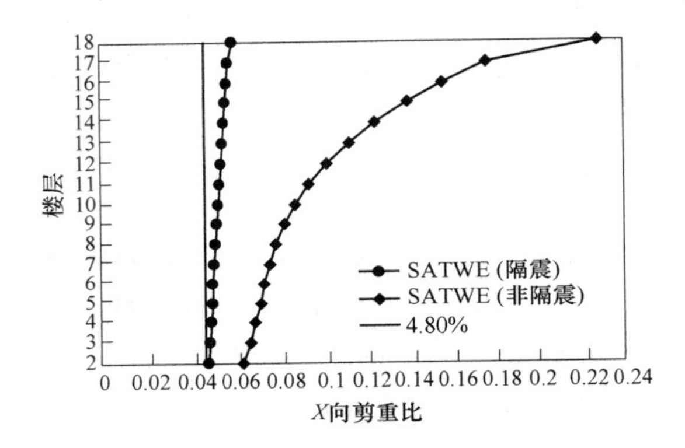

图 15　*X* 向剪重比的对比

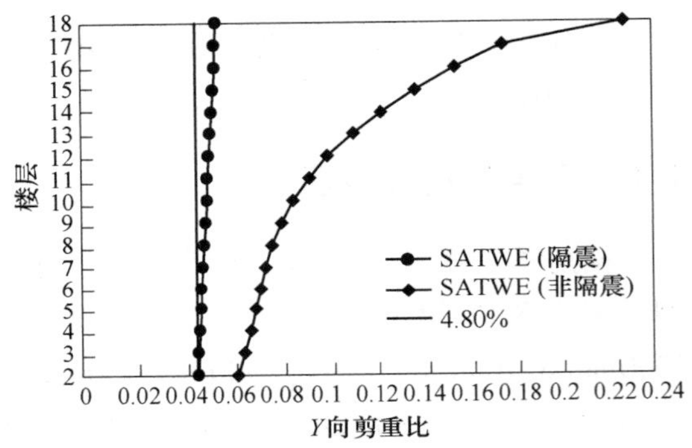

图 16　*Y* 向剪重比的对比

4.2.1.2　楼层位移及位移比（ETABS 计算结果）

楼层位移及位移比（ETABS 计算结果）见图 17 ~ 图 20。

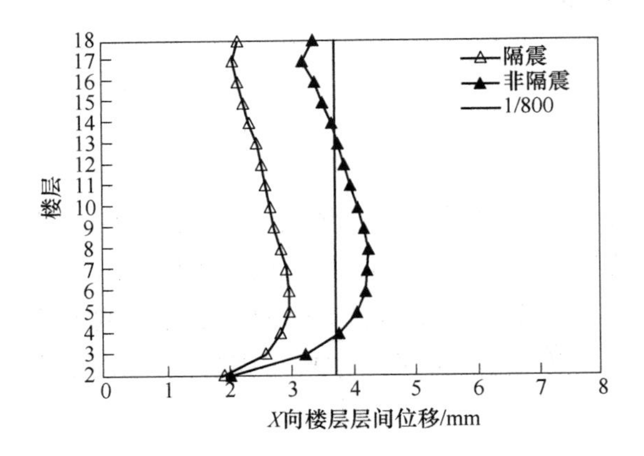

图 17　*X* 向层间位移的对比

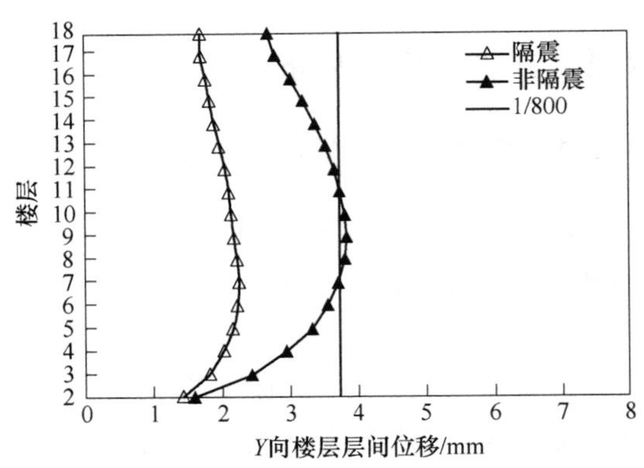

图 18　*Y* 向层间位移的对比

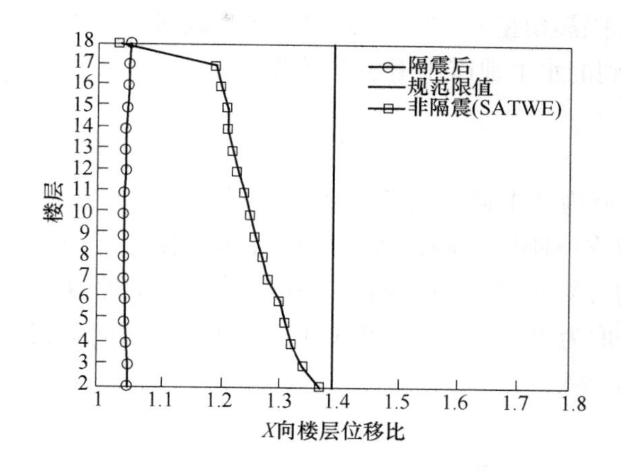

图 19 X 向楼层位移比

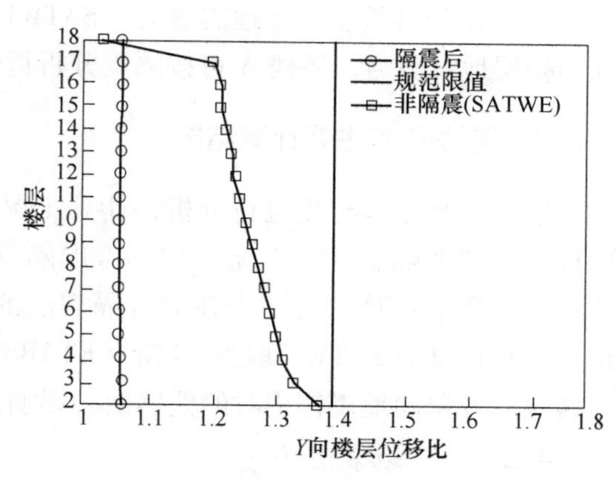

图 20 Y 向楼层位移比

4.2.1.3 其他计算结果

其他计算结果见表 12。

表 12 计算结果

剪重比		承载力比		最大层间位移角				最大位移比	
X 向	4.93%	X 向	>1.00	X 向（E）	1/999	X 向（W）	1/7353	X 向	1.06
Y 向	4.88%	Y 向	>1.00	Y 向（E）	1/1324	Y 向（W）	1/9615	Y 向	1.06

注：上述数值为隔震结构的计算结果（ETABS 结果）。

4.2.1.4 结果分析

（1）结构（非隔震结构）的第一、二振型以平动为主，第三振型以扭转为主，$T_t/T_1=0.79$，满足《高层建筑混凝土结构技术规程》（JGJ 3—2002）第 4.3.5 条要求。结构的基本自振周期为 1.37s，较适合采用隔震技术。

（2）与非隔震结构相比，隔震结构的基本自振周期延长至 3.43s，远离场地的卓越周期，起到明显的隔震效果。

（3）楼层竖向构件的最大水平位移和层间位移与该楼层平均值的比值满足《高层建筑混凝土结构技术规程》（JGJ 3—2002）第 4.3.5 条要求，最大位移比严格控制小于 1.40，偏心率能满足规范要求。由于塔楼平面呈“L”型，非隔震结构的位移比偏大，隔震后结构的上部楼层接近平动变形，位移比均小于 1.10。未隔震时，部分楼层的层间位移未能满足规范限制 1/800 的要求。

（4）楼层水平地震剪力符合本地区设防烈度（8.5 度）的最小地震剪力系数的规定（取 $\lambda=4.8\%$），剪重比满足《高层建筑混凝土结构技术规程》（JGJ 3—2002）第 3.3.13 条要求。

（5）上部结构承载力比均大于 0.8，满足《高层建筑混凝土结构技术规程》（JGJ 3—2002）第 4.4.3 条要求。

（6）结构各楼层水平地震剪力（SATWE 隔震模型）均能包络 ETABS 隔震时程分析得到的楼层地震剪力，塔楼 A 可按隔震分析得到的水平地震作用来进行设计。

4.2.2　塔楼 B 的主要计算结果

塔楼 B 按单体建模进行分析，计算工况分为“非隔震计算工况”、“隔震计算工况”两种。在“非隔震计算工况”中不考虑隔震支座刚度影响，将隔震层视作塔楼的嵌固部位；在“隔震计算工况”中建立含隔震层的计算模型，即按隔震支座的计算等效刚度建模。计算振型数 SATWE 取为 20 阶（ETABS 取为 40 阶），并考虑 CQC（耦联）、双向地震扭转效应及单向地震作用时的偶然偏心影响。

4.2.2.1　地震剪力

地震剪力见图 21 ~ 图 24。

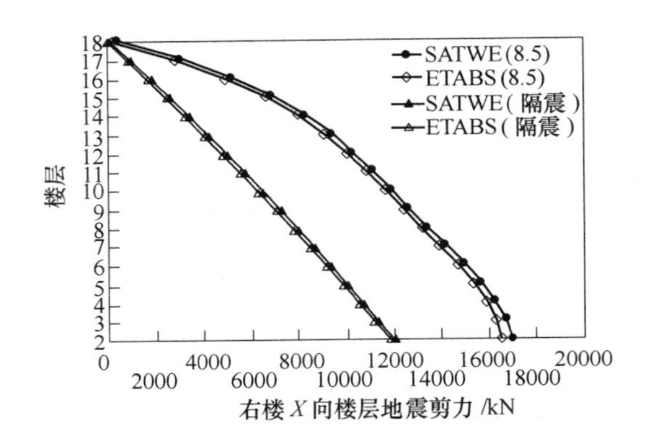

图 21　X 向楼层地震剪力的对比

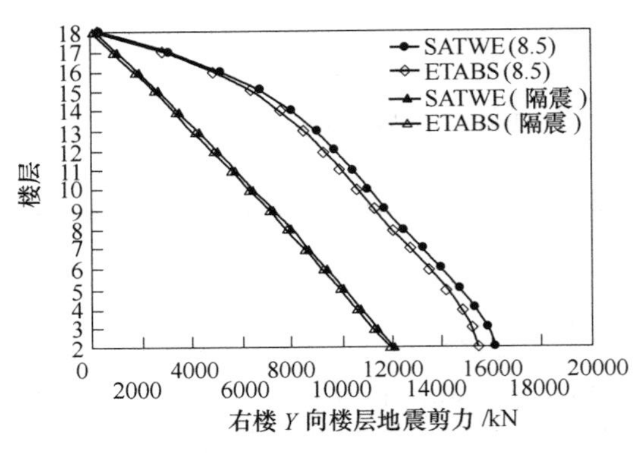

图 22　Y 向楼层地震剪力的对比

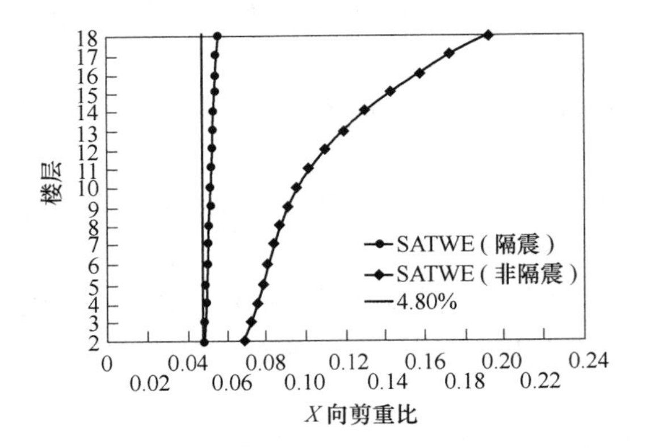

图 23　X 向剪重比的对比

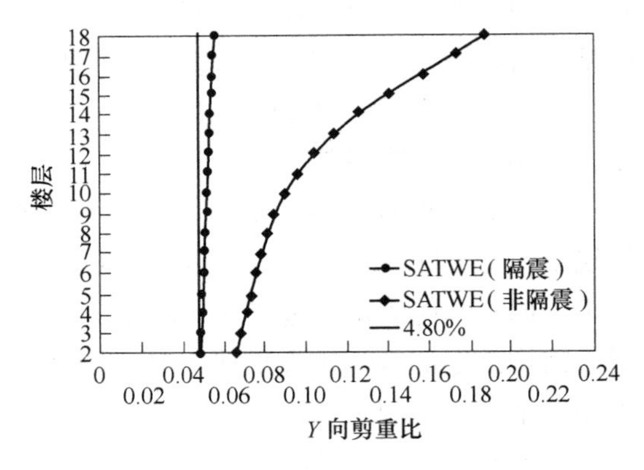

图 24　Y 向剪重比的对比

4.2.2.2　楼层位移及位移比（ETABS 计算结果）

楼层位移及位移比（ETABS 计算结果）见图 25 ~ 图 28。

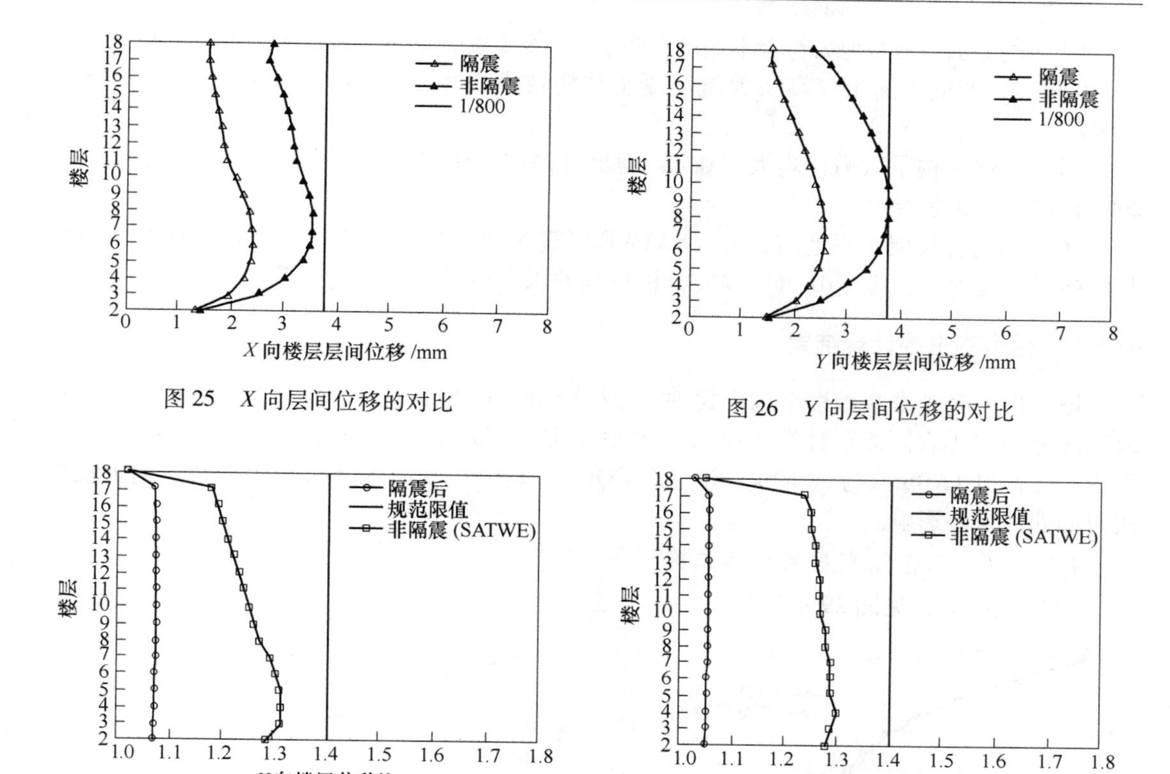

图 25　X 向层间位移的对比

图 26　Y 向层间位移的对比

图 27　X 向楼层位移比

图 28　Y 向楼层位移比

4.2.2.3　其他计算结果

其他计算结果见表 13。

表 13　计算结果

剪重比		承载力比		最大层间位移角				最大位移比	
X 向	4.91%	X 向	>1.00	X 向（E）	1/1253	X 向（W）	1/9009	X 向	1.08
Y 向	4.89%	Y 向	>1.00	Y 向（E）	1/1167	Y 向（W）	1/9999	Y 向	1.06

注：上述数值为隔震结构的计算结果（ETABS 结果）。

4.2.2.4　结果分析

（1）结构（非隔震结构）的第一、二振型以平动为主，第三振型以扭转为主，T_t/T_1 = 0.76，满足《高层建筑混凝土结构技术规程》（JGJ 3—2002）第 4.3.5 条要求。结构的基本自振周期为 1.24s，较适合采用隔震技术。

（2）与非隔震结构相比，隔震结构的基本自振周期延长至 3.67s，远离场地的卓越周期，达到了隔离地震的目的。

（3）楼层竖向构件的最大水平位移和层间位移与该楼层平均值的比值满足《高层建筑混凝土结构技术规程》（JGJ 3—2002）第 4.3.5 条要求，最大位移比严格控制小于 1.40，偏心率能满足规范要求。

（4）楼层水平地震剪力符合本地区设防烈度（8.5 度）的最小地震剪力系数的规定（取 $\lambda = 4.8\%$），剪重比满足《高层建筑混凝土结构技术规程》（JGJ 3—2002）第 3.3.13 条要求。

（5）上部结构承载力比均大于 0.8，满足《高层建筑混凝土结构技术规程》（JGJ 3—2002）第 4.4.3 条要求。

（6）结构各楼层水平地震剪力（SATWE 隔震模型）均能包络 ETABS 隔震时程分析得到的楼层地震剪力，塔楼 B 可按隔震分析得到的水平地震作用来进行设计。

4.2.3　裙房的主要计算结果

裙房按大底盘带双塔楼结构形式进行建模分析，将地下室顶板作为结构嵌固部位。计算工况分为“不含隔震层计算工况”、“模拟隔震层计算工况”两种。计算振型数 SATWE 取为 40 阶（ETABS 取为 60 阶），并考虑 CQC（耦联）、双向地震扭转效应及单向地震作用时的偶然偏心影响。

4.2.3.1　不含隔震层的计算工况

（1）地震剪力见图 29 ~ 图 34。

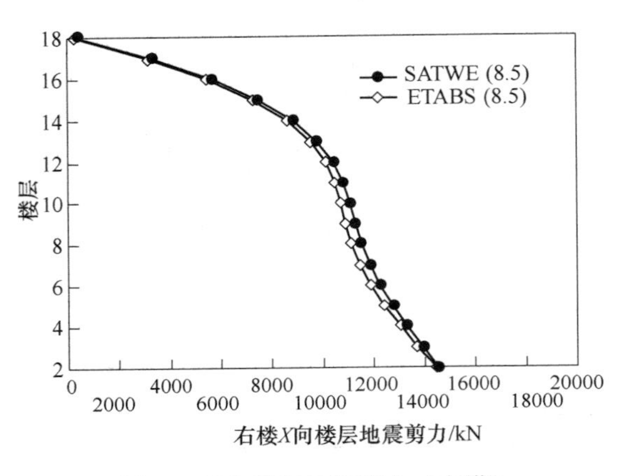

图 29　*X* 向楼层地震剪力（右塔）

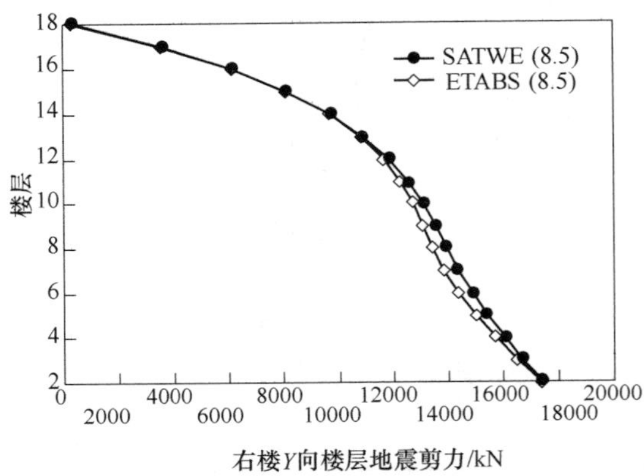

图 30　*Y* 向楼层地震剪力（右塔）

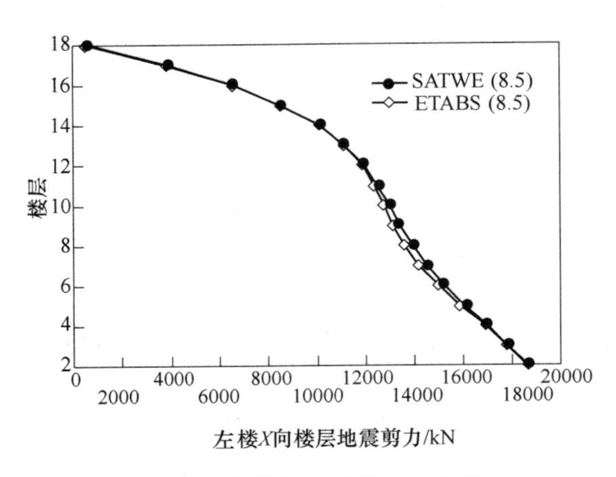

图 31　*X* 向楼层地震剪力（左塔）

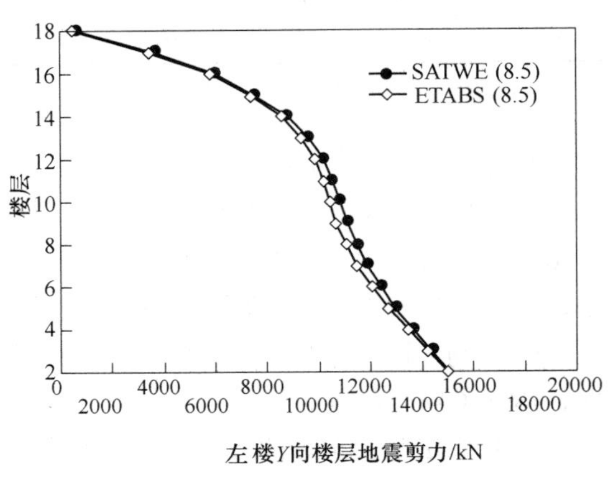

图 32　*Y* 向楼层地震剪力（左塔）

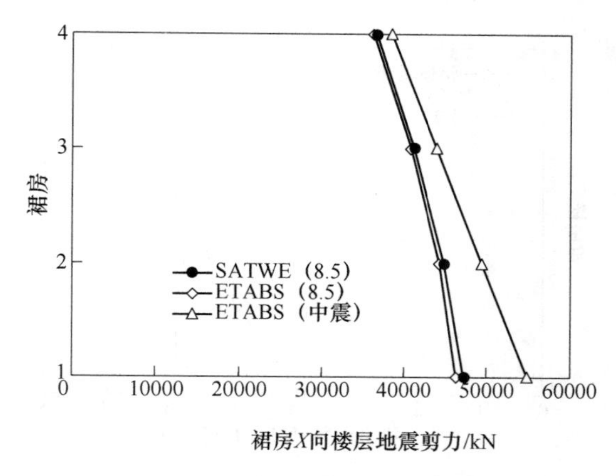

图 33　X 向楼层地震剪力（裙房）

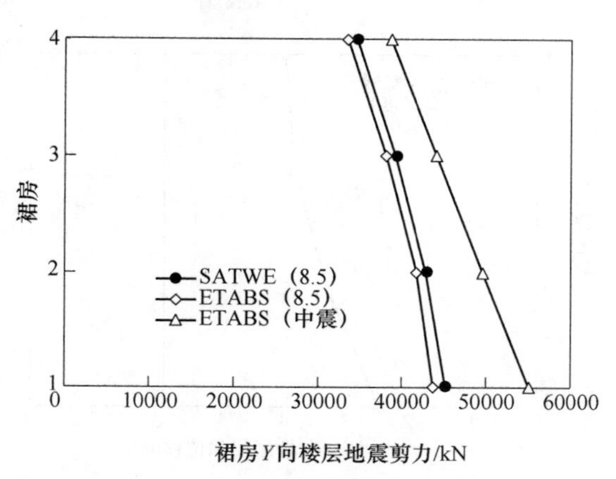

图 34　Y 向楼层地震剪力（裙房）

（2）裙房及塔楼楼层位移见图 35 ~ 图 40。

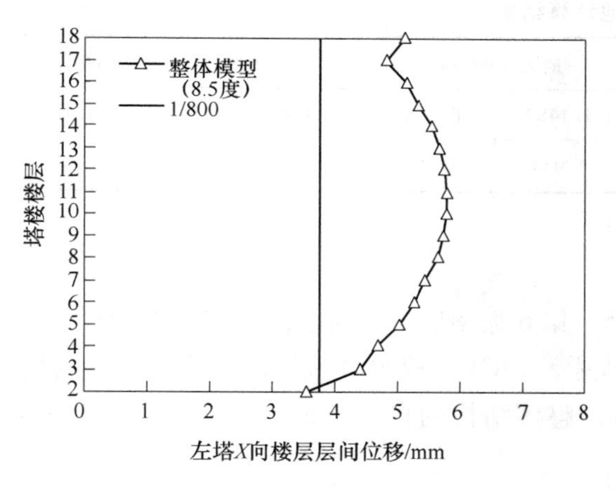

图 35　X 向楼层层间位移（左塔）

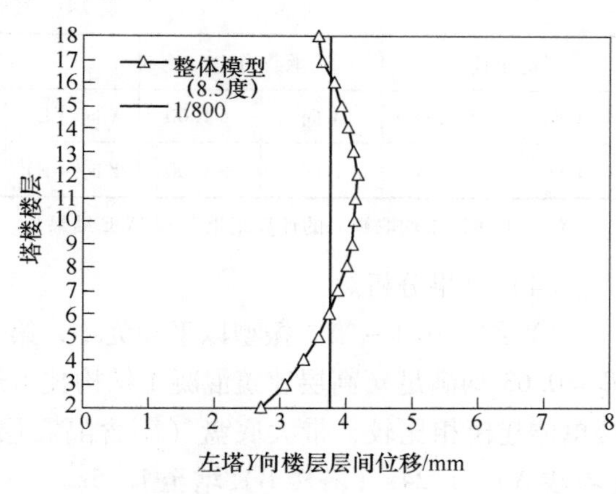

图 36　Y 向楼层层间位移（左塔）

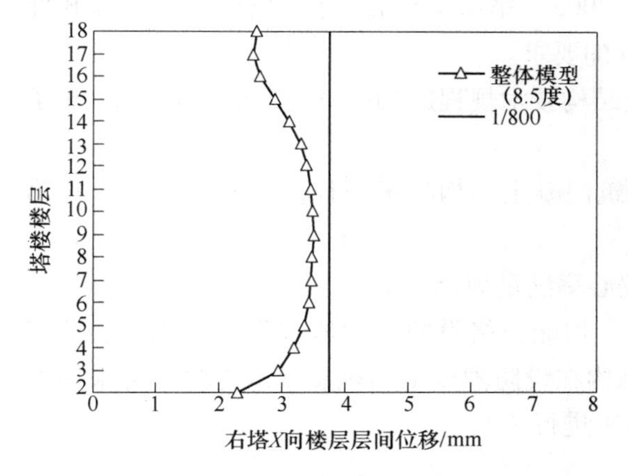

图 37　X 向楼层层间位移（右塔）

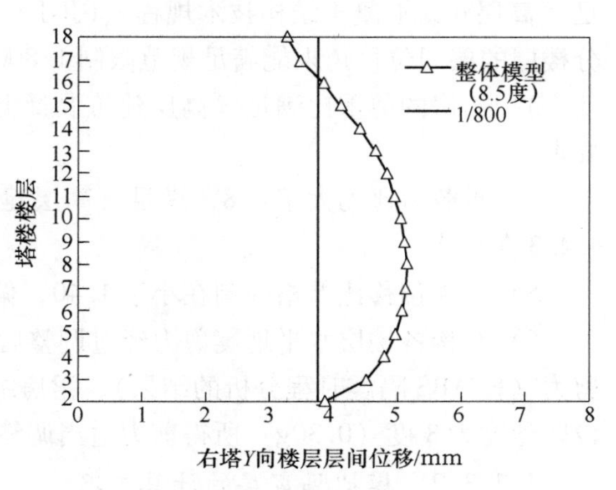

图 38　Y 向楼层层间位移（右塔）

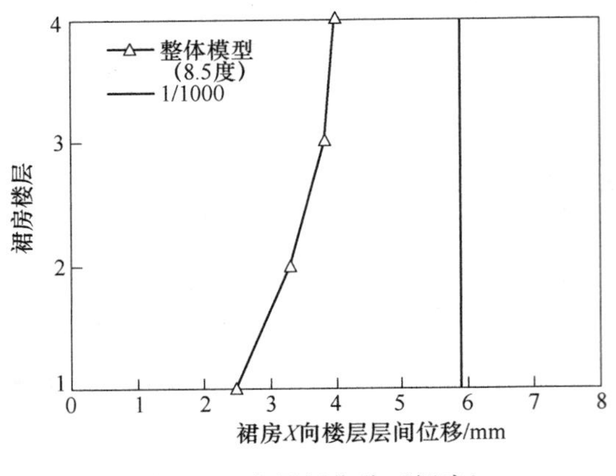

图 39　X 向层间位移（裙房）

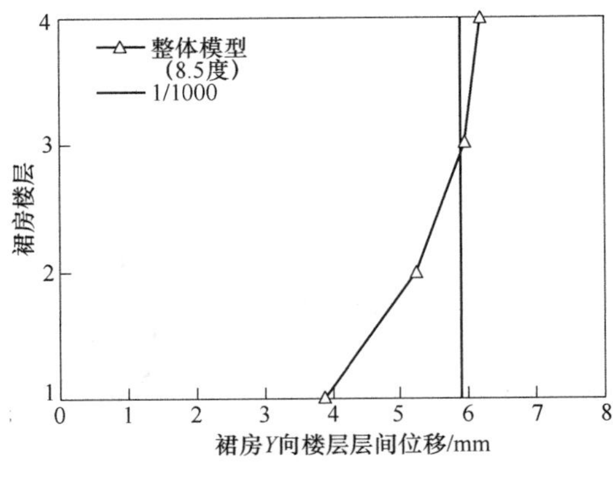

图 40　Y 向层间位移（裙房）

（3）其他结果，见表 14。

表 14　其他计算结果

剪重比		承载力比		最大层间位移				最大位移比	
X 向	5.75%	X 向	>1.00	X 向（E）	1/1482	X 向（W）	1/9999	X 向	1.10
Y 向	5.52%	Y 向	>1.00	Y 向（E）	1/954	Y 向（W）	1/8575	Y 向	1.37

注：上述结果均取裙房的计算结果（SATWE 结果）。

（4）结果分析。

1）结构第 1 ~ 第 4 振型以平动为主，第 5、第 6 振型以扭转为主，$T_{t5}/T_1=0.70$，$T_{t6}/T_2=0.63$ 均满足《高层建筑混凝土结构技术规程》（JGJ 3—2002）第 4.3.5 条要求。与塔楼单体建模相比较，带大底盘（不含隔震层）整体结构的自振周期有所增大，由 1.37s（塔楼 A）、1.24s（塔楼 B）增至 1.65s。

2）裙房各楼层的楼层竖向构件的最大水平位移和层间位移与该楼层平均值的比值满足《高层建筑混凝土结构技术规程》（JGJ 3—2002）第 4.3.5 条要求，塔楼 A 和塔楼 B 部分楼层的层间位移角未能满足规范限制 1/800 的要求。

3）裙房的剪重比满足《高层建筑混凝土结构技术规程》（JGJ 3—2002）第 3.3.13 条要求。

4）承载力比均大于 0.8，满足《高层建筑混凝土结构技术规程》（JGJ 3—2002）第 4.4.3 条要求。

5）最大位移比严格控制在小于 1.40，偏心率满足规范要求。

6）结构各楼层水平地震剪力经过调整后，均能包络设防烈度地震作用下的楼层地震剪力（ETABS 隔震时程分析的结果），裙房结构在设防烈度下的抗震承载力验算可采用按设防烈度为 8 度（0.30g）所得剪力适当调整来进行。

4.2.3.2　模拟隔震层的计算工况

（1）地震剪力（8.5 度多遇地震作用），见图 41 ~ 图 46。

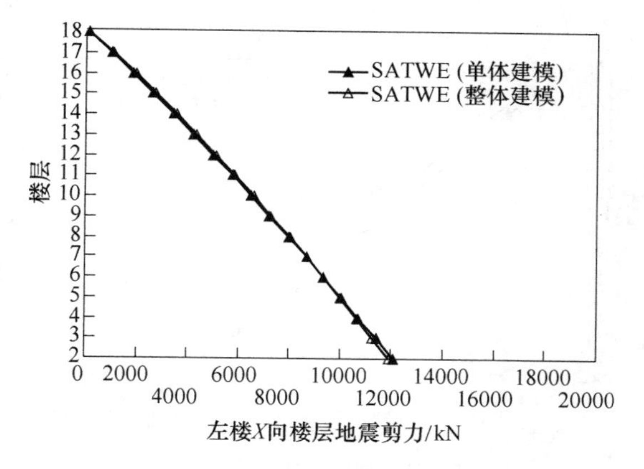

图 41 *X* 向地震剪力不同模型对比（左塔）

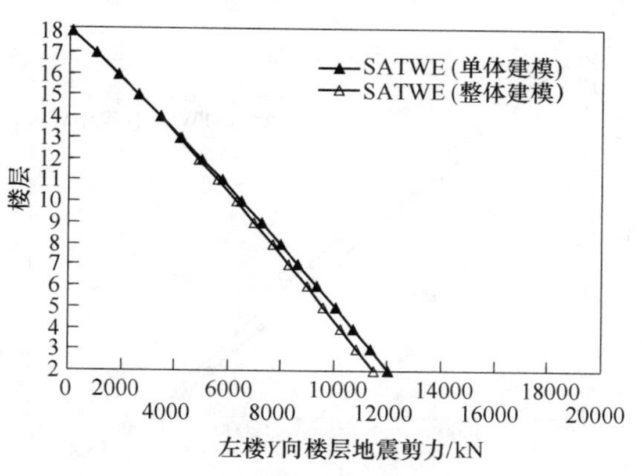

图 42 *Y* 向地震剪力不同模型对比（左塔）

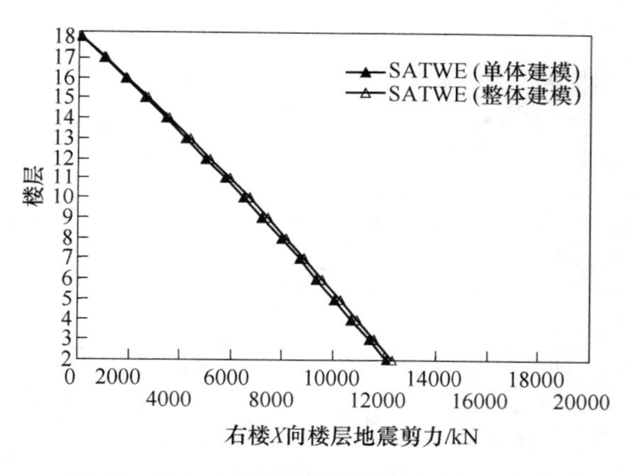

图 43 *X* 向地震剪力不同模型对比（右塔）

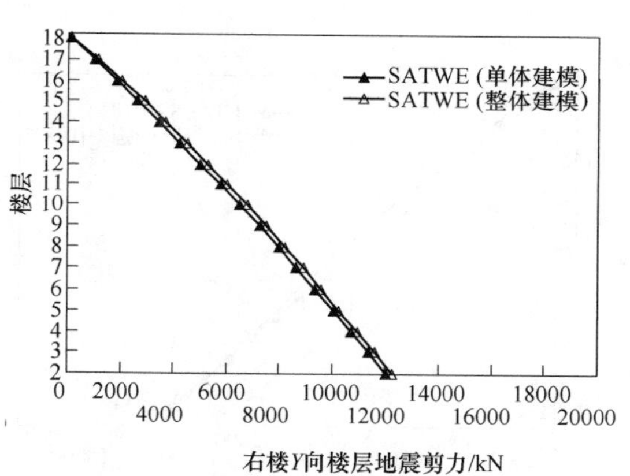

图 44 *Y* 向地震剪力不同模型对比（右塔）

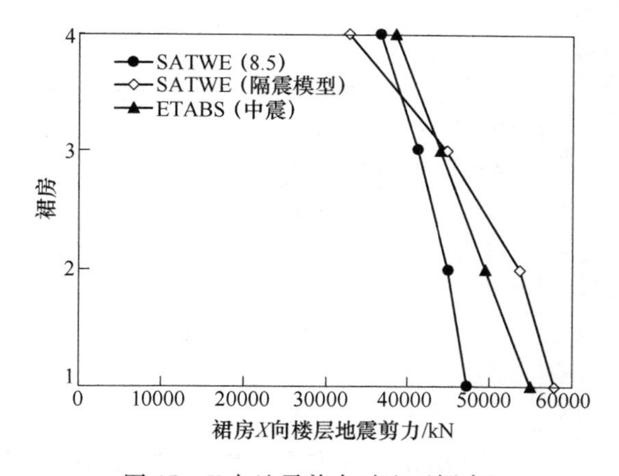

图 45 *X* 向地震剪力对比（裙房）

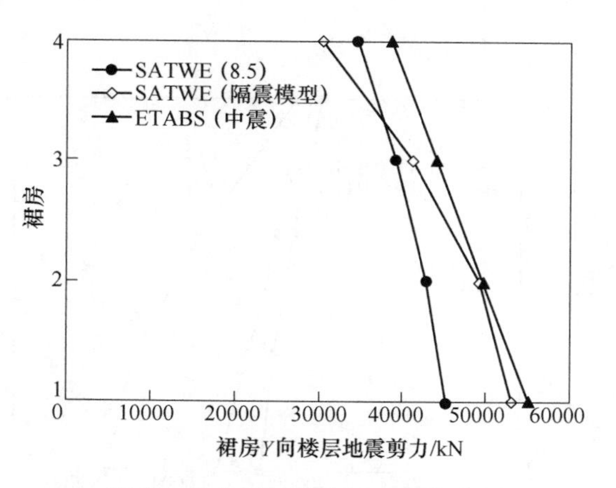

图 46 *Y* 向地震剪力对比（裙房）

地震剪力（8.5 度基本烈度地震作用）见图 47 ~ 图 49。

（2）裙房楼层位移（8.5 度多遇地震）见图 50。

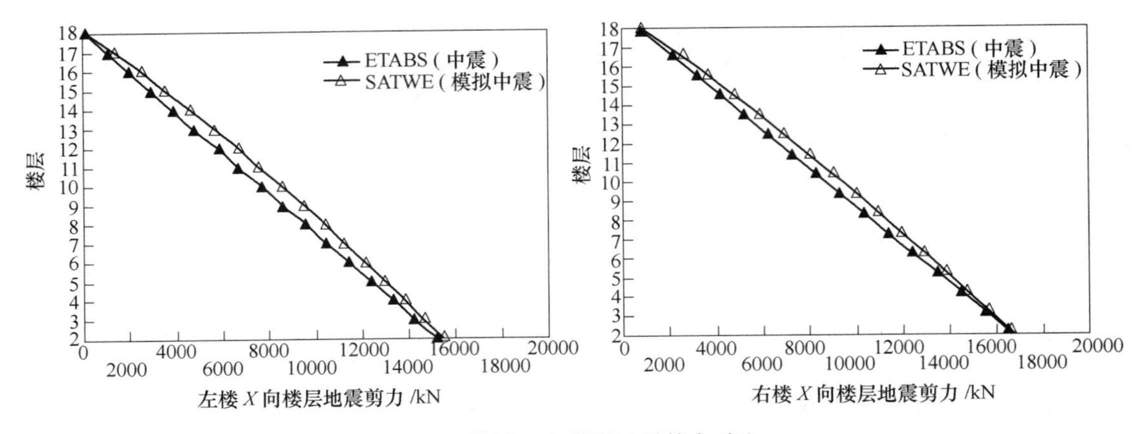

图 47　塔楼 X 向楼层地震剪力对比

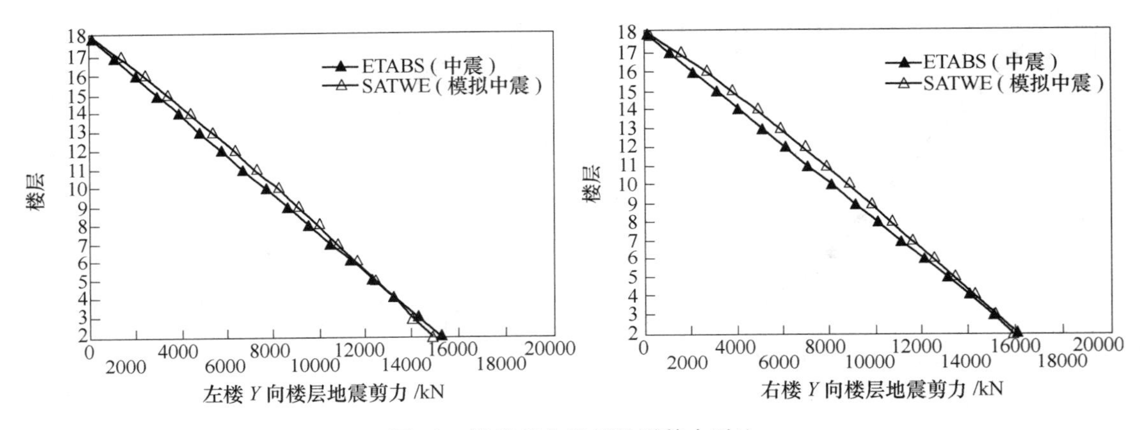

图 48　塔楼 Y 向楼层地震剪力对比

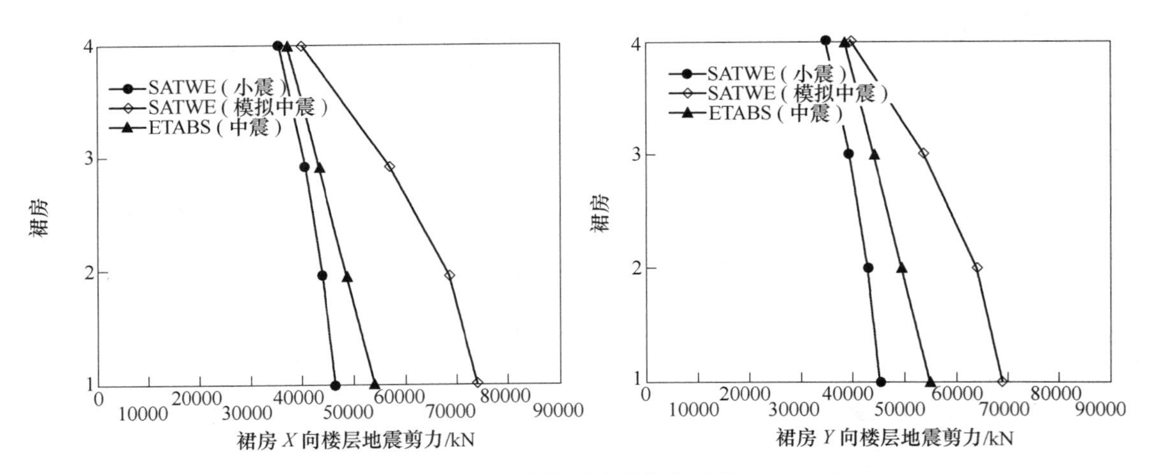

图 49　裙房楼层地震剪力对比

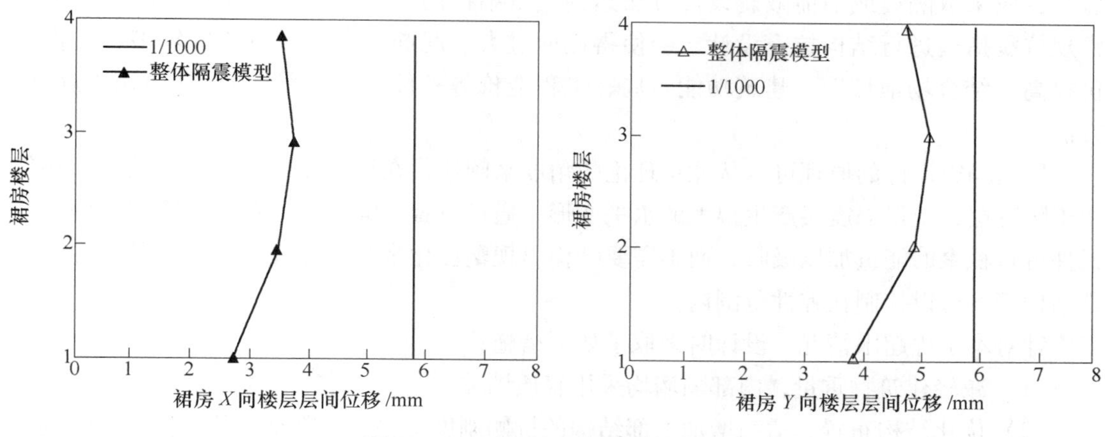

图 50　X 向和 Y 向层间位移（裙房）

（3）结果分析。

1）与非隔震结构相比，隔震结构的基本自振周期由 1.65s 延长至 3.59s，远离场地的卓越周期。隔震后的结构主要以平动为主，并显著减少了扭转和高阶振型的不利影响。

2）隔震后的单体建模和整体建模得到的结构自振周期、楼层剪力等结果非常接近，隔震层以上的分析与设计可以按单体建模进行。

3）若不考虑隔震层的非线性特性（由铅芯、黏滞阻尼器等非线性元件提供），仅考虑对隔震层等效刚度的模拟，则结构底部的地震剪力将可能大于非隔震结构的底部剪力，甚至超过基本设防烈度地震（中震）作用下的地震剪力（ETABS 隔震分析结果）。

4）对比 8.5 度基本烈度地震作用下的 SATWE 模拟隔震结果与 ETABS 时程分析结果，对裙房的地震剪力，模拟隔震的结果均大于 ETABS 中震的结果，可作为中震分析的设计依据。

5）裙房各楼层的竖向构件的最大水平位移和层间位移与该楼层平均值的比值满足《高层建筑混凝土结构技术规程》（JGJ 3—2002）第 4.3.5 条要求。

4.3　隔震设计超限情况

（1）建筑结构高度不符合现行《建筑抗震设计规范》（GB 50011—2001）第 5.1.2 条之 1 要求的 $H<40$m，且可采用底部剪力法计算分析的结构。

（2）结构体系的基本自振周期大于现行《建筑抗震设计规范》（GB 50011—2001）第 12.1.3 条之 1 要求的不隔震时的结构基本周期 1.0s。

（3）隔震层设于裙房屋面和塔楼之间，属于大底盘隔震结构。

4.4　层间隔震设计方法及超限对策

按《建筑抗震设计规范》（GB 50011—2001）第 3.8 条规定，处于设防高烈度区的建筑，应采取隔震或消能减震设计方法达到建筑结构的安全、可靠。在高烈度区若采用常规抗震措施进行结构抗震设计，会使得截面过大、配筋过多，材料花费较多，工程造价提高。结合场地环境、建筑功能布局、工程造价等条件，该工程采取了层间隔震设计方法。

层间隔震设计的原理可以从能量理论的角度来阐述，在地震作用下，结构的变形将集中于隔震层，使得隔震层产生很大的水平变形，通过设置在隔震层的铅芯、阻尼器等耗能元件可将积聚的能量加以吸收，而不需要结构出现塑性化来吸收地震能量，上部结构和下部结构基本可以控制在弹性范围内。

针对本工程超限情况，设计时采取了如下措施：

（1）减轻建筑物重量，内部隔墙均采用轻质墙体。

（2）优化结构布置，适当增加上部结构的抗侧刚度，提高上部结构的整体性；隔震层以下结构（裙房）利用楼电梯间的位置设置剪力墙，增大整个裙房结构的刚度及强度。

（3）选用较大直径的橡胶隔震支座，并控制其竖向平均压应力不大于15MPa（丙类建筑）和罕遇地震作用下的拉应力不大于1.0MPa，瞬时最大竖向压应力不大于25MPa，控制隔震系统的偏心率小于3%。

（4）对隔震层上下结构楼板加强刚度和强度，楼板厚度不小于180mm，双层双向配筋且配筋率不小于0.25%。

（5）加强大底盘以下柱的抗震构造措施，对部分轴压比较大的柱设置芯柱、箍筋通长加密以提高其延性；隔震层剪力墙下转换梁设置型钢，并考虑竖向地震作用工况。

（6）在上部结构的周边设置隔震缝，缝宽不小于在罕遇地震下的最大水平位移的1.2倍，保证上部结构的变位空间。上部结构和下部结构之间设置完全的水平隔离缝，用软性材料填充。走廊、楼梯、电梯等部位应无任何障碍物。对穿过隔震层的设备配管、配线，应采用柔性连接或其他有效措施以适应隔震层的罕遇地震水平位移。

（7）合理配置铅芯橡胶支座、天然橡胶支座和阻尼器，控制隔震支座的拉、压应力，保证隔震结构的抗倾覆能力，对隔震支座进行竖向承载力的验算和罕遇地震下水平位移的验算，使其满足规范要求。

（8）与隔震层连接的下部构件（如下支墩、与阻尼器相连构件等）的地震作用和抗震验算，应采用罕遇地震下隔震支座的竖向力、水平力和力矩进行承载力计算，并加强相关连接构造的设计。

（9）隔震层以上结构抗震措施的要求，可依据隔震分析得到的地震作用确定，与抵抗竖向地震作用有关的抗震构造措施不降低，仍按设防烈度为8.5度来考虑。

（10）隔震层上部各楼层的水平地震剪力应符合该地区设防烈度（8.5度）的最小地震剪力系数的规定，取 $\lambda=4.8\%$。

（11）隔震层以下结构（大底盘及基础）仍按本地区8.5度抗震设防烈度进行，隔震塔楼下的大底盘中支承塔楼结构的相关构件，应满足嵌固的刚度比和设防烈度下的抗震承载力要求，并按罕遇地震进行抗剪承载力的验算。现行规范对大底盘没有设计条文，以上参照《建筑抗震设计规范》征求意见稿的要求。

5 下部结构及基础设计

5.1 基础设计

该工程采用天然地基，基础设计等级为甲级，基础形式为钢筋混凝土筏板基础，主楼筏板厚1.8m，埋深为11.20～12.50m，持力层为②层粉质黏土。

5.2 地下室设计

该工程为附建式地下人防工程。按平战结合原则设计，设3个核六级防护单元。地下室共2层，负一层为非人防地下室，主要层高为4.9m，负二层为核六级甲类人防地下室（局部为非人防区），主要层高5.4m，局部有夹层。夹层部分层高从上到下分别为2.9m、2.8m、4.6m。地下室防水等级为二级。

各部分结构尺寸如下：

负一层：现浇顶板厚250mm，无梁板厚350mm，顶板梁400mm×800mm，柱帽1600mm×1600mm×500mm，外墙厚度400mm；

负二层：现浇顶板厚300mm，顶板梁500mm×1000mm，外墙厚500mm，临空墙300mm；

自行车库夹层：无梁板厚250mm，柱帽1600mm×1600mm×400mm；

柱尺寸：800mm×800mm，1100mm×1100mm；

底板厚：500mm、1900mm、2200mm；

基础垫层：100厚1:1砂石，100厚C15素砼找平。

5.3 基础埋深验算

基础埋深为11.20m（主楼部分12.50m），埋置深度与主楼高度比为1/5.9，满足《高层建筑混凝土结构技术规程》（JGJ 3—2002）1/18的要求。

5.4 差异沉降处理

为适应高层建筑与低层建筑之间的沉降差异，拟在高层建筑与低层建筑之间设沉降后浇带，待沉降稳定后封闭。

6 构造要求与施工维护

6.1 构造要求

6.1.1 基础构造要求

根据《建筑抗震设计规范》（GB 50011—2001）2008新版中第12.2.9条和《叠层橡胶支座隔震技术规程》（CECS 126:2001）中第4.5.1、4.5.3条的规定，隔震层以下的结构（包括支墩、柱、地下室等）的地震作用和抗震验算应按照罕遇地震作用下隔震支座底部的水平剪力竖向力及其偏心距进行计算，而基础仍按照规定设防烈度进行验算。

隔震支座设置在支墩顶面，隔震支座传递给支墩和基础的荷载有：轴力 N、剪力 V，轴向力偏心距为 $U_x(U_y)$（U_x，U_y）为隔震层在多遇或罕遇地震作用下的 X 向或 Y 向最大水平位移。隔震支座最大水平剪力设计值 V，根据隔震层在 8 度多遇或罕遇地震作用下的水平剪力，按各隔震支座的水平刚度分配，并应考虑由于支墩高度引起的附加弯矩。

6.1.2　隔震层构造要求

（1）在剪力墙下部容易出现拉应力的隔震支座位置处，宜设置抗拔装置。

（2）隔震支座应与上部结构、下部结构有可靠的连接，隔震支座的轴线应与柱、墙轴线重合。

（3）与隔震支座连接的梁、柱、墩等应具有足够的水平抗剪和竖向局部抗压承载力，并采取可靠的构造措施，如加密箍筋或配置网状钢筋，抗震墙下托墙梁需设计及构造加强，见图 51。

图 51　典型的橡胶隔震支座的连接

（4）穿过隔震层的竖向管线（含上下水管、通风管道、避雷线）应符合下列要求：直径较小的柔性管线在隔震层处应预留足够的伸展长度，其值不应小于 500mm；直径较大的管道在隔震层处应采用柔性接头，并能保证发生 500mm 以上的水平变形。图 52 给出了一种柔性导线连接方法。

图 52　隔震层柔性导线连接图

（5）隔震层所形成的缝隙可根据使用功能的要求，采用柔性材料封堵、填塞，以保证隔震层可以在地震下水平移动。

（6）上部结构及隔震层部件应与周围固定物脱开。与水平方向固定物的脱开距离不宜小于500mm；与竖直方向固定物的脱开距离应取为20mm。

6.1.3　上部结构构造要求

（1）隔震层顶部采用现浇钢筋混凝土梁板结构；隔震支座附近梁、柱应考虑冲切和局部承压，加密箍筋并根据需要配置网状钢筋。

（2）隔震层顶部的纵、横梁和楼板体系应作为上部结构的一部分进行计算和设计。

6.2　施工维护

6.2.1　施工安装

（1）支承隔震支座的支墩（或柱）其顶面水平度误差不宜大于5‰；在隔震支座安装后隔震支座顶面的水平度误差不宜大于8‰。

（2）隔震支座中心的平面位置与设计位置的偏差不应大于3.0mm；单个支座的倾斜度不大于1/300。

（3）隔震支座中心的标高与设计标高的偏差不应大于5.0mm。

（4）同一支墩上多个隔震支座之间的顶面高差不宜大于2.0mm。

（5）隔震支座连接板和外露连接螺栓应采取防锈保护措施。

（6）在隔震支座安装阶段应对支墩（或柱）顶面、隔震支座顶面的水平度、隔震支座中心的平面位置和标高进行观测并记录。

（7）在工程施工阶段对隔震支座宜有临时覆盖保护措施，隔震房屋宜设置必要的临时支撑或连接，避免隔震层发生水平位移。

6.2.2　施工测量

（1）在工程施工阶段应对隔震支座的竖向变形做观测并记录。

（2）在工程施工阶段应对上部结构隔震层部件与周围固定物的脱开距离进行检查。

6.2.3　工程验收

隔震结构的验收除应符合国家现行有关施工及验收规范的规定外尚应提交下列文件：

（1）隔震层部件供货企业的合法性证明。

（2）隔震层部件出厂合格证书。

（3）隔震层部件的产品性能出厂检验报告。

（4）隐蔽工程验收记录。

（5）预埋件及隔震层部件的施工安装记录。

（6）隔震结构施工全过程中隔震支座竖向变形观测记录。

（7）隔震结构施工安装记录。

（8）含上部结构与周围固定物脱开距离的检查记录。

6.2.4　隔震层维护

（1）应制订和执行对隔震支座进行检查和维护的计划。

（2）应定期观测隔震支座的变形及外观情况。

（3）应经常检查是否存在有限制上部结构位移的障碍物，并及时予以清除。

（4）隔震层部件的改装、修理、更换或加固，应在有经验的专业工程技术人员的指导下进行。

7　结论

江苏宿迁苏豪银座位于宿迁市地震高烈度区，为了提高建筑物的抗震性能，进一步降低结构工程造价，对江苏宿迁苏豪银座采用了层间隔震设计。

隔震建筑隔震层以上的结构在 8 度多遇地震作用下各楼层地震剪力较非隔震结构在 8 度多遇地震作用下楼层地震剪力有了较大降低。共采用 56 个隔震支座，最大直径为 1200mm，13 个滑板支座及 16 个黏滞阻尼器。减震系数达到 0.51，结构周期从非隔震的 1.64s 延长到隔震结构的 3.74s，隔震支座大震下最大位移为 372mm，使得隔震结构的抗震性能大大提高，上部结构按照实际的剪力分布进行设计，并满足最小剪重比的要求。

附录　江苏宿迁苏豪银座参与建设单位及人员信息

项目名称	宿迁苏豪银座项目		
设计单位	南京市建筑设计研究院有限责任公司 + 南京工业大学建筑技术发展中心		
用　途	商　住	建设地点	江苏宿迁
施工单位	江苏兴邦建工集团有限公司	施工图审查机构	江苏省建设工程设计施工图审核中心
工程设计起止时间	2009.6 ~ 11	竣工验收时间	2012.5

参与本项目的主要人员：

序号	姓　名	职　称	工 作 单 位
1	左　江	教授级高工	南京市建筑设计研究院有限责任公司
2	章征涛	高　工	南京市建筑设计研究院有限责任公司
3	黄志诚	高　工	南京市建筑设计研究院有限责任公司
4	夏　乐	研究员级高工	南京市建筑设计研究院有限责任公司
5	夏长春	研究员级高工	南京市建筑设计研究院有限责任公司
6	樊　嵘	高　工	南京市建筑设计研究院有限责任公司
7	刘伟庆	教授博导	南京工业大学
8	王曙光	教　授	南京工业大学
9	杜东升	副教授	南京工业大学

案例3　北京银泰中心

1　工程概况

1.1　建筑结构概况

北京银泰中心位于北京市朝阳商业中心区（CBD）核心地带，北临长安街，东接东三环，与国贸大厦隔街相望。该项目占地3.13万平方米，场地东西长247m，南北146m，总建筑面积35万平方米。其中，地上建筑面积约26万平方米，地下4层，建筑面积约9万平方米。此大型群体建筑由A座酒店住宅楼，B、C座办公楼和裙房组成，3座塔楼平面呈品字形分布，地上部分与裙房以伸缩缝、抗震缝完全断开。其中A塔楼63层，结构总高度249.9m；B、C塔楼42层，结构总高度186m。由于A塔楼相对B、C塔楼较复杂，所以下面研究主要以A塔楼为主。

1.2　钢结构A塔楼概况

A塔楼的结构体系为外框钢框架-内筒支撑钢框架+组合楼板的纯钢结构超高层建筑。外框筒平面尺寸为39.5m×39.5m，高宽比6.32，标准层高3300mm，普通柱距为5m。内筒平面尺寸15.6m×15.6m，柱距不大于4.725m，柱间设置钢支撑。外筒、内筒的4个角采用箱型钢柱，外筒的其他钢柱采用扁十字形截面和工字形截面，钢柱高1200mm，沿外筒四周布置，内筒的其他钢柱采用工字形截面，钢柱高900mm，沿内筒四周布置。5层以下楼层的层高比上部楼层的层高要大，为防止结构的层间侧向刚度下柔上刚，在下部5层除内筒设置柱间支撑外，外筒在合适的位置也设置了柱间支撑，以提高下部楼层的抗侧刚度。建筑沿高度分别在17层、33层、46层和55层设有4个设备层。A塔楼见图1。

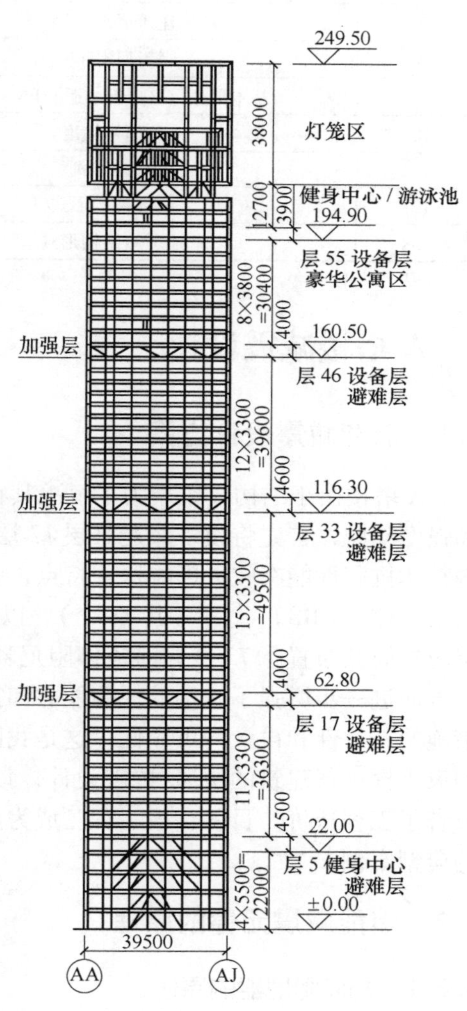

图1　北京银泰中心A塔楼剖面

2　结构设计主要参数

结构设计主要参数见表 1。

表 1　结构设计主要参数

序　号	基本设计指标	参　　数
1	建筑结构安全等级	一级
2	结构设计使用年限	50 年
3	建筑物抗震设防类别	丙类
4	建筑物抗震设防烈度	8 度
5	基本地震加速度值	0.20g
6	设计地震分组	第一组
7	建筑场地类别	Ⅱ类
8	特征周期/s	0.38
9	基本风压（100 年一遇）/$kN \cdot m^{-2}$	0.5
10	地面粗糙度	C 类
11	基础形式	桩筏基础
12	上部结构形式	纯钢框筒结构
13	地下室结构形式	框架-剪力墙

3　A 塔楼减震设计

3.1　消能减震设计方案

A 塔楼由于结构较柔，为了解决其在风荷载作用下的舒适度问题和地震作用下的刚度和强度问题，首先将设备兼避难层 17 层、33 层和 46 层设置成加强层，利用伸臂桁架对结构整体抗震性能有较大影响这一特点，将伸臂桁架在内外框筒之间的钢支撑用无黏结屈曲约束支撑（UBB）代替（共 48 个），以增强结构的抗震性能。同时，在建筑的 44 层 ~ 56 层内外筒共布置了 73 个黏滞流体阻尼器，一方面很好地解决了风振下的舒适度问题；另一方面进一步增强了结构的耗能能力和抗震性能。最后，通过弹塑性时程分析验证了这些措施的有效性和设计的可靠性。这是我国首次在超高层建筑中采用黏滞流体阻尼器和屈曲约束支撑进行建筑的抗风/抗震设计，该项技术的使用既保证和提高了结构的安全性，又节省了工程造价。目前，该工程已成为国内消能减震技术在超高层钢结构建筑中成功应用的典型案例。

3.2　消能减震元件的原理

3.2.1　黏滞阻尼器的原理

黏滞阻尼器是一种无初始刚度、速度相关型的阻尼器，应用于建筑结构的被动控制。其核心部分是一液压装置，包括导杆、汽缸、活塞、阻尼孔、密封材料和阻尼材料（阻尼介质）等几部分。该工程采用的黏滞阻尼器见图2。

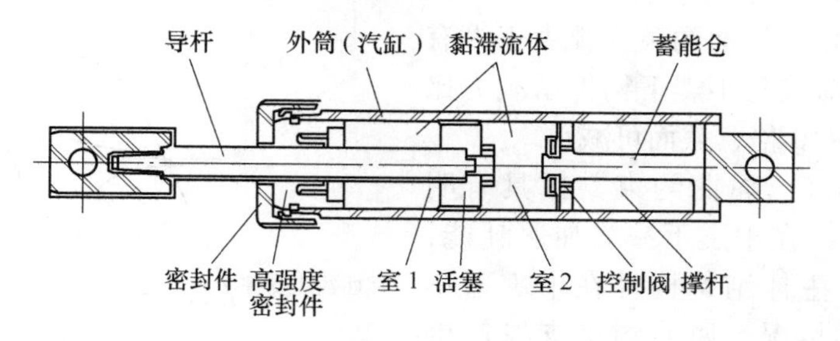

图2 黏滞阻尼器构造图

与结构共同工作的黏滞阻尼器在活塞移动时会在活塞两边的阻尼介质中产生压力差，使其通过阻尼孔产生阻尼力，以达到消能减振的目的。在结构中设置多个黏滞阻尼器后其阻尼力矩阵［$\boldsymbol{F}$］可表示为：

$$[\boldsymbol{F}] = [\boldsymbol{C}]g[\boldsymbol{V}^{\alpha}]g[\boldsymbol{I}] \tag{1}$$

式中，［$\boldsymbol{C}$］为阻尼矩阵；［$\boldsymbol{V}$］为阻尼器两端点间相对运动速度矩阵；［$\boldsymbol{I}$］为阻尼器空间定位矩阵；α为阻尼指数，工程中α取0.4。此外阻尼力还与活塞面积、阻尼孔大小和长度、振动频率、温度、阻尼材料类别等因素有关。

3.2.2 屈曲约束支撑（UBB）的原理和优点

3.2.2.1 屈曲约束支撑的原理

屈曲约束支撑是一种位移相关型的消能减震构件，其内核钢支撑和外包钢管之间不黏结，或者在内核与外包钢筋混凝土或钢管混凝土之间涂屈曲约束漆形成滑移界面，而且仅内核钢支撑与框架结构连接，以保证压力和拉力都只由内核钢芯承受。它是一种线性屈曲约束支撑，在受压情况下其芯材的屈曲受到周围材料的约束，解决了芯材的失稳问题，从而具有与受拉情况下同样的性质，能够提供稳定而饱满的滞回曲线，有利于在中震和大震阶段吸收地震能量。

3.2.2.2 屈曲约束支撑相对于普通支撑的优点

屈曲约束支撑一方面可以避免普通支撑拉压状况下承载力差异显著的缺陷；另一方面具有钢材屈曲的耗能能力，可以在结构中充当第一道防线的作用，从而保护主体结构的其他受力构件。因此，屈曲约束支撑的应用可以全面提高传统的支撑框架在中震和大震下的抗震性能。屈曲约束支撑与普通支撑相比（见表2），在受拉、受压状态下进入屈服后，滞回性能饱满优良，见图3。

表2 屈曲约束支撑与普通支撑的对比

震级	传统支撑结构		屈曲约束支撑结构	
	主体结构	普通支撑	主体结构	屈曲约束支撑
小震	弹性	弹性	弹性	弹性
中震	刚进入弹塑性	屈曲	弹性	塑性（耗能）
大震	弹塑性（变形大）	屈曲	弹塑性（变形相对较小）	塑性（耗能）
中震后	拆除损坏部分，修复损坏的部分，此过程影响建筑使用		检查有无损坏，若有则进行更换，此过程不影响建筑使用	

屈曲约束支撑的主要优点：

（1）小震经济。屈曲约束支撑由于没有受压问题，在风荷载与小震下构件承载力比普通支撑提高 3 ~ 10 倍，截面可减小。

（2）中震不坏。屈曲约束支撑具有明确的屈服承载力，在中震下率先屈服耗能，保护梁柱等重要主体结构构件在中震下不屈服。一般中震情况，屈曲约束支撑产生的塑性变形并不大，经过检查后大部分可以继续使用。

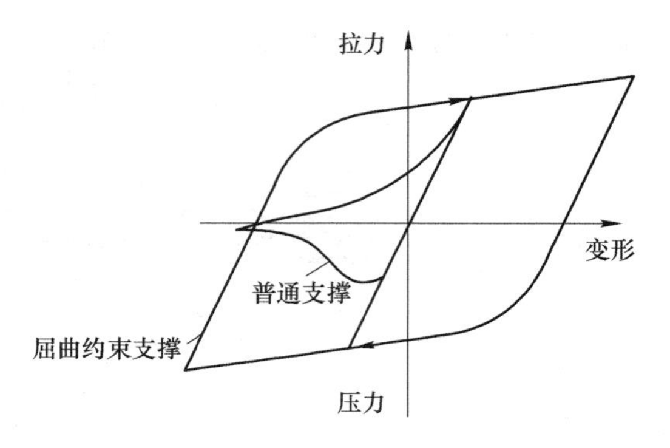

图 3　屈曲约束支撑与普通支撑滞回性能的对比

（3）大震安全。屈曲约束支撑在弹塑性阶段工作时，变形能力强、滞回性能好，比同类结构抵御大震的能力更强。

（4）适用范围广。屈曲约束支撑的类型很多，对于不同的结构体系可以选用不同的支撑形式，如墙板型、独立构件型和 H 型钢型等，该工程采用了独立构件型屈曲约束支撑。

3.3　消能减震元件的布置

3.3.1　黏滞阻尼器的布置

一般来说，阻尼器的布置主要考虑以下几个因素：

（1）将耗能阻尼器设置在会产生较大层间位移和相对速度的楼层，振动控制效果最好，性价比最高。

（2）阻尼器应尽量在结构的两个主轴方向上对称设置。在地震、风振作用的随机方向上，阻尼器均能够提供阻尼作用。

（3）阻尼器在结构的同一个方向上也应结合结构刚度情况均匀设置。同一个方向上，相互平行的多排框架结构的耗能能力应保持一致，避免结构耗能不均衡。

（4）阻尼器与主体结构的连接应尽量做到使阻尼力传力路径简洁、节点受力合理。黏滞阻尼器有线性和非线性之分，相对于线性阻尼器，非线性阻尼器可以在受力较小的情况下吸收更多的能量，滞回曲线也更饱满，该工程项目采用了非线性黏滞阻尼器，在罕遇地震作用下，构件的组合内力控制在 1200kN 以内。为避免黏滞阻尼器在罕遇地震下破坏，其设计内力也定为 1200kN。由于建筑功能的限制，阻尼器的平面布置在一些楼层是不对称的，工程中选用了两种不同阻尼系数的黏滞阻尼器，以保证这些楼层在两个垂直方向的耗能能力基本相同，两种阻尼器的设计参数见表 3。

表 3　黏滞阻尼器设计参数

阻尼器编号	设计内力/kN	阻尼系数 C/kN · (s/m)$^{-\alpha}$	速度指数 α	最大行程/mm
Damper1	1200	2000	0.4	100
Damper2	1200	1500	0.4	100

在该项目中，A 塔楼在 44 层 ~ 56 层内外筒共布置了 73 个黏滞阻尼器，其中 X 方向（南北向）35 个、Y 方向（东西向）38 个。外筒由于建筑功能要求，仅在设备层 46 层和

55层分别布置了7个阻尼器，内筒自44层起基本连续布置有阻尼器，平面上也尽量对称分布，各楼层阻尼器分布情况见表4，平面布置见图4，完成布置的阻尼器见图5。

表4　黏滞阻尼器空间布置列表　　　　　　　　　　　　　　　　　　　（个）

楼层编号	外　筒			内　筒				
	东（西）	南（北）	合计	东	西	南	北	合计
56				3	1	3	2	9
55	2（2）	1（2）	7	3	3	3	1	10
47～54				1	1	1	1	32
46	2（2）	1（2）	7					
45				1	1	1	1	4
44				1	1	1	1	4
总计	8	6	14	16	14	16	13	59

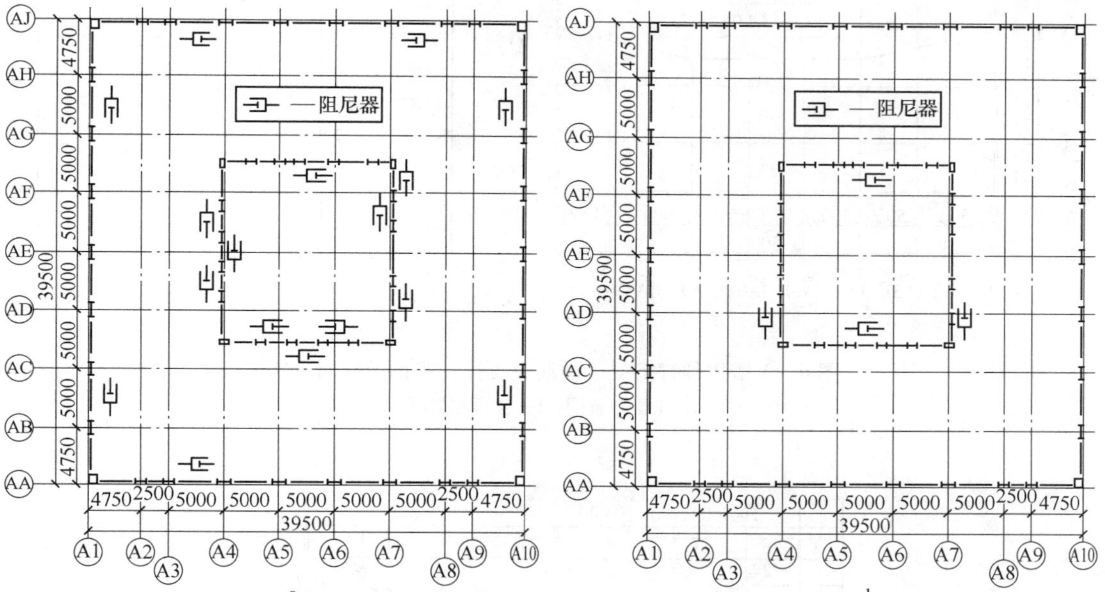

图4　黏滞阻尼器平面布置图

a—黏滞阻尼器在层55的平面布置图；b—黏滞阻尼器在44～45、47～54层的平面布置图

3.3.2　屈曲约束支撑的布置

钢结构主楼内外框筒之间的柱距为12.25m，支撑长度约7.5m。对于普通钢支撑，为保证局部稳定和平面外稳定，支撑截面会较大，相对刚度也随之增大。该工程采用48根屈曲约束支撑替代内外筒之间的钢支撑，不仅改善了结构的抗震性能，同时支撑截面的减少也保证了结构层

图5　阻尼器完成布置图

间刚度的均匀性。屈曲约束支撑的平面与立面布置形式见图 6，屈曲约束支撑详图见图 7，施工后现场照片见图 8。

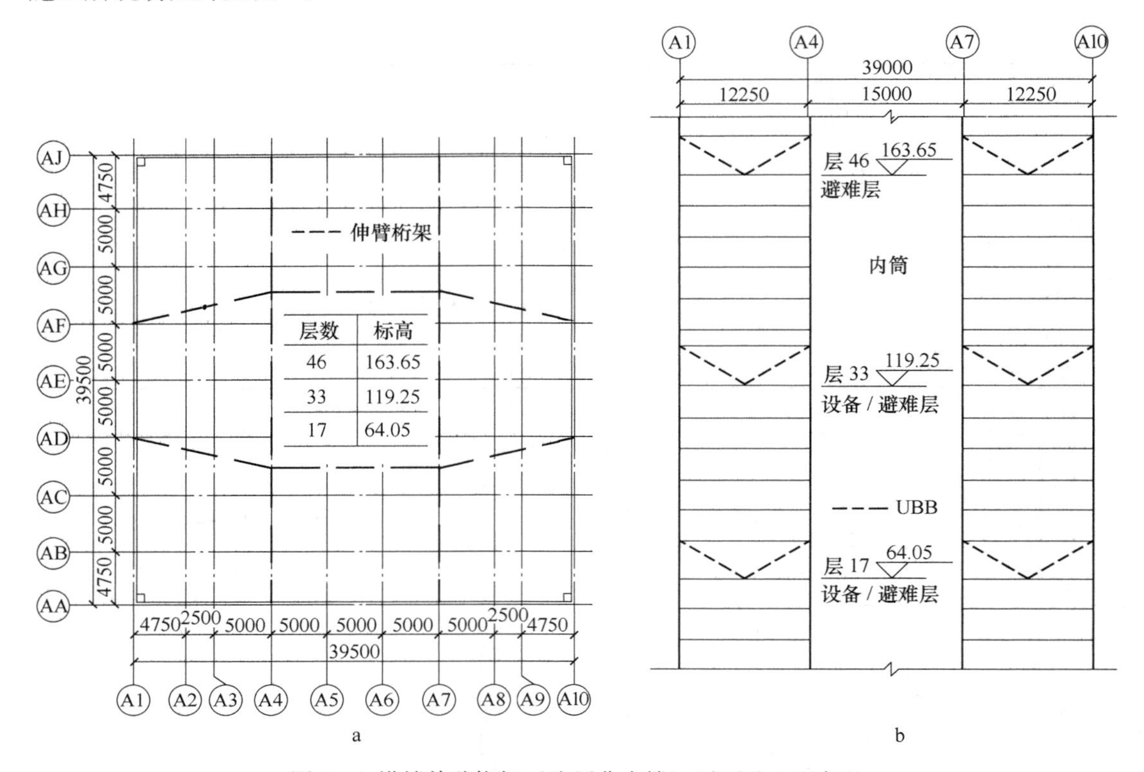

图 6　A 塔楼伸臂桁架（防屈曲支撑）平面及立面布置

a—平面布置图；b—立面布置图

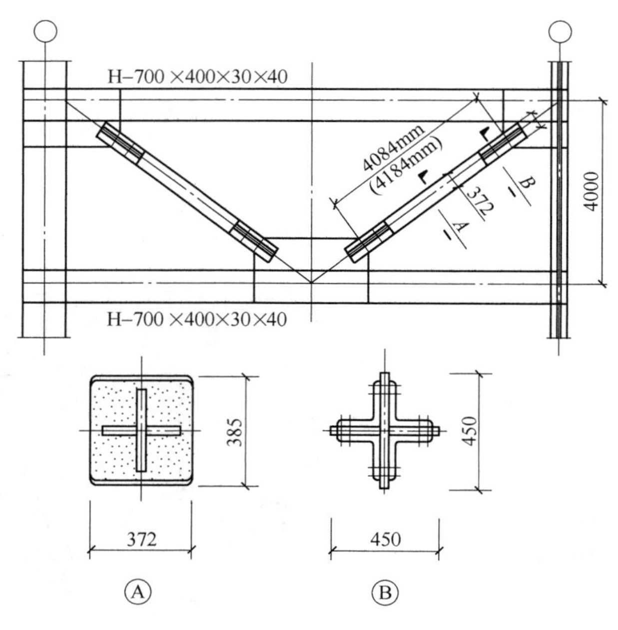

图 7　层屈曲约束支撑详图

3.4　黏滞阻尼器的计算分析

结构在风荷载作用下的位移分为顺风向位移和横风向位移两部分，风荷载的模拟也依据结构位移的这一特点分为顺风向和横风向两种。以下就A塔楼在顺风向和横风向的时程计算结果进行分析说明。

3.4.1　顺风向的时程计算结果

顺风向结构顶部位移和层间位移角在减振前后的对比见图9和图10，耗能情况见图11，加速度的对比见表5。可以看出，与结构自身模态阻尼的耗能相比，阻尼器的耗能作用比较明显。

图8　屈曲约束支撑现场照片

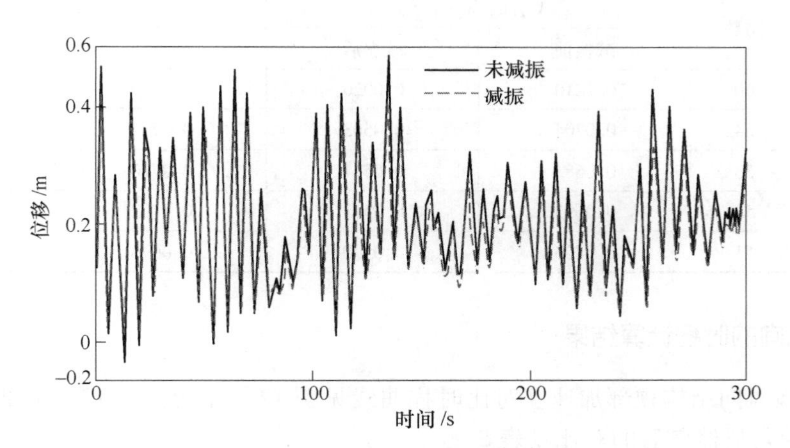

图9　顺风向结构顶部位移时程曲线

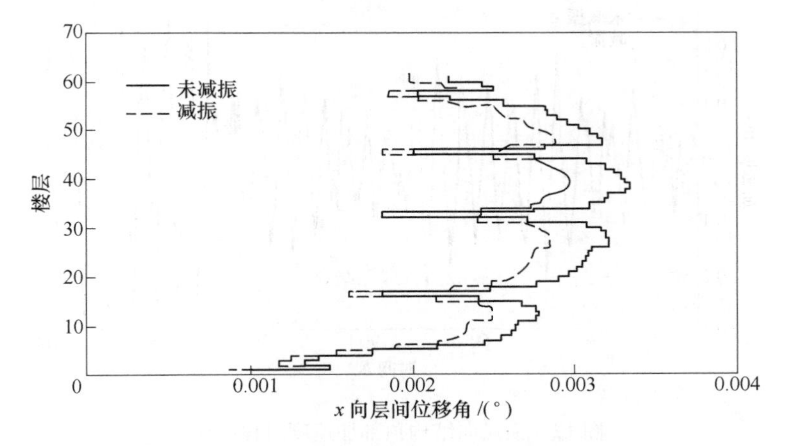

图10　顺风向结构层间位移角

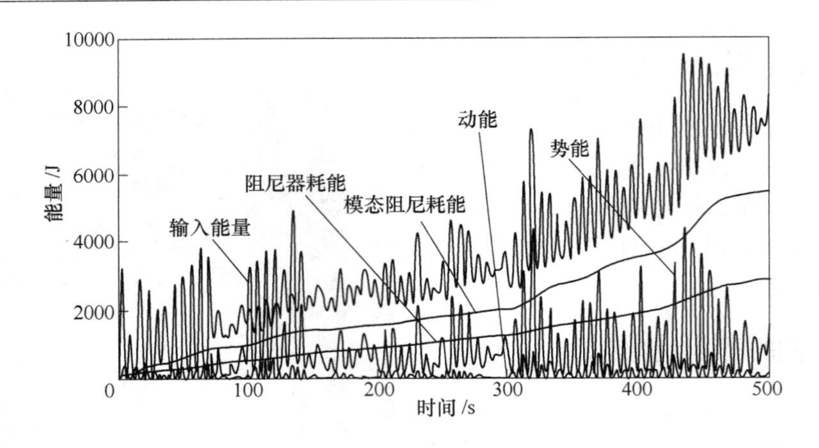

图 11 顺风向阻尼器减振能量对比图

表 5 上部楼层在顺风向的加速度

类别	层数	X 方向/m·s⁻²		Y 方向/m·s⁻²	
		减振前	减振后	减振前	减振后
顶层	60	0.1210	0.0920	0.1200	0.0910
豪华公寓	54	0.0704	0.0563	0.0734	0.0572
	53	0.0682	0.0541	0.0710	0.0551
	52	0.0693	0.0533	0.0702	0.0543
	51	0.0703	0.0570	0.0696	0.0520

3.4.2 横风向的时程计算结果

塔楼 A 横风向结构顶部加速度对比时程曲线见图 12，耗能见图 13，上部楼层横风向加速度在安装阻尼器前后的对比见表 6。

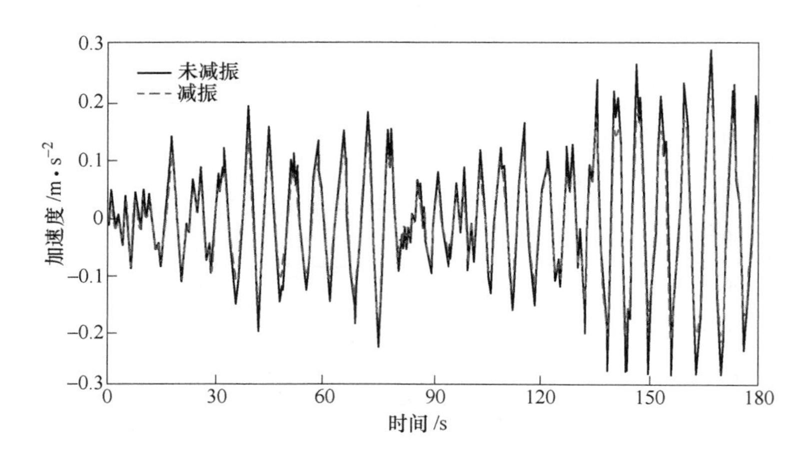

图 12 横风向结构顶部加速度时程曲线

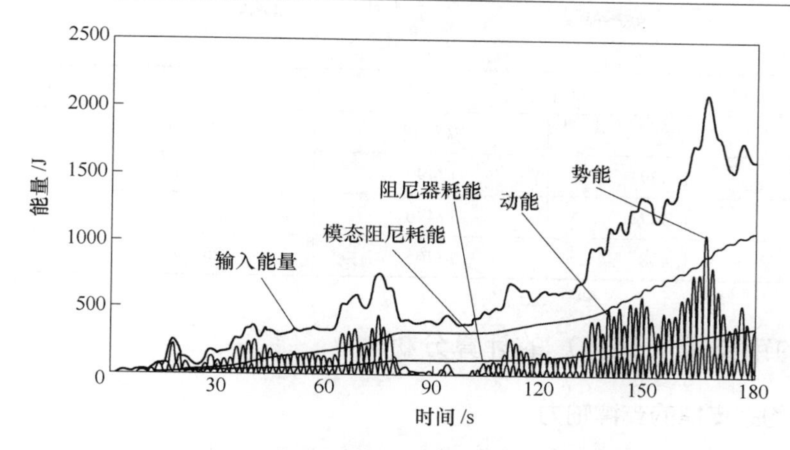

图13 横风向阻尼器减振能量对比图

表6 上部楼层在横风向的加速度

类别	层数	X方向/m·s⁻²		Y方向/m·s⁻²	
		减振前	减振后	减振前	减振后
顶层	60	0.300	0.233	0.305	0.238
豪华公寓	54	0.233	0.197	0.225	0.200
	53	0.229	0.194	0.219	0.198
	52	0.225	0.192	0.213	0.196
	51	0.222	0.189	0.208	0.193

3.4.3 风荷载时程分析小结

根据《高层民用建筑钢结构技术规程》（JGJ 99—98）第5.5.1条第三款，可以计算出60层的顺风向和横风向最大加速度为0.048m/s^2、0.260m/s^2（阻尼比取1.5%），时程计算结果与之相比偏大。由计算结果可以看出，设置黏滞流体阻尼器后结构顶部加速度最大值为0.233m/s^2，小于公共建筑的加速度限值0.28m/s^2，豪华公寓的加速度为0.200m/s^2，也基本满足公寓建筑的舒适度要求。消能减振后，风荷载作用下的顶部振动加速度有较明显的减小，结构的舒适度有所提高。

3.4.4 地震作用下的计算结果

黏滞阻尼器对地震作用下的结构动力响应也有控制作用，计算中地震波选取了EL-CENTRO波、YTSI波（持续时间63.58s）和YTS4波（持续时间45s），峰值加速度为70cm/s^2。YTS4波作用下的结构时程计算结果如表7所示，从数据可知，黏滞阻尼器对地震也有一定的控制作用。

表7 YTS4波作用下的结构时程计算结果

层数	层间位移角		最大位移/mm	
	减震前	减震后	减震前	减震后
54	1/441	1/503	291.7	270.7

续表 7

层　数	层间位移角		最大位移/mm	
	减震前	减震后	减震前	减震后
53	1/429	1/490	284.1	263.8
52	1/417	1/476	276.1	256.6
51	1/408	1/465	267.7	249.2

3.5　屈曲约束支撑（UBB）的计算分析

3.5.1　屈曲约束支撑的支撑轴力

《建筑抗震设计规范》（GB 50011—2001）表 3.4.2.2 规定设备层的侧向刚度不小于相邻上一层的 70%，并且不小于其上相邻 3 个楼层侧向刚度平均值的 80%。各个荷载工况下支撑的轴力见表 8。荷载组合后的支撑内力设计值为 6210kN，综合所有支撑的内力设计值，取屈曲约束支撑的芯材屈服轴力为 6450kN。

表 8　各荷载工况下的支撑轴力　(kN)

标准值	层 17	层 33	层 46
恒　载	623	1227	1180
活　载	893	1508	1739
X 向风载	561	708	610
Y 向风载	-1919	-1698	-1629
X 向地震	2437	2295	2165
Y 向地震	-2806	-2583	-2463

3.5.2　屈曲约束支撑的 Pushover 分析

该工程采用美国伯克利大学编制的结构分析软件 ETABS 进行 Pushover 分析（静力非线性分析）。模型中，楼盖采用平面内无限刚假定，屈曲约束支撑采用 Plastic 单元模拟。

结构承受的初始竖向荷载为恒载标准值 +0.5 活载标准值；侧向荷载加载模式采用了沿结构高度均匀分布的加速度分布模式，与钢柱刚性连接的梁端设置了弯矩铰（M3 铰），在各柱端设置了轴力-弯矩铰（PMM 铰），斜向支撑设置了轴力铰（P 铰）。

在结构的 *X*、*Y* 方向分别进行了 Pushover 分析，由于本结构 *X*、*Y* 方向基本对称，动力特性、刚度和强度相似，两个方向的计算结果相似，为简便起见，仅给出了 *Y* 方向的 Pushover 分析结果。

图 14 中结构沿 *Y* 方向的能力谱穿越了结构在 8 度罕遇地震的需求谱并超过了一段距离，说明该结构能够抵抗 8 度罕遇地震的作用并有一定的富余度。结构能力谱和需求谱曲线相交于一点，该点为罕遇地震性能控制点，结构在该点上的塑性变形见图 15，可以看出，塑性铰大部分都产生在钢梁端部，并且分布在结构的中下部，少量的钢柱构件下端产生了屈服程度较小的塑性铰。加强层伸臂桁架的斜撑上均出现了塑性铰，这表明在 8 度罕

遇地震作用下，屈曲约束支撑已进入塑性，可以起到耗能减震的作用。

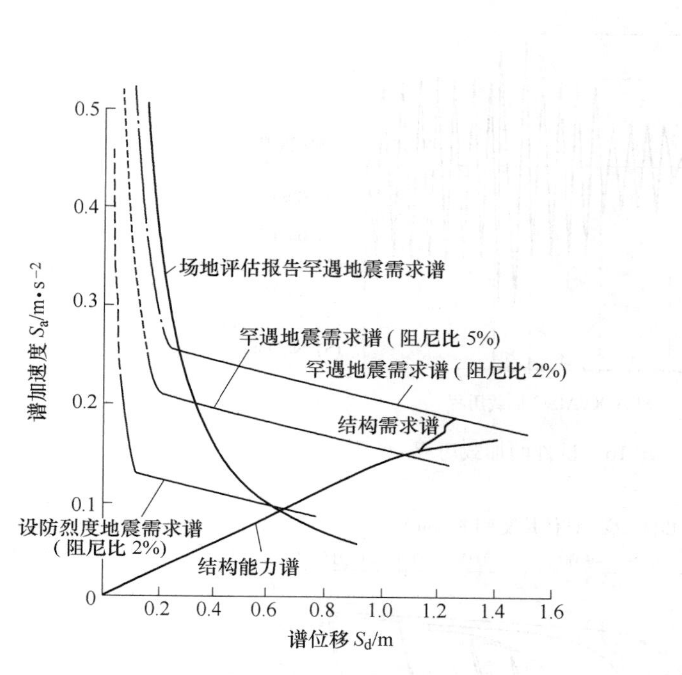

图 14　能力谱和需求谱曲线

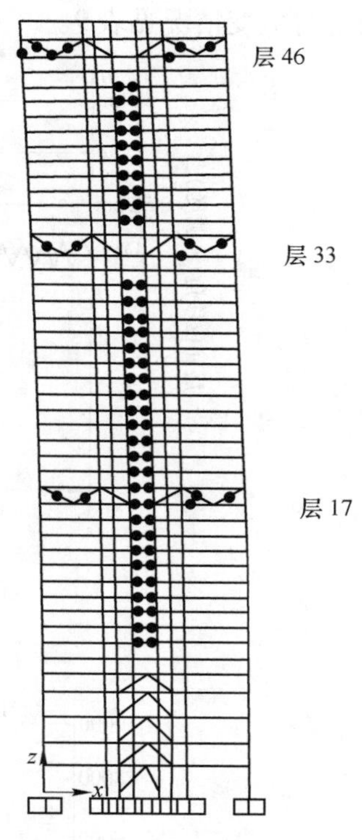

图 15　结构 A7 轴塑性铰分布图

4　屈曲约束支撑的试验分析

试验采用的试件长度为 4084mm 和 4474mm 两组，试件刚度和截面形式与设计相同。

试验的主要依据是美国钢结构协会（AISC）和美国加州结构工程师协会（SEAOC）编制的《关于屈曲约束支撑的规定》（以下简称《规定》）（Recommended Provisions for Buckling—Restrained Braced Frames）。定义 Dby 为试件第一次显著屈服时的轴向变形值。试件两端相对位移达到指定的层间塑性位移限值时，试件的轴向变形值为 Dbm。《规定》要求试件轴向变形达到 1. 5Dbm 时应仍有变形余量。《规定》中试验的加载过程如下：

（1）相应于 Dby 变形的 6 个加载循环；

（2）相应于 0. 5Dbm 变形的 4 个加载循环；

（3）相应于 1. 0Dbm 变形的 4 个加载循环；

（4）相应于 1. 5Dbm 变形的 2 个加载循环；

（5）相应于 1. 0Dbm 变形的额外加载循环，直至试件破坏，以测试试件累积非弹性轴向变形是否能够达到 140Dby 的要求。

为保证屈曲约束支撑（即本试验中的 UBB）能在预期的目标下屈服进入塑性阶段，其材料屈服强度的离散性必须得到控制，从而避免因不必要的材料强度偏大而导致 UBB 不能先于主体结构构件屈服。同时，UBB 的芯材还必须具有很大的塑性变形能力和低周疲劳性能，以保证强烈地震下 UBB 能够正常发挥其耗能作用。整个试验过程示意图见图 16。

首先是对试件进行标准历时加载，即步骤（1）~（4）加载循环。试验结果见图 17，加载各阶段芯材应变情况见表 9。

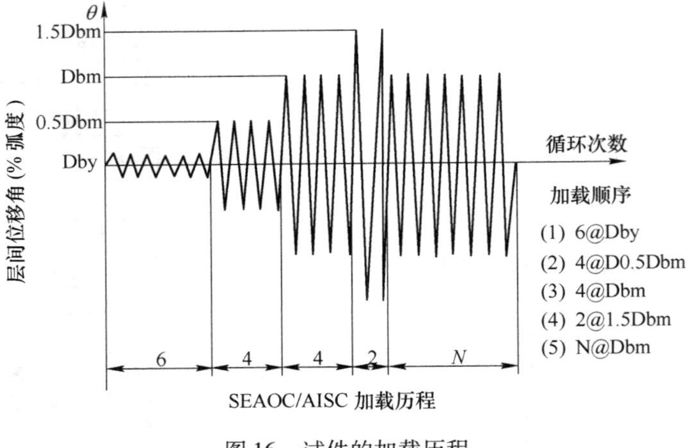

图 16　试件的加载历程

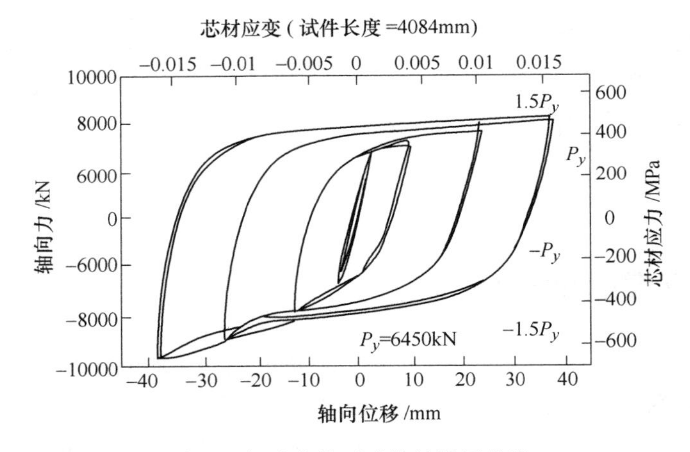

图 17　标准荷载下试件的滞回曲线

表 9　标准加载各阶段芯材应变列表

层间位移角	(1/133)/0. 5Dbm	(1/67)/1. 0Dbm	(1/44)/1. 5Dbm
芯材应变/%	0. 47	1. 1	1. 62
拉压差/%	18. 92	23. 98	31. 62

从图 17 可以看出，UBB 的滞回曲线与普通钢构件梭形滞回曲线相比更饱满，这是由于外包混凝土的约束作用，导致芯材在受力过程中处于多向应力状态，从而大大提高了其耗能能力。

表 9 中层间位移角达到 1/67 时试件的轴向变形值为 1Dbm，芯材应变为 1. 1%。0. 5Dbm 的试件轴向变形对应的层间位移角为 1/133，此时的结构已进入塑性变形，芯材应变 0. 47% 也超过了其材料弹性应变范围（由虎克定律可以得到 Q235 钢材的弹性应变上

限为0.11%），进入塑性变形。1.5Dbm的试件轴向变形对应的芯材应变为1.62%。这个值在Q235钢材屈服阶段塑性应变范围（1.14%~1.71%）内，说明芯材的应变状态处于屈服阶段或者刚刚进入强化阶段，还有较大的变形余量，满足《规定》的要求。

试验过程中，拉压差呈递增趋势，由18.92%增至31.62%，说明芯材的塑性变形发展到1.5Dbm时，强度有较大的提高，芯材已进入材料强化阶段。

标准历时加载后，采用1Dbm的固定变形对试件反复加载。当完成26组循环加载后芯材发生断裂，试验终止。试验结果见图22。整个试验过程中芯材的累积塑性变形见表10。

由图18可知，低周疲劳荷载作用下，试件仍具有较好的耗能作用，滞回曲线饱满，未出现刚度和强度的突变。

表10中，1.0Dbm = 7.9Dby。试件破坏前所累积的非线性变形量达962Dby，满足140Dby的基本要求。

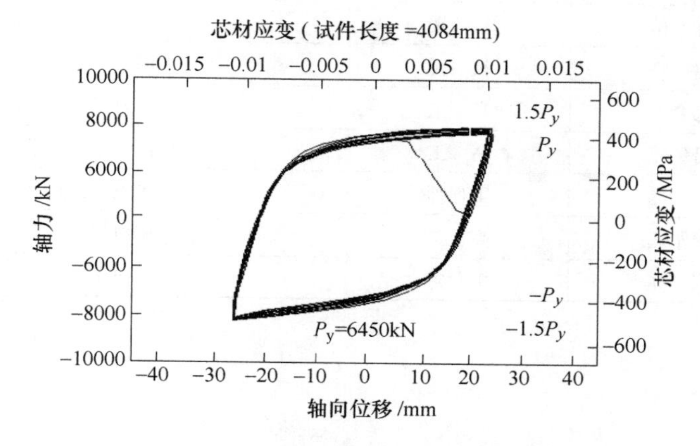

图18 试件在疲劳荷载下的滞回曲线

表10 试件累积之非线性变形量

（mm）

试验类型	循环荷载	累计轴向变形	非弹性变形/Dby	累计非弹性变形/Dby
标准荷载	6@ ±1.0Dbm	6×（4×0Dby）	0	0
	4@ ±0.5Dbm	4×（4×2.95Dby）	47.2	47.2
	4@ ±1.0Dbm	4×（4×6.9Dby）	110.4	157.6
	2@ ±1.5Dbm	2×（4×10.85Dby）	86.7	244.4
疲劳荷载	26@ ±1.0Dbm	26×（4×6.9Dby）	717.6	962

注：表中的累计非弹性变形为循环加载各阶段轴向变形绝对值之和。

5 结论

该工程采用屈曲约束支撑代替伸臂桁架中杆件长度比较大的钢支撑，解决了构件的局部稳定和平面外稳定问题，试件的试验结果表明采用的屈曲约束支撑能够满足结构的使用要求，在疲劳荷载作用下滞回曲线饱满、性能稳定。通过Pushover分析，证实设置了屈曲约束支撑后结构抗震性能得到了改善。

附录　北京银泰中心参与建设单位及人员信息

项目名称	北京银泰中心		
设计单位	中国电子工程设计院		
用　途	酒店	建设地点	北京市朝阳区
施工单位	北京城建集团有限责任公司	施工图审查机构	中国建筑科学研究院审图中心
工程设计起止时间	2005. 5 ~ 2007. 12	竣工验收时间	2008. 1

参与本项目的主要人员：

序号	姓　名	职　称	工 作 单 位
1	娄　宇	教　授	中国电子工程设计院
2	陈　柏	教　授	中国电子工程设计院
3	赵广鹏	教　授	中国电子工程设计院
4	韩合军	高　工	中国电子工程设计院
5	吕佐超	高　工	中国电子工程设计院
6	梁　晶	工程师	中国电子工程设计院
7	周军旗	高　工	中国电子工程设计院
8	张　亮	工程师	中国电子工程设计院

案例4　虹桥综合交通枢纽交通中心工程磁浮虹桥站

1　工程概况

上海磁浮虹桥站由磁浮站和磁浮与高铁连廊组成。磁浮虹桥站采用磁浮列车支承结构、地铁列车支承结构、站屋结构三者合一的结构形式。磁浮站交通用房为地下两层，地上两层，其中地上二层局部有夹层，地上二层以上的开发用房为五层。磁浮站沿磁浮运行方向长162m，地铁运行方向长170m，建筑面标高24.150m/44.650m（混凝土结构面/钢结构面）。

磁浮虹桥站主体在建筑24.150标高以下采用钢筋混凝土框架结构体系，24.150标高以上开发用房采用钢框架结构，整体结构为钢筋混凝土与钢结构结合的混合框架结构体系。其中出站夹层和商业夹层采用钢结构。钢筋混凝土框架结构楼（屋）盖采用现浇钢筋混凝土楼板，钢框架结构楼板采用钢与混凝土组合楼（屋）盖结构。钢筋混凝土屋面标高24.150m，钢结构屋面标高44.650m，地下部分二层，地下二层底板建筑面标高-16.850m，结构标高-18.470m。

2　工程设计

2.1　设计依据

本工程结构减震分析、设计采用的主要计算软件有：中国建筑科学院开发的商业软件PKPM/SATWE，进行常规分析、设计。美国CSI公司开发的商业有限元软件ETABS，非线性版本软件进行常规结构和消能减震结构的动力分析。

设计过程中，采用的现行国家标准、规范、规程及图集主要有：

（1）《建筑结构可靠度设计统一标准》（GB 50068—2001）；

（2）《建筑工程抗震设防分类标准》（GB 50223—2004）；

（3）《建筑结构荷载规范》（GB 50009—2001）；

（4）《混凝土结构设计规范》（GB 50010—2002）；

（5）《建筑抗震设计规范》（GB 50011—2001）；

（6）《建筑地基基础设计规范》（GB 50007—2002）；

（7）《建筑桩基技术规范》（JGJ 94—94）；

（8）上海市《高层建筑钢结构设计规程》（DG/TJ08-32—2008）。

2.2　结构设计主要参数

结构设计主要参数见表 1。

表 1　结构设计主要参数

序　号	基本设计指标	参　　数
1	建筑结构安全等级	一级
2	建筑物抗震设防类别	重点设防类
3	建筑物抗震设防烈度	7 度
4	基本地震加速度值	0.10g
5	设计地震分组	第一组
6	建筑场地类别	Ⅳ类
7	特征周期/s	0.90
8	基础形式	桩基础
9	上部结构形式	框架结构（0～24.150） 钢框架结构（24.150 标高以上）
10	地下室结构形式	框架结构
11	高宽比	0.275

3　减震设计

3.1　方案的选择

虹桥综合交通枢纽磁浮虹桥站地上第二层比地上第一层减少了 2/5 的框架柱。为了减小刚度突变和满足层间位移角的要求，需要在地上二层设置支撑。以下从刚度、层间位移角、经济的角度分析采用屈曲约束之撑的可行性。

3.1.1　刚度和层间位移角对比

如果选用普通钢支撑，在满足刚度需要的同时还要满足支撑本身的稳定要求，支撑要做的截面很大，就会引起地上二层的刚度过大。选用屈曲约束支撑 BRB，支撑有效截面不会太大，也会使整个结构的刚度比较适中，有利于结构抗震。

采用 BRB 支撑以后，结构第二层的刚度得到适当的加强，满足了规范对于层间位移角的要求，同时没有使得结构各层层间位移角产生较大的突变，结构各层刚度分布较为均匀，有利于结构抗震；采用普通钢支撑以后，结构第二层虽然也满足了规范对于层间位移角的要求，但是第二层层间位移角变为最小，结构各层层间位移角突变较大，也就是第二层刚度太大，结构各层的刚度突变较为严重，容易造成薄弱楼层，不利于结构抗震。图 1 显示了采用 BRB 支撑与采用普通支撑两种情况下结构层间位移角的比较

3.1.2　经济性的对比

从经济性来比较，由于 BRB 支撑实现了国产化，采用 BRB 支撑相对于采用普通支撑会节省钢材，降低造价。如果采用普通钢支撑，磁浮虹桥站需要的箱形钢支撑截面分别为

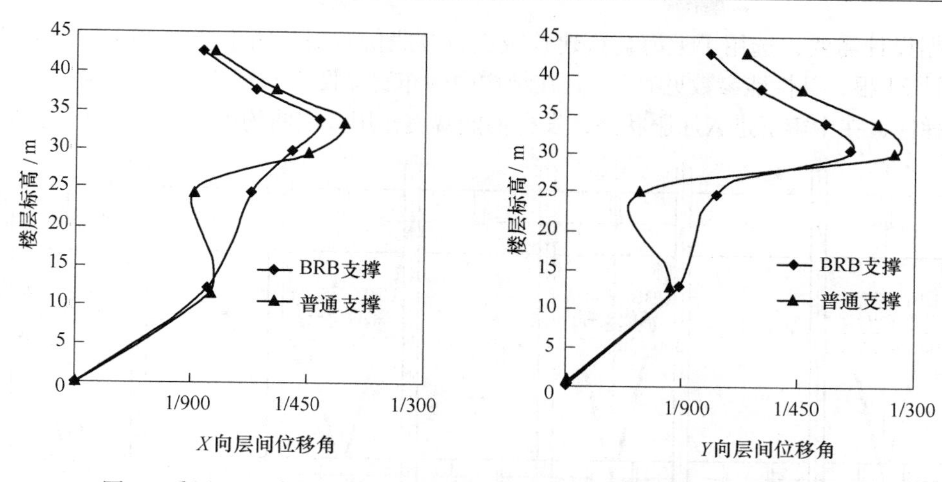

图1 采用BRB支撑与采用普通支撑两种情况下结构层间位移角的比较

800×800×80（Y向）和550×550×50（X向），支撑的用钢量大约为500t。根据本工程设计出图当时的市场价格，厚钢板材料费和钢支撑加工制作费大约为18000元/吨，普通钢支撑价格约为900万元人民币。本工程采用了同济大学研制开发、蓝科公司经销的BRB支撑，价格约为600万元人民币。两者比较，采用BRB支撑相对于采用普通钢支撑，节约了大约300万元人民币。

综上所述，如果采用普通钢支撑，在中震或者大震作用下支撑会发生受压失稳，导致地上二层结构刚度的突然下降，形成薄弱层，不利于结构的抗震。应用BRB可以增强结构在中震和大震作用下的抗震能力，因为在中震和大震作用下BRB进入屈服状态，但是不会失稳，所以不会引起结构刚度的突然下降，并且能够增大结构的阻尼，耗散输入到结构中的地震能量，减轻主体结构的损伤。

3.2 消能减震设计目标

消能减震设计目标和原则是小震下为结构二层提供合适的侧向刚度，减小刚度突变，避免出现薄弱层；中震和大震下增加结构的阻尼比，增加耗散地震能量的能力，从而减小人员伤害和经济损失。

3.3 消能元件的布置

消能元件的布置见表2。

表2 屈曲约束支撑的性能参数

型 号	TJII-1	TJII-2
个 数	8	16
屈服位移/mm	20	18
屈服荷载/t	6.96	5.91
屈服后刚度/t · cm^{-1}	0.1	0.1
极限荷载/t	7.50	6.50
极限位移/mm	100	90

根据设计需要，选用了上海蓝科建筑减震科技股份有限公司生产的 TJII 型屈曲约束支撑，共计 24 根，其性能参数见表 2。其在结构中的布置见图 2 和图 3。设计中要求其在小震下保持弹性，在中震下进入屈服状态，发挥消能减震作用。屈曲约束支撑的设计计算见表 3。

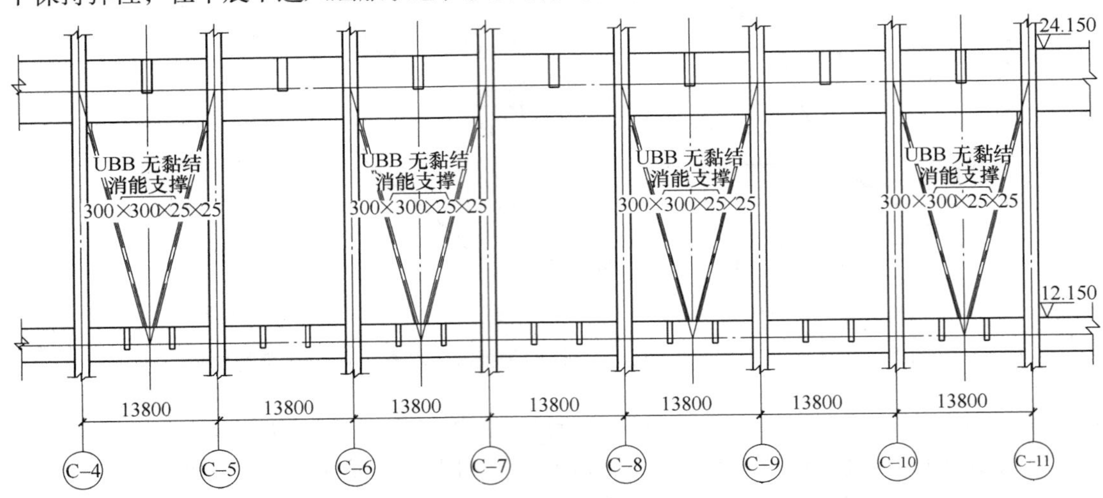

图 2　*X* 方向支撑立面布置图

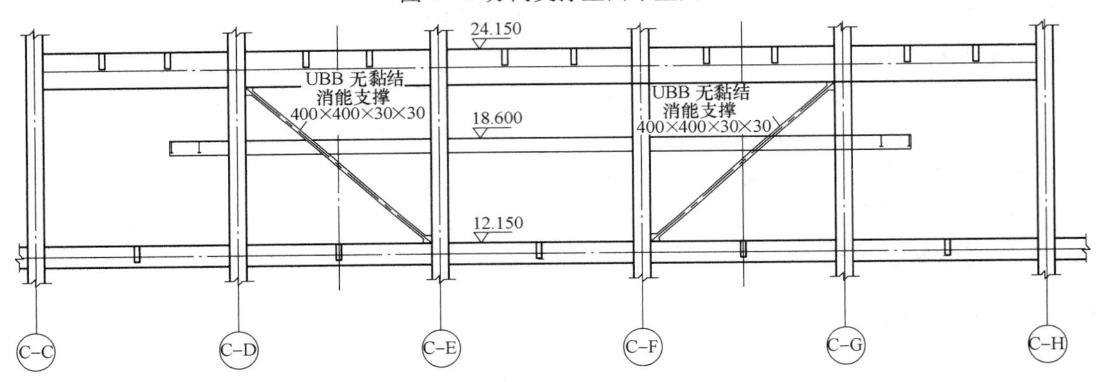

图 3　*Y* 方向支撑立面布置图

表 3　屈曲约束支撑设计计算

程序名称	杆件编号	内核钢支撑截面面积/cm²	理论长度/m	屈服内力/kN	小震 1.3x（1.3E+0.28W）	中震（E+0.2W）
ETABS	1	324	21.6	6966 屈服应力 215MPa	$N_{max}=5800$ 压应力 179MPa	$N_{max}=7050$ 屈服后应力 218MPa
	2	275	13.8	5912 屈服应力 215MPa	$N_{max}=5473$ 压应力 199MPa	$N_{max}=5960$ 屈服后应力 217MPa
SATWE	1	324	21.6	6966 屈服应力 215MPa	$N_{max}=5939$ 压应力 183MPa	—
	2	275	13.8	5912 屈服应力 215MPa	$N_{max}=5504$ 压应力 200MPa	—

3.4　地震波的选择

根据《建筑抗震设计规范》中地震波选择的要求，选择了三条地震波：SHW1-4、

NIN2-4、SHW3-4，从表 4 可以看出时程分析平均剪力值大于振型分解反应谱法的 80%，各条波分别作用下的底部剪力值大于振型分解反应谱法的 65%，满足规范 GB 50011—2001 第 5.1.2 条中规定。

表 4 多遇地震下底部最大地震剪力 (kN)

结构分析结果						
弹性时程分析底部剪力/kN		SHW1-4	NIN2-4	SHW3-4	平均值	反应谱法
	X 向地震	98839.8	105588.2	120247.0	108225.0	101248.1
	Y 向地震	112742.4	122865.6	80664.5	105424.2	101468.9

3.5 结构计算模型

结构计算模型如图 4 所示。

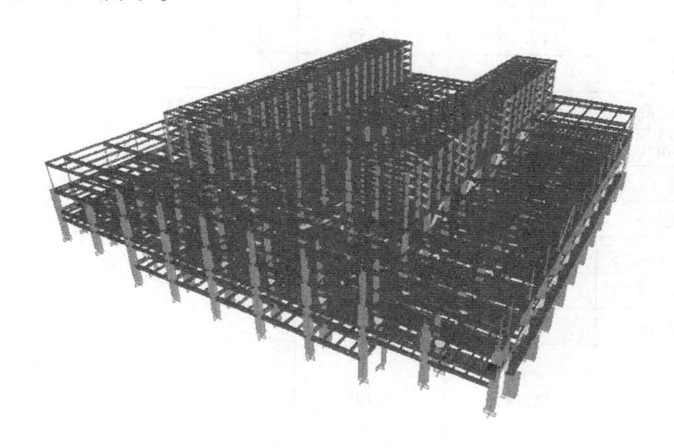

图 4 结构计算模型面

3.6 消能减震分析结果

3.6.1 结构周期及振型

结构周期及振型见表 5。

表 5 结构前六阶振型的周期

结构分析结果					
		SATWE		ETABS	
		周期/s	扭转系数	周期/s	扭转系数
周期	T_1	1.3474	0.00	1.34881	0.00
	T_2	1.2373	0.02	1.23728	0.03
	T_3	1.1427	0.67	1.14715	0.96
	T_4	0.8907	0.02	0.92732	0.00
	T_5	0.8828	0.25	0.91237	0.00
	T_6	0.8589	0.15	0.89525	0.80
	T_3/T_1	0.848		0.850	

从表 5 可以看出，SATWE 和 ETABS 两种软件计算结构前三阶振型的周期很接近，且周期合理，扭转耦联较小，扭转周期与第一平动周期比不大于 0.85 的要求，符合规范的要求。

3.6.2 结构最大层间位移角、位移比

结构最大层间位移角、位移比见表 6 和表 7。

表 6 结构最大层间位移角、位移比（混凝土部分）

结构分析结果					
项目		SATWE	ETABS	SATWE 时程分析（平均值）	规范要求
X 向地震	位移/mm	16.68	16.26	17.28	满足规范 1/550 的要求
	发生位置（层）	2	2	2	
	位移/层高	1/718	1/738	1/696	
Y 向地震	位移/mm	15.36	14.55	13.62	
	发生位置（层）	2	2	2	
	位移/层高	1/781	1/825	1/971	
X 向风	位移/mm	1.13	0.84		满足规范 1/550 的要求
	发生位置（层）	2	2		
	位移/层高	1/9999	1/14326		
Y 向风	位移/mm	2.61	1.92		
	发生位置（层）	2	2		
	位移/层高	1/4599	1/6246		
X 方向地震		1.06	1.08		满足最大位移和平均位移的比值宜小于 1.2，应小于 1.4 的要求

注：表中层号均为结构计算层。

表 7 结构最大层间位移角、位移比（混凝土部分）

结构分析结果					
项目		SATWE	ETABS	SATWE 时程分析（平均值）	规范要求
X 向地震	位移/mm	8.11	9.78	8.20	满足规范 1/550 的要求
	发生位置（层）	4	4	4	
	位移/层高	1/493	1/422	1/488	
Y 向地震	位移/mm	10.26	11.14	10.09	
	发生位置（层）	4	4	4	
	位移/层高	1/390	1/359	1/462	
X 向风	位移/mm	3.15	2.48		满足规范 1/550 的要求
	发生位置（层）	4	4		
	位移/层高	1/1269	1/1612		
Y 向风	位移/mm	2.34	1.91		
	发生位置（层）	4	4		
	位移/层高	1/1705	1/2090		

续表 7

结构分析结果				
项 目	SATWE	ETABS	SATWE 时程分析（平均值）	规范要求
X 方向地震	1.22	1.00		满足最大位移和平均位移的比值宜小于 1.2，应小于 1.4 的要求
Y 方向地震	1.38	1.12		
X 方向风	1.00	1.00		
Y 方向风	1.05	1.11		

注：表中层号均为结构计算层。

3.6.3 地震剪力和结构抗倾覆的验算

（1）结构剪力的验算，见表 8。

表 8 地震剪力的验算

结构分析结果						规范要求	判 断
地震作用	项 目	SATWE		ETABS		剪重比大于规范 1.6% 的要求	地震剪力计算正常
		X 向地震	Y 向地震	X 向地震	Y 向地震		
	基底最大地震剪力/kN	101975.9	101791.3	98873	98031		
	重力荷载代表值/kN	1811234		1821190			
	剪重比/%	5.58	5.57	5.43	5.38		

（2）结构抗倾覆验算，见表 9。

表 9 结构抗倾覆的验算

结构分析结果						判断
整体抗倾覆验算	项 目	抗倾覆弯矩 M_r	倾覆弯矩 M_{ov}	比值 M_r/M_{ov}	零应力区/%	OK
	X 向地震	155904528	3079671	50.62	0.00	
	Y 向地震	147958592	3074095	48.13	0.00	
	X 向风	155904528	218230	714.40	0.00	
	Y 向风	147958592	477423	309.91	0.00	

4 施工安装

在主体结构施工完成后，将屈曲约束支撑安装（现场安装见图 5）到设计位置，在安装过程中避免让屈曲约束支撑横向受到外力作用。对于 BRB 两端节点，检查其间距是否与设计图纸相符，在节点连接过程中，使用临时支承措施让 BRB 就位，屈曲约束支撑在结构中的设置详图见图 6 和图 7。在使用期间，检查 BRB 避免其受到横向作用力作用，检查节点和构件是否出现异常情况，检查节点和构件的防腐涂料是否出现脱落并及时修补。竣工后照片见图 8。

图 5　BRB 在现场安装图

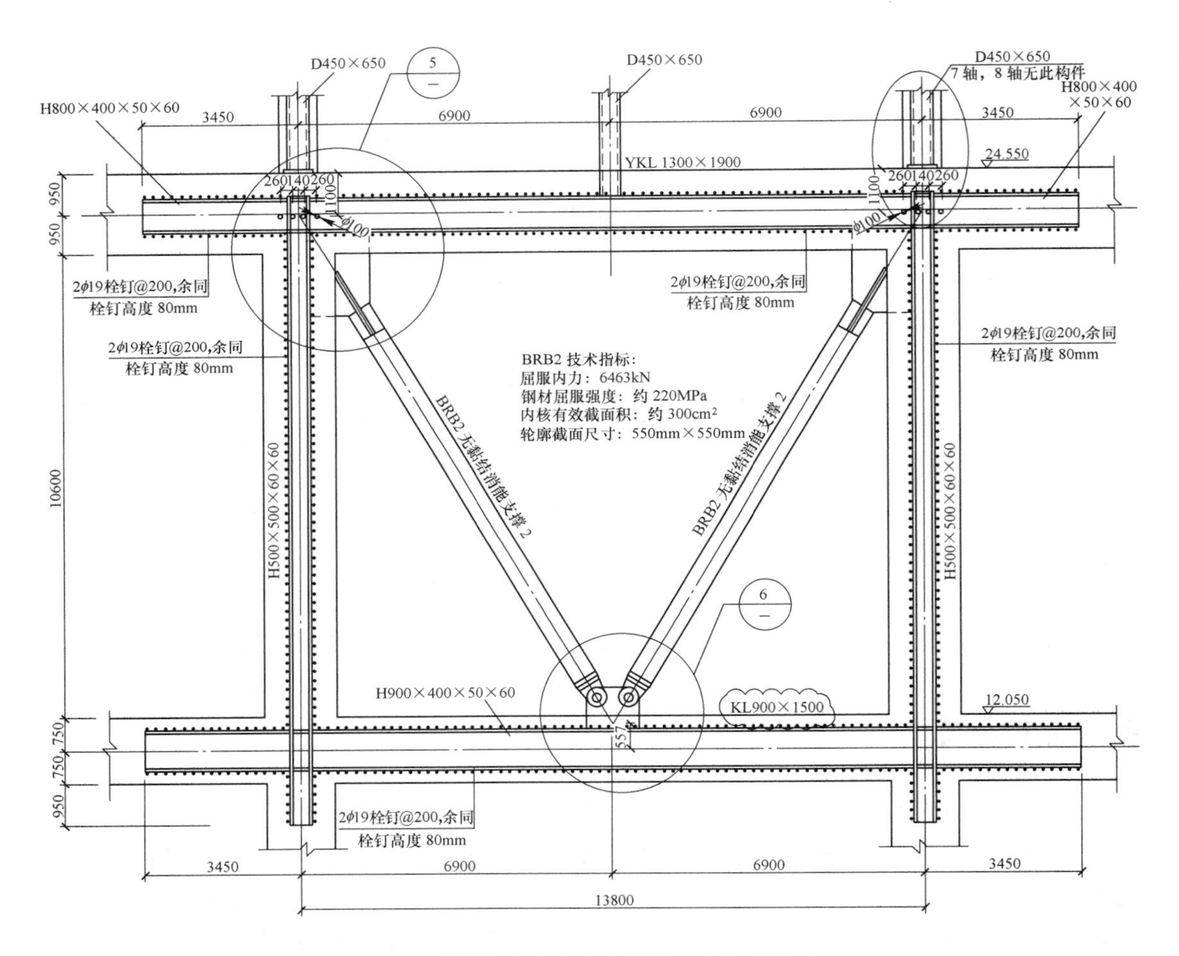

图 6　屈曲约束支撑 1 在结构中的设置详图

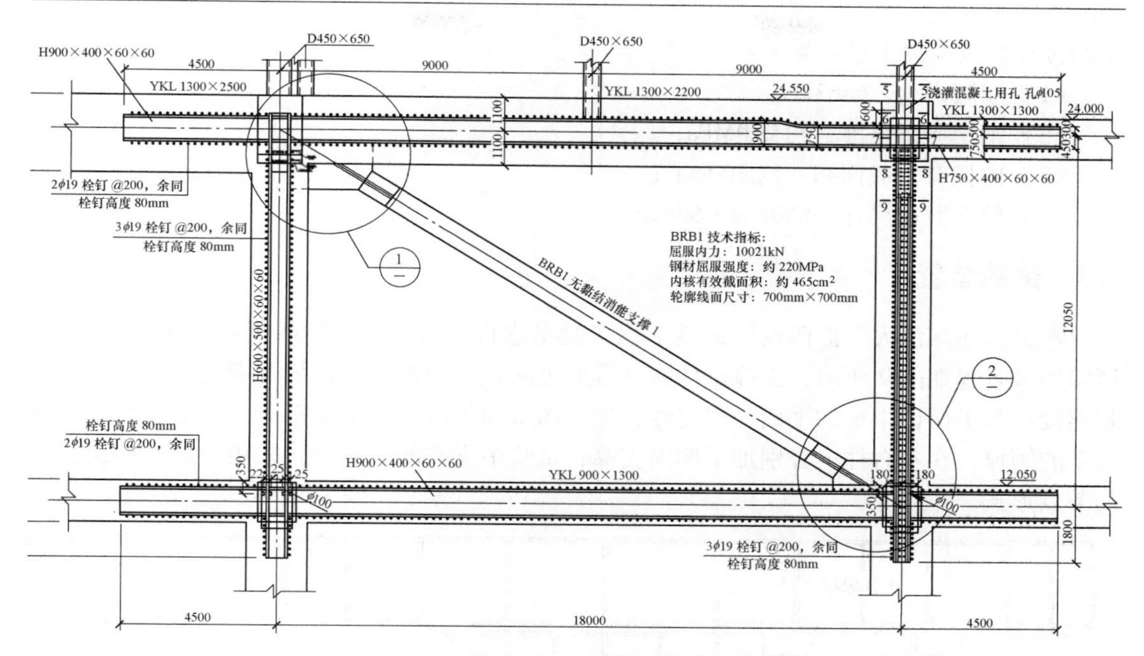

图 7 屈曲约束支撑 2 在结构中的设置详图

图 8 屈曲约束支撑竣工图

5 TJII 型 650t 屈曲约束支撑足尺试验

5.1 试验内容

测试两根 TJII 型 650t 屈曲约束支撑足尺试件在低周反复荷载作用下的受力性能，验证其是否满足虹桥枢纽工程的设计要求。两根试件设计参数和构造完全相同，长度均为 8m，芯板厚度为 55mm，分别采用了宝钢分两批试制的 BLY225 钢板。

5.2 屈曲约束支撑原型构件设计要求

本次试验的 TJII 型屈曲约束支撑试件以虹桥枢纽工程的屈曲约束支撑 BRB2 为原型，

根据设计要求其技术指标如下：

（1）屈服内力：6463kN；

（2）钢材屈服强度：约 220MPa；

（3）内核有效截面积：约 300cm^2；

（4）轮廓截面尺寸：550mm × 550mm。

5.3　试验装置

本试验在同济大学沪西校区铁道工程实验室进行，采用了专门研制的自平衡反力架。试验加载装置如图 9 所示，支撑试件的一端通过法兰与中柱相连，另一端通过法兰与右柱相连接；为了保证中柱的平面外稳定性，加了四根面外约束工字型钢梁；为了防止整个试验架的倾覆，在左右柱上分别加了侧向支撑；试验中支撑的节点形式采用了虹桥枢纽工程的节点形式。

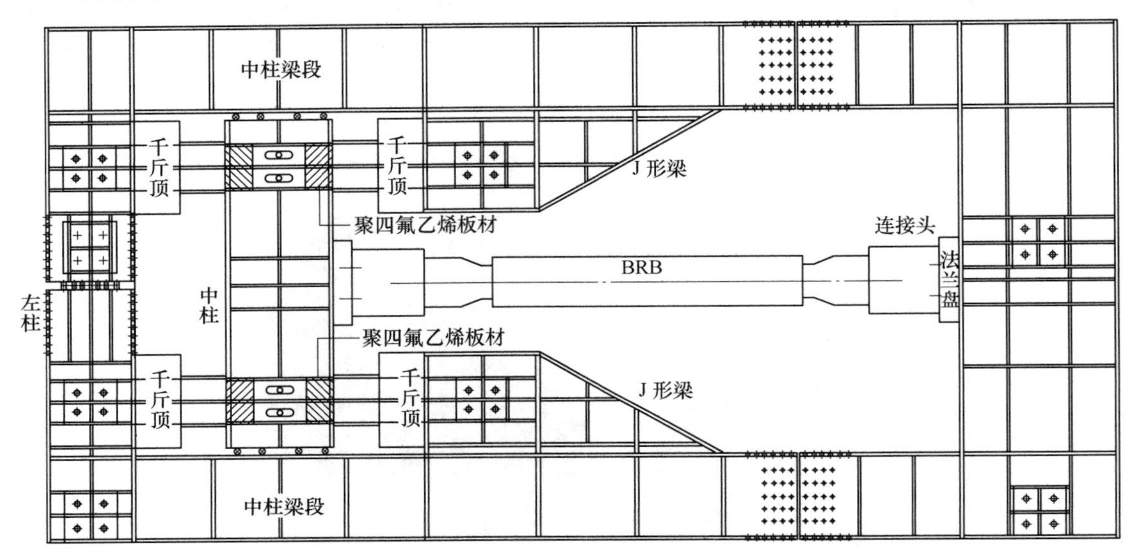

图 9　屈曲约束支撑 2 在结构中的设置详图

试验反力架采用四个千斤顶，分别通过中柱左、右两侧的各两个千斤顶推动中柱左右移动来完成支撑试件的受拉和受压加载。

5.4　量测内容

5.4.1　应变测量

如图 10 所示，支撑两端布置了 4 个应变片，以测量无约束非屈服段的应力；套筒中部布置了 4 个应变片，以测量套筒中的应力。

5.4.2　位移测量

如图 11 所示，在屈曲约束支撑上布置了 14 个位移计，以测量：

（1）屈曲约束支撑的轴向变形。

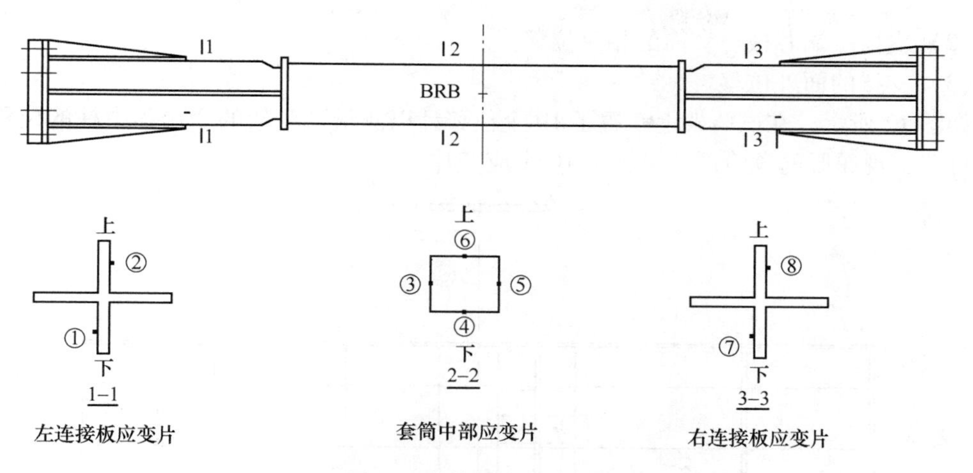

图 10 支撑的应变片布置

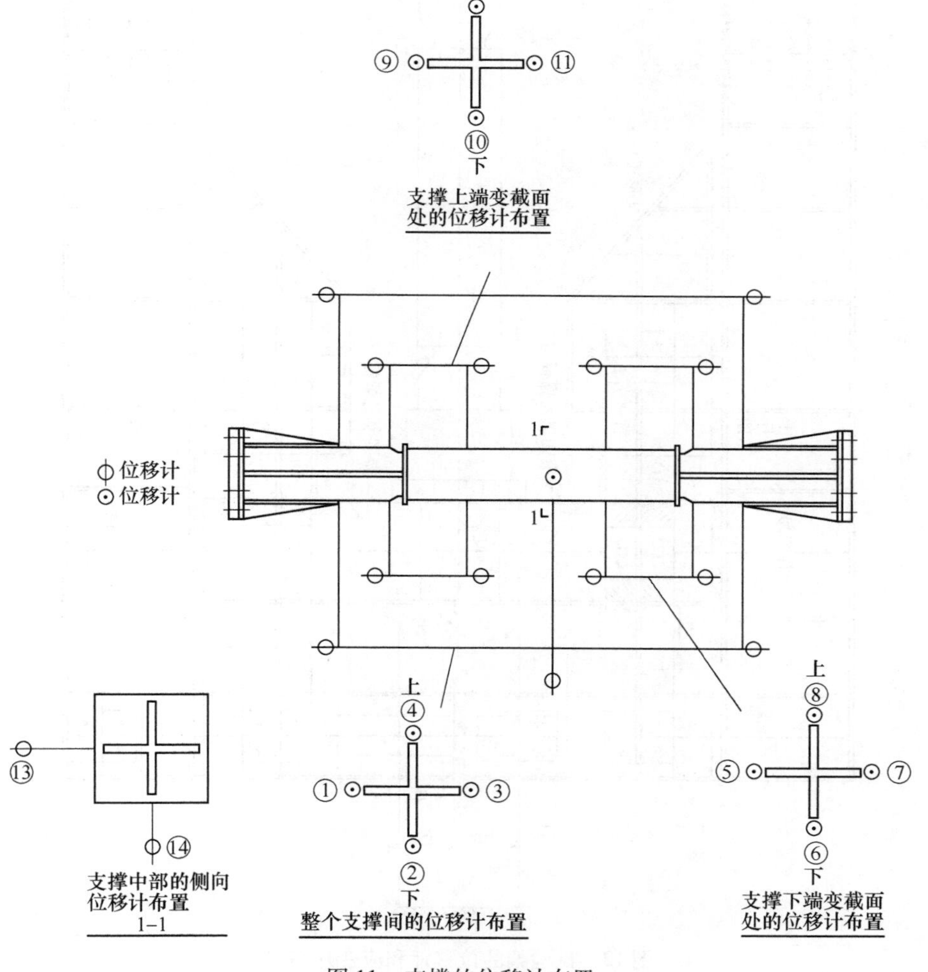

图 11 支撑的位移计布置

（2）支撑一端芯板与套筒的相对位移。

（3）支撑的面外位移。

如图12所示，在试验架上布置了10个位移计以测量试验架的变形和中柱的位移，同时在可能出现屈服的危险部位设置了10个应变片。

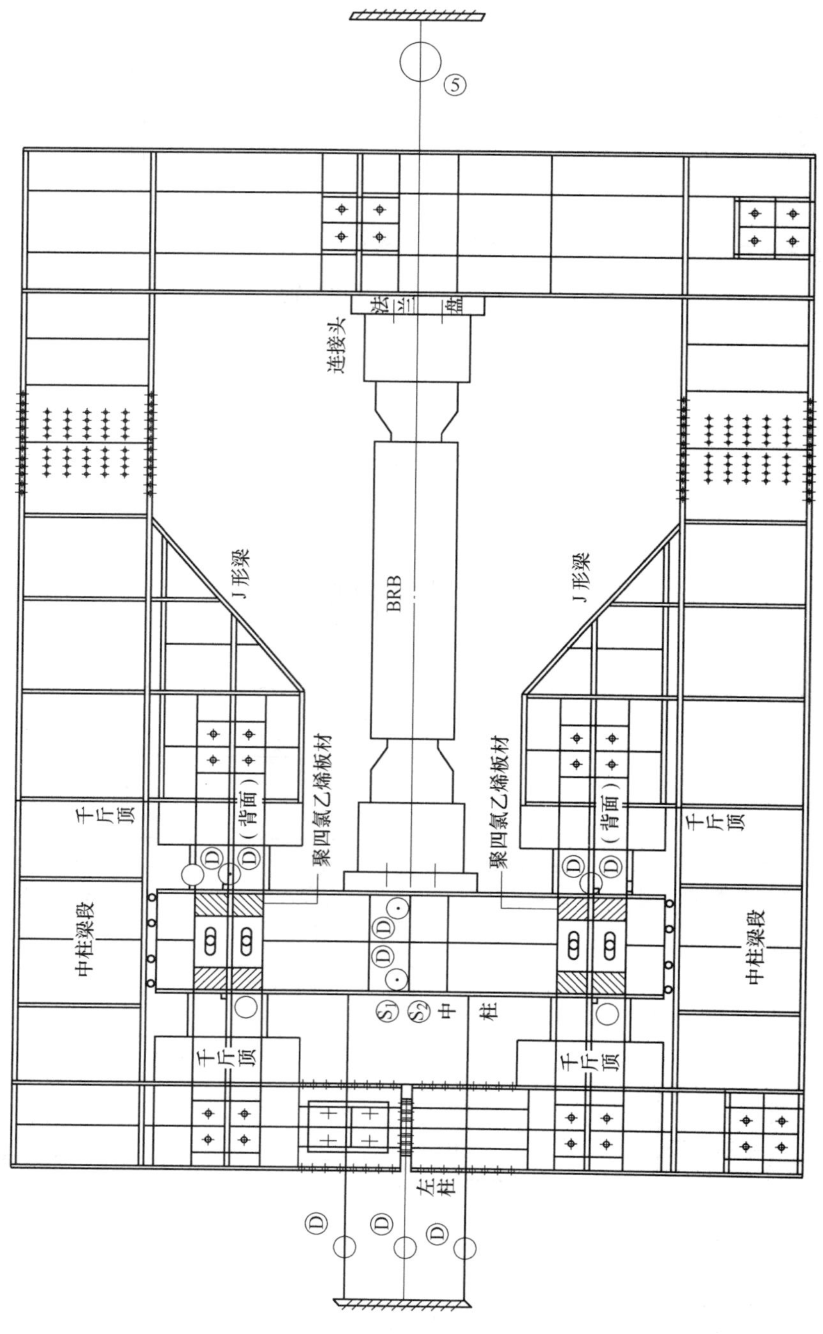

图12　试验架的位移计和应变片布置

（反面面外约束梁和正面的应变片和位移计布置方式一样）

5.5 加载制度

试验的加载程序分为预加载阶段和正式加载阶段，采用分级加（卸）载，如图 13 所示。

（1）预加载阶段。采用荷载控制，按 1000kN、2000kN、3000kN 分级加载。

（2）正式加载阶段。采用位移控制，按 1/300、1/200、1/150、1/100、1/80 分级加载，要求支撑的累积塑性变形达到屈服变形的 200 倍。

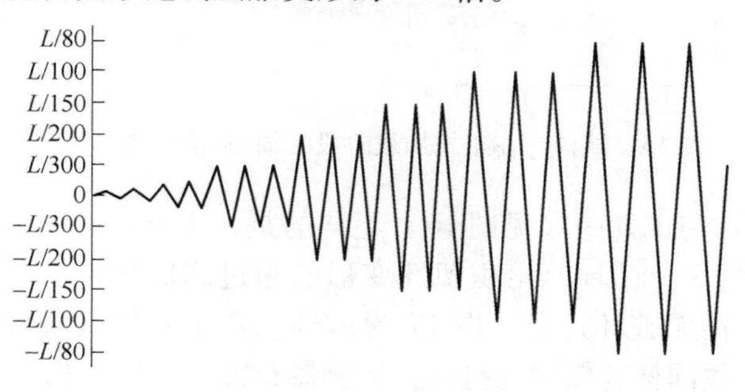

图 13 加载制度

5.6 试验现象与分析

5.6.1 试件一

试件一的正式加载于 2008 年 11 月 22 ~ 23 日进行。试验按 1/300、1/200、1/150、1/100、1/80 分级加载（见图 14），在 1/80 级加载 10 个循环后，试件仍无破坏迹象，累积塑性变形已超过屈服变形的 700 倍，试验因时间限制而停止。图 15 为试件一在正式加载阶段的轴力-位移滞回曲线，因加载泵站变频器有电磁干扰，受压方向的油压传感器受到的干扰尤为显著，曲线有明显抖动。1/80 级的 10 个滞回环的重合情况表明试件的性能非常稳定。

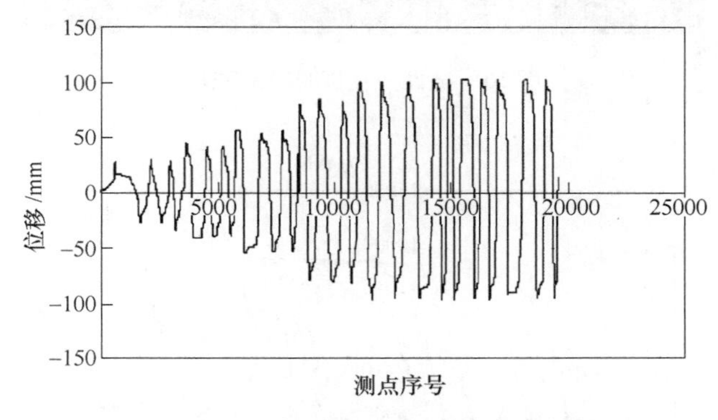

图 14 试件一在正式加载阶段的位移历程曲线

5.6.2 试件二

试件二的正式加载于 2008 年 11 月 28 ~ 29 日进行。试验按 1/300、1/200、1/150、1/

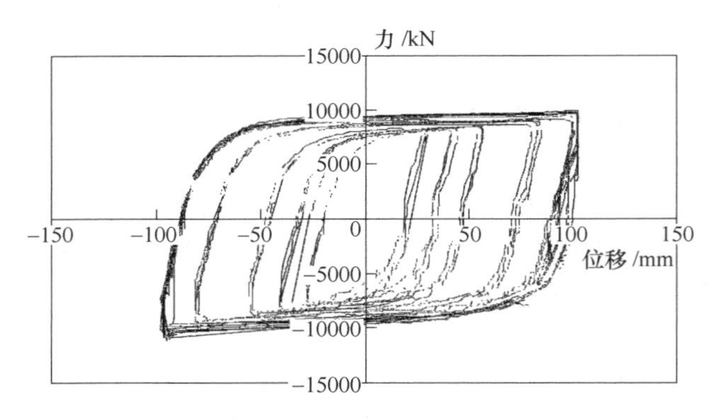

图 15　试件一在正式加载阶段的轴力-位移滞回曲线

100、1/80 分级加载。与试件一（见图 16）不同的是，为节省时间，1/100 级仅加载 1 个循环，而 1/80 级加载 6 个循环，累积塑性变形已超过屈服变形的 500 倍以后试验停止。试验结束时，试件二仍无破坏迹象。图 17 为试件二在正式加载阶段的轴力-位移滞回曲线，因电磁干扰，曲线同样有较明显抖动，传感器布置与试件一相同，因此同样可看到支撑受压时数据受到的干扰较显著。试件二在 1/80 级的 6 个滞回环的重合情况同样很好，表明试件的性能非常稳定。

图 16　试件一在试验时的照片

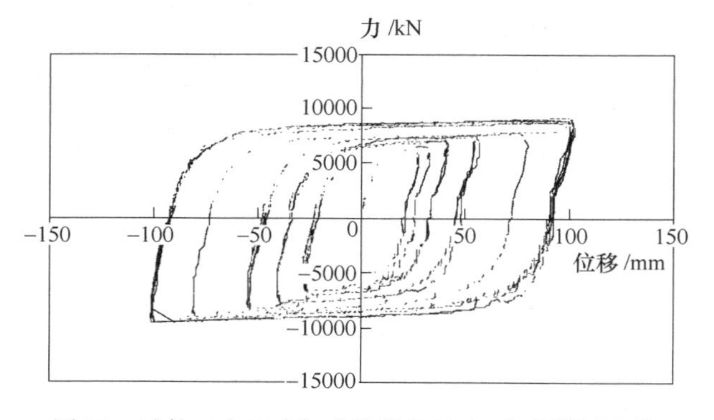

图 17　试件二在正式加载阶段的轴力-位移滞回曲线

图 18 屈曲约束支撑 2 在结构中的设置详图

本次试验中，试件处于水平位置，受构件自重产生的弯矩为 53kN·m，比实际情况下支撑处于倾斜位置不利。值得特别指出的是，试件二的 1/80 级 6 个循环中除第 1 个循环按仅受轴力方式加载外，其余 5 个循环均按轴力与弯矩共同作用的方式加载，弯矩约 4000kN·m，远大于自重引起的弯矩，面外挠度为 10～12mm。可见，TJII 型屈曲约束支撑具有很强的抗弯能力。

5.6.3 设计要求校核

本次试验实测的结果与虹桥枢纽工程 BRB2 构件的技术指标对比见表 10。可见，两个试件均满足设计要求。

表 10 试验实测结果与 BRB2 技术指标对比

设计要求	BRB2 技术指标	试件一	试件二
屈服内力/kN	6463	6128.3	6179.6
钢材屈服强度/MPa	220	207.5	209.2
内核有效截面积/cm^2	300	295.4	295.4
轮廓截面尺寸/mm×mm	550×550	550×550	550×550

5.7 试验结论

两个足尺试件的试验结果表明：

（1）TJII 型 650t 屈曲约束支撑的抗震性能非常好，试验过程中试件无法破坏，远远超过上海市《高层建筑钢结构设计规程》（DG/TJ08-32—2008）的要求。

（2）TJII 型屈曲约束支撑具有很强的抗弯能力。

（3）TJII 型屈曲约束支撑满足虹桥枢纽工程的设计要求。

6 结论

（1）屈曲约束支撑 BRB 受压不会失稳，并且屈服后能够提高结构的阻尼，解决了普通支撑受压失稳引起结构侧向刚度突然下降的问题，在很多情况下可以作为一种替代普通支撑、提高建筑结构抗震能力的新型支撑。

（2）在常遇地震作用下，屈曲约束支撑 BRB 能够提供给建筑结构适当的侧向刚度，使得作用在结构上的地震作用较小，结构各层的刚度分布较为均匀，提高了建筑结构的抗震能力。采用普通支撑因为需要考虑支撑本身的稳定问题，可能导致支撑截面过大引起结构刚度太高、结构各层刚度突变较大，作用在结构上的地震作用较大，不利于结构抗震。

（3）在设防地震和罕遇地震作用下，屈曲约束支撑 BRB 发生屈服，增大结构的阻尼，耗散输入到结构的地震能量，减轻了主体结构的损伤。相比普通支撑在设防地震或罕遇地震作用下受压失稳造成结构抗震能力突然下降，具有显著的技术优势。

（4）由于屈曲约束支撑 BRB 实现了国产化，价格与当时的国际同类产品相比降低约 50%，因而其替代普通钢支撑，可以节省用钢量，降低建筑结构造价。磁浮虹桥站采用 BRB 支撑与采用普通钢支撑相比，在其他构件造价不增加的情况下，用于支撑的造价节省了大约 30%。

附录　磁浮虹桥站建设参与单位及人员信息

项目名称	虹桥综合交通枢纽交通中心工程磁浮虹桥站		
设计单位	华东建筑设计研究院有限公司华东建筑设计研究总院		
用　途	车站	建设地点	上海市闵行区
施工单位	上海建工集团	施工图审查机构	上海建瓴工程咨询有限公司
工程设计起止时间	2006. 10 ~ 2008. 7	竣工验收时间	2010. 2

参与本项目的主要人员：

序号	姓　名	职　称	工 作 单 位
1	刘晴云	教高工	华东建筑设计研究总院
2	闫　锋	高　工	华东建筑设计研究总院
3	常　耘	高　工	华东建筑设计研究总院
4	陈　雷	教高工	华东建筑设计研究总院
5	华小卫	高　工	华东建筑设计研究总院
6	王　洁	高　工	华东建筑设计研究总院
7	汪大绥	教高工	华东建筑设计研究总院
8	葛红滨	高　工	华东建筑设计研究总院

案例5　三里河三区12号地办公楼

1　工程概况

三里河三区12号地办公楼工程位于北京市西城区三里河三区12号地块，北侧紧邻国家发展和改革委员会大院；南临三里河中街；东临三里河南四巷，与核工业集团公司隔街相望；西临三里河南五巷，与原国家机械委大院相对，地处三里河中央行政区中心位置，交通便利，市政配套比较齐全。

三里河三区12号地办公楼工程由中央国家机关三里河联建办公室牵头，分别由国家发展和改革委员会等七部委联合出资兴建，该工程建设用地为14787.703m^2，总建筑面积为90992.0m^2，地上8层，地下3层。该工程为现浇钢筋混凝土框架-剪力墙结构，在一层与地下一层之间设置隔震层，整座大楼的地上一层至八层（由1～4号四部分组成）支撑在366个隔震支墩上，建筑鸟瞰结构图见图1。

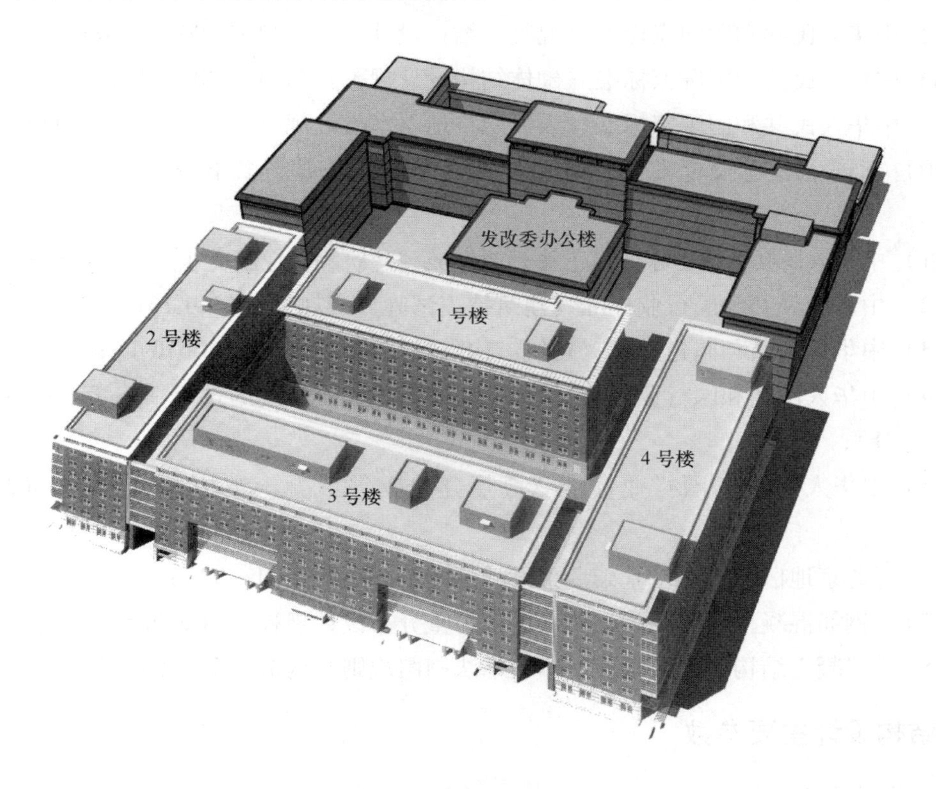

图1　建筑鸟瞰图

2　工程设计

2.1　设计主要依据

2.1.1　计算软件

三维空间有限元时程分析计算选用 SAP2000 通用非线性有限元程序，其余均为自编程序计算。

2.1.2　参考规范、标准

设计过程中，采用的主要现行国家标准、规范、规程及图集如下：

（1）中华人民共和国国家标准《建筑抗震设计规范》（GB 50011—2001）；

（2）中华人民共和国国家标准《钢结构设计规范》（GB 50017—2003）；

（3）中华人民共和国国家标准《建筑结构可靠度设计统一标准》（GB 50068—2001）；

（4）中华人民共和国国家标准《建筑结构荷载规范》（GB 50009—2001）；

（5）中华人民共和国国家标准《建筑地基基础设计规范》（GB 50007—2002）；

（6）中华人民共和国国家标准《建筑工程抗震设防分类标准》（GB 50223—2004）；

（7）中华人民共和国国家标准《混凝土结构设计规范》（GB 50010—2002）；

（8）中华人民共和国国家标准《砌体结构设计规范》（GB 50003—2001）；

（9）中华人民共和国国家标准《人民防空地下室设计规范》（GB 50038—94）；

（10）中国工程建设标准化协会标准《叠层橡胶支座隔震技术规程》（CECS 126：2001）；

（11）中华人民共和国国家建筑工业行业标准《建筑隔震橡胶支座》（JG 118—2000）；

（12）中华人民共和国行业标准《建筑抗震试验方法规程》（JGJ 161—96）；

（13）中华人民共和国建设部《建筑结构隔震构造详图》（03SG610-1）；

（14）中华人民共和国行业标准《钢结构高强度螺栓连接的设计、施工及验收规程》（JGJ 82—91）；

（15）中华人民共和国行业标准《高层建筑钢筋混凝土结构技术规程》（JGJ 3—2002）；

（16）《北京地区建筑地基基础勘察设计规范》（DBJ01-501—92）；

（17）《钢筋混凝土连续梁和框架考虑内力重分布设计规程》（CECS 51:93）；

（18）《混凝土结构施工图平面整体表示法制图规则和构造详图》（03G101-1）。

2.2　结构设计主要参数

结构设计主要参数见表 1。

表1 结构设计主要参数

序号	基本设计指标	参数
1	建筑结构安全等级	1号、2号、4号：二级；3号：基础、框架梁、柱、剪力墙：一级；其余构件二级
2	结构设计使用年限	50年
3	建筑物抗震设防类别	1号、2号、4号：丙类；3号：乙类
4	建筑物抗震设防烈度	8度
5	基本地震加速度值	0.20g
6	设计地震分组	第一组
7	水平向减震系数	0.5
8	建筑场地类别	Ⅱ类
9	基本雪压/kPa	$S_0=0.40$
10	特征周期/s	0.35
11	基本风压/kPa	$W_0=0.45$
12	地面粗糙度	C类
13	基础设计等级	乙级
14	基础形式	筏板基础
15	上部结构形式	框架-剪力墙
16	地下室结构形式	框架-剪力墙
17	隔震层位置	-1.7m，一层底板下
18	隔震层顶板体系	梁板结构
19	隔震设计基本周期/s	纵向2.31，横向2.28
20	上部结构基本周期/s	纵向0.662，横向0.521
21	隔震支座设计最大位移/cm	纵向23.3；横向24.0
22	高宽比	1.19（1号楼）
23	液化、震陷、断裂等不利场地因素	无不利场地因素

3 隔震设计

3.1 隔震设计目标

传统的抗震设计思想以“小震不坏、中震可修、大震不倒”三水准为设防目标，达到多遇地震作用下利用自身能力耗散地震能量，罕遇地震作用时“裂而不倒”，然而过大的塑性变形一定会损坏建筑饰面或其他非结构构件。作为国家的抗震救灾指挥部和中国地震网络中心，为了确保抗震救灾指挥工作正常进行，对建筑的抗震性能提出了更高要求。通过在地下室与上部结构之间设置橡胶支座隔震层，延长结构的自振周期，减小地震能量向上部结构的传递，可满足以上建筑使用功能的要求。

3.2 隔震层设计

3.2.1 叠层橡胶支座规格、数量、性能参数

叠层橡胶支座规格和数量见表 2，设计采用的叠层橡胶支座性能参数选取见表 3。

表 2　各楼叠层橡胶支座规格及数量

支座型号		RB600	RB700	RB800	LRB600	LRB700	LRB800	合计
数量/个	1 号楼	34	8	8	16	—	14	80
	2 号楼	38	4	9	4	17	7	79
	3 号楼	80	4	6	18	17	8	133
	4 号楼	35	1	10	8	17	3	74
合　计		187	17	33	46	51	32	366

表 3　叠层铅芯橡胶支座性能参数

型　号	US. VF. G6. 0		LRB600	LRB700	LRB800
形状尺寸	橡胶外径	mm	600	700	800
	铅芯直径	mm	120	120	120
	1 次形状系数		30. 0	35. 4	40. 0
	2 次形状系数		5. 00	6. 44	6. 67
剪切变形 50% 水平性能	等效水平刚度	kN/mm	3. 19	4. 18	4. 47
	等效阻尼比	%	28. 8	24. 8	21. 3
剪切变形 100% 水平性能	等效水平刚度	kN/mm	2. 15	2. 92	3. 22
	等效阻尼比	%	22. 1	18. 2	15. 1
水平性能	一次刚度	kN/mm	9. 038	13. 643	16. 185
	二次刚度	kN/mm	1. 390	2. 099	2. 490
	屈服荷载	kN	94. 2	94. 2	94. 2

3.2.2 叠层橡胶支座布置

4 幢楼叠层橡胶支座平面布置图见图 2 ~ 图 5。

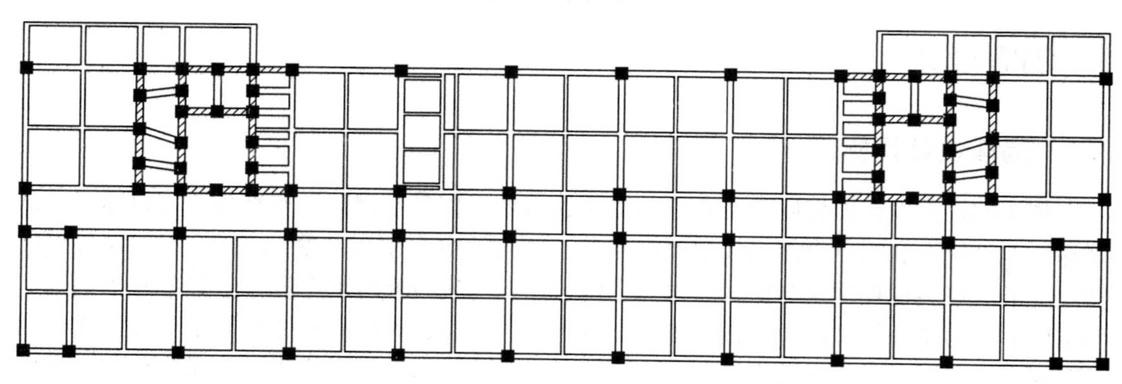

图 2　1 号楼叠层橡胶支座平面布置图

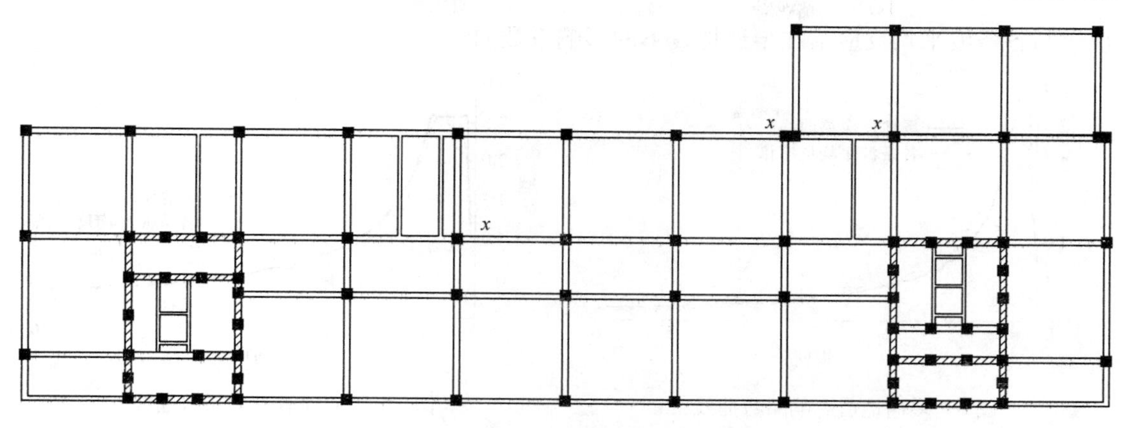

图3 2号楼叠层橡胶支座平面布置图

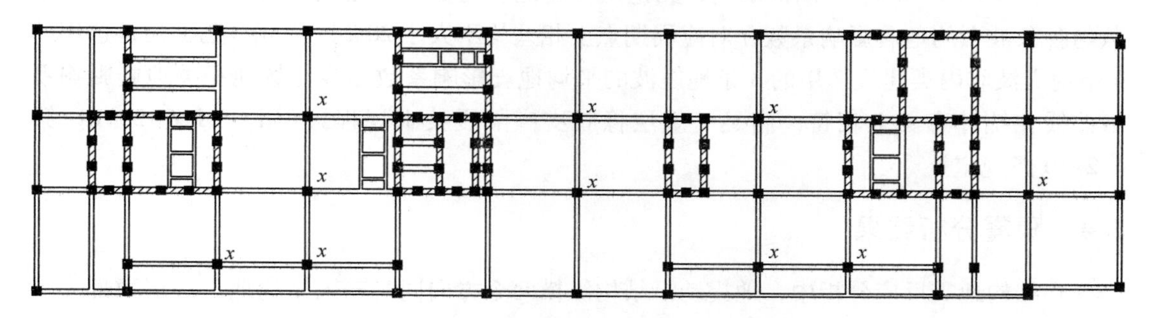

图4 3号楼叠层橡胶支座平面布置图

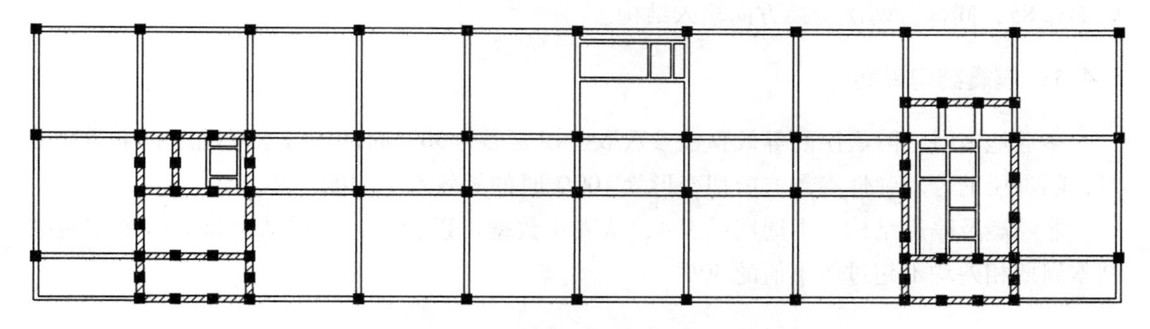

图5 4号楼叠层橡胶支座平面布置图

3.3 地震波的选择

在地震反应时程计算分析中，天然地震波用场地水平设计地震动峰值加速度 A_{max} 做峰值调整，人工地震波由拟合相应的加速度反应谱曲线生成。

(1) 3号楼（乙类建筑）。选用实际记录地震波2条和人工模拟地震加速度时程曲线2条。具体为：El Centro 波、Taft 波和2条拟合场地反应谱人工地震波。

(2) 1号楼、2号楼、4号楼（丙类建筑）。选用实际记录地震波2条和人工模拟地震加速度时程曲线1条。具体为：El Centro 波、Taft 波和1条拟合场地反应谱人工地震波。

图6为场地反应谱与各条波平均反应谱在多遇地震下的影响系数曲线，图7为场地反

应谱与各条波平均反应谱在罕遇地震下的影响系数曲线。

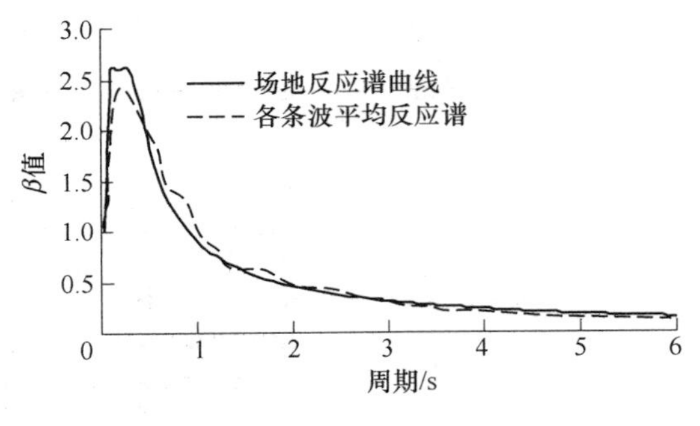

图 6　多遇地震影响系数曲线

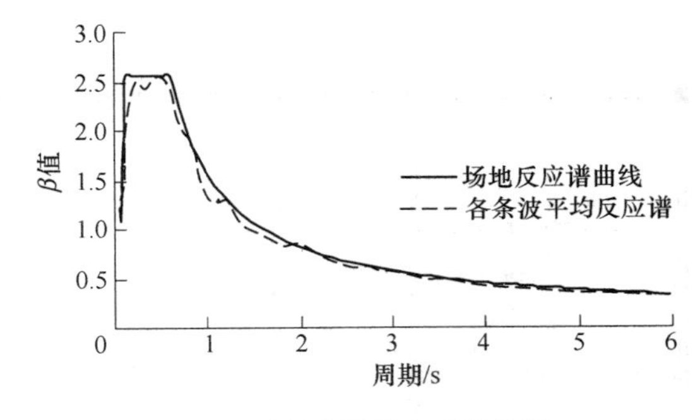

图 7　罕遇地震影响系数曲线

在 T=0.04～6.0s 周期范围内，无论是多遇地震还是罕遇地震，场地相关地震影响系数与各条波平均地震影响系数在对应周期点上相差均不大于20%。因此，乙类建筑选用的 4 条地震波和丙类建筑选用的 3 条地震波的平均地震影响系数曲线与场地相关地震影响系数曲线在统计意义上相符，满足《叠层橡胶支座隔震技术规程》（CECS 126：2001）第 4.2.10 条规定。

3.4　隔震分析结果

在结构地震反应分析中，地震动沿结构纵横两个方向同时输入结构地下一层顶部。每条天然地震波的两个方向记录分为两次变换方向输入结构；人工地震波两个方向幅值的比取 1∶0.85，同样分两次变换方向输入结构。

3.4.1　隔震结构周期

多遇地震时，隔震层的等效弹性参数取剪切变形为 50% 时的等效水平刚度；罕遇地震时，隔震层的等效弹性参数取剪切变形为 100% 时的等效水平刚度。

非隔震及隔震结构基本周期见表 4，从表 4 数据可以看出，隔震结构纵横两个方向的基本周期相差均不超过较小值的 30%。

表 4　非隔震及隔震结构基本周期　　（s）

楼　号	非隔震			隔震（多遇地震）			隔震（罕遇地震）		
	纵向	横向	（纵-横）/横	纵向	横向	（纵-横）/横	纵向	横向	（纵-横）/横
1 号楼	0.662	0.521	27%	2.308	2.283	1.1%	2.541	2.526	0.6%
2 号楼	0.580	0.501	16%	2.252	2.244	0.4%	2.508	2.476	1.3%
3 号楼	0.476	0.413	15%	2.146	2.124	1.0%	2.338	2.315	1.0%
4 号楼	0.550	0.470	17%	2.274	2.231	1.9%	2.494	2.449	1.8%

3.4.2　多遇地震下 1 号楼的层间剪力

采用三维空间模型时程分析法计算 1 号楼层间剪力，计算结果见表 5～表 8。

表5 1号楼层间剪力——X方向（多遇地震） （kN）

地震波	El CentroXY			El CentroYX		
层数	非隔震	隔震	剪力比	非隔震	隔震	剪力比
8	5058	720	0. 14	7905	823	0. 10
7	8082	1281	0. 16	12596	1506	0. 12
6	10377	1823	0. 18	15954	2165	0. 14
5	12043	2365	0. 20	18502	2824	0. 15
4	13142	2907	0. 22	21049	3482	0. 17
3	14127	3451	0. 24	23081	4139	0. 18
2	14999	4034	0. 27	24724	4842	0. 20
1	15321	4587	0. 30	25639	5515	0. 22
最大值	—	—	0. 30	—	—	0. 22

表6 1号楼层间剪力——X方向（多遇地震） （kN）

地震波	TaftXY			TaftYX		
层数	非隔震	隔震	剪力比	非隔震	隔震	剪力比
8	8097	669	0. 08	8953	726	0. 08
7	13333	1202	0. 09	14371	1354	0. 09
6	17410	1718	0. 10	18149	1971	0. 11
5	20695	2233	0. 11	20488	2589	0. 13
4	23157	2748	0. 12	21550	3206	0. 15
3	24725	3264	0. 13	22251	3816	0. 17
2	25490	3816	0. 15	23759	4470	0. 19
1	25538	4342	0. 17	24730	5101	0. 21
最大值	—	—	0. 17	—	—	0. 21

表7 1号楼层间剪力——X方向（多遇地震） （kN）

地震波	人工波 XY			人工波 YX		
层数	非隔震	隔震	剪力比	非隔震	隔震	剪力比
8	7526	771	0. 10	5694	591	0. 10
7	11033	1368	0. 12	9360	1097	0. 12
6	12664	1946	0. 15	12129	1584	0. 13
5	16251	2525	0. 16	14229	2071	0. 15
4	19624	3102	0. 16	16479	2558	0. 16
3	22261	3683	0. 17	17865	3041	0. 17
2	24152	4304	0. 18	18871	3560	0. 19
1	25229	4894	0. 19	19860	4057	0. 20
最大值	—	—	0. 19	—	—	0. 20

表 8　1 号楼层间剪力平均值——X 方向（多遇地震）　　（kN）

地震波	平均值		
层数	非隔震	隔震	剪力比
8	7205	717	0.10
7	11463	1301	0.11
6	14447	1868	0.13
5	17035	2434	0.14
4	19167	3001	0.16
3	20718	3566	0.17
2	21999	4171	0.19
1	22720	4750	0.21
最大值	—	—	0.21

3.4.3 罕遇地震作用下的计算结果

（1）罕遇地震作用下隔震层的最大位移。对三维空间模型采用时程分析法计算得出罕遇地震作用下的最大位移平均值，见表 9，其中 1 号楼隔震层在地震波下的最大位移值见表 10。

表 9　隔震层在罕遇地震作用下的最大位移　　（cm）

楼号	隔震层最大位移	
	纵向	横向
1 号楼	23.3	24.0
2 号楼	23.1	23.5
3 号楼	20.8	20.6
4 号楼	23.4	23.2

表 10　1 号楼隔震层在罕遇地震下的最大位移　　（cm）

位移＼地震波		El Centro *XY*	El Centro *YX*	Taft *XY*	Taft *YX*	人工波 *XY*	人工波 *YX*	均值
隔震层	*X* 向	28.1	28.5	12.9	19.0	22.8	28.6	23.3
	Y 向	30.1	27.6	19.6	12.6	29.0	24.8	24.0

（2）罕遇地震作用下隔震橡胶垫受压承载力验算。按《叠层橡胶支座隔震技术规程》（CECS 126:2001）第 4.3.2 条对隔震层和单个隔震支座的受压承载力进行了验算，计算时考虑了竖向地震作用（取上部结构重力代表值的 20%。），结果见表 11。数据表明，隔震层和单个隔震支座的受压承载力满足规范要求。

表 11 隔震层和单个隔震支座的受压承载力验算

楼 号	A 上部结构总重力代表值×1.1/kN	B 隔震层总受压承载力/kN①	B/A	单个隔震支座承载应力最大值/MPa
1 号楼	270083	419026	1.55	14.60
2 号楼	264847	411066	1.55	14.10
3 号楼	356645	508097	1.42	11.90
4 号楼	242092	382910	1.58	14.70

① 由于所选取的所有橡胶支座形状系数均满足 $S_1 \geqslant 15$ 和 $S_2 \geqslant 15$，各隔震橡胶支座压应力设计限值对于乙类建筑取 12MPa，对于丙类建筑取 15MPa。

(3) 罕遇地震作用下隔震支座抗风装置验算。按《叠层橡胶支座隔震技术规程》(CECS 126:2001) 中的公式：

$$\gamma_w V_{wk} \leqslant V_{Rw}$$

进行了隔震支座抗风装置验算，计算结果见表 12。式中，V_{Rw} 为抗风装置的水平承载力设计值；γ_w 为风荷载分项系数，采用 1.4；V_{wk} 为风荷载作用下隔震层的水平剪力标准值。

表 12 隔震支座抗风装置验算 (kN)

楼 号	$\gamma_w V_{wk}$	V_{Rw}
1 号楼	2337	2826
2 号楼	2493	2732
3 号楼	2979	3862
4 号楼	2493	2732

计算结果表明，各楼隔震层均满足规范给定的抗风装置验算要求。

3.4.4 隔震支座弹性恢复力验算

按《叠层橡胶支座隔震技术规程》(CECS 126:2001) 中的公式：

$$K_{100} t_r \geqslant 1.40 V_{Rw}$$

进行了隔震支座弹性恢复力验算，计算结果见表 13。式中，K_{100} 为隔震支座在水平剪切应变 100% 时的水平有效刚度；t_r 为隔震支座橡胶层总厚度；V_{Rw} 为抗风装置的水平承载力设计值。

表 13 隔震支座弹性恢复力验算 (kN)

楼 号	$K_{100} t_r$	$1.40 V_{Rw}$
1 号楼	19540	3956
2 号楼	19117	3829
3 号楼	29393	5407
4 号楼	18005	3825

计算结果表明，各楼隔震层均满足规范给定的弹性恢复力要求。

3.4.5　等效侧力法

根据《叠层橡胶支座隔震技术规程》（CECS 126:2001）第 4.1.4 条和第 4.2.1 条的规定，采用等效侧力法计算了减震系数和最大位移，计算结果见表 14。

表 14　等效侧力法计算结果

楼　号	1 号楼	2 号楼	3 号楼	4 号楼
减震系数	0.41	0.41	0.41	0.40
最大位移/cm	26.1	25.4	22.6	24.8

从表中数据可以看出，等效侧力法的计算结果也符合本次设计目标要求。

4　上部结构设计

4.1　上部结构的质量中心与隔震层的刚度中心

上部结构的质量中心与隔震层的刚度中心位置示意图见图 8，计算结果见表 15。

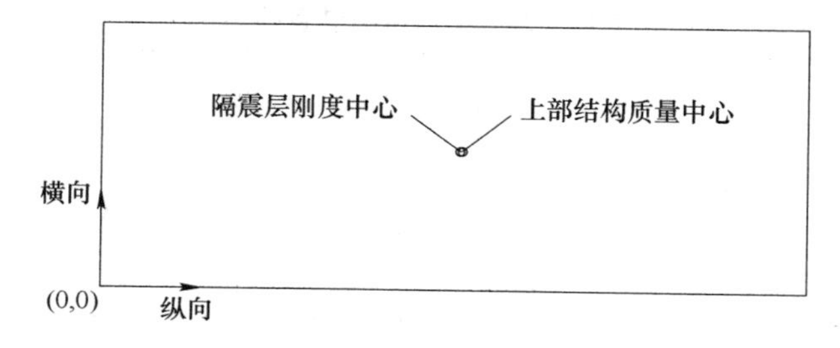

图 8　上部结构质量中心与隔震层刚度中心位置示意图

表 15　上部结构的质量中心与隔震层的刚度中心

楼　号	方向	结构尺寸/m	A 上部结构的质量中心/m	B 隔震层的刚度中心/m	$(A-B)/A$ /%
1 号楼	纵向	78.8	39.37	39.40	-0.08
	横向	24.6	12.21	12.28	-0.57
2 号楼	纵向	79.2	41.63	41.69	-0.14
	横向	28.28	11.12	11.16	-0.36
3 号楼	纵向	96.10	46.40	46.87	-1.01
	横向	23.2	12.12	12.07	0.41
4 号楼	纵向	79.2	39.18	39.20	-0.05
	横向	20.20	9.32	9.23	0.97

结果表明：上部结构的质量中心与隔震层的刚度中心基本重合。

4.2　上部结构层间位移角验算

该工程计算了各号楼隔震层以上结构 X 向和 Y 向在多遇地震作用下的弹性层间位移角和在罕遇地震作用下的弹塑性层间位移角，计算结果见表 16 ~ 表 19。

4.2.1　多遇地震作用下 1 号楼弹性层间位移角验算

多遇地震作用下 1 号楼弹性层间位移角验算结果见表 16 和表 17。

表 16　1 号楼 *X* 向层间位移角（上部结构、多遇地震）

楼层层号	层间位移角 θ_e						
	El Centro *XY*	El Centro *YX*	Taft *XY*	Taft *YX*	人工波 *XY*	人工波 *YX*	均值
8	1/6585	1/6585	1/6923	1/6250	1/11066	1/10630	1/8007
7	1/6360	1/6372	1/6691	1/6030	1/10714	1/10315	1/7747
6	1/6218	1/6228	1/6534	1/5911	1/10496	1/10056	1/7574
5	1/6207	1/7004	1/6534	1/5892	1/10465	1/10056	1/7693
4	1/6406	1/8372	1/8000	1/6081	1/12245	1/10375	1/8580
3	1/6818	1/8933	1/9302	1/6475	1/16590	1/11043	1/9860
2	1/7725	1/10112	1/10557	1/7347	1/18750	1/12500	1/11165
1	1/12938	1/16842	1/17778	1/12214	1/31788	1/20870	1/18738

表 17　1 号楼 *Y* 向层间位移角（上部结构、多遇地震）

楼层层号	层间位移角 θ_e						
	El Centro *XY*	El Centro *YX*	Taft *XY*	Taft *YX*	人工波 *XY*	人工波 *YX*	均值
8	1/9854	1/9597	1/11441	1/10227	1/13636	1/12816	1/11262
7	1/9474	1/9302	1/11111	1/11077	1/13139	1/12414	1/11086
6	1/9254	1/9091	1/10942	1/11613	1/12857	1/12121	1/10980
5	1/10084	1/9045	1/10876	1/11576	1/12766	1/15126	1/11579
4	1/10778	1/9254	1/11215	1/11960	1/13043	1/18274	1/12421
3	1/11111	1/9626	1/11726	1/12544	1/13534	1/19149	1/12948
2	1/11921	1/10465	1/12766	1/13740	1/14634	1/23684	1/14535
1	1/17391	1/15738	1/19433	1/21145	1/21818	1/48980	1/24084

多遇地震作用下，1 号楼层间位移角 $\theta_e < 1/800$，满足规范中关于弹性层间位移角限值的要求。

4.2.2　罕遇地震作用下各号楼弹塑性层间位移角验算

罕遇地震作用下各号楼弹塑性层间位移角验算结果见表 18 和表 19。

表 18　1 号楼 X 向层间位移角（上部结构、罕遇地震）

楼层层号	层间位移角 θ_p						
	El Centro *XY*	El Centro *YX*	Taft *XY*	Taft *YX*	人工波 *XY*	人工波 *YX*	均值
8	1/819	1/935	1/1686	1/1168	1/848	1/1022	1/1080
7	1/792	1/903	1/1629	1/1129	1/819	1/1004	1/1046
6	1/775	1/884	1/1594	1/1104	1/802	1/983	1/1024
5	1/773	1/882	1/1589	1/1101	1/799	1/980	1/1021
4	1/798	1/911	1/1640	1/1137	1/826	1/1011	1/1054
3	1/850	1/971	1/1742	1/1209	1/879	1/1076	1/1121
2	1/962	1/1099	1/1973	1/1368	1/996	1/1217	1/1269
1	1/1625	1/1855	1/3333	1/2313	1/1678	1/2062	1/2145

表 19　1 号楼 Y 向层间位移角（上部结构、罕遇地震）

楼层层号	层间位移角 θ_p						
	El Centro *XY*	El Centro *YX*	Taft *XY*	Taft *YX*	人工波 *XY*	人工波 *YX*	平均值
8	1/1220	1/1093	1/1687	1/2649	1/1407	1/1225	1/1547
7	1/1173	1/1054	1/1634	1/2577	1/1361	1/1182	1/1497
6	1/1141	1/1028	1/1603	1/2537	1/1330	1/1154	1/1466
5	1/1126	1/1018	1/1594	1/2535	1/1322	1/1143	1/1456
4	1/1144	1/1038	1/1636	1/2614	1/1351	1/1167	1/1492
3	1/1181	1/1076	1/1705	v2738	1/1405	1/1210	1/1553
2	1/1265	1/1158	1/1850	1/2993	1/1517	1/1304	1/1681
1	1/1884	1/1745	1/2834	1/4665	1/2319	1/1965	1/2568

罕遇地震作用下，1 号楼层间位移角 $\theta_p < 1/200$，满足规范中关于弹塑性层间位移角限值的要求。

5　隔震层构造要求、施工及验收

5.1　构造要求

5.1.1　结构专业的隔震措施

（1）隔震下支墩的高度宜合理确定，由于有两方向的框架梁纵筋及下部框架柱纵筋在此处封顶，同时此处还有隔震支墩的箍筋，因此此处钢筋相当密集，此处设计应引起重视以便于隔震支座预埋件的准确埋置。

（2）隔震支座预埋件的锚筋应能传递罕遇地震作用下支座的最大水平剪力并确保在支墩中有可靠的锚固长度。隔震支座与上部结构及地下室的连接见图 9。

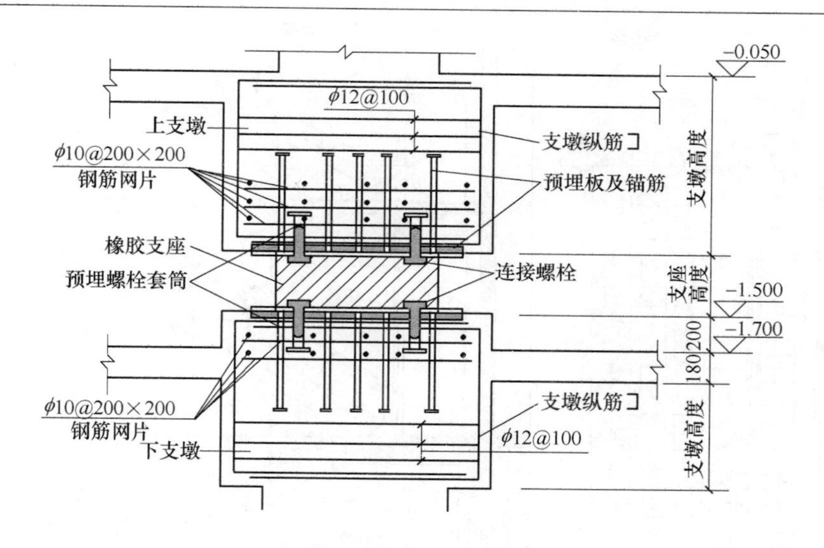

图9 隔震支座与支墩的连接大样

（3）为便于检查、维修、更换隔震支座，隔震层高度不宜小于1.6m，该工程隔震层高度为1.65m。图10为本工程隔震层剪力墙核芯筒处照片。

图10 隔震层剪力墙核芯筒处照片

（4）隔震层的水平隔离缝高度应不小于隔震支座中橡胶层总厚度最大者的1/25加上10mm，且不小于15mm，该工程隔震支座中橡胶层总厚度最大值为120mm，隔震层的水平隔离缝高度取20mm。水平隔离缝按《叠层橡胶支座隔震技术规程》（CECS 126:2001）要求进行了柔性封堵。

（5）上部结构及隔震层部件与周围固定物均脱开，与水平方向固定物的脱开距离按不小于罕遇地震作用下隔震层最大位移的1.2倍，且不小于200mm，该工程罕遇地震作用下隔震层最大位移为238mm，水平隔震缝取用400mm。水平隔震缝采用钢板覆盖，钢板在水平隔震缝一侧固定，另一侧可以自由滑动，支承长度不小于罕遇地震作用下隔震层最大位移+20mm。

（6）穿过隔震层的楼梯、自行车及汽车坡道均在竖直方向设置了20mm的水平隔离缝，与水平方向固定物的脱开距离取用400mm（见图11和图12）。

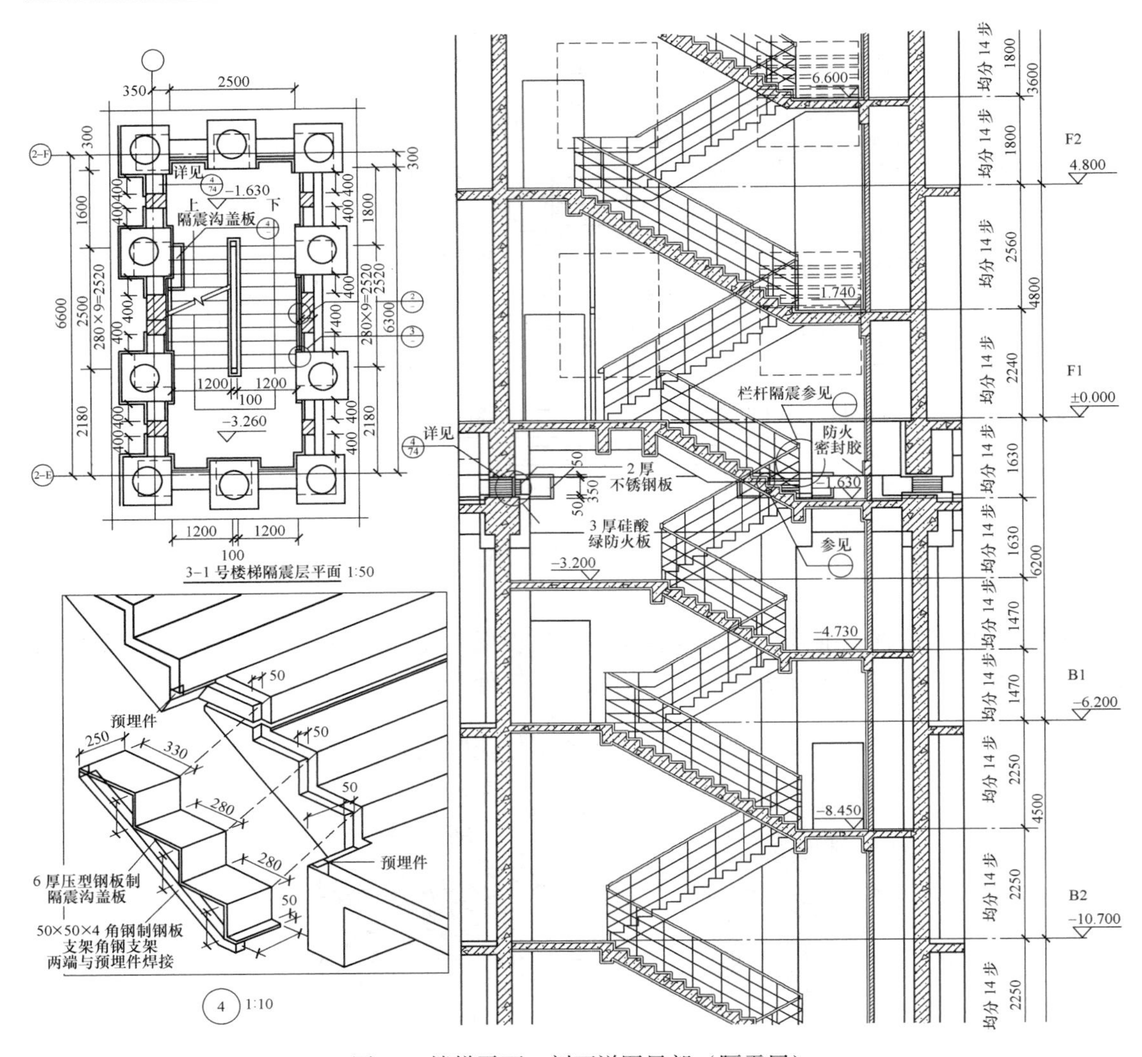

图 11　楼梯平面、剖面详图局部（隔震层）

（7）穿过隔震层通往地下三层的电梯井道设置了与周围固定物 600mm 的脱开距离，穿过隔震层通往地下一层的电梯井道设置了与周围固定物 400mm 的脱开距离。

（8）其余构造均按《叠层橡胶支座隔震技术规程》（CECS 126:2001）要求及《建筑结构隔震构造详图》（03SG610-1）相关规定执行。

5.1.2　建筑专业的隔震措施

（1）隔震沟。在建筑周边隔震层与地面连接处均设置隔震沟，隔震沟宽度按水平位移 400mm 考虑，隔震沟底标高为 -1.70m，上部均

图 12　设置于 3 号楼北侧自行车坡道旁的隔震层观察窗

做防水盖板，隔震沟外墙采用240mm灰砂砖墙，M7.5水泥砂浆砌筑。盖板与隔震沟外墙间设20mm宽水平隔离缝，隔震沟地板与外墙均做防水处理。

（2）隔震层外墙密封及隔震垫保护。隔震层外墙采用240灰砂砖墙M5砂浆砌筑，砌至隔震层梁底留20mm宽水平隔离缝，距隔震垫处留400mm宽水平位移，水平隔离缝用柔性防火密封膏填缝，隔震垫处的外墙留洞空隙用2mm厚不锈钢板钉封。

（3）隔震层均做防水处理。

（4）台阶、坡道、楼梯、窗井等均做隔震处理。

（5）电梯井道采用支撑式电梯井。

（6）室内隔震缝处理。室内隔震缝处的盖板均为抗震型，做法参见《变形缝建筑构造（二）》图集（04CJ01-2）及有关详图，隔震缝需由专业厂家负责设计加工。

（7）设置隔震层检修口。

（8）其他专业管道穿越隔震层时均需做隔震处理。

5.1.3 设备专业的隔震措施

设备专业的隔震措施主要包括以下几个：

（1）尽量减少穿越隔震层管线的数量，系统尽量在隔震层上下分别设置，小管线汇集成干管后再穿。

（2）按照国标《建筑结构隔震构造详图》（03SG610-1）的做法要求，管线穿越时采用柔性连接，其允许最大水平位移应大于400mm。热镀锌钢管、机制排水铸铁管和薄壁不锈钢管均采用不锈钢波纹金属软管连接（见图13）。

图13 设备管道软连接照片

5.1.4 电专业的隔震措施

主要隔震措施包括以下几个：

（1）尽量减少穿越隔震层管线的数量。将隔震层上下的各类电气系统尽量分别设置或分别配置管线；需穿越隔震层的管线集中在一起明敷穿越隔震层。

（2）按照国标《建筑结构隔震构造详图》（03SG610-1）的做法要求，管线穿越时采用柔性连接。其允许最大水平位移应大于400mm。电气专业的电缆（线）沿金属线槽或穿管竖向穿越隔震层时，改为明敷，电缆（线）要留出至少 1.5m 的预留量。导线穿钢管需穿越隔震层时，改为穿普利卡管明敷，并要留出 0.6m 的预留量。防雷引下线（利用结构钢筋）在穿越隔震层时，改为明敷，焊接的外露圆钢（$\phi \geqslant 20$）要留出至少 0.6m 的预留量。

5.2　隔震层橡胶隔震支座施工

在下层框架柱模板拆除后，支设支墩底模并绑扎下支墩钢筋，钢筋验收合格后安装下预埋板，然后绑扎，进行橡胶隔震垫的安装施工。具体工艺见图 14。

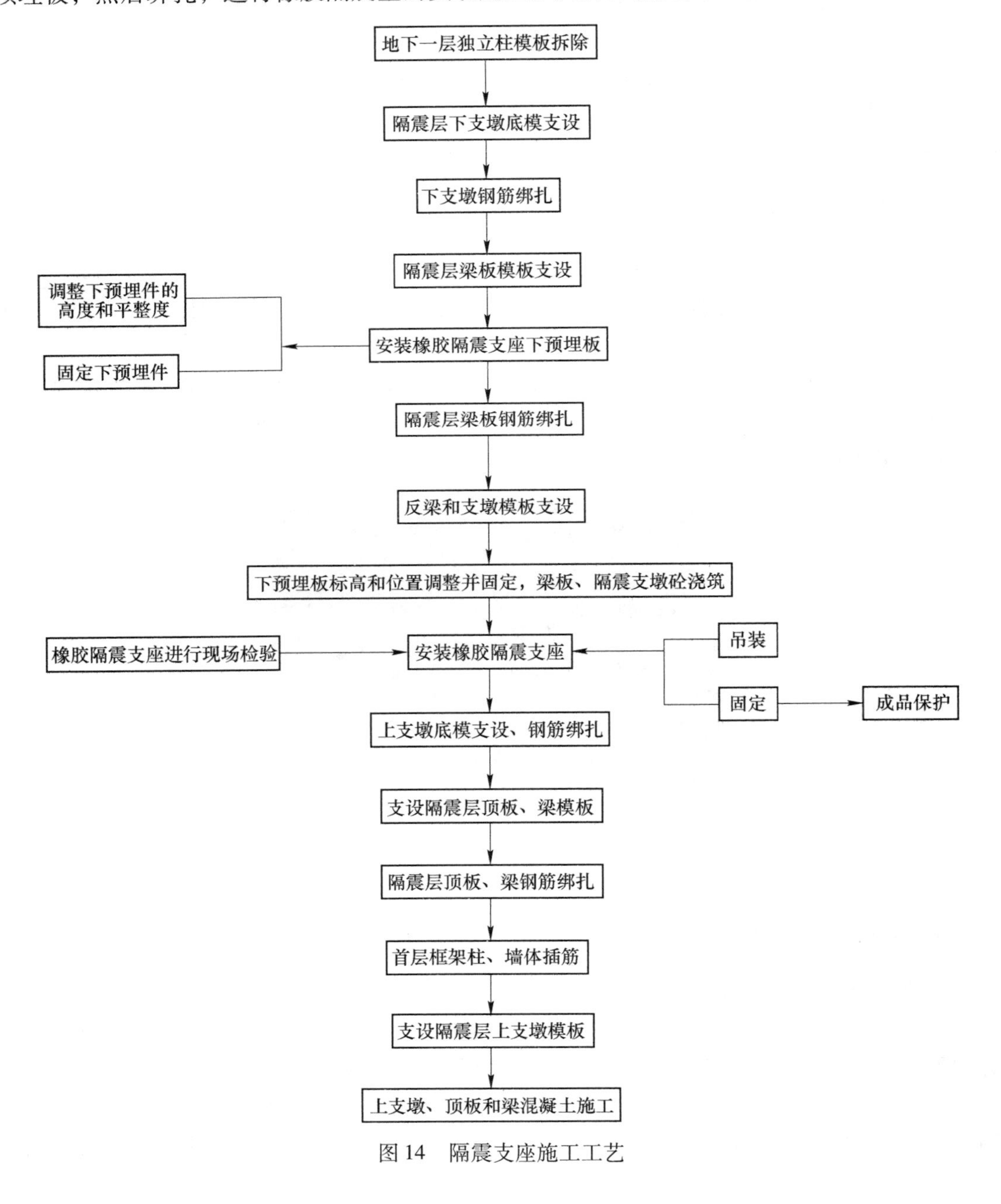

图 14　隔震支座施工工艺

橡胶隔震支座与上下结构间的关系见图 15。

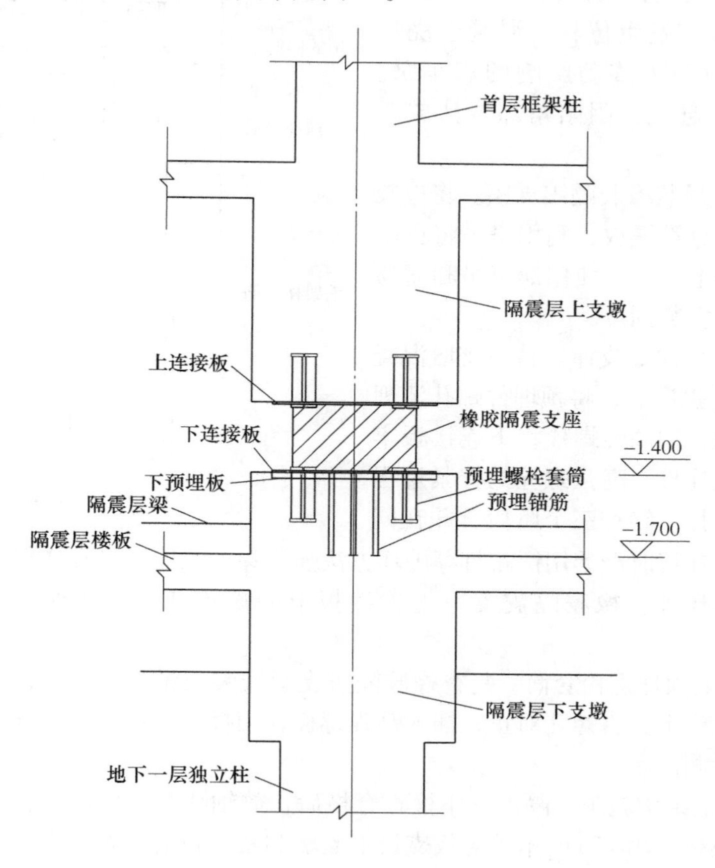

图 15 隔震支座及支墩示意图

(1) 下支墩底模支设。根据下支墩的尺寸利用木胶合板支设支墩底部模板，方木做龙骨，碗扣架、U 托作为支撑体系。

(2) 下支墩钢筋绑扎。先绑支墩主筋，焊 4 根控制埋板标高的钢筋棍（与地下一层框架柱主筋点焊在一起）。支墩内的小箍筋全部做成拉钩的形式，大箍筋全部套上，梁底以下支墩箍筋绑扎到位，下预埋板简单固定完毕后穿梁下铁、上铁，在绑扎梁箍筋之前将支墩的箍筋拉钩绑扎到位。

(3) 安装下预埋板。利用塔吊将下预埋板吊至支墩上，然后利用葫芦吊将埋板吊装到位，下预埋板标高和位置调整准确后简单固定下预埋板，梁钢筋绑扎完且楼板模板支设完后，在楼板模板上弹埋板控制线，调整下预埋板的轴线位置。在竖直方向上将预埋锚筋和框架柱主筋点焊，水平方向预埋锚筋和梁钢筋点焊来固定下预埋板（见图 16）。

(4) 支设隔震层梁、板模板。梁板支设方式同其他各层。

(5) 绑扎隔震层梁板钢筋。绑扎梁钢筋时，切忌碰撞下预埋板，如单排钢筋位置与预埋锚筋和预埋螺栓套筒位置冲突，可将梁钢筋呈 2 排或多排布置，箍筋肢数不变。

(6) 支设下支墩和反梁模板。下支墩和反梁模板采用 15mm 厚木胶合板，背面衬 5cm × 10cm 方木，在楼板钢筋上用 14mm 的二级钢焊三角架作为模板的加固体系。

(7) 浇筑隔震层梁板以及支墩混凝土。为保证下预埋板不发生位移，混凝土浇筑采用对隔震支墩为无震动影响的汽车泵。混凝土表面压平赶光，阴阳角部位抹成八字角。

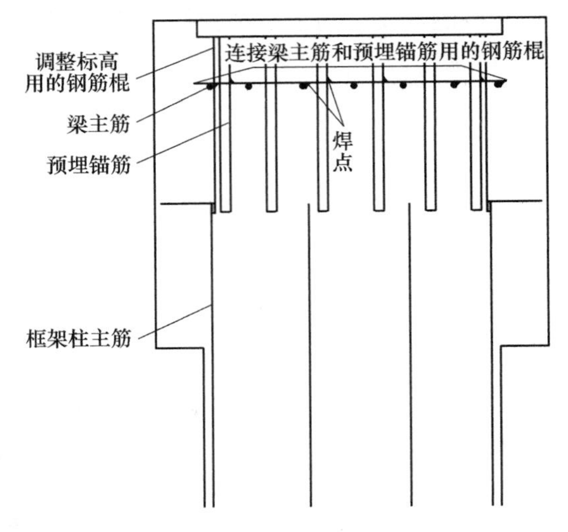

图16　下预埋板固定

(8) 组装及吊装橡胶隔震支座。将橡胶隔震支座按型号分类摆放，利用塔吊将支座吊至相应的支墩上，然后使用葫芦吊和简易钢架吊起支座并安装到位。

(9) 连接橡胶隔震支座。待下支墩混凝土达到75%设计强度后，将预埋件螺孔清理干净，涂上黄油，用高强螺栓将下连接板牢固地与下预埋板连接。高强螺栓的拧紧过程应分为初拧、复拧、终拧三个阶段，并在同一天完成。螺栓连接时严禁用锤敲打等破坏方法强行穿入螺栓，另外要保持构件摩擦面的干燥，严禁雨中作业。橡胶隔震支座上连接板上的螺栓孔以及吊装螺孔用腻子封堵，抹平。

(10) 连接上预埋螺栓套筒。复查橡胶隔震支墩安装质量，合格后，将上预埋螺栓套筒放置于隔震支座上，将螺孔对正，插入高强螺栓，用扳手对称拧紧螺栓。所有螺栓均用力矩扳手逐个检测。

(11) 上支墩结构施工。隔震支座检查合格后，放轴线和上层的墙柱边线，验收合格后支设上支墩模板，用15mm木胶合板支设上支墩和梁、板的模板，上支墩底模上表面标高比上连接板标高高10mm，模板与上连接板接缝处贴5mm厚10mm宽自黏性海绵条，下部用方木支撑，用木楔调整模板标高，准确后用钉子将木楔固定，且用短木条将作为支撑的方木相互连接成一个整体。梁、板下部支撑采用快拆支撑体系。后序施工同结构。

(12) 竖向变形观测。橡胶隔震支座安装过程中，应做好安装过程的施工记录，上部结构施工过程中，每完成一层应做一次橡胶隔震支座竖向变形观测。

5.3 工程验收

5.3.1 橡胶隔震垫施工质量要求

(1) 基本项目：

1) 橡胶隔震支座及下预埋板地中心标志齐全、清晰；

2) 橡胶隔震支座地表面清洁、无油污、泥沙、破损等；

3) 焊缝外观无夹渣、咬肉、漏焊；

4) 丝扣无裂纹损毁；

5) 防腐涂层均匀、光洁、无漏刷现象。

(2) 允许偏差项目，见表20。

表 20　允许偏差

项次	项目		允许偏差	检查方法	检验数量
1	表面平整度/mm		1	盒尺、塞尺	10% 且不少于 2 处
2	下预埋板	顶面标高/mm	±2.5	水准仪测量	
3		同墩相邻/mm	±2.5	水准仪测量	
4		水平度/‰	5	水平尺测量	
5	橡胶隔震支座	中心平面位置/mm	5	钢尺测量	
6		顶面水平/‰	8	水平尺测量	
7	预留螺栓孔	栓孔直径/mm	0 ~ +1	钢尺测量	
8		栓孔位置/mm	±1	钢尺测量	

5.3.2　成品保护

检查合格后，先对橡胶隔震支座连接板及外露连接螺栓采取防锈保护措施，然后用旧胶合板钉成木盒子将其保护好（见图 17），以防止上部施工过程中破坏橡胶隔震支座。

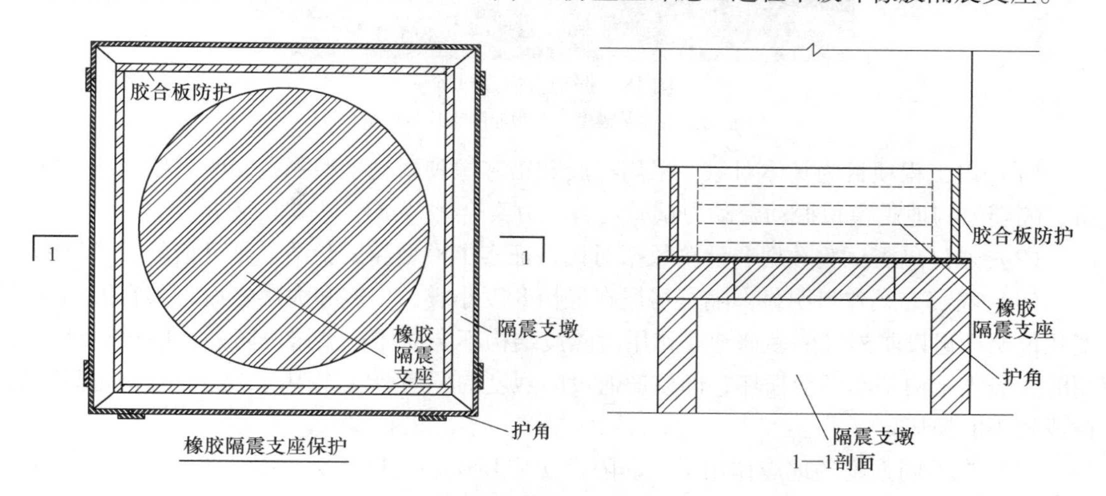

图 17　橡胶隔震支座防护措施

5.3.3　资料要求

隔震结构的验收除应符合国家现行有关施工及验收规范的规定外，尚应提交下列文件：

（1）隔震层部件供货企业的合法性证明；

（2）隔震层部件出厂合格证书；

（3）隔震层部件的产品性能出厂检验报告；

（4）隐蔽工程验收记录；

（5）预埋件及隔震层部件的施工安装记录；

（6）隔震结构施工全过程中隔震支座竖向变形观测记录；

（7）隔震结构施工安装记录；

（8）含上部结构与周围固定物脱开距离的检查记录。

6　地震模拟振动台模型实验

为检验隔震系统方案的可靠性、验证计算方法的正确性等，特选择 4 栋楼房中的一栋（1 号楼）由广州大学工程抗震研究中心进行了地震模拟振动台模型试验。见图 18。

图 18　振动台模型试验

（左为隔震建筑模型，右为非隔震建筑模型）

（1）以工程项目为具体对象，采用橡胶和铅芯橡胶两类小型隔震支座模拟非线性隔震层，隔震结构地震模拟振动台动力试验可行、方案合理，试验总体上成功。

（2）通过隔震试验数据和计算数据对比，证实了模型和试验结果是可信的、可靠的。

（3）隔震方案效果明显。隔震房屋在经历 8 度小震、中震和大震之后，其自振频率的变化说明遭遇设防烈度的多遇地震作用时隔震结构不会损坏；遭遇设防烈度的设计地震作用时，隔震结构基本不会损坏；即使遭遇设防烈度的罕遇地震作用时，隔震结构也只有轻微或较小的损坏。

（4）在不同强度的地震作用下，非隔震房屋顶层加速度放大系数在 2 ~3 之间；而隔震房屋基本处于平动状态，各楼层的加速度反应仅为输入加速度值的 0. 5 ~0. 8。

（5）隔震房屋与非隔震房屋的层间剪力均值的比值为 0. 250 ~0. 338，对应的水平减震系数为 0. 38 ~0. 5。地震反应动力计算结果与试验测试分析结果共同确定的隔震房屋水平减震系数是合理的。

（6）隔震层在罕遇地震作用下的最大位移由试验测得值折算为 24. 1cm。试验测试与计算结果都表明，隔震层在罕遇地震时最大位移能满足规范的要求。

7　结论

该工程为一大底盘多塔建筑，共采用 366 个隔震支座，其中该案例中的 1 号楼采用 80 个隔震支座，最大直径为 800mm。减震系数为 0. 5，结构周期从非隔震的 0. 66s 延长到隔震结构的 2. 54s，隔震支座大震下最大位移为 240mm，使得隔震结构的抗震性能大大提高，上部结构可按设防烈度降低 1 度设计。

该工程项目在国内大型公共建筑中开创性地使用了隔震技术，率先应用铅芯橡胶支座模型进行了隔震与非隔震模型的地震模拟振动台试验，充分验证了结构动力时程响应分析的正确性和隔震结构的安全性。同时，为便于隔震支座的更换，该工程首次采用对隔震层顶部及底部结构按液压千斤顶实际支承点及作用力大小进行承载力设计。

附录　三里河三区 12 号地办公楼建设参与单位及人员信息

项目名称	三里河三区 12 号地办公楼		
设计单位	联安国际建筑设计有限公司		
合作单位	中国地震灾害防御中心（原中国地震局地震工程研究中心）		
用　途	办公	建设地点	北京市西城区
施工单位	中铁建设集团有限公司	施工图审查机构	中国建筑设计研究院
工程设计起止时间	2002～2004	竣工验收时间	2007. 2

参与本项目的主要人员：

序号	姓　名	职　称	工 作 单 位
1	李开伦	高级工程师	联安国际建筑设计有限公司
2	陈富生	教授级高工	联安国际建筑设计有限公司
3	祁润田	高级工程师	联安国际建筑设计有限公司
4	栾　翔	工程师	联安国际建筑设计有限公司
5	陆　鸣	研究员	中国地震局地壳应力研究所
6	田学民	副研究员	中国地震局
7	王笃国	副研究员	中国地震灾害防御中心
8	李丽媛	高级工程师	中国地震灾害防御中心

案例6　宿迁海关业务技术综合楼

1　工程概况

宿迁海关业务技术综合楼位于宿迁市宿城新区（见图1）。大楼地上17层、地下1层，主楼室外地坪至大屋面高度为64.90m，至结构构件完成面为73.2m。工程由两栋大楼组成，采用半椭圆形围合式对称布局，每栋大楼均由2层裙房及主楼组成，裙房内有办公大厅、会议中心等，主楼上部使用功能为办公，地下室为机动车、非机动车库以及配套设备用房。

图1　宿迁市海关业务综合楼

2　工程设计

2.1　场地概况

土层分布情况见表1，根据《建筑抗震设计规范》，地面下20m以内可能产生地震液化的土层有层①、层③及层⑤，通过标准贯入试验，上述土层均为液化土层，液化等级为严重。

表1　土层分布

土层名称	土层厚度	q_{pk}/kPa
① 粉土	2.60～3.70	—
② 粉质黏土夹粉土	1.30～3.20	—
③ 粉土	1.20～3.10	—

续表1

土层名称	土层厚度	q_{pk}/kPa
④ 粉质黏土	0.80~1.90	—
⑤ 粉土夹粉质黏土	4.60~6.70	—
⑥ 黏土	2.10~4.20	—
⑦ 黏土	3.60~6.60	2800
⑧ 粉质黏土	未穿透	4600

2.2 设计依据

（1）该工程结构隔震分析、设计采用的主要计算软件如下：

1）中国建筑科学院开发的商业软件 PKPM/SATWE，该项目利用该软件进行结构的常规分析和设计。

2）美国 CSI 公司开发的商业有限元软件 ETABS，该项目利用该软件的非线性版本进行常规结构分析和隔震结构的非线性时程分析。

（2）设计过程中，采用的现行国家标准、规范、规程及图集主要有：

1）《建筑结构可靠度设计统一标准》（GB 50068—2001）；

2）《建筑结构荷载规范》（GB 50009—2001）（2006 年新版）；

3）《高层建筑混凝土结构技术规程》（JGJ 3—2002）；

4）《建筑地基基础设计规范》（GB 50007—2002）；

5）《建筑工程抗震设防分类标准》（GB 50223—2004）；

6）《建筑抗震设计规范》（GB 50011—2001）（2008 年新版）；

7）《叠层橡胶支座隔震技术规程》（CECS 126:2001）；

8）《建筑结构隔震构造详图》（03SG610-1）；

9）《混凝土结构设计规范》（GB 50010—2002）；

10）《工程建设标准强制性条文　房屋建筑部分》；

11）《超限高层建筑工程抗震设防管理规定》（中华人民共和国建设部令第 111 号）；

12）《建筑桩基技术规范》（JGJ 94—94）；

13）《钢筋混凝土连续梁和框架考虑内力重分布设计规程》（CECS 51:93）；

14）《地下工程防水技术规范》（GB 50108—2001）；

15）《建筑设计防火规范》（GBJ 16—87）（2001 年版）；

16）《钢筋机械连接通用技术规程》（JGJ 107—2003）；

17）地质报告根据宿迁市建筑设计研究院有限公司《岩土工程勘察报告》（报告编号 K2008-015）。

2.3 结构设计主要参数

该工程位于地震高烈度区（8 度，0.30g），设计地震第一组。大楼采用高层隔震技术，隔震层设置在地下室顶板和首层之间，隔震层主要由橡胶隔震支座、滑移隔震支座以及黏滞阻尼器组成，隔震层上部为框-剪结构。结构设计主要参数见表 2，建筑结构基本特征见表 3。

表 2　结构设计主要参数

项目	基本设计指标	参　数
1	建筑结构安全等级	二级
2	结构设计使用年限	50 年
3	建筑物耐火等级	一级
4	建筑抗震设防类别	丙类
5	抗震设防烈度	8 度
6	基本地震加速度值	0.30g（0.15g）
7	设计地震分组	第一组
8	水平向减震系数	0.45(X)，0.51(Y)
9	建筑场地类别	Ⅲ类
10	基本雪压（50 年一遇）/kPa	0.35
11	特征周期（多遇/罕遇）/s	0.45/0.50
12	基本风压（100 年一遇）/kPa	$W_0=0.40$
13	地面粗糙度	B 类
14	风荷载体型系数	1.4
15	基础埋深/m	5.90
16	基础形式	桩基
17	桩基类型	PHC 管桩
18	上部结构形式	框架-剪力墙
19	地下室结构形式	框架-剪力墙
20	隔震层位置	地下室顶板
21	水平地震影响系数最大值（多遇/罕遇）	0.24/1.20（0.12/0.72）
22	隔震层顶板体系	梁板结构
23	隔震设计基本周期/s	4.05（ETABS）
24	上部结构基本周期/s	1.49（ETABS）
25	隔震支座设计最大位移/cm	50
26	室内外高差/m	0.30

注：括号内数值为上部结构（隔震层以上）按 7 度（0.15g）的设计参数。

表 3　建筑结构基本特征

高　度	$H=64.90\text{m}<[100\text{m}]$
高宽比	$H/B=64.90/14.80=4.38<[5]$
长宽比	$L/B=41.60/14.80=2.80<[5]$
楼板开洞率	二层为大空间，其余楼层小于 30%

3 隔震设计

3.1 隔震设计性能目标

根据上部结构的抗震性能，并针对地震动发生的频度和大小，将上部结构、下部结构、隔震装置的性能目标以及隔震结构的抗风性能目标列入表4和表5。

表4 隔震性能目标

部 位	多遇地震	罕遇地震
上部结构	层间位移角不大于1/800 比常规结构降1度	层间位移角不大于1/400
隔震装置	稳定变形 剪切变形不大于200%	稳定变形 剪切变形不大于300%
地下室	短期允许应力	短期允许应力
地基	长期允许应力	长期允许应力

表5 隔震抗风性能目标

部位 \ 水准	100年一遇
上部结构	最大加速度小于0.15m/s^2
隔震装置	铅芯橡胶支座不屈服

3.2 隔震层设计

结构隔震体系由上部结构、隔震层和下部结构三部分组成，为了达到预期的隔震效果，隔震层必需具备以下四项基本特征：(1) 具备较大的竖向承载能力，安全支撑上部结构；(2) 具备可变的水平刚度，屈服前的刚度可以满足风荷载和微振动的要求，当中强震发生时，其较小的屈服后刚度可使隔震体系变成柔性体系，将地面振动有效地隔开，降低上部结构的地震响应；(3) 具备水平弹性恢复力，使隔震体系在地震中具有瞬时复位功能；(4) 具备足够的阻尼，有较大的消能能力。

通过在隔震层合理配置铅芯橡胶支座、天然橡胶支座、滑移支座和阻尼器，可以使隔震结构具备上述4项基本特征，并达到预期的隔震目标和抗风性能目标。

3.2.1 橡胶隔震支座

隔震支座必须长期承受较大的竖向荷载，除此之外，在较大水平变形时还必须有稳定的性能。设计隔震支座时，需考虑建筑物预设的变形量、支座的面压、隔震层的水平恢复力特性以及隔震层偏心率等因素。通过控制支座的拉、压应力来保证隔震结构的抗倾覆能力。表6给出了隔震支座面压及隔震层偏心率的计算结果。

表 6　支座面压及隔震层偏心率

支座面压	长期面压/MPa	12. 39
	短期面压/MPa	+24. 73/ −0. 90
隔震层偏心率	X 向偏心率	0. 020
	Y 向偏心率	0. 007

该工程选用的隔震支座为铅芯橡胶支座（LRB）、天然橡胶支座（RB）。考虑到主楼范围内的隔震支座应力较大，故选择大直径隔震支座，如剪力墙下的隔震支座为 LRB1300 和 LRB1200（见图 2）两种类型；而裙楼则采用较小直径的隔震支座，如裙房柱下的隔震支座为 RB700。

图 2　隔震支座产品（LRB1200）

3. 2. 2　滑移隔震支座

滑移隔震支座主要由顶板（上连接钢板）、叠层橡胶体、滑板（聚四氟乙烯 PTFE）、镜面不锈钢板以及组合底板等部分组成（见图 3）。

图 3　滑移隔震支座产品（SLD500）

表 7 中给出了滑移隔震支座的设计参数，其中水平有效刚度为滑移前叠层橡胶体提供的刚度，从表中也可以看出滑移支座动摩擦系数较低，且能承受较大竖向荷载。滑移支座和其他橡胶支座组合布置可以有效降低整个隔震层的水平刚度，提高隔震效果。

滑移隔震支座可以利用叠层橡胶体的形状和材质来调整竖向刚度及滑动的初始位移，并与其他橡胶隔震支座的变形相协调。由于滑移隔震支座本身不具有恢复力特性，需要与其他橡胶隔震支座组合使用。

表7 滑移隔震支座参数

布置方式	水平向有效刚度/$kN \cdot m^{-1}$	动摩擦系数	基准面压/MPa
分散布置在橡胶支座中	417	0.04	12

3.2.3 黏滞阻尼器

该工程隔震层采用了速度相关性的非线性黏滞阻尼器（见图4），参数见表8。

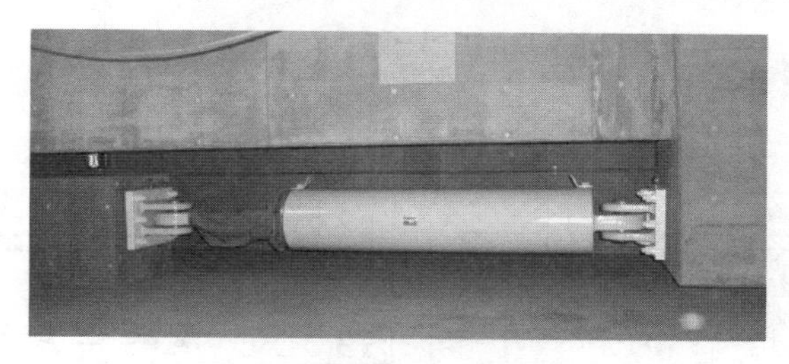

图4 黏滞阻尼器产品

表8 黏滞阻尼器参数

布置方向	阻尼系数	阻尼指数	行程/mm	数量
X向	800	0.4	400	9
Y向	650	0.4	400	9

选择的黏滞阻尼器产品的力学滞回曲线须符合公式：

$$F = C \cdot V^{\alpha} = 800 \cdot V^{0.4} \quad (X\text{向阻尼器})$$

$$F = C \cdot V^{\alpha} = 650 \cdot V^{0.4} \quad (Y\text{向阻尼器})$$

在罕遇地震作用下阻尼器产生的最大阻尼力约700kN（单个阻尼器）。

3.2.4 隔震支墩及阻尼器连接构造

在进行隔震支墩的设计时，应考虑到支座高度、上下预埋钢板尺寸、锚栓的型号、锚栓的布置方式以及与支墩相连的框架梁柱配筋等因素。图5给出了隔震支墩及下预埋件的图例。

在隔震层设置黏滞阻尼器，可以有效控制隔震层的最大变位，并通过活塞式运动吸收地震输入到建筑物的能量。阻尼器的连接方式有两种：一种为直接与上部隔震支墩相连；另一种为通过牛腿与上部框架梁相连。图6给出了阻尼器连接构造。

3.2.5 隔震元件的布置

通过大量分析计算，最终确定隔震层的隔震支座、滑移支座以及黏滞阻尼器的型号及

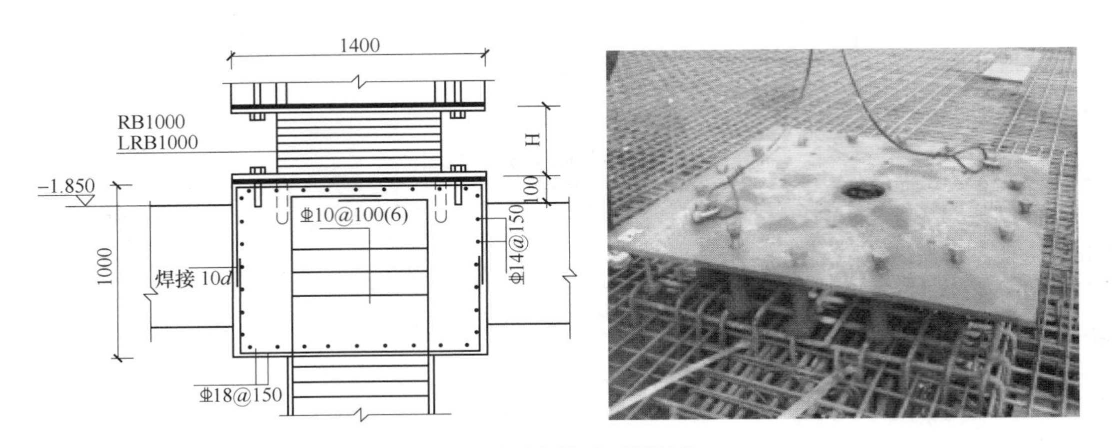

图 5　隔震支墩及下预埋件

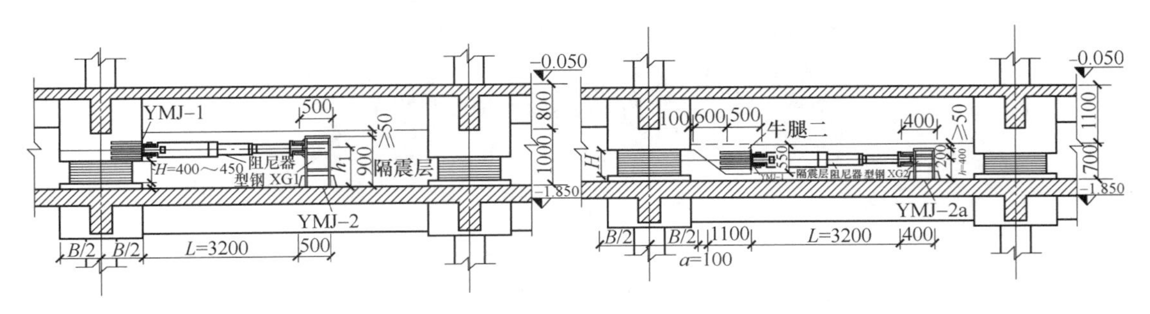

图 6　黏滞阻尼器连接构造

布置方式，隔震元件的布置见图 7，隔震支座的参数见表 9，隔震支座及阻尼器现场照片见图 8 和图 9。

表 9　叠层橡胶隔震支座参数

支座型号		LRB1300	LRB1200	LRB10	LRB70	RB10	RB700
外径/mm		1300	1200	1000	700	1000	700
竖向性能	竖直刚度	7325	6487	5321	3259	4003	2099
	基准面压	15	15	15	15	15	10
水平性能	一次刚度	26.13	24.22	20.33	14.02	—	—
	二次刚度	2.010	1.863	1.556	1.079	—	—
	屈服荷载/kN	180.9	160.3	122.7	90.2	—	—
	等效刚度	3.18	2.92	2.47	1.72	1.489	0.744
	阻尼比	≥16.0	≥16.4	≥17.6	≥22.6	—	—
数　量		5	10	3	6	2	10

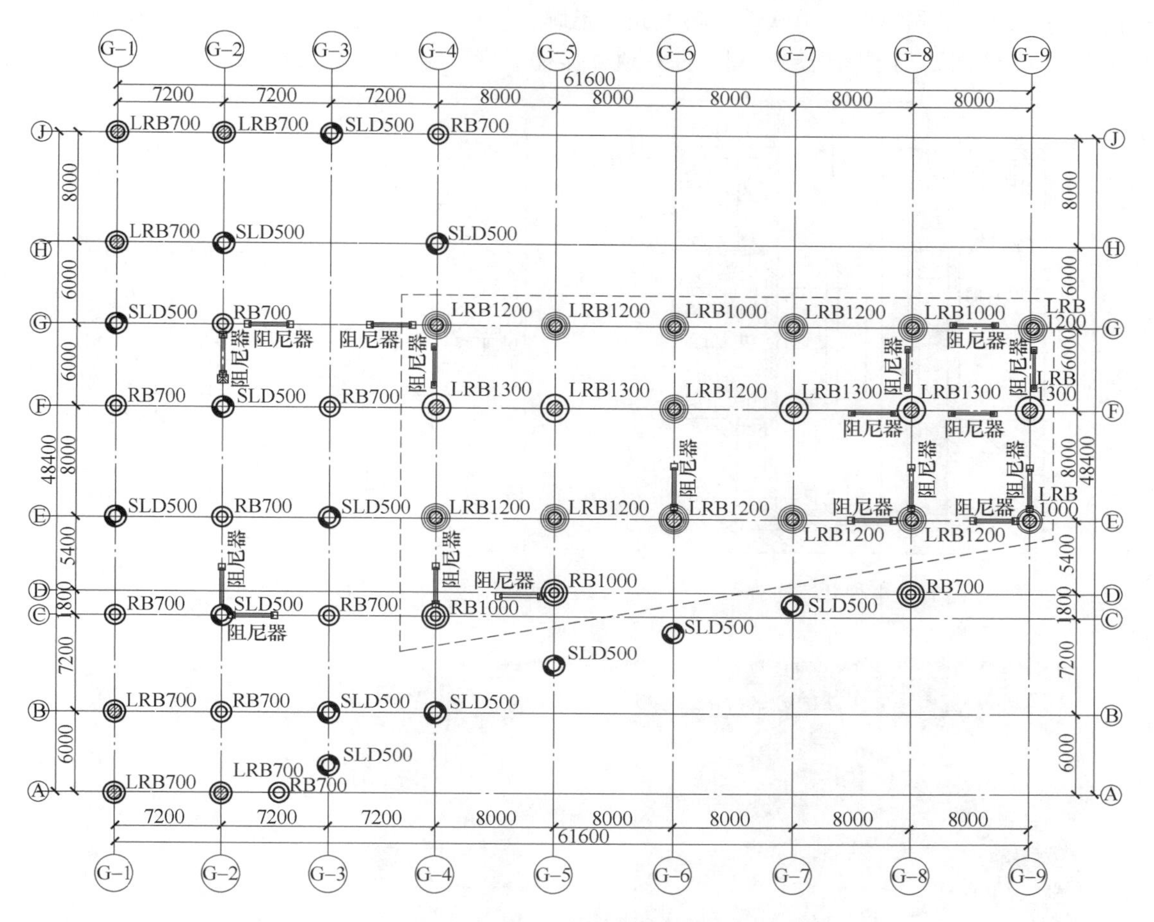

图 7 隔震元件布置平面图

图 8 隔震支座照片

图 9 阻尼器照片

3.2.6 隔震层建筑构造

隔震建筑不同于一般建筑，地震时隔震层会产生较大变位，故需要沿上部结构周边设置变形缝，缝宽为 500mm，保证隔震结构的变位空间。隔震层上部结构和下部结构之间应设置完全的水平隔离缝，用软性材料填充。走廊、楼梯、电梯等部位应无任何障碍物。图 10 ~ 图 13 依次给出了隔震层范围电梯井道、楼梯、变形缝以及轻质围护的建筑构造。

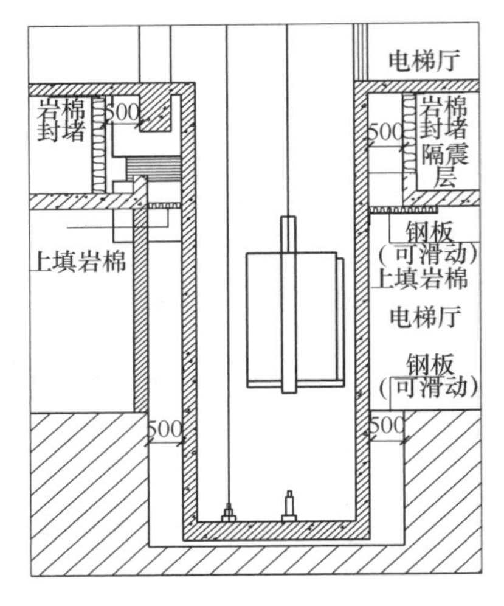

图 10　电梯井道构造

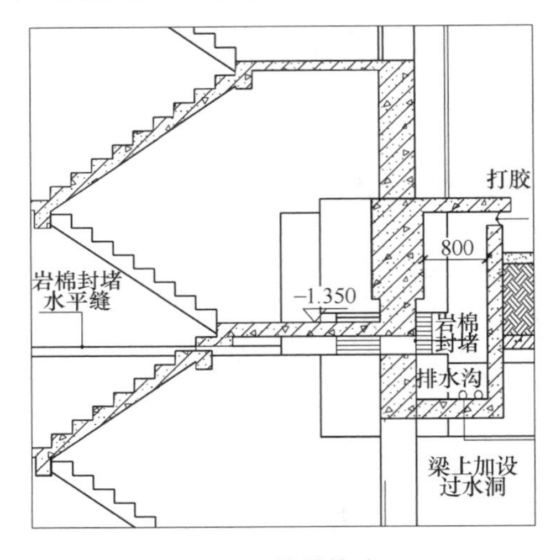

图 11　楼梯构造

图 12　建筑物周边变形缝

图 13　隔震层的轻质围护

对穿过隔震层的设备配管、配线，应采用柔性连接或其他有效措施以适应隔震层的罕遇地震水平位移，相关构造见图 14。

3.3　隔震计算模型

结构计算分析时，梁、柱构件采用空间梁柱单元，混凝土楼板、抗震墙采用壳体单元，天然橡胶隔震支座、铅芯橡胶隔震支座、滑移隔震支座以及黏滞阻尼器采用了 EATBS 软件提供的 NLLINK 单元（非线性连接单元）来模拟，ETABS 结构分析模型的三维视图见图 15。

隔震结构的动力特性会随隔震支座剪应变的变化而不断发生变化，采用 Ritz 向量法计算出隔震体系在 50% 剪应变和 100% 剪应变时的动力特性，其中前 6 阶周期结果列于表 10。从表 10 中可以看出，隔震体系的周期较原结构增大了很多，基本周期由原来的 1.494s 延长至 4.050s，已经远离了建筑场地的卓越周期。

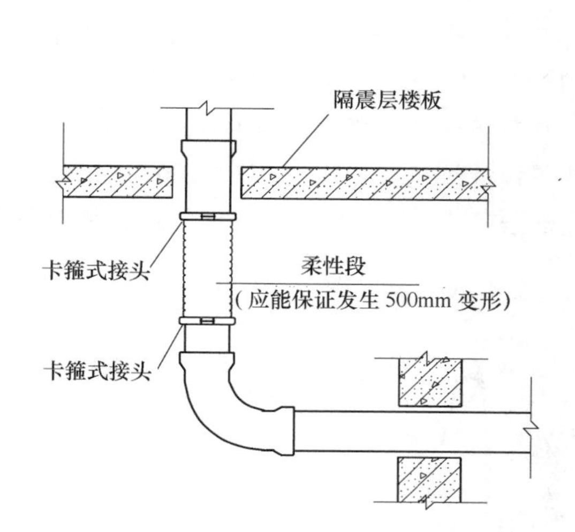

图 14 设备管道隔震层构造

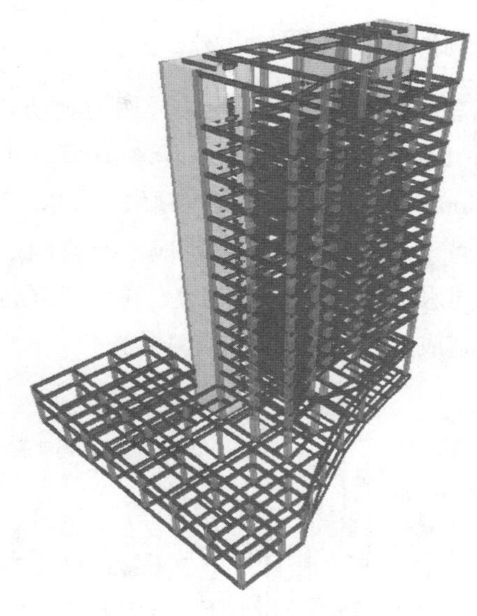

图 15 隔震结构计算模型（ETABS）

表 10 隔震结构前 6 阶振型的周期 (s)

振型	非隔震结构（首层固定）	隔震结构（50% 剪应变）	隔震结构（100% 剪应变）
1	1.4943	3.71	4.05
2	1.2959	3.52	3.84
3	1.0186	2.84	2.90
4	0.4457	0.91	1.09
5	0.3977	0.89	0.98
6	0.2914	0.85	0.89

图 16 给出了隔震体系的前两阶振型图，从图中可以看出隔震结构的前两阶振型为两个方向的平动。

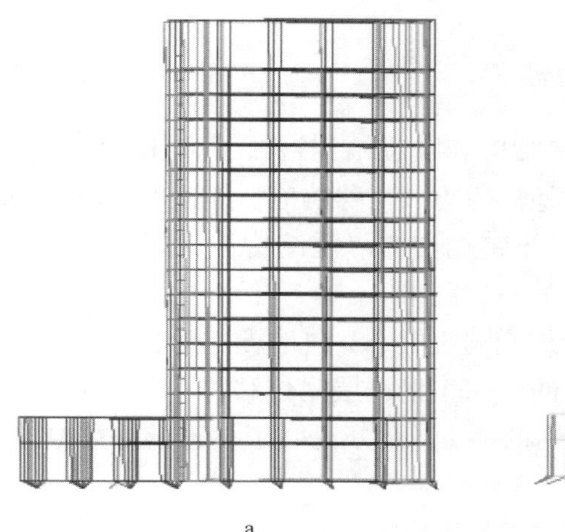

a

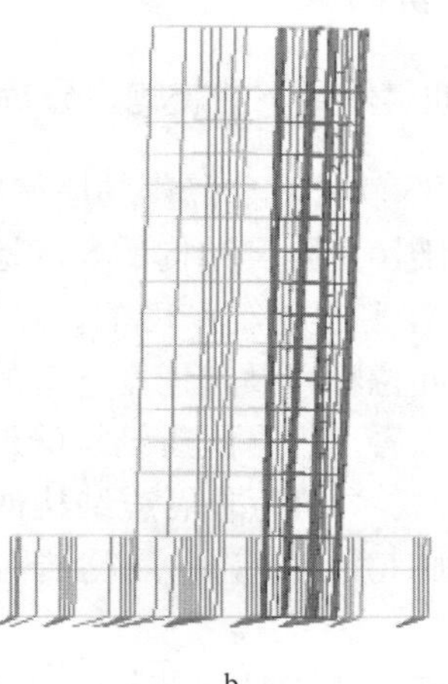

b

图 16 隔震结构前两阶振型图

a—X 向平动；b—Y 向平动

3.4 地震波选取

隔震分析共采用了6条天然地震动和2条人工地震动，6条天然地震动分别是1940 El centro EW、1940 El centro NS、1952 Taft EW、1952 Taft NS、1968 Hachinohe EW和1968 Hachinohe NS，通过对波在频域内的综合调整，使各条波在8度多遇（110gal）地震和8度罕遇（510gal）地震的反应谱与我国《建筑抗震设计规范》（GB 50011—2001）相对应的不同水准设计谱基本一致，两条人工地震动是根据宿迁市该工程附近场地的地貌和地质特性制成的（见图17和图18）。

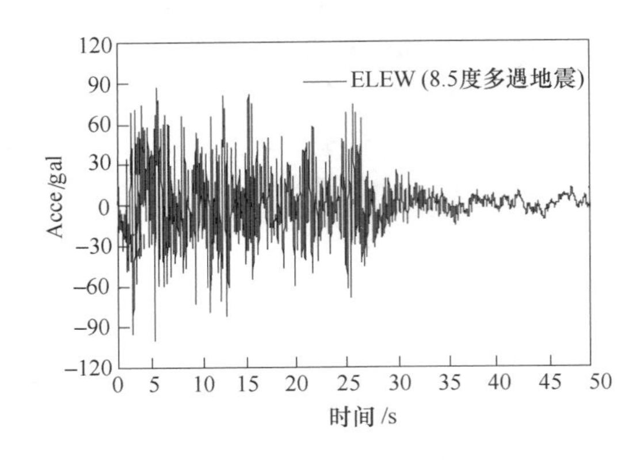

图17 1940 El centro EW加速度时程曲线

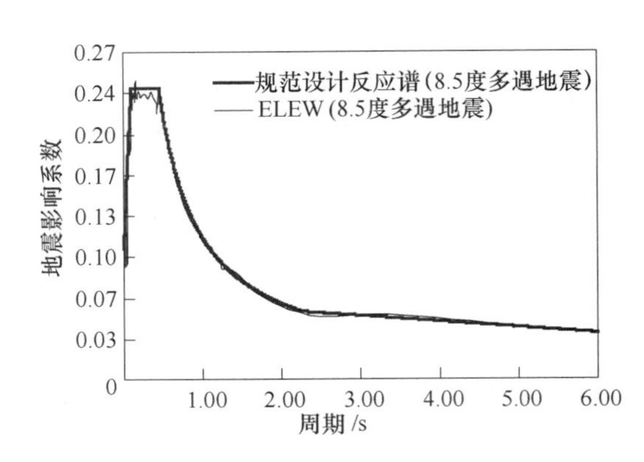

图18 设计地震动和规范设计谱对比

采用弹性时程分析，每条时程曲线计算所得结构底部剪力均大于振型分解反应谱法计算结果的65%，其平均值大于振型分解反应谱法计算结果的80%，采用8条时程曲线作用下各自最大地震响应值的平均值作为时程分析的最终计算值。

3.5 隔震分析结果

3.5.1 多遇地震作用下地震响应分析

利用ETABS软件对非隔震的原始结构和隔震结构进行了整体非线性时程分析，重点分析了非隔震结构和隔震结构的8度地震剪力、位移响应、加速度响应等问题。图19～图21分别给出了在多遇地震作用下，隔震结构和非隔震结构最大层间剪力、最大层间剪力系数、结构层间位移以及加速度响应的对比结果。

从图中可以看出，在隔震结构的地震响应中，X向地震剪力和剪力系数最大为非隔震结构的0.318倍，Y向为非隔震结构的0.355倍；层间位移均小于1/800，且是非隔震结构的1/2.5；加速度响应为非隔震结构的1/2，充分说明了设计的隔震结构具有较好的隔震效果。

根据《建筑抗震设计规范》第12.2.5条规定，X向最大水平向减振系数为：0.318/0.7＝0.45，Y向最大水平向减振系数为：0.355/0.7＝0.51，因此上部结构可按降低1度进行常规设计。

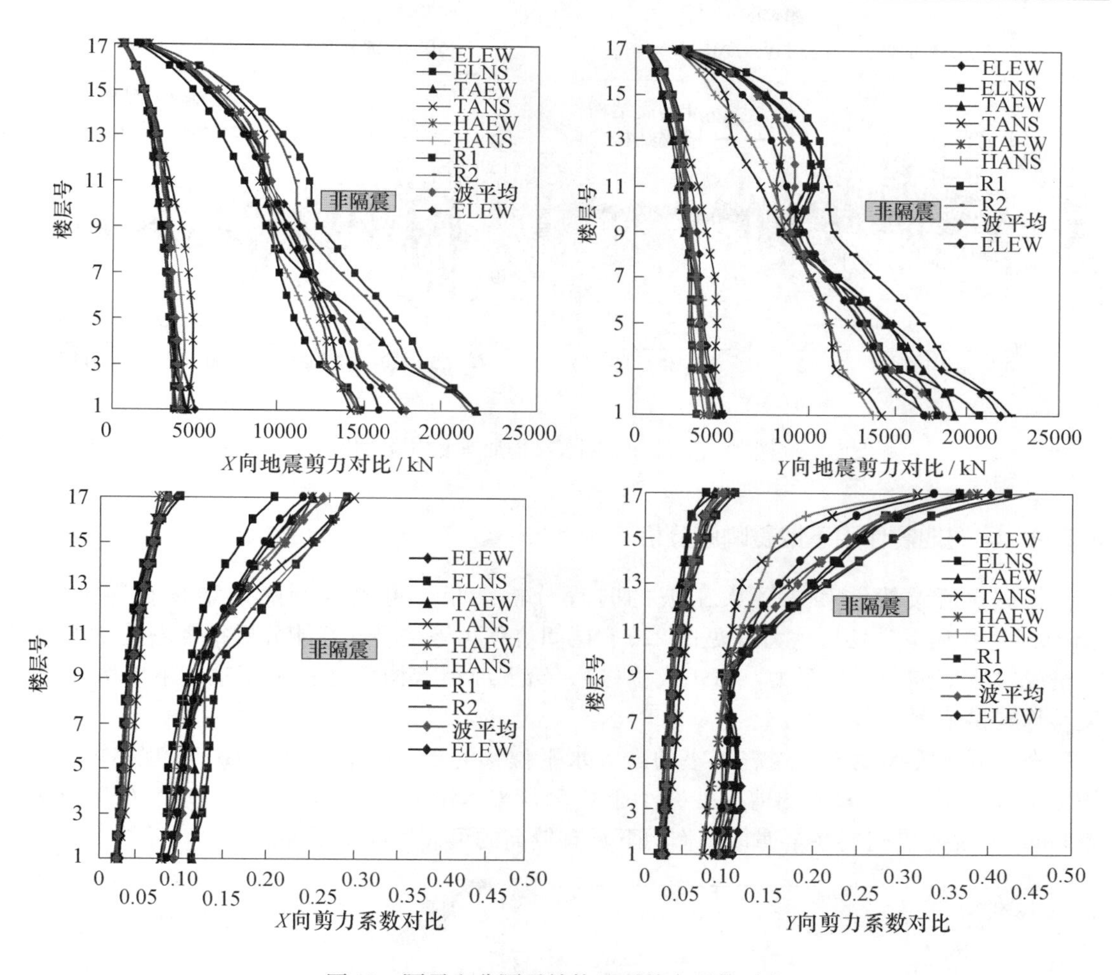

图 19 隔震和非隔震结构地震剪力系数对比

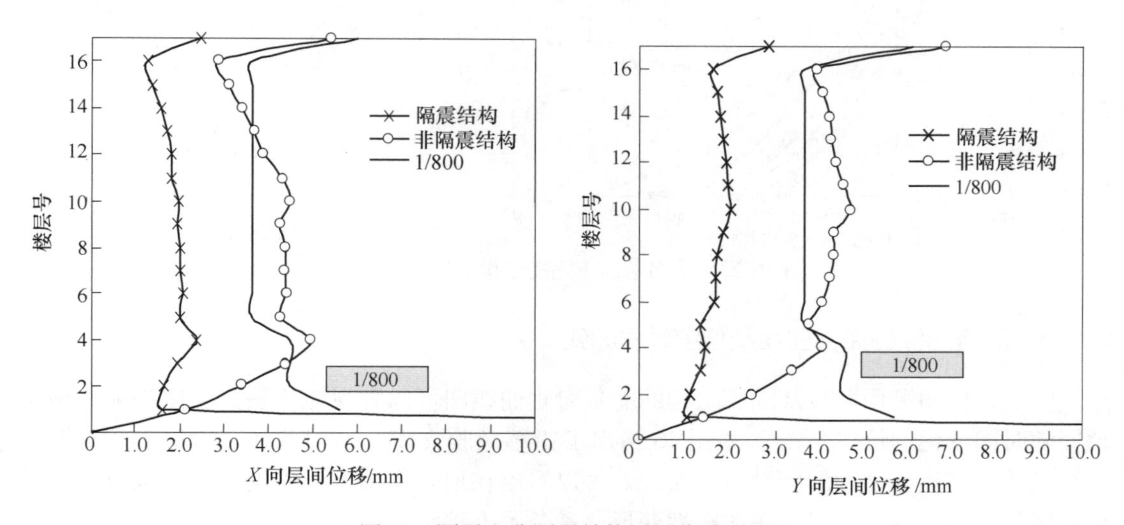

图 20 隔震和非隔震结构层间位移对比

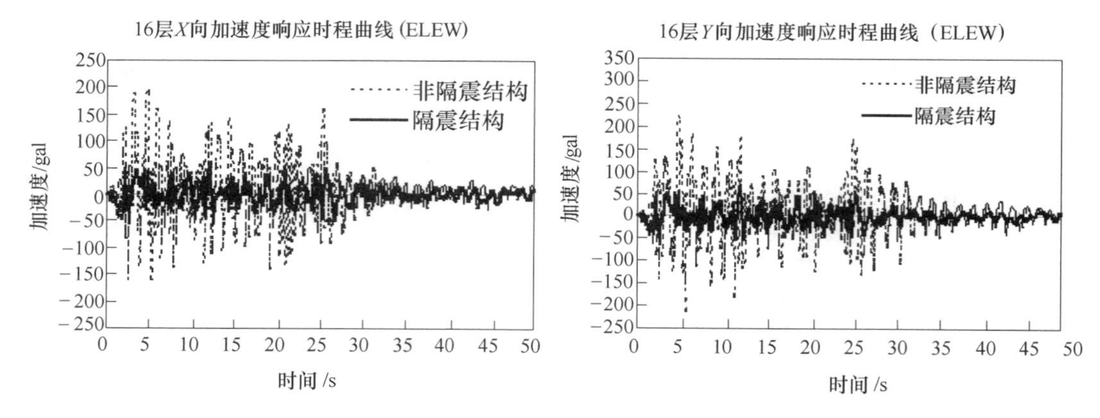

图 21 隔震和非隔震结构加速度响应对比

3.5.2 罕遇地震作用下地震响应分析

根据 6 条天然波和 2 条人工波的时程分析结果，可以得到隔震结构在罕遇地震（510gal）作用下的楼层剪力（见图 22）、层间位移角等结果，并能分析每个隔震支座的受力情况（如竖向力、水平力、弯矩及位移），给下部结构构件（如地下室、下支墩）的抗震验算提供依据。

在罕遇地震作用下，隔震支座的最大水平位移为 353mm，对于 LRB700 规格的支座，该水平位移相当于 252% 的剪应变，小于 0.55D（385mm）和 300% 的剪应变（300% γ = 420mm），说明隔震层在罕遇地震作用下具有较高的可靠性和稳定性。

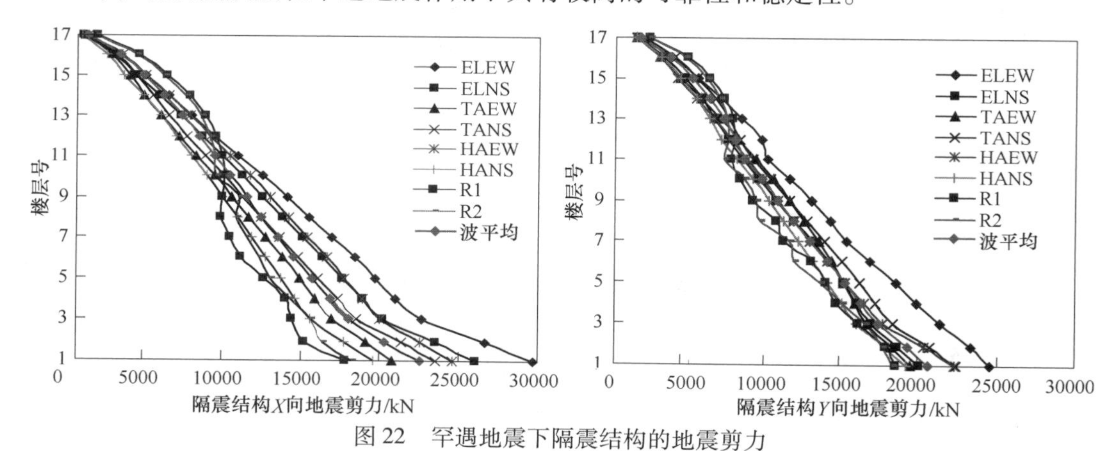

图 22 罕遇地震下隔震结构的地震剪力

3.5.3 隔震元件的滞回曲线及能量时程曲线

隔震元件的滞回曲线及隔震结构的能量时程曲线图可以直观地反映出支座耗能和结构耗能随时间变化的情况，图 23 ~ 图 26 给出了铅芯橡胶支座的滞回曲线、滑移支座的滞回曲线以及整个隔震结构的能量时程曲线。可以看出在地震作用下，隔震支座会吸收大量的地震能量，从而减少上部结构的塑性变形，避免了上部结构的破坏，隔震结构的优越性得以体现。

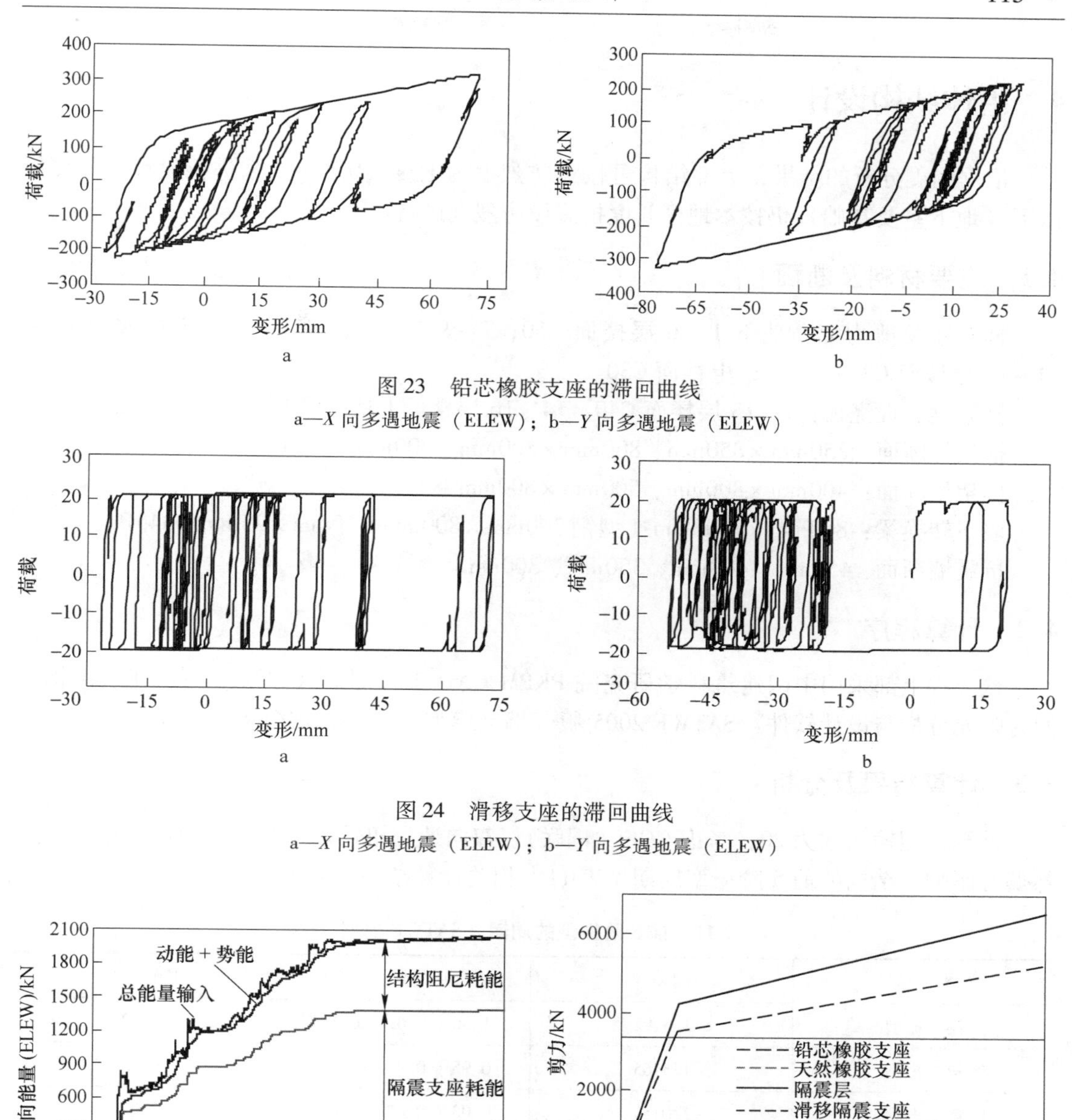

图 23　铅芯橡胶支座的滞回曲线

a—X 向多遇地震（ELEW）；b—Y 向多遇地震（ELEW）

图 24　滑移支座的滞回曲线

a—X 向多遇地震（ELEW）；b—Y 向多遇地震（ELEW）

图 25　能量时程曲线

图 26　隔震层水平恢复力特性

3.6　结构抗风设计

对于常规抗震设计的结构，一般是地震荷载起主要控制作用，而不是风荷载。但对于采用隔震技术的高层结构，抗风设计是整个隔震设计中比较重要的环节。

应通过合理地配置铅芯橡胶支座、天然橡胶支座、滑移支座等隔震元件，使得整个隔震层的屈服力高于风荷载在隔震层产生的最大水平剪力（见图 26），从而达到结构的抗风性能目标。

4　主体结构设计

根据隔震分析的结果，上部结构可按设防烈度为七度（0.15g）来进行设计，隔震层以下（地下室及基础）仍按本地区 8 度抗震设防烈度进行。

4.1　主要材料及断面

框架柱及剪力墙：地下 1～6 层楼面 C50；7～9 层楼面 C45；10～13 层楼面 C40；14～16 层楼面 C35；17 层以上楼面 C30。

框架梁、现浇板：1～13 层楼面 C40；14～16 层楼面 C35；17 层至屋顶层楼面 C30。

框架柱断面：850mm×850mm、800mm×800mm、700mm×700mm。

框架梁断面：400mm×800mm、500mm×800mm。

墙下转换梁：800mm×1100mm（型钢 300mm×800mm×20mm×25mm Q345B）。

抗震墙断面：450mm、400mm、350mm、300mm。

4.2　计算程序

该工程上部采用中国建筑科学研究院 PKPM CAD 工程部的《多层及高层建筑结构空间有限元分析与设计软件》SATWE 2005 版（墙元模型）进行常规分析、设计。

4.3　计算结果及分析

计算振型输入数为 20，考虑 CQC（耦联）、双向地震扭转效应及单向地震作用时的偶然偏心影响。结构的前 5 阶振型周期见表 11，相关计算结果见表 12。

表 11　前 5 阶振型的周期（SATWE 模型）

振　型	周期/s	平动系数（$X+Y$）	扭转系数
第一振型	1.5192	1.00（0.01+0.98）	0.00
第二振型	1.3465	0.95（0.94+0.01）	0.05
第三振型	1.0159	0.08（0.07+0.02）	0.92
第四振型	0.4255	1.00（0.03+0.97）	0.00
第五振型	0.4056	0.87（0.83+0.03）	0.13

注：有效质量系数 X 向 94.89%，Y 向 95.26%。

表 12　计算结果

项　目	方　向	计算结果
剪重比	X 向	3.68%
	Y 向	3.67%
承载力比	X 向	>0.86
	Y 向	>0.89

续表 12

项　目	方　向	计算结果
层间位移	X 向（地震作用）	1/1329
	Y 向（地震作用）	1/1093
	X 向（风载作用）	1/5068
	Y 向（风载作用）	1/2532
最大位移比	X 向	1.21
	Y 向	1.24

计算结果分析如下：

（1）结构第一、二周期以平动为主，第三周期以扭转为主，$T_t/T_1=0.67$，满足《高层建筑混凝土结构技术规程》（JGJ 3—2002）第 4.3.5 条要求。

（2）楼层竖向构件的最大水平位移和层间位移与该楼层平均值的比值满足《高层建筑混凝土结构技术规程》（JGJ 3—2002）第 4.3.5 条要求。

（3）剪重比满足《高层建筑混凝土结构技术规程》（JGJ 3—2002）第 3.3.13 条要求。

（4）承载力比均大于 0.7，满足《高层建筑混凝土结构技术规程》（JGJ 3—2002）第 4.4.3 条要求。

4.4 设计超限情况

该工程设计超限情况如下：

（1）该工程属于高层隔震结构，建筑高度不符合现行《建筑抗震设计规范》（GB 50011—2001）第 5.1.2 条之 1 要求的 $H<40$m，且可采用底部剪力法计算分析的结构。

（2）结构体系的基本自振周期大于现行《建筑抗震设计规范》（GB 50011—2001）第 12.1.3 条之 1 要求的不隔震时的结构基本周期 1.0s。

4.5 设计加强措施

针对本工程超限情况，设计时采取了如下措施：

（1）减轻建筑物重量，内部隔墙均采用轻质墙体。

（2）优化结构布置，适当增大上部结构的抗侧刚度，提高结构的整体性，使其在地震作用下的变位接近平动，更好地保证隔震效果。

（3）首层结构楼板（隔震层顶板）予以刚度和强度的加强，板厚不宜小于 180mm，双层双向配筋且配筋率不小于 0.25%。

（4）底部加强区的柱抗震等级提高一级，部分“穿层柱”设置芯柱以提高其延性；隔震层剪力墙下转换梁设置型钢，并考虑竖向地震作用工况。

（5）上部结构的周边设置防震缝，特别是电梯井下挂部分，缝宽不小于在罕遇地震下的最大水平位移的 1.2 倍，保证上部结构的变位空间。

（6）合理配置铅芯橡胶支座、天然橡胶支座、滑移支座和阻尼器，控制隔震支座的拉、压应力以保证隔震结构的抗倾覆能力，对隔震支座进行竖向承载力的验算和罕遇地震下水平位移的验算，使其满足规范要求。

（7）隔震层以下结构（地下室及基础）仍按该地区 8 度抗震设防烈度进行。与隔震层连接的下部构件（如地下室、下墩柱）的地震作用和抗震验算，应采用罕遇地震下隔震支座的竖向力、水平力和力矩进行计算，并加强相关连接构造的设计。

4.6　结构设计方案的比较

对该项目进行了隔震设计方案和常规抗震设计方案的比较，经计算分析表明，在高烈度区采用常规抗震措施进行结构抗震设计，会使得截面过大、配筋过多，材料花费较多，工程造价提高，而且部分设计指标很难满足现有规范的要求。

图 27 和图 28 分别给出了常规抗震设计和隔震设计的结构布置简图，从图中可以看出，

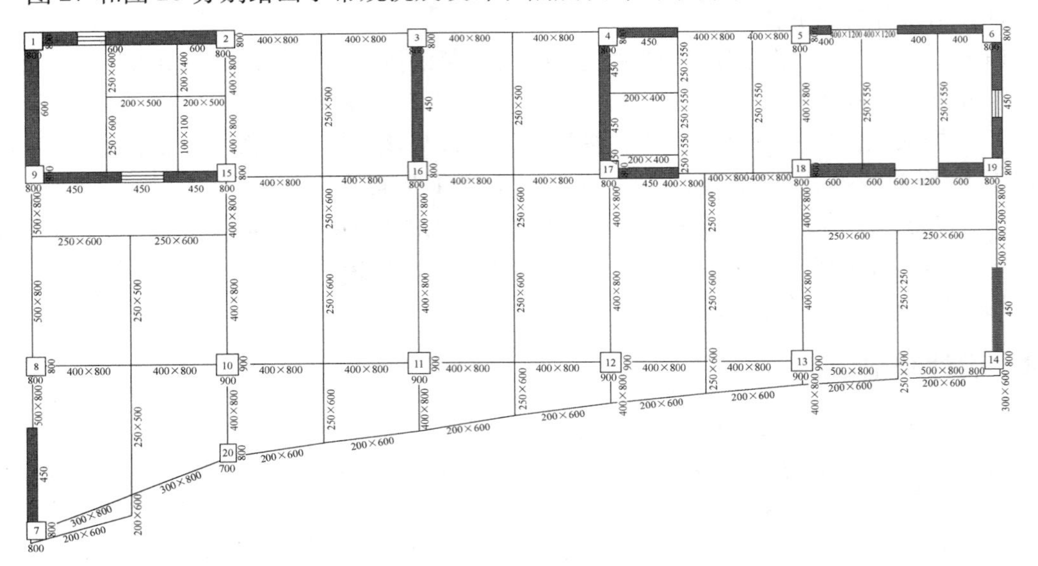

图 27　常规抗震设计方案的结构布置简图

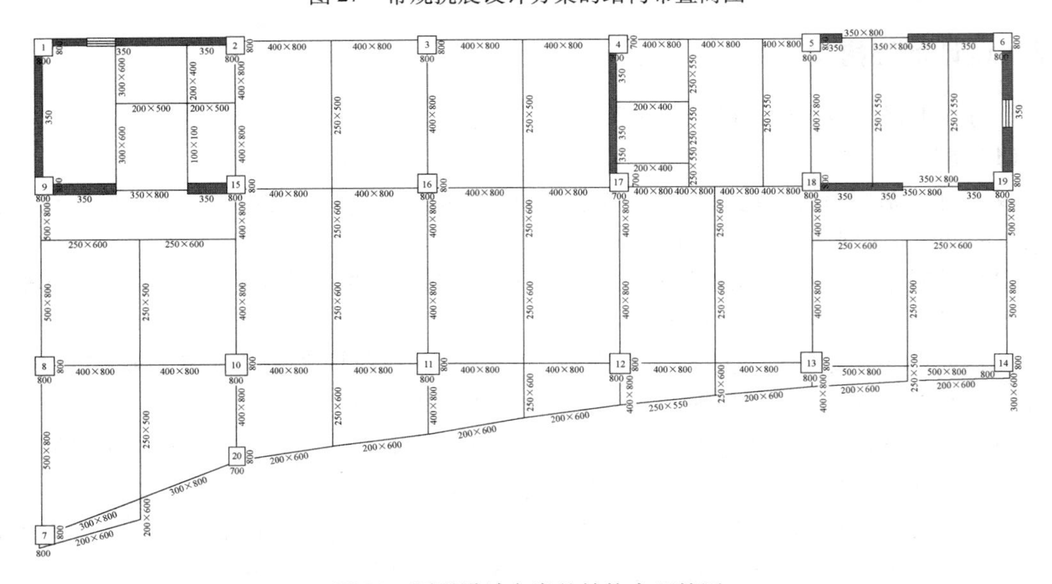

图 28　隔震设计方案的结构布置简图

采用隔震技术经济效益显著。上部结构构件的断面尺寸、剪力墙的数量以及配筋量较传统抗震方案有明显下降，并且能够很好地满足建筑功能的使用要求。

5　基础设计

基础采用 PHC 管桩 + 独立承台形式，根据结构受力情况选用了 $\phi500$、$\phi600$ 两种桩径，单桩竖向承载力特征值最大值为 2000kN（考虑液化土层的折减），有效桩长约 26m，桩端持力层为⑧层粉质黏土。由于地面下存在液化土层，配桩时采用长短桩（14m + 12m）形式，送桩时短桩先送，长桩后送，保证桩接头穿越液化层。地基基础设计仍按本地区 8 度抗震设防烈度进行。

6　专家组技术审查意见

2008 年 8 月 22 日，江苏省建设厅抗震办公室组织全国隔震专家在南京对宿迁海关大楼进行了隔震专项审查，意见如下：

（1）裙房应以橡胶隔震支座为主，部分可采用滑移支座。

（2）应充分考虑该工程房屋高宽比、底层穿层柱、底层大空间等不利影响，完善相关措施。

（3）进一步完善隔震层构造设计大样。

（4）加强施工过程中隔震层竖向变形的监控。

附录　宿迁海关业务技术综合楼参与建设单位及人员信息

项目名称	宿迁海关业务技术综合楼		
设计单位	南京市建筑设计研究院有限责任公司 + 南京工业大学建筑技术发展中心		
用　途	办公	建设地点	江苏宿迁
施工单位	江苏兴邦建工集团有限公司	施工图审查机构	江苏省建设工程设计施工图审核中心
工程设计起止时间	2008. 3 ~ 7	竣工验收时间	2010. 5

参与本项目的主要人员：

序号	姓　名	职　称	工 作 单 位
1	左　江	教授级高工	南京市建筑设计研究院有限责任公司
2	章征涛	高　工	南京市建筑设计研究院有限责任公司
3	夏长春	研究员级高工	南京市建筑设计研究院有限责任公司
4	樊　嵘	高　工	南京市建筑设计研究院有限责任公司
5	刘伟庆	教授博导	南京工业大学
6	王曙光	教　授	南京工业大学
7	杜东升	副教授	南京工业大学

案例7　云南省设计院办公楼

1　工程概况

云南省设计院新办公楼，建筑总高度47.4m，小屋面高51.3m，建筑投影平面尺寸为46.9m×30.7m的矩形。地上主体14层（局部15层），地下2层（1层独立隔震层，1层地下室）；地下室层高3.4m，隔震层层高2.6m，地面以上（±0.00m以上）首层层高4.5m，其余各层层高均为3.3m，建筑效果图见图1。

结构总重约15000t，结构形式为采用隔震设计带支撑的钢框架，结构竖向构件为钢管混凝土柱，截面尺寸600mm×500mm，柱网尺寸8.4m×8.4m。办公楼±0.00m层楼板为普通钢筋混凝土楼板，板厚160mm；其余部分楼板采用陶粒轻骨料混凝土，基本板厚为100mm。

图1　建筑效果图

2　工程设计

2.1　设计依据

设计过程中，采用的现行国家标准、规范、规程及图集主要有：

（1）《建筑工程抗震设防分类标准》（GB 50223—2008）；

（2）《建筑结构可靠度设计统一标准》（GB 50068—2001）；

（3）《建筑结构荷载规范》（GB 50009—2001）（2006年版）；

（4）《混凝土结构设计规范》GB 50010—2002）；

（5）《建筑抗震设计规范》（GB 50011—2001）（2008年版）；

（6）《建筑地基基础设计规范》（GB 50007—2002）；

（7）《建筑桩基技术规范》（JGJ 94—2008）；

（8）《钢结构设计规范》（GB 50017—2003）；

（9）《高层民用建筑钢结构技术规程》（JGJ 99—98）；

（10）《钢结构工程施工质量验收规范》（GB 50205—2001）；

（11）《叠层橡胶支座隔震技术规程》（CECS 126:2001）；

（12）建设单位提供的《云南金达房地产开发有限公司广福郡花园岩土工程勘察报告》（云南省设计院勘察分院2009年8月昆明）。

2.2 结构设计主要参数

结构设计主要参数见表1。

表1 结构设计主要参数

序号	基本设计指标	参数
1	建筑结构安全等级	二级
2	结构设计使用年限	50
3	建筑物抗震设防类别	丙
4	建筑物抗震设防烈度	8度
5	基本地震加速度值	0.2g
6	设计地震分组	第三组
7	水平向减震系数	0.81
8	建筑场地类别	Ⅲ
9	建筑物耐火等级	一级
10	特征周期/s	0.55
11	基本风压（100年一遇）/kPa	0.30
12	地面粗糙度	B类
13	基本雪压/kPa	0.30
14	基础形式	桩基础
15	上部结构形式	带支撑的钢框架
16	地下室结构形式	钢筋混凝土框架
17	隔震层位置	地下一层
18	隔震层顶板体系	钢筋混凝土
19	隔震设计基本周期/s	4.528
20	上部结构基本周期/s	2.762
21	隔震支座设计最大位移/cm	41.6
22	高宽比	1.54
23	液化、震陷、断裂等不利场地因素措施	属于抗震有利地段

3 隔震设计

3.1 隔震设计目标

该工程采用传统的抗震设计方法难以满足建筑的功能需求，经过论证，采用隔震设计不仅能更好地满足建筑功能的需求，而且还能提高结构的抗震安全性。考虑建筑功能和结构抗震的需要，将隔震支座设置在 ±0.00m 楼板以下 -1.20m 处，隔震层高度 2.6m。结构设计保证隔震层水平刚度远小于上层结构楼层水平刚度，并远小于隔震层以下结构水平刚度，隔震支座以上混凝土隔震支墩及其混凝土梁水平刚度远大于上层结构楼层水平刚度，这样可以保证在地震作用下，隔震层具有很好的变形能力，阻隔地震作用向上部结构的传递，从而达到隔离地震的设计目标。

3.2 隔震支座的布置

3.2.1 隔震支座力学性能参数

隔震支座力学性能参数见表 2。

表 2　隔震支座力学性能参数

支座型号	数量/套	竖向性能		等效水平本构			
		刚度 /kN · mm^{-1}	设计承载 /kN	等效水平刚度/kN · mm^{-1}		等效阻尼比/%	
				$\gamma=50\%$	$\gamma=100\%$	$\gamma=50\%$	$\gamma=100\%$
LRB1000	4	4700	11775	3.7	2.6	28.0	23.0
LRB800	4	3800	7536	2.6	1.9	25.9	19.3
LNR900	12	4200	9538	1.5	1.4	6.0	5.4
LNR800	4	3500	7536	1.3	1.2	6.0	5.4

注：支座竖向承载力采用 15MPa 计算。

3.2.2 隔震支座布置

该工程所使用的支座性能参数见表 2，基础隔震支座编号及类型见图 2。

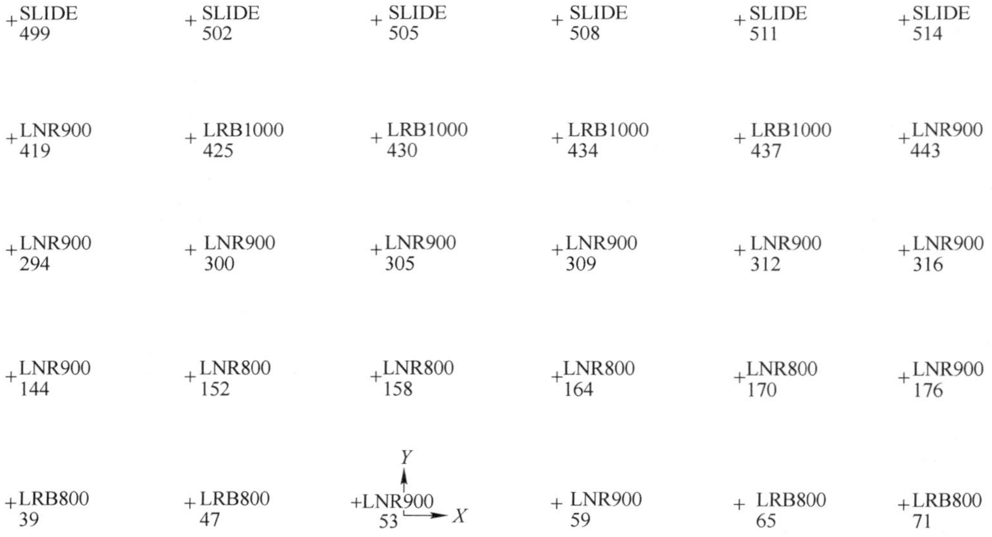

+SLIDE 499　+SLIDE 502　+SLIDE 505　+SLIDE 508　+SLIDE 511　+SLIDE 514

+LNR900 419　+LRB1000 425　+LRB1000 430　+LRB1000 434　+LRB1000 437　+LNR900 443

+LNR900 294　+LNR900 300　+LNR900 305　+LNR900 309　+LNR900 312　+LNR900 316

+LNR900 144　+LNR800 152　+LNR800 158　+LNR800 164　+LNR800 170　+LNR900 176

+LRB800 39　+LRB800 47　+LNR900 53 (Y, X)　+LNR900 59　+LRB800 65　+LRB800 71

图 2　隔震支座布置

3.3 隔震计算及分析

3.3.1 ETABS 模型建立以及准确性验证

该工程使用商业有限元软件 ETABS 建立隔震与非隔震结构模型（见图3），并进行计算与分析。为了验证建立 ETABS 模型的准确性，将 EATBS 和 SATWE 非隔震模型计算得到的质量、周期、层间剪力（振型分解反应谱法）进行对比，见表3～表5。表中差值为：(｜ETABS－SATWE｜/SATWE)×100%。

由表3可知，两软件模型的质量非常接近；由表4可知，两软件模型的前三阶模态的自振周期也非常接近；由表5可知，除顶层外，两软件模型的各层剪力也非常接近。由表3～表5可知，ETABS 模型与 SATWE 模型的结构质量、周期差异很小，各层间剪力除顶层外，差异也很小。综上所述，ETABS 软件可以用于该工程的分析。

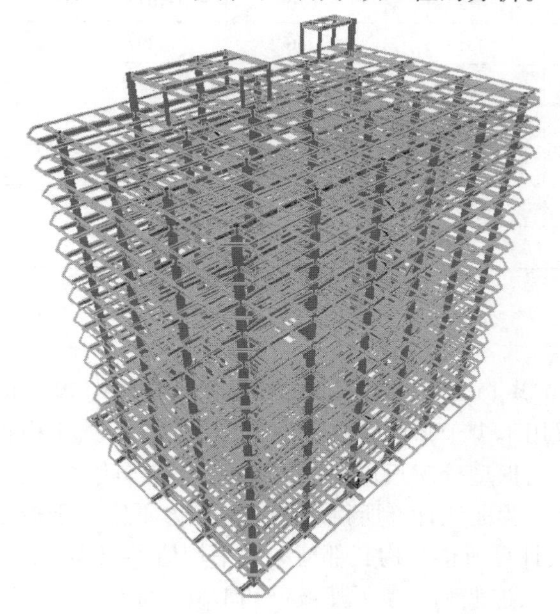

图3　隔震模型

表3　非隔震结构质量对比 (t)

SATWE	ETABS	差值/%
14053.3	14433.1	2.7

表4　非隔震结构周期对比（前三阶） (s)

振　型	SATWE	ETABS	差值/%
1	2.778	2.762	0.6
2	2.725	2.719	0.2
3	2.328	2.349	0.9

表5 非隔震结构地震剪力对比（同为8度设防） （kN）

层数	PKPM		ETABS		差值/%	
	X	*Y*	*X*	*Y*	*X*	*Y*
16	122	125	113	118	7.2	5.8
15	1116	1140	1100	1114	1.4	2.3
14	1795	1817	1790	1806	0.3	0.6
13	2287	2300	2284	2302	0.1	0.1
12	2683	2693	2672	2695	0.4	0.1
11	3021	3035	2995	3023	0.9	0.4
10	3323	3339	3281	3310	1.3	0.9
9	3597	3613	3542	3573	1.5	1.1
8	3865	3882	3802	3836	1.6	1.2
7	4104	4125	4036	4072	1.7	1.3
6	4332	4357	4256	4297	1.7	1.4
5	4554	4580	4476	4523	1.7	1.2
4	4776	4803	4704	4753	1.5	1.0
3	4987	5013	4914	4961	1.5	1.0
2	5165	5189	5070	5113	1.8	1.5
1	5213	5238	5104	5148	2.1	1.7

3.3.2 地震波选取

《建筑抗震设计规范》（GB 50011—2001）规定，采用时程分析法时，应按建筑场地类别和设计地震分组选用不少于2组的实际强震记录和1组人工模拟的加速度时程，其平均地震影响系数曲线应与振型分解反应谱法采取的地震影响系数曲线在统计意义上相符。弹性时程分析时，每条时程曲线计算所得结构底部剪力不应小于振型分解反应谱计算结果的65%，多条时程曲线计算所得结构底部剪力的平均值不应小于振型分解反应谱法计算结果的80%。选择了1条人造波和2条天然波（PEL90、TEL270），对比结果见表6。

表6 非隔震结构基底剪力

工 况		反应谱	PEL90	REN	EL270	时程平均
剪力/kN	*X*	5104	4684	5492	6335	5504
	Y	5148	4787	5712	6198	5565
比例/%	*X*	100	92	108	124	108
	Y	100	93	111	120	108

注：比例为各时程分析与振型分解反应谱法得到的结构基底剪力之比。

3.3.3 隔震分析计算结果

（1）多遇地震下，隔震结构与非隔震结构层间剪力及其比值见表7。

由表7，根据《建筑抗震设计规范》第12.2.5条，确定减震系数取0.81。

（2）罕遇地震下，隔震结构各支座剪力和位移见表8。

表 7 非隔震与隔震结构层间剪力及层间剪力比

楼层	非隔震结构层间剪力/kN						隔震结构层间剪力/kN						隔震结构与非隔震结构层间剪力比								
	X 向			Y 向			X 向			Y 向			X 向			Y 向			X 向平均值	Y 向平均值	最大值
	REN	EL270	PEL90	REN	EL270	PEL90	REN	EL270	PEL90	REN	EL270	PEL90	REN	EL270	PEL90	REN	EL270	PEL90			
16	138	145	113	111	144	108	23	26	22	23	26	23	0. 165	0. 181	0. 195	0. 209	0. 184	0. 215	0. 180	0. 203	0. 203
15	1113	1556	916	1088	1618	880	340	422	353	345	431	361	0. 305	0. 271	0. 385	0. 317	0. 266	0. 410	0. 320	0. 331	0. 331
14	1914	2492	1476	1871	2614	1485	592	756	630	597	768	642	0. 309	0. 303	0. 427	0. 319	0. 294	0. 432	0. 347	0. 348	0. 348
13	2524	3085	1838	2453	3268	1914	799	1057	876	803	1067	887	0. 316	0. 343	0. 477	0. 327	0. 327	0. 464	0. 379	0. 373	0. 379
12	2940	3428	2124	2835	3701	2205	993	1351	1107	984	1356	1117	0. 338	0. 394	0. 521	0. 347	0. 366	0. 506	0. 418	0. 407	0. 418
11	3112	3610	2367	3045	3980	2346	1192	1631	1321	1181	1632	1328	0. 383	0. 452	0. 558	0. 388	0. 410	0. 566	0. 464	0. 455	0. 464
10	3502	3691	2540	3399	4155	2508	1407	1889	1517	1398	1885	1520	0. 402	0. 512	0. 597	0. 411	0. 454	0. 606	0. 503	0. 490	0. 503
9	3805	3865	2520	3669	4213	2520	1624	2118	1700	1613	2110	1703	0. 427	0. 548	0. 675	0. 440	0. 501	0. 676	0. 550	0. 539	0. 550
8	4036	4405	2774	3892	4417	2776	1844	2326	1905	1831	2313	1907	0. 457	0. 528	0. 687	0. 470	0. 524	0. 687	0. 557	0. 560	0. 560
7	4198	4942	2997	4209	5008	2955	2041	2487	2083	2025	2472	2083	0. 486	0. 503	0. 695	0. 481	0. 494	0. 705	0. 561	0. 560	0. 561
6	4464	5440	3300	4642	5466	3295	2221	2616	2258	2203	2598	2253	0. 497	0. 481	0. 684	0. 474	0. 475	0. 684	0. 554	0. 544	0. 554
5	4827	5759	3627	5030	5762	3663	2383	2717	2423	2364	2698	2419	0. 494	0. 472	0. 668	0. 470	0. 468	0. 660	0. 545	0. 533	0. 545
4	5130	5944	4074	5343	5923	4146	2529	2798	2579	2507	2778	2573	0. 493	0. 471	0. 633	0. 469	0. 469	0. 621	0. 532	0. 520	0. 532
3	5341	6106	4418	5558	6028	4510	2656	2865	2722	2632	2840	2712	0. 497	0. 469	0. 616	0. 474	0. 471	0. 601	0. 528	0. 515	0. 528
2（隔震层）	5467	6293	4641	5686	6156	4739	2774	2927	2861	2746	2894	2845	0. 507	0. 465	0. 616	0. 483	0. 470	0. 600	0. 530	0. 518	0. 530
1	5492	6335	4684	5712	6198	4787	2928	3023	3050	2903	2985	3027	0. 533	0. 477	0. 651	0. 508	0. 482	0. 632	0. 554	0. 541	0. 554

表 8 罕遇地震下支座剪力、位移及轴力

支座编号	支座力/kN						支座位移/m						支座剪力平均值/kN		支座位移平均值/m			轴向力/kN	
	X 向			Y 向			X 向			Y 向									
	REN	EL270	PEL90	REN	EL270	PEL90	REN	EL270	PEL90	REN	EL270	PEL90	X 向	Y 向	X 向	Y 向	最值	最大	最小
39	816	816	816	821	811	802	0. 401	0. 402	0. 398	0. 406	0. 408	0. 402	816	812	0. 400	0. 405	0. 405	−7326	−1693
47	822	821	820	816	806	799	0. 403	0. 404	0. 400	0. 403	0. 404	0. 398	821	807	0. 402	0. 402	0. 402	−7396	−2917
53	566	573	563	562	566	556	0. 403	0. 404	0. 400	0. 400	0. 401	0. 395	567	562	0. 403	0. 399	0. 403	−9282	−1377
59	566	573	563	558	560	552	0. 403	0. 404	0. 400	0. 397	0. 397	0. 392	567	557	0. 403	0. 395	0. 403	−8701	−793

续表8

支座编号	支座力/kN						支座位移/m						支座剪力平均值/kN		支座位移平均值/m			轴向力/kN	
	X向			Y向			X向			Y向									
	REN	EL270	PEL90	REN	EL270	PEL90	REN	EL270	PEL90	REN	EL270	PEL90	X向	Y向	X向	Y向	最值	最大	最小
65	821	821	820	800	794	788	0.403	0.404	0.400	0.394	0.392	0.389	821	794	0.402	0.392	0.402	-7367	-2950
71	817	816	815	796	790	786	0.401	0.401	0.398	0.391	0.389	0.386	816	790	0.400	0.389	0.400	-7308	-1741
144	561	564	558	575	581	570	0.400	0.397	0.396	0.409	0.411	0.404	561	575	0.398	0.408	0.408	-9484	-1095
152	485	486	481	489	493	484	0.403	0.399	0.399	0.406	0.407	0.401	484	489	0.400	0.405	0.405	-5633	-5507
158	484	485	481	485	487	480	0.402	0.399	0.399	0.403	0.403	0.398	484	484	0.400	0.401	0.401	-5806	-5408
164	484	485	481	482	482	476	0.402	0.399	0.399	0.400	0.399	0.395	484	480	0.400	0.398	0.400	-5604	-5241
170	485	486	481	478	477	472	0.403	0.399	0.399	0.397	0.395	0.392	484	476	0.400	0.395	0.400	-5445	-5305
176	562	563	558	554	550	547	0.401	0.397	0.397	0.394	0.391	0.389	561	550	0.398	0.391	0.398	-9382	-1181
294	560	560	556	574	580	569	0.399	0.398	0.395	0.409	0.411	0.404	559	575	0.397	0.408	0.408	-9859	-1285
300	564	563	560	570	575	564	0.401	0.400	0.398	0.406	0.407	0.401	562	570	0.400	0.404	0.404	-6534	-6329
305	563	563	559	566	568	560	0.401	0.399	0.398	0.403	0.403	0.398	562	565	0.399	0.401	0.401	-6736	-6339
309	563	562	559	561	562	555	0.401	0.399	0.398	0.400	0.399	0.395	562	560	0.399	0.398	0.399	-6609	-6202
312	564	563	560	557	556	551	0.401	0.400	0.398	0.397	0.395	0.391	562	555	0.400	0.394	0.400	-5974	-5725
316	561	559	557	553	550	546	0.399	0.397	0.396	0.394	0.391	0.388	559	550	0.397	0.391	0.397	-9479	-1057
419	559	563	555	573	580	568	0.398	0.399	0.394	0.408	0.410	0.404	559	574	0.397	0.407	0.407	-9171	-3999
425	1133	1117	1129	1145	1127	1127	0.400	0.400	0.396	0.404	0.405	0.399	1126	1133	0.399	0.403	0.403	-9890	-5681
430	1133	1116	1128	1137	1121	1122	0.400	0.400	0.396	0.401	0.401	0.396	1126	1126	0.398	0.399	0.399	-12142	-3691
434	1133	1116	1128	1129	1115	1116	0.400	0.400	0.396	0.398	0.397	0.393	1126	1120	0.398	0.396	0.398	-11203	-2599
437	1133	1117	1129	1121	1109	1111	0.400	0.400	0.396	0.395	0.394	0.389	1126	1114	0.398	0.393	0.398	-9309	-5209
443	560	562	556	552	550	545	0.399	0.398	0.395	0.393	0.390	0.388	559	549	0.397	0.390	0.397	-8358	-3307
499	97	98	96	100	100	99	0.403	0.407	0.399	0.418	0.417	0.414	96.807	99.877	0.403	0.416	0.416	-303	-88
502	97	98	96	100	99	99	0.405	0.407	0.401	0.416	0.412	0.411	97.080	99.153	0.405	0.413	0.413	-480	-233
505	97	98	96	99	98	98	0.405	0.407	0.401	0.413	0.408	0.408	97.017	98.337	0.404	0.410	0.410	-435	-193
508	97	98	96	98	97	97	0.405	0.407	0.401	0.410	0.404	0.405	97.030	97.527	0.404	0.406	0.406	-443	-201
511	97	98	96	98	96	96	0.405	0.407	0.401	0.408	0.400	0.402	97.033	96.717	0.404	0.403	0.404	-478	-230
514	97	97	96	97	95	95	0.406	0.405	0.402	0.404	0.396	0.398	97.000	95.790	0.404	0.399	0.404	-281	-73

由表8可知在罕遇地震作用下，该工程隔震建筑周边设置的隔离缝的缝宽按照罕遇地震计算变形1.2倍确定，其缝宽为500mm。通过计算分析，隔震与非隔震最大层间剪力比为0.545，按照插值计算近似确定水平向减震系数为0.8125。隔震层上部结构的水平地震作用影响系数最大值为0.16×0.8125=0.13。

罕遇地震作用下的各隔震单元隔震层最大位移符合《建筑抗震设计规范》要求，各支座均未出现拉应力。根据《建筑抗震设计规范》第12.2.6条原则，隔震层上下支墩按罕遇地震下的悬臂柱设计，计算模型按《基础隔震结构设计及施工指南》（党育、杜永峰）第3章第4节、第5节分析。

4　上部结构设计

4.1　楼（屋）面活荷载标准值

办公室：2.0kPa；　　会议室：2.0kPa；
休息室：2.0kPa；　　楼　梯：3.5kPa；
卫生间：2.0kPa；　　走　道：2.5kPa；
上人屋面：2.0kPa；　　不上人屋面：0.5kPa。

4.2　主要材料选用

（1）混凝土强度等级：基础承台、底板、地梁C30；上部结构框架柱C40、C30；框架梁、次梁、现浇板C30。

（2）钢筋：地下室顶板梁主筋采用HRB400级钢筋，其余框架柱、框架梁、次梁的主筋采用HRB400级钢筋；梁、柱箍筋HRB400钢筋；楼板、楼梯HRB400钢筋，板分布筋HPB235级钢筋。

（3）钢材：Q345B、Q235B。

（4）填充墙：全部采用轻质墙体材料。

（5）钢管：选用GB700中的Q235B钢，采用高频焊管或无缝钢管。

（6）焊条：Q235B、Q345B钢与Q235B钢之间焊接选用E43，Q345B钢与Q345B钢之间焊接选用E50。

材料应具有质量证明和验收报告，所有焊件应编焊工工号，所有产品的质量应符合相关规范要求。

材料表中，所选用规格不得任意替换，若备料确有困难，须经设计单位同意。

钢结构中所有构件须做除锈处理，出厂前和安装后分别涂一层红丹防锈漆。

4.3　抗震验算及分析

该工程为框架结构，计算分析采用中国建筑科学研究院PKPM CAD工程部开发的建筑结构空间有限元分析与设计软件SATWE计算。

从计算结果可以看出，主体结构对于地震作用及风载作用的反应是正常的，结构的自振周期、位移、地震力均在正常的取值范围及规范限制的范围内，说明该工程的结构体系是合理的，采取的抗震措施是有效的（计算结果见表9）。

表 9 结构计算表

结构布置	平面尺寸/m×m	46.9×30.7	结构计算高度/m	46.20	层数	地下	1层	嵌固点位置/m		
	层高/m	从下至上依次4.50（底层），6.30（中间层），3.90（顶层）				地上	8层	隔震支座顶		
	结构形式	钢框架结构	柱网尺寸/m×m	8.4×8.4						
	混凝土等级		柱断面/mm×mm×mm×mm		梁断面/mm×mm×mm×mm		现浇板厚度/mm			
	剪力墙	梁　板	最大断面	一般断面	最大断面	一般断面	最大板厚	一般板厚		
	无	LC30	650×700×20×20	600×700×16×16	H700×200×10×20	框架梁H500×200 梁H350×175	160	100		
结构分析结果	抗震设防类别	丙类	建筑场地类别	Ⅲ类	基本风压/kPa	0.30	是否考虑双向地震			
	抗震设防烈度	8度，0.20g，第二组	特征周期/s	0.4	基本雪压/kPa	0.30				
	上部结构总质量/t	14053.3	周期折减系数	0.90	剪力墙抗震等级	二级	剪力墙最大轴压比		是	
	考虑扭转耦联时的结构振动周期/s	T_1	2.7779	地震作用下基底剪力/kN	Q_{ox}	4235.86	位移	最大位移与层平均位移的比值	最大层间位移与平均层间位移的比值	最大层间位移角	薄弱层层号	薄弱层刚度比
		T_2	2.7249		Q_{oy}	4256.01						
		T_3	2.3282	底层剪重比/%	x	3.20	x	1.17	1.19	1/335		
		T_3/T_1	0.838		y	3.20	y	1.20	1.21	1/333		
计算软件	2008年10月新规范版 PKPM SATWE		计算方法	不规则						

5 地基基础设计

5.1 设计原则

采用桩基+防水板基础的方案使设计能满足强度、变形和稳定性的要求，同时也具有较好的经济性。

5.2 基础方案的确定

根据《建筑地基基础设计规范》（GB 5007—2002），该工程地基基础设计等级为乙级。根据场地工程地质及水文地质条件，由于拟建场地填土较厚，拟建建筑物适宜采用桩基础，桩34m左右，以⑤2层黏土作为桩端持力层。

6 实体动力试验

为实测原位实体高层隔震建筑结构在原位动力加载作用下结构的抗震性能及主要的抗

侧力构件内力及其变化规律，选择位于昆明市广福路的云南省设计院新建办公楼进行实验，设计时在拟加载区域对隔震支墩、隔震支座相连接的上下楼板及下部框架柱采取钢板加固处理进行加强，见图4。

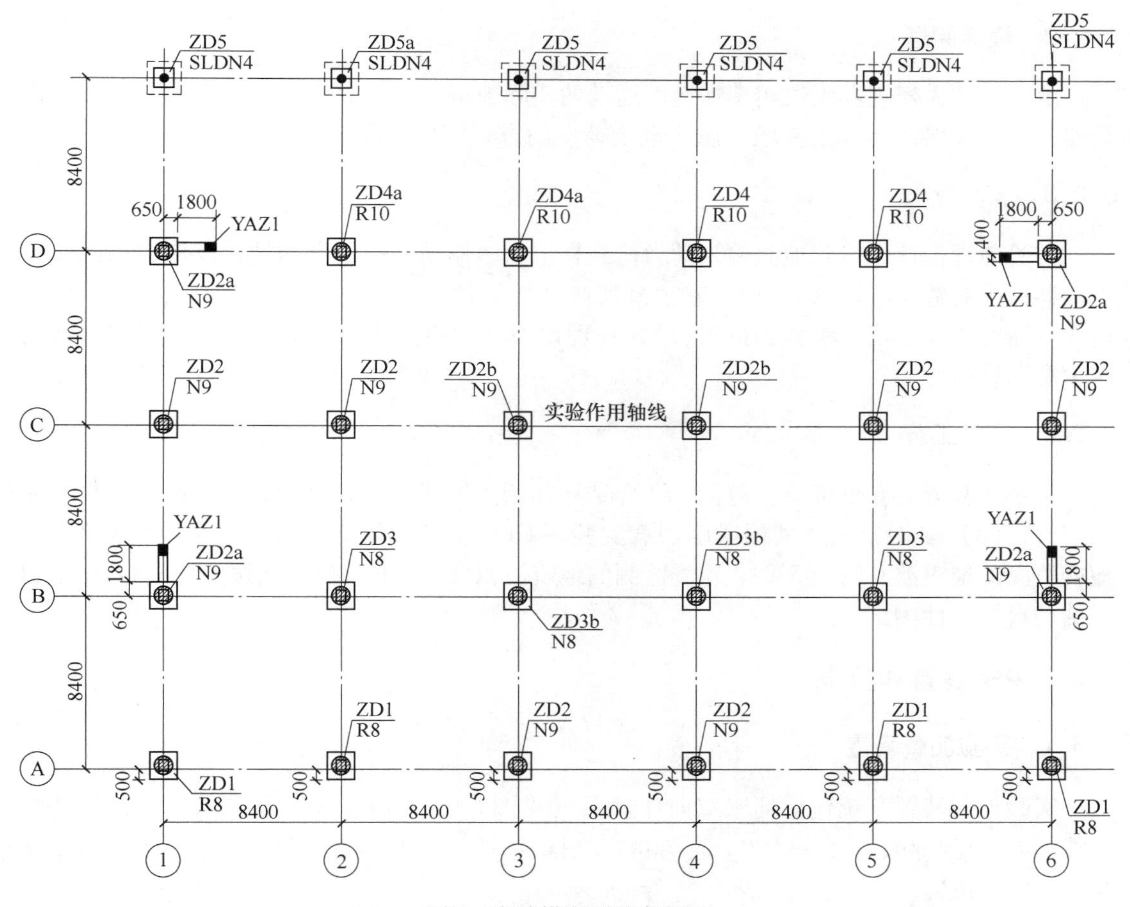

图4　实验模型隔震布置图

6.1　试验目的

设计院对新办公大楼在现场进行原位动力加载试验，通过类共振强迫振动进行激振，以观测隔震层及其以上的结构整体反应，主要梁柱构件、节点、楼板等关键构件的应力应变反应，并获得结构在类共振强迫振动情况下结构的加速度、位移和局部应力振动反应观测数据，为检验该隔震结构的动力性能、实际减隔振效果及其有限元数值分析模型的准确合理性，进而发展相关理论方法提供原型结构动力反应实测数据。

6.2　实验原理及过程

6.2.1　加载原理

对实体大楼，采用伺服作动器对结构进行位移控制加载，它是目前比较理想的加载装置。液压加载器（千斤顶）通过电液伺服系统的控制液压油输入，能较为真实地模拟地震荷载及各种动力荷载。通过伺服作动器可以反复加载实验预期的荷载工况。作动器最大输出力 300t，行程 ±600mm。

6.2.2　模拟原理

由于实体大楼现场无法实现在地面运动的实际地震情况，故实验采用在地下室固定作动器，对隔震层以上（上支墩）输入动力荷载的方式模拟地震。

6.2.3　实验过程

实验前理论计算得到地面输入动力荷载在上支墩作动器作用点的结构反应，以此作为作动器的控制输入（位移控制），输入到实际实体大楼中，实测结构的动力反应，最后通过作动器的实际输出记录（力的时程），在理论模型中再检验结构的动力反应，传感器测点示意图见图 5。

6.2.4　实验工况

整个实验分为 6 个部分，包括：(1) 结构初始自振特性测试；(2) 多振幅自由衰减振动实验；(3) 多振幅正弦共振激励加载实验；(4) 地震模拟激振实验（采用日本 3 · 11 地震监测的地震波和汶川 5 · 12 地震监测的地震波）；(5) 正弦扫频激振实验；(6) 实验后结构自振特性测试。

6.3　实验装置和仪器

6.3.1　实验加载装置

实验加载装置系统包括伺服双向作动器（见图 6）、油源、控制器和采集器，作动器加载能力拉压 300t，位移 ±600mm，频响范围 0 ~ 3Hz。加载点设在隔震层沿轴方向的③轴与 c 轴相交位置。

加载点上端通过特制的连接架作用在建筑相对中心的隔震支座上支墩底部，下端连接特制的加载反力支架将力传递给隔震下支墩（地下室）。

6.3.2　记录仪器

实验过程中采集动力荷载下各竖向构件的楼层位置的位移、加速度（见图 7），以及关键构件的应变。采集仪器见表 10。

表 10　采集仪器

序号	装置仪器	数量	单位	精度
1	三分量强震仪	32	台	6×10^{-3}，噪声，精度/$\times10^{-2}$cm/s^2
2	位移传感器（现有）	59	台	1.60×10^{-6}m
3	隔震支座相对位移计（百分表）	28	台	
4	应变测量	若干	片	1 ~ 2 微应变（1 ~ 2）/100mm，120% 变形
5	风速仪	1	套	0.2m/s

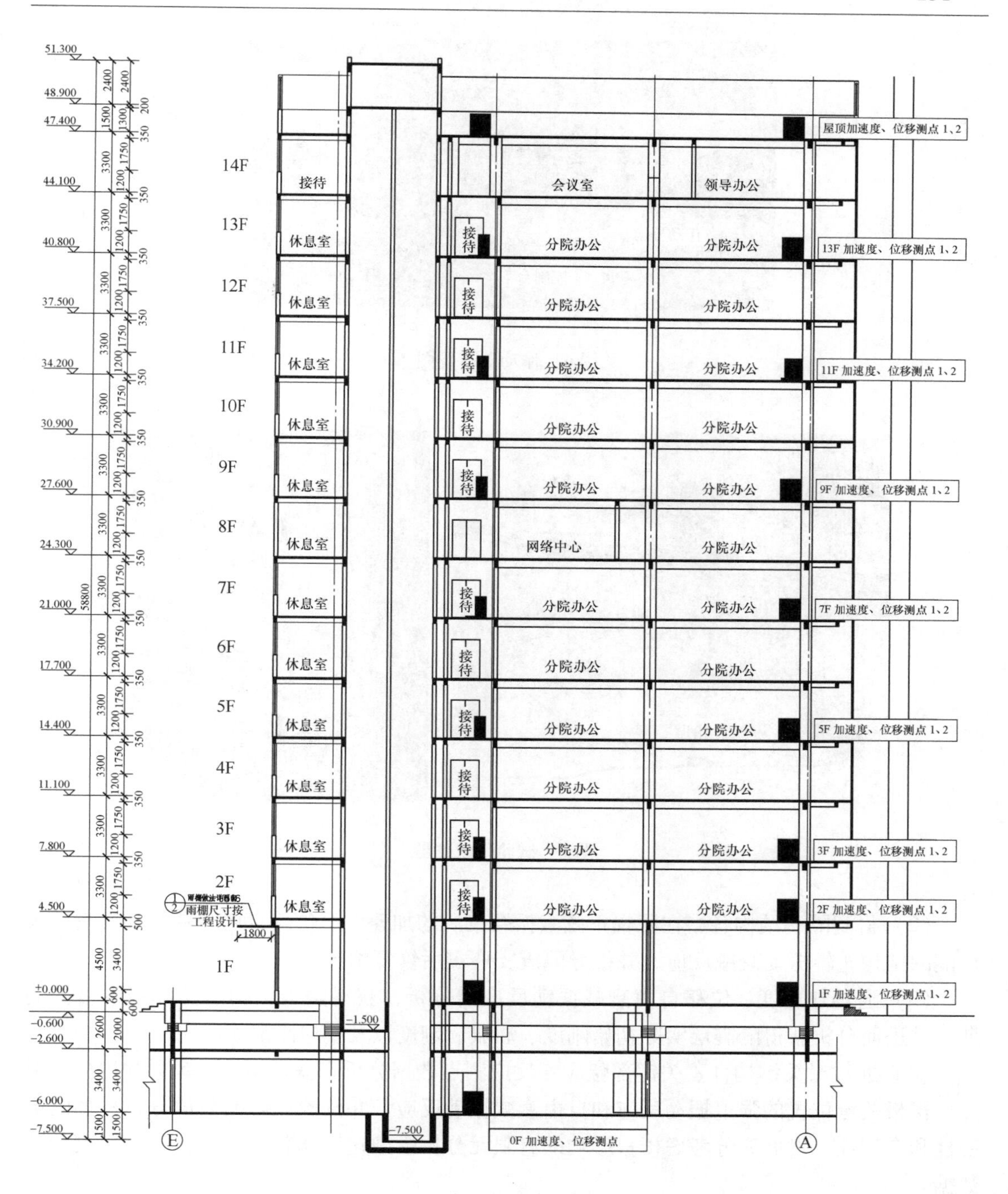

图5 传感器测点示意图

6.4 试验成果

通过对各实验内容的结果进行分析整理，得到以下主要试验成果：

（1）得到隔震结构各层在限幅正弦激振条件下沿两个主轴方向的水平加速度、位移强迫振动反应以及可能的结构扭转振动反应。

图6　作动器布置图

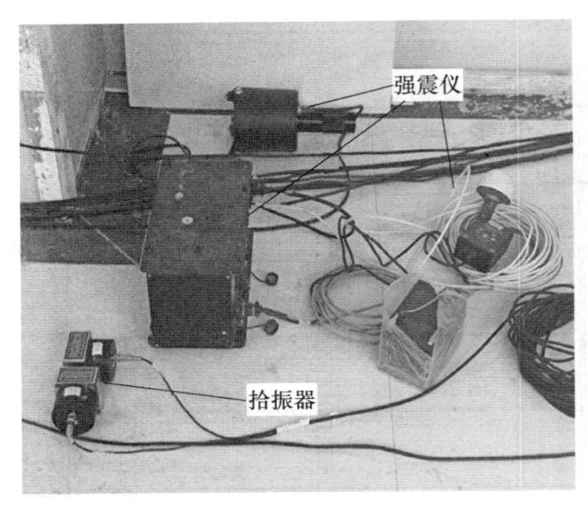

图7　试验记录仪器

（2）得到隔震结构各层在限幅正弦激振结束后的加速度、位移自由衰减振动反应以及可能的结构扭转振动衰减反应，并推导隔震支座震后恢复情况。

（3）通过加速度、位移自由衰减振动反应谱分析，获得隔震结构的实际基本自振周期，并进而分析获得隔震层实际初始刚度、屈服后刚度以及相应阻尼。

（4）通过对关键构件、关键部位应变反应测点数据分析，获得结构关键梁柱构件、节点、楼板关键位置的强迫振动反应和自由衰减振动反应，并校验有限元数值分析模型的准确性和合理性，发展充分考虑楼板影响的有限元分析模型建模和分析方法，提供实测验证数据。

（5）通过加速度、位移强迫振动和自由衰减振动反应分析，校验有限元数值分析模型的准确性和合理性，获得对于上部结构内填充墙等非结构构件对主体结构刚度及振动特性影响的系统认识。

（6）通过对上述试验结果进行分析，得到隔震对结构抗震性能的作用，遭受不同烈度地震作用后的结构刚度衰减、结构可能的破坏机制等结论，最终提出结构的整体抗震性能评估及相关意见。

6.5　试验小结

隔震后结构楼层的增加绝对加速度峰值不大，中间层主要以平动为主。地震波模拟激励下加速度放大系数在1.0附近，充分说明结构隔震效果显著。

楼板在类共振受迫振动下反应强烈，楼板边缘位置的位移反应比中间位置的反应大很多；楼板在地震波模拟激励下边缘位置的位移反应和中间位置的反应大致相同。

实测的隔震层的刚度大于理论值，当实际加载位移达到理论屈服点时，隔震层并未进入明显的屈服阶段。

随着隔震支座剪切变形的加大，结构周期变长，结构阻尼比逐步增大。

7　结论

针对高层钢框架结构隔震遇到的特殊问题作了深入分析，提出采用大直径低刚度隔震支座、加强隔震层及试验区域相关楼面刚度的措施，进行了地震作用和实验工况的验算，确保地震作用下和试验情况下结构安全。该工程的设计特色如下：

（1）高层钢结构的隔震设计，隔震层采用混凝土结构，较好地实现了钢结构与隔震支座的连接。

（2）结构隔震前周期2.78s，隔震后周期达到4.528s，降低了约20%地震反应。

（3）统一采用大直径支座，同时运用滑动支座，并加大隔震缝，提高隔震效果。

（4）在地下室与±0.00m之间设置独立的隔震层，层高2.6m。保证地震效果发挥，也方便施工及检修。

（5）楼面及楼梯采用现浇轻骨料混凝土，总重量减少约20%，节约用钢量。

附录　云南省设计院办公楼建设参与单位及人员信息

项目名称	广福郡花园1栋（云南省设计院新办公大楼）		
设计单位	云南省设计院集团+云南震安减震科技股份有限公司		
用　途	办公楼	建设地点	云南省昆明市
施工单位	中国有色金属工业第十四冶金建设公司	施工图审查机构	云南省安泰建设工程施工图设计文件审查中心
工程设计起止时间	2009.9~2011.3	竣工验收时间	2012.12.23

参与本项目的主要人员：

序号	姓　名	职　称	工作单位
1	方泰生	正　高	云南省设计院集团
2	王宏伟	高　工	云南省设计院集团
3	梁　信	高　工	云南省设计院集团
4	文兴红	高　工	云南省设计院集团
5	曹　阳	高　工	云南省设计院集团
6	李　昆	正　高	云南省设计院集团

案例8 都江堰市校安工程（加固）

1 校安工程概况

都江堰中学位于四川省都江堰市二环路彩虹大道南段，都江堰中学徐渡分部位于四川省都江堰市徐渡镇。都江堰市校安工程包括都江堰中学校园内的1～11、14、15区和食堂，以及都江堰中学徐渡分部校园内的学生食堂，房屋建筑功能类别包括教学楼、办公楼、实验楼、信息楼、阶梯教室、食堂等，结构类别均为钢筋混凝土框架结构。都江堰中学各楼区由成都木原建筑设计院有限公司设计，房屋结构竣工于2007年。都江堰中学徐渡分部的学生食堂由都江堰市建筑勘察设计有限责任公司设计，房屋结构竣工于2005年。

2 工程加固主要依据和资料

本工程结构减震分析、设计采用的主要计算软件有：

（1）中国建筑科学院开发的商业软件PKPM/SATWE，进行常规分析、设计。

（2）美国CSI公司开发的商业有限元软件SAP2000，非线性版本软件进行常规结构和消能减震结构的动力分析。

设计过程中，采用的现行国家标准、规范、规程及图集主要有：

（1）《建筑结构可靠度设计统一标准》（GB 50068—2001）；

（2）《建筑工程抗震设防分类标准》（GB 50223—2004）；

（3）《建筑结构荷载规范》（GB 50009—2001）；

（4）《混凝土结构设计规范》（GB 50010—2002）；

（5）《建筑抗震设计规范》（GB 50011—2001）（2008版）；

（6）《建筑抗震鉴定标准》（GB 50023—2009）；

（7）《建筑抗震加固技术规程》（JGJ 116—2009）。

3 房屋加固前概括

3.1 房屋加固前建筑概况

本报告主要选择都江堰中学1～3区进行分析，此三区是三栋型式相同的教学楼，均为主体结构4层，外加1层楼梯间屋面的钢筋混凝土框架结构，房屋结构竣工于2008年汶川地震前。图1为其中1区教学楼南立面的建筑图。

图1　都江堰中学1区教学楼南立面图

被鉴定房屋的原设计图纸齐备，其建筑概况如下：

（1）房屋平面的外形基本呈矩形，平面轴线的外包尺寸为53.3m×10.65m，3幢楼的总建筑面积约为7320m^2。房屋总层数为5层（包括坡屋面和五层的楼梯间突出屋面），室内外高差0.60m，首层层高3.9m，二和三层层高均为3.6m，四层坡屋面层高范围3.6～6.23m（从屋檐至屋顶）。楼梯间突出塔楼的四、五层层高均为3.6m，房屋主体总高度自室外地坪至檐口高度为15.3m，至屋脊高度为17.33m，至楼梯间部位屋脊为20.1m。

（2）房屋采用框架承重结构，多孔砖填充墙，填充墙与框架和隔墙交接处均有拉结构造筋，填充墙的材料选用情况为：±0.00以下采用MU10页岩实心砖，±0.00以上填充墙体为240mm厚页岩空心砖，局部位置为240mm厚页岩实心砖。

（3）原设计的地面、楼面、屋面做法如下：

地面自下而上的做法为：素土夯实、100mm厚C10素混凝土垫层、500mm厚现浇钢筋混凝土底板、C10素混凝土垫坡、40mm厚C20细石混凝土层、地面砖；

主要楼面做法：现浇板上做20mm厚1:2水泥砂浆找平层，再依各类不同使用功能的要求，进行楼板面层装修；

屋面做法：不上人斜屋面，从下至上为结构层、15mm厚砂浆找平、改性沥青涂膜、60mm厚FHP-Vc复合硅酸盐板、15mm厚水泥砂浆找平、311mm厚991丙烯酸酯复合防水卷材、15mm厚水泥砂浆找平、大于25mm厚的水泥砂浆卧瓦层（内配ϕ6@500×500钢筋网）、蓝灰色水泥平瓦。

（4）房屋外墙面装饰采用外墙砖，外墙漆面。

（5）该建筑的房屋主要作为教室。楼梯采用钢筋混凝土现浇楼梯。

3.2　房屋加固前结构概况

被鉴定房屋的结构平面布置图见图2。结构概况如下：

（1）房屋原设计为7度抗震设防，框架抗震等级为三级，当初设计时取Ⅱ类场地，设计地震分组为第一组，设计基本地震加速度值为0.10g。建筑设防分类为丙类。执行《建筑抗震设计规范》（GB 50011—2001），设计反应谱特征周期0.35s。

（2）该房屋的基础形式为现浇钢筋混凝土独立基础，埋置深度为－2.0m，基础宽度

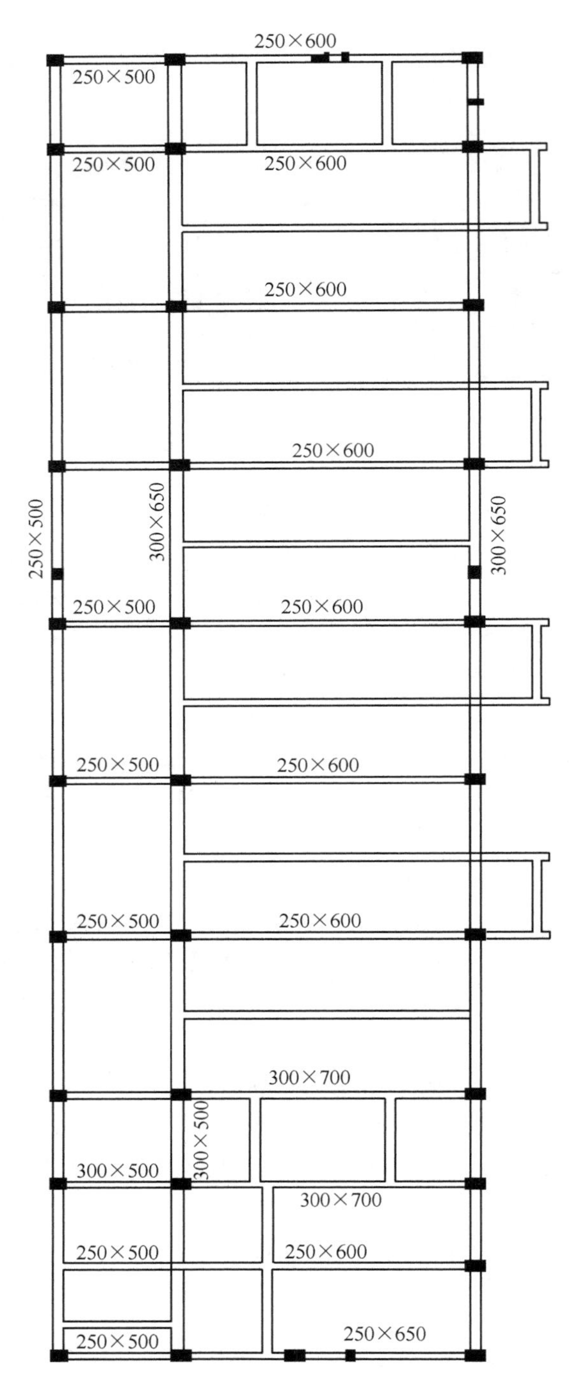

图 2　1 ~ 3 区教学楼结构平面布置示意图

为 1.7m × 1.7m、1.8m × 1.8m、2.3m × 2.3m。基础梁顶面标高为 －0.7m，梁截面基本为 250mm × 500mm，少数为 250mm × 600mm。基础持力层为稍密的卵石层，承载力特征值为 350kPa。

（3）房屋上部结构共五层，采用钢筋混凝土框架承重结构体系，框架柱的主要截面尺寸包括500mm×500mm、少数为400mm×500mm。柱截面沿垂直高度基本没有变化。各层楼板均为现浇钢筋混凝土楼板，横向跨度有7.2m、3.0m；纵向跨度有6.4m、3.6m（楼梯间）、7.2m。框架横向梁高主要有250mm×600mm、250mm×500mm，少数为300mm×700mm及250mm×650mm；框架纵向梁高有250mm×500mm、300mm×650mm。在本报告中，取房屋东西（纵）向为*X*方向，南北（横）向为*Y*方向。

（4）主要的材料取用情况：基础承台C25，其余为C30；钢筋采用了HPB235和HRB335两种。

4　房屋结构抗震鉴定情况

如前所述，都江堰中学1～3区教学楼建成后遭受了汶川地震，房屋所在地经历过8度的考验，震后检查，框架主体结构基本完好。同时，鉴于该地区震害情况，绝大多数结构地震损坏均发生在框架柱上，考虑到结构是按现行抗震设计规范7度要求设防的，由此本减震加固分析报告也主要检查框架柱的承载能力。

4.1　荷载取值

恒荷载：混凝土容重取27kN/m^3，填充墙页岩空心砖干容重取8.0kN/m^3，局部的实心砖取22kN/m^3（包括粉刷层重量）；玻璃幕墙取1.0kPa；钢框玻璃窗取0.5kPa；楼板、梁自重取各自的厚度及截面按实计算。

活荷载：教室、办公用房取2.0kPa，走道、楼梯、厕所取2.5kN/m^2；上人屋面取2.0kPa；不上人屋面取0.5kPa。

风荷载：0.3kPa。

4.2　房屋抗震能力现状评估

如前所述，都江堰中学1～3区教学楼原设计按照7度（0.1g）抗震设防，设计反应谱特征周期取0.35s。但是根据最后竣工情况，房屋结构的实际抗震性能存有一定的余量，故本报告中采用PKPM设计分析软件，取7度（0.10g），反应谱特征周期0.4s，按三级框架进行常遇双向地震情况下强度验算。考虑到1～3区教学楼属于同一类型的三幢房屋，其建筑体型与结构平面布置完全一样，故本报告在此仅选取其中的1区为代表进行结构抗震能力现状评估，表1～表3是所选的1区教学楼中相对薄弱的一、二、三层框架柱的计算配筋（包括纵筋和箍筋）与实际配筋（基于结构竣工图）的对比验算结果，表4是结构层间位移检查以及罕遇地震下结构薄弱层的验算结果。

依据表1～表3的验算结果，核查可得，相对于7度（0.10g）地震作用的计算值，底层靠近右侧（东面）楼梯间处的10/C角柱的纵筋计算值略大于实配值。除此之外，其他柱子的实际配筋均有一定余量。尤其是箍筋，计算仅需要按构造配置就可以了，实际情况是底层采用直径为10mm的4肢箍，2层以上采用箍筋直径8mm的4肢箍，所有框架柱加密区取@100，非加密区取@200，框架柱配筋情况见图3。

表 1　一层框架柱 7 度（0.10g）下 PKPM 模型强度验算

1 区柱位置 X/Y	X 向配筋 A_{sx}/cm^2		Y 向配筋 A_{sy}/cm^2		抗剪箍筋 Gasv-Asvo/cm^2		实际配筋/cm^2	
	计算	实配	计算	实配	计算	实配	纵筋 X/Y	箍筋（4 肢）
1/A	10	12.57	10	12.57	G1.3-0.0	G3.14-1.57	420/420	10@100/200
1/B	9	12.57	7	12.57	G1.7-0.0	G3.14-1.57	420/420	10@100/200
1/C	8	10.18	6	10.18	G1.1-0.0	G2.02-1.01	418/418	8@100/200
1-1/A	11	12.57	9	12.57	G1.3-0.0	G3.14-1.57	420/420	10@100/200
2/A	8	12.57	9	12.57	G1.3-0.0	G3.14-3.14	420/420	10@100
2/B	11	12.57	10	12.57	G2.0-0.0	G3.14-1.57	420/420	10@100/200
2/C	7	10.18	9	10.18	G1.1-0.0	G2.02-1.01	418/418	8@100/200
3/A	8	12.57	9	12.57	G1.3-0.0	G3.14-3.14	420/420	10@100
3/B	11	12.57	8	12.57	G1.7-0.0	G3.14-1.57	420/420	10@100/200
3/C	7	10.18	10	10.18	G1.0-0.0	G2.02-1.01	418/418	8@100/200
4/A	9	12.57	8	12.57	G1.7-0.0	G3.14-1.57	420/420	10@100/200
4/B	9	12.57	7	12.57	G1.7-0.0	G3.14-1.57	420/420	10@100/200
4/C	8	10.18	8	10.18	G1.1-0.0	G2.02-1.01	418/418	8@100/200
5/A	6	12.57	8	12.57	G1.7-0.0	G3.14-1.57	420/420	10@100/200
5/B	8	12.57	7	12.57	G1.7-0.0	G3.14-1.57	420/420	10@100/200
5/C	8	10.18	8	10.18	G1.1-0.0	G2.02-1.01	418/418	8@100/200
6/A	11	12.57	8	12.57	G1.7-0.0	G3.14-1.57	420/420	10@100/200
6/B	8	12.57	7	12.57	G1.7-0.0	G3.14-1.57	420/420	10@100/200
6/C	8	10.18	8	10.18	G1.1-0.0	G2.02-1.01	418/418	8@100/200
7/A	6	12.57	8	12.57	G1.7-0.0	G3.14-1.57	420/420	10@100/200
7/B	8	12.57	7	12.57	G1.7-0.0	G3.14-1.57	420/420	10@100/200
7/C	8	10.18	9	10.18	G1.1-0.0	G2.02-1.01	418/418	8@100/200
8/A	6	12.57	8	12.57	G1.7-0.0	G3.14-1.57	420/420	10@100/200
8/B	8	12.57	7	12.57	G1.7-0.0	G3.14-1.57	420/420	10@100/200
8/C	9	10.18	9	10.18	G1.1-0.0	G2.02-1.01	418/418	8@100/200
9/A	6	12.57	8	12.57	G1.7-0.0	G3.14-3.14	420/420	10@100
9/B	8	12.57	9	12.57	G1.7-0.0	G3.14-1.57	420/420	10@100/200
9/C	10	10.18	10	10.18	G1.1-0.0	G2.02-1.01	418/418	8@100/200
10/A	8	12.57	9	12.57	G1.3-0.0	G3.14-3.14	420/420	10@100
10/B	12	12.57	9	12.57	G1.3-0.0	G3.14-1.57	420/420	10@100/200
10/C		10.18	10	10.18	G1.3-0.1	G2.02-1.01	418/418	8@100/200

表 2 二层框架柱 7 度（0.10g）下 PKPM 模型强度验算

1 区柱位置 X/Y	X 向配筋 A_{sx}/cm^2		Y 向配筋 A_{sy}/cm^2		抗剪箍筋 Gasv-Asvo/cm^2		实际配筋/cm^2	
	计算	实配	计算	实配	计算	实配	纵筋 X/Y	箍筋（4 肢）
1/A	7	12.57	7	12.57	G1.1-0.0	G2.02-1.01	420/420	8@100/200
1/B	7	12.57	7	12.57	G1.3-0.0	G2.02-1.01	420/420	8@100/200
1/C	6	10.18	6	10.18	G1.0-0.0	G2.02-1.01	418/418	8@100/200
1-1/A	7	12.57	7	12.57	G1.1-0.0	G2.02-1.01	420/420	8@100/200
2/A	7	12.57	7	12.57	G1.1-0.0	G2.02-2.02	420/420	8@100
2/B	8	12.57	7	12.57	G1.3-0.0	G2.02-1.01	420/420	8@100/200
2/C	6	10.18	7	10.18	G1.0-0.0	G2.02-1.01	418/418	8@100/200
3/A	7	12.57	7	12.57	G1.1-0.0	G2.02-2.02	420/420	8@100
3/B	7	12.57	7	12.57	G1.1-0.0	G2.02-1.01	420/420	8@100/200
3/C	6	10.18	6	10.18	G1.0-0.0	G2.02-1.01	418/418	8@100/200
4/A	7	12.57	7	12.57	G1.3-0.0	G2.02-1.01	420/420	8@100/200
4/B	7	12.57	7	12.57	G1.3-0.0	G2.02-1.01	420/420	8@100/200
4/C	6	10.18	6	10.18	G1.0-0.0	G2.02-1.01	418/418	8@100/200
5/A	7	12.57	7	12.57	G1.3-0.0	G2.02-1.01	420/420	8@100/200
5/B	7	12.57	7	12.57	G1.3-0.0	G2.02-1.01	420/420	8@100/200
5/C	6	10.18	6	10.18	G1.0-0.0	G2.02-1.01	418/418	8@100/200
6/A	7	12.57	7	12.57	G1.3-0.0	G2.02-1.01	420/420	8@100/200
6/B	7	12.57	7	12.57	G1.3-0.0	G2.02-1.01	420/420	8@100/200
6/C	6	10.18	6	10.18	G1.0-0.0	G2.02-1.01	418/418	8@100/200
7/A	7	12.57	7	12.57	G1.3-0.0	G2.02-1.01	420/420	8@100/200
7/B	7	12.57	7	12.57	G1.3-0.0	G2.02-1.01	420/420	8@100/200
7/C	6	10.18	6	10.18	G1.0-0.0	G2.02-1.01	418/418	8@100/200
8/A	7	12.57	7	12.57	G1.3-0.0	G2.02-1.01	420/420	8@100/200
8/B	7	12.57	7	12.57	G1.3-0.0	G2.02-1.01	420/420	8@100/200
8/C	6	10.18	6	10.18	G1.0-0.0	G2.02-1.01	418/418	8@100/200
9/A	7	12.57	7	12.57	G1.3-0.0	G2.02-2.02	420/420	8@100
9/B	7	12.57	7	12.57	G1.3-0.0	G2.02-1.01	420/420	8@100/200
9/C	7	10.18	5	10.18	G1.0-0.0	G2.02-1.01	418/418	8@100/200
10/A	7	12.57	7	12.57	G1.1-0.0	G2.02-2.02	420/420	8@100
10/B	8	12.57	7	12.57	G1.1-0.0	G2.02-1.01	420/420	8@100/200
10/C	7	10.18	4	10.18	G1.0-0.0	G2.02-1.01	418/418	8@100/200

表3 三层框架柱7度（0.10g）下PKPM模型强度验算

1区柱位置 X/Y	X向配筋 A_{sx}/cm^2		Y向配筋 A_{sy}/cm^2		抗剪箍筋 Gasv-Asvo/cm^2		实际配筋/cm^2	
	计算	实配	计算	实配	计算	实配	纵筋 X/Y	箍筋（4肢）
1/A	7	12.57	7	12.57	G1.1-0.0	G2.02-1.01	420/420	8@100/200
1/B	7	12.57	7	12.57	G1.1-0.0	G2.02-1.01	420/420	8@100/200
1/C	6	10.18	6	10.18	G1.0-0.0	G2.02-1.01	418/418	8@100/200
1-1/A	8	12.57	7	12.57	G1.1-0.0	G2.02-1.01	420/420	8@100/200
2/A	7	12.57	7	12.57	G1.1-0.0	G2.02-2.02	420/420	8@100
2/B	8	12.57	7	12.57	G1.1-0.0	G2.02-1.01	420/420	8@100/200
2/C	6	10.18	6	10.18	G1.0-0.0	G2.02-1.01	418/418	8@100/200
3/A	7	12.57	7	12.57	G1.1-0.0	G2.02-2.02	420/420	8@100
3/B	8	12.57	7	12.57	G1.1-0.0	G2.02-1.01	420/420	8@100/200
3/C	6	10.18	6	10.18	G1.0-0.0	G2.02-1.01	418/418	8@100/200
4/A	7	12.57	7	12.57	G1.1-0.0	G2.02-1.01	420/420	8@100/200
4/B	7	12.57	7	12.57	G1.1-0.0	G2.02-1.01	420/420	8@100/200
4/C	6	10.18	6	10.18	G1.0-0.0	G2.02-1.01	418/418	8@100/200
5/A	7	12.57	7	12.57	G1.1-0.0	G2.02-1.01	420/420	8@100/200
5/B	7	12.57	7	12.57	G1.1-0.0	G2.02-1.01	420/420	8@100/200
5/C	6	10.18	6	10.18	G1.0-0.0	G2.02-1.01	418/418	8@100/200
6/A	7	12.57	7	12.57	G1.1-0.0	G2.02-1.01	420/420	8@100/200
6/B	7	12.57	7	12.57	G1.1-0.0	G2.02-1.01	420/420	8@100/200
6/C	6	10.18	6	10.18	G1.0-0.0	G2.02-1.01	418/418	8@100/200
7/A	7	12.57	7	12.57	G1.1-0.0	G2.02-1.01	420/420	8@100/200
7/B	7	12.57	7	12.57	G1.1-0.0	G2.02-1.01	420/420	8@100/200
7/C	6	10.18	6	10.18	G1.0-0.0	G2.02-1.01	418/418	8@100/200
8/A	7	12.57	7	12.57	G1.1-0.0	G2.02-1.01	420/420	8@100/200
8/B	7	12.57	7	12.57	G1.1-0.0	G2.02-1.01	420/420	8@100/200
8/C	6	10.18	6	10.18	G1.0-0.0	G2.02-1.01	418/418	8@100/200
9/A	7	12.57	7	12.57	G1.1-0.0	G2.02-2.02	420/420	8@100
9/B	7	12.57	7	12.57	G1.1-0.0	G2.02-1.01	420/420	8@100/200
9/C	6	10.18	6	10.18	G1.0-0.0	G2.02-1.01	418/418	8@100/200
10/A	7	12.57	7	12.57	G1.1-0.0	G2.02-2.02	420/420	8@100
10/B	8	12.57	7	12.57	G1.1-0.0	G2.02-1.01	420/420	8@100/200
10/C	7	10.18	6	10.18	G1.0-0.0	G2.02-1.01	418/418	8@100/200

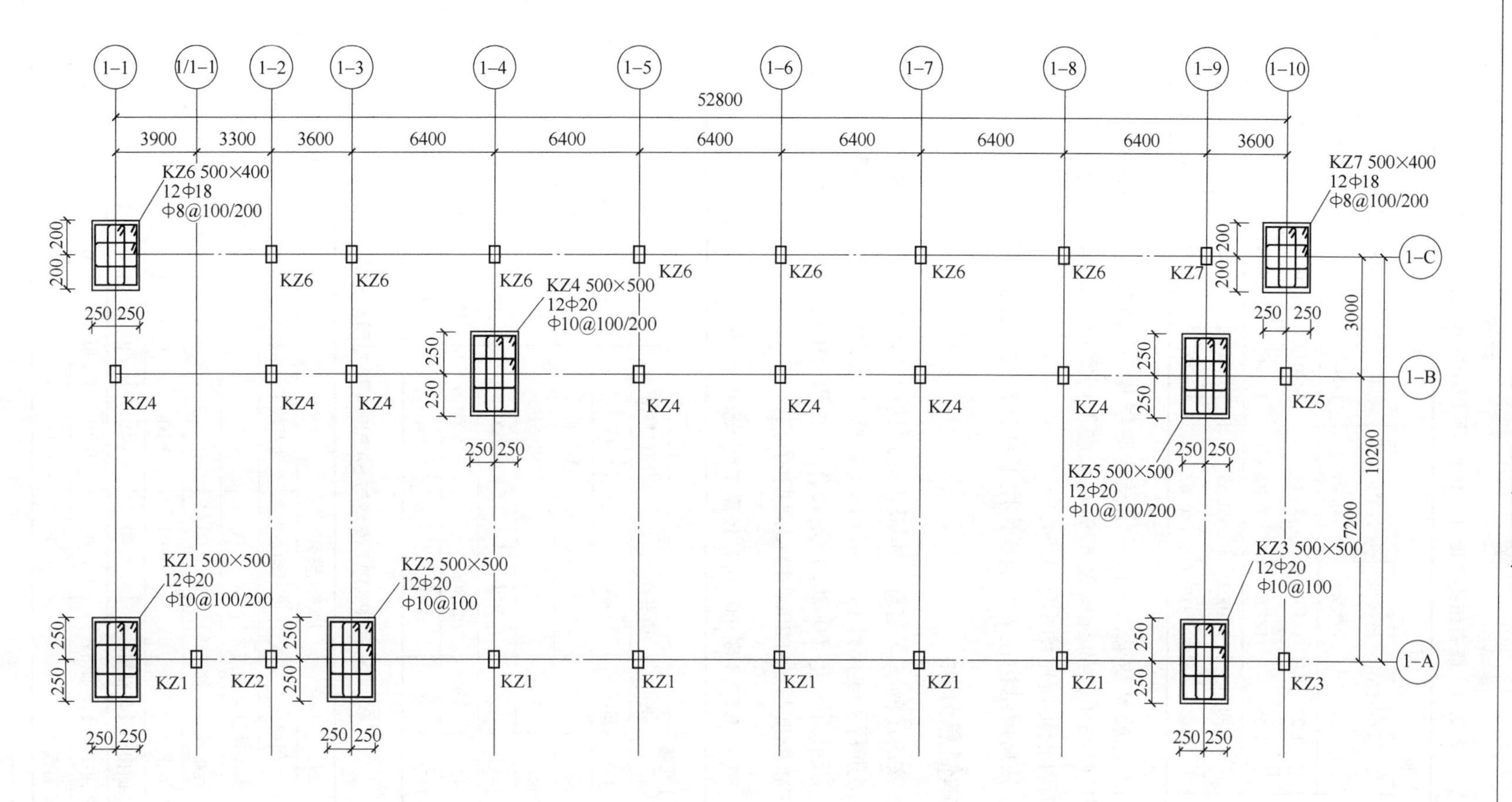

图3 1～3区教学楼一层柱配筋图

表 4　既有结构 7 度（0.10g）下 PKPM 模型位移验算

层号	X 向		Y 向		X 向薄弱层		Y 向薄弱层	
	位移角	与 1/550 比值	位移角	与 1/550 比值	验算值	与 1/50 比值	验算值	与 1/50 比值
5	1/4997	0.11	1/5243	0.10	1/549	0.09	1/531	0.09
4	1/2486	0.22	1/1616	0.34	1/266	0.19	1/265	0.19
3	1/1966	0.28	1/1297	0.42	1/166	0.30	1/167	0.30
2	1/1416	0.39	1/1002	0.55	1/175	0.29	1/174	0.29
1	1/987	0.56	1/815	0.67	1/121	0.41	1/121	0.41

依据表 4 的对比验算结果，可以看出结构底层相对薄弱，X、Y 向的层间位移角分别为规范限值要求（1/550）的 56% 及 67%，大震下层间位移角均为规范限值要求（1/50）的 41%；且所有柱的轴压比均小于 0.54。

综上所述，该房屋结构在 7 度地震作用下具有较大的安全储备。

4.3　房屋基本信息分析

为综合分析该房屋的基本信息，本报告分别利用 PKPM 分析软件和 SAP2000 分析软件对 1 ~ 3 区教学楼进行了建模计算，同样以 1 区教学楼为代表对两种软件的计算结果进行对比分析。表 5 所示为 8 度（0.20g）地震作用下 PKPM 模型计算的 1 区教学楼原结构信息，表 6 为 PKPM 模型与 SAP2000 模型周期的比较。

表 5　8 度（0.20g）地震作用下原结构 PKPM 模型信息

层号	层高	集中质量	X 向			Y 向		
			刚度	楼层剪力	层间位移角	刚度	楼层剪力	层间位移角
	m	t	kN/mm	kN	r/min	kN/mm	kN	r/min
5	3.6	50	100	85	1/874	99	82	1/918
4	3.6	625	450	1051	1/2051	293	940	1/1333
3	3.6	768	561	2030	1/983	396	1749	1/648
2	3.6	742	550	2780	1/708	399	2358	1/501
1	4.6	757	357	3302	1/494	285	2781	1/407

表 6　PKPM 模型与 SAP2000 模型周期比较　　(s)

振型阶数	PKPM 模型				SAP2000 模型
	周期	平动系数 X	平动系数 Y	扭转系数	周期
1	0.84（YZ 面振动及 Z 轴扭转）	0.00	0.83	0.17	0.82（YZ 面振动及 Z 轴扭转）
2	0.78（YZ 面振动及 Z 轴扭转）	0.00	0.24	0.76	0.75（YZ 面振动及 Z 轴扭转）
3	0.73（XZ 面振动）	1.00	0.00	0.00	0.71（XZ 面振动）
4	0.27（YZ 面振动及 Z 轴扭转）	0.00	0.89	0.11	0.27（YZ 面振动及 Z 轴扭转）
5	0.25（YZ 面振动及 Z 轴扭转）	0.00	0.19	0.81	0.24（YZ 面振动及 Z 轴扭转）
6	0.24（XZ 面振动）	0.99	0.00	0.01	0.23（XZ 面振动）

5　消能减震加固设计的分析

5.1　方案的选择

对于提高结构的抗震性能，传统做法是增加结构的侧向刚度和强度，但结构越刚，地震的作用也越大，而消能减震支撑在地震时可以耗散能量，改变了传统硬抗的途径，成为结构抗震加固的一种良好选择。此外，由于黏滞阻尼器目前在国内已有许多成熟产品，且价格适中，施工和维护均简单易行，便于在工程中运用。另一方面，考虑到本工程房屋结构的实际情况、加固工程对房屋现状的影响程度、加固工程的执行难度等因素，同时，为尽量缩短施工时间和减少对已装修工程的大面积破坏，本工程抗震加固方案拟采用黏滞阻尼器组合消能支撑，以提高结构的有效阻尼比，从而力图使结构抗震能力满足 8 度抗震设防的各项规定。

5.2　加固的目标

本案例建筑的抗震鉴定加固依据《建筑抗震设计规范》(GB 50011—2001)2008 年版，取Ⅱ类场地，设计地震分组为第二组，设计反应谱特征周期 0. 4s，设计基本地震加速度值为 0. 20g，建筑设防分类为乙类。考虑到采用消能减震加固措施，并按中震情况下消能减震装置提供的附加等效阻尼比不低于 10% 为加固设计目标，因此框架抗震强度仍按三级检验，构造配筋按二级检验。结构加固设计主要参数，见表 7。

表 7　结构加固设计主要参数

序 号	基本设计指标	参　数
1	建筑物抗震设防类别	乙类
2	建筑物抗震设防烈度	8 度
3	基本地震加速度值	0. 20g
4	设计地震分组	第二组
5	建筑场地类别	Ⅱ类
6	特征周期/s	0. 40
7	基础形式	现浇钢筋混凝土独立基础

5.3　消能减震支撑的规格数量选取

在本工程抗震加固中，为确保新结构层间刚度平稳变化，以避免生成新的薄弱层，决定将消能支撑体系逐层安装在原结构上。1 ~ 3 区教学楼配置相同，以 1 区为例，一至三层共安装 30 个黏滞阻尼器。拟附加消能减震支撑具体数量的确定主要以原结构（PKPM 模型）各层间剪力和位移角作为依据，一般期望附加阻尼比在小震、中震情况下不低于 10%，本工程实际所选用的阻尼器规格和数量详见表 8。黏滞阻尼器组合支撑的平面安装位置如图 4 ~ 图 6 所示，其立面安装示意图如图 7 和图 8 所示。

表 8　拟附加消能减震支撑的阻尼器参数

层号	层高/m	X 向		Y 向	
		黏滞阻尼器（个×kN)	阻尼力/kN	黏滞阻尼器（个×kN)	阻尼力/kN
5	3.6				
4	3.6				
3	3.6	4×600（斜撑）	1680	4×300	1200
2	3.6	4×1000（斜撑）	2800	4×600	2400
1	4.6	4×600+4×300	3600	6×600	3600

注：本工程 1~3 层全部采用黏滞阻尼器，布置类型有人字撑型和斜撑型两种。

5.4　消能减震支撑的力学特性取值

本工程所采用的消能减震支撑为黏滞阻尼器组合消能支撑，主要由黏滞阻尼器和铅芯叠成橡胶支座组合构成，其中黏滞阻尼器的阻尼力可用下式表达：

$$F_d = C_v \mathrm{sgn}(v) \mid v \mid^{\alpha} \tag{1}$$

式中　α——阻尼指数；

v——速度；

C_v——阻尼系数。

1000kN 型：$\alpha=0.18$，$C_v=450\mathrm{kN/(mm/s)}^{\alpha}$；

600kN 型：$\alpha=0.18$，$C_v=300\mathrm{kN/(mm/s)}^{\alpha}$；

300kN 型：$\alpha=0.18$，$C_v=150\mathrm{kN/(mm/s)}^{\alpha}$。

阻尼器活塞自由移动位移要求：±120mm。

对于人字形支撑，为保证支撑的平面内稳定，对应每个阻尼器配一个铅芯橡胶支座，其非线性力学特性可用双线性滞回模型，为了方便计算采用 Wen 模型：

$$F_d = r \cdot k \cdot d + (1-r)\sigma_y \cdot z \tag{2}$$

当 $d_z > 0$ 时　　$z = k/\sigma_y \cdot d(1 - \mid z \mid^{\exp})$

当 $d_z \leq 0$ 时　　$z = 0$

式中　k——屈服前刚度；

σ_y——屈服力；

r——指定方向的屈服后与屈服前剪切刚度的比值；

z——一个内部滞后变量，此变量范围为 $\mid z \mid \leq 1$，$\mid z \mid =1$ 代表屈服面。

在本项目工程中，隔震橡胶支座采用户外耐候型，由专业生产厂家订单制作，并应严格选用 100% 合格产品。橡胶支座的设计尺寸规格应与阻尼器支撑型号相匹配，本报告取支座外形 250mm×250mm×126mm，铅芯直径 =60mm，橡胶外径 =200mm；并取各力学参数为：屈服前刚度 $k_u=4.37\mathrm{kN/mm}$；屈服后刚度 $k_d=4.37\mathrm{kN/mm}$；水平屈服力 $\sigma_y=24\mathrm{kN}$；有效刚度 $k_{eq}=0.92\mathrm{kN/mm}$；屈服前后刚度比为 0.125；剪切弹性模量为 G6 型-720kN/m。实际选用橡胶支座时，可依据现场情况对其尺寸规格进行灵活变动，但其力学参数仍须满足设计要求。

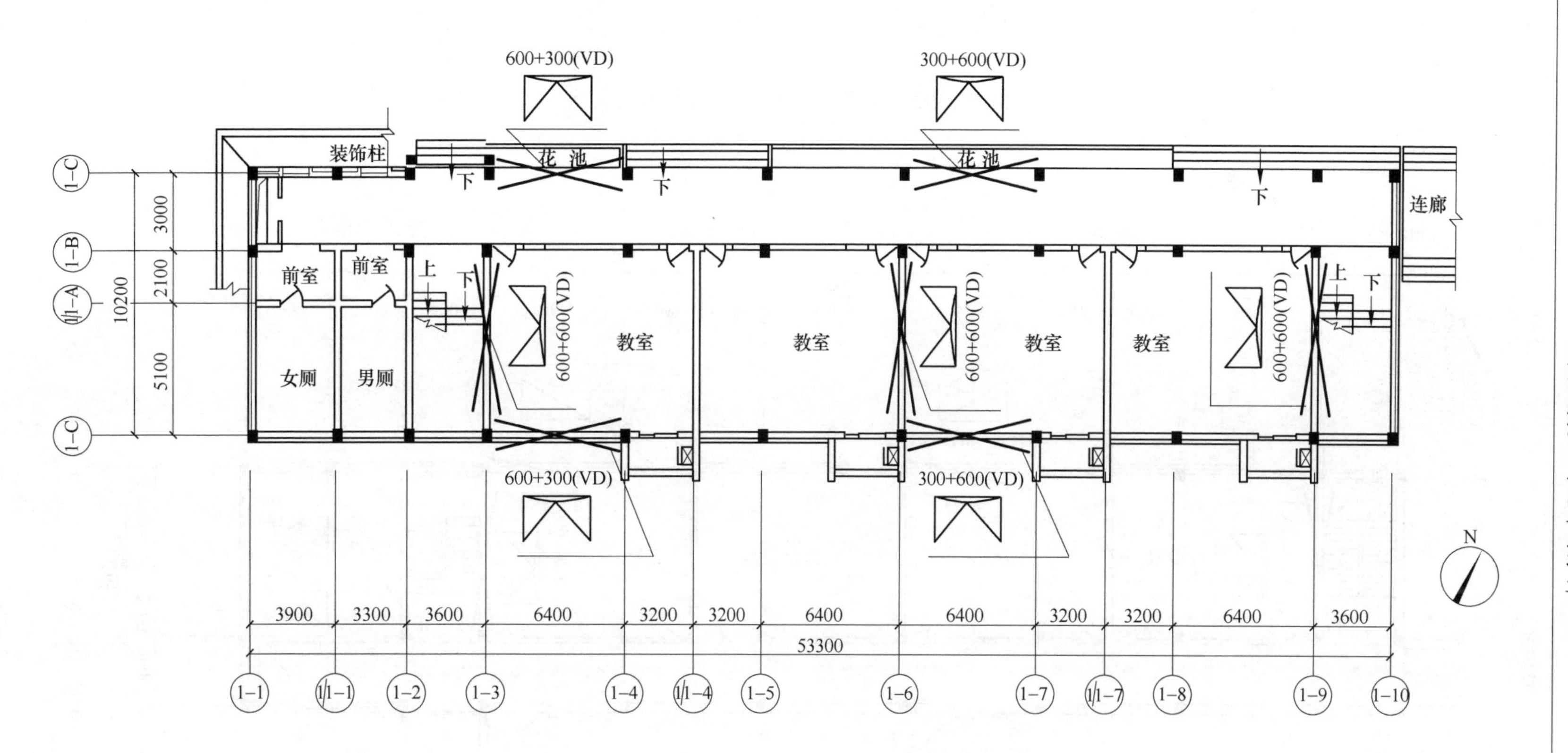

图4 1~3区教学楼一层黏滞阻尼器组合支撑平面布置图

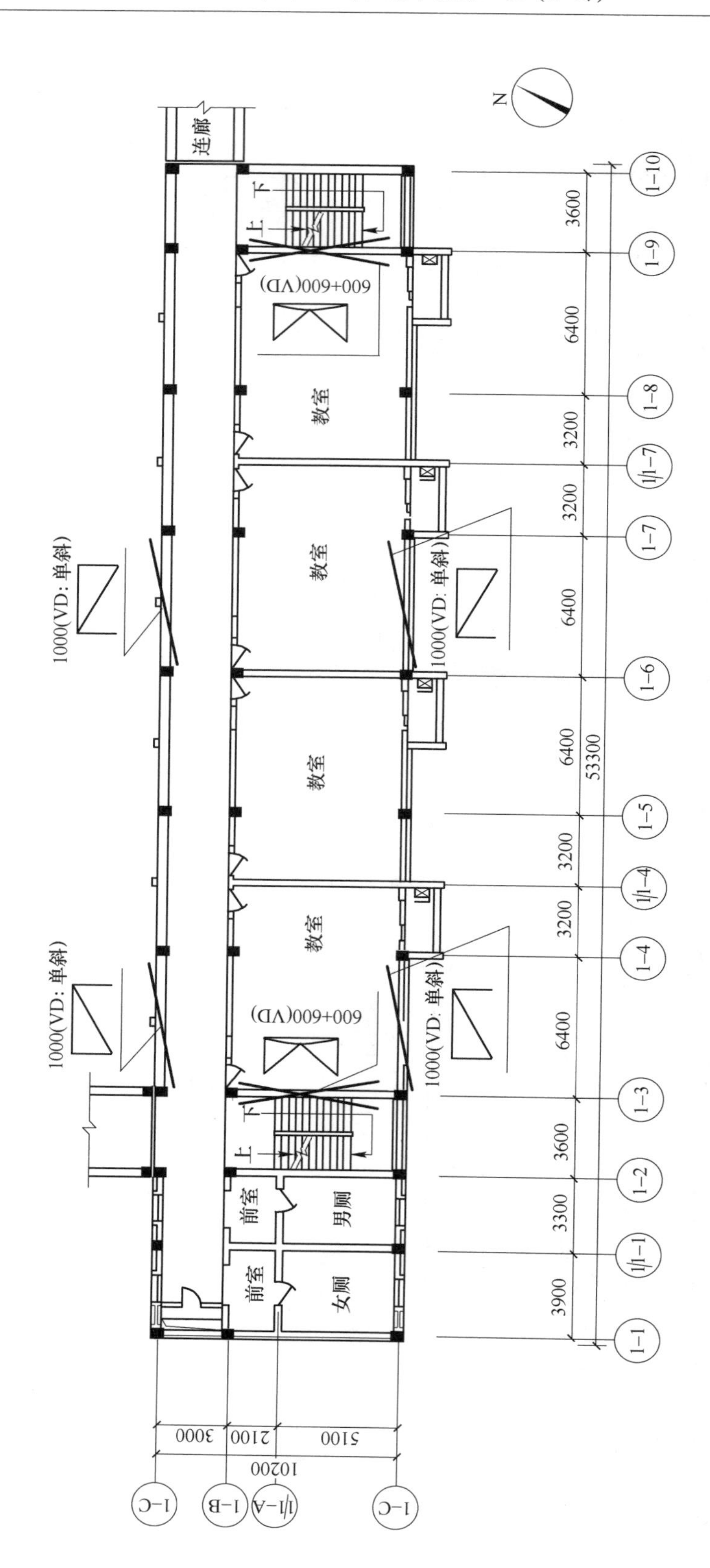

图 5　1～3 区教学楼二层黏滞阻尼器组合支撑平面布置图

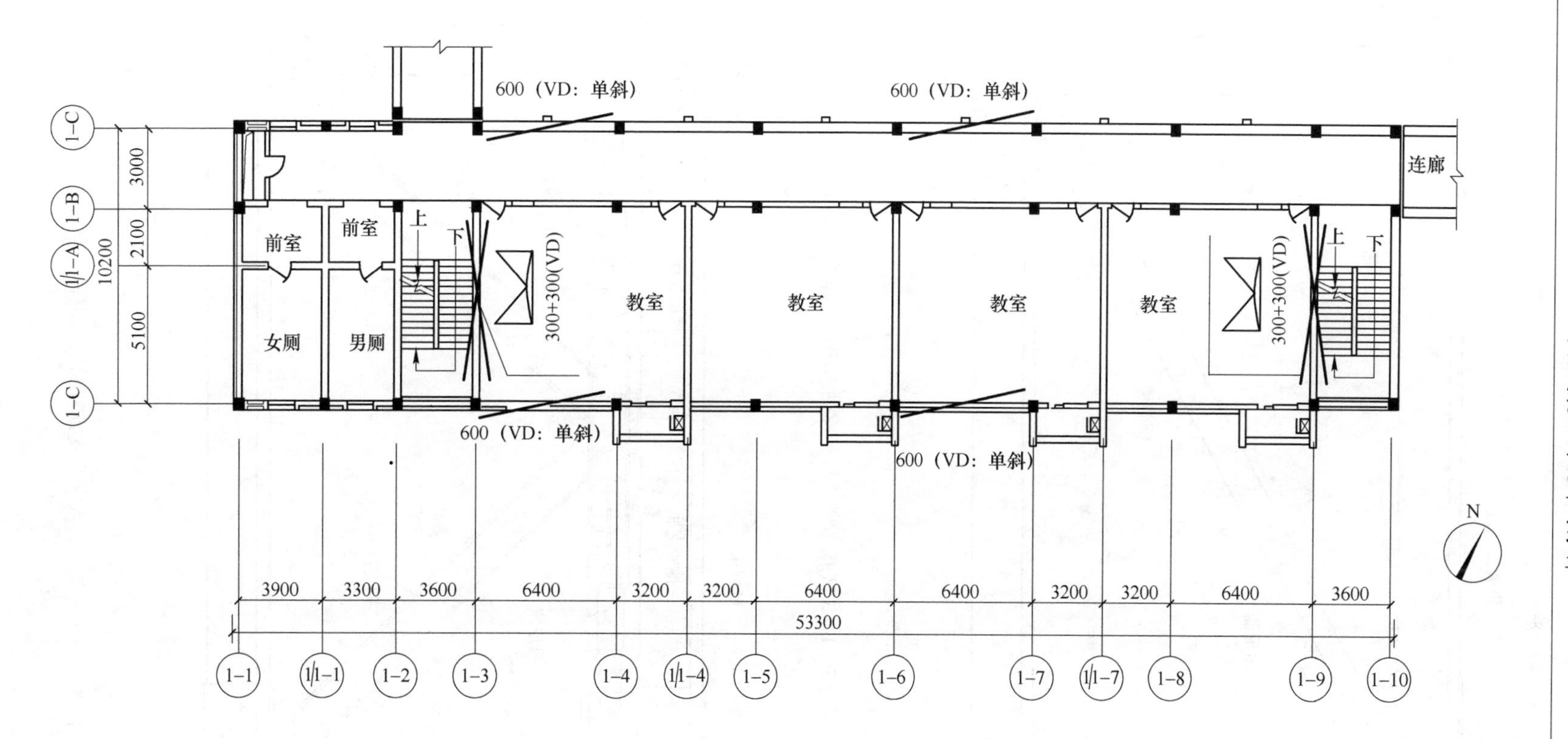

图6 1~3区教学楼三层黏滞阻尼器组合支撑平面布置图

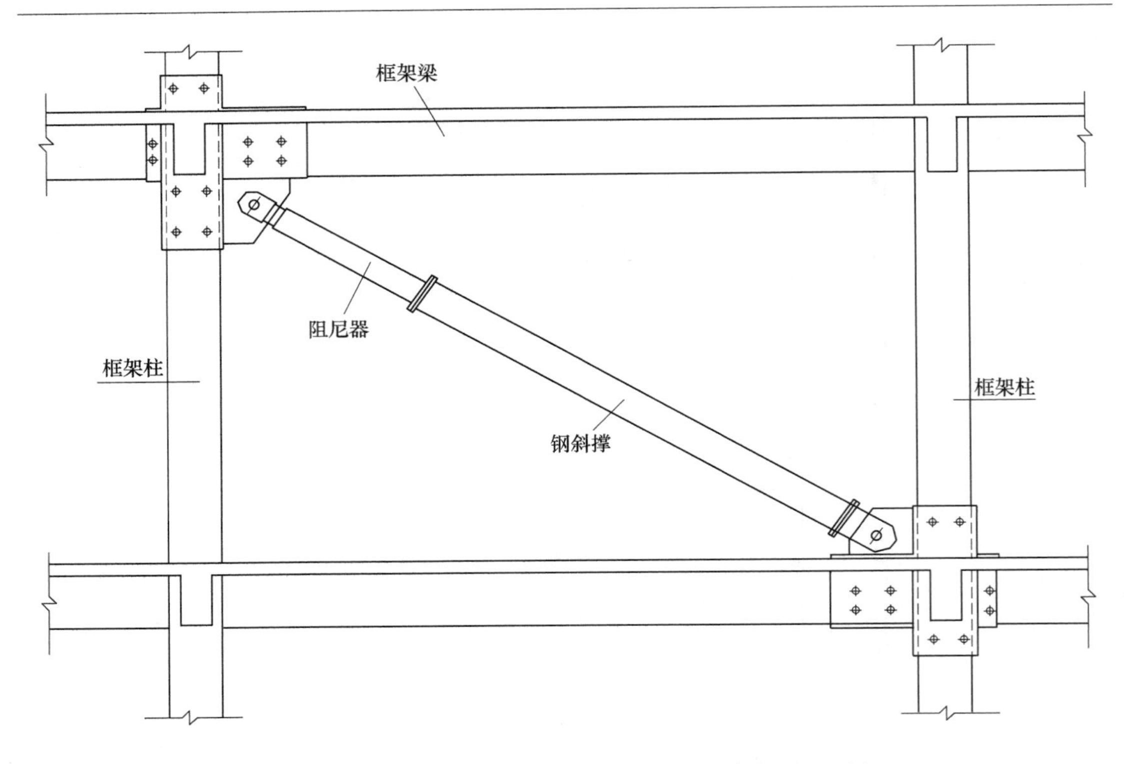

图 7　1 ~ 3 区教学楼单斜支撑黏滞阻尼器组合布置立面图

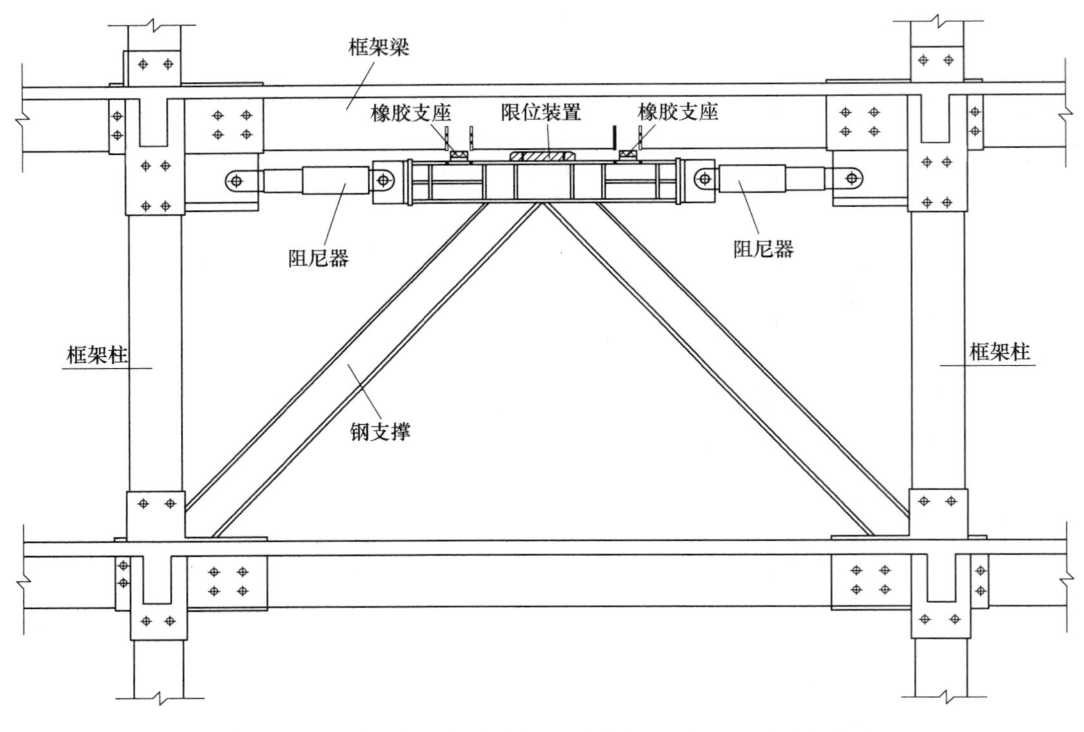

图 8　1 ~ 3 区教学楼人字形支撑双黏滞阻尼器组合布置立面图

此外，在本工程中所选取的人字形支撑为型钢 HM440mm × 300mm × 11mm × 18mm，斜支撑为型钢 HM250mm ×250mm ×9mm ×14mm，支撑材质均为 Q235b，若在实际施工中有变动，则应选取截面积不低于此型钢的支撑类型。

5.5 地震反应的输入确定

黏滞阻尼器是速度相关型非线性阻尼器，要较精确考察消能减震装置的减震效果，目前现有的常用手段是进行时程分析。为了便于与振型反应谱分析法进行比较，本工程输入的时程选用了四条波，分别为拟合规范反应谱的两条人工时程波 XIN-1 和 XIN-2，以及两条天然波 EI Centro 波和 TH2TG40 波。

拟合的标准反应谱如图 9 ~ 图 12 所示。

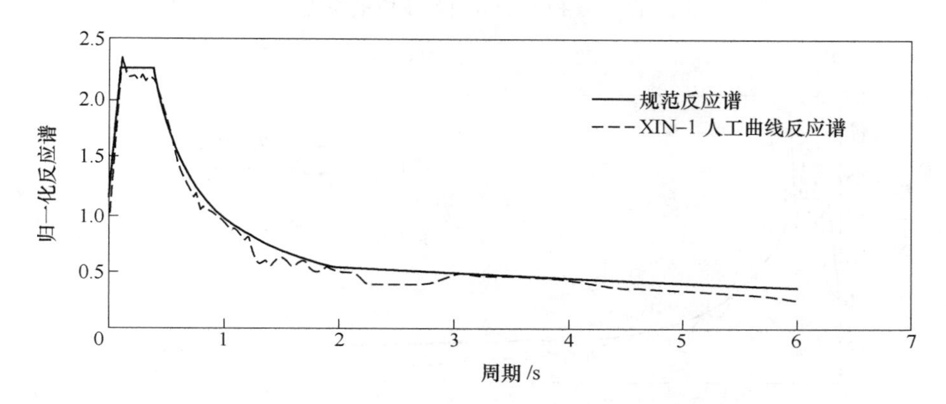

图 9　XIN-1 人工时程反应谱曲线

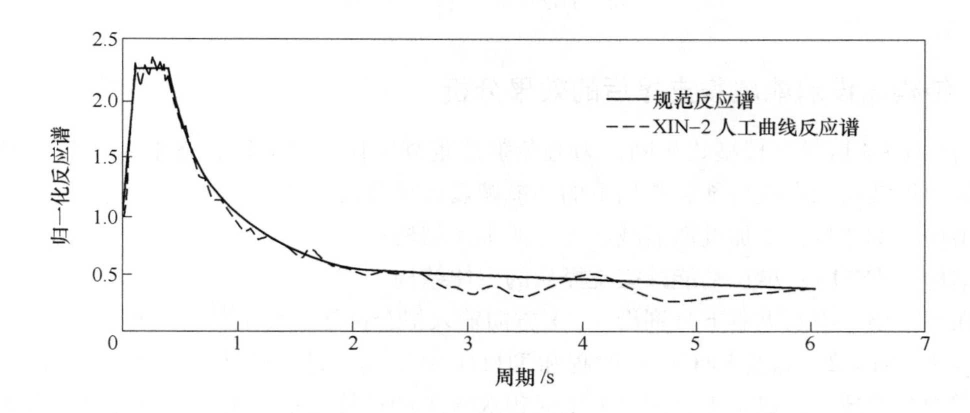

图 10　XIN-2 人工时程反应谱曲线

从图 9 和图 10 中可以看出，在周期小于 1s 范围内，人工时程反应谱与规范反应谱是很接近的。类似时程曲线使用了 2 条，这些曲线在拟合时做到相位不相关。对于小、中、大震输入是同一时程，只是调整其峰值加速度，7 度分别为 35cm/s^2、100cm/s^2、220cm/s^2，8 度分别为 70cm/s^2、200cm/s^2、400cm/s^2。

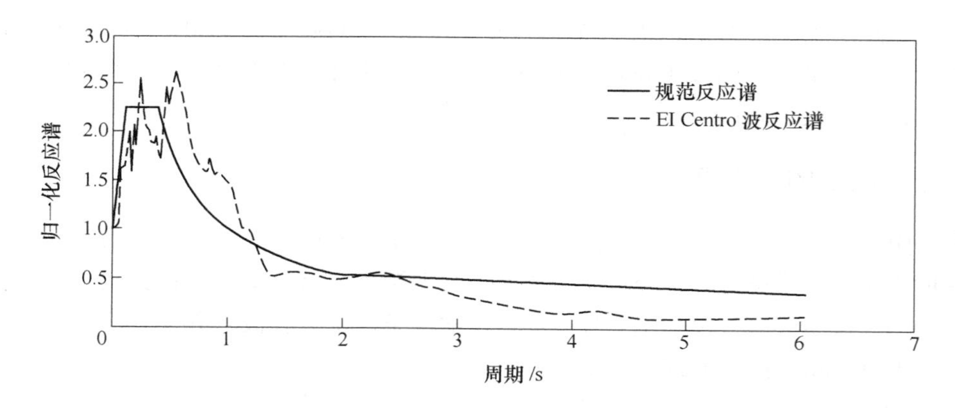

图 11　EI Centro 时程反应谱曲线

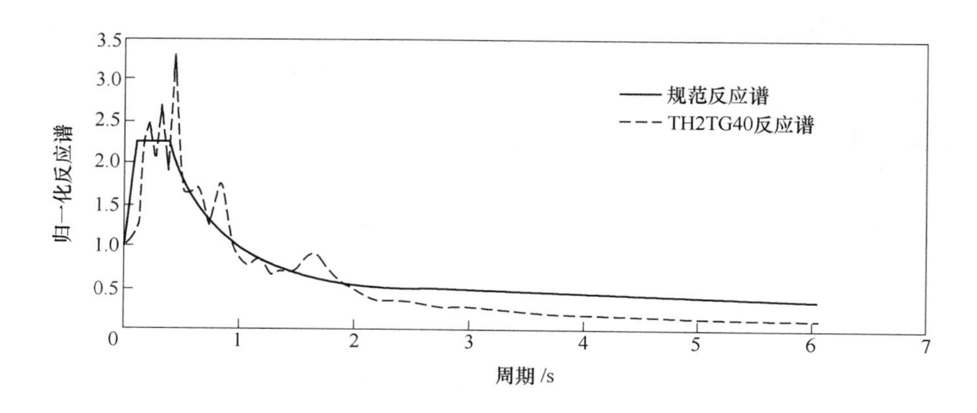

图 12　TH2TG40 时程反应谱曲线

5.6　结构增设消能减震支撑后的效果分析

由于 1 ~ 3 区教学楼型式相同，为避免赘述重复工作，以下同样选取 1 区教学楼为代表，分两种结构状态进行地震作用下的消能减震效果分析与比较：

结构 1（ST0）：未加设消能减震支撑的主体结构；

结构 2（ST1）：增设消能减震支撑后的主体结构。

在 8 度小、中及大震下分别沿 *X*、*Y* 方向输入拟合都江堰场地特征周期 0.4s 的人工时程 XIN-1、XIN-2，以及 EI Centro 时程和 TH2TG40 时程，进行原结构和消能减震新结构体系地震响应的计算，以下主要列出人工时程 XIN-1 的计算分析结果。其中层间剪力通过框架柱分层截面切割读取，层间位移角通过读取层质心处的层间位移运算求得。

5.6.1　XIN-1 波作用下 ST0 与 ST1 响应对比

在 8 度小震、中震、大震工况下，结构 1（ST0）和结构 2（ST1）输入 XIN-1 时程的三维 SAP2000 模型计算结果见表 9 ~ 表 14。

表 9 8 度小震 XIN-1 波作用下结构 1（ST0）SAP2000 模型计算结果

层号	层高/m	X 向		Y 向	
		层间剪力 Q_1/kN	层间位移角 R_1/r · min^{-1}	层间剪力 Q_1/kN	层间位移角 R_1/r · min^{-1}
5	3.6	26	1/5165	25	1/4037
4	3.6	1000	1/1812	826	1/1445
3	3.6	1852	1/1214	1463	1/946
2	3.6	2459	1/891	2037	1/687
1	4.6	2845	1/790	2408	1/498

表 10 8 度小震 XIN-1 波作用下结构 2（ST1）SAP2000 模型计算结果

方向	层号	层高/m	层间剪力 Q_2/kN	层间位移角 R_2/r · min^{-1}	层间剪力比 $(Q_2-Q_1)/Q_1$ /%	位移角比 $(R_2-R_1)/R_1$ /%	附加阻尼比 /%
X 向	5	3.6	59	1/3294	129	57	27
	4	3.6	1545	1/1286	54	41	
	3	3.6	1895	1/1238	2	-2	
	2	3.6	1607	1/1411	-35	-37	
	1	4.6	1307	1/1695	-54	-53	
Y 向	5	3.6	53	1/3294	110	23	26
	4	3.6	1428	1/1074	73	35	
	3	3.6	1380	1/1124	-6	-16	
	2	3.6	1166	1/1280	-43	-46	
	1	4.6	847	1/1322	-65	-62	

表 11 8 度中震 XIN-1 波作用下结构 1（ST0）SAP2000 模型计算结果

层号	层高 /m	X 向		Y 向	
		层间剪力 Q_1/kN	层间位移角 R_1/r · min^{-1}	层间剪力 Q_1/kN	层间位移角 R_1/r · min^{-1}
5	3.6	74	1/1807	72	1/1413
4	3.6	2857	1/634	2359	1/506
3	3.6	5292	1/425	4181	1/331
2	3.6	7026	1/312	5820	1/240
1	4.6	8128	1/276	6881	1/174

表 12　8 度中震 XIN-1 波作用下结构 2（ST1）SAP2000 模型计算结果

方向	层号	层高/m	层间剪力 Q_2/kN	层间位移角 R_2/r · min^{-1}	层间剪力比 $(Q_2-Q_1)/Q_1$ /%	位移角比 $(R_2-R_1)/R_1$ /%	附加阻尼比 /%
X 向	5	3.6	124	1/1752	67	3	20
	4	3.6	2719	1/742	-5	-15	
	3	3.6	3274	1/712	-38	-40	
	2	3.6	3836	1/583	-45	-47	
	1	4.6	3653	1/602	-55	-54	
Y 向	5	3.6	118	1/1820	63	-22	17
	4	3.6	2759	1/556	17	-9	
	3	3.6	2956	1/526	-29	-37	
	2	3.6	3167	1/522	-46	-54	
	1	4.6	2555	1/516	-63	-66	

表 13　8 度大震 XIN-1 波作用下结构 1（ST0）SAP2000 弹塑性模型计算结果

层号	层高/m	X 向		Y 向	
		层间剪力 Q_1/kN	层间位移角 R_1/r · min^{-1}	层间剪力 Q_1/kN	层间位移角 R_1/r · min^{-1}
5	3.6	83	1/1161	66	1/806
4	3.6	3745	1/351	3953	1/247
3	3.6	6846	1/236	7068	1/164
2	3.6	9681	1/165	9044	1/121
1	4.6	11068	1/140	10341	1/84

表 14　8 度大震 XIN-1 波作用下结构 2（ST1）SAP2000 弹塑性模型计算结果

方向	层号	层高/m	层间剪力 Q_2/kN	层间位移角 R_2/r · min^{-1}	层间剪力比 $(Q_2-Q_1)/Q_1$ /%	位移角比 $(R_2-R_1)/R_1$ /%	附加阻尼比 /%
X 向	5	3.6	130	1/1156	57	0.4	15
	4	3.6	3330	1/430	-11	-18	
	3	3.6	4310	1/385	-37	-39	
	2	3.6	4957	1/330	-49	-50	
	1	4.6	4116	1/363	-63	-62	
Y 向	5	3.6	101	1/1285	53	-37	13
	4	3.6	3147	1/348	-20	-29	
	3	3.6	4130	1/300	-42	-45	
	2	3.6	4296	1/297	-53	-59	
	1	4.6	3184	1/288	-69	-71	

5.6.2 四条波分别作用下 ST0 与 ST1 平均反应对比

在 8 度小震、中震、大震工况下，对 XIN-1 人工时程波、XIN-2 人工时程波，EI Centro 时程波和 TH2TG40 时程波作用下原结构模型（ST0）和消能支撑体系模型（ST1）响应取平均值加以比较，相关计算结果见表 15～表 17。

表 15 时程分析框架柱层间剪力平均值 (kN)

震况	层号	层高/m	ST0 (Q_1) X 向层剪力	ST0 (Q_1) Y 向层剪力	ST1 (Q_2) X 向层剪力	ST1 (Q_2) Y 向层剪力	层剪力比/% X 向 $(Q_2-Q_1)/Q_1$	层剪力比/% Y 向 $(Q_2-Q_1)/Q_1$
小震	5	3.6	30	30	54	54	79	79
	4	3.6	1146	1039	1527	1384	33	33
	3	3.6	2107	1860	1702	1398	-19	-25
	2	3.6	2731	2486	1464	1257	-46	-49
	1	4.6	3184	2952	1208	983	-62	-67
中震	5	3.6	86	85	123	112	43	32
	4	3.6	3273	2970	2798	2566	-15	-14
	3	3.6	6021	5315	3486	3221	-42	-39
	2	3.6	7804	7104	4012	3565	-49	-50
	1	4.6	9098	8434	4080	3135	-55	-63
大震	5	3.6	96	74	140	115	46	56
	4	3.6	4860	4395	3691	3372	-24	-23
	3	3.6	9239	7941	4673	4339	-49	-45
	2	3.6	12457	10198	5466	4703	-56	-54
	1	4.6	14555	12140	4977	3863	-66	-68

表 16 时程分析层间位移角平均值 (r/min)

震况	层号	层高/m	ST0 (R_1) X 向层间位移角	ST0 (R_1) Y 向层间位移角	ST1 (R_2) X 向层间位移角	ST1 (R_2) Y 向层间位移角	层间位移角比/% X 向 $(R_2-R_1)/R_1$	层间位移角比/% Y 向 $(R_2-R_1)/R_1$
小震	5	3.6	1/4454	1/3148	1/3212	1/3514	39	-10
	4	3.6	1/1569	1/1152	1/1313	1/1085	19	6
	3	3.6	1/1065	1/767	1/1369	1/1127	-22	-32
	2	3.6	1/802	1/581	1/1548	1/1241	-48	-53
	1	4.6	1/710	1/437	1/1849	1/1257	-62	-65
中震	5	3.6	1/1559	1/1102	1/1644	1/1876	-5	-41
	4	3.6	1/549	1/403	1/712	1/558	-23	-28
	3	3.6	1/373	1/269	1/656	1/496	-43	-46
	2	3.6	1/281	1/204	1/557	1/462	-50	-56
	1	4.6	1/249	1/153	1/552	1/429	-55	-64

续表 16

震况	层号	层高/m	ST0（R_1）		ST1（R_2）		层间位移角比/%	
			X 向 层间位移角	Y 向 层间位移角	X 向 层间位移角	Y 向 层间位移角	X 向	Y 向
							$(R_2-R_1)/R_1$	
大震	5	3.6	1/914	1/780	1/1056	1/1299	-14	-40
	4	3.6	1/268	1/228	1/389	1/323	-31	-30
	3	3.6	1/175	1/149	1/352	1/280	-50	-47
	2	3.6	1/128	1/112	1/298	1/269	-57	-58
	1	4.6	1/107	1/78	1/307	1/245	-65	-68

表 17 时程分析层质心绝对位移平均值 (cm)

震况	层号	层高/m	ST0（D_1）		ST1（D_2）		层绝对位移比/%	
			X 向 层绝对位移	Y 向 层绝对位移	X 向 层绝对位移	Y 向 层绝对位移	X 向	Y 向
							$(D_2-D_1)/D_1$	
小震	5	3.6	1.87	1.97	1.13	1.41	-40	-29
	4	3.6	1.78	1.90	0.99	1.33	-44	-30
	3	3.6	1.57	1.67	0.76	1.07	-52	-36
	2	3.6	1.26	1.33	0.52	0.77	-58	-42
	1	4.6	0.83	0.86	0.30	0.45	-64	-47
中震	5	3.6	5.35	5.64	2.60	3.28	-51	-42
	4	3.6	5.08	5.43	2.39	3.14	-53	-42
	3	3.6	4.48	4.77	2.00	2.62	-55	-45
	2	3.6	3.60	3.79	1.53	1.99	-57	-48
	1	4.6	2.36	2.44	0.96	1.22	-59	-50
大震	5	3.6	11.85	11.21	4.68	5.86	-60	-48
	4	3.6	11.36	10.94	4.37	5.67	-61	-48
	3	3.6	10.09	9.72	3.69	4.81	-63	-51
	2	3.6	8.18	7.82	2.84	3.71	-65	-52
	1	4.6	5.50	5.17	1.81	2.34	-67	-55

5.6.3 阻尼器耗能情况

考虑到本工程底层架空且跨度较大，在 PKPM 模型中 X、Y 方向的层间位移角均相对较大，对附加阻尼器性能的要求较高，因此本报告分别选取底层 X 方向人字形布置的 600kN 型阻尼器和底层 Y 方向人字形布置的 600kN 型阻尼器作为代表（详见图 8），来查验阻尼器的耗能情况（图 13 ~ 图 18 分别为底层 X、Y 向布置的黏滞阻尼器在 8 度小震、中震及大震下的耗能计算曲线）。由图示可以看出，阻尼器在中震和大震下的滞回曲线均比较饱满，这说明阻尼器在地震作用下发挥了应有的作用，耗能性能良好。

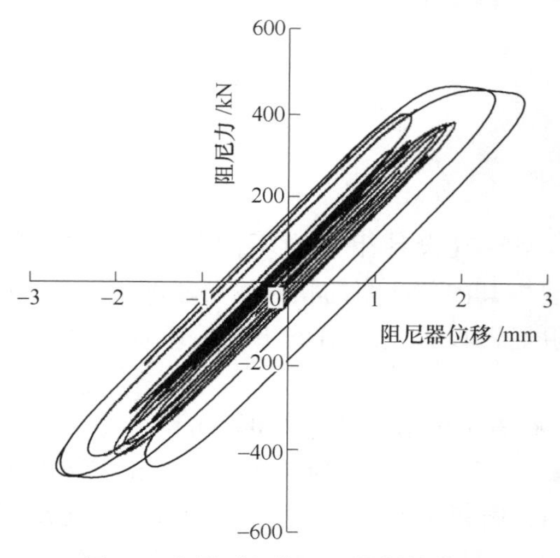

图 13　小震下 *X* 向阻尼器耗能情况

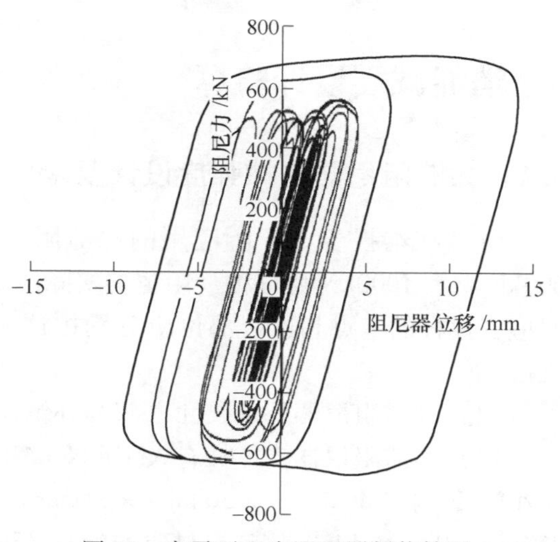

图 14　中震下 *X* 向阻尼器耗能情况

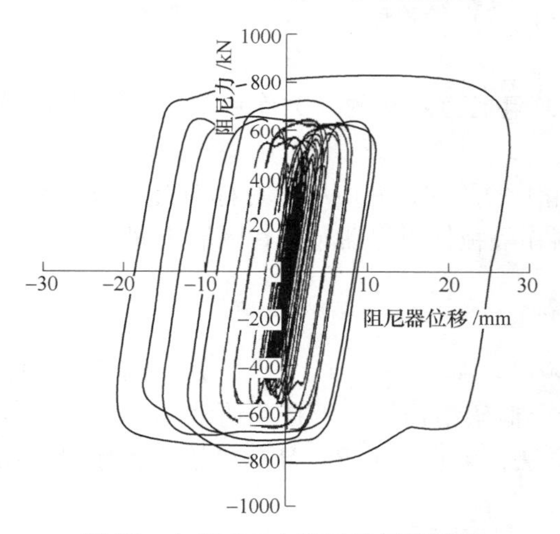

图 15　大震下 *X* 向阻尼器耗能情况

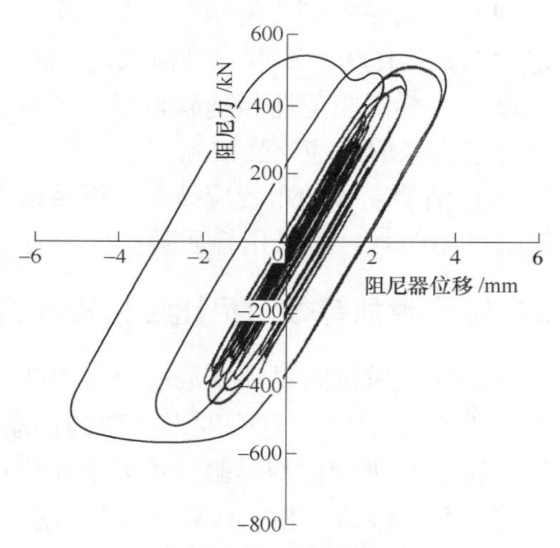

图 16　小震下 *Y* 向阻尼器耗能情况

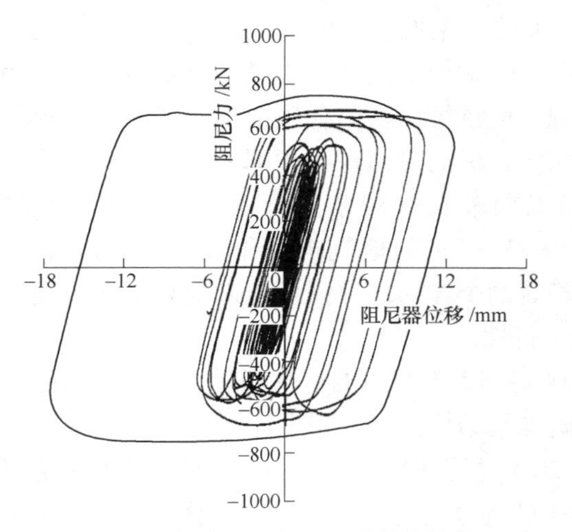

图 17　中震下 *Y* 向阻尼器耗能情况

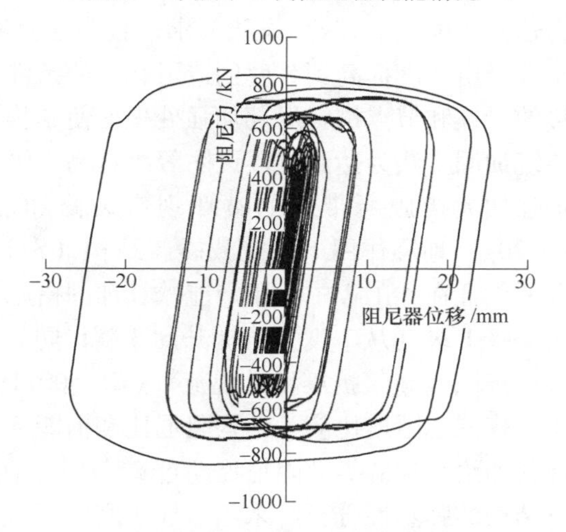

图 18　大震下 *Y* 向阻尼器耗能情况

6　消能减震设计验算

6.1　黏滞阻尼器支撑强度设计要求

（1）在本报告中，所应用的黏滞阻尼器类型按其设计阻尼力不同分为 300kN 型、600kN 型和 1000kN 型三种（阻尼器实际出力主要由其内部活塞的相对运动速度决定），所对应支撑杆的节点和连接部位应分别按这三种阻尼器设计出力值的 1.5 倍来校核其稳定强度。

（2）黏滞阻尼器外部尺寸（双耳环销栓中心距离最大值不超过 1300mm）。

（3）黏滞阻尼器支撑杆有人字形支撑和斜撑两种型式，实际所选用人字形支撑截面应不小于型钢 HM440mm × 300mm × 11mm × 18mm，斜撑截面应不小于型钢 HM250mm × 250mm × 9mm × 14mm，支撑材质均为 Q235b。

（4）与黏滞阻尼器相连接的支撑连接板和梁柱节点的强度设计都应取各阻尼器设计出力值的 1.5 倍作为外荷载标准值来进行强度校核。

（5）与黏滞阻尼器相连接的结构柱子应考虑阻尼力对其的外力作用效应，验算其强度，并适当采取一些补强措施。

（6）消能支撑的布置应该基本满足建筑使用上的要求，并应尽量对称布置，为了保护阻尼器的耐久性，可采用轻质强度低的防火材料作隔板把阻尼器包裹在隔墙中间。

6.2　结构附加等效阻尼比后抗震能力验算

依据《建筑抗震设计规范》（GB 50011—2001），都江堰中学 1 ~ 3 区教学楼在房屋结构上属于不超过 12 层且刚度无突变的钢筋混凝土框架结构，对于在罕遇地震下的结构薄弱层（部位）弹塑性变形验算可采取简化计算方法，可直接由 PKPM 软件输出各楼层的弹塑性位移和位移角等相关计算、验算信息。

按照本报告前文 4.2 节对房屋抗震能力现状的评估可知，这三幢教学楼现有的抗震能力达到 7 度（0.10g）设防要求，且明显具有较大的安全储备。因此，这就为房屋抗震设防等级由 7 度提高到 8 度创造了有利的条件。即通过附加消能减震支撑，以及对与支撑相接的梁柱和节点进行局部加强处理而使结构达到 8 度抗震设防的各项要求。如此就避免了传统加固方法为达到抗震设防等级提高 1 级的相同目标而对结构绝大部分框架梁、柱采用加强加大措施所带来的破坏现有装修和加固工期较长等缺陷。下面，通过分析 8 度（0.20g）地震作用下消能减震新结构（ST1）PKPM 模型的地震响应和薄弱层验算结果，以图论证在本工程中采用消能减震加固措施及相应的个体局部补强措施来提高结构抗震设防等级 1 级（从 7 度设防提升到 8 度设防）的可行性。

按照《建筑抗震设计规范》（GB 50011—2001）12.3 节内的有关条款规定：“消能减震结构的总阻尼比应为结构阻尼比和消能部件附加给结构的等效阻尼比的总和”；“消能部件附加给结构的等效阻尼比超过 20% 时，宜按 20% 计算”。在本报告中，由于对大震情况下结构的弹塑性分析，采用了柱子刚度折减 60% 的等效简化方法来近似计算，因此，对于消能减震新结构（ST1）PKPM 模型的等效阻尼比，拟采用 8 度中震下四条时程输入所对应的附加阻尼比均值，其中 X 向 19.57%，Y 向 16.25%。为保守起见，在本报告中对结构（ST1）的自身阻尼比仍取 5%，附加等效阻尼比取 16%，即 8 度（0.20g）下消能减震新结构（ST1）PKPM 模型的结构总阻尼比为 21%，反应谱特征周期取 0.4s。在此设定前提下，对于消能减震新结构（PKPM 模型，总阻尼比取 21%），仍按三级框架进行常遇双向地震 8 度（0.20g）情况下的强度校验和罕遇地震下的薄弱层验算，其结果如表 18 ~ 表 20 所示。

表 18　8 度罕遇地震下 ST1 各层剪力和屈服强度系数

层号	楼层弹性剪力/kN		楼层抗剪承载力/kN		X 向屈服系数	Y 向屈服系数
	V_x	V_y	V_{xV}	V_{yV}	G_{sx}	G_{sy}
5	270	248	2480	2419	9.19	9.75
4	3439	3382	14940	14656	4.34	4.33
3	6818	6537	9478	9194	1.39	1.41
2	9488	8969	10202	9918	1.08	1.11
1	11437	10720	11698	11368	1.02	1.06

表 19　8 度罕遇地震下 ST1 弹塑性位移和弹塑性位移角

层号	层高 /mm	弹塑性层间位移/mm		位移放大系数		弹塑性位移角	
		D_{xsp}	D_{ysp}	A_{tpx}	A_{tpy}	D_{xsp}/h	D_{ysp}/h
5	3600	7.03	6.23	1.50	1.50	1/512	1/578
4	3600	15.05	22.22	1.50	1.56	1/239	1/162
3	3600	24.66	33.46	1.92	1.91	1/145	1/107
2	3600	23.50	29.57	1.30	1.30	1/153	1/121
1	4600	43.57	47.40	1.30	1.30	1/105	1/97

表 20　8 度（0.20g）地震作用下 ST1 位移验算

层号	X 向		Y 向		X 向薄弱层		Y 向薄弱层	
	位移角	与 1/550 比值	位移角	与 1/550 比值	验算值	与 1/80 比值	验算值	与 1/80 比值
5	1/4322	0.13	1/4877	0.11	1/512	0.16	1/578	0.14
4	1/2018	0.27	1/1419	0.39	1/239	0.33	1/162	0.49
3	1/1575	0.35	1/1158	0.47	1/145	0.55	1/107	0.75
2	1/1120	0.49	1/890	0.62	1/153	0.52	1/121	0.66
1	1/772	0.71	1/710	0.77	1/105	0.76	1/97	0.82

显然，从上述列表中可以看出结构底层相对薄弱，常遇地震下 X、Y 向的层间位移角分别为规范限值要求（1/550）的 71% 及 77%，罕遇地震下 X、Y 向的层间位移角分别为规范限值要求（1/80）的 76% 及 82%。故由此判定结构在 8 度地震作用下仍具有满足规范的各项抗震性能指标。

此外，经核查，1 ~ 3 区教学楼二层及以上楼层的框架柱配筋均满足 8 度地震作用下消能减震新结构（ST1）PKPM 模型的计算要求，但在底层存在部分框架柱的配筋量不满足抗震强度要求，如表 21 所示。从中可以看出，底层有 4 根框架柱实配纵筋面积略小于计算配筋，并且其位置均处于楼梯间区域。在本报告中，考虑到楼梯部件属于生命通道，且其实际受力复杂，因此建议对楼梯间框架柱采取额外的增强加固措施，以保证其抗震强度要求。另一方面，基于本报告的消能减震加固中，还会对与阻尼器相连接的柱子进行上下节点域的局部加强处理，从而增强其抗震强度。因此，综合上述位移及配筋分析，房屋结构的底层较为薄弱，这种情况可以通过合理配置消能支撑并对相关连接柱子进行额外加强处理来达到改善底层的抗震能力，从而使整幢房屋的抗震性能满足 8 度抗震设防的目标。

表 21　8 度（0.20g）地震作用下 ST1 框架柱底层配筋不满足情况

柱位置 X/Y	X 向配筋 A_{sx}/cm^2		Y 向配筋 A_{sy}/cm^2		抗剪箍筋 Gasv-Asvo/cm^2		实际配筋/cm^2	
	计算	实配	计算	实配	计算	实配	纵筋 X/Y	箍筋（4 肢）
3/8	16.0	12.57	13.4	12.57	G2.0-0.2	G3.14-1.57	420/420	10@100/200
4/8	14.6	12.57	11.4	12.57	G1.7-0.1	G3.14-1.57	420/420	10@100/200
10/8	13.9	12.57	9.7	12.57	G1.3-0.1	G3.14-1.57	420/420	10@100/200
10/0	14.7	10.18	10.9	10.18	G1.3-0.1	G2.02-1.01	418/418	8@100/200

注：箍筋间距在加密区@100，非加密区@200，每个方向 4 肢。

综上所述，报告认为房屋结构附加消能减震支撑后达到了提高 1 级抗震设防等级的要求，即由原来的 7 度（0.10g）设防提升到 8 度（0.20g）抗震设防标准。

7　结语

通过以上分析可以看出，对震后建筑采用消能减震技术进行加固，有良好的效果和独特的优势，主要体现在以下几个方面：

（1）原结构（ST0）在 8 度小震时，时程分析平均值在 X、Y 向的最大层间位移角（底层薄弱层）分别是 1/710、1/437，采用消能减震技术加固后的新结构（ST1）在 8 度小震时 X、Y 向的底层层间位移角则分别降低到 1/1849、1/1257。

（2）按照 8 度抗震设防的消能减震新结构在罕遇地震下所产生的 X、Y 方向框架楼层弹性剪力没有超过原结构 7 度抗震设防时所对应的楼层抗剪承载力。

（3）根据结构层间位移角和层间剪力的情况可以判断出消能减震新结构（ST1）达到了 8 度的抗震设防目标。

（4）采用消能减震支撑，较大的改善了结构薄弱层（底层）的抗震性能。

（5）采用附加消能减震支撑的加固措施，减少了加固的工程量，且对原建筑结构影响较小。

（6）考虑到楼梯部件属于重要的生命通道，在灾时应保持其通畅性和安全性，且其实际受力状况比较复杂，因此在构造上建议对楼梯间框架柱采取额外的增强加固措施，以保证其抗震强度要求。

附录　都江堰市校安工程第 1 ~ 3 区教学楼建设参与单位及人员信息

项目名称	都江堰市校安工程第 1 ~ 3 区（维修加固工程）		
设计单位	都江堰市建筑勘察设计有限责任公司		
用　途	教育公共建筑	建设地点	四川省都江堰市彩虹大道南段 505 号
施工单位	成都光大建设集团有限公司	施工图审查机构	成都市众合建设工程咨询有限公司
竣工验收时间	2008. 5		

参与本项目的主要人员：

序号	姓　名	职　称	工 作 单 位
1	张世明	中　级	都江堰市建筑勘察设计有限责任公司
2	吕西林	教　授	同济大学
3	翁大根	教　授	同济大学
4	张瑞甫	博　士	同济大学
5	张　超	博　士	同济大学
6	徐　斌	教授级高工	上海材料研究所
7	钱　峰	高　级	上海材料研究所
8	丁孙玮	高　级	上海材料研究所

案例9　山西省忻州市中小学校校安工程

1　工程概况

忻州兴原实验小学位于山西省忻州市，工程项目包括教学楼加固和新建教学楼两部分，为了区分方便，在以下分析中，加固教学楼简称为教学楼A，新建教学楼简称为教学楼B。教学楼A（见图1）结构为砖砌结构，层数为四层（局部五层），无地下室，根据结构抗震鉴定结果，结构需进行抗震加固，为满足抗震设防要求，对本结构采用基础隔震加固技术。教学楼B结构为现浇钢筋混凝土框架结构，层数为四层（局部五层），为提高教学楼B的结构抗震性能，教学楼拟采用基础隔震技术。

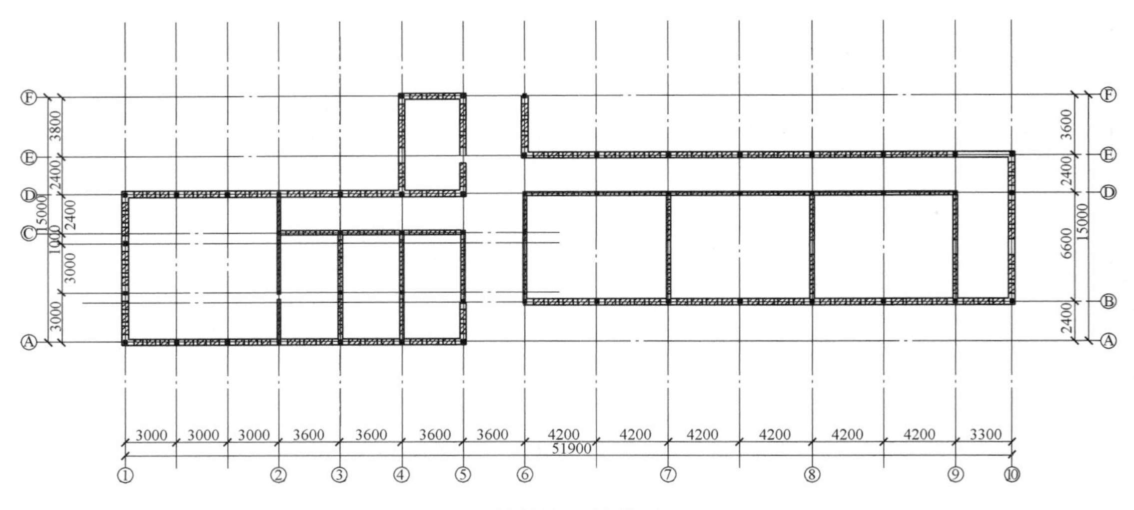

图1　教学楼A结构平面图

2　工程设计

2.1　设计主要依据和资料

本工程结构隔震分析、设计采用的计算软件为CSI公司的Etabs8.5.4结构分析软件，隔震计算采用振型分解反应谱法。

设计过程中，采用的现行国家标准、规范、规程及图集主要有：

（1）《建筑结构可靠度设计统一标准》（GB 50068—2001）；

（2）《建筑结构荷载规范》（GB 50009—2001）（2006年版）；

（3）《混凝土结构设计规范》（GB 50010—2002）；

(4)《高层建筑混凝土结构技术规程》(JGJ 3—2002);
(5)《钢结构设计规范》(GB 50017—2003);
(6)《建筑工程抗震设防分类标准》(GB 50223—2004);
(7)《建筑抗震设计规范》(GB 50011—2001)(2008 年版);
(8)《叠层橡胶支座隔震技术规程》(CECS 126:2001);
(9)《橡胶支座 第 3 部分:建筑隔震橡胶支座》(GB 20688. 3—2006)。

2.2 结构设计主要参数

结构设计主要参数见表 1。

表 1 结构设计主要参数

序号	基本设计指标	参数
1	结构设计使用年限	50 年
2	建筑物抗震设防类别	乙类
3	建筑物抗震设防烈度	8 度
4	基本地震加速度值	0. 20g
5	设计地震分组	第一组(A)、第二组(B)
6	建筑场地类别	Ⅱ类
7	建筑物耐火等级	一级
8	特征周期/s	0. 35
9	基本风压(100 年一遇)/kPa	$W_0=0.40$
10	地面粗糙度	B 类
11	基础形式	混凝土条形基础、独立柱基
12	上部结构形式	砖混、框架
13	隔震层位置	-0. 914m,地下;-0. 95m,地下
14	隔震层顶板体系	现浇钢筋混凝土楼板
15	高宽比	1. 93(A)、1. 1(B)

注:(A)表示加固教学楼 A 的参数,(B)表示新建教学楼 B 的参数,未区分标注的表示教学楼 A、B 参数一样。

3 隔震设计

3.1 隔震设计的目标

采用基础隔震加固技术,达到以下隔震设计目标:(1)上部结构的水平向地震作用减小;(2)在可能产生的罕遇地震作用下,减小构件的塑性损伤,确保建筑与人员安全。

3.2 橡胶隔震支座

3.2.1 隔震支座产品性能参数

选用的隔震支座产品性能参数见表 2。

表 2　隔震支座产品性能参数

型　号		GZY500	GZP500
个数		18（A）、8（B）	40（A）、40（B）
有效直径/mm		500	500
一次形状系数		26	26
二次形状系数		5. 21	5. 21
橡胶剪切弹性模量/MPa		0. 39	0. 39
竖向刚度/kN · mm^{-1}		1839	1541
等效水平刚度/kN · mm^{-1}	100% 水平性能	0. 949	0. 895
	250% 水平性能	1. 38	1. 26
等效阻尼比/%	100% 水平性能	27. 5	5
	250% 水平性能	16	5. 2
屈服后刚度 K_d/kN · m^{-1}		949	
屈服力 Q_d/kN		65. 3	

注：（A）代表加固教学楼 A，（B）代表新建教学楼 B。

3. 2. 2　隔震支座的布置

教学楼 A、B 均是在 ±0. 000 标高处增设现浇钢筋混凝土楼板作为隔震层顶板。教学楼 A 隔震加固采用框式托换技术，利用托换梁和连系梁构成刚性底盘，上部结构荷载由刚性底盘承担，使上部结构与基础分离。教学楼 A 隔震支座设置（见图 2）在刚性底盘和基础之间，并对隔震支座与上下结构进行可靠的连接。教学楼 B 隔震支座设置（见图 3）在隔震层顶板和柱独立基础之间，隔震支座顶标高均设置在同一标高，具体标高根据隔震层顶板梁高确定。

3. 2. 3　隔震支座施工安装说明及注意事项

（1）安装螺栓时，应先蘸黄油，再拧紧螺栓。

（2）支撑隔震支座的支墩，其顶面水平误差不宜大于 0. 5%，当隔震支座安装后，隔震支座顶面的水平误差不宜大于 0. 8%；隔震支座中心的平面位置与设计位置的偏差不应大于 5. 0mm；隔震支座中心的标高与设计标高的偏差不应大于 5. 0mm。

（3）隔震支座连接板及外露连接螺栓应有可靠的防锈处理。

（4）在工程施工阶段，对隔震支座宜有临时覆盖保护措施，并应对上部结构、隔震层部件与周围固定物的脱开距离进行检查。

（5）在工程施工阶段，应对隔震支座的竖向变形做观测并记录。

3. 2. 4　隔震支座生产和检测

工程所采用的隔震支座有：直径为 500mm 的铅芯橡胶隔震支座和直径为 500mm 的橡胶隔震支座。

隔震支座的订货由甲方负责，所选用产品型号和参数必须满足本文设计采用的参数要

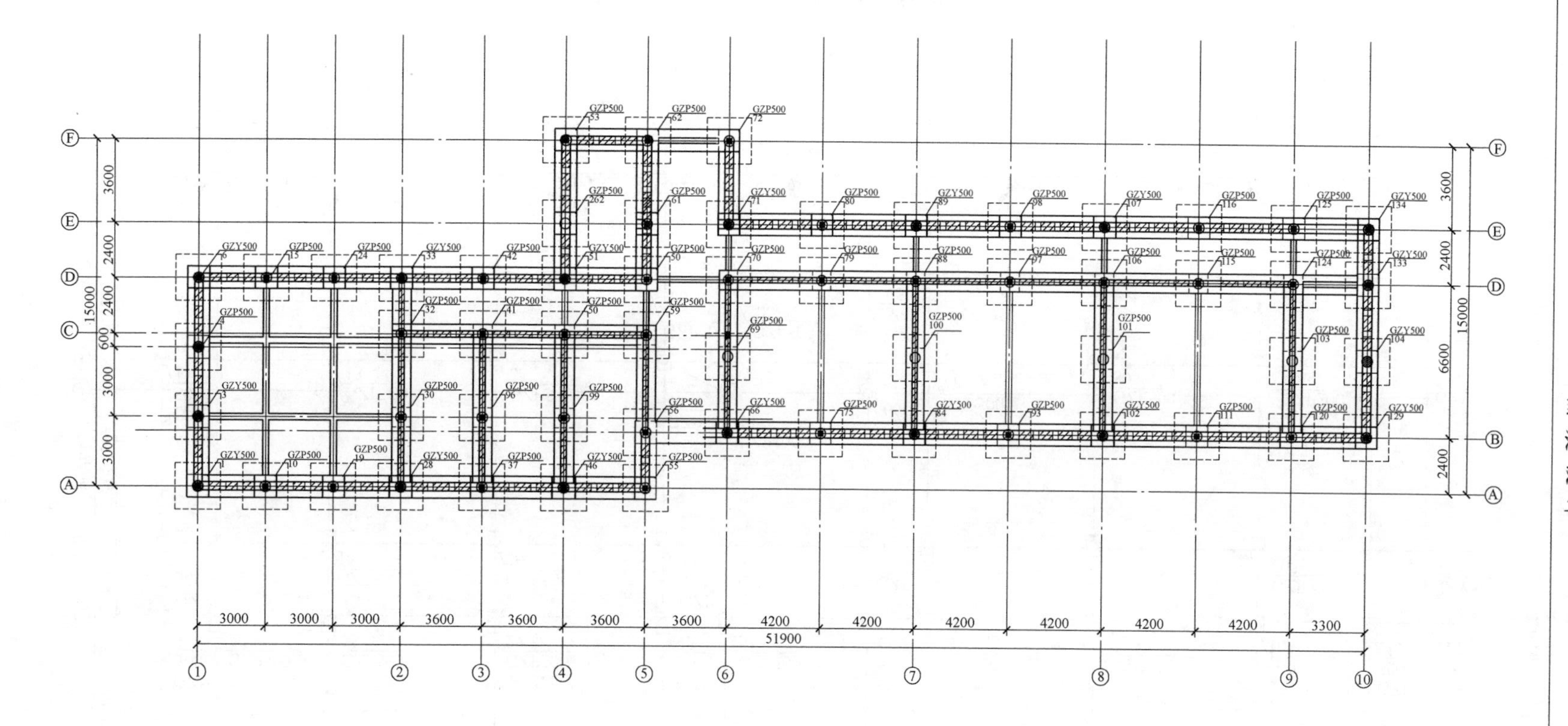

图 2 教学楼 A 隔震支座平面布置图

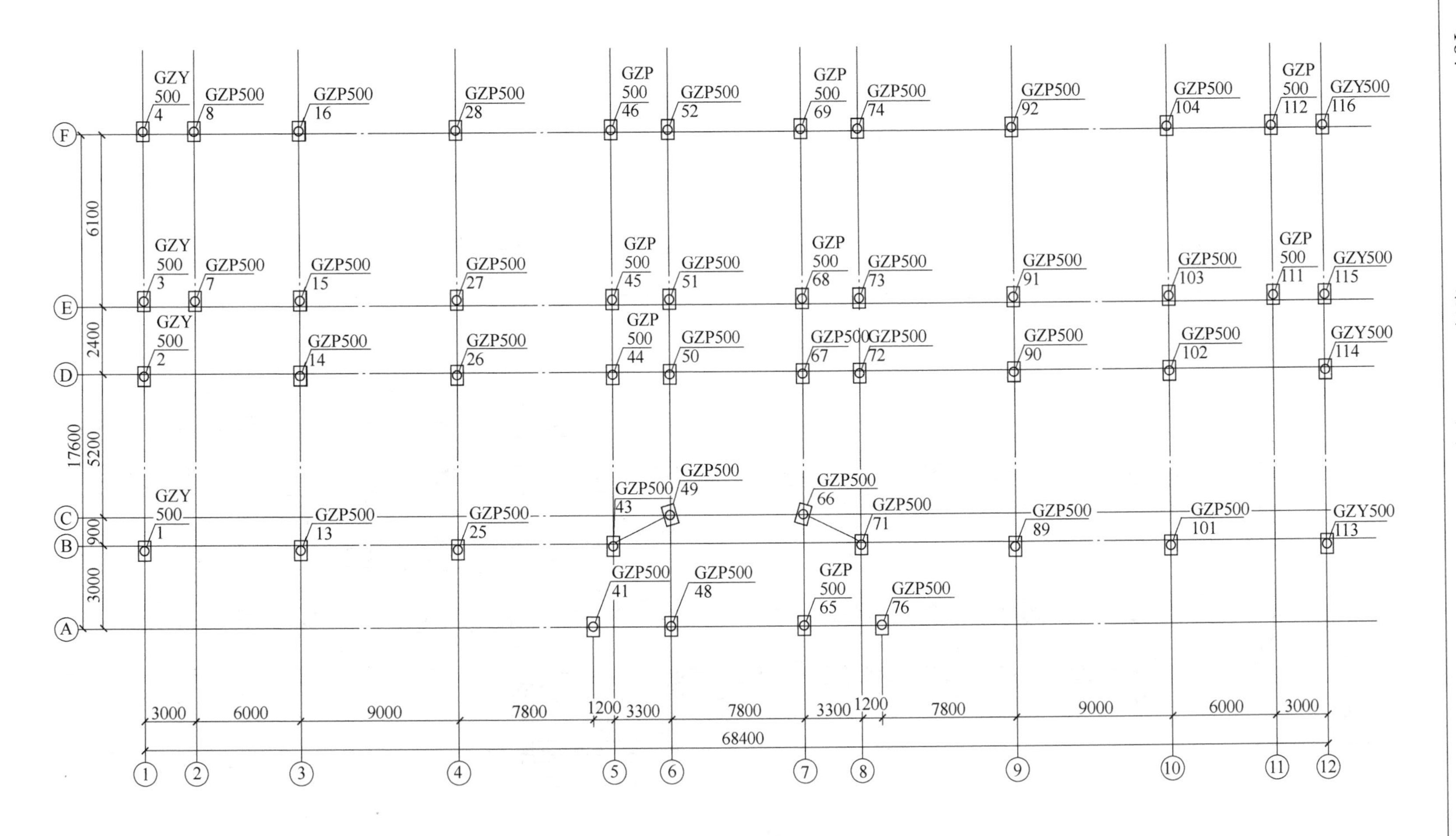

图 3　教学楼 B 隔震支座平面布置图

求，如没有满足要求的产品，必须与设计人员协商解决。

隔震支座安装前应对工程中所采用的各种类型和规格的原型部件进行抽样检测，每种类型和每一规格的数量不少于3个，抽样合格率应为100%。如发现不合格产品应加倍进行抽检，在加倍抽检中如仍出现不合格产品，则必须全数进行检验。检验不合格的产品及检验性能发生变化不能满足正常使用要求的产品，不得在工程中使用。

3.3 教学楼A、B隔震计算模型

首先根据委托方提供的初设资料建立非隔震结构的有限元分析模型，然后在非隔震模型的基础上增加隔震层，布置叠层橡胶支座后形成隔震结构的有限元分析模型。上部结构墙采用弹性壳单元，梁、柱采用弹性杆单元，隔震垫采用非线性隔震单元模拟。

3.4 教学楼A、B地震波选取

根据《建筑抗震设计规范》(GB 50011—2001) 第5.1.2条的规定，本报告选择了两条天然波（TH1TG1 和 TH1TG2）和一条按抗震规范反应谱合成的人工波的记录，三条波的反应谱与规范反应谱的比较如图4所示。

在结构进行多遇和罕遇地震作用下的分析时，地震波的幅值按照8度（0.2g）抗震设防烈度调整到相应的多遇地震和罕遇地震水平，并取三条波作用下各自最大值的平均值作为时程分析的代表值。

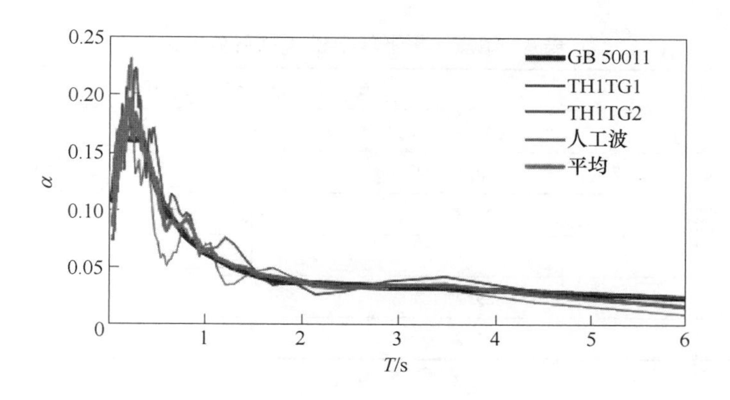

图4　地震波反应谱比较图

根据计算结果，每条时程曲线计算所得的结构底部剪力均超过振型分解反应谱法计算结果的65%，三条时程曲线计算所得的结构底部剪力平均值均大于振型分解反应谱法计算结果的80%，满足规范要求。

3.5 动力分析与计算

3.5.1 教学楼A、B结构动力特性分析

对非隔震结构和隔震结构进行了动力特性分析，分析取12个振型，振型质量参与系

数满足规范要求。非隔震结构与隔震结构基本周期对比见表 3，教学楼 A 在隔震前 X、Y 向结构周期分别为 0.24s、0.23s，在采取隔震加固措施后，结构周期分别延长至 1.44s、1.44s，隔离地震作用效果明显。同理新建教学楼 B 在采取隔震方案后，结构的隔震性能得到很大提高。

表 3　非隔震结构和隔震结构周期对比　　(s)

方　向	隔　震　前		隔　震　后	
	教学楼 A	教学楼 B	教学楼 A	教学楼 B
X 向	0.24	0.84	1.44	2.29
Y 向	0.23	0.86	1.44	2.30

3.5.2　教学楼 A、B 隔震支座压应力

本工程隔震支座的平均压应力设计值按恒载和活载组合得到，各隔震支座最大压应力均小于 15MPa。

3.5.3　水平向减震系数

（1）教学楼 A 水平向减震系数。表 4 分别给出了结构各区域在 X 向和 Y 向多遇地震作用下隔震与非隔震结构楼层剪力比，表 5 隔震结构水平向减震系数给出了各结构最大楼层剪力比和水平向减震系数。

表 4　地震作用下教学楼 A 楼层剪力比　　(%)

楼　层	反　应　谱　剪　力　比	
	X 向	Y 向
5	20.1	20.3
4	22.8	22.0
3	25.5	25.1
2	29.7	29.8
1	36.2	36.7

表 5　教学楼 A 隔震水平向减震系数

方　向	最大层间剪力比/%	水平向减震系数
X	36.2	0.5
Y	36.7	0.5

由计算结果可知，教学楼 A 采用基础隔震技术加固后，层间剪力大大降低，最大层间减震系数小于 0.50，可以将上部结构地震响应降低 1.0 度。

（2）教学楼 B 水平向减震系数。表 6 给出了结构各区域在 X 向和 Y 向多遇地震作用下隔震与非隔震结构楼层剪力比，表 7 隔震结构水平向减震系数给出了各结构最大楼层剪力比和水平向减震系数。

表 6 地震作用下楼层剪力比 (%)

楼层	人工波		TH1TG1		TH1TG2		平均剪力比	
	X 向	Y 向	X 向	Y 向	X 向	Y 向	X 向	Y 向
5	18.7	23.5	25.0	32.8	23.2	32.7	22.3	29.7
4	25.1	26.6	27.7	28.9	32.2	35.6	28.3	30.4
3	29.2	29.0	28.2	29.0	36.3	40.3	31.2	32.8
2	30.9	30.3	29.5	31.0	41.3	42.3	33.9	34.5
1	28.5	29.2	31.7	34.7	43.4	40.8	34.5	34.9

表 7 隔震结构水平向减震系数

方 向	最大层间剪力比/%	水平向减震系数
X	34.5	0.488
Y	34.9	0.494

由计算结果可知，教学楼 B 在安装隔震支座后，层间剪力大大降低，最大层间减震系数小于 0.50，可以将上部结构地震响应降低 1.0 度。

3.5.4 罕遇地震下隔震支座验算

3.5.4.1 隔震支座最大水平位移

（1）教学楼 A 隔震支座的最大水平位移。隔震支座最大水平位移见表 8，隔震支座最大水平位移 178mm，支座计算位移均小于 GZY500、GZP500 允许的最大位移 275mm。

隔震层位移：178 <275 （mm），满足规范要求。

表 8 教学楼 A 隔震支座最大水平位移

方 向	最大水平位移/mm
X	170
Y	178

（2）教学楼 B 隔震支座的最大水平位移。隔震支座最大水平位移见表 9，隔震支座最大水平位移 247mm，支座计算位移均小于 GZY500、GZP500 允许的最大位移 275mm。

隔震层位移：247 <275 （mm），满足规范要求。

表 9 教学楼 B 隔震支座最大水平位移

地 震 波	方 向	最大水平位移/mm
人工波	X	243
	Y	247
TH1TG1 波	X	214
	Y	231
TH1TG2 波	X	229
	Y	237

3.5.4.2　隔震支座水平剪力

教学楼 A、B 隔震支座罕遇地震作用下计算的水平剪力见表 10，表中的剪力为标准值。

表 10　隔震支座最大水平剪力

方　向	最大水平剪力/kN	
	教学楼 A	教学楼 B
X	160.12	275.4
Y	167.27	278.3

3.5.4.3　隔震支座拉应力

在罕遇地震作用下（1.0 恒载 +0.5 活载 + 地震作用），隔震支座拉应力不超过 1MPa。

4　隔震层上部结构设计

（1）隔震后上部结构的水平地震作用效应降低，隔震后可以将上部结构地震响应降低 1.0 度，设计采用的楼层地震剪力同时要满足《建筑抗震设计规范》第 5.2.5 条的最小地震剪力系数的规定。

（2）上部结构应进行多遇地震与罕遇地震作用下的层间位移验算。层间弹性位移角限值，按抗震规范表 5.5.1 规定执行，根据表 11，教学楼 A 在多遇地震下，上部结构层间位移角最大值为 1/6578，教学楼 B 在多遇地震下，上部结构层间位移角最大值为 1/1302，均满足规范要求。罕遇地震下的层间弹塑性位移角限值采用抗震规范表 5.5.5 规定取值的 1/2，根据表 12，教学楼 A 在罕遇地震下，上部结构层间位移角最大值为 1/1328，教学楼 B 在罕遇地震下，上部结构层间位移角最大值为 1/211，均满足规范要求。

表 11　多遇地震下上部结构层间位移角

楼　层	X 向最大位移角		Y 向最大位移角	
	教学楼 A	教学楼 B	教学楼 A	教学楼 B
5	1/16129	1/8849	1/38461	1/7575
4	1/20000	1/5181	1/13157	1/4651
3	1/14925	1/3584	1/12820	1/3267
2	1/10638	1/2645	1/6578	1/2375
1	1/10309	1/1390	1/7194	1/1302

表 12　罕遇地震下上部结构层间位移角

楼　层	X 向最大位移角		Y 向最大位移角	
	教学楼 A	教学楼 B	教学楼 A	教学楼 B
5	1/3521	1/1692	1/8333	1/1718
4	1/4255	1/971	1/2785	1/889
3	1/3205	1/637	1/2739	1/589
2	1/2169	1/455	1/1245	1/411
1	1/2150	1/223	1/1328	1/211

（3）隔震层以上结构应采取不阻碍隔震层在罕遇地震下发生大变形的措施。上部结构及隔震层部件应与周围固定物脱开，与水平方向固定物的脱开距离≥300mm。与竖直方向固定物的脱开距离≥10mm。

（4）隔震层顶部应设置现浇梁板式楼盖，板厚不小于140mm，隔震层顶部梁的刚度应适当增大，建议梁高不小于跨度的1/10。

（5）隔震后可适当降低对非隔震建筑的要求，但与抵抗竖向地震作用有关的抗震构造措施不应降低。

5　隔震层下部结构及地基基础设计

5.1　隔震层以下柱、墙的设计内力及配筋验算

《建筑抗震设计规范》第12.2.9条规定，“隔震层以下结构（包括地下室）的地震作用和抗震验算，应采用罕遇地震下隔震支座底部的竖向力、水平力和力矩进行计算。”计算简图如图5所示。

教学楼A、B的典型隔震节点构造示意分别如图6和图7所示。

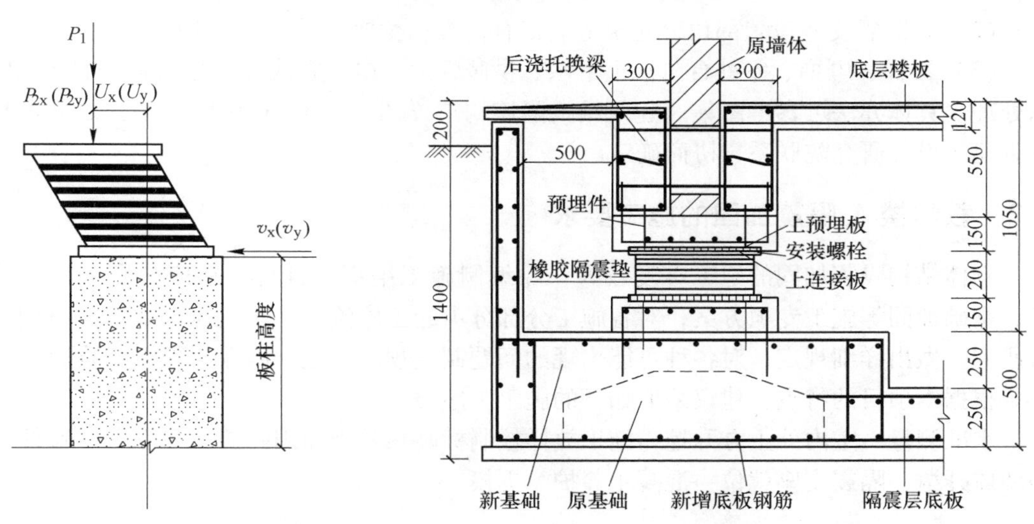

图5　隔震支座下部结构验算简图　　图6　教学楼A隔震节点构造示意图

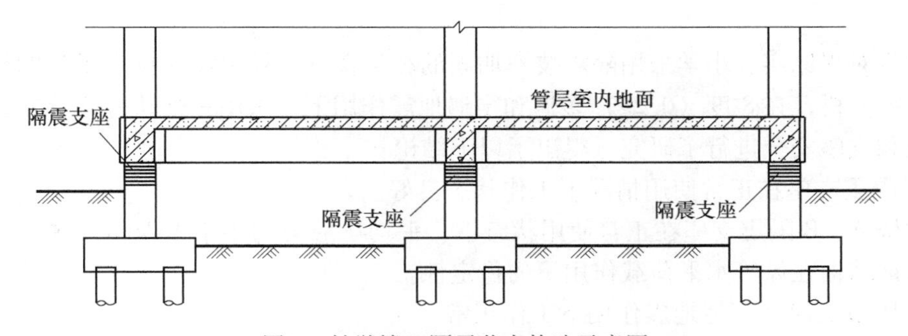

图7　教学楼B隔震节点构造示意图

隔震层具体构造可参考图集《建筑结构隔震构造详图》（03SG610-1）。

按照规范要求，连接的下部构件（如地下室、下墩柱）的地震作用和抗震验算，应采用罕遇地震下隔震支座的竖向力、水平力和力矩进行计算。

5.2　基础及地基设计

砌体结构隔震加固后，上部结构荷载将通过隔震支座传至基础，基础所承担的荷载由线荷载变为集中荷载，应对地基进行承载力验算，同时对原基础进行加固处理。

（1）基础的抗震验算和设计仍按 8 度（0.2g）设防烈度进行。

（2）地基的抗震验算和设计仍按 8 度（0.2g）设防烈度进行。

6　隔震层构造要求及隔震加固施工要求

6.1　隔震层构造要求

（1）隔震层应设置水平和竖向隔震缝，缝的设置可参考图集《建筑结构隔震构造详图》（03SG610-1）。

（2）在隔震支座设置部位，建筑上应留有检查和替换隔震部件的空间。

（3）楼梯、电梯、室外台阶、上下水、供暖管道、电气管线等穿越隔震层的部位应特殊处理。具体办法可参考图集《建筑结构隔震构造详图》（03SG610-1），不详之处可与山西省建筑设计研究院联系，协商确定。

6.2　教学楼 A 隔震加固的施工要求

砌体结构隔震加固的施工难度较大，除编制施工组织设计外，还应分别编制墙体托换、基础加固等施工专项方案，对各施工分部分项的工序流程、工艺做法要求进行周密分析研究，做出详细规定，对各种可能出现的问题制定预防措施。确保工程施工质量。

根据本项目的特点，建议采取如下的施工工序：

水准测量→室内外土方开挖→施工放样控制标高→基础加固→施工段划分→墙体托换→墙体开凿→隔震支座就位→混凝土养护、拆模。

7　结论

本报告对兴原实验小学采用隔震技术加固的教学楼 A、采用隔震技术新建的教学楼 B 进行了系统分析，在 8 度（0.2g）多遇和罕遇地震作用下，采用三维动力分析方法对隔震结构性能和支座安全进行了研究，得出了以下结论：

（1）隔震支座在正常使用情况下工作状态良好。

教学楼 A、B 隔震支座在正常使用状态下，平均压应力均小于 15MPa，并有足够的初始刚度保证结构在风等水平荷载作用下的稳定性。

（2）隔震支座在罕遇地震作用下工作正常。

本文对教学楼 A 和 B 进行了隔震支座在罕遇地震作用下的变形和拉、压应力校核。计算结果表明，隔震拉应力小于1MPa，并且水平变形能力满足要求。

（3）隔震后上部结构的水平地震作用效应降低。

教学楼A在隔震加固后上部结构的最大水平减震系数小于0.50，结构周期从非隔震的0.24s延长到隔震结构的1.44s，隔震支座大震下最大位移为178mm；教学楼B减震系数为0.494，结构周期从非隔震的0.86s延长到隔震结构的2.3s，隔震支座大震下最大位移为247mm，满足规范的要求。在采用隔震技术后，隔震结构的抗震性能大大提高，上部结构设防烈度可按降低1度设计。

综上所述，教学楼A采用隔震技术进行加固，教学楼B采用隔震技术新建是可行的。

附录　忻州兴原实验小学教学楼隔震加固参与单位及人员信息

项目名称	忻州市兴原实验小学教学楼加固工程、教学楼新建工程		
设计单位	山西省建筑设计研究院＋忻州市建筑设计院＋中国建筑科学院工程咨询设计院		
用　途	教学	建设地点	山西省忻州市原平市永兴南路
施工单位	山西宏图工程建设有限公司	施工图审查机构	忻州市凯程施工图审查有限公司
工程设计起止时间	2008.3~7	竣工验收时间	2010.5

参与本项目的主要人员：

序号	姓　名	职称及职务	工 作 单 位
1	赖忠毅	总工程师	山西省建筑设计研究院
2	李保旭	副总工程师	山西省建筑设计研究院
3	厉　伟	高级工程师	山西省建筑设计研究院
4	冯小军	院　长	忻州市建筑设计院
5	薛彦涛	副院长、研究员	中国建筑科学院工程咨询设计院
6	常兆中	高级工程师	中国建筑科学院工程咨询设计院
7	赵根收	总经理	太原华韦建筑设计咨询有限公司

案例 10　宿迁市妇产医院及儿童医院

1　工程概况

宿迁市妇产及儿童医院位于宿迁市宿城区，地处宿迁市洞庭湖路和平安大道交汇处，场区环境优美，地理位置优越，凭借变形缝分成 A、B、C 三部分（见图 1）。新建大楼地上 12 层，其中 1 ~4 层设置裙房，1 层层高 4.5m，2 层层高 4.2m，3 ~4 层层高 4.5m，设备层层高 2.1m，5 层层高 4.8m，6 ~12 层层高 3.6m，主体建筑总高度为 49.8m，结构主体采用增设黏滞流体阻尼器的框架-剪力墙结构。以下仅对 A 区和 B 区进行消能减震分析，C 区采用传统的抗震设计。

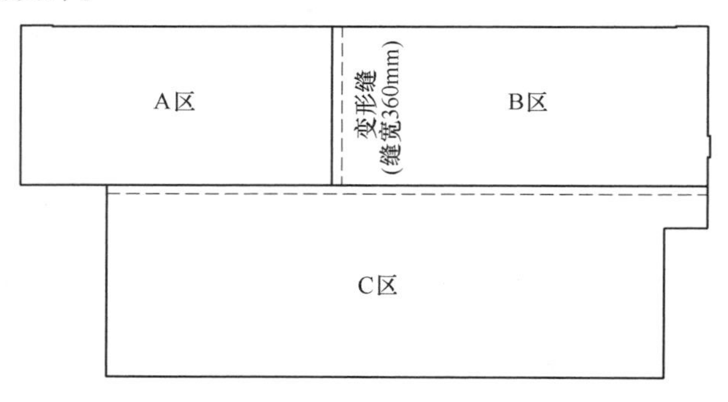

图 1　结构平面分区示意图

2　工程设计

2.1　设计主要依据

设计过程中遵循采用的现行国家规范、规程、标准如下：

（1）《建筑结构荷载规范》（GB 50009—2001）（2006 年版）；

（2）《建筑抗震设计规范》（GB 50011—2010）；

（3）《建筑工程抗震设防分类标准》（GB 50223—2008）；

（4）《混凝土结构设计规范》（GB 50010—2010）；

（5）《高层建筑混凝土结构技术规程》（JGJ 3—2010）；

（6）《建筑消能阻尼器》（JG/T 209—2007）；

（7）《建筑结构消能减震（振）设计》（09SG610-2）；

（8）《岩土工程勘察规范》（GB 50021—2001）；

（9）《建筑地基基础设计规范》（GB 50007—2002）。

2.2 结构设计主要参数

结构设计主要参数见表1。

表1 结构设计主要参数

序号	基本设计指标	参　数
1	结构设计使用年限	50年
2	建筑物抗震设防类别	乙类
3	建筑物抗震设防烈度	8度
4	基本地震加速度值	0.3g
5	设计地震分组	第一组
6	建筑场地类别	Ⅲ类
7	特征周期/s	0.45
8	基本风压（100年一遇）/kPa	0.45
9	地面粗糙度	B类
10	风荷载体型系数	1.4
11	基础形式	桩基
12	上部结构形式	框架-剪力墙
13	地下室结构形式	框架-剪力墙
14	高宽比	1.79

3 减震设计

3.1 消能减震设计原理

结构消能减震设计就是把结构的某些构件（支撑、剪力墙、连接件等）设计成消能杆件，或在结构的某些部位（层间空间、节点、连接缝等）安装消能支撑，在小风或小震下，这些消能杆件（或消能装置）和结构共同工作，结构本身处于弹性状态并满足正常使用要求；在大震或大风下，随着结构侧向变形的增加，消能杆或者消能装置产生较大的阻尼，大量消耗输入到结构的地震或风振能量，使结构的动能或者变形能转化为热能等形式消耗掉，迅速衰减结构的地震或风振反应，使主体结构避免出现明显的非弹性状态（结构仍然处于弹塑性状态或者虽然进入弹塑性状态，但不发生危及生命和丧失使用功能的破坏）。

3.2 黏滞流体阻尼器的布置

该工程在沿结构的两个主轴方向分别设置黏滞流体阻尼器（参数见表2），其数量、型号、位置通过多轮时程分析进行优化调整后确定。依据《建筑抗震设计规范》（GB 50011—2010）以及提供的建筑设计图、结构布置图和设计分析结果，决定在3~11层适当位置沿结构的两个主轴方向分别设置黏滞阻尼器，从而降低结构的地震反应。表3和表4分别列出了A区和B区各楼层阻尼器的布置情况，A区共用阻尼器64个，X向布置31

个、Y 向布置 33 个；B 区共用阻尼器 69 个，X 向布置 34 个、Y 向布置 35 个，其中 A、B 区三层阻尼器的布置详图见图 2 和图 3。

表 2 黏滞阻尼器参数

阻尼器类型	阻尼指数 α	阻尼系数 $C/\mathrm{kN\cdot m\cdot s^{-1}}$	最大行程/mm	最大阻尼力/kN
A	0.2	1000	35	750
B	0.2	1000	45	750
C	0.2	1000	65	750
D	0.2	800	65	750
E	0.2	1200	45	750

表 3 A 区各楼层阻尼器布置数量

楼　层	支撑类型		方　向		各楼层数量
	斜撑	人字撑	X 向	Y 向	
3	1	5	3	3	6
4	1	5	3	3	6
5	3	4	4	3	7
6 ~ 8	3	5	4	4	8
9 ~ 11	3	4	3	4	7
合计	23	41	31	33	64（共计）

表 4 B 区各楼层阻尼器布置数量

楼　层	支撑类型		方　向		各楼层数量
	斜撑	人字撑	X 向	Y 向	
3	2	4	3	3	6
4	1	6	3	4	7
5	6	2	4	4	8
6 ~ 8	3	5	4	4	7
9 ~ 11	3	5	4	4	5
合计	27	42	34	35	69（共计）

3.3 模型建立

分析采用美国 Computer and Structure Inc.（CSI）公司开发的 ETABS 软件，该软件具有较高的计算可靠度，是公认的高层结构计算程序，其建立的三维有限元模型见图 4 和图 5。

3.4 地震波的选取

该工程设计选用 JAMES、OBG、LWD、ILO、SAN、US233（人工波）、US656（人工波），共 7 条。通过对波在频域内进行综合调整，使得各条波在 8.5 度多遇地震（110gal）

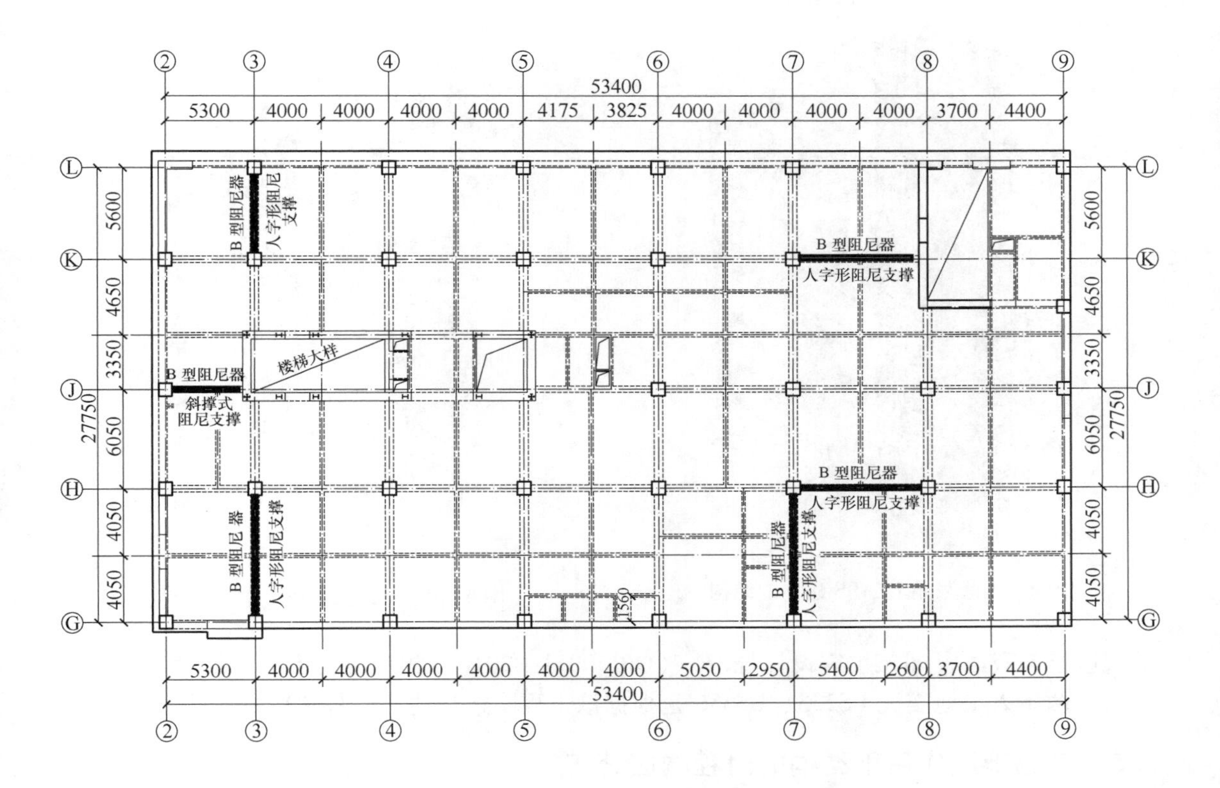

图 2 A 区三层阻尼器布置图

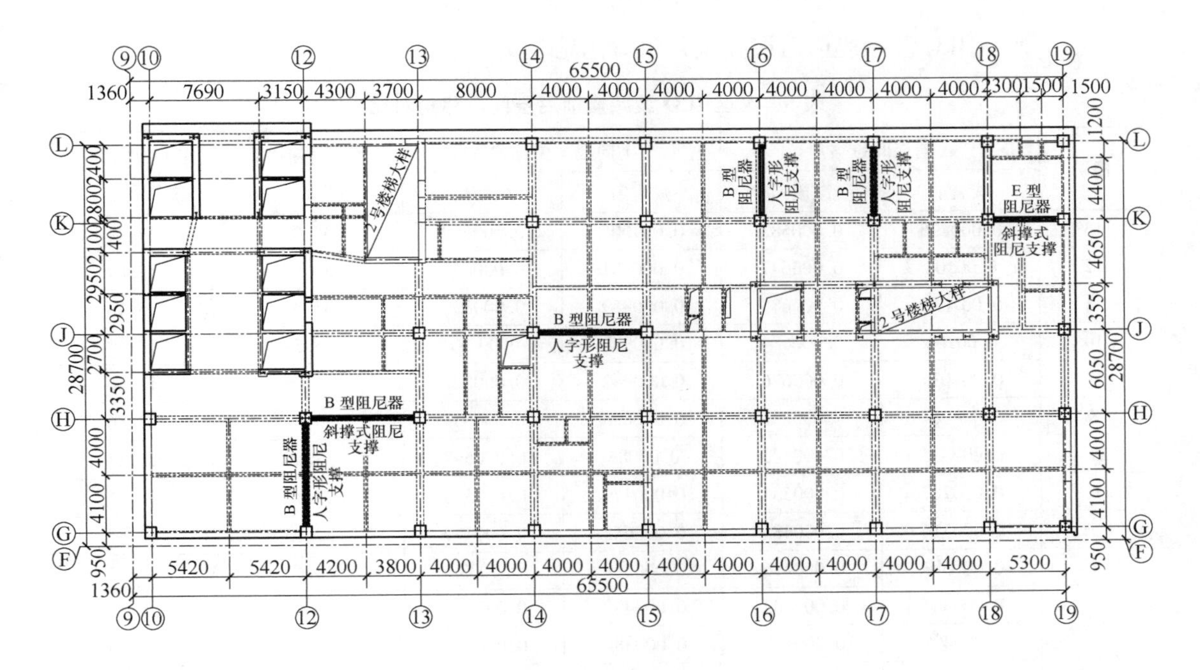

图 3 B 区三层阻尼器布置图

图 4　A 区采用 ETABS 建立的结构

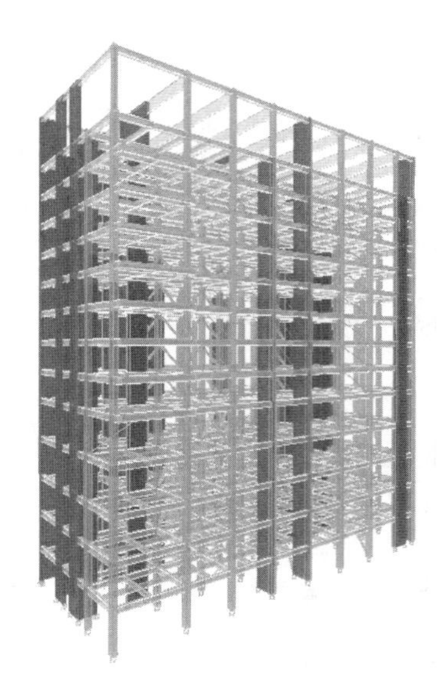

图 5　B 区采用 ETABS 建立的结构

的反应谱与我国《建筑抗震设计规范》（GB 50011—2010）相对应的不同水准设计谱基本一致。两条人工地震波 US233、US656 是根据该工程附近场地的地貌和地质特性制成的。

3.5　多遇地震作用下结构的时程响应分析

3.5.1　A 区多遇地震作用下结构的时程响应分析

（1）A 区 ILO 波减震前后层间位移角对比见表 5。

表 5　A 区 ILO 波减震前后层间位移角对比

楼层	X 向层间位移角		Y 向层间位移角		X 向层间位移角减震率/%	Y 向层间位移角减震率/%
	减震前	减震后	减震前	减震后		
13	0.000896	0.000582	0.001005	0.000659	35.00	34.41
12	0.00102	0.000647	0.000981	0.000659	36.57	32.87
11	0.001059	0.000685	0.000989	0.000839	35.34	15.18
10	0.00106	0.000684	0.000972	0.00087	35.54	10.52
9	0.001036	0.000676	0.000942	0.000822	34.75	12.66
8	0.000967	0.000638	0.000898	0.000639	34.01	28.86
7	0.000875	0.000585	0.00085	0.000597	33.08	29.83
6	0.000787	0.000534	0.000779	0.000546	32.16	30.01
5	0.000716	0.000485	0.000682	0.000479	32.33	29.67
4	0.000583	0.000416	0.000539	0.00039	28.60	27.72
3	0.000564	0.000402	0.000483	0.000347	28.76	28.11
2	0.000499	0.000338	0.000384	0.000275	32.25	28.49
1	0.000266	0.000174	0.000195	0.000138	34.54	28.98

注：减震率 =（减震前数值 − 减震后数值）/减震前数值。

（2）A 区减震前后 X 向各条地震波的层间剪力对比见表 6～表 8。

表 6　A 区减震前 X 向各条地震波的层间剪力

楼层	ILO	LWD	JAMES	OBG	SAN	US233	US656	平均值	反应谱结果	平均值与反应谱的比值
13	2367	2053	1671	2052	1836	2265	2251	2071	1867	1.109113
12	10780	9996	9871	10300	8831	10640	11060	10211	9676	1.055306
11	12920	13060	13570	13050	11620	12930	13900	13007	12680	1.0258
10	14370	15260	16980	14470	13610	15020	15350	15009	15120	0.99263
9	15510	16500	20000	14680	14660	16150	16220	16246	17190	0.945068
8	15570	18160	22610	15370	14780	18190	16700	17340	19020	0.911672
7	14470	19430	24910	15540	14330	19480	16960	17874	20770	0.860582
6	13650	20410	26780	17150	16430	19910	16390	18674	22440	0.832187
5	12610	21520	28260	19060	18170	20960	16950	19647	24120	0.814558
4	14900	23060	29830	20280	19170	22320	18130	21099	25930	0.813674
3	18430	25180	31110	21690	19630	24580	18200	22689	27230	0.83322
2	21200	26670	31780	23000	20640	26200	20010	24214	28150	0.860188
1	22350	27440	32020	23570	21050	26840	20860	24876	28560	0.870998

表 7　A 区减震后 X 向各条地震波的层间剪力

楼层	ILO	LWD	JAMES	OBG	SAN	US233	US656	平均值	反应谱结果	平均值与反应谱的比值
13	1202	1239	1034	1376	1070	1211	1254	1198	1423	0.842
12	6340	6733	6089	7066	5487	6583	6849	6450	7540	0.855
11	8252	8899	8369	9056	7264	8707	9097	8521	9989	0.853
10	9521	10510	10480	10200	8600	10300	10820	10062	12050	0.835
9	10100	11750	12370	10610	9448	11640	11970	11127	13810	0.806
8	10060	12890	13990	10270	9841	12770	12570	11770	15370	0.766
7	9488	13740	15450	10130	10240	13620	12720	12198	16860	0.723
6	8726	15210	16750	11260	11030	14690	12510	12882	18260	0.705
5	9102	17310	18180	12510	12290	16740	12610	14106	19660	0.717
4	11120	19040	19090	14540	13090	18430	13770	15583	21140	0.737
3	13200	20580	20060	16730	13910	19940	15230	17093	22210	0.770
2	13920	21010	20180	17550	13980	20370	15740	17536	22980	0.763
1	14290	21260	20310	17950	14080	20620	16030	17791	23320	0.763

表 8　A 区 X 向各条地震波的层间剪力减震率　（%）

楼层	ILO	LWD	JAMES	OBG	SAN	US233	US656	平均值
13	49.22	39.65	38.12	32.94	41.72	46.53	44.29	41.78
12	41.19	32.64	38.31	31.40	37.87	38.13	38.07	36.80
11	36.13	31.86	38.33	30.61	37.49	32.66	34.55	34.52
10	33.74	31.13	38.28	29.51	36.81	31.42	29.51	32.92
9	34.88	28.79	38.15	27.72	35.55	27.93	26.20	31.32

续表 8

楼层	ILO	LWD	JAMES	OBG	SAN	US233	US656	平均值
8	35.39	29.02	38.12	33.18	33.42	29.80	24.73	31.95
7	34.43	29.28	37.98	34.81	28.54	30.08	25.00	31.45
6	36.07	25.48	37.45	34.34	32.87	26.22	23.67	30.87
5	27.82	19.56	35.67	34.37	32.36	20.13	25.60	27.93
4	25.37	17.43	36.00	28.30	31.72	17.43	24.05	25.76
3	28.38	18.27	35.52	22.87	29.14	18.88	16.32	24.20
2	34.34	21.22	36.50	23.70	32.27	22.25	21.34	27.37
1	36.06	22.52	36.57	23.84	33.11	23.17	23.15	28.35

3.5.2　B 区减震前后各楼层数据汇总对比

（1）B 区 ILO 波减震前后层间位移角对比见表 9。

表 9　B 区 ILO 波减震前后层间位移角对比

楼层	*X* 向层间位移角		*Y* 向层间位移角		*X* 向层间位移角减震率/%	*Y* 向层间位移角减震率/%
	减震前	减震后	减震前	减震后		
13	0.001012	0.000767	0.001057	0.000864	24.17	18.24
12	0.001066	0.000812	0.001083	0.000873	23.86	19.39
11	0.0011	0.000843	0.001095	0.000884	23.36	19.27
10	0.001125	0.00087	0.001105	0.000942	22.63	14.78
9	0.001143	0.000883	0.001111	0.0009	22.70	18.99
8	0.001134	0.000876	0.001081	0.000921	22.77	14.83
7	0.001095	0.000851	0.001025	0.000858	22.30	16.22
6	0.001033	0.000822	0.000978	0.00084	20.46	14.11
5	0.000972	0.000778	0.00097	0.000817	19.92	15.77
4	0.000877	0.0007	0.000909	0.000756	20.22	16.79
3	0.000693	0.000567	0.000776	0.000636	18.19	18.05
2	0.000498	0.000406	0.000587	0.000466	18.43	20.56
1	0.000229	0.00018	0.000277	0.000213	21.24	23.05

注：减震率 =（减震前数值 - 减震后数值）/减震前数值。

（2）B 区减震前后 *Y* 向各条地震波的层间剪力对比见表 10 ~ 表 12。

表 10　B 区减震前 *Y* 向各条地震波的层间剪力

楼层	ILO	LWD	JAMES	OBG	SAN	US233	US656	平均值	反应谱结果	平均值与反应谱比值
13	5530	4560	4606	5164	4881	4876	3818	4776	4114	1.161018
12	11950	12680	12600	13480	12630	12740	10690	12396	11390	1.088298
11	13820	16800	16210	16840	15410	16580	13680	15620	14880	1.049731

续表 10

楼层	ILO	LWD	JAMES	OBG	SAN	US233	US656	平均值	反应谱结果	平均值与反应谱比值
10	17120	20120	18760	18960	16640	19730	15640	18139	17870	1.015029
9	19450	22240	20220	20080	16900	22150	16960	19714	20420	0.96544
8	20600	23180	20800	20440	16940	24090	17450	20500	22690	0.903482
7	20550	23160	20660	22220	17190	25320	17810	20987	24810	0.845915
6	19510	25680	20310	23650	17280	25760	20870	21866	26790	0.816189
5	20170	28970	22570	24780	16380	27960	23580	23487	28750	0.816944
4	21870	32370	25280	26490	18970	29530	25300	25687	30890	0.831568
3	22060	34060	29660	29630	23540	29950	25680	27797	32300	0.860593
2	24040	34850	32810	32720	26570	29900	25630	29503	33220	0.888105
1	25440	35110	34100	34040	27870	30130	25520	30316	33620	0.901717

表 11　B 区减震后 *Y* 向各条地震波的层间剪力

楼层	ILO	LWD	JAMES	OBG	SAN	US233	US656	平均值	反应谱结果	平均值与反应谱比值
13	3155	3508	2947	2813	2656	3416	2907	3057	3362	0.909
12	8637	9958	8118	7896	7424	9312	7710	8436	9204	0.917
11	12080	13960	10960	11200	10440	13070	10390	11729	12090	0.970
10	14130	16260	12540	13060	11940	15520	11260	13530	14600	0.927
9	15490	17680	13500	14240	12680	17440	12130	14737	16770	0.879
8	16210	18340	13930	14820	12760	18810	12820	15384	18690	0.823
7	16420	18980	14180	14890	12280	19940	13710	15771	20490	0.770
6	16230	19970	15660	14990	11410	21040	15570	16410	22170	0.740
5	16150	20590	16480	15600	11990	21820	16980	17087	23810	0.718
4	17440	22780	17770	17440	14930	22810	18710	18840	25620	0.735
3	18300	24100	19740	18880	16980	23460	19780	20177	26820	0.752
2	18890	24840	20770	19640	18070	23820	20330	20909	27620	0.757
1	19100	25110	21160	19920	18480	23950	20530	21179	27980	0.757

表 12　B 区 *Y* 向各条地震波的层间剪力减震率　（%）

楼层	ILO	LWD	JAMES	OBG	SAN	US233	US656	平均值
13	42.95	23.07	36.02	45.53	45.58	29.94	23.86	35.28
12	27.72	21.47	35.57	41.42	41.22	26.91	27.88	31.74
11	12.59	16.90	32.39	33.49	32.25	21.17	24.05	24.69
10	17.46	19.18	33.16	31.12	28.25	21.34	28.01	25.50
9	20.36	20.50	33.23	29.08	24.97	21.26	28.48	25.41
8	21.31	20.88	33.03	27.50	24.68	21.92	26.53	25.12

续表 12

楼层	ILO	LWD	JAMES	OBG	SAN	US233	US656	平均值
7	20. 10	18. 05	31. 36	32. 99	28. 56	21. 25	23. 02	25. 05
6	16. 81	22. 24	22. 90	36. 62	33. 97	18. 32	25. 40	25. 18
5	19. 93	28. 93	26. 98	37. 05	26. 80	21. 96	27. 99	27. 09
4	20. 26	29. 63	29. 71	34. 16	21. 30	22. 76	26. 05	26. 26
3	17. 04	29. 24	33. 45	36. 28	27. 87	21. 67	22. 98	26. 93
2	21. 42	28. 72	36. 70	39. 98	31. 99	20. 33	20. 68	28. 55
1	24. 92	28. 48	37. 95	41. 48	33. 69	20. 51	19. 55	29. 51

3. 5. 3 最大阻尼力

最大阻尼力见表 13。

表 13 多遇地震下 A、B 区输出的最大阻尼力

层数	*X* 向阻尼器数量		*X* 向最大阻尼力（单只）/kN		*Y* 向阻尼器数量		*Y* 向最大阻尼力（单只）/kN	
	A 区	B 区	A 区	B 区	A 区	B 区	A 区	B 区
11	3	4	475	484	4	4	473	479
10	3	4	472	484	4	4	474	469
9	3	4	469	479	4	4	465	463
8	4	4	477	468	4	4	456	436
7	4	4	461	454	4	4	444	425
6	4	4	476	439	4	4	434	431
5	4	4	480	448	3	4	476	478
4	3	3	490	474	3	4	480	493
3	3	3	460	458	3	3	443	500

3. 6 8 度（0. 3g）罕遇地震作用下结构的时程响应分析

3. 6. 1 层间位移角

《建筑抗震设计规范》（GB 50011—2010）在 12. 3. 3 条中指出：消能减震结构的层间弹塑性位移角限值，应符合预期的变形控制要求，宜比非消能减震结构适当减小。该工程作为抗震安全性和使用功能有较高要求的医院，要求楼层的层间弹塑性位移角 $D_u/h<1/125$。以下分别绘出 *X* 和 *Y* 向 8 度（0. 3g）ILO 波作用下的层间位移角图形。

（1）A、B 区在 *X* 向 ILO 波作用下的层间位移角。从图 6 和图 7 可知，8 度（0. 3g）*X* 向 ILO 波作用下，结构在进行减震后，A 区层间位移角在各楼层的减震率最小约为 23%，最大可达 41%；B 区层间位移角在各楼层的减震率最小约为 22%，最大可达 43%。

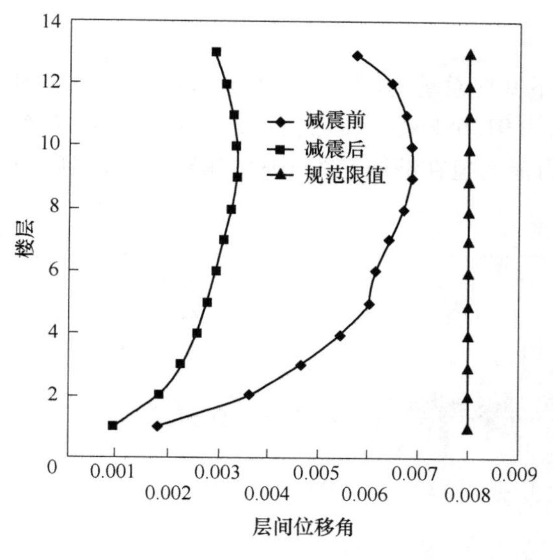

图6 A区X向ILO波作用下层间位移角

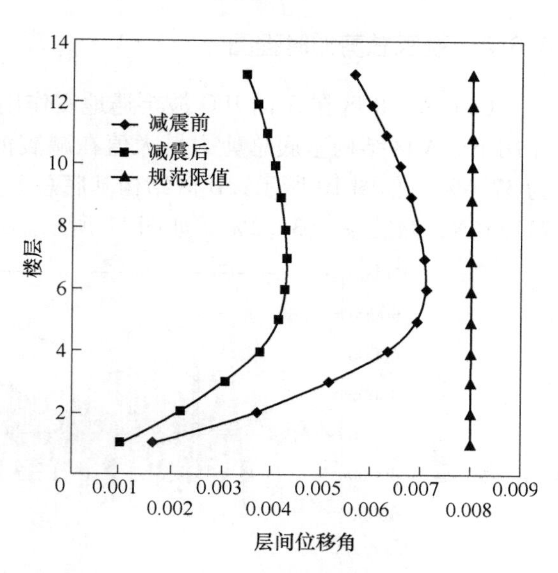

图7 B区X向ILO波作用下层间位移角

（2）A、B区在Y向ILO波作用下的层间位移角。从图8和图9可知，8度（0.3g）Y向ILO波作用下，结构在进行减震后，A区层间位移角在各楼层的减震率最小约为21%，最大可达33%；B区层间位移角在各楼层的减震率最小约为22%，最大可达41%。

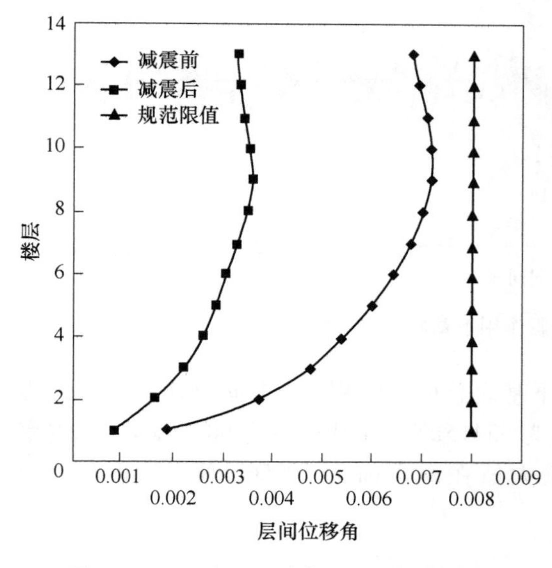

图8 A区Y向ILO波作用下层间位移角

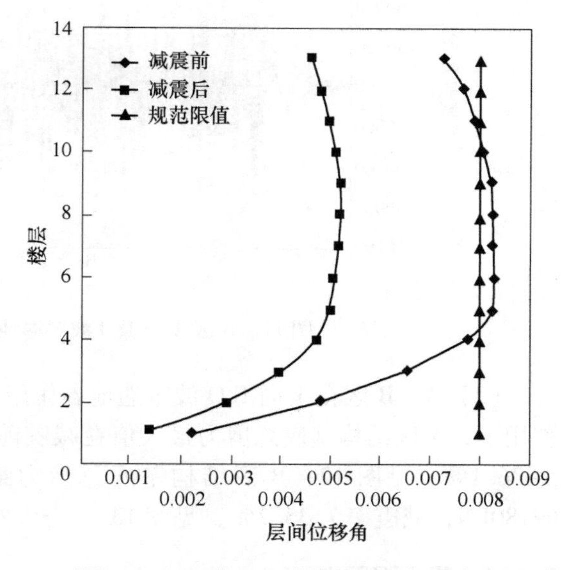

图9 B区Y向ILO波作用下层间位移角

从图6~图9可以看出，8度（0.3g）ILO波作用下，A、B区楼层减震后的层间位移角都有明显的减小，且都满足《建筑抗震设计规范》限值的要求，此外各楼层的减震率在21%~43%之间，减震效果明显。

3.6.2　基底总剪力时程图

（1）A、B 区在 X 向 ILO 波罕遇地震作用下基底总剪力时程图。X 向 ILO 波罕遇地震作用下，A 区结构基底总剪力最大值在减震前为 91368kN，在减震后为 57014kN，减震率为 37.6%，如图 10 所示；B 区结构基底总剪力最大值在减震前为 108138kN，在减震后为 71155kN，减震率为 34.2%，如图 11 所示。

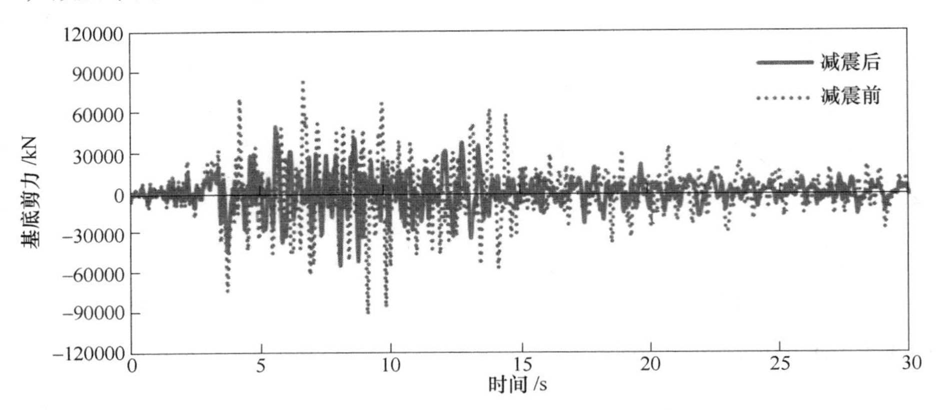

图 10　A 区 X 向 ILO 波罕遇地震作用下基底总剪力时程图

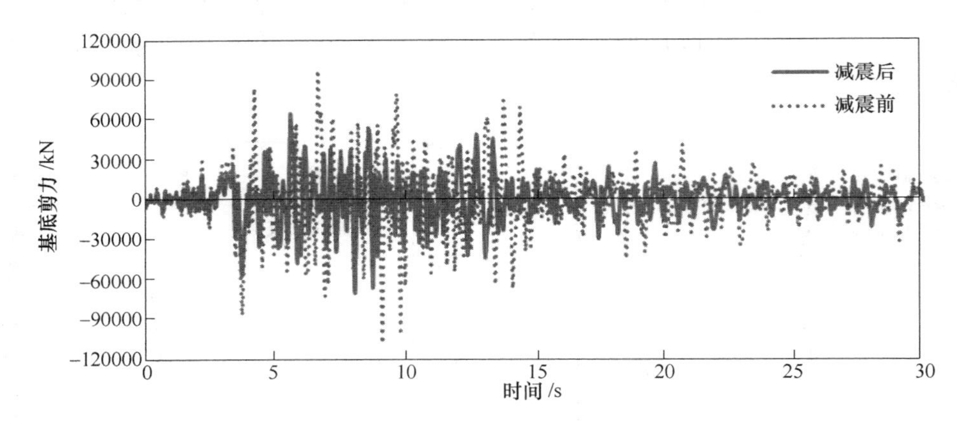

图 11　B 区 X 向 ILO 波罕遇地震作用下基底总剪力时程图

（2）A、B 区在 Y 向 ILO 波罕遇地震作用下基底总剪力时程图。Y 向 ILO 波罕遇地震作用下，A 区结构基底总剪力最大值在减震前为 95415kN，在减震后为 60970kN，减震率为 36.1%，见图 12；B 区结构基底总剪力最大值在减震前为 103562kN，在减震后为 69180kN，减震率为 33.2%，见图 13。

3.6.3　最大阻尼力

我国《建筑抗震设计规范》（GB 50011—2010）第 12.3.7 条规定：结构采用消能减震设计时，消能器与支承构件的连接，应符合《建筑抗震设计规范》和钢结构规范等对相关构件连接的构造要求；在消能器施加给主结构最大阻尼力作用下，消能器与主结构之间的连接部件应在弹性范围内工作。该工程采用斜撑式阻尼支撑和人字形阻尼支撑两种连接

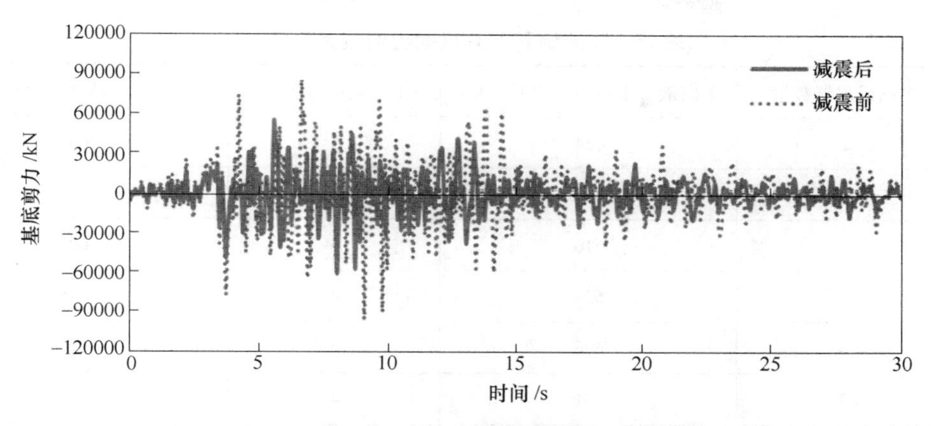

图 12 A 区 Y 向 ILO 波罕遇地震作用下基底总剪力时程图

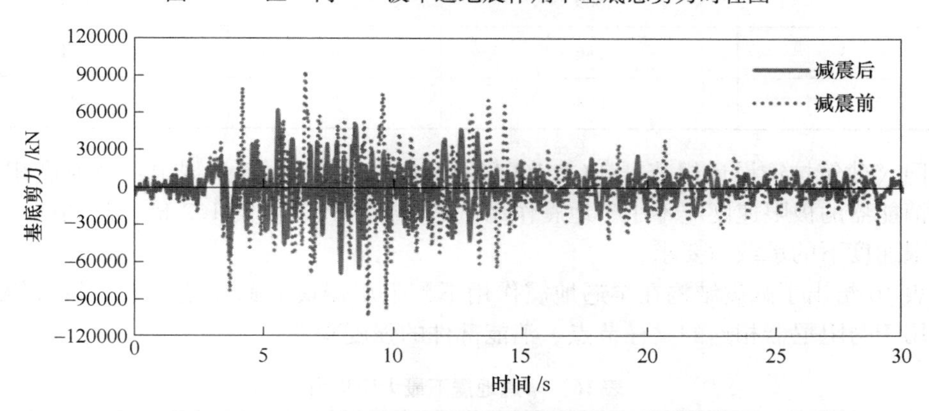

图 13 B 区 Y 向 ILO 波罕遇地震作用下基底总剪力时程图

方法，均将消能器的阻尼力输出给梁柱节点，故应复核最大阻尼力下梁柱节点的承载力。此外，与阻尼器相连消能部件要进行相应计算复核。表 14 和表 15 给出了减震结构在罕遇地震作用下阻尼器的最大阻尼力。

表 14 罕遇地震下 A 区输出的最大阻尼力

层数	X 向阻尼器数量	X 向最大阻尼力（单只）/kN	Y 向阻尼器数量	Y 向最大阻尼力（单只）/kN
11	2	616	3	660
10	2	608	3	651
9	2	616	3	634
8	3	598	4	669
7	3	696	4	634
6	3	660	4	625
5	3	678	3	660
4	3	616	3	616
3	3	634	3	634

表 15　罕遇地震下 B 区输出的最大阻尼力

层数	X 向阻尼器数量	X 向最大阻尼力（单只)/kN	Y 向阻尼器数量	Y 向最大阻尼力（单只)/kN
11	2	634	3	634
10	2	625	3	634
9	2	616	3	625
8	3	634	4	678
7	3	696	4	651
6	3	651	4	678
5	4	669	4	669
4	3	686	4	651
3	3	678	3	643

我国《建筑抗震设计规范》（GB 50011—2010）第 12.3.5 条规定：对速度相关型消能器，消能器的极限速度应不小于地震作用下消能器最大速度的 1.2 倍，且消能器应满足在此极限速度下的承载力要求。

故表 16 给出了减震结构在罕遇地震作用下，阻尼器最大速度放大 1.2 倍后的最大阻尼力，用于与阻尼器相连的梁柱节点、消能部件的强度验算。

表 16　罕遇地震下最大阻尼力

层数	A 区 X 向最大阻尼力（单只)/kN	B 区 X 向最大阻尼力（单只)/kN	A 区 Y 向最大阻尼力（单只)/kN	B 区 Y 向最大阻尼力（单只)/kN
11	647	665	693	665
10	638	656	684	665
9	647	647	665	656
8	628	665	702	712
7	730	730	665	684
6	693	684	656	712
5	712	702	693	702
4	647	721	647	684
3	665	712	665	675

3.6.4　阻尼器位移-力滞回关系

X 向和 Y 向 8 度（0.3g）ILO 波罕遇地震下部分阻尼器位移-力滞回曲线见图 14 和图 15。

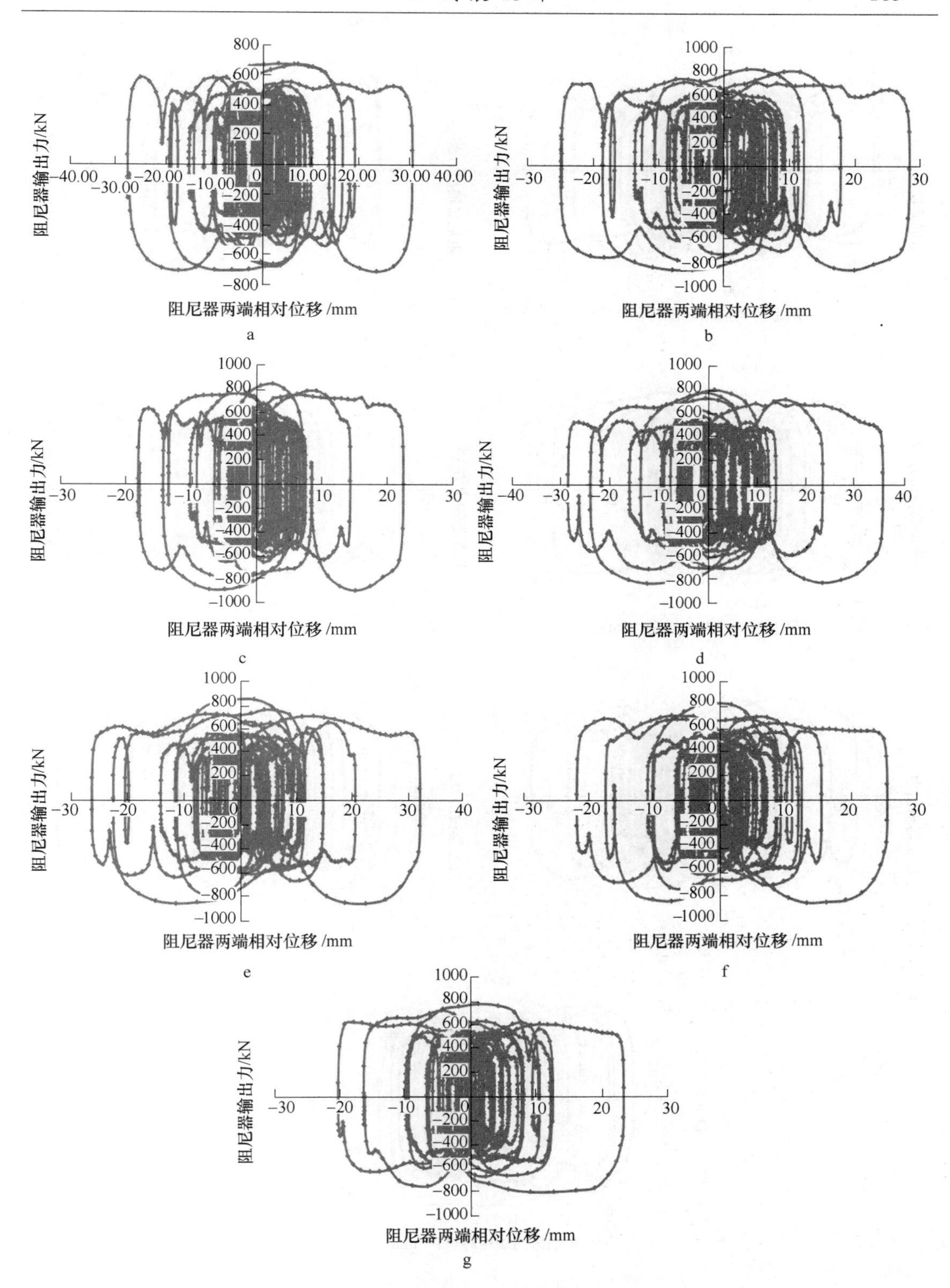

图 14　A 区沿 X 向布置的某阻尼器位移-力滞回关系

a—第 3 层；b—第 4 层；c—第 5 层；d—第 6 层；e—第 7 层；f—第 8 层；g—第 11 层

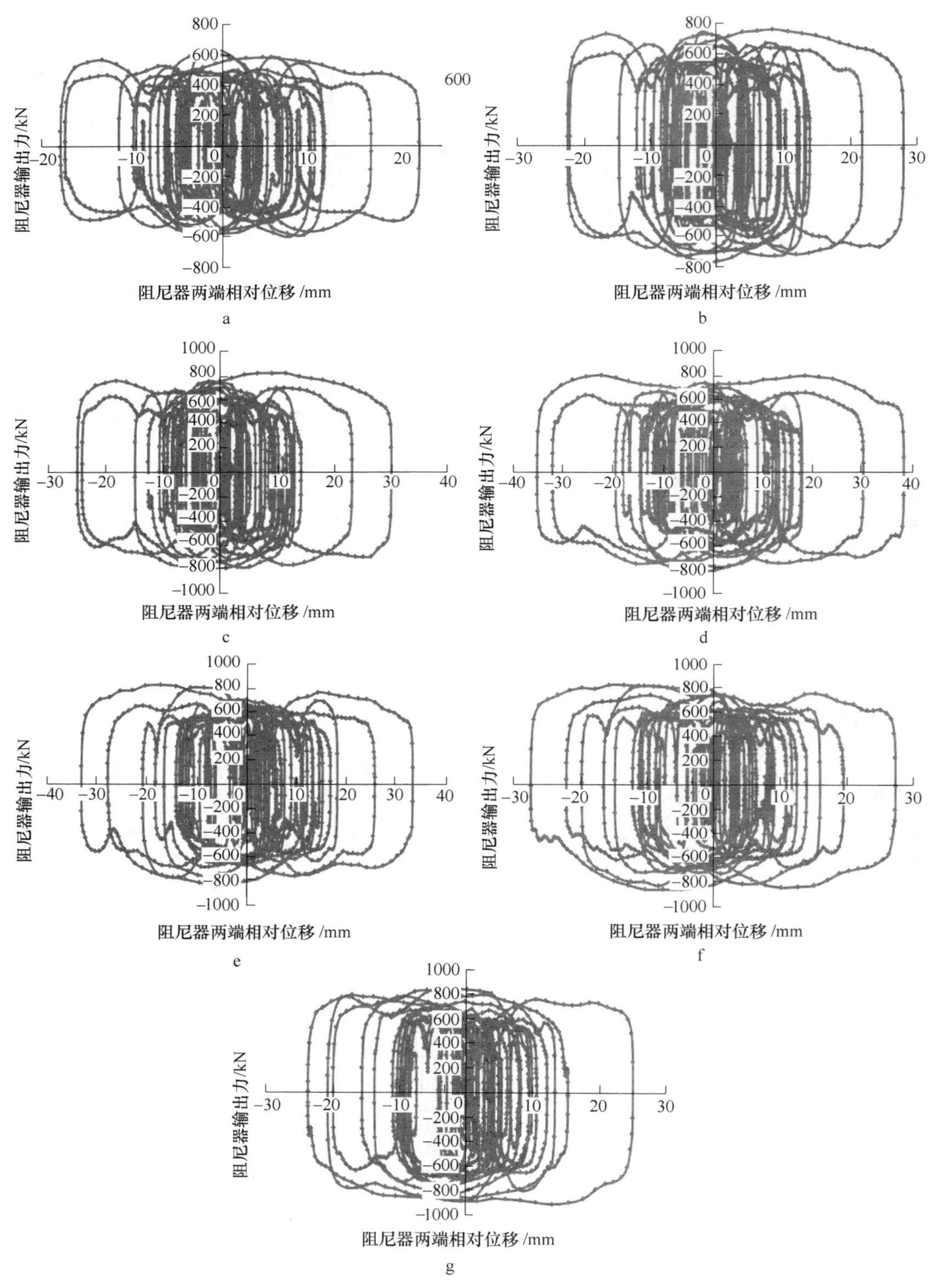

图 15　A 区沿 Y 向布置的某阻尼器位移-力滞回关系

a—第 3 层；b—第 4 层；c—第 5 层；d—第 6 层；e—第 7 层；f—第 8 层；g—第 11 层

4 等效阻尼比的计算与验证

4.1 等效阻尼比的计算

该工程选用的阻尼器指数 α 均为0.25，取 $\lambda=3.7$，基本参数见表17。

表17 结构基本参数

项 目	基本周期 T/s	圆频率 ω/rad · s^{-1}	顶层最大位移/mm	
			X 向	Y 向
A 区	1.23077	5.102	47.1	56.2
B 区	1.26191	5.151	48.5	52.2

等效阻尼比计算见表18和表19。

表18 A区等效阻尼比计算表

楼层	楼层质量 m/t	阻尼器个数		基本振型 X 向位移	基本振型 Y 向位移	X 向	Y 向	每层个数（X 向）	每层个数（Y 向）
		X	Y						
13	777	0	0	1	1	777.0	777.0	0.000	0.000
12	4958	0	0	0.914	0.805	4141.9	3212.9	0.000	0.000
11	7055	3	4	0.833	0.912	4895.4	5868.0	0.139	0.185
10	9237	3	4	0.744	0.957	5113.0	8459.7	0.124	0.165
9	11440	3	4	0.828	0.973	7843.1	10830.6	0.113	0.151
8	13650	4	4	0.917	0.935	11478.1	11933.2	0.159	0.137
7	15940	4	4	0.909	0.921	13170.9	13521.0	0.123	0.138
6	18240	4	4	0.9	0.892	14774.4	14512.9	0.130	0.121
5	20620	4	3	0.889	0.867	16296.4	15499.8	0.210	0.182
4	23480	3	3	0.813	0.819	15519.6	15749.5	0.196	0.276
3	26170	3	3	0.769	0.712	15475.9	13266.7	0.392	0.322
2	28680	0	0	0.6	0.619	10324.8	10989.1	0.000	0.000
1	31170	0	0	0.333	0.385	3456.4	4620.2	0.000	0.000

表19 B区等效阻尼比计算表

楼层	楼层质量 m/t	阻尼器个数		基本振型 X 向位移	基本振型 Y 向位移	X 向	Y 向	每层个数（X 向）	每层个数（Y 向）
		X	Y						
13	1909	0	0	1	1	1909.0	1909.0	0.000	0.000
12	6070	0	0	0.932	0.821	5272.5	4091.4	0.000	0.000
11	8609	4	4	0.85	0.93	6220.0	7445.9	0.185	0.176
10	11280	4	4	0.759	0.976	6498.2	10745.1	0.165	0.121
9	13940	4	4	0.845	0.992	9953.5	13717.9	0.151	0.131

续表 19

楼层	楼层质量 m/t	阻尼器个数		基本振型 X 向位移	基本振型 Y 向位移	X 向	Y 向	每层个数 (X 向)	每层个数 (Y 向)
		X	Y						
8	16610	4	4	0.935	0.954	14520.9	15117.0	0.112	0.159
7	19330	4	4	0.927	0.939	16610.8	17043.7	0.132	0.123
6	22050	4	4	0.918	0.91	18582.1	18259.6	0.141	0.130
5	24900	4	4	0.907	0.884	20484.0	19458.3	0.256	0.210
4	28470	3	3	0.829	0.835	19565.8	19850.0	0.294	0.246
3	31680	3	3	0.784	0.726	19472.3	16697.8	0.315	0.292
2	34680	0	0	0.612	0.631	12989.2	13808.2	0.000	0.000
1	37700	0	0	0.34	0.393	4358.1	5822.7	0.000	0.000

计算得到的等效阻尼比列于表 20，综合考虑取附加阻尼比为 7%，故计算采用阻尼比为 12%。

表 20　等效阻尼比

项　目	X 向	Y 向
A 区	7.84%	7.76%
B 区	7.49%	7.53%

4.2　等效阻尼比验证

将算得的等效阻尼比 12% 输入 ETABS，采用反应谱计算方法得到每一层的地震力，将其与 5% 阻尼比下的结果进行对比，结果见表 21 和表 22。

表 21　A 区 X 向、Y 向各条地震波的层间剪力减震率

方向	楼层	5% 阻尼比（反应谱结果）	12% 阻尼比（反应谱结果）	等效阻尼比减震率（1%~5% 阻尼比/12% 阻尼比）/%	减震结构减震率（阻尼器 +5% 阻尼比）（时程分析结果）/%
X 向	13	1867	1423	23.78	35.90
	12	9676	7540	22.08	30.24
	11	12680	9989	21.22	28.01
	10	15120	12050	20.30	26.25
	9	17190	13810	19.66	24.90
	8	19020	15370	19.19	26.37
	7	20770	16860	18.83	26.88
	6	22440	18260	18.63	27.98
	5	24120	19660	18.49	24.75
	4	25930	21140	18.47	22.65
	3	27230	22210	18.44	20.75
	2	28150	22980	18.37	23.89
	1	28560	23320	18.35	24.81

续表 21

方向	楼层	5%阻尼比（反应谱结果）	12%阻尼比（反应谱结果）	等效阻尼比减震率（1%~5%阻尼比/12%阻尼比）/%	减震结构减震率（阻尼器+5%阻尼比）（时程分析结果）/%
Y向	13	2095	1563	25.39	51.50
	12	9930	7649	22.97	45.91
	11	12930	10060	22.20	39.00
	10	15320	12030	21.48	24.56
	9	17310	13700	20.85	23.42
	8	19060	15160	20.46	22.08
	7	20750	16560	20.19	28.26
	6	22380	17900	20.02	26.69
	5	24050	19260	19.92	26.25
	4	25900	20740	19.92	24.55
	3	27250	21820	19.93	21.76
	2	28190	22590	19.87	22.21
	1	28610	22950	19.78	23.21

表 22　B 区 *X* 向、*Y* 向各条地震波的层间剪力减震率

方向	楼层	5%阻尼比（反应谱结果）	12%阻尼比（反应谱结果）	等效阻尼比减震率（1%~5%阻尼比/12%阻尼比）/%	减震结构减震率（阻尼器+5%阻尼比）（时程分析结果）/%
X向	13	4528	3388	25.18	35.82
	12	11990	9093	24.16	32.95
	11	15450	11820	23.50	30.61
	10	18330	14160	22.75	27.96
	9	20760	16150	22.21	26.93
	8	22920	17910	21.86	26.66
	7	24940	19550	21.61	30.44
	6	26880	21130	21.39	32.12
	5	28870	22720	21.30	27.30
	4	31160	24530	21.28	30.09
	3	32700	25750	21.25	28.96
	2	33750	26620	21.13	33.62
	1	34210	27000	21.08	34.51

续表 22

方向	楼层	5%阻尼比（反应谱结果）	12%阻尼比（反应谱结果）	等效阻尼比减震率（1%~5%阻尼比/12%阻尼比）/%	减震结构减震率（阻尼器+5%阻尼比）（时程分析结果）/%
Y向	13	4114	3362	18.28	40.30
	12	11390	9204	19.19	32.10
	11	14880	12090	18.75	24.41
	10	17870	14600	18.30	24.94
	9	20420	16770	17.87	25.12
	8	22690	18690	17.63	23.41
	7	24810	20490	17.41	22.61
	6	26790	22170	17.25	21.76
	5	28750	23810	17.18	24.52
	4	30890	25620	17.06	25.08
	3	32300	26820	16.97	25.44
	2	33220	27620	16.86	27.43
	1	33620	27980	16.78	28.72

对比表 21 和表 22 可知，12%阻尼比的 ETABS 模型反应谱方法算得的每一楼层地震力减震率均小于 ETABS 算的时程分析下的地震力减震率，说明 12%的等效阻尼比是偏安全的，可以采用此数值。

对于所选的 7 条地震波，分别对无减震结构进行 5%、12%等效阻尼比计算，将其与减震结构计算结果进行对比，见表 23 和表 24。

表 23　A 区 X 向、Y 向各条地震波的层间剪力减震率

方向	楼层	无阻尼结构减震率/%	布置阻尼器减震率/%	方向	楼层	无阻尼结构减震率/%	布置阻尼器减震率/%
X向	13	27.10	35.90	Y向	13	25.97	51.50
	12	26.86	30.24		12	25.25	45.91
	11	26.51	28.01		11	24.86	39.00
	10	26.71	26.25		10	24.62	24.56
	9	25.24	24.90		9	23.60	23.42
	8	24.90	26.37		8	23.06	22.08
	7	23.31	26.88		7	22.02	28.26
	6	22.58	27.98		6	21.96	26.69
	5	21.86	24.75		5	23.08	26.25
	4	21.89	22.65		4	24.41	24.55
	3	23.39	20.75		3	24.16	21.76
	2	24.19	23.89		2	23.52	22.21
	1	24.08	24.81		1	23.04	23.21

表 24　B 区 X 向、Y 向各条地震波的层间剪力减震率

方向	楼层	无阻尼结构减震率/%	布置阻尼器减震率/%	方向	楼层	无阻尼结构减震率/%	布置阻尼器减震率/%
X 向	13	28.37	35.82	Y 向	13	26.50	40.30
	12	28.96	32.95		12	26.66	32.10
	11	28.54	30.61		11	25.53	24.41
	10	26.99	27.96		10	25.03	24.94
	9	24.94	26.93		9	24.70	25.12
	8	22.39	26.66		8	23.88	23.41
	7	21.87	30.44		7	21.85	22.61
	6	21.02	32.12		6	21.16	21.76
	5	21.33	27.30		5	22.25	24.52
	4	24.37	30.09		4	22.50	25.08
	3	25.55	28.96		3	23.03	25.44
	2	26.44	33.62		2	24.03	27.43
	1	26.15	34.51		1	24.38	28.72

结果表明12%的等效阻尼比是偏安全的，可以采用此数值。

5　与阻尼器相连构件的设计

5.1　连接方法与设计注意事项

黏滞流体阻尼器与主体结构的连接方法根据建筑使用要求，采用斜撑式阻尼支撑和人字形阻尼支撑两种连接方法。斜撑式阻尼支撑构造简单、施工方便，其构造示意图见图16。

斜撑式阻尼支撑在设计时，其计算长度取值应遵循如下原则：计算斜撑的轴向刚度时，计算长度应取其净长；计算平面内、外稳定时，计算长度应取斜撑与消能器的长度总和。

人字形阻尼支撑的支撑杆件较多，连接构造较斜撑式阻尼支撑复杂。支撑杆件基本为轴向受力，支撑的侧向刚度较大。消能器两端的相对位移基本为结构的层间位移，与斜撑式支撑相比其耗能效率较高。消能器两端与支撑和主体结构采用球铰连接，消能器仅承受本身自重引起的剪力和弯矩，此剪力和弯矩相对较小，因此消能器基本为轴向受力构件。其构造示意图见图17。

人字形阻尼支撑的设计注意事项：（1）应在支撑顶部设置侧向限位装置以防止其平面外失稳；（2）支撑的水平悬臂段长度不宜过大。

5.2　节点构造

（1）斜撑式阻尼支撑与混凝土梁柱节点铰接连接构造示意图见图18，斜撑式阻尼支撑中黏滞消能器与混凝土梁柱节点斜向球铰连接构造示意图见图19。

（2）人字形阻尼支撑与混凝土梁柱节点铰接连接构造示意图见图20，人字形阻尼支撑黏滞消能器与混凝土梁柱节点水平球铰连接构造示意图见图21。

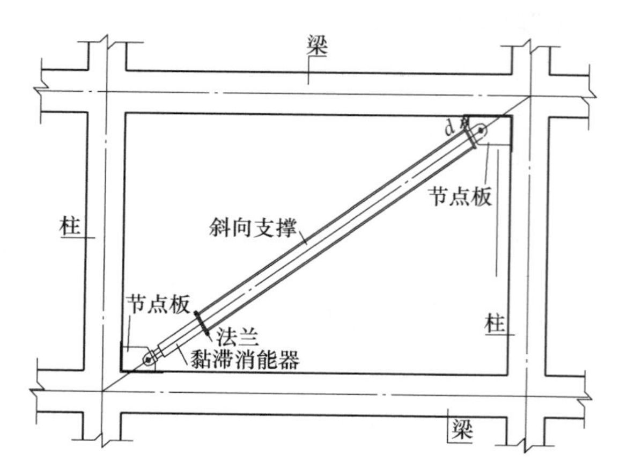

图 16　斜撑式阻尼支撑构造示意图

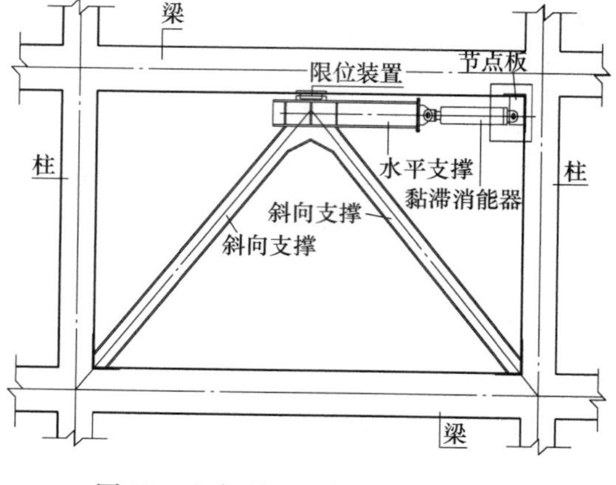

图 17　人字形阻尼支撑构造示意图

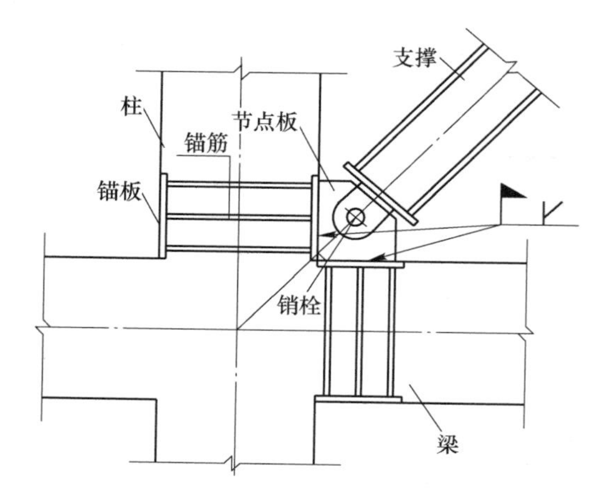

图 18　斜撑式阻尼支撑与混凝土梁柱节点铰接连接构造示意图

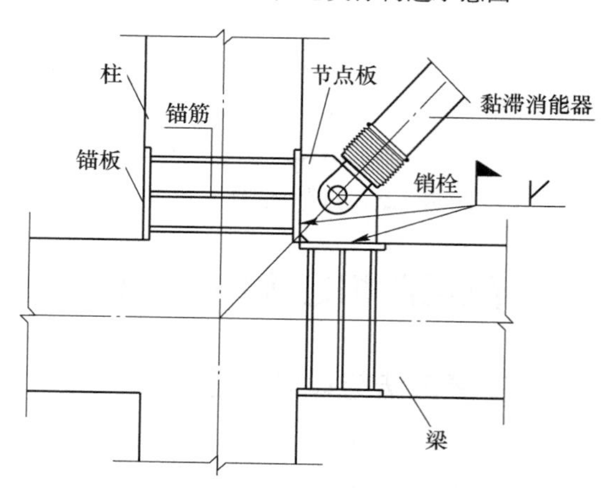

图 19　斜撑式阻尼支撑中黏滞消能器与梁柱节点斜向球铰连接构造示意图

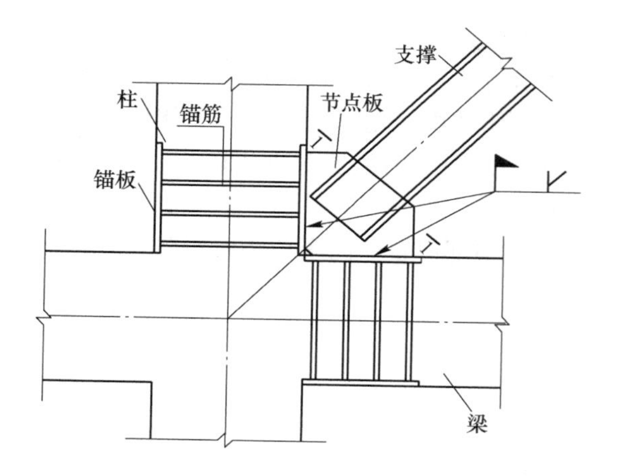

图 20　人字形阻尼支撑与混凝土梁柱节点铰接连接构造示意图

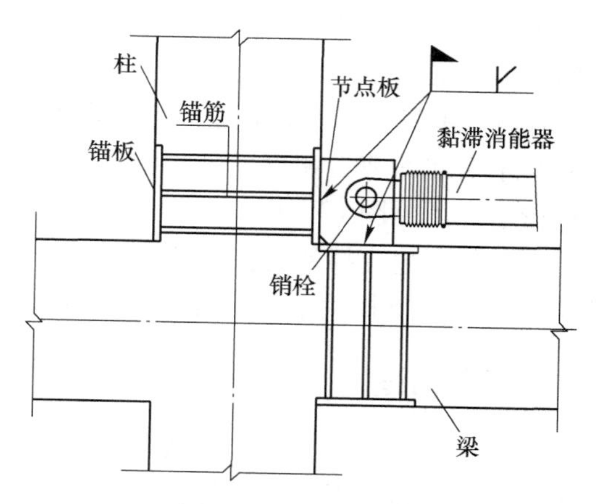

图 21　人字形阻尼支撑黏滞消能器与梁柱节点水平球铰连接构造示意图

（3）人字形阻尼支撑限位装置节点构造示意图见图22。

（4）人字形阻尼支撑中黏滞消能器与水平支撑连接节点构造示意图见图23。

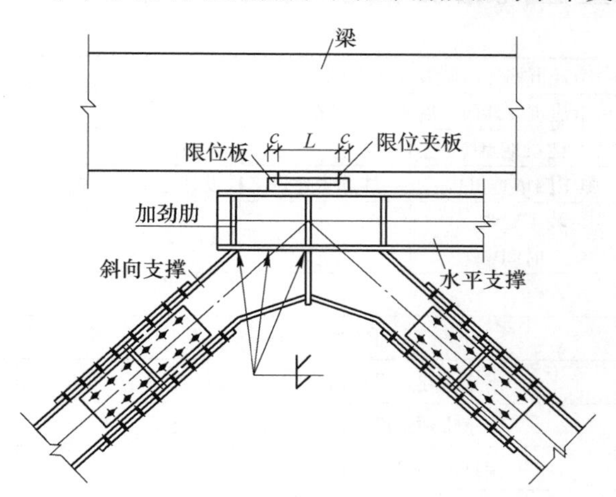

图22 人字形阻尼支撑限位装置节点构造示意图

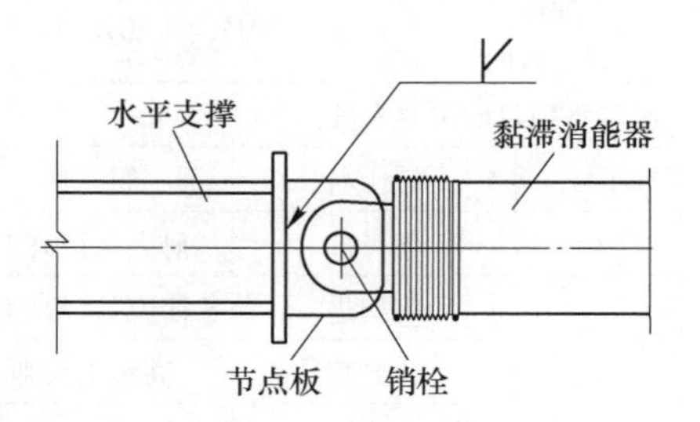

图23 人字形阻尼支撑黏滞消能器与水平支撑连接节点构造示意图

6 结论

宿迁市妇产医院采用了黏滞流体阻尼器消能减震技术，对结构在8度（0.3g）多遇、罕遇地震荷载作用下的减震前和减震后工作性能分别进行了计算分析，得出以下几点主要结论：

（1）根据经济分析可知，采用黏滞流体阻尼器对该结构进行减震设计是可行的。

（2）按照该项目建筑场地类别和设计地震分组选用了5条天然波和2条人工波，每条地震波计算所得未减震结构的底部地震剪力均大于反应谱法计算结构的65%，平均值大于反应谱法计算结构的80%，符合《建筑抗震设计规范》（GB 50011—2010）的要求。采用这7组地震加速度时程曲线下各自最大地震响应值的平均值作为时程分析的最终计算值，结构可靠。

（3）考虑到结构的特点和建筑效果，共设置黏滞流体阻尼器133个，其中A区64个、B区69个，主要参数见表2。

（4）在现有阻尼器的设置条件下，结构在地震荷载作用下的反应均有减小。在8度（0.3g）常遇地震作用下，A区X向基底剪力平均减震率约24.81%，Y向基底剪力平均减震率约23.21%；B区X向基底剪力平均减震率约34.51%，Y向基底剪力平均减震率约28.72%。

（5）经过计算并综合考虑得出黏滞流体阻尼器附加给A区和B区结构X向和Y向的等效阻尼比均为7%。

（6）采用Perform-3D对A区和B区结构进行了罕遇地震作用下的弹塑性时程分析，层间位移角、基底剪力、减震前后非线性耗能计算和变形性能状态分析结果均表明，采用黏滞流体阻尼器使得该结构的抗震性能得到了较大提升。

（7）罕遇地震作用下阻尼器位移-力滞回曲线的计算结果表明，阻尼器的阻尼力总体分布均匀，可提供稳定的滞回耗能作用。

附录　宿迁市妇产医院及儿童医院建设参与单位及人员信息

项目名称	宿迁市妇产医院及儿童医院		
设计单位	南京市建筑设计研究院有限责任公司		
用　途	医院	建设地点	江苏省宿迁市
施工单位	启东市建筑集团有限公司	施工图审查机构	江苏省建设工程设计施工图审核中心
工程设计起止时间	2011. 4 ~ 2012. 7	竣工验收时间	2014. 12

参与本项目的主要人员：

序号	姓　名	职　称	工 作 单 位
1	江　韩	研究员级高工	南京市建筑设计研究院有限责任公司
2	陶鹤进	研究员级高工	南京市建筑设计研究院有限责任公司
3	曹光荣	高级工程师	南京市建筑设计研究院有限责任公司
4	徐海华	高级工程师	南京市建筑设计研究院有限责任公司
5	李培培	中　级	南京市建筑设计研究院有限责任公司
6	杨小飞	中　级	南京市建筑设计研究院有限责任公司
7	骆蒸蒸	中　级	南京市建筑设计研究院有限责任公司
8	蒋卫卫	中　级	南京市建筑设计研究院有限责任公司
9	张志强	副教授	东南大学
10	苏　毅	副教授	东南大学

案例 11　新世基办公楼装修改造工程

1　工程概况

福建新世基贸易有限公司北京办公楼位于北京市安外大街安华里社区内，总建筑面积约为6890m^2，该楼设有两道伸缩缝，将其分为西区、中区和东区三部分。西区和中区原名称为北京科学仪器厂厂房，设计建造于20世纪70年代，为钢筋混凝土框架结构，其中西区为地上5层，地下1层，中区为地上6层，无地下室；东区原名称为北京市服装进出口公司附属楼，设计建造于1992年，为钢筋混凝土框架-剪力墙结构，为地上6层，无地下室。框架柱、梁、剪力墙和楼板均采用现浇混凝土浇筑。东区首层层高6300mm，二~六层层高为3600mm。中西区首层层高5950mm，二~四层为4700mm，西区五层层高为4000mm，六层层高为3980mm，中区五层层高为3980mm。结构平面图见图1和图2。

现业主单位拟对该结构进行装修改造，一二层拟改为酒楼，三四层为办公区，五层为多功能厅，六层为设备间。根据国家建筑工程质量监督检验中心鉴定报告（BETC-JC-2010-136）的结论，西区一二层 X 向、一~三层 Y 向层间侧移角不满足规范要求，中区首层两个方向层间侧移角不满足规范要求，西区和中区一二层绝大部分构件不满足承载力的要求，因此需要对西区、中区进行结构加固。

2　工程设计

2.1　设计主要依据和资料

本工程结构隔震分析、设计采用的主要采用 PKPM 2008 版 SATWE 模块进行小震计算，sap200014.1 版本进行静力弹塑性分析。

设计过程中，采用的现行国家标准、规范、规程及图集主要有：

（1）国家建筑工程质量监督检验中心鉴定报告（BETC-JC-2010-136）；

（2）建筑结构可靠度设计统一标准（GB 50068—2001）；

（3）建筑抗震设防分类标准（GB 50223—2008）；

（4）建筑结构荷载规范（GB 50009—2001）（2006 年版）；

（5）建筑抗震鉴定标准（GB 50023—2009）；

（6）建筑抗震加固技术规程（JGJ 116—2009）；

（7）混凝土结构设计规范（GB 50010—2002）；

（8）建筑抗震设计规范（GB 50011—2001）（2008 年版）；

（9）建筑地基基础设计规范（JGJ 123—2000）；

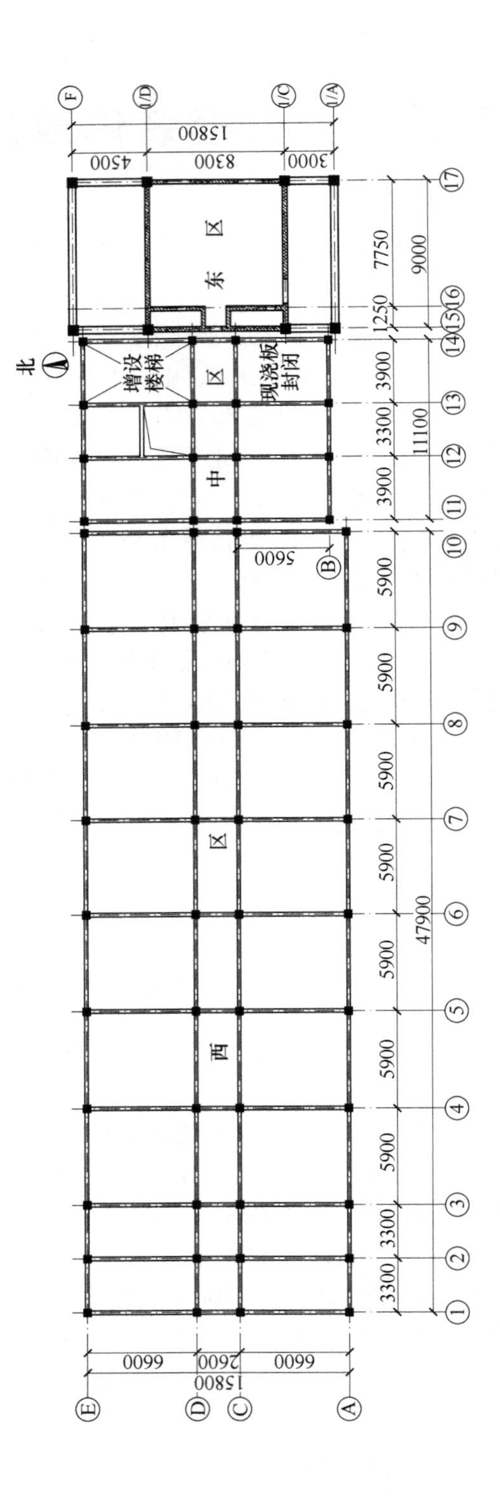

北
东区
中区
西区
增设楼梯
现浇板封闭
15800
4500
8300
3000
7750
9000
1250
3900
3300
11100
5600
5900
47900
6600
2600

图 1　一～五层结构平面图

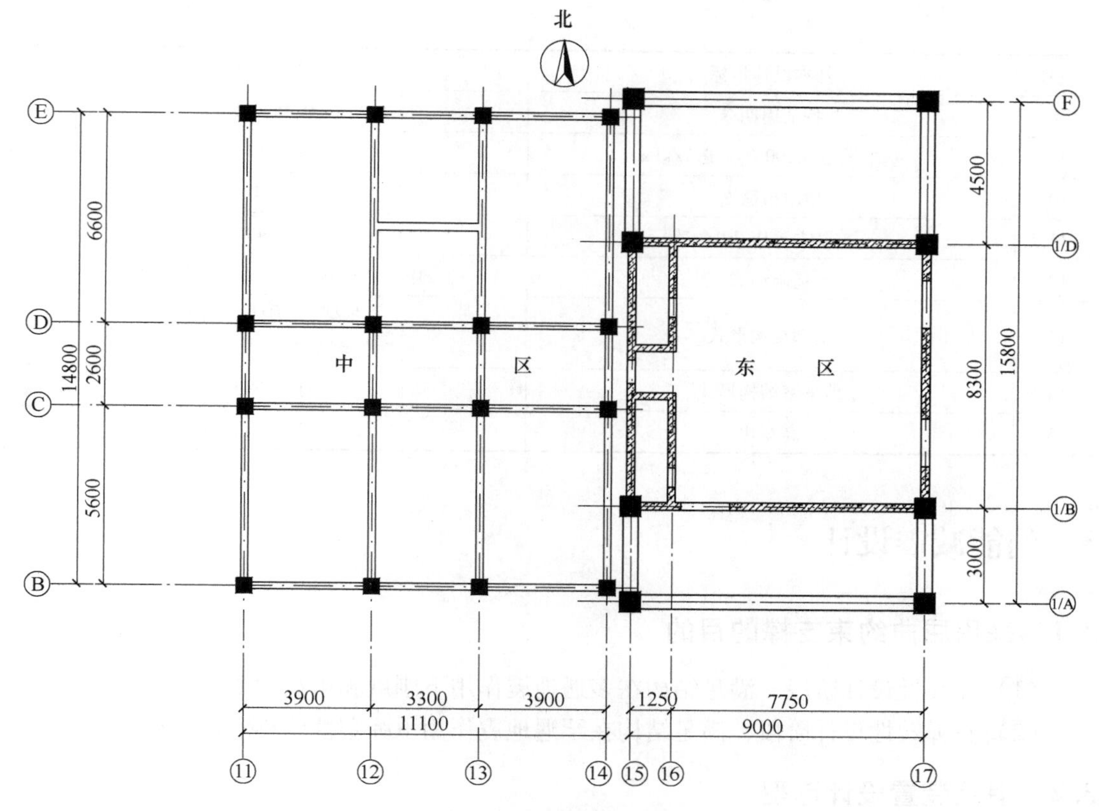

图 2 六层结构平面图

（10）既有建筑地基基础加固技术规范（JGJ 123—2000）；

（11）混凝土结构加固设计规范（GB 50367—2006）；

（12）钢结构设计规范（GB 50017—2003）；

（13）混凝土结构工程施工质量验收规范（GB 50204—2002）；

（14）混凝土结构后锚固技术规程（JGJ 145—2004）；

（15）混凝土结构加固构造（06SG311—1）。

2.2 结构设计主要参数

结构设计主要参数见表 1。

表 1 结构设计主要参数

序号	基本设计指标	参　　数
1	建筑结构安全等级	二级
2	结构设计使用年限	结构后续使用年限为 30 年
3	建筑物抗震设防类别	丙类
4	建筑物抗震设防烈度	8 度
5	基本地震加速度值	0.20g
6	设计地震分组	第一组
7	建筑场地类别	Ⅲ类

续表 1

序号	基本设计指标	参　数
8	特征周期/s	0.45/0.50
9	基本风压（100 年一遇）/kPa	$W_0=0.45$
10	地面粗糙度	C 类
11	基本雪压/kPa	0.40
12	基础形式	中区：独立基础，西区：筏板基础
13	上部结构形式	框架-剪力墙（东区） 框架结构（西区、中区）
14	地下室结构形式	剪力墙结构
15	高宽比	中区：2.5，西区：1.5

3 消能减震设计

3.1 采用屈曲约束支撑的目的

（1）在弹性设计阶段，满足结构在多遇地震作用下刚度和承载力要求。

（2）在弹塑性设计阶段，满足结构在罕遇地震作用下弹塑性位移限值的要求。

3.2 消能装置设计选型

3.2.1 所选支撑厂家、形式及其他参数

本工程中采用的是由上海蓝科钢结构技术开发有限责任公司提供的屈曲约束支撑，共采用了 48 根屈曲约束支撑，屈曲约束支撑承载力为 500kN、740kN、980kN 和 1300kN 四种。本工程地下室一层，地上五层，其中一至四层每层 12 个。屈曲约束支撑详图见图 3，几何参数及根数见表 2，约束性能指标见表 3。

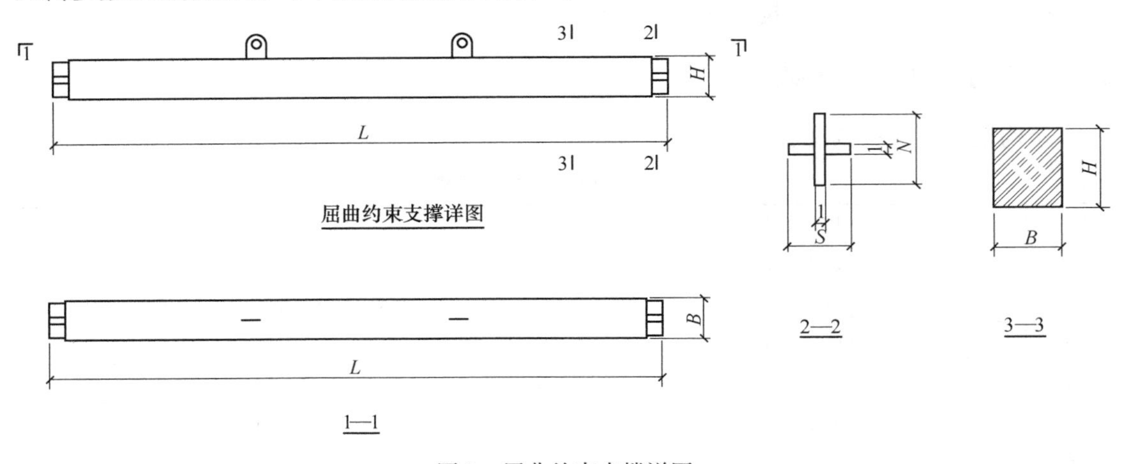

图 3 屈曲约束支撑详图

表2 所选屈曲约束几何参数及根数

类型	L/mm	H/mm	B/mm	M/mm	S/mm	t/mm	根数
BRB1	4400	250	250	226	226	30	8
BRB2	4400	230	230	206	206	30	4
BRB3	3700	230	230	206	206	30	12
BRB4	3700	200	200	176	176	20	12
BRB5	3700	190	190	166	166	20	12
总数							48

表3 所选屈曲约束性能指标

支撑类别	支撑数量	屈服承载力 N_{by}(×10^4N)	极限承载力 N_{bu}(×10^4N)	初始刚度 /t · mm^{-1}	屈服后刚度比	屈服后刚度 /t · mm^{-1}	屈服位移 /mm	极限位移 /mm
BRB1	4	97	213	22	0.01	0.22	4.48	55.00
BRB2	8	71	156	16	0.01	0.16	4.42	55.00
BRB3	12	69	153	19	0.01	0.19	3.64	46.25
BRB4	12	53	117	14	0.01	0.14	3.66	46.25
BRB5	12	36	79	10	0.01	0.10	3.70	46.25

3.2.2 支撑布置原则

屈曲约束支撑应布置在能最大限度地发挥其耗能作用的部位，同时不影响建筑功能与布置，并满足结构整体受力的需要。屈曲约束支撑可依照以下原则进行布置：

（1）地震作用下产生较大支撑内力的部位。

（2）地震作用下层间位移较大的楼层。

（3）宜沿结构两个主轴方向分别设置。

（4）可采用单斜撑、人字形或V形支撑布置（见图4），也可采用偏心支撑的布置形式，当采用偏心支撑布置时候，设计中应保证支撑先于框架梁屈服。

（5）布置时结合建筑功能的要求，以不影响建筑功能使用且尽可能时结构两个主受力方向刚度接近原则进行。

（6）支撑分布采用自下而上的原则，确保竖向刚度均匀分布。

（7）所选支撑应考虑原结构特点。原结构为构件预制，节点现浇，连接节点承载力不宜过大，因此所选支撑在满足刚度和承载力的前提下，宜尽量减小支撑截面及刚度。

3.2.3 构造及连接要求

原框架结构新增防屈曲支撑连接的框架柱均进行外包钢全长加固，原梁宽度较小，采用三面外包钢板连接防屈曲支撑。屈曲约束支撑与原结构连接节点详图见图5和图6。

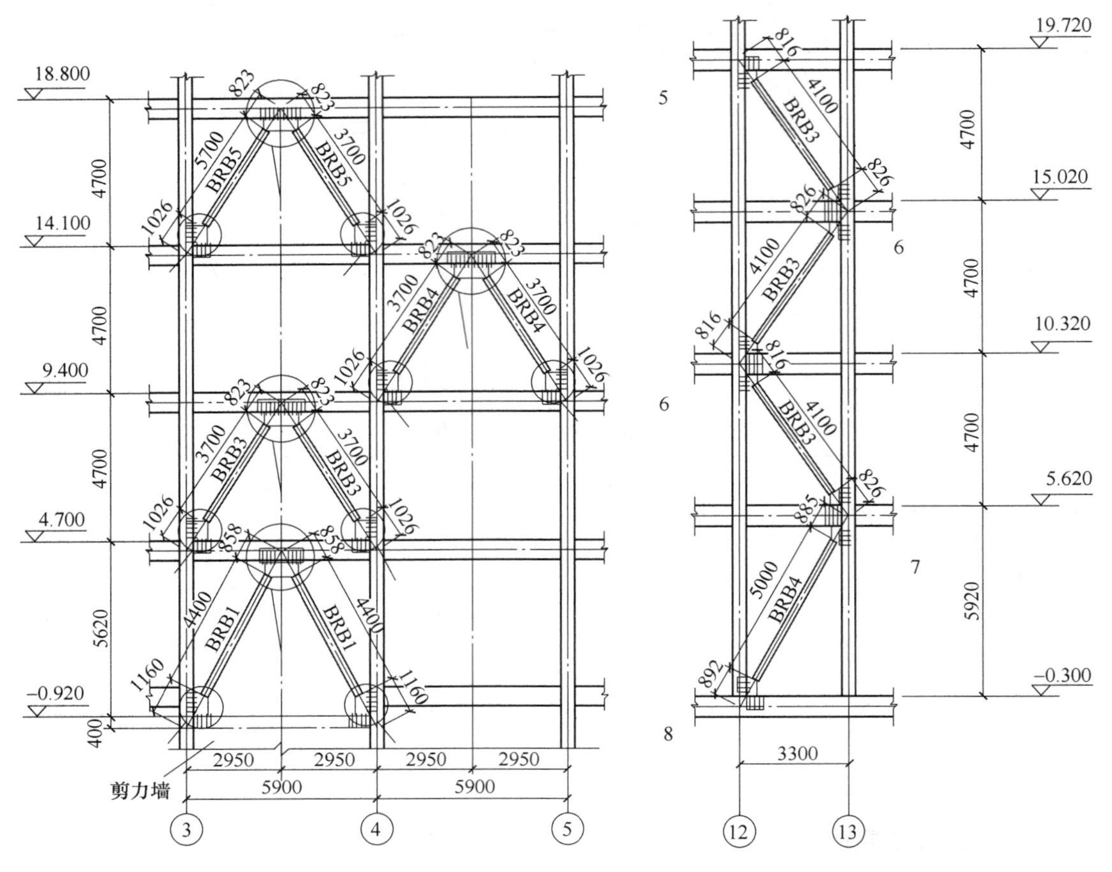

图 4　屈曲约束支撑布置

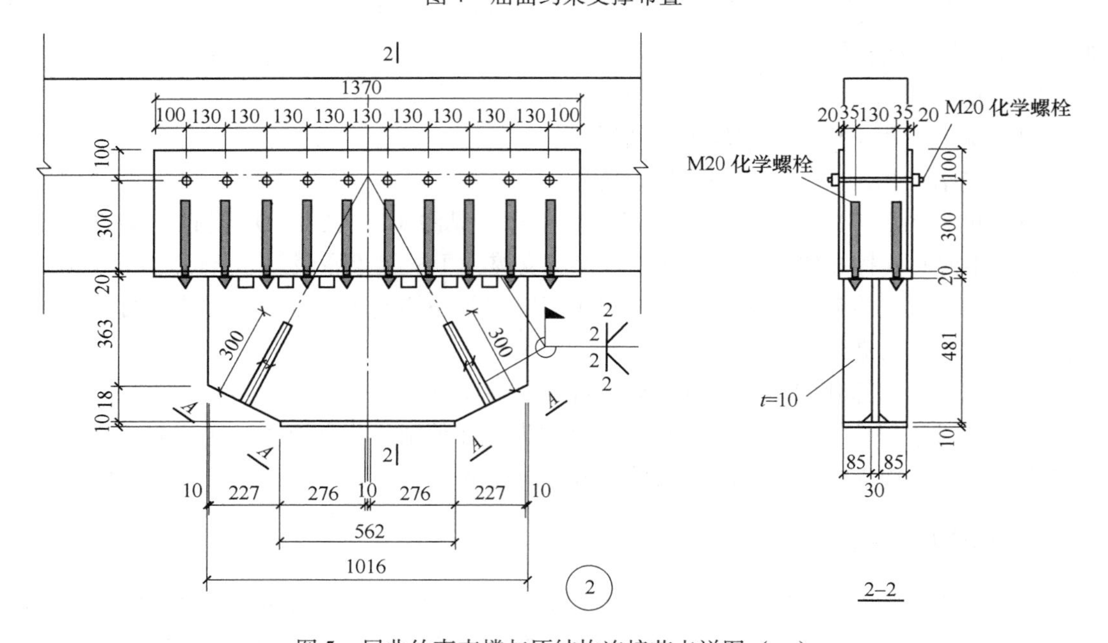

图 5　屈曲约束支撑与原结构连接节点详图（一）

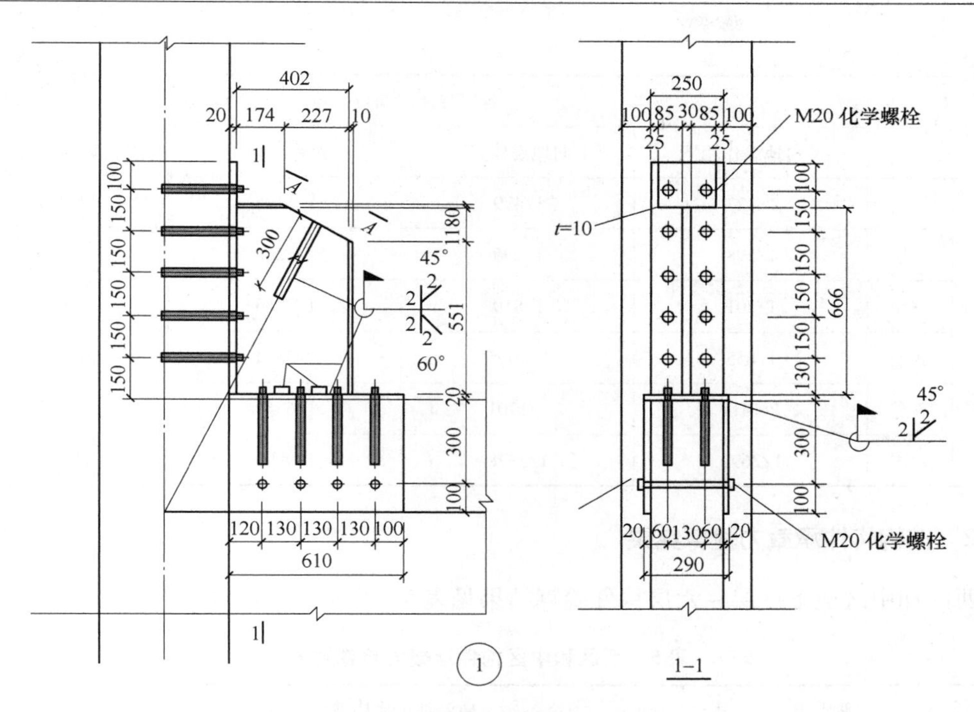

图 6 屈曲约束支撑与原结构连接节点详图（二）

3.3 加固前计算结果

根据《建筑抗震鉴定标准》（GB 50023—2009）规定，后续使用年限30年的建筑为A类建筑，其地震作用可取《建筑抗震设计规范》（GB 50011—2001）的85%，周期为0.4s，且计算时构件组合内力设计值不作调整。

3.3.1 结构整体刚度验算结果

该结构弹性层间位移角验算结果见表4，从表中可以看出，西区一~二层、中区一层在地震作用下最大弹性层间位移角超过《建筑抗震设计规范》（GB 50011—2001）的最大限值为1/550的要求。

表4 结构弹性层间位移角验算结果

区号		各层弹性层间位移角			
		X 向地震作用下	Y 向地震作用下	X 向风荷载作用下	Y 向风荷载作用下
西区	一层	1/556	1/419	1/6086	1/1758
	二层	1/671	1/541	1/7803	1/2424
	三层	1/824	1/662	1/9999	1/3153
	四层	1/1135	1/914	1/9999	1/4603
	五层	1/2631	1/2164	1/9999	1/9999

续表 4

区　号		各层弹性层间位移角			
		X 向地震作用下	Y 向地震作用下	X 向风荷载作用下	Y 向风荷载作用下
中区	一层	1/427	1/479	1/1106	1/1573
	二层	1/598	1/695	1/2266	1/3447
	三层	1/701	1/819	1/2963	1/4506
	四层	1/855	1/1005	1/3834	1/5885
	五层	1/1411	1/1701	1/6354	1/9999
	六层	1/2692	1/3378	1/9999	1/9999

3.3.2　结构构件承载力验算结果

西区和中区地下一层～六层构件验算结果见表 5。

表 5　西区和中区构件承载力验算结果

楼　层	轴压比	楼层轴压比构件承载力验算结果
地下一层	满足现行规范要求	西区混凝土墙、框架柱构件承载力满足现行规范要求
一层	满足现行规范要求	西区和中区绝大部分框架柱、梁构件承载力不满足现行规范要求，且西区少部分框架柱构件出现超筋现象
二层	满足现行规范要求	西区和中区大部分框架柱、梁构件承载力满足现行规范要求
三层	满足现行规范要求	西区部分框架柱、个别框架梁构件承载力不满足现行规范要求；中区框架柱、梁构件承载力满足现行规范要求
四层	满足现行规范要求	西区部分框架柱构件承载力满足现行规范要求，西区框架梁和中区框架柱、梁构件承载力满足现行规范要求
五层	满足现行规范要求	西区和中区框架柱、梁构件承载力满足现行规范要求
六层	满足现行规范要求	中区框架柱构件承载力满足现行规范要求，大部分框架梁构件承载力不满足现行规范要求

从上述计算结果可以看出，原结构一二层层间位移角不满足规范要求，且首层大部分梁柱配筋不满足承载力要求，因此需增加原结构刚度，采用整体加固方式较为合理。

东区一层～六层构件验算结果表明，剪力墙、框架柱轴压比满足国家现行规范要求，剪力墙、框架柱、梁构件设计配筋满足验算所需配筋要求，即承载力满足国家现行规范要求。

3.4　加固和支撑布置方案

原结构一二层层间位移角不满足规范要求，且大部分梁柱配筋不满足承载力要求，因此需增加原结构刚度，采用整体加固方式较为合理。

3.4.1 加固方案

（1）采用新增混凝土墙的方式进行整体加固。

优点：

1）能够显著提高原框架结构的整体刚度，满足位移要求。

2）承担大部分水平地震作用，从而减小其他梁柱的配筋，从而减少加固量。

缺点：

1）上下墙体需贯通，墙体位置限制较多，从本楼建筑装修图纸中可以看出，纵向墙体无法满足墙体上下贯通的要求。

2）施工周期较长。

（2）采用普通新增钢结构支撑的方法进行加固。

优点：

1）与新增混凝土墙类似，可以提高原框架结构的整体刚度，满足位移要求。

2）承担部分水平地震作用，减小其他梁柱配筋，减少加固量。

3）布置灵活，支撑无需贯通布置。

4）施工周期短。

5）检修方便，可更换。

缺点：

1）节点加固较为复杂。

2）用钢量较大。

（3）采用新增钢结构防屈曲支撑的方法进行加固。

优点：

1）与新增混凝土墙类似，可以提高原框架结构的整体刚度，满足位移要求。

2）承担部分水平地震作用，减小其他梁柱配筋，减少加固量。

3）布置灵活，支撑无需贯通布置。

4）施工周期短。

5）检修方便，可更换。

缺点：节点加固较为复杂。

新增剪力墙会引起剪力墙内力过大，配筋超筋及基础设计困难等问题，此外，剪力墙过大的刚度又大幅提高结构刚度，使地震作用明显加大，造成恶性循环。采用普通支撑则支撑截面需增大以防止出现侧向失稳，且在大震下屈服后出现刚度退化，结构抗震性能难以保证。屈曲约束支撑与混凝土框架结构结合，能解决以上问题。

3.4.2 屈曲约束支撑布置方案

结合装修平面图发现，中区可以从上到下连续布置支撑，西区纵向 D 轴、C 轴无法从上到下连续布置支撑，因此无法采用新增混凝土抗震墙的方法进行加固。根据装修布置，防屈曲支撑可按如图 7 ~ 图 10 所示方式进行布置（地下一层为现浇混凝土剪力墙，不设支撑）。

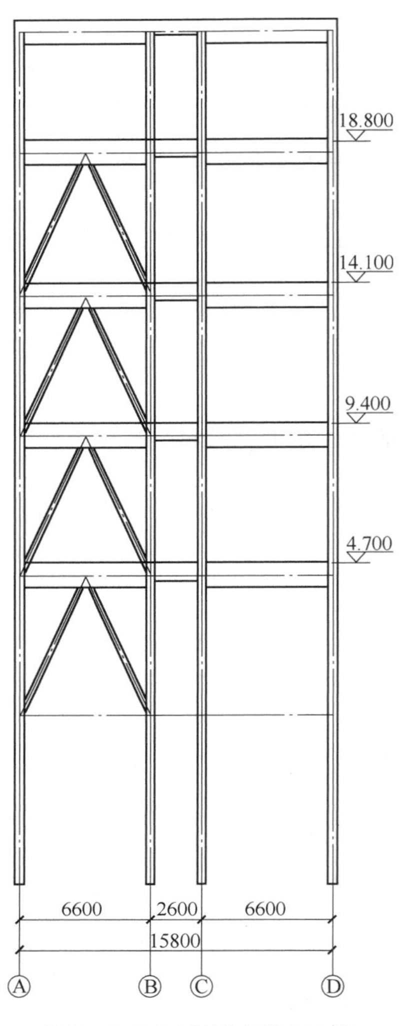

图 7　1/10 轴新增支撑立面图

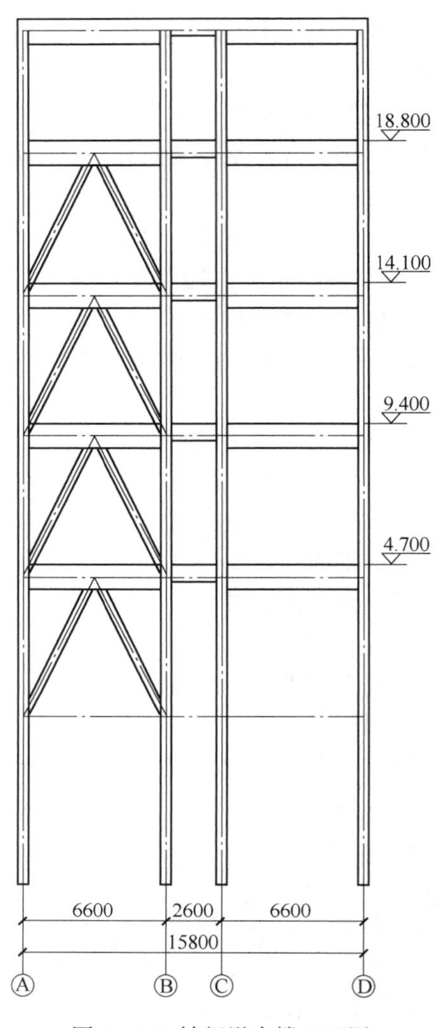

图 8　2/7 轴新增支撑立面图

3.5　各构件塑性铰的设置

各构件塑性铰的设置见表 6。

表 6　塑性铰的设置方法

构　件	设 置 方 法
框架柱	梁端设置 SAP2000 提供的缺省的按自动弯曲 M3 铰本构模型
柱	柱顶和柱底设置 SAP200 提供的自动 PMM 铰本构模型
支撑	支撑设 SAP2000 提供的自动 P 铰本构模型

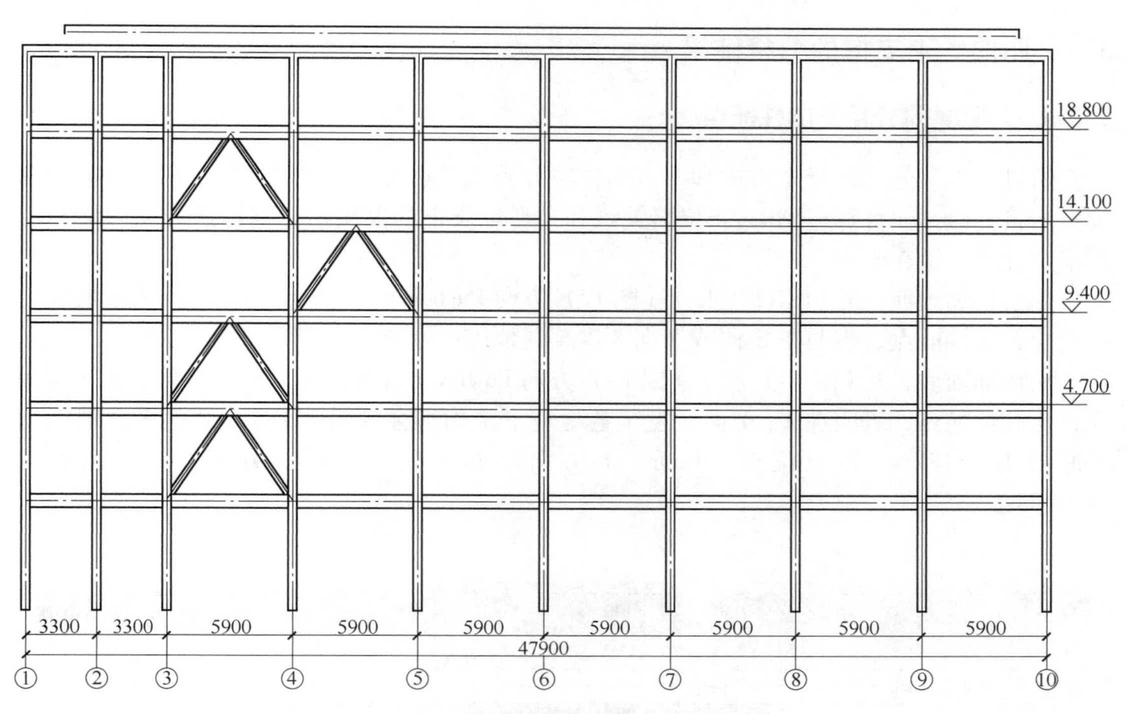

图 9 C 轴新增支撑立面图

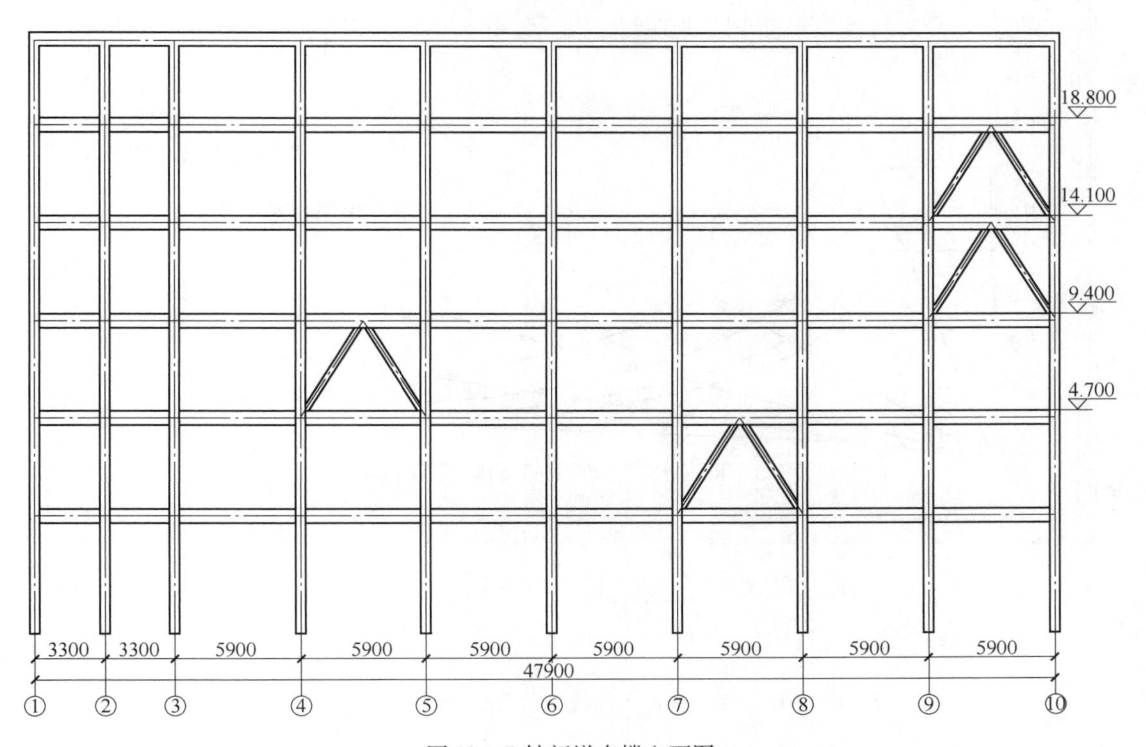

图 10 B 轴新增支撑立面图

3.6　屈曲约束支撑的分析结果

3.6.1　罕遇地震作用下的性能点

通过对模型分别进行 X 方向和 Y 方向推覆分析来寻求 8 度区罕遇地震作用下结构的性能点。将 Pushover 计算得到的力-位移关系和罕遇地震下的反应谱分别转换为能力谱和需求谱，并统一绘在坐标系中。

原结构加固前：X（图 11）和 Y（图 12）方向 Pushover 分析，能力曲线与需求曲线均不相交，无性能点，表明在 X 向或 Y 向 8 度罕遇地震下原结构会倒塌。

结构加固后：X（图 13）和 Y（图 14）方向 Pushover 分析，能力曲线与需求曲线均相交，均有性能点，表明在 X、Y 向 8 度罕遇地震下结构不会倒塌；X 方向 8 度罕遇地震下基底剪力 4318kN，顶点位移 150mm；Y 方向罕遇地震下基底剪力 4710kN，顶点位移 76mm。

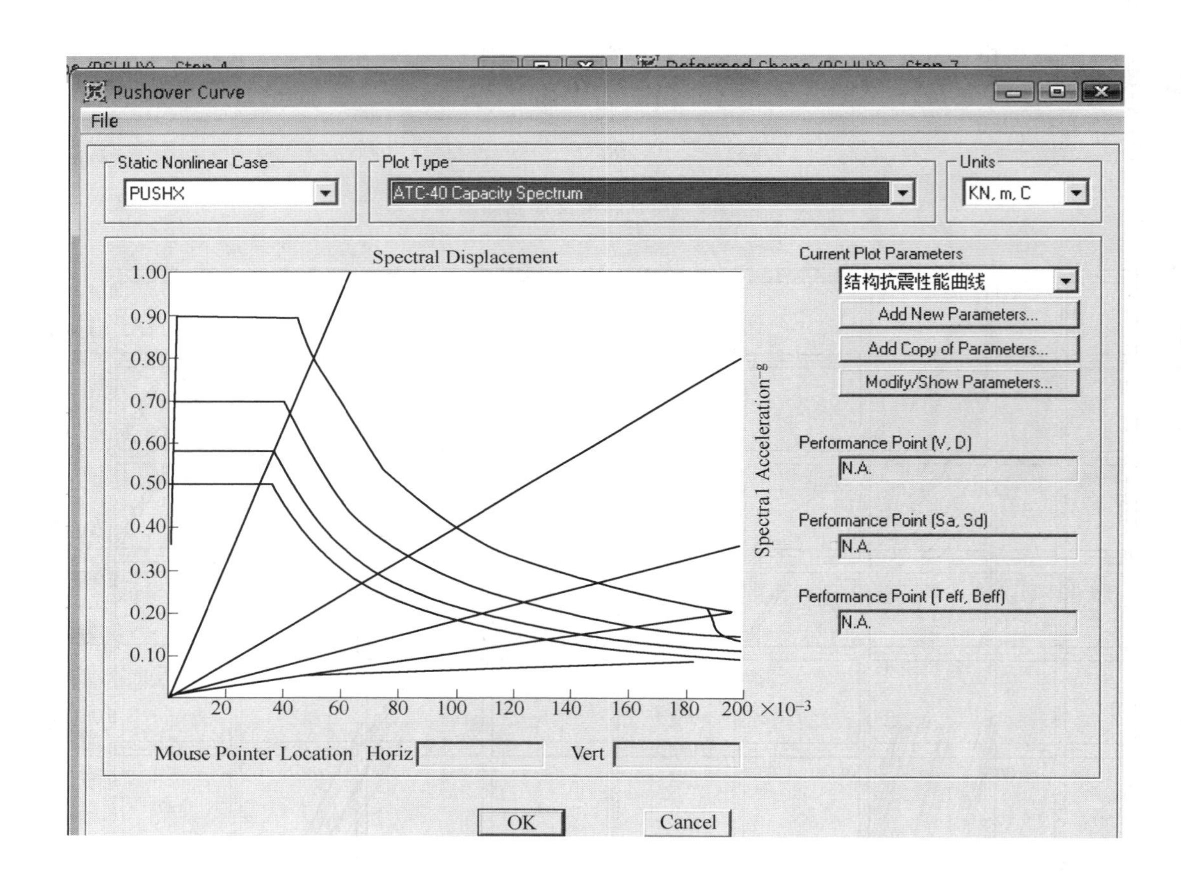

图 11　原结构 X 向的能力曲线和需求曲线无交点，无性能点

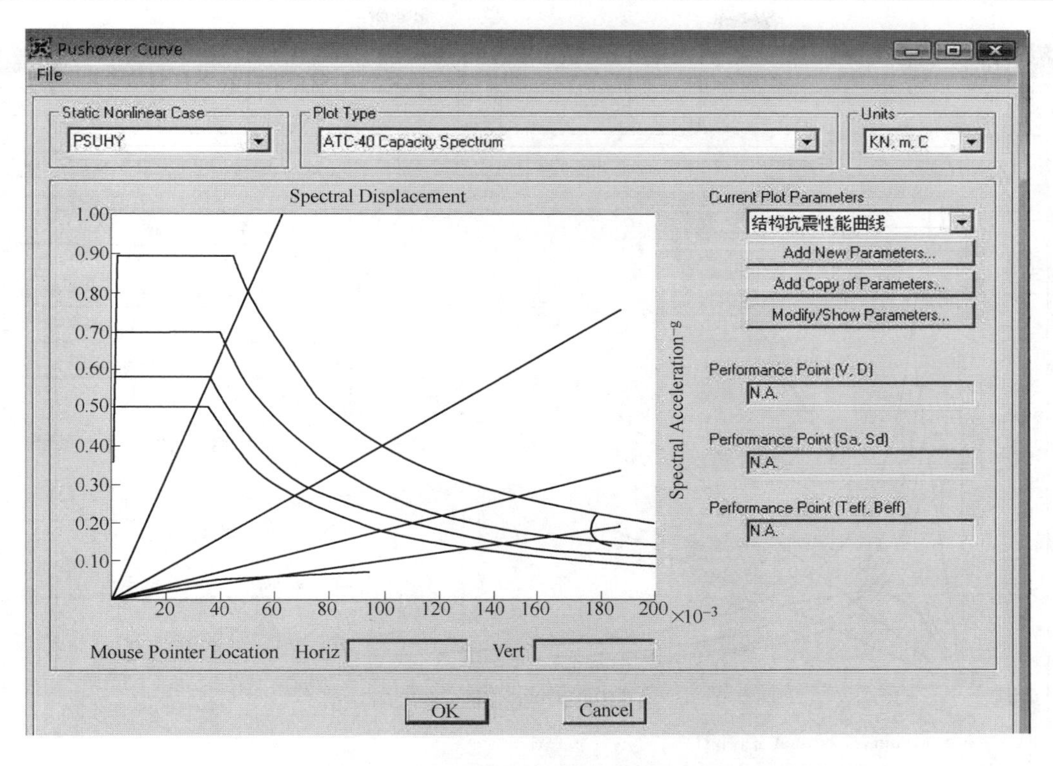

图 12　原结构 Y 向的能力曲线和需求曲线无交点，无性能点

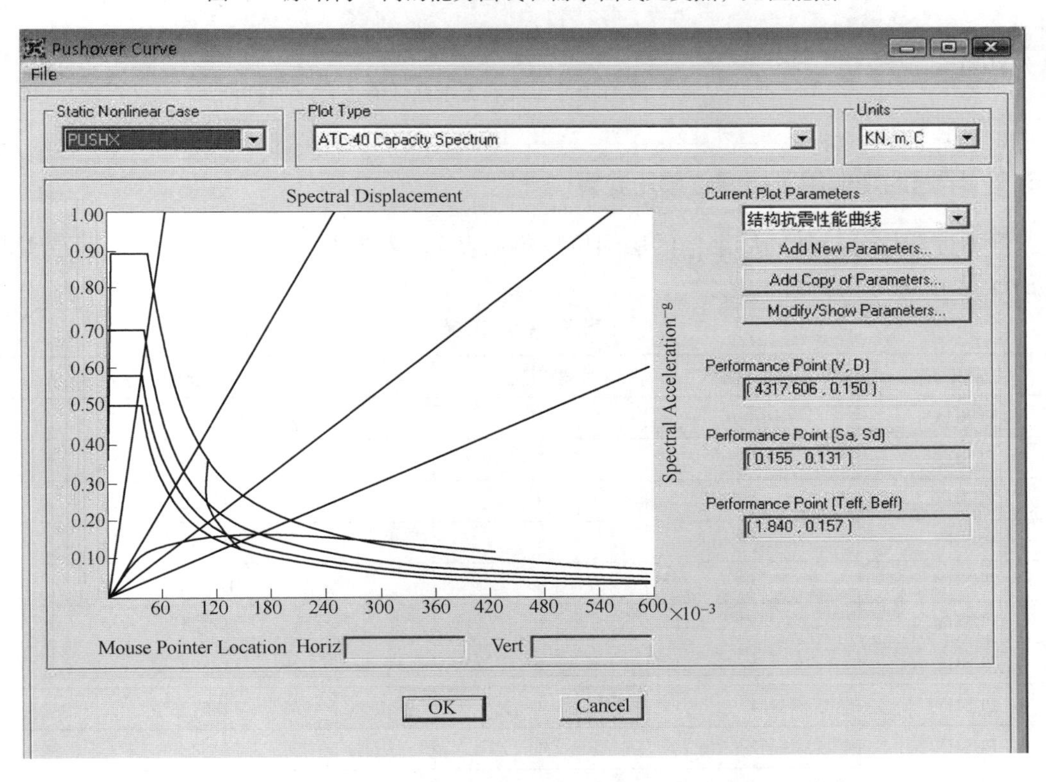

图 13　加固结构 X 向的能力曲线和需求曲线有交点，有性能点

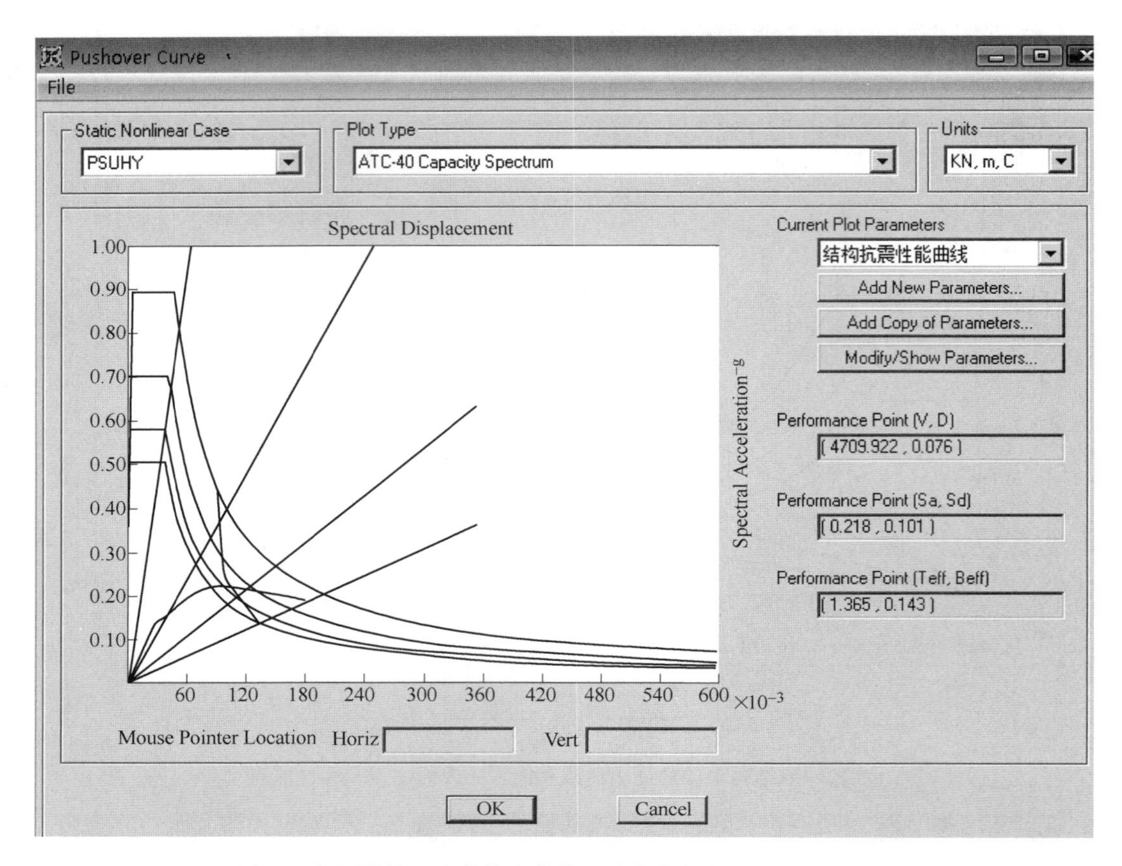

图 14　加固结构 Y 向的能力曲线和需求曲线有交点，有性能点

3.6.2　罕遇地震作用下层间位移角验算

静力弹塑性分析加固后结构的层间位移角见表 7，表中 PUSHX 表示 X 方向荷载工况，PUSHY 表示 Y 方向荷载工况。

表 7　荷载工况

荷载工况	方　向	楼　层	加固后结构层间位移角
PUSHX	X	1	1/81
PUSHX	X	2	1/128
PUSHX	X	3	1/260
PUSHX	X	4	1/540
PUSHX	X	5	1/1353
PUSHY	Y	1	1/134
PUSHY	Y	2	1/388
PUSHY	Y	3	1/573
PUSHY	Y	4	1/580
PUSHY	Y	5	1/883

3.7 结构抗震性能的综合评价

通过以上静力弹塑性分析，可以得到如下主要结论：

(1) X、Y方向上的静力弹塑性分析过程中，加固结构的塑性铰首先出现在框架梁和屈曲约束支撑上，随后才出现在结构框架柱，屈曲约束支撑首层首先屈服，先期进入耗能状态，而后二、三、四层的屈曲约束支撑开始屈服，加固后的结构能形成合理的结构屈服机制。

(2) 静力弹塑性分析表明，结构加固后X方向结构最大层间位移角为1/81，Y方向最大层间位移角1/134，结构的罕遇地震下的弹塑性变形基本满足抗震规范12.3.3条5款的规定限值1/80，结构的能力曲线能穿越8度罕遇地震下的需求曲线，能满足大震不倒的抗震设防标准。

4 施工维护情况说明

4.1 施工方案说明

屈曲约束支撑作为成品构件，自身性能需经试验抽检满足规范要求后，在工程中安装使用。

现场施工时，根据特定工程中屈曲约束支撑自身性能及构造特点要求，通过采用焊接，方式连接，使屈曲约束支撑与主体结构连接节点部位可靠连接，并通过工程检测，保证连接质量达到规范要求，确保屈曲约束支撑在主体结构中有效发挥自己的作用。

根据屈曲约束支撑的连接方式分为焊接节点板、销轴节点板、螺栓节点板，其中焊接节点板有十字型、H型转接头等，十字型接头较为常见。

节点板现场施工顺序为：现场标记节点板放置位置→节点板吊运→节点板临时固定→校正→节点板最终固定。

施工要点：(1) 应严格按照深化图纸的定位尺寸焊接节点板，使节点板平面内及平面外的偏差在允许范围内，保证屈曲约束支撑的安装长度和安装垂直度。(2) 节点板吊运设备为葫芦吊，根据单个节点板最大自重选定葫芦吊型号；吊运到位后，采取点焊或者加劲板等方法临时固定。(3) 校正节点板位置，无误后进行焊接固定。

4.2 连接节点检测

屈曲约束支撑与结构连接节点需进行检测，连接焊接的检测：对接连接焊缝进行探伤检查（超声波探伤），并且应达到规范要求。

4.3 防火防腐涂装及使用维护

屈曲约束支撑应根据约束机制的不同，设计具有不同的防火要求。当采用纯钢约束体系，则应做防火保护，且其防火等级等同于相应的普通钢支撑。采用填充材料约束体系，且套筒内填充材料具有隔热性能的不燃烧材料时，自由伸缩段和封头板必须做防火保护，套筒可不做防火保护；当套筒内填充材料不具有隔热性能时，自由伸缩段、封头板及套筒均应作防火保护。屈曲约束支撑两端焊接型见图 15。防腐要求参见《钢结构工程施工质量验收规范》（GB 50205）中的有关规定。

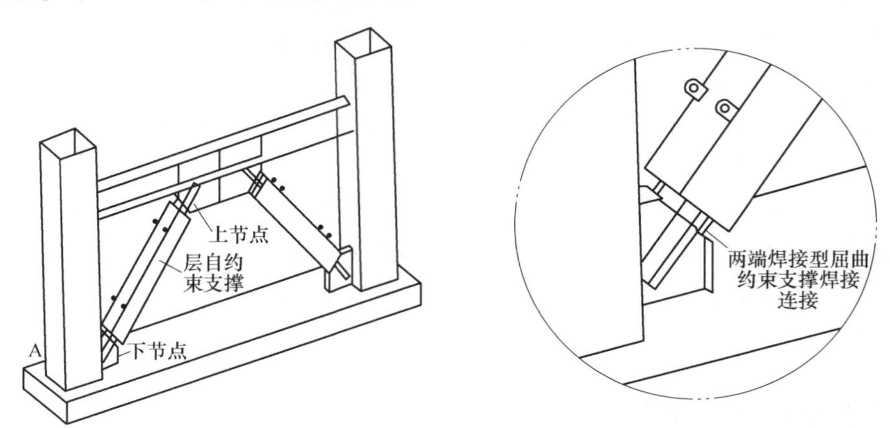

图 15　屈曲约束支撑两端焊接型

屈曲约束支撑必须与建筑结构同寿命，且终身免维护，并且能够在地震过后很方便地更换。

4.4　外包钢节点施工要点

外包钢板现场施工顺序为：原结构梁、柱混凝土表面清理→棱角打磨成圆角、剔除破损混凝土→刷毛、吹净→钻植筋孔→安装包钢板并焊接→焊接节点板→锚栓植入并固定帮→灌注灌浆料→恢复楼板→验收。

施工要点：

（1）梁四面包钢会破除局部楼板，因此要求楼板钢筋不能截断，在包钢板上开槽口穿过钢筋；施工完成后采用内掺早强剂以及微膨胀剂的混凝土对洞口进行恢复。

（2）根据实际进行切割下料包钢板，并按照实际钻孔位置相应在钢板上开孔。

（3）对于柱顶的包钢板安装时要做好临时固定，待包钢板及节点板焊接完成后，再进行调整安装锚栓。

（4）锚栓完全固化后要做拉拔试验，并满足设计要求。

5　结论

从上述的分析可以看出，该建筑工程装修改造采用屈曲约束支撑合理且可行。

（1）原框架结构设计时抗震设防烈度为 7 度，现为 8 度，地震作用效应增加，因此改造后原框架计算发现原结构抗震承载力不足，刚度不足。采用增大截面进行加固改造范围过大，采用新增剪力墙加固地震作用增加过大，且不符合建筑功能要求，优先考虑采用新增钢支撑和屈曲约束支撑方案。

（2）在比较新增钢支撑和屈曲约束支撑的抗震性能及经济性后发现，采用普通钢支撑，原支撑截面不满足稳定验算要求，需增大支撑截面，采用屈曲约束支撑更经济，对结构抗震更为有利。

（3）采用混凝土框架结构-屈曲约束支撑进行多遇地震和罕遇地震分析可以发现，加固后结构满足承载力和层间位移要求。

（4）采用外包钢连接节点，新增屈曲约束支撑可实现与原结构连接。

附录　新世基办公楼装修改造参与单位及人员信息

<table>
<tr><td>项目名称</td><td colspan="3">新世基办公楼装修改造</td></tr>
<tr><td>设计单位</td><td colspan="3">中国电子工程设计院</td></tr>
<tr><td>用　途</td><td>酒店</td><td>建设地点</td><td>北京市安外大街安华里社区</td></tr>
<tr><td>施工单位</td><td>北京世源希达工程技术公司</td><td>施工图审查机构</td><td>中国中元国际工程公司</td></tr>
<tr><td>建设时间</td><td>原结构于1975年设计；
结构改造设计时间为2009年</td><td>竣工验收
时间</td><td>2012. 12</td></tr>
<tr><td colspan="4">参与本项目的主要人员：</td></tr>
</table>

序号	姓　名	职　称	工 作 单 位
1	胡孔国	教授级高工	中国电子工程设计院
2	谭　壮	工程师	中国电子工程设计院
3	刘玲利	工程师	中国电子工程设计院

案例 12　古北财富中心

1　工程概况

古北财富中心项目地处上海市长宁区古北新区，北临城市主干道虹桥路，西侧为金珠路，东靠古北湾大酒店，南侧毗邻伊犁电话局及上海民航医院。本工程总用地面积约 7967m²，总建筑面积约 39454.51m²，由一栋主楼和三栋裙楼组成，主楼和裙楼在地面以上完全脱开而成各自独立的单体。主体结构为 15 层，建筑高度 69.15m，建筑布局特点：核芯区偏置，办公面积利用最大化；灵活的大跨无柱办公空间，最大跨度 17.8m，建筑标准层层高 4.1m，建筑净高大于 2.8m；结构特点为：柱距大，结构柱网尺寸为 9.2m × 9.2m，9.2m × (14 ~ 17.8)m。裙楼 2 ~ 4 层，采用钢筋混凝土框架结构；二 ~ 三层地下室，不设缝脱开，连为一体。此外，建筑为追求立面效果，限定支撑布置的范围集中在楼梯和电梯间周围，由此给结构的布置与整体刚度偏心的调整带来一定的困难。经过和建筑师及业主工程师多次讨论并综合考虑结构抗震性能、建筑的功能、设备的布置及经济性后，采用屈曲约束支撑-钢框架结构体系。该结构形式除本身具有经济合理性外，同时能完全满足建筑功能和设备布置要求。这也是屈曲约束支撑体系在上海地区建筑工程领域中首次应用。主楼建筑标准层平面图见图 1，图 2 为建筑剖面图。

2　工程设计

2.1　设计主要依据和资料

（1）设计过程中，采用的现行国家标准、规范、规程及图集主要有：

1）《建筑抗震设计规范》（GB 50011—2001）；

2）《钢结构设计规范》（GB 50017—2003）；

3）《高层民用建筑钢结构技术规程》（JGJ 99—98）；

4）《钢结构制作安装施工规程》（YB 9254—95）；

5）《建筑钢结构焊接技术规程》（JGJ 81—2002）；

6）《钢结构高强度螺栓连接的设计、施工及验收规程》（JGJ 82—91）；

7）《钢结构工程施工质量验收规范》（GB 50205—2001）；

8）《钢-混凝土组合楼盖结构设计与施工规程》（YB 9238—92）；

9）《型钢混凝土组合结构技术规程》（JGJ 138—2001）；

10）《钢管混凝土结构设计与施工规程》（CECS 28:90）；

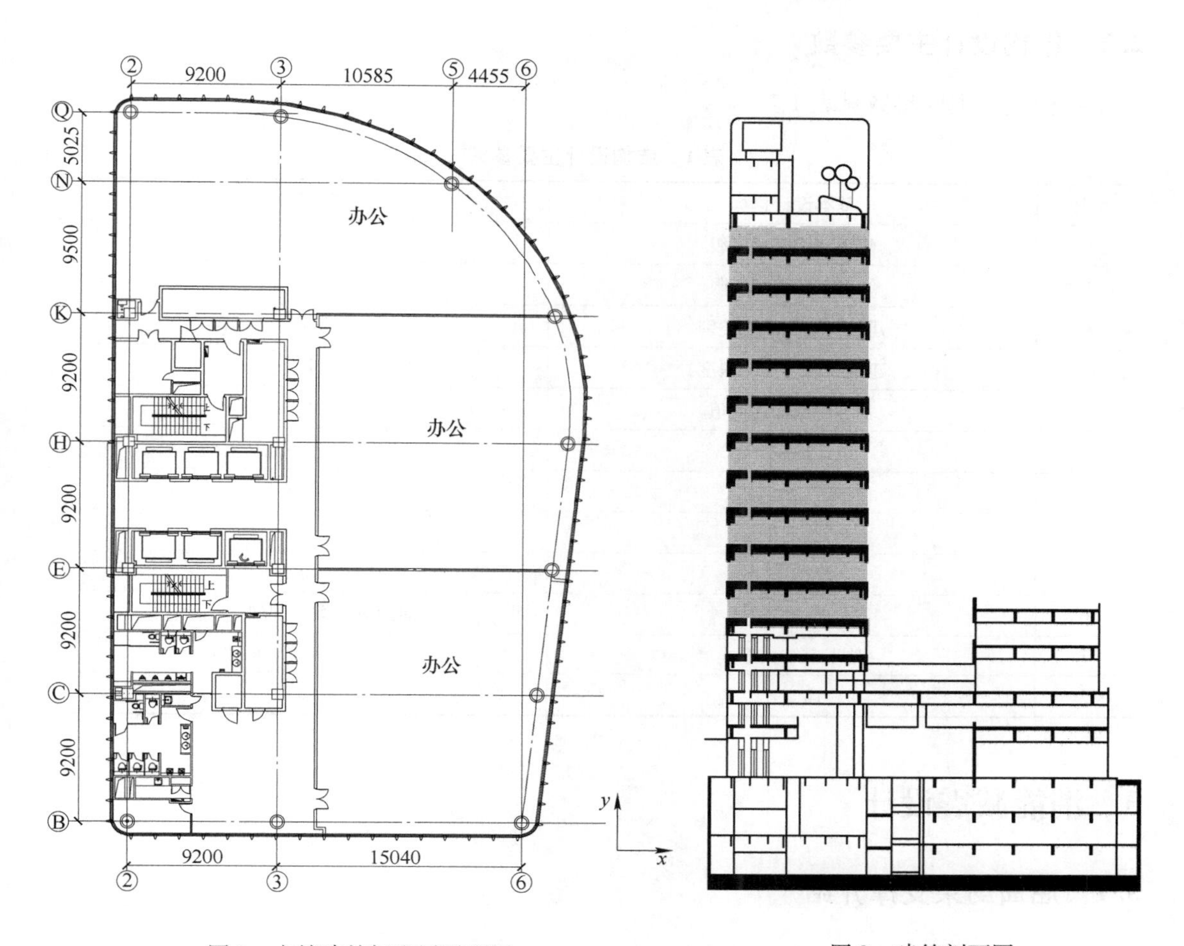

图 1 主楼建筑标准层平面图

图 2 建筑剖面图

11）《矩形钢管混凝土结构技术规程》（CECS 159:2004）；

12）《多、高层民用建筑钢结构节点构造详图》（01SG519）；

13）《建筑设计防火规范》（GBJ 16—87）（2001 版）；

14）《高层民用建筑设计防火规范》（GB 50045）；

15）《建筑结构荷载规范》（GB 50009—2001）；

16）《建筑地基基础设计规范》（GB 50007—2002）；

17）《建筑工程抗震设防分类标准》（GB 50223—2004）；

18）《混凝土结构设计规范》（GB 50010—2002）。

（2）上海市有关规范及标准：

1）《建筑抗震设计规程》（上海）（DGJ08-9—2003）；

2）《高层建筑钢结构设计暂行规定》（上海）（DBJ08-32—92）；

3）《高层建筑钢-混凝土混合结构设计规程》（上海）（DG/TJ08-015—2004）；

4）《建筑钢结构防火技术规程》（上海）（DG/TJ08-008—2000）。

2.2　结构设计主要参数

结构设计主要参数见表 1。

表 1　结构设计主要参数

序号	基本设计指标	参　　数
1	建筑结构安全等级	二级
2	结构设计使用年限	50
3	建筑物抗震设防类别	丙类
4	建筑物抗震设防烈度	7 度
5	基本地震加速度值	0.1g
6	设计地震分组	第一组
7	建筑场地类别	Ⅳ类
8	特征周期/s	0.9
9	基础形式	桩筏
10	上部结构形式	屈曲约束支撑-钢框架结构体系
11	地下室结构形式	钢筋混凝土框架
12	高宽比	2.8

3　消能减震设计

3.1　屈曲约束支撑介绍

3.1.1　屈曲约束支撑的构成

屈曲约束支撑是由中间芯材（又称受力单元，通常采用低屈服强度和延性较好的钢材）、无黏结可膨胀材料（又称脱层或滑动单元）及防屈曲套管（又称侧向约束单元，钢管内填充混凝土或砂浆）三部分组成（参见图 3）。芯材受压时由于防屈曲套管的约束作用，所以芯材不会发生整体屈曲，从而保证中间的芯材在受拉和受压时都能达到屈服。芯材受压时因泊松效应而产生膨胀，为减少或消除芯材受力时将力传给套管，在芯材与套管间设有一层无黏结材料或狭小空隙层，也有称这类支撑为无黏结支撑 UBB（Unbonded Brace）。

3.1.2　屈曲约束支撑的破坏模式

为实现屈曲约束支撑的正常工作，需要判别并消除可能发生的破坏形式。支撑在受拉时不存在稳定问题，钢材的理想弹塑性特性使得其受拉行为相对简单；支撑受压时则根据支撑的不同组成形式，可能发生：（1）强度问题；（2）构件整体失稳；（3）中间芯材约束区内的单独失稳；（4）中间芯材端部无约束连接区扭转失稳等几种破坏模式。消除这几种破坏模式的准则就是使对应的失稳 P_{cr} 高于中间芯材单元的屈服荷载 P_{cr}。在中间芯材单元确定的情况下，F_y 是一个确定的值，因而问题在于如何确定构件的各类屈曲荷载 P_{cr}，

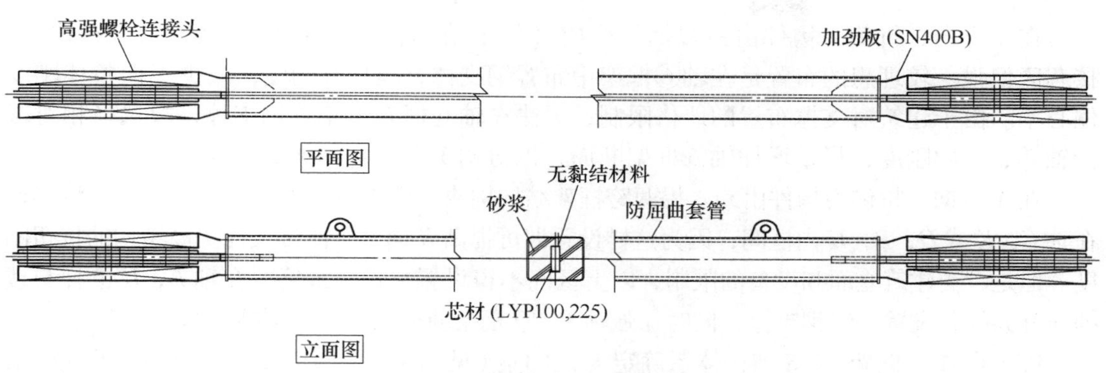

图3　屈曲约束支撑的构成

经过适当设计，以上几种破坏模式均可消除。

屈曲约束支撑的特性，除了在受拉、受压都能屈服外，它的滞回环相当饱满，几乎没有颈缩和强度下降的现象，具有延性好、耗能能力强的特点。屈曲约束支撑是一种位移型（金属屈服型）阻尼器，从结构抗震控制分类看，其属于被动控制类型，即无需外部的能源驱动，通过直接消耗地震能量的方式达到减少结构振动的目的。

3.2　屈曲约束支撑性能指标及布置

3.2.1　屈曲约束支撑型号及性能指标

在本工程中，屈曲约束支撑选用的芯材采用低屈服钢材，材料类型有两种，为LYP100和LYP225，数字代表钢材的屈服强度。芯材断面为“一”字形，有 -250×25 和 -250×32 两种。考虑支撑在结构不同位置因不同的刚度受力大小的差异，将屈服点低的钢材用在受力较小的支撑处，而受力较大的支撑采用较高屈服点钢材，这样屈曲约束支撑在水平力作用下尽早进入屈服发挥耗能作用。本工程采用的屈曲约束支撑，其型号及性能参数见表2。

表2　屈曲约束支撑型号及性能指标

型　号	BR1	BR2	BR1A	BR2A
个　数	4	28	2	16
屈服位移/mm	4.21	3.97	1.71	1.21
屈服荷载/t	184	143.8	80.0	62.5
屈服后刚度/$t\cdot cm^{-1}$	10.9	9.4	11.7	12.9
极限荷载/t	276	216	120	94
极限位移/mm	90.7	85.6	36.9	26.1

3.2.2　屈曲约束支撑的布置

屈曲约束支撑在主体框架中布置成单斜型，支撑一端与框架柱节点处连接，另一端与框架梁连接，分别在框架节点和梁下端设置牛腿端，通过连接钢板采用高强螺栓节点将屈曲约束支撑铰接固定在框架内，支撑的安装选在主框架结构封顶后固定，这样可以避免支撑不传递或尽量少地传递竖向荷载。

在 Y 方向，抗侧力构件由三榀框架构成（位于轴②、③、⑥处），从刚度分布比较，核芯区偏强。较理想的布置是在轴⑥框架中布置钢支撑，提高其刚度，减少 Y 向整体刚度偏心率。由于建筑对支撑布置的严格限制，无法在轴⑥框架中布置钢支撑，故选择相对减少轴②、③的刚度，尽量增加轴⑥框架断面，以协调 Y 向三榀框架的刚度。

在 X 方向，抗侧力构件由约六榀两跨框架结构构成。钢支撑较理想的布置方式是将其设在轴 C，K 或 Q，B，H 内框间，因为这样设置即可提高 X 向水平刚度又能提高结构的抗扭刚度。但是，受建筑立面和设备的限制，以上区间不得设置支撑。最终，在轴 E，H 电梯与楼梯间分界处各设置一组钢支撑，同时加强轴 B，Q 框架断面以提高外围结构的整体刚度。

综上所述：框架-支撑结构体系确定为，Y 向（见图4）由两道支撑框架和一道纯框架组成；X 向（见图5）为两道支撑框架和四道纯框架组成，现场布置参见图6～图8所示。

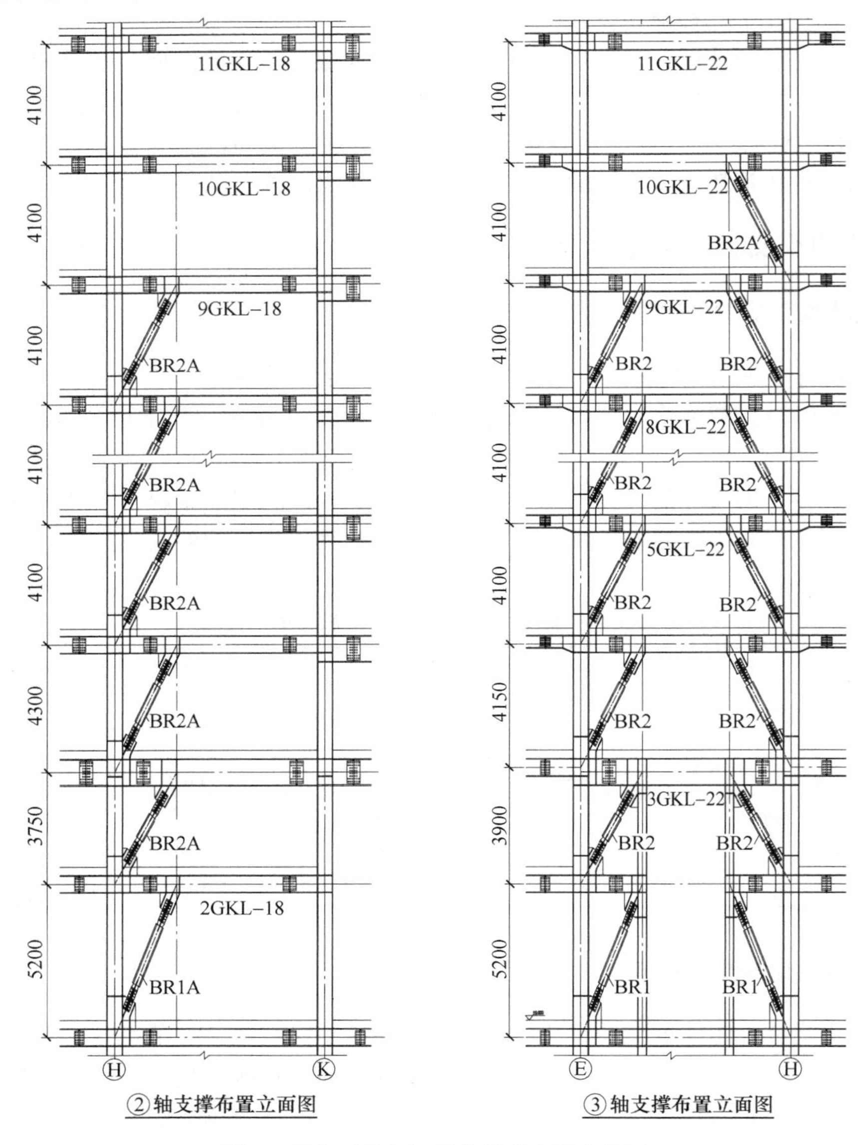

图4　竖向（Y 向）屈曲约束支撑布置图

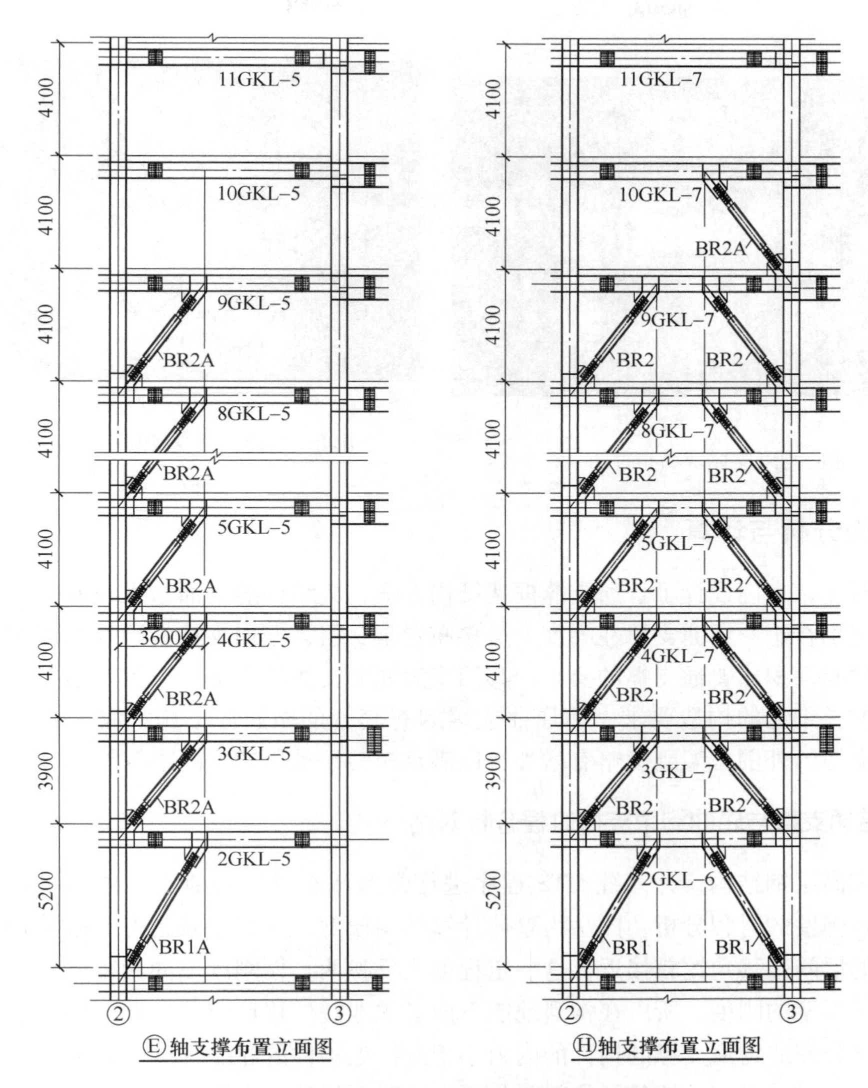

图5　竖向（*X*向）屈曲约束支撑布置图

图6　屈曲约束支撑现场布置图（一）

图 7　屈曲约束支撑现场布置图（二）

图 8　屈曲约束支撑现场布置图（三）

3.3　结构分析与计算

为了对比，专门设计了普通支撑框架结构方案，其结构的平面布置与屈曲支撑结构相同，主要区别在于，屈曲支撑在高度上最多布置至 9 层，普通支撑沿建筑全高布置；屈曲支撑的芯材断面积比普通支撑的要小，其面积为屈曲支撑的 2 倍，因为普通支撑需要满足规范规定的长细比的构造要求，而屈曲支撑因有套管的防屈曲措施，故没有长细比的限制；普通支撑的外围框架刚度略有增加，以满足扭转平动周期比的限值等。

3.3.1　普通支撑与屈曲约束支撑时程分析对比

采用多高层钢结构设计系统 MTS 程序进行常遇地震下对普通支撑结构和屈曲约束支撑结构进行弹性的时程分析，图 9 为整体计算结构模型，计算结果见表 3 和图 10。两种结构地震下的层间位移角比较接近，这一定程度上反映两者在刚度上的细微差异。因为提高了普通支撑框架的刚度，所以在常遇地震下两者的地震位移反应差异并不明显。常遇地震下，绝大部分屈曲约束支撑的构件的内力小于或接近构件的屈服强度。它反映了在常遇地震下，屈曲支撑还没有发挥其耗能减震作用，即阻尼特性还未显现，此时仅相当于一根弹性钢杆，与普通钢杆区别在于其不会受压屈曲失稳，受拉和受压时具有相同的强度与变形能力。

表 3　结构设置不同支撑的前三阶周期

周期	普通支撑框架（$X+Y+RZ$）	屈曲约束支撑框架（$X+Y+RZ$）	周期特征
T1	2.9813（0.91 +0.04 +0.05）	3.2610（0.92 +0.08 +0.00）	X 向平动
T2	2.9045（0.00 +0.65 +0.35）	3.0876（0.07 +0.85 +0.08）	Y 向平动
T3	2.6746（0.09 +0.31 +0.61）	2.9218（0.01 +0.08 +0.92）	扭转
T3/T1	0.90	0.90	

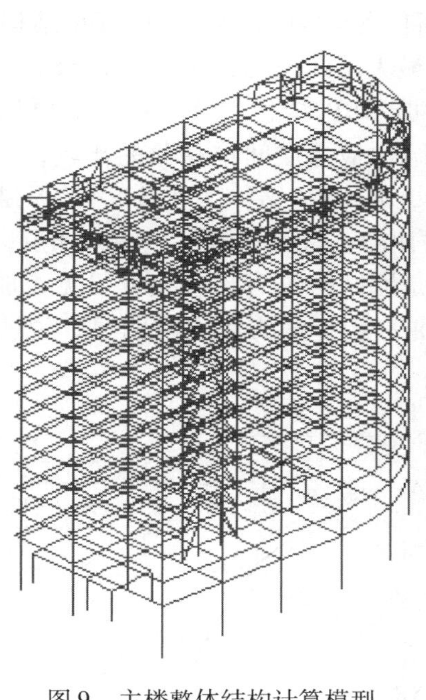

图 9 主楼整体结构计算模型

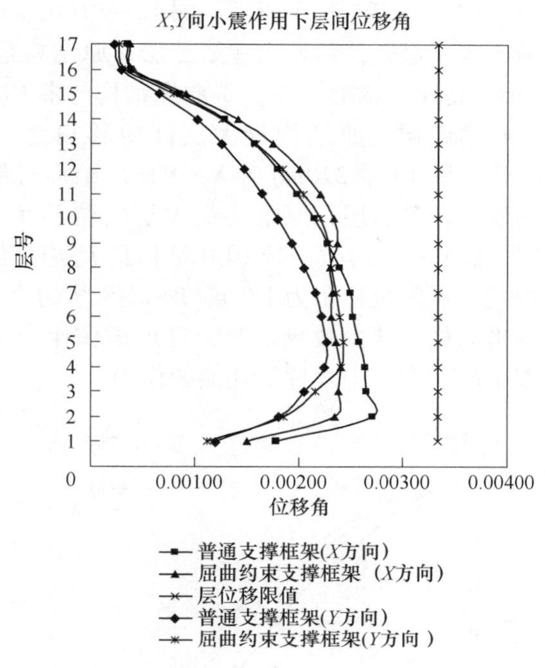

图 10 小震作用下 X，Y 向层间位移角

3.3.2 中震、大震作用下屈曲约束支撑的非线性时程分析

采用日本构造计划研究所开发的结构分析软件 RESP 非线性分析模块，进行结构在中震，大震作用下的非线性动力时程分析。研究两种结构的地震响应及抗震性能的差别。RESP 非线性分析模块中的除含有各种构件弹塑性模型，包括钢构件、混凝土梁、柱和剪力墙外，还包括各种非线性单元的弹塑性模型，例如阻尼器、隔震器等。计算仅采用两类单元，钢构件单元和 UBB 单元。UBB 单元受拉压性性能相同，滞回环饱满，耗能性能良好。其滞回模型如图 11 所示。

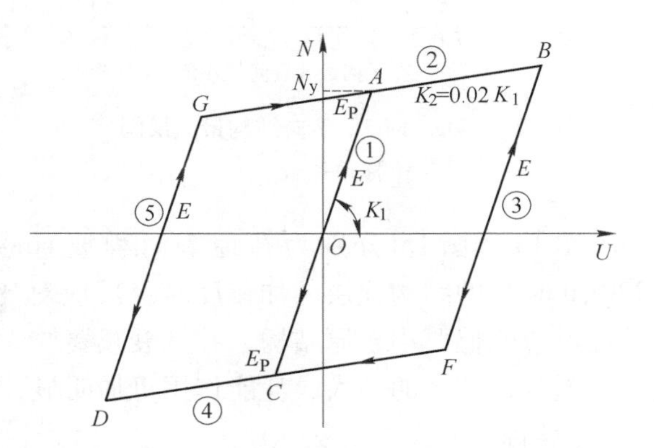

图 11 UBB 单元的简化滞回曲线

本工程抗震设防烈度为 7 度，场地类别为上海Ⅳ类，常遇地震加速度峰值取 35gal，设防烈度加速度峰值取 100gal，罕遇烈度加速度峰值取 220gal，上海抗震规范推荐的四条由反应谱拟合而来的地震波持续时间为 35 ~ 45s，地震波的时间间距为 0.02s，共计算 1750 ~ 2250 步。

通过原结构和加 UBB 结构进行 X 向、Y 向弹塑性地震反应分析，得到每条波下 X 向、Y 向各层最大层间位移角，将四条波的各层最大层间位移角取平均值，得到两组曲线，如图 12 和图 13 所示。图 12 中 100gal 时 *X* 向原结构与带 UBB 结构最大层间位移角的比较，最大位移发生在第二层，原结构最大层间位移角为 1/156，加 UBB 结构为 1/186，是原结构的 84%，*Y* 向原结构与带 UBB 结构最大层间位移角的比较，最大位移发生在第四层，原结构最大层间位移角为 1/169，加 UBB 结构为 1/191，是原结构的 88%。图 13 中 220gal 时 *X*，*Y* 向原结构与带 UBB 结构最大层间位移角的比较，最大位移发生在第二层，原结构最大层间位移角为 1/61，加 UBB 结构为 1/84，是原结构的 73%，*Y* 向原结构与带 UBB 结构最大层间位移角的比较，最大位移发生在第四层，原结构最大层间位移角为 1/64，加 UBB 结构为 1/85，是原结构的 75%。由此可见，加 UBB 结构的位移减少效果明显，且地震作用越大，屈曲约束支撑的作用越明显，说明 UBB 在中震、大震中发挥了耗能的作用。

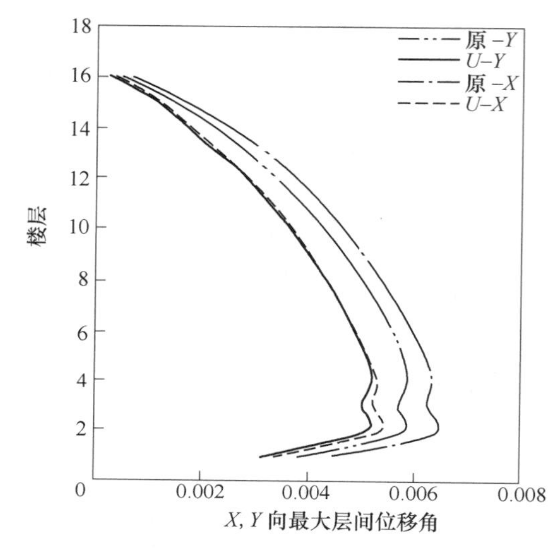

图 12　100gal 时 *X*，*Y* 向结构最大层间位移角比较

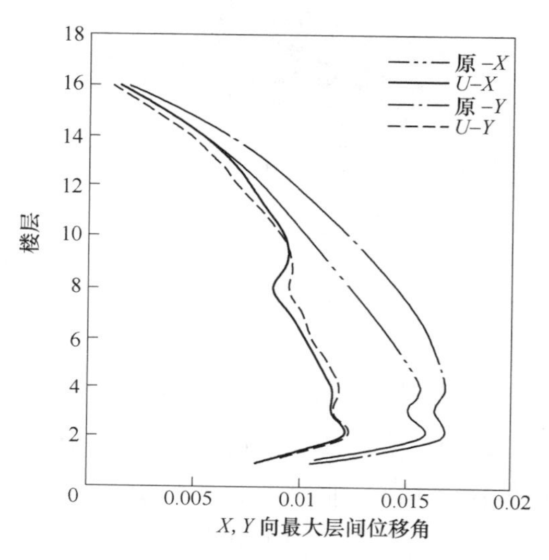

图 13　220gal 时 *X*，*Y* 向结构最大层间位移角比较

图 14 和图 15 分别为在地震时程波 shw4 作用下（加速度峰值分别为 100gal 和 220gal 时）的结构顶层的加速度时程反应对比，从图中亦可见，带 UBB 的结构顶层加速度反应峰值要小于原结构，并且衰减要快。分析认为，屈曲约束支撑在中震下已经屈服，随着地震力的加大，耗能作用更加明显，因此，带屈曲约束支撑的结构地震反应要小于原结构。

图 16 和图 17 分别为在中震和大震作用时，二楼的 UBB（LYP100，225）在两个方向（*X* 和 *Y* 向）地震单独作用下的支撑轴力和变形滞回关系。从图中可以看出，中震作用下支撑已进入塑性阶段进行耗能，随着地震作用加大，支撑变形越大，滞回环包围的面积越大，支撑耗能就越多。这也要求屈曲约束支撑芯材本身应具有良好的耐低周疲劳性能，以确保其具有稳定的耗能能力。图 18 分别为水平向两榀屈曲约束支撑框架在中震作用下塑性发展示意图。从图中看出，中震下支撑已进入塑性耗能，框架梁和柱未进入塑性。屈曲约束支撑率先进入屈服耗能，对框架主体结构保持弹性具有很大贡献。

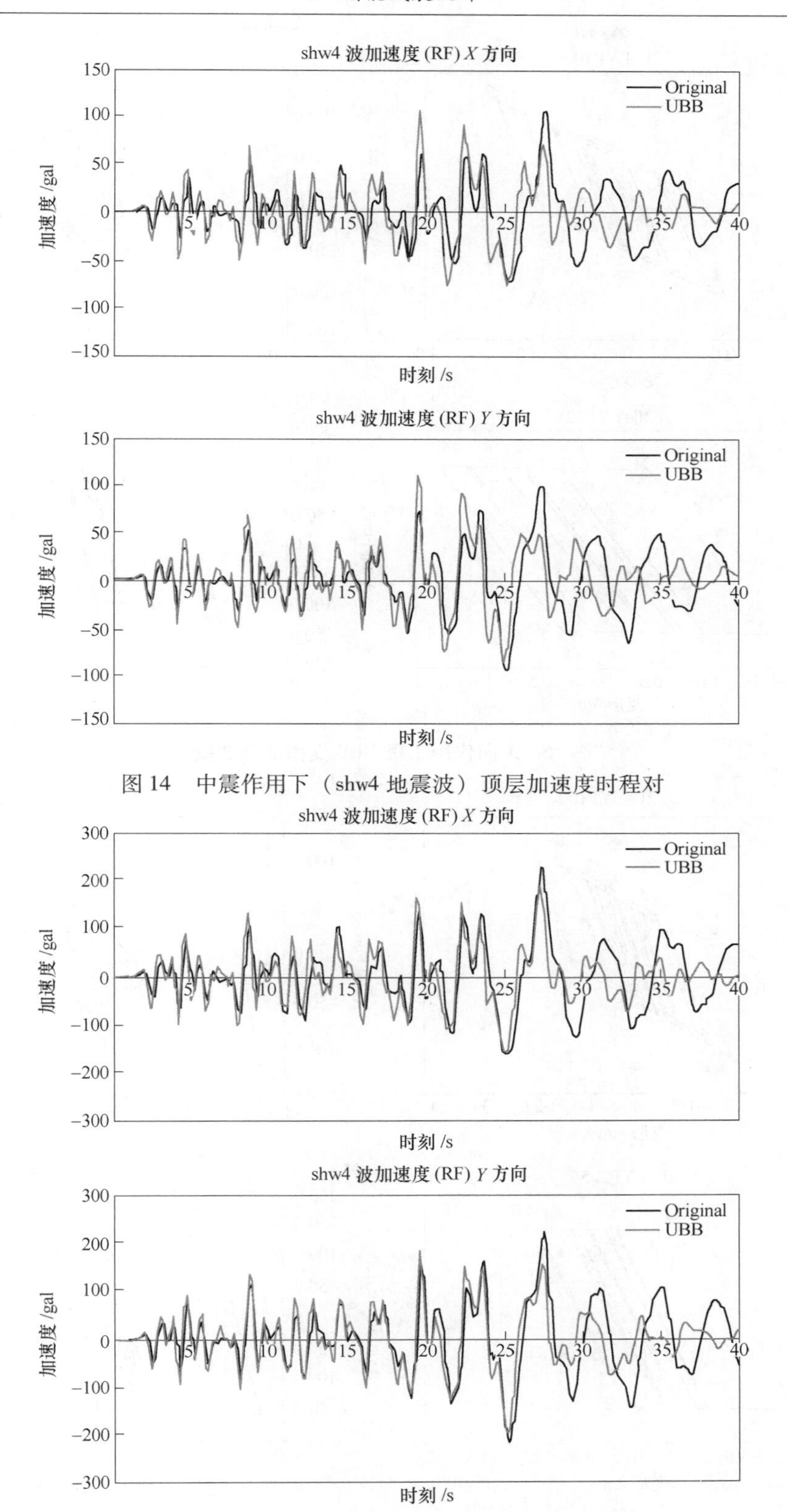

图 14 中震作用下（shw4 地震波）顶层加速度时程对

图 15 大震作用下（shw4 地震波）顶层加速度时程对比

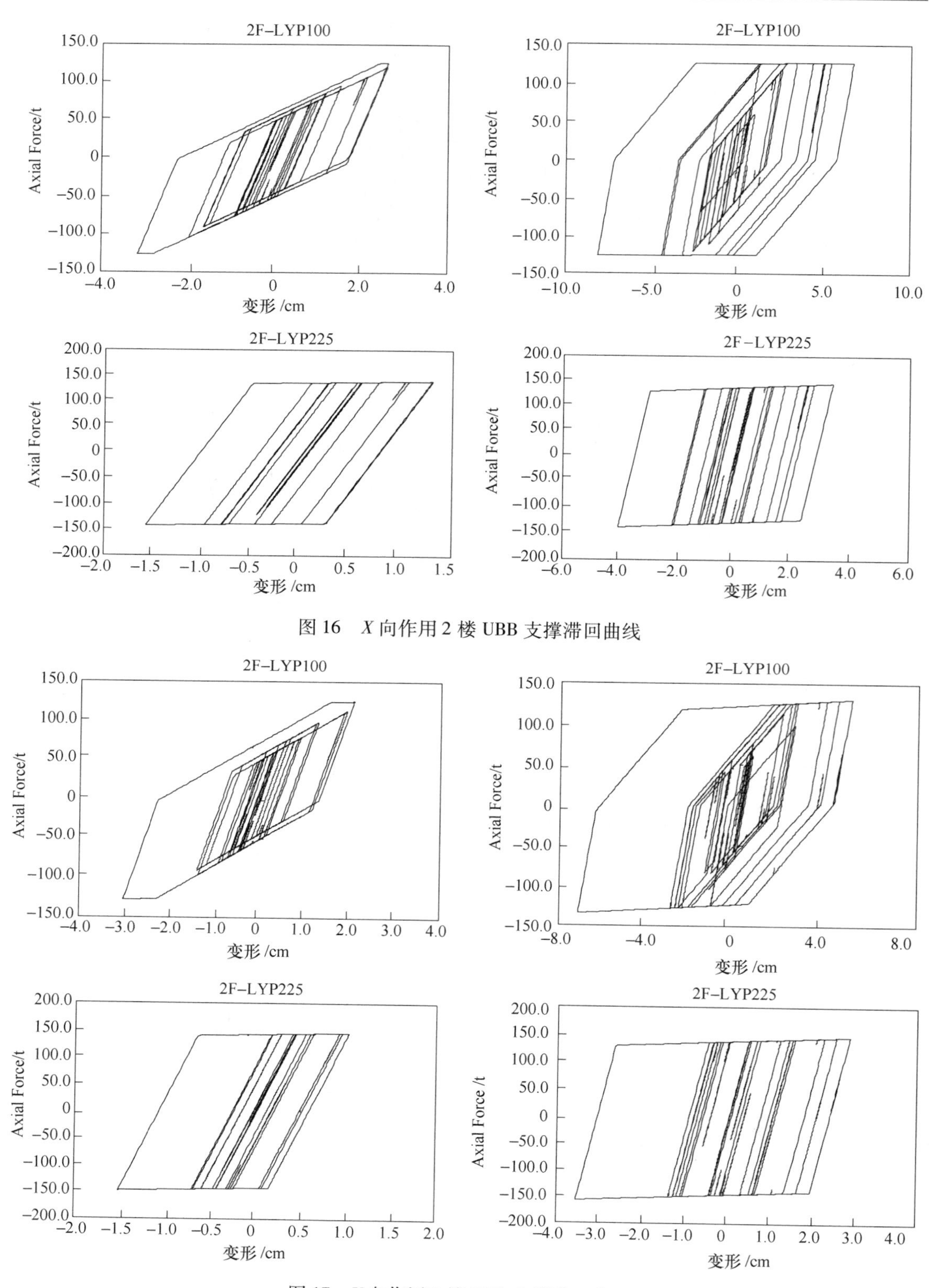

图 16　*X* 向作用 2 楼 UBB 支撑滞回曲线

图 17　*Y* 向作用 2 楼 UBB 支撑滞回曲线

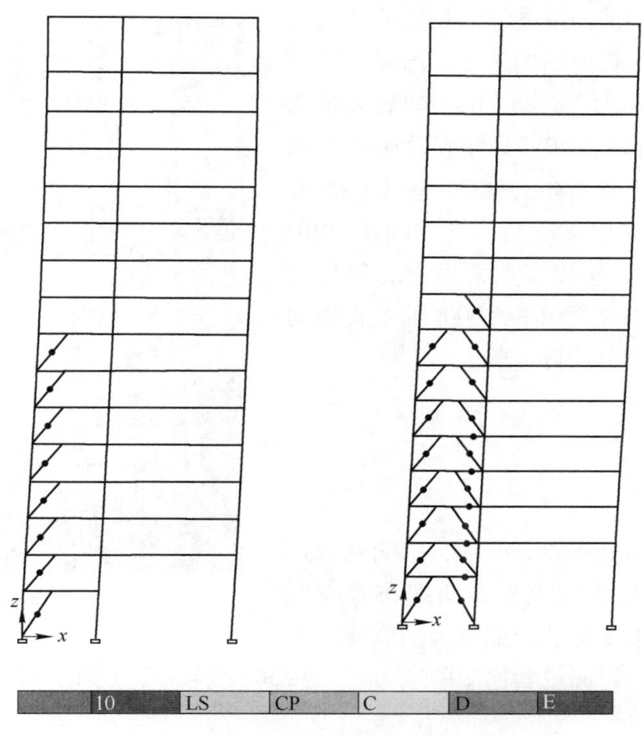

图 18　UBB 支撑在中震作用下塑性铰分布

4　屈曲约束支撑足尺结构试验

4.1　试验背景

综合考虑结构抗震性能、建筑的功能、设备的布置及经济性后，该项目采用了屈曲约束支撑-钢框架结构体系。屈曲约束支撑结构体系是一种新型耗能结构体系，它具有很好的耗能能力和低周疲劳性能。该项目采用的屈曲约束支撑是由日本新日铁公司生产的。为了验证该产品是否满足古北项目的设计要求，需要对项目所有的屈曲约束支撑进行抽查试验。根据设计要求，我们对抽样试件屈曲约束支撑 UBB-9a 进行了抗震性能试验。

4.2　试验背景

本试验的主要目的是测试日本新日铁公司为古北项目生产的屈曲约束支撑试件 UBB-9a 在低周反复荷载作用下的受力性能，以验证该产品是否满足古北项目的设计要求。

4.3　试验内容

试件 UBB-9a 在低周反复荷载作用下的受力性能。

4.4　试验装置

为了检验屈曲约束支撑的耗能能力和连接节点可靠性等性能，在同济大学建筑工程系静力试验室进行了屈曲约束支撑的足尺的低周反复拉压试验，采用了目前国内领先、国际先进的10000kN 多功能结构试验系统。试验加载装置如图 19 所示，支撑试件 UBB-9a 与地梁连接形成的组件；地梁用锚栓锚固在试验室台座上，纵向用千斤顶固定，避免地梁滑动。支撑试件 UBB-9a 与加载头和地梁的连接节点采用古北项目的构造形式。试验采用拉 500t 推 1000t 的垂直作动器，直接作用在支撑上进行加载。

图 19　试验加载装置

4.5　量测内容

4.5.1　应变测量

连接板中部薄弱处布置应变片，以测量节点连接板的应力；在屈曲约束支撑两端布置应变片，以测量屈曲约束支撑芯板加宽段的应变；套筒端部布置应变片，以测量套筒中的应力，一共 56 个应变片（如图 20 所示）。

4.5.2　位移测量

在屈曲约束支撑两端布置位移计，以测量屈曲约束支撑的变形；在芯材两端套筒外的延伸部分布置位移计，以测量屈曲约束支撑一端芯板与套筒的相对位移；在连接板中间两排螺栓之间放置位移计，以测量连接板薄弱处的变形，一共 16 个位移计（如图 21 所示）。

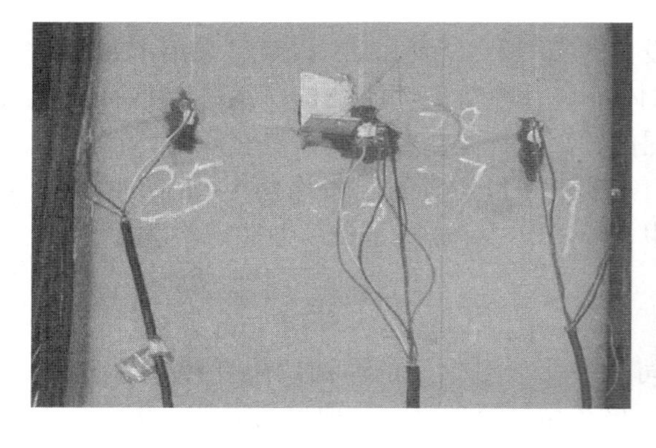

图 20　套筒中部应变片布置图

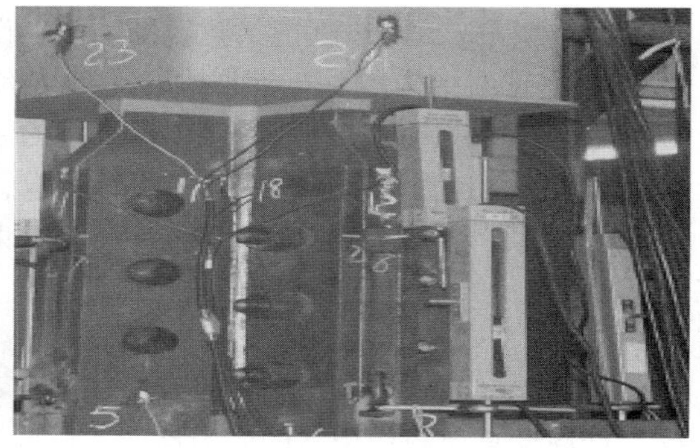

图 21　试验用位移计布置

4.6　加载制度

试验的加载程序分为预加载阶段和正式加载阶段，采用分级加（卸）载。

4.6.1　预加载阶段

预加载的目的：（1）使试件的支承约束部位和加载部位接触良好，进入正常工作状态；（2）检查全部试验装置的可靠性；（3）检查全部测量仪器工作是否正常。通过预加载可以发现问题，及时调整改进。

4.6.2　试验结果

试验所得力-位移曲线十分饱满（如图 22 所示），说明日本新日铁公司生产的屈曲约束支撑具有很好的耗能能力和低周疲劳性能。

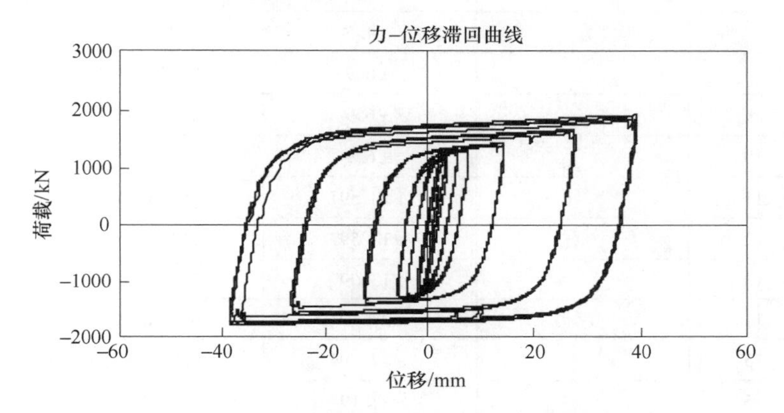

图 22　屈曲约束支撑力-位移曲线

4.6.3　试验结果分析

（1）从试验所得的力-应变曲线可以看出，芯板的无约束非屈曲阶段和连接板在受力过程中都没有进入屈服，基本保持线弹性状态。

（2）从试验所得的力-应变曲线可以看出，由于在加载过程中支撑所受的力不是完全轴向的，再加上芯板与套筒间有摩擦，因此在套筒中也产生轴向应力和弯矩。套筒端部和中部都不同程度地进入了屈服。

（3）从试验所得的力-位移曲线可以看出，日本新日铁所生产的屈曲约束支撑滞回曲线非常饱满，具有很好滞回耗能能力，在结构抗震过程中可消耗掉很大一部分由地震波传给结构的能量。

（4）从试验所得的力-位移曲线可以看出，在位移控制加载阶段，荷载加到 1/70 层间位移角循环（即 38.85mm）的第二次拉向加载情况时，曲线有跳跃现象，与此同时支撑与节点连接处连接板位移计（上端）布点 2 脱落。此时试件开始产生东西向的侧移。因此，上述跳跃是由支撑从无侧移状态向有侧移状态的突然转换引起的。从试验结果看，上述跳跃现象并没有影响试件的滞回性能。另外，前述的高强螺栓滑移现象很可能也与支撑发生侧移有关，这是因为侧移发生在上端，而高强螺栓滑移也仅发生在上端，而如果滑移由轴力引起，势必会同样引起下端连接处高强螺栓的滑移。

（5）滞回耗能。每一循环消耗能量如表 4 所示，累计耗能如图 23 所示。

表 4　每一循环消耗能量

荷载类型	循环次数	控制方式		消耗能量 /N · m	伸长率 /%
		力控制/kN	位移控制/mm		
垂直	1	±600		457.08	0.050
	2		±2.3	4885.55	0.088
	3		±2.3	2642.30	0.088
	4		±2.3	2566.59	0.088
	5		±4.6	13423.43	0.176
	6		±4.6	12763.59	0.176
	7		±4.6	12278.94	0.176
	8		±6.9	23426.44	0.264
	9		±6.9	22985.40	0.264
	10		±6.9	21954.77	0.264
	11		±13.597	56646.05	0.676
	12		±13.597	56165.45	0.676
	13		±13.597	55725.64	0.676
	14		±27.194	140886.20	1.383
	15		±27.194	143564.81	1.383
	16		±27.194	145029.79	1.383
	17		±38.849	228714.75	1.986
	18		±38.849	222998.81	1.986
	19		±38.849	235602.05	1.986
	20		±38.849	244106.50	1.986

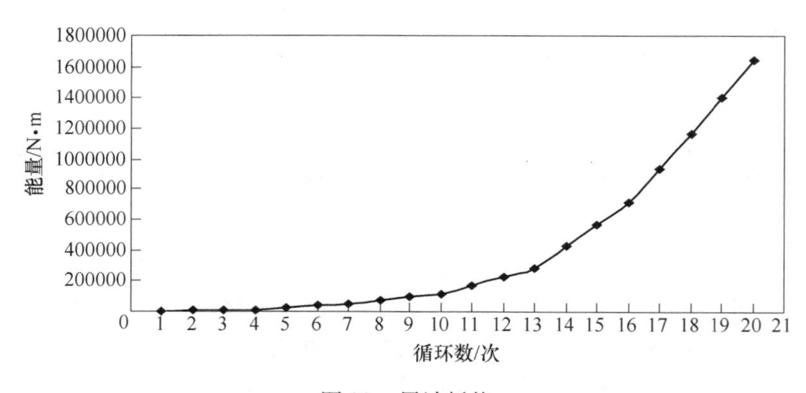

图 23　累计耗能

4.7　结论

日本新日铁生产的屈曲约束支撑具有很稳定的滞回特征和很好的低周疲劳特征，具有很好的滞回耗能能力。在结构抗震过程中可以比较理想的消耗掉地震波传给结构的能量，能够满足古北财富项目的设计要求。

5　施工维护情况说明

5.1　屈曲约束支撑施工安装要求

通过连接钢板采用高强螺栓节点将屈曲约束支撑铰接固定在框架内，支撑的安装选在主框架结构封顶后固定，这样可以避免支撑不传递或尽量少地传递竖向荷载。屈曲约束支撑的安装与主体钢结构相同，原则是由下往上。安装方法与普通支撑一样，采用螺栓连接。由于屈曲约束支撑含有灰浆或混凝土，需使用两个吊环起吊，后用螺栓临时固定。螺栓连接时，用电动扳手将高强螺栓固定。

5.2　屈曲约束支撑节点设计

屈曲约束支撑与主体框架的连接构造设计应遵循“强节点，弱构件”原则，具体满足以下条件：（1）连接板的设计极限承载力大于1.5倍的支撑强度；（2）高强螺栓连接的设计极限承载力大于1.5倍的支撑强度。同时为防止单斜式布置的钢梁变形较大，影响支撑的耗能作用的发挥，除满足在大震下不屈服外，设计构造中对其适当加强。为提高连接节点区域的延性，牛腿与钢梁、钢柱连接采用剖口熔透焊缝，与牛腿相连的钢梁腹板和翼缘之间的连接采用剖口熔透焊缝。连接构造示意见图24和图25。

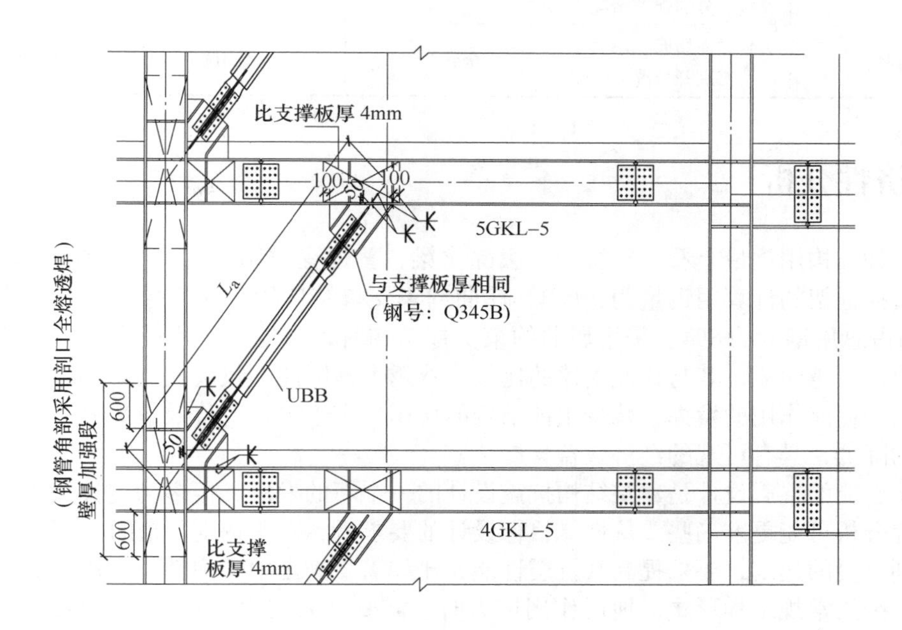

图24　屈曲约束支撑连接构造示意图

5.3　屈曲约束支撑维护要求

当土地周围地动振动记录被判断为超过了在建筑物设计时设定的一次设计等级时，业主需委托专业机构进行维护管理。维护检查的项目如表 5 所示。在表 4 中所述的检查项目中，第 1 项的轴方向残留移位量在超过允许值的情况下，对该构面的屈曲约束支撑节点板进行校正操作。第 2 ~ 6 项在超过管理允许值的情况下，应进行合适的屈曲约束支撑更换。

图 25　屈曲约束支撑现场连接构造示意图

表 5　屈曲约束支撑检查项目及管理允许值

检查项目	管理允许值	检查位置	检　查　方　法
轴方向残留移位量	层间变形 1/400 以内	各层、各构面一个位置	支撑长或是柱子铅直度的测定
轴方向累计移位量	累积应变 10% 以内	各层、各构面一个位置	根据记录波的振动解析或根据累积应变量器的测定
填充灌浆的情况	没有端部脱落的情况	全数	目测调查以及现状照片的拍摄
无粘结材料的情况	端部没有垂落的情况	全数	目测调查以及现状照片的拍摄
节点板情况	没有螺栓的滑动或是焊接部分的断裂情况	全数	目测调查以及现状照片的拍摄
外套管情况	没有全体屈曲或是局部涨开情况	全数	目测调查以及现状照片的拍摄

6　经济性分析

从两种结构用钢量上看，经统计，去除次梁，普通支撑结构计算用钢量为 2234t，屈曲约束支撑框架的计算用钢量为 2063t，屈曲约束支撑结构较普通支撑结构减少用钢量约 170t，约占总用钢量的 8%。采用屈曲约束支撑结构时，当地震作用越大时，屈曲支撑的耗能能力作用越明显，其与普通支撑的比较优势越大，因此不仅会提高结构抗震性能，还因其优良的耗能作用的发挥，减少主体结构的作用，带来工程造价及震后修复所产生的巨额费用的降低，具有可观的经济效益。

基于性能的抗震设计是建筑结构抗震设计的一个新的发展，但多为定性设计，如按弹塑性时程分析可能更准确些。从性能目标设计的要求看，对于特别复杂的“超限”高层建筑或特别重要的建筑，要求提高其抗震性能，比如需要满足中震弹性或大震不屈服等性能目标，若采用常规结构形式，地震作用增大时，需要增大结构的断面以提高其抗震能力，结构重量会增加，这样带来地震作用增加，必会造成工程造价的增加。采用屈曲约束支撑结构时，当地震作用越大时，屈曲支撑的耗能能力作用越明显，其与普通支撑的比较优势越大，因此不仅会提高结构抗震性能，还因其优良的耗能作用的发挥，减少主体结构的作用，带来工程造价及震后修复所产生的巨额费用的降低，具有可观的经济效益。

7　结论

从以上分析可以得出以下结论：

（1）屈曲约束支撑结构在常遇地震下，大部分处于屈服强度以下，其可以考虑为不会受压失稳，受拉与受压具有同样刚度和强度的弹性钢杆，适合采用弹性反应谱法计算和设计。

（2）屈曲约束支撑在中震开始将进入屈服阶段，开始耗能，发挥阻尼减震作用，起到保护主体框架免遭破坏的作用。

（3）屈曲约束支撑结构的抗震性能要优于同类的普通支撑结构，特别是在中震和大震阶段，屈曲支撑开始耗能，抗震性能差别更加明显。

（4）屈曲约束支撑尽管其单价较高，但总体而言，它可以减少主框架的用钢量，仍具有一定的经济性。

（5）屈曲约束支撑具有优越的耗能能力，提高房屋抵御震害的能力，减少广大人民群众的生命和财产损失，且构件易于更换，可以减少结构的维修成本，故具有极大的社会效应和广泛的应用前景。

附录　古北财富中心建设参与单位及人员信息

项目名称	古北财富中心		
设计单位	华东建筑设计研究院有限公司 + 华东建筑设计研究总院		
用　途	商业、办公	建设地点	上海市长宁区
施工单位	上海建工集团	施工图审查机构	上海凯迪工程咨询有限公司
工程设计起止时间	2005. 5 ~ 2008. 12	竣工验收时间	2008. 12

参与本项目的主要人员：

序号	姓　名	职　称	工 作 单 位
1	芮明倬	教授级高工	华东建筑设计研究院有限公司华东建筑设计研究总院
2	李立树	高　工	华东建筑设计研究院有限公司华东建筑设计研究总院
3	洪小永	高　工	华东建筑设计研究院有限公司华东建筑设计研究总院
4	汪大绥	教授级高工	华东建筑设计研究院有限公司华东建筑设计研究总院

案例13　宿迁金柏年财富广场

1　工程概况

宿迁金柏年财富广场位于江苏省宿迁市，东邻幸福中路，西接东大街，南靠黄运路，总建筑面积为99242m^2，地上建筑面积为81042m^2，地下建筑面积18200m^2。江苏金柏年财富广场由A、B、C三栋建筑物组成。主楼A、B栋，地上25层，地下3层，结构层数28层，全现浇混凝土框架—剪力墙结构体系，现浇混凝土梁板式楼盖，建筑物总高度94.95m，建筑功能为商住楼。C栋，地上5层，地下3层，结构层数8层，全现浇钢筋混凝土框架结构体系，现浇混凝土梁板式楼盖，建筑物总高度27.30m，建筑功能为超市商场。A、B、C栋3层地下室连成整体，地下室按人防核6级抗力要求设计。本工程为宿迁市的重点工程，将成为宿迁的标志性建筑和城市新的制高点，图1为金柏年财富广场的建筑图。

图1　金柏年财富广场建筑图

2　工程设计

2.1　设计主要依据和资料

（1）本工程结构隔震分析、设计采用的主要计算软件有：

1）中国建筑科学院开发的商业软件 PKPM/SATWE（以下简称为“SATWE”），进行常规分析、设计。

2）美国 CSI 公司开发的建筑结构商业软件 ETABS（以下简称为“ETABS”）非线性版本进行常规结构和消能减震结构的动力分析。

3）韩国浦项集团开发的通用建筑分析与设计系统 Midas/Gen（以下简称为“Midas”），进行静力弹塑性分析。

（2）设计过程中，采用的现行国家标准、规范、规程及图集主要有：

1）《建筑结构可靠度设计统一标准》（GB 50068—2001）；

2）《建筑工程抗震设防分类标准》（GB 50223—2004）；

3）《建筑结构荷载规范》（GB 50009—2001）（2006 年版）；

4）《混凝土结构设计规范》（GB 50010—2002）；

5）《建筑抗震设计规范》（GB 50011—2001）；

6）《建筑地基基础设计规范》（GB 50007—2002）；

7）《高层建筑混凝土结构技术规程》（JGJ 3—2002）；

8）《现浇混凝土空心楼盖结构技术规程》（CECS 175:2004）；

9）《钢筋混凝土连续梁和框架考虑内力重分布设计规程》（CECS 51:93）；

10）《地下工程防水技术规范》（GB 50108—2001）；

11）《建筑设计防火规范》（GBJ 16—87）（2001 年版）；

12）《钢筋机械连接通用技术规程》（JGJ 107—2003）。

2.2 结构设计主要参数

结构设计主要参数见表 1。

表 1 结构设计主要参数

序号	基本设计指标	参 数
1	建筑结构安全等级	二级
2	结构设计使用年限	50 年
3	建筑物抗震设防类别	丙类
4	建筑物抗震设防烈度	8 度
5	基本地震加速度值	0.3g
6	设计地震分组	第一组
7	建筑场地类别	Ⅱ类
8	建筑物耐火等级	一级
9	特征周期/s	0.35/0.40
10	基本风压（100 年一遇）/kPa	0.45
11	基本雪压/kPa	0.35
12	地面粗糙度	C 类
13	风荷载体型系数	1.3
14	基础形式	天然基础

续表 1

序号	基本设计指标	参　　数
15	上部结构形式	剪力墙
16	地下室结构形式	剪力墙
17	水平地震影响系数最大值	0. 24/1. 20
18	时程分析加速度最大值/gal	110/510
19	地基基础设计等级	甲级
20	高宽比	4. 63

3　消能减震设计方案

3. 1　消能减震的设防目标

对于减震结构，《建筑抗震设计规范》规定："采用隔震或消能减震设计的建筑，当遭遇到本地区的多遇地震影响、抗震设防烈度地震影响和罕遇地震影响时，其抗震设防目标应高于本规范第 1. 0. 1 条的规定。"根据对阻尼消能减震结构的系列研究，考虑不同工程的要求及工程实践经验，参考一般建筑抗震设防要求，将消能减震结构的抗震设防目标划分为以下三类：

目标 A：设置黏滞阻尼器的减震结构，其抗震设防目标是，当遭遇低于或相当于本地区抗震设防烈度的地震影响时，结构小受损坏或小经修理可继续使用。当遭遇高于本地区抗震设防烈度预估的罕遇地震影响时，可能损坏，但经一般修理后仍可继续使用。

目标 B：对于消能减震要求更高的阻尼减震建筑及在较低设防烈度地震区的建筑，其抗震设防目标可表述为：当遭遇高于本地区抗震设防烈度的地震影响或相当于本地区抗震设防烈度的罕遇地震影响时，结构小受损坏或其受力基本仍处于弹性状态，小经修理或经简单修理仍可继续使用。

目标 C：由于不同原因导致结构在多遇地震下尚不能满足规范要求，或需采取明显不合理的过分加强措施才能满足规范要求，或需采取减震措施才能满足实际工程和建筑要求时，可采用阻尼器减震。此时，其抗震设防目标可与现行《建筑抗震设计规范》相同。

本工程消能减震设计拟达到抗震设防目标 C 的要求。

3. 2　黏滞阻尼墙消能性能简介

3. 2. 1　黏滞阻尼墙力学模型

通常黏弹性阻尼器可表述为图 2 的力学模型。

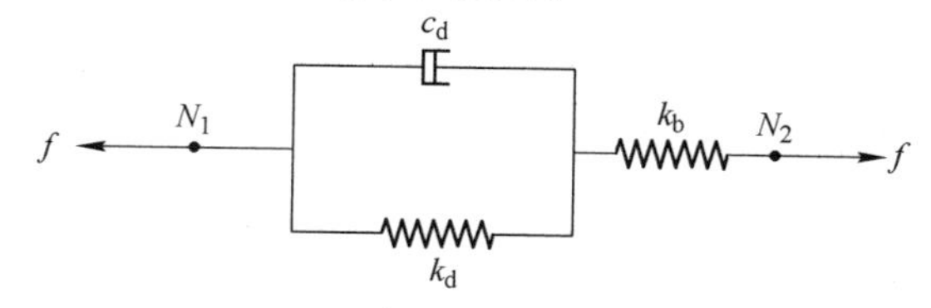

图 2　黏弹性阻尼器的力学模型图

图3和图4分别给出了速度相关型阻尼器的阻尼力与速度的关系图，以及滞回特性随速度指数变化的关系。在正弦振动下，速度相关型阻尼器的滞回环随着速度指数的减小，滞回环越接近矩形，其耗能能力也越大。

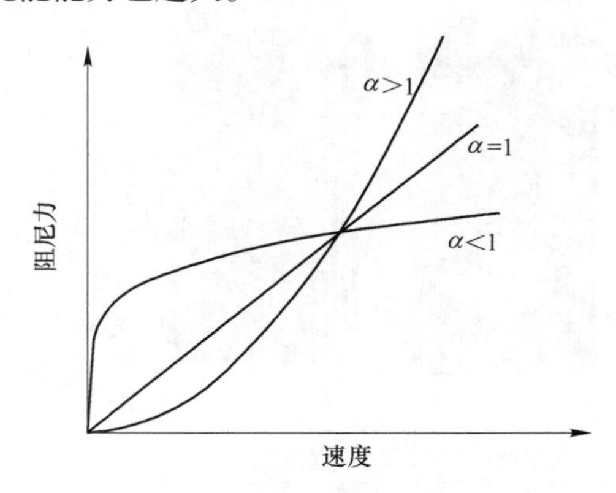

图3　黏滞阻尼力与速度的关系图

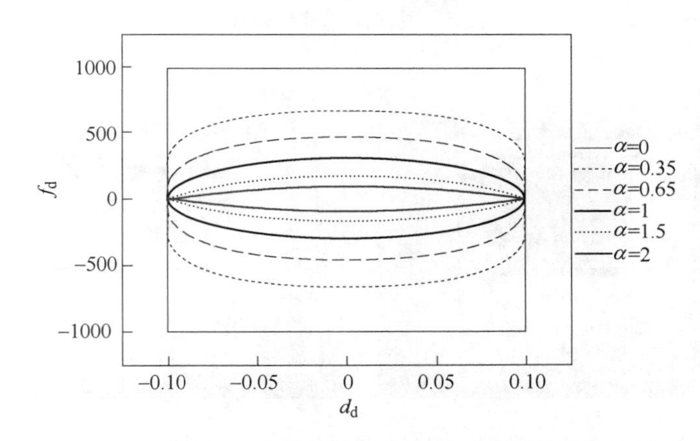

图4　阻尼器在正弦振动下，滞回曲线随速度指数的变化关系

3.2.2　阻尼器参数

阻尼器参数见表2。

表2　阻尼器参数

布置方向	阻尼系数/kN·(m/s)$^{-0.4}$	阻尼指数	行程/mm	布置形式
X向	1804	0.40	±50	人字撑
Y向	1804	0.40	±50	人字撑

注：原减震设计拟采用OILES公司研制的黏滞阻尼墙（Viscous Wall Damper）作为消能减震元件，后由于产品采购、造价等原因，替换成黏滞阻尼器。

3.2.3　黏滞阻尼墙构造

黏滞阻尼墙是利用黏性体剪断抵抗力的减震装置，在充填有黏性体的外部钢板（黏性体容器）间，插入内部钢板（阻力板），如图5所示。当发生图6所示的水平相对位移时，由内部钢板与黏性体之间的作用力提供阻尼力。

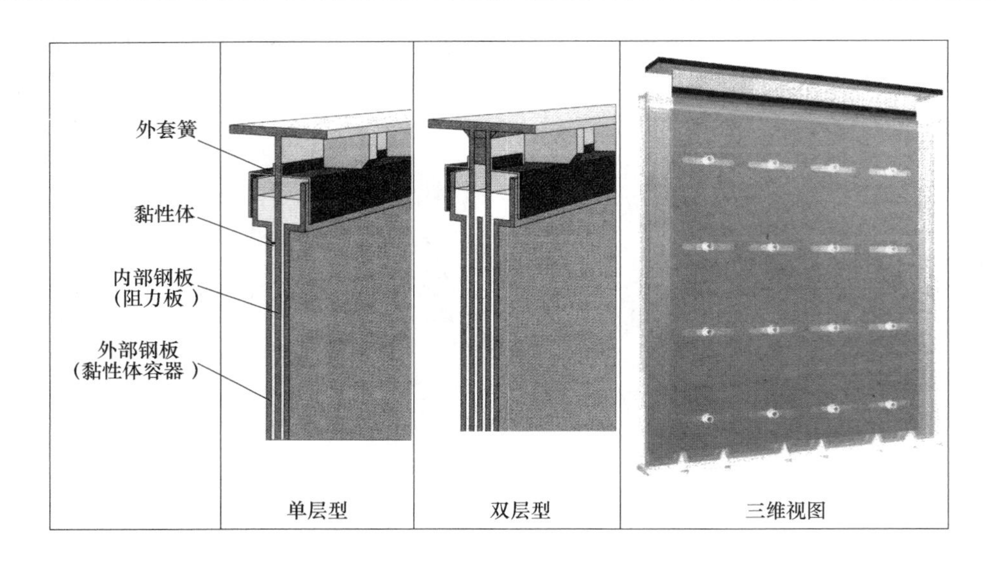

图 5　黏滞阻尼墙构造图

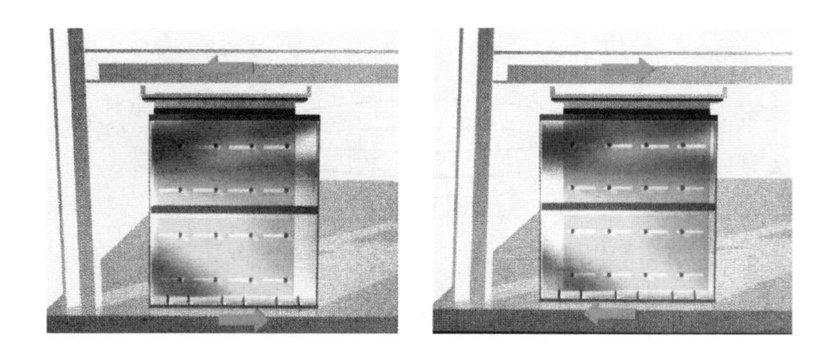

图 6　层间变形时阻尼墙的工作状态

3.3　结构分析模型的建立

3.3.1　A 塔分析模型的建立

利用有限元软件 ETABS 建立了金柏年财富广场 A 塔在弹性阶段的分析模型。将地下室顶板作为上部单体结构底部嵌固端，混凝土楼板采用平面内无限刚性计算假定，考虑连梁折减和中梁刚度放大。模型单元主要采用框架单元（Frame 单元）和壳元（Shell 单元)，框架单元采用统一的三维梁柱模式，可以反映单元双向弯曲、扭转、轴向变形和双向剪切变形，可以模拟二维和三维的梁柱、桁架结构，同时可以考虑梁柱节点的刚域影响，壳元可以综合反映膜元和板元的受力形态，它将无洞或小洞剪力墙简化为一个膜单元加边梁加边柱单元，膜单元只承受平面内荷载，边柱作用等效为剪力墙平面外刚度。金柏年财富广场 A 塔模型共用了 3332 个框架单元、1153 个壳元和 1528 个节点，如图 7 所示。

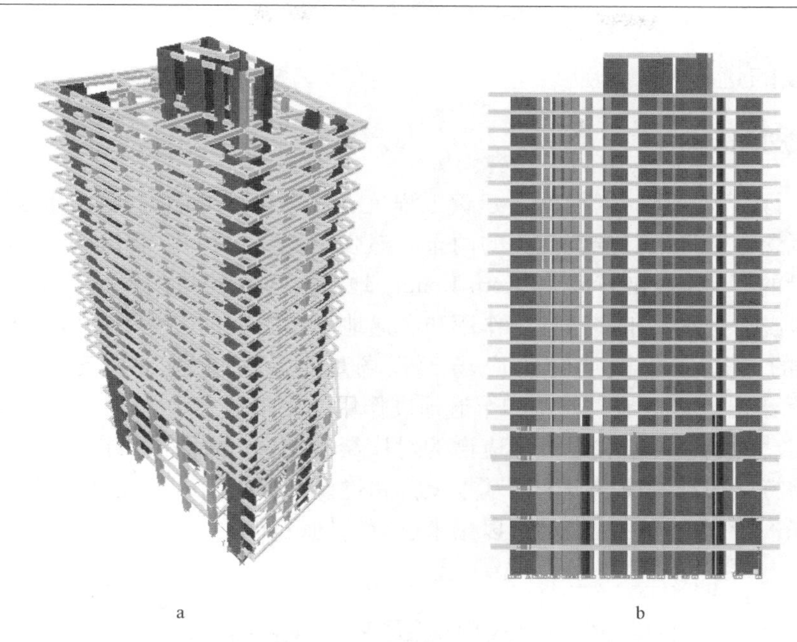

图7　金柏年财富广场A塔结构有限元模型图
a—三维视图；b—正视图

3.3.2　B塔分析模型的建立

利用有限元软件ETABS建立了金柏年财富广场B塔在弹性阶段的分析模型。将地下室顶板作为上部单体结构底部嵌固端，混凝土楼板采用平面内无限刚性计算假定，考虑连梁折减和中梁刚度放大。B塔模型共用了3728个框架单元、926个壳元和1949个节点，如图8所示。

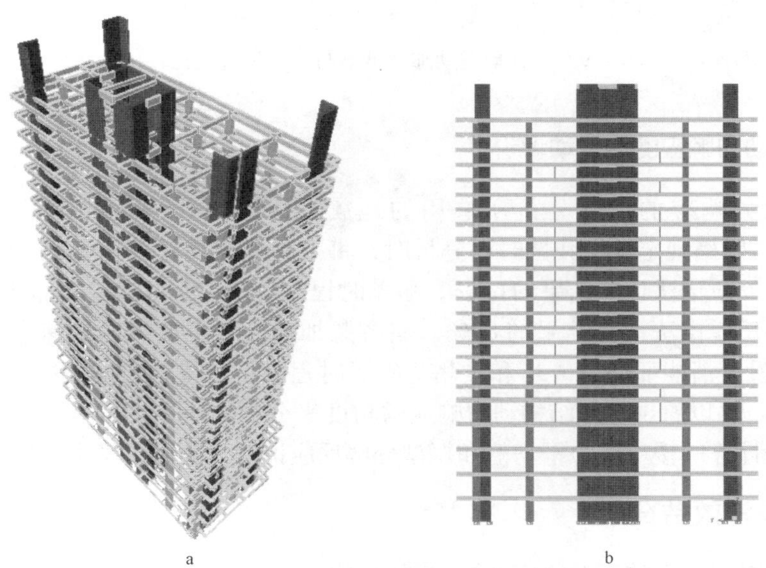

图8　金柏年财富广场B塔结构有限元模型图
a—三维视图；b—正视图

3.4　地震波的选取

3.4.1　地震波的选择

本工程进行时程分析时，根据《建筑工程抗震性态设计通则（试用）》提出的最不利设计地震动概念，选择了其推荐使用的两条天然强震记录：1940 年 Imperial Valley 地震时 El Centro 记录的 NS 分量和 1952 年 Kern County 地震时 Taft 记录的 EW 分量，将这两条工程场地模拟地震动分别用于多遇地震作用和罕遇地震作用。人工波采用由江苏省地震工程研究院提供的《宿迁金柏年财富广场工程场地地震安全性评价工作报告》（编号 JSE2006A01）给出的多遇地震作用和罕遇地震作用的模拟地震动。

各条地震动的加速度谱和设计反应谱的对比绘于图 9，从图中可以看出，各地震动平均的加速度谱特性在结构周期范围内基本上都超过设计反应谱，且在结构基本周期段和设计谱吻合较好，所以选择的地震动可以用来进行结构设计。

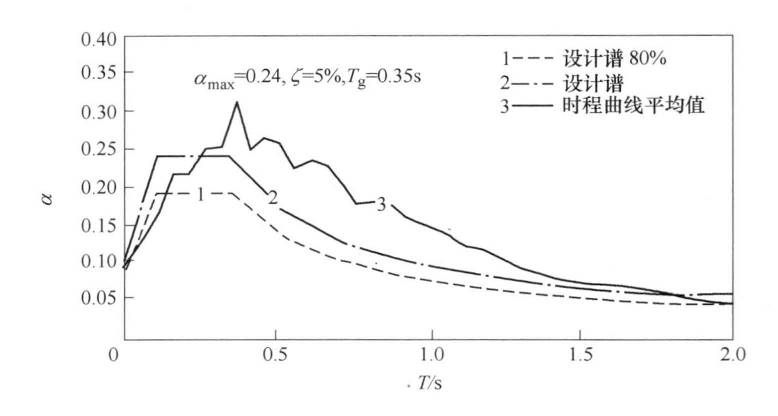

图 9　设计地震动加速度谱与设计反应谱比较

3.4.2　基于动力响应的地震动评价

从结构动力响应的角度分析所选用的地震动，我国《建筑抗震设计规范》（GB 50011—2001）明确规定，在弹性时程分析时，每条时程曲线计算所得结构底部剪力均应超过振型分解反应谱法计算结果的 65%，多条时程曲线计算所得结构底部剪力的平均值应大于振型分解反应谱法计算结果的 80%。将各条加速度时程曲线的加速度最大值调整到 110gal，对未设置消能部件的 A 塔和 B 塔进行了时程分析，得到结构楼层地震剪力，绘于图 10 和图 11。可以看出，从结构动力响应的角度来分析，所选用的地震动满足规范的要求，而且时程计算的楼层剪力平均值和振型分解反应谱法计算结果基本一致。

3.5　技术经济效益分析

本节主要对江苏金柏年财富广场结构利用传统抗震设计方法和消能减震方法的经济性进行了对比分析。为了使分析具有可比性，将两种设计方案的结构最大层间位移角控制在相同的水平上，如表 3 所示，在此基础上进行两种方案的经济性比较。

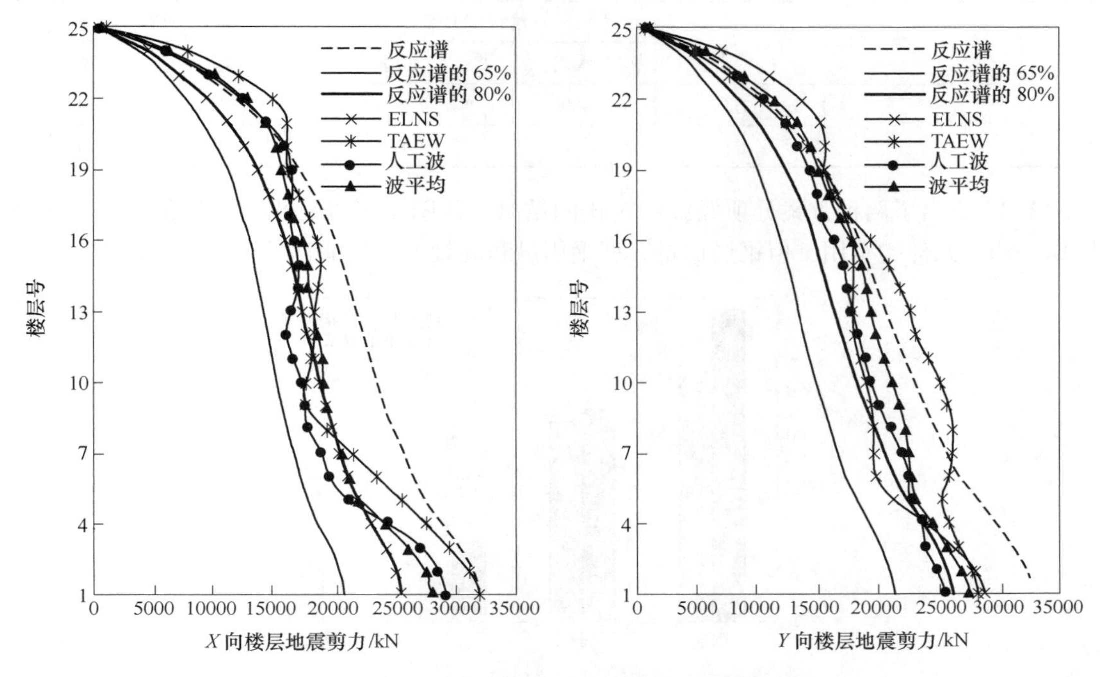

图 10 A 塔未消能减震结构时程和反应谱楼层地震剪力对比

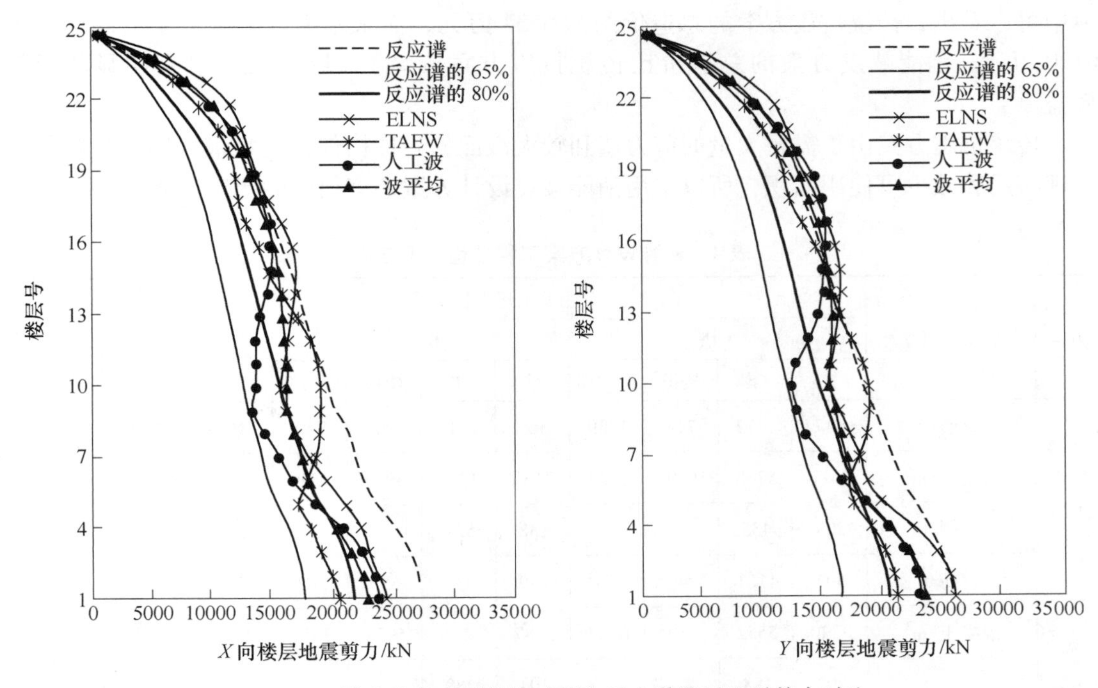

图 11 B 塔未消能减震结构时程和反应谱楼层地震剪力对比

表 3　两种设计方案主要技术指标对照表

项　目		传统抗震方案		消能减震方案	
		A 塔	B 塔	A 塔	B 塔
最大层间位移角	*X* 方向	1/889	1/876	1/915	1/884
	Y 方向	1/879	1/868	1/837	1/829

图 12 给出了两种方案分项经济性对比的结果，从图中可以看出，虽然消能减震方案增加了消能元件的费用，但钢筋用量、型钢用量和混凝土用量都有所降低。

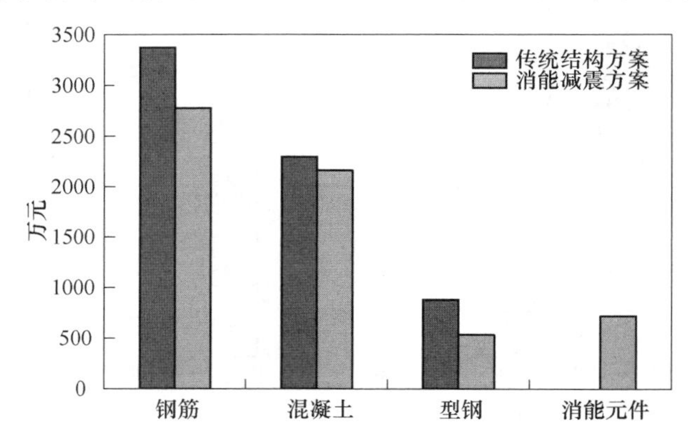

图 12　两种设计方案主要经济指标对照图

表 4 给出了江苏金柏年财富广场传统抗震方案和消能减震方案经济性分析的汇总，从表中可以看出，传统抗震方案的总造价约为 6534 万元，而采用消能减震方案的总造价为 6190 万元，消能减震方案的总造价比传统抗震方案节约了 344 万元，具有明显的经济效益。

传统抗震方案由于需要大量的剪力墙和较大截面的梁柱构件，这将最终影响建筑物的合理布局和减少可使用面积，所以采用消能减震设计方案还有很好的建筑功能效果。

表 4　两种设计方案工程总造价汇总表

方案	项　目	主要土建工程量统计										总费用/万元
		A 塔				B 塔				合计	费用/万元	
		柱	梁	楼板	剪力墙	柱	梁	楼板	剪力墙			
传统抗震方案	钢筋/t	647	1472	744	1239	567	1047	652	740	7108	3376	6534
	混凝土/m^3	3617	5268	10195	7732	3152	3953	5979	4339	44235	2300	
	型钢/t	209	435			138	521			1303	880	
消能减震方案	钢筋/t	507	1181	744	831	489	935	652	503	5842	2775	6190
	混凝土/m^3	3220	5552	10184	6323	2687	4115	5934	3551	41565	2161	
	型钢/t	202	198			104	288			792	534	
	消能元件	720 万元										

4　A 塔、B 塔消能减震分析结果

4.1　减震方案的选取与优化

在结构中合理布置阻尼墙是在给定配置数量条件下达到减震效果的有效途径。在阻尼墙的布置中除了要遵循“大分散，小集中”的原则，还要考虑到建筑物本身的一些特点。A、B 塔底部楼层为大开间，布置阻尼墙会影响商业使用功能，上部楼层为普通住宅，阻尼墙布置又不能对居住生活产生较大影响。另外根据设计院要求，需要在计算出的薄弱层配置阻尼墙。

综合以上要求，从竖向布置到平面布置，A 塔总共计算了 50 多种配置方案，B 塔共计算了 70 多种配置方案；通过阻尼墙数量、位置的多轮时程分析、优化调整后，确定了最终减震方案，A 塔 *X* 向和 *Y* 向均分别布置 30 片阻尼墙，B 塔 *X* 向布置 35 片阻尼墙，*Y* 向布置 26 片阻尼墙。

4.2　多遇地震作用非线性时程分析

利用快速非线性分析方法（FNA）对设置阻尼墙的 A、B 塔消能减震系统进行 8 度多遇地震下（0.30g）的地震响应分析。快速非线性分析方法是 Edward L. Wilson 博士提出的，这种方法十分适合对配置有限数量非线性单元的结构进行非线性动力分析。

4.2.1　减震结构楼层地震剪力

表 5 和表 6 分别给出了 A、B 塔消能减震结构在 8 度多遇地震作用下（$a_{max}=110$gal）的楼层最大地震剪力。

表 5　A 塔消能减震结构多遇地震下楼层最大地震剪力

楼层	层高/m	楼层质量/t	时程分析楼层地震剪力/kN							
			ELNS		TAEW		人工波		平均值	
			X 向	*Y* 向	*X* 向	*Y* 向	*X* 向	*Y* 向	*X* 向	*Y* 向
25	3.2	244	875	785	576	503	456	421	636	570
24	3.2	2499	6248	5879	4447	4205	3771	3455	4822	4513
23	3.2	2027	9398	8932	7069	6875	6035	5472	7501	7093
22	3.2	2025	11595	10899	9264	9280	8044	7130	9634	9103
21	3.2	2025	12363	12043	10760	11533	9445	8581	10856	10719
20	3.2	2003	12297	12072	11746	13176	10588	9615	11544	11621
19	3.2	2003	12764	13119	12558	14457	11227	10546	12183	12707
18	3.2	2039	13285	13957	13548	15405	11540	11363	12791	13575
17	3.2	2071	13836	14457	14838	16225	12132	12085	13602	14256
16	3.2	2071	14328	14612	15822	17642	12655	13059	14268	15104
15	3.2	2071	14727	14408	16493	18790	12949	13911	14723	15703
14	3.2	2080	14983	14012	16870	19854	13165	14402	15006	16089
13	3.2	2098	15291	14442	17076	20714	13197	15127	15188	16761

续表 5

楼层	层高/m	楼层质量/t	时程分析楼层地震剪力/kN							
			ELNS		TAEW		人工波		平均值	
			X 向	Y 向	X 向	Y 向	X 向	Y 向	X 向	Y 向
12	3.2	2098	15370	15499	18016	21334	13321	15587	15569	17473
11	3.2	2047	15282	16242	18550	21519	13554	16060	15795	17940
10	3.2	2096	15246	16965	18950	21791	13788	16666	15994	18474
9	3.2	2185	15559	17531	19352	22605	14263	17390	16391	19175
8	3.2	2185	16165	17792	19444	23169	14817	18077	16808	19679
7	2.8	2198	16789	18121	19221	23415	15226	18592	17079	20043
6	5.4	2140	17566	18640	18581	23176	15297	18904	17148	20240
5	5.4	2794	19398	19574	17899	22259	15864	18792	17720	20209
4	5.4	3389	21139	20509	18457	23207	17131	18625	18909	20781
3	5.4	3800	23135	21611	19569	24370	19313	18954	20672	21645
2	5.4	3658	24585	22305	20552	25353	20565	19435	21900	22364
1	5.4	3809	25250	22582	21011	25732	21046	19765	22435	22693

表 6　B 塔消能减震结构多遇地震下楼层最大地震剪力

楼层	层高/m	楼层质量/t	时程分析楼层地震剪力/kN							
			ELNS		TAEW		人工波		平均值	
			X 向	Y 向	X 向	Y 向	X 向	Y 向	X 向	Y 向
25	7.25	251	743	671	504	496	429	413	559	527
24	3.2	2225	4750	4596	3745	3737	3192	3064	3896	3799
23	3.2	1831	7419	7030	6223	5964	5302	4862	6315	5952
22	3.2	1839	8906	8954	8055	7889	6849	6499	7937	7780
21	3.2	1839	9364	9693	9543	9188	8188	7570	9031	8817
20	3.2	1839	10240	10030	10552	10031	9128	8353	9973	9471
19	3.2	1839	11038	10745	11169	10448	9813	9010	10673	10068
18	3.2	1839	11471	11179	11779	11680	10355	9675	11202	10844
17	3.2	1911	12222	12078	13056	12988	10707	10008	11995	11691
16	3.2	1949	13019	12818	14027	14019	10806	10217	12618	12351
15	3.2	1949	13669	13395	14681	14735	10689	10294	13013	12808
14	3.2	1949	14160	13801	15031	15157	10679	10250	13290	13069
13	3.2	1949	14481	14229	15234	15357	11131	10034	13615	13207
12	3.2	1921	14624	14520	15931	15594	11568	10397	14041	13504
11	3.2	1945	14592	14555	16421	16128	11887	10766	14300	13816
10	3.2	1954	14342	14501	16863	16414	12185	11217	14463	14044
9	3.2	1954	14996	14429	17106	16696	12342	11463	14815	14196
8	3.2	1966	15690	15079	17283	16720	12313	11485	15095	14428
7	2.8	1969	16195	15849	16884	16489	11942	11587	15007	14642
6	5.4	1880	16853	16518	16384	15964	12872	12168	15370	14883
5	5.4	2274	17515	17366	15483	15157	13927	13317	15642	15280

续表 6

楼层	层高/m	楼层质量/t	时程分析楼层地震剪力/kN							
			ELNS		TAEW		人工波		平均值	
			X向	Y向	X向	Y向	X向	Y向	X向	Y向
4	5.4	2556	18349	18254	15492	14307	14523	13837	16121	15466
3	5.4	2616	19573	19672	16106	14900	15245	14604	16975	16392
2	5.4	2550	20546	20593	16345	15034	16064	15178	17652	16935
1	5.4	2550	20981	20955	16573	15164	16472	15396	18009	17172

从表中可以看出，A、B塔消能减震结构的最大楼层地震剪力分布合理，各条波的计算结果有一定的离散性，说明强震观测记录得到的天然地震波除了峰值、频谱特性、持时外，还有其他的一些未知因素。

4.2.2 减震结构层间位移角

表7和表8给出了A、B塔消能减震结构在8度多遇地震作用下（a_{max}=110gal）的楼层层间位移角。

表7 A塔消能减震结构多遇地震下层间位移角

楼层	层高/m	楼层质量/t	时程分析层间位移角							
			ELNS		TAEW		人工波		平均值	
			X向	Y向	X向	Y向	X向	Y向	X向	Y向
25	3.2	244	1/1328	1/2246	1/1242	1/1726	1/1515	1/2442	1/1352	1/2091
24	3.2	2499	1/1180	1/1841	1/1212	1/1588	1/1358	1/1954	1/1245	1/1780
23	3.2	2027	1/1105	1/1701	1/1141	1/1473	1/1271	1/1797	1/1168	1/1645
22	3.2	2025	1/1040	1/1577	1/1083	1/1362	1/1202	1/1661	1/1104	1/1522
21	3.2	2025	1/983	1/1475	1/1035	1/1260	1/1147	1/1547	1/1050	1/1416
20	3.2	2003	1/937	1/1384	1/994	1/1184	1/1102	1/1443	1/1006	1/1327
19	3.2	2003	1/904	1/1309	1/956	1/1129	1/1068	1/1357	1/971	1/1257
18	3.2	2039	1/892	1/1266	1/930	1/1108	1/1059	1/1314	1/955	1/1222
17	3.2	2071	1/875	1/1225	1/899	1/1067	1/1041	1/1266	1/932	1/1179
16	3.2	2071	1/866	1/1194	1/878	1/1031	1/1030	1/1231	1/918	1/1145
15	3.2	2071	1/862	1/1175	1/865	1/1007	1/1027	1/1208	**1/911**	1/1122
14	3.2	2080	1/872	1/1175	1/860	1/998	1/1040	1/1202	1/917	1/1117
13	3.2	2098	1/890	1/1178	1/850	1/991	1/1061	1/1197	1/925	1/1113
12	3.2	2098	1/928	1/1196	1/853	1/967	1/1105	1/1201	1/950	**1/1109**
11	3.2	2047	1/996	1/1207	1/878	1/990	1/1156	1/1214	1/997	1/1126
10	3.2	2096	1/1074	1/1196	1/927	1/974	1/1198	1/1206	1/1054	1/1114
9	3.2	2185	1/1119	1/1223	1/982	1/1029	1/1243	1/1262	1/1104	1/1161
8	3.2	2185	1/1188	1/1237	1/1067	1/1062	1/1323	1/1290	1/1183	1/1188
7	2.8	2198	1/1302	1/1271	1/1205	1/1119	1/1464	1/1335	1/1315	1/1234
6	5.4	2140	1/1536	1/1437	1/1486	1/1259	1/1767	1/1489	1/1587	1/1387
5	5.4	2794	1/1809	1/1539	1/1840	1/1425	1/2172	1/1633	1/1927	1/1527

续表 7

楼层	层高/m	楼层质量/t	时程分析层间位移角							
			ELNS		TAEW		人工波		平均值	
			X 向	Y 向	X 向	Y 向	X 向	Y 向	X 向	Y 向
4	5.4	3389	1/1875	1/1648	1/2231	1/1621	1/2293	1/1805	1/2116	1/1687
3	5.4	3800	1/2050	1/1860	1/2515	1/1892	1/2518	1/2090	1/2339	1/1942
2	5.4	3658	1/2591	1/2404	1/3257	1/2259	1/3165	1/2614	1/2973	1/2417
1	5.4	3809	1/5384	1/5107	1/7044	1/4739	1/6460	1/5370	1/6217	1/5058

注：平均值一栏中的黑体数据为结构的最大层间位移角。

表 8　B 塔消能减震结构多遇地震下层间位移角

楼层	层高/m	楼层质量/t	时程分析层间位移角							
			ELNS		TAEW		人工波		平均值	
			X 向	Y 向	X 向	Y 向	X 向	Y 向	X 向	Y 向
25	7.25	251	1/1252	1/1252	1/1238	1/1238	1/1422	1/1507	1/1298	1/1314
24	3.2	2225	1/1245	1/1285	1/1242	1/1242	1/1401	1/1532	1/1291	1/1345
23	3.2	1831	1/1177	1/1235	1/1179	1/1179	1/1317	1/1465	1/1220	1/1291
22	3.2	1839	1/1105	1/1182	1/1113	1/1113	1/1234	1/1405	1/1147	1/1237
21	3.2	1839	1/1041	1/1128	1/1053	1/1053	1/1165	1/1355	1/1083	1/1187
20	3.2	1839	1/989	1/1081	1/1004	1/1004	1/1117	1/1321	1/1033	1/1143
19	3.2	1839	1/950	1/1044	1/962	1/962	1/1091	1/1299	1/997	1/1106
18	3.2	1839	1/928	1/1024	1/934	1/934	1/1090	1/1299	**1/978**	**1/1087**
17	3.2	1911	1/935	1/1037	1/935	1/935	1/1126	1/1343	1/991	1/1103
16	3.2	1949	1/928	1/1026	1/925	1/925	1/1147	1/1359	1/989	1/1095
15	3.2	1949	1/930	1/1022	1/925	1/925	1/1182	1/1386	1/999	1/1095
14	3.2	1949	1/933	1/1025	1/922	1/922	1/1211	1/1425	1/1005	1/1104
13	3.2	1949	1/948	1/1039	1/915	1/915	1/1245	1/1485	1/1016	1/1123
12	3.2	1921	1/982	1/1073	1/924	1/924	1/1288	1/1557	1/1042	1/1159
11	3.2	1945	1/1017	1/1101	1/932	1/932	1/1297	1/1600	1/1061	1/1185
10	3.2	1954	1/1035	1/1139	1/948	1/948	1/1321	1/1648	1/1079	1/1220
9	3.2	1954	1/1042	1/1171	1/977	1/977	1/1361	1/1697	1/1103	1/1256
8	3.2	1966	1/1066	1/1195	1/1034	1/1034	1/1435	1/1725	1/1152	1/1294
7	2.8	1969	1/1111	1/1219	1/1125	1/1125	1/1554	1/1746	1/1233	1/1337
6	5.4	1880	1/1243	1/1353	1/1315	1/1315	1/1781	1/1919	1/1410	1/1503
5	5.4	2274	1/1391	1/1423	1/1568	1/1568	1/1958	1/1997	1/1606	1/1616
4	5.4	2556	1/1492	1/1534	1/1820	1/1820	1/2022	1/2117	1/1750	1/1790
3	5.4	2616	1/1686	1/1860	1/2015	1/2015	1/2192	1/2090	1/1940	1/1942
2	5.4	2550	1/2117	1/2404	1/2508	1/2508	1/2687	1/2614	1/2413	1/2417
1	5.4	2550	1/4327	1/5107	1/5295	1/5295	1/5444	1/5370	1/4969	1/5058

注：平均值一栏中的黑体数据为结构的最大层间位移角。

从表 7 和表 8 可以看出，A、B 塔消能减震结构在 8 度多遇地震作用下两个方向的最大层间位移角均小于 1/900，满足我国《建筑抗震设计规范》不大于 1/800 的要求，减震结构具有较好的抗震性能。

4.2.3　减震结构楼层加速度响应对比

图13～图15、图16～图18分别给出了A、B塔在8度多遇地震（$a_{max}=110gal$）作用下原结构和配置阻尼墙的消能减震结构的加速度时程曲线对比图。

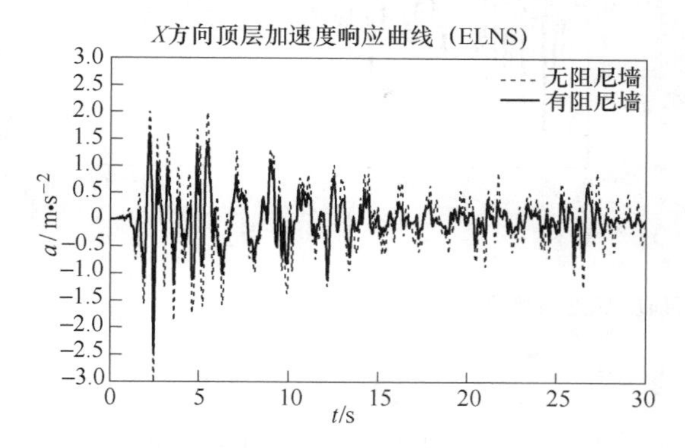

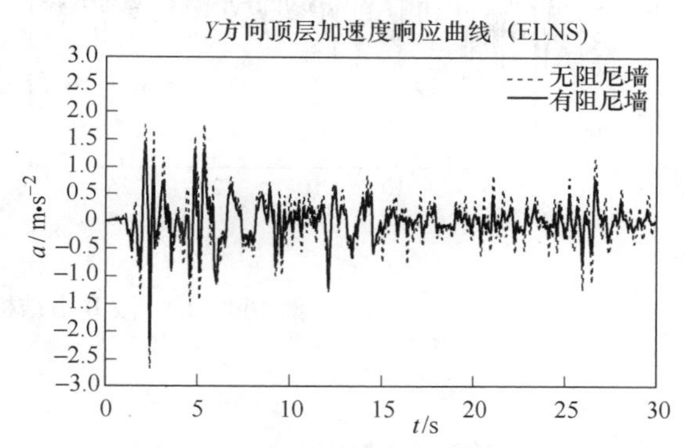

图13　ELNS波A塔结构顶层加速度响应曲线图

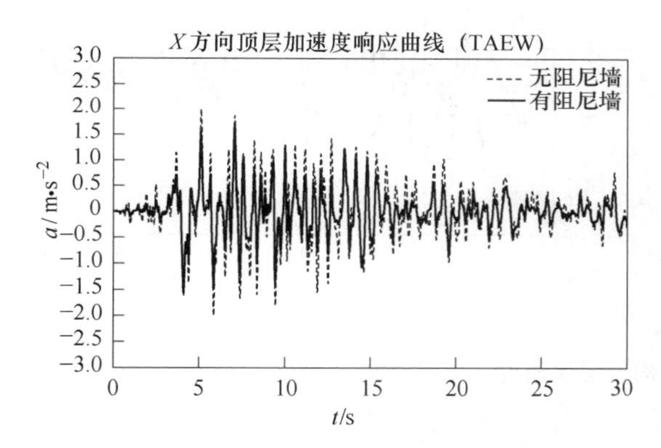

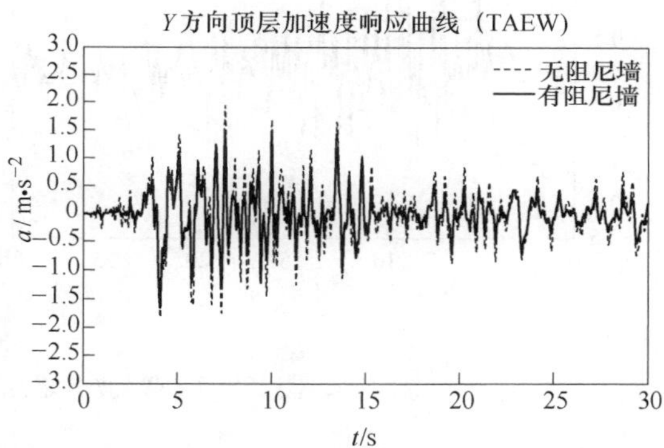

图14　TAEW波A塔结构顶层加速度响应曲线图

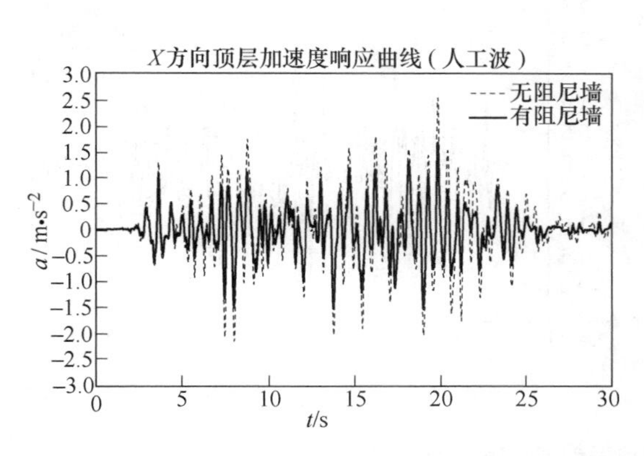

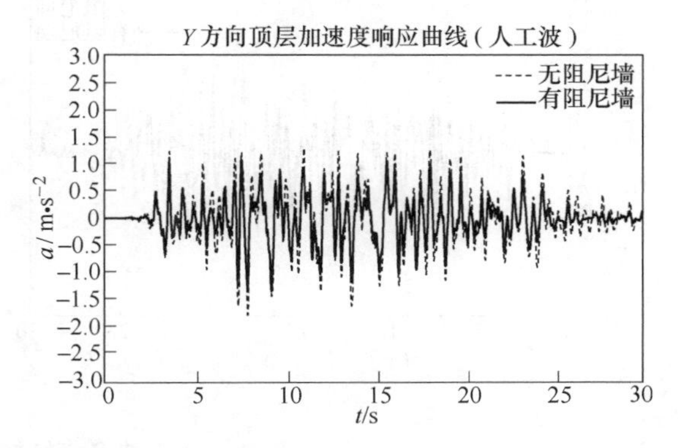

图15　人工波A塔结构顶层加速度响应曲线图

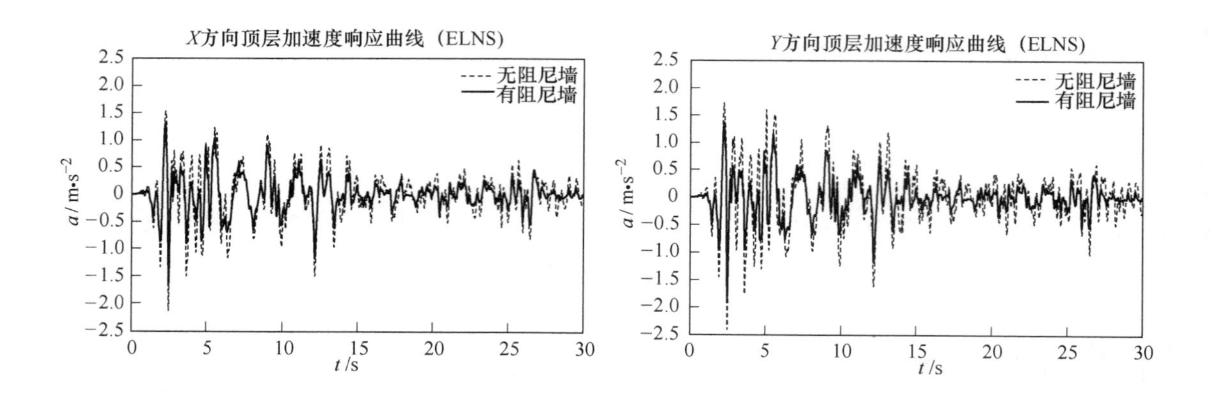

图 16　ELNS 波 B 塔结构顶层加速度响应曲线图

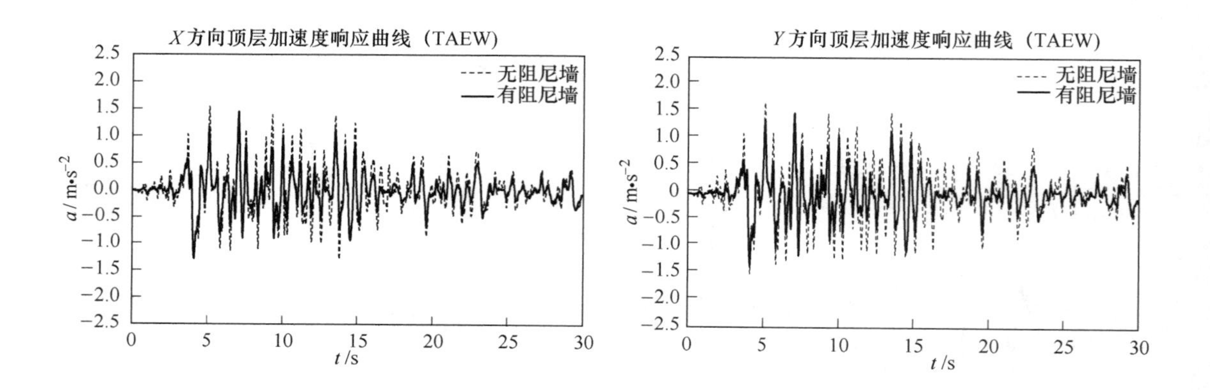

图 17　TAEW 波 B 塔结构顶层加速度响应曲线图

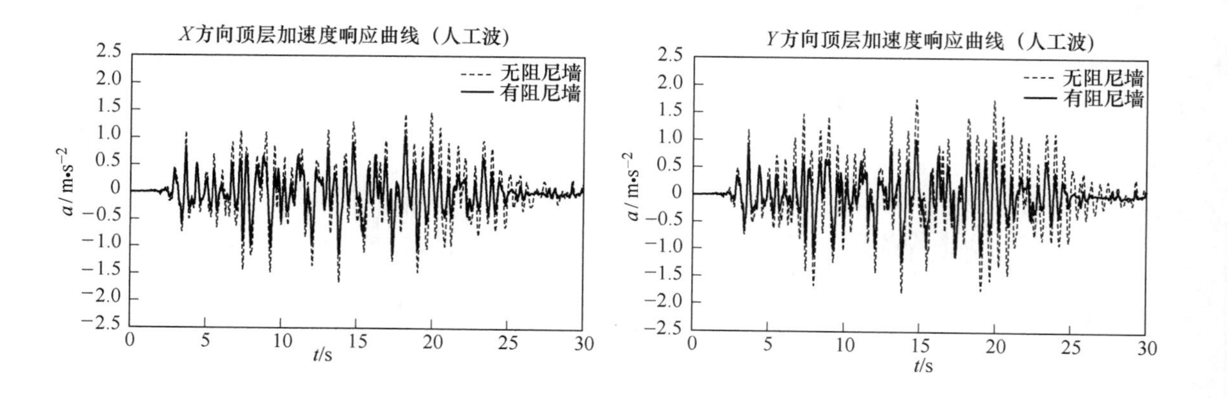

图 18　人工波 B 塔结构顶层加速度响应曲线图

从图13～图18的加速度时程曲线对比图可看出，设置阻尼墙后，结构的加速度响应有明显降低，尤其是在地震波的峰值处加速度的减小幅度最大。并且对于不同的输入地震动，结构都有较为稳定的减震效果。

4.3 动力弹塑性分析

本报告将静力弹塑性分析方法的简便性和时程分析的直观性结合，采用以下弹塑性地震响应分析方法：首先采用刚性楼板假定，将每一层质量集中在该层楼板形成串联质点模型，然后利用静力弹塑性分析，得出每一层层间剪力-层间位移关系图，根据层间剪力-层间位移关系，设定结构各层的恢复力特性，利用串联质点模型，可进行结构的弹塑性地震响应分析。

本节利用分析模型进行罕遇地震响应分析，计算A、B塔结构在罕遇地震作用下的位移（见表9和表10）。

表9 A塔在罕遇地震作用下的层间位移

楼层	层高/m	层间位移值/mm				位移角
		ELCENTRO	TAFT	人工波	平均值	
25	3.2	24.5	31.2	20.5	25.4	1/126
24	3.2	9.8	10.9	8.6	9.8	1/328
23	3.2	9.2	11.2	8.1	9.5	1/338
22	3.2	13.0	12.8	10.6	12.1	1/264
21	3.2	9.9	3.1	1.8	4.9	1/654
20	3.2	6.3	3.6	1.0	3.7	1/877
19	3.2	7.2	4.8	1.6	4.5	1/709
18	3.2	8.7	6.6	2.4	5.9	1/541
17	3.2	10.4	8.1	2.7	7.1	1/452
16	3.2	11.1	8.1	3.4	7.5	1/424
15	3.2	9.6	7.8	5.3	7.6	1/424
14	3.2	7.9	8.5	7.0	7.8	1/410
13	3.2	8.6	10.2	8.0	8.9	1/358
12	3.2	11.4	12.2	8.7	10.8	1/298
11	3.2	14.2	12.9	8.8	12.0	1/267
10	3.2	14.7	14.0	9.3	12.7	1/253
9	3.2	11.2	13.6	9.2	11.3	1/283
8	3.2	12.1	13.7	10.3	12.0	1/266
7	3.2	12.8	13.1	10.3	12.1	1/265
6	5.4	9.9	8.9	7.0	8.6	1/373
5	5.4	20.5	16.3	13.9	16.9	1/189
4	5.4	26.6	18.4	19.1	21.4	1/150
3	5.4	15.6	12.5	13.0	13.7	1/234
2	5.4	17.2	13.4	15.9	15.5	1/207
1	5.4	8.3	6.4	7.8	7.5	1/429

表 10　B 塔在罕遇地震作用下的层间位移

楼层	层高/m	层间位移值/mm				位移角
		ELNS	TAEW	人工波	平均值	
25	7.25	4	6	5	5	1/634
24	3.2	4	7	5	5	1/593
23	3.2	4	3	5	4	1/801
22	3.2	5	2	5	4	1/841
21	3.2	5	2	5	4	1/789
20	3.2	5	2	5	4	1/775
19	3.2	5	3	3	4	1/866
18	3.2	6	4	3	5	1/700
17	3.2	7	4	4	5	1/651
16	3.2	7	5	4	5	1/632
15	3.2	7	5	4	5	1/620
14	3.2	6	5	4	5	1/636
13	3.2	6	5	4	5	1/632
12	3.2	9	7	6	7	1/869
11	3.2	9	7	6	7	1/435
10	3.2	10	9	6	8	1/378
9	3.2	8	8	6	7	1/439
8	3.2	8	8	7	8	1/414
7	3.2	7	7	6	7	1/758
6	5.4	19	10	7	12	1/448
5	5.4	15	13	11	13	1/827
4	5.4	18	15	12	15	1/366
3	5.4	34	27	20	27	1/724
2	5.4	42	32	22	32	1/453
1	5.4	34	23	19	25	1/618

从表 9 和表 10 中可以看出，A 塔减震结构在罕遇地震作用下最大层间位移角为 1/126，B 塔减震结构在罕遇地震作用下最大层间位移角为 1/366，均满足抗震规范中钢筋混凝土框架-剪力墙结构弹塑性层间位移角不大于 1/100 的要求。

4.4　减震部件最大输出阻尼力及与结构主体的连接构造

我国《建筑抗震设计规范》（GB 50011—2001）第 12.3.7 规定：消能器与斜撑、墙体、梁或节点等支撑构件的连接，应符合钢构件连接或钢与混凝土构件连接的构造要求，并能承担消能器施加给连接节点的最大作用力。本工程的阻尼墙与混凝土梁连接，在罕遇地震作用下阻尼墙的最大输出力应该作为与其连接混凝土梁的验算荷载。

4.4.1 多遇地震作用下最大输出阻尼力

表11和表12分别给出了A、B塔减震结构在多遇地震作用下阻尼墙的最大输出阻尼力，所示结果可作为传递荷载进行基础设计。

表11 A塔多遇地震作用下阻尼墙的最大输出阻尼力 (kN)

楼 层	X向阻尼力	X向阻尼力	Y向阻尼力	Y向阻尼力
23	—	—	—	—
22	471	—	434	—
21	466	—	431	455
20	456	425	424	452
19	458	425	419	456
18	459	427	425	455
17	455	423	428	453
16	448	418	429	451
15	436	411	423	447
14	426	405	418	442
13	414	395	412	435
12	407	387	406	428
11	398	377	417	—
10	392	371	384	—
9	386	366	374	—
8	384	363	—	—
7	383	360	—	—
6	343	324	—	—
5	436	412	399	418

注：“—”表示该层该方向未布置阻尼墙。

表12 B塔多遇地震作用下阻尼墙的最大输出阻尼力 (kN)

楼 层	X向阻尼力	X向阻尼力	Y向阻尼力	Y向阻尼力
23	431	—		—
22	431	—	500	—
21	405	425	492	—
20	420	404	486	—
19	418	400	473	—
18	414	390	464	461
17	405	380	453	449
16	392	372	442	439
15	376	367	433	430

续表 12

楼　层	X 向阻尼力	X 向阻尼力	Y 向阻尼力	Y 向阻尼力
14	368	362	425	423
13	365	361	420	417
12	357	357	418	415
11	354	357	409	—
10	355	355	405	—
9	357	355	396	—
8	356	367	390	—
7	367	—	393	—
6	365	349	346	—
5	485	463	457	455

注：“—”表示该层该方向未布置阻尼墙。

4.4.2　罕遇地震作用下最大输出阻尼力

表 13 给出了 A、B 塔减震结构在罕遇地震作用下阻尼墙的最大输出阻尼力。采用串连质点系模型计算出的罕遇地震下弹塑性分析结果，本文仅提出了每层的最大输出阻尼力。

表 13　A、B 塔罕遇地震作用下的最大输出阻尼力　(kN)

楼　层	A 塔最大输出阻尼力	B 塔最大输出阻尼力
23	无	549
22	793	538
21	712	518
20	689	506
19	651	501
18	659	517
17	719	513
16	691	515
15	702	503
14	736	493
13	742	611
12	763	577
11	784	647
10	810	517
9	810	565
8	1037	540
7	796	647
6	798	577
5	675	619

注：罕遇地震作用下阻尼墙的最大输出阻尼力可用于与阻尼墙连接的型钢混凝土梁的强度验算。

4.4.3 连接构造

利用计算出的罕遇地震作用下最大输出阻尼力可以进行阻尼墙与型钢混凝土梁连接的节点设计和构造设计，图19给出了阻尼墙与型钢混凝土梁常用的连接构造图。

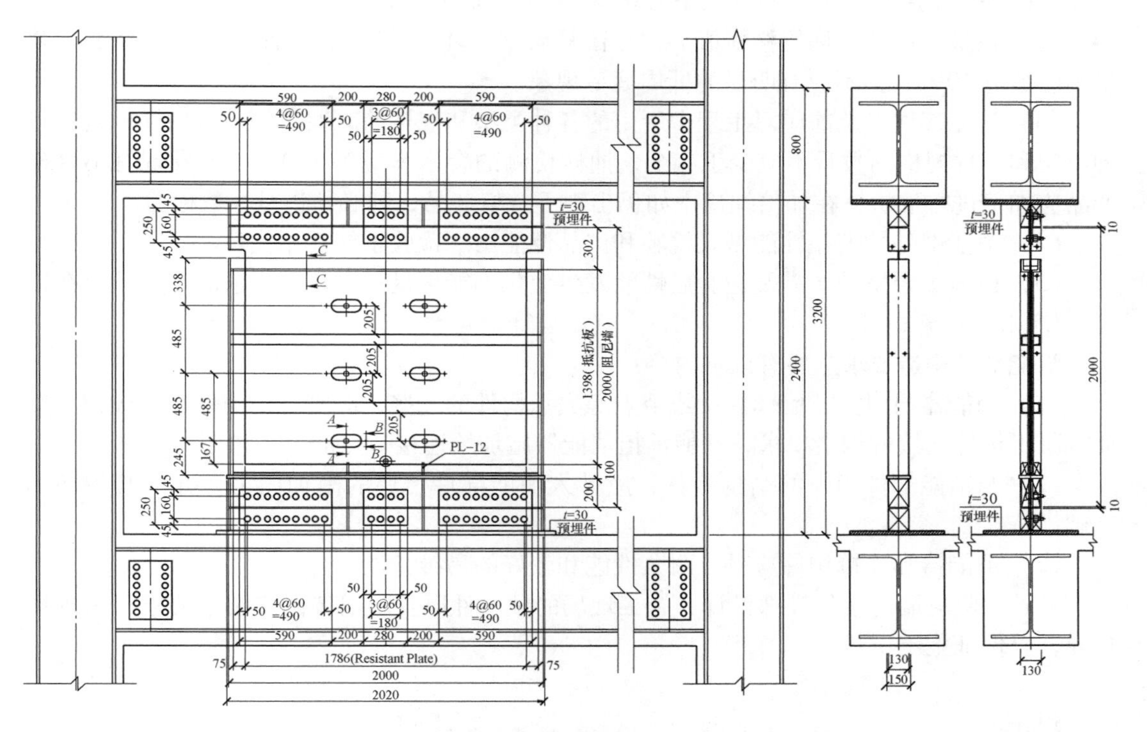

图19 A塔阻尼墙与型钢混凝土梁的连接示意图

4.5 小结

通过对A、B塔减震结构进行多遇地震和罕遇地震响应分析，可以得到以下几条主要结论：

（1）A、B塔减震结构可以按照7.5%的阻尼比进行常规结构设计。通过对原结构合理配置阻尼墙消能元件，使得减震结构在多遇地震作用下的响应均小于原结构在7.5%的阻尼比时的响应，可以认为阻尼墙消能元件为原结构提供了2.5%以上的附加阻尼比。

（2）通过对减震结构进行弹塑性动力时程分析，得出了减震结构在罕遇地震下的响应，结果表明减震结构在罕遇地震作用下最大层间位移角均小于抗震规范中钢筋混凝土框架-剪力墙结构弹塑性层间位移角不大于1/100的要求。

（3）在罕遇地震作用下，核心筒的连梁首先进入塑性状态，与阻尼墙连接的构件均未首先出现塑性铰，可以保证阻尼墙在罕遇地震下可以正常地发挥耗能作用。

5　消能产品的性能检验及其他要求

消能部件产品检验要求主要有以下内容：

（1）速度相关型消能器应由试验提供设计容许位移、极限位移，以及设计容许位移幅值和不同环境温度条件下、加载频率为 0.1 ~4Hz 的滞回模型。

（2）在最大设计允许位移幅值下，经往复周期循环 60 圈后，消能器的主要性能衰减量不应超过 10%、且不应有明显的低周疲劳现象。

（3）消能部件安装前应对工程中所用的各种类型和规格的原型部件进行抽样检测，每种类型和每种规格的数量不应少于 3 个，抽样检测的合格率应为 100%。如发现有不合格产品应加倍进行抽检，在加倍抽检中如仍出现不合格产品，则必须进行全数检验。

（4）消能部件的产品性能型式检验和产品性能出厂检验不能互相代替。

（5）检验不合格的产品及检验后性能发生变化不能满足正常使用要求的产品不得在工程中使用。

消能部件构造要求主要有以下内容：

（1）消能器与斜撑、墙体、梁或节点等支承构件的连接，应符合钢构件连接或钢与钢筋混凝土构件连接的构造要求，并能承担消能器施加给连接节点的最大作用力。

（2）与消能部件相连的结构构件，应计入消能部件传递的附加内力，并将其传递到基础。

（3）消能器和连接构件应具有耐久性能和较好的易维护性。

另外，阻尼墙连接的细部设计、施工现场的预埋件以及阻尼墙的安装，要求厂家现场指导，以保证施工质量。

6　结论

金柏年财富广场位于宿迁市地震高烈度区，如果采用常规设计方法，将会导致结构主要构件截面过大、配筋过多，而结构构件截面和配筋增大后，结构在地震中吸收的地震能量也将大幅度增加，导致结构在中震或大震中损坏严重。因此，在本工程中采用消能减震措施是十分必要的。

通过对金柏年财富广场 A 塔和 B 塔减震结构进行系统的减震设计和计算分析，可以得到以下主要结论：

（1）分析软件可靠，计算模型合理。利用商业有限元软件 ETABS 建立了金柏年财富广场 A 塔和 B 塔的三维有限元模型，以用于结构弹性阶段多遇地震响应分析。利用商业有限元软件 MIDAS/GEN 建立了金柏年财富广场 A 塔和 B 塔的三维有限元模型用于结构静力弹塑性分析，求解结构各层的水平 $P\text{-}\Delta$ 曲线。利用求解出的结构各层 $P\text{-}\Delta$ 曲线，建立了金柏年财富广场 A 塔和 B 塔的串连质点系模型，用于结构动力弹塑性分析。

（2）时程分析选用地震波合适。基于加速度和速度分别评价所选用的地震动。当基于加速度进行评价时，其对应的最大速度值差别不大，对于本工程这样的长周期结构，利用所选用地震动计算出的结构动力响应离散性较小。每条时程曲线计算所得未减震结构的底部地震剪力均大于反应谱法计算结果的65%，3条时程曲线计算所得结构底部地震剪力的平均值大于反应谱法计算结果的80%。采用3条时程曲线作用下各自最大地震响应值的平均值作为时程分析的最终计算值，结果可靠，可用于工程设计。

（3）减震结构可以按照7.5%的阻尼比进行常规结构设计。通过对A塔和B塔结构合理配置阻尼墙消能元件，使得减震结构在多遇地震作用下的响应均小于原结构在7.5%阻尼比时的响应，可以认为阻尼墙消能元件为原结构提供了2.5%的附加阻尼比。

（4）减震结构在罕遇地震下的响应满足规范要求。通过对A塔和B塔进行弹塑性动力时程分析，计算出了减震结构在罕遇地震下的响应，减震结构最大层间位移角均小于抗震规范中钢筋混凝土框架-剪力墙结构弹塑性层间位移角不大于1/100的要求。在罕遇地震作用下，核心筒的连梁首先进入塑性状态，与阻尼墙连接的构件均未首先进入塑性状态，可以保证阻尼墙在罕遇地震下可以正常发挥耗能作用。

（5）减震方案技术、经济效益显著。采用消能减震技术以后，结构截面尺寸、抗震墙的数量以及配筋量较传统抗震方案有大幅度下降，并且建筑的使用功能得到很大提升。经济效益分析表明，减震结构的土建造价比传统抗震方案将节省344万元左右，减震方案具有较好的技术、经济效益。

附录　宿迁金柏年财富广场建设参与单位及人员信息

项目名称	宿迁金柏年财富广场		
设计单位	南京市建筑设计研究院有限责任公司+南京工业大学建筑技术发展中心		
用　途	商住、办公	建设地点	江苏宿迁
施工单位	南通海洲建设集团有限公司	施工图审查机构	江苏省建设工程设计施工图审核中心
工程设计起止时间	2007. 8 ~2008. 3	竣工验收时间	2010. 3

参与本项目的主要人员：

序号	姓　名	职　称	工 作 单 位
1	左　江	教授级高工	南京市建筑设计研究院有限责任公司
2	张松林	研究员级高工	南京市建筑设计研究院有限责任公司
3	章征涛	高工	南京市建筑设计研究院有限责任公司
4	樊　嵘	高工	南京市建筑设计研究院有限责任公司
5	刘伟庆	教授博导	南京工业大学

案例14　普洱人家

1　工程概况

普洱人家工程位于普洱市北市区新建行政中心区域东北向，距市中心约3.5km，占地约为362.7亩。总建筑面积为467110m²，分为别墅区（Ⅵ区）、多层住宅区（Ⅲ区）、小高层住宅区（Ⅰ区、Ⅱ区、Ⅳ区、Ⅳ区）、高层住宅区（Ⅶ区、Ⅷ区），Ⅱ区、Ⅳ区、Ⅴ区、Ⅵ区、Ⅶ区、Ⅷ区均有地下车库。普洱人家的结构除别墅外，多层住宅为7层建筑，采用框架结构；小高层住宅为12层建筑，采用带适量短肢墙的框架结构；高层住宅为18层建筑，为剪力墙结构，均采用隔震技术。

2　工程设计

2.1　设计主要依据

（1）《高层建筑混凝土结构技术规程》（JGJ 3—2002）；
（2）《建筑结构可靠度设计统一标准》（GB 50068—2001）；
（3）《建筑工程抗震设防分类标准》（GB 50223—2008）；
（4）《建筑结构荷载规范》（GB 50009—2001）（2006年版）；
（5）《建筑抗震设计规范》（GB 50011—2001）（2008年版）；
（6）《建筑地基基础设计规范》（GB 50007—2002）；
（7）《建筑桩基技术规范》（JGJ 94—2008）；
（8）《建筑地基处理技术规范》（JGJ 79—2002）；
（9）《混凝土结构设计规范》（GB 50010—2002）；
（10）云南省核工业二〇九地质勘查院《普洱市普洱人家岩土工程详细勘察报告书》；
（11）《建筑抗震设防分类标准》（GB 50223—2004）；
（12）《叠层橡胶支座隔震技术规程》（CECS 126:2001）。

2.2　结构设计主要参数

结构设计主要参数见表1。

表1　结构设计主要参数

序号	基本设计指标	参　　数
1	建筑结构安全等级	二级，重要性系数为1.0

续表1

序号	基本设计指标	参　数
2	结构设计使用年限	50年
3	建筑物抗震设防类别	丙类
4	建筑物抗震设防烈度	8度
5	基本地震加速度值	0.20g
6	设计地震分组	第三组
7	水平向减震系数	0.5
8	建筑场地类别	Ⅱ类
9	特征周期/s	0.45
10	基本风压（100年一遇）/kPa	$W_0=0.45$
11	基础形式	长螺旋钻孔压灌桩基础
12	上部结构形式	框架结构，剪力墙（高层）
13	地下室结构形式	框架结构
14	隔震层位置	0.000～地下室顶板
15	隔震层顶板体系	梁板
16	隔震设计基本周期/s	2.1；2.5；2.7；2.9
17	上部结构基本周期/s	0.92；1.30；1.33；1.34
18	隔震支座设计最大位移/cm	14.3；16.3；16.3；18.7

3 隔震设计

3.1 隔震方案

3.1.1 设计原则

在满足建筑功能要求的前提下，按照安全可靠、受力明确及经济合理的设计原则进行结构设计。

工程隔震设计依据《建筑抗震设计规范》（以下简称“抗规”）第12章规定及《叠层橡胶支座隔震技术规程》（以下简称“隔震规程”进行设计）。

本项目各栋采用隔震设计后更好地满足了建筑功能，并提高了结构的抗震安全性。考虑建筑功能和结构抗震需要，隔震支座均设置在±0.00m楼板以下－1.00m处，隔震层高度均为1.5m左右。结构设计保证隔震层（隔震支座）水平刚度远小于上层结构楼层水平刚度，并远小于隔震层以下结构水平刚度，隔震支座以上混凝土隔震支墩及梁板水平刚度远大于上层结构楼层水平刚度。并控制隔震层以下直接支承隔震层以上结构的相关构件，满足嵌固刚度比和隔震后设防地震的抗震承载力要求，并按罕见遇地震进行抗剪承载力验算。

本项目隔震建筑周边以及相邻隔震建筑之间应设置隔离缝，其缝宽按照《抗规》12.2.7 条第 1 款规定来确定。

隔震设计采用 ETABS Nonlinear C 软件进行分析。为保证计算模型正确，设计前对计算模型进行了验证（与 PKPM 模型对比）。隔震设计采用的时程分析法，地震波加速度时程按照抗规 5.1.2 规定选取。隔震支座参数根据生产厂家实验数据确定。

隔震层的支墩、支柱及相连构件，满足罕遇地震下隔震支座底部的竖向力、水平力和力矩的承载力要求。根据抗规 12.2.6 原则，隔震层上下支墩按罕遇地震下的悬臂柱设计，计算模型按党育、杜永峰《基础隔震结构设计及施工指南》第 3 章第 4 节、第 5 节分析。

3.1.2　结构选型

多层建筑上部结构采用钢筋混凝土框架结构，小高层建筑上部主要采用带适量短肢剪力墙的框架结构，高层建筑采用剪力墙结构。

3.1.2.1　不考虑隔震的普通现浇钢筋混凝土框架结构

以上六个抗震单元，如不考虑隔震，经采用空间计算软件计算分析，框架梁、柱断面很大，建筑专业已不能接受，且构件配筋超限较多，计算分析表明不考虑隔震，采用普通现浇钢筋混凝土框架结构，不合理，经济性较差。

3.1.2.2　采用橡胶隔震垫进行隔震设计

以上抗震单元，底层设置橡胶隔震垫后，经计算分析，框架梁、柱、剪力墙断面尺寸能较好满足上部建筑功能的要求。

以上抗震单元，均将隔震垫设置于一层楼板（±0.00m）至地下室顶板范围内，不影响建筑使用，隔震垫以下框架柱按罕遇地震作用进行设计。

通过隔震设计，隔震垫以上的结构自振周期延长，阻尼增大，输入到上部结构的地震能量减少，使结构构件断面以强度控制为主，可以大大减小梁柱断面，降低含钢量，达到使用方便，经济合理的目的，且使结构的抗震能力得到提高。

3.2　二区 C03 单栋隔震分析报告

3.2.1　隔震支座力学性能参数

3.2.2　隔震支座布置

本工程共使用 LRB600（有铅芯 600mm 直径），LNR600（无铅芯 600mm 直径），LRB500（有铅芯 500mm 直径），LNR500 的数量分别为 2 个、4 个、4 个、20 个，共计 30 个。隔震支座力学性能参数见表 2。基础隔震支座编号及类型，见图 1。

表 2 隔震支座力学性能参数

支座型号	竖向性能		等效水平本构				设计位移/mm
	刚度/kN·mm^{-1}	设计承载力(15MPa)/kN	等效水平刚度/kN·mm^{-1}		等效阻尼比/%		
			$\gamma=50\%$	$\gamma=250\%$	$\gamma=50\%$	$\gamma=250\%$	
LRB600	2200	4240	2.1	1.8	24	19.2	≥300
LNR600	2000	4240	1.2	1.08	6	5.4	≥300
LRB500	1950	2900	1.8	1.26	24	17	≥250
LNR500	1750	2900	1.0	0.71	7	5.4	≥250

注：直径小于 600mm 的隔震支座罕遇地震等效刚度及等效阻尼比采用 $\gamma=250\%$，支座竖向承载力采用 15MPa 计算。

图 1 隔震支座编号及布置图

3.2.3 ETABS 模型建立以及准确性验证

本工程使用商业有限元软件 ETABS 建立隔震与非隔震结构模型，并进行计算与分析。为了验证所建立 ETABS 模型的准确性，现将 EATBS 和 SATWE 非隔震模型计算得到的质量、周期、层间剪力（振型分解反应谱法）进行对比，如表 3 ~ 表 5 所示。表中差值为：(｜ ETABS - SATWE ｜/SATWE) ×100%。

表 3 非隔震结构质量对比 (t)

SATWE	ETABS	差值/%
6180.2	6215.1	0.564

表 4 非隔震结构周期对比（前三阶） (s)

振 型	SATWE	ETABS	差值/%
1	1.299	1.286	0.9
2	1.274	1.218	4.4
3	1.029	0.998	3.1

表 5 非隔震结构地震剪力对比 (kN)

层 数	PKPM		ETABS		差值/%	
	X	*Y*	*X*	*Y*	*X*	*Y*
14	143	173	114	126	20.4	26.7
13	627	655	591	607	5.6	7.3
12	1087	1117	1076	1081	1.0	3.2
11	1499	1516	1527	1504	1.9	0.8
10	1860	1860	1914	1862	2.9	0.1
9	2170	2148	2237	2159	3.1	0.5
8	2440	2398	2521	2414	3.3	0.7
7	2684	2624	2778	2641	3.5	0.6
6	2909	2838	3010	2857	3.5	0.7
5	3114	3041	3223	3062	3.5	0.7
4	3299	3226	3416	3251	3.6	0.8
3	3445	3379	3575	3411	3.8	1.0
2	3542	3485	3674	3523	3.7	1.1
1（隔震层）	3566	3515	3704	3561	3.9	1.3

由表 3 可知，两软件模型的质量非常接近。由表 4 可知，两软件模型的前三阶模态的自振周期也非常接近。由表 5 可知，除顶层外，两软件模型的各层剪力也非常接近。由表 3 ~ 表 5 可知，ETABS 模型与 SATWE 模型的结构质量、周期差异很小。各层间剪力除顶层外，差异也很小。综上所述，ETABS 模型可以用于本工程。

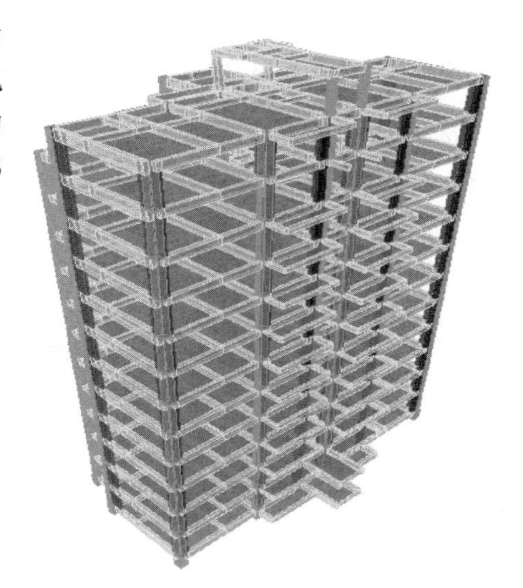

图 2 结构模型

3.2.4 地震波选择

《建筑抗震设计规范》（GB 50011—2001）规定，采用时程分析法时，应按建筑场地类别和设计地震分组选用不少于二组的实际强震记录和一组人工模拟的加速度时程，其平均地震影响系数曲线应与振型分解反应谱法所采取的地震影响系数曲线在统计意义上相符。弹性时程分析时，每条时程曲线计算所的结构底部剪力不应小于振型分解反应谱计算结果的 65%，多条时程曲线计算所的结构底部剪力的平均值不应小于振型分解反应谱法计算结果的 80%。时程分析选用了一条人造波和两条天然波（TAFT N21E、ELCENTRO），对比结果如表 6 所示，满足规范规定。

表 6 非隔震结构基底剪力

工 况		反应谱	TAFT	REN	EL	时程平均
剪力/kN	X	3704	2884	3203	3234	3107
	Y	3561	3193	2930	2666	2930
比例/%	X	100	78	86	87	84
	Y	100	90	82	75	82

注：比例为个各时程分析与振型分解反应谱法得到的结构基底剪力之比。

3.2.5 隔震分析结果

（1）多遇地震下，隔震结构与非隔震结构层间剪力及其比值见表 7 和表 8。

表 7 非隔震与隔震结构 *X* 向层间剪力及层间剪力比

楼层	非隔震结构层间剪力/kN			隔震结构层间剪力/kN			隔震结构与非隔震结构层间剪力比			
	REN	TAFT	EL	REN	TAFT	EL	REN	TAFT	EL	平均值
14	112	140	96	13	12	17	0. 115	0. 086	0. 176	0. 125
13	633	663	546	100	87	126	0. 158	0. 131	0. 231	0. 174
12	1121	1250	988	196	165	243	0. 175	0. 132	0. 246	0. 184
11	1526	1819	1380	301	246	366	0. 197	0. 135	0. 265	0. 199
10	1809	2275	1674	404	320	484	0. 223	0. 141	0. 289	0. 218
9	1976	2560	1921	501	391	593	0. 253	0. 153	0. 309	0. 238
8	2124	2675	2144	594	465	695	0. 279	0. 174	0. 324	0. 259
7	2427	2642	2344	682	534	789	0. 281	0. 202	0. 336	0. 273
6	2660	2514	2522	768	596	874	0. 289	0. 237	0. 347	0. 291
5	2820	2549	2688	854	646	951	0. 303	0. 253	0. 354	0. 303
4	2968	2640	2901	946	681	1018	0. 319	0. 258	0. 351	0. 309
3	3100	2772	3088	1037	702	1076	0. 334	0. 253	0. 348	0. 312
2	3177	2858	3201	1129	710	1126	0. 355	0. 248	0. 352	0. 319
1	3203	2884	3234	1229	711	1176	0. 384	0. 247	0. 364	0. 331

表 8 非隔震与隔震结构 *Y* 向层间剪力及层间剪力比

楼层	非隔震结构层间剪力/kN			隔震结构层间剪力/kN			隔震结构与非隔震结构层间剪力比			
	REN	TAFT	EL	REN	TAFT	EL	REN	TAFT	EL	平均值
14	127	130	119	14	12	18	0. 109	0. 091	0. 152	0. 117
13	682	716	541	110	88	137	0. 161	0. 123	0. 253	0. 179
12	1163	1223	944	214	170	261	0. 184	0. 139	0. 277	0. 200
11	1551	1549	1224	325	255	391	0. 210	0. 164	0. 319	0. 231
10	1789	1694	1397	434	333	512	0. 242	0. 197	0. 366	0. 268
9	1898	1875	1572	534	413	621	0. 281	0. 220	0. 395	0. 299
8	1921	2125	1683	630	486	720	0. 328	0. 229	0. 428	0. 328

续表 8

楼层	非隔震结构层间剪力/kN			隔震结构层间剪力/kN			隔震结构与非隔震结构层间剪力比			
	REN	TAFT	EL	REN	TAFT	EL	REN	TAFT	EL	平均值
7	1955	2402	1802	720	549	811	0.369	0.229	0.450	0.349
6	2210	2728	1980	807	604	894	0.365	0.221	0.451	0.346
5	2426	2924	2246	891	646	966	0.367	0.221	0.430	0.339
4	2517	2955	2452	975	676	1025	0.387	0.229	0.418	0.345
3	2671	2933	2581	1067	688	1073	0.400	0.234	0.416	0.350
2	2869	3099	2646	1160	685	1109	0.404	0.221	0.419	0.348
1	2930	3193	2666	1261	695	1142	0.430	0.218	0.428	0.359

（2）罕遇地震下的分析结果。罕遇地震下，隔震结构各支座轴力见表 9，由表 9 可知在罕遇地震作用下，部分支座出现拉力，考虑到隔震支座实际的抗拉刚度不超过 1.2MPa，因此该隔震支座在罕遇地震作用下是安全的，剪力和位移见表 10 和表 11。

表 9　罕遇地震下支座轴力

支座编号	轴向力/kN	
	最　大	最　小
1	−6226	−847
5	−5553	−1908
12	−6035	−1789
15	−5396	−3464
19	−4882	−834
37	−6139	−1898
40	−5429	−3502
44	−4883	−842
50	−6223	−847
54	−5530	−1884
67	−4574	−3166
68	−4720	−3235
167	−3863	−654
169	−3874	−668
170	−2538	−854
171	−2536	−850
815	−5230	−3234
817	−5347	−3351

注：负号表示受压，正号表示受拉。

表 10 罕遇地震下的支座剪力

支座编号	支座剪力/kN							
	X 向			Y 向			平均值	
	REN	TAFT	EL	REN	TAFT	EL	X 向	Y 向
1	570	302	423	581	315	417	432	438
5	580	307	426	579	317	415	437	437
12	572	304	425	580	314	416	434	437
15	475	250	332	474	253	336	352	354
19	424	228	316	419	232	306	322	319
37	571	305	424	579	314	416	433	436
40	477	248	334	474	253	335	353	354
44	423	228	316	419	231	306	322	319
50	568	304	422	579	314	416	431	436
54	577	309	423	578	316	414	436	436
67	314	163	220	311	166	221	233	233
68	313	165	219	311	166	220	232	233
167	295	157	215	291	159	209	223	219
169	295	157	215	291	159	209	223	219
170	293	155	214	291	159	209	221	219
171	292	156	213	290	158	208	220	219
815	571	305	424	579	314	416	433	436
817	572	304	425	579	314	416	434	436

表 11 罕遇地震下的支座位移

支座编号	支座位移/m							
	X 向			Y 向			平均值	
	REN	TAFT	EL	REN	TAFT	EL	X 向	Y 向
1	0. 214	0. 111	0. 148	0. 217	0. 114	0. 153	0. 158	0. 161
5	0. 218	0. 112	0. 151	0. 217	0. 115	0. 152	0. 160	0. 161
12	0. 215	0. 111	0. 149	0. 217	0. 114	0. 152	0. 158	0. 161
15	0. 219	0. 114	0. 152	0. 218	0. 115	0. 153	0. 161	0. 162
19	0. 221	0. 114	0. 153	0. 217	0. 115	0. 152	0. 163	0. 161
37	0. 215	0. 112	0. 148	0. 217	0. 114	0. 152	0. 158	0. 161
40	0. 219	0. 113	0. 152	0. 218	0. 115	0. 153	0. 162	0. 162
44	0. 220	0. 114	0. 153	0. 217	0. 115	0. 152	0. 163	0. 161
50	0. 214	0. 111	0. 148	0. 217	0. 114	0. 152	0. 158	0. 161
54	0. 217	0. 113	0. 150	0. 216	0. 115	0. 152	0. 160	0. 161
67	0. 220	0. 114	0. 153	0. 218	0. 115	0. 153	0. 162	0. 162

续表 11

支座编号	支座位移/m							
	X 向			Y 向			平均值	
	REN	TAFT	EL	REN	TAFT	EL	X 向	Y 向
68	0.219	0.114	0.152	0.218	0.115	0.153	0.162	0.162
167	0.222	0.115	0.154	0.218	0.115	0.153	0.164	0.162
169	0.222	0.115	0.154	0.218	0.115	0.153	0.164	0.162
170	0.220	0.114	0.153	0.218	0.115	0.153	0.162	0.162
171	0.220	0.114	0.153	0.217	0.115	0.152	0.162	0.161
815	0.215	0.112	0.148	0.217	0.114	0.152	0.158	0.161
817	0.215	0.111	0.149	0.217	0.114	0.152	0.158	0.161

3.3　二区 C03 栋双拼隔震分析报告

3.3.1　隔震支座力学性能参数

隔震支座力学性能参数见表 12。

表 12　隔震支座力学性能参数

支座型号	竖向性能		等效水平本构				设计位移/mm
	刚度/kN·mm^{-1}	设计承载力(15MPa)/kN	等效水平刚度/kN·mm^{-1}		等效阻尼比/%		
			$\gamma=50\%$	$\gamma=250\%$	$\gamma=50\%$	$\gamma=250\%$	
LRB600	2200	4240	1.89	1.62	24	19.2	≥300
LNR600	2000	4240	1.2	1.08	6	5.4	≥300
LRB500	1950	2900	1.62	1.134	24	17	≥250
LNR500	1750	2900	1.0	0.71	7	5.4	≥250

注：直径小于 600mm 的隔震支座罕遇地震等效刚度及等效阻尼比采用 $\gamma=250\%$，支座竖向承载力采用 15MPa 计算。

3.3.2　隔震支座布置

本工程共使用 LRB600（有铅芯 600mm 直径），LNR600（无铅芯 600mm 直径），LRB500（有铅芯 500mm 直径），LNR500 的数量分别为 2 个、25 个、38 个、5 个，共计 70 个。隔震支座力学性能参数见表 12。基础隔震支座编号及类型，见图 3。

3.3.3　ETABS 模型建立以及准确性验证

本工程使用商业有限元软件 ETABS 建立隔震与非隔震结构模型，并进行计算与分析。为了验证所建立 ETABS 模型的准确性，现将 EATBS 和 SATWE 非隔震模型计算得到的质量、周期、层间剪力（振型分解反应谱法）进行对比，如表 13 ~ 表 15 所示。表中差值为：(｜ETABS－SATWE｜/SATWE)×100%。

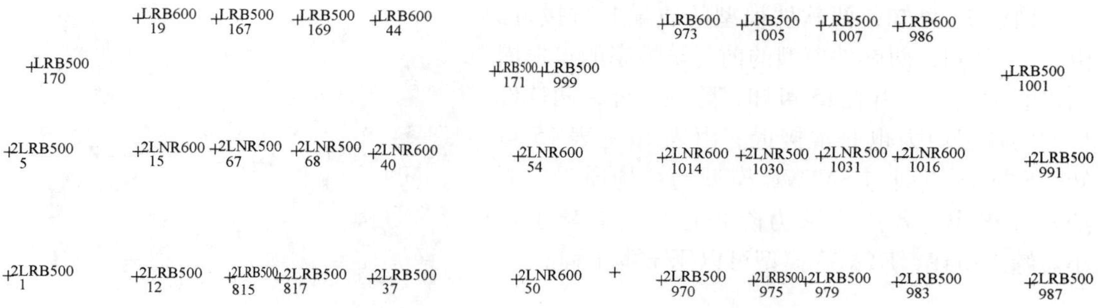

LRB600 19　LRB500 167　LRB500 169　LRB600 44　LRB600 973　LRB500 1005　LRB500 1007　LRB600 986

LRB500 170　LRB500 171　LRB500 999　LRB500 1001

2LRB500 5　2LNR600 15　2LNR500 67　2LNR500 68　2LNR600 40　2LNR600 54　2LNR600 1014　2LNR500 1030　2LNR500 1031　2LNR600 1016　2LRB500 991

2LRB500 1　2LRB500 12　2LRB500 815　2LRB500 817　2LRB500 37　2LNR600 50　2LRB500 970　2LRB500 975　2LRB500 979　2LRB500 983　2LRB500 987

图3　隔震支座编号及布置图

表13　非隔震结构质量对比　(t)

SATWE	ETABS	差值/%
12226.5	12216.9	0.079

表14　非隔震结构周期对比（前三阶）　(s)

振　型	SATWE	ETABS	差值/%
1	1.330	1.335	0.4
2	1.271	1.287	1.2
3	1.139	1.139	0.0

表15　非隔震结构地震剪力对比　(kN)

层数	PKPM		ETABS		差值/%	
	X	Y	X	Y	X	Y
14	123	164	149	235	21.2	43.6
13	1072	1217	1036	1187	3.3	2.4
12	1925	2154	1834	2075	4.7	3.7
11	2695	2952	2555	2877	5.2	2.6
10	3368	3624	3177	3545	5.7	2.2
9	3939	4177	3699	4086	6.1	2.2
8	4436	4651	4147	4553	6.5	2.1
7	4883	5080	4552	4980	6.8	2.0
6	5293	5489	4931	5380	6.8	2.0
5	5674	5887	5280	5763	6.9	2.1
4	6011	6257	5594	6126	6.9	2.1
3	6286	6571	5861	6441	6.8	2.0
2	6467	6791	6039	6655	6.6	2.0
1（隔震层）	6508	6851	6094	6725	6.4	1.8

由表 13 可知，两软件模型的质量非常接近。由表 14 可知，两软件模型的前三阶模态的自振周期也非常接近。由表 15 可知，除顶层外，两软件模型的各层剪力也非常接近。由表 13 ~ 表 15 可知，ETABS 模型与 SATWE 模型的结构质量、周期差异很小。各层间剪力除顶层外，差异也很小。综上所述，ETABS 模型可以用于本工程。

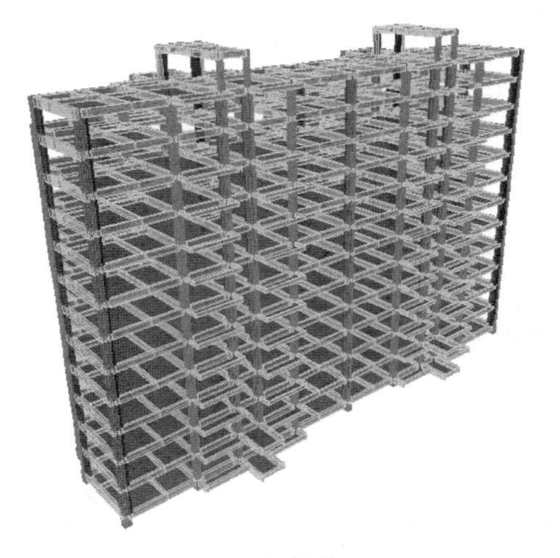

图 4　结构模型

3.3.4　地震波选择

按照《建筑抗震设计规范》（GB 50011—2001）规定，选择了一条人造波和两条天然波（TAFT N21E、LWD90），对比结果如表 16 所示，满足规范要求。

表 16　非隔震结构基底剪力

工　况		反应谱	TAFT	REN	LWD90	时程平均
剪力/kN	*X*	6094	5390	5590	4673	5218
	Y	6725	5383	5418	5424	5408
比例/%	*X*	100	88	92	77	86
	Y	100	80	81	81	80

注：比例为各时程分析与振型分解反应谱法得到的结构基底剪力之比。

3.3.5　隔震分析计算结果

（1）多遇地震下，隔震结构与非隔震结构层间剪力及其比值见表 17 和表 18。

表 17　非隔震与隔震结构 *X* 向层间剪力及层间剪力比

楼层	非隔震结构层间剪力/kN			隔震结构层间剪力/kN			隔震结构与非隔震结构层间剪力比			
	REN	TAFT	LWD90	REN	TAFT	LWD90	REN	TAFT	LWD90	平均值
14	173	216	144	27	22	26	0.154	0.102	0.179	0.145
13	1211	1446	948	208	167	198	0.172	0.116	0.209	0.166
12	2104	2424	1627	402	319	382	0.191	0.131	0.235	0.186
11	2793	3034	2280	615	479	580	0.220	0.158	0.254	0.211
10	3262	3388	2867	825	631	774	0.253	0.186	0.270	0.236
9	3546	3842	3352	1024	762	951	0.289	0.198	0.284	0.257
8	3726	4288	3646	1214	870	1116	0.326	0.203	0.306	0.278
7	3806	4530	3779	1400	959	1264	0.368	0.212	0.334	0.305
6	3974	4646	3925	1586	1024	1391	0.399	0.220	0.354	0.325
5	4289	4767	4007	1782	1076	1501	0.416	0.226	0.375	0.339
4	4558	4935	4126	1979	1123	1590	0.434	0.227	0.385	0.349
3	5076	5183	4375	2171	1175	1659	0.428	0.227	0.379	0.345
2	5476	5343	4606	2364	1239	1719	0.432	0.232	0.373	0.346
1	5590	5390	4673	2574	1340	1781	0.460	0.249	0.381	0.363

表 18 非隔震与隔震结构 *Y* 向层间剪力及层间剪力比

楼层	非隔震层间剪力/kN			隔震层间剪力/kN			隔震与非隔震结构层间剪力比			
	REN	TAFT	LWD90	REN	TAFT	LWD90	REN	TAFT	LWD90	平均值
14	249	346	253	29	25	28	0.116	0.074	0.111	0.100
13	1311	1318	1292	225	186	215	0.171	0.141	0.166	0.160
12	2211	2058	2292	433	353	410	0.196	0.171	0.179	0.182
11	2893	2566	3196	658	525	617	0.228	0.205	0.193	0.208
10	3285	3125	3911	879	685	816	0.268	0.219	0.209	0.232
9	3454	3502	4382	1084	817	994	0.314	0.233	0.227	0.258
8	3503	4230	4602	1278	921	1151	0.365	0.218	0.250	0.278
7	3867	4884	4628	1463	997	1286	0.378	0.204	0.278	0.287
6	4062	5264	4759	1640	1044	1396	0.404	0.198	0.293	0.299
5	4078	5309	4764	1827	1084	1483	0.448	0.204	0.311	0.321
4	4500	5098	4690	2026	1119	1548	0.450	0.219	0.330	0.333
3	4942	5117	5025	2219	1178	1593	0.449	0.230	0.317	0.332
2	5303	5321	5330	2409	1266	1625	0.454	0.238	0.305	0.332
1	5418	5383	5424	2616	1402	1740	0.483	0.260	0.321	0.355

（2）罕遇地震下的分析结果。罕遇地震下，隔震结构各支座剪力和位移见表 19 和表 20，轴力见表 21。由表 21 可知在罕遇地震作用下，部分支座出现拉力，考虑到隔震支座实际的抗拉刚度不超过 1.2MPa，因此该隔震支座在罕遇地震作用下是安全的。

表 19 罕遇地震下的支座剪力

支座编号	支座剪力/kN							
	X 向			*Y* 向			平均值	
	REN	TAFT	LWD90	REN	TAFT	LWD90	*X* 向	*Y* 向
1	572	308	326	577	311	319	402	402
5	571	308	328	578	310	320	402	403
12	577	308	329	576	311	318	405	402
15	525	281	279	529	286	268	362	361
19	414	222	244	418	226	235	293	293
37	576	309	328	575	311	318	404	402
40	524	283	277	528	285	268	361	361
44	415	223	244	418	226	235	294	293
50	524	282	275	524	285	265	360	358
54	523	281	277	526	283	268	361	359
67	344	186	182	347	188	176	238	237

续表 19

支座编号	支座剪力/kN							
	X 向			Y 向			平均值	
	REN	TAFT	LWD90	REN	TAFT	LWD90	X 向	Y 向
68	346	185	184	347	188	176	238	237
167	288	154	167	290	156	161	203	202
169	288	155	167	290	156	161	203	202
170	287	154	166	290	156	160	202	202
171	288	154	167	289	155	160	203	202
815	577	309	329	576	311	318	405	402
817	577	309	329	575	311	318	405	402
970	577	308	329	575	311	318	405	401
973	414	222	244	418	226	235	293	293
975	577	309	329	575	310	318	405	401
979	577	309	329	575	311	318	405	401
983	576	309	329	575	310	318	405	401
986	415	223	244	417	226	235	294	293
987	574	306	328	575	311	319	403	402
991	573	305	331	577	309	320	403	402
999	288	154	166	289	155	160	203	202
1001	287	153	166	289	155	160	202	202
1005	288	154	167	290	155	161	203	202
1007	288	155	167	290	155	161	203	202
1014	525	281	279	528	285	268	362	360
1016	524	283	277	528	285	268	361	360
1030	344	186	182	346	188	176	238	237
1031	346	185	184	346	188	176	238	237

表 20　罕遇地震下的支座位移

支座编号	支座位移/m							
	X 向			Y 向			平均值	
	REN	TAFT	LWD90	REN	TAFT	LWD90	X 向	Y 向
1	0. 240	0. 130	0. 123	0. 242	0. 132	0. 120	0. 164	0. 164
5	0. 239	0. 130	0. 124	0. 242	0. 131	0. 121	0. 164	0. 165
12	0. 242	0. 130	0. 125	0. 241	0. 131	0. 120	0. 166	0. 164

续表 20

支座编号	支座位移/m							
	X 向			Y 向			平均值	
	REN	TAFT	LWD90	REN	TAFT	LWD90	X 向	Y 向
15	0. 242	0. 130	0. 126	0. 244	0. 132	0. 121	0. 166	0. 166
19	0. 241	0. 130	0. 126	0. 243	0. 131	0. 121	0. 165	0. 165
37	0. 242	0. 130	0. 124	0. 241	0. 131	0. 120	0. 165	0. 164
40	0. 241	0. 130	0. 126	0. 243	0. 132	0. 121	0. 166	0. 165
44	0. 241	0. 129	0. 126	0. 242	0. 131	0. 121	0. 165	0. 165
50	0. 241	0. 130	0. 124	0. 241	0. 132	0. 120	0. 165	0. 164
54	0. 241	0. 130	0. 126	0. 243	0. 131	0. 121	0. 165	0. 165
67	0. 241	0. 130	0. 126	0. 243	0. 132	0. 121	0. 166	0. 165
68	0. 242	0. 130	0. 126	0. 243	0. 132	0. 121	0. 166	0. 165
167	0. 242	0. 130	0. 127	0. 243	0. 132	0. 121	0. 166	0. 165
169	0. 242	0. 130	0. 127	0. 243	0. 132	0. 121	0. 166	0. 165
170	0. 240	0. 130	0. 126	0. 243	0. 132	0. 121	0. 165	0. 165
171	0. 242	0. 130	0. 127	0. 243	0. 131	0. 121	0. 166	0. 165
815	0. 242	0. 130	0. 125	0. 241	0. 131	0. 120	0. 165	0. 164
817	0. 242	0. 130	0. 125	0. 241	0. 131	0. 120	0. 166	0. 164
970	0. 242	0. 130	0. 125	0. 241	0. 131	0. 120	0. 166	0. 164
973	0. 241	0. 130	0. 126	0. 242	0. 131	0. 121	0. 165	0. 165
975	0. 242	0. 130	0. 125	0. 241	0. 131	0. 120	0. 166	0. 164
979	0. 242	0. 130	0. 125	0. 241	0. 131	0. 120	0. 166	0. 164
983	0. 242	0. 130	0. 124	0. 241	0. 131	0. 120	0. 165	0. 164
986	0. 241	0. 129	0. 126	0. 242	0. 131	0. 121	0. 165	0. 165
987	0. 241	0. 129	0. 124	0. 241	0. 131	0. 120	0. 165	0. 164
991	0. 240	0. 128	0. 126	0. 242	0. 131	0. 121	0. 165	0. 164
999	0. 241	0. 130	0. 126	0. 243	0. 131	0. 121	0. 166	0. 165
1001	0. 241	0. 129	0. 126	0. 243	0. 131	0. 121	0. 165	0. 165
1005	0. 242	0. 130	0. 127	0. 243	0. 131	0. 121	0. 166	0. 165
1007	0. 242	0. 130	0. 127	0. 243	0. 131	0. 121	0. 166	0. 165
1014	0. 242	0. 130	0. 126	0. 243	0. 132	0. 121	0. 166	0. 165
1016	0. 241	0. 130	0. 126	0. 243	0. 132	0. 121	0. 166	0. 165
1030	0. 241	0. 130	0. 125	0. 243	0. 132	0. 121	0. 166	0. 165
1031	0. 242	0. 130	0. 126	0. 243	0. 132	0. 121	0. 166	0. 165

表 21　罕遇地震下支座轴向力

支座编号	轴向力/kN		支座编号	轴向力/kN	
	最　大	最　小		最　大	最　小
1	-6330	-1155	817	-4986	-3154
5	-5408	-1950	970	-5081	-3007
12	-4859	-2775	973	-4689	-823
15	-5621	-3209	975	-4868	-3033
19	-4664	-793	979	-4967	-3137
37	-5091	-3026	983	-4874	-2781
40	-5822	-3207	986	-4675	-801
44	-4688	-835	987	-6332	-1163
50	-7539	-2812	991	-5390	-1935
54	-6987	-5381	999	-2806	-1324
67	-6427	-2261	1001	-2455	-851
68	-6707	-2325	1005	-3720	-607
167	-3715	-601	1007	-3714	-603
169	-3719	-607	1014	-5760	-3152
170	-2452	-850	1016	-5675	-3277
171	-2806	-1323	1030	-6540	-2145
815	-4851	-3017	1031	-6597	-2418

注：负号表示受压，正号表示受拉。

3.4　五区 A05 双拼隔震分析报告

3.4.1　隔震支座力学性能参数

隔震支座力学性能参数见表 22。

表 22　隔震支座力学性能参数

支座型号	竖向性能		等效水平本构				设计位移/mm
	刚度/kN · mm^{-1}	设计承载力(15MPa)/kN	等效水平刚度/kN · mm^{-1}		等效阻尼比/%		
			$\gamma=50\%$	$\gamma=250\%$	$\gamma=50\%$	$\gamma=250\%$	
LNR600	2000	4240	1.5	1.35（$\gamma=100\%$）	6	5.4	≤330
LRB500	1950	2900	1.8	1.26	24	17	≤275
LNR500	1750	2900	1.2	0.85	7	5.4	≤275
LRB400	1260	1880	1.2	0.84	24	17	≤220

3.4.2 隔震支座布置

本工程共使用 LNR600（无铅芯 600mm 直径），LRB500（有铅芯 500mm 直径）、LNR500、LRB400 的数量分别为 4 个、6 个、8 个、27 个，共计 45 个。支座力学性能参数见表 22。基础隔震支座编号及类型，见图 5。

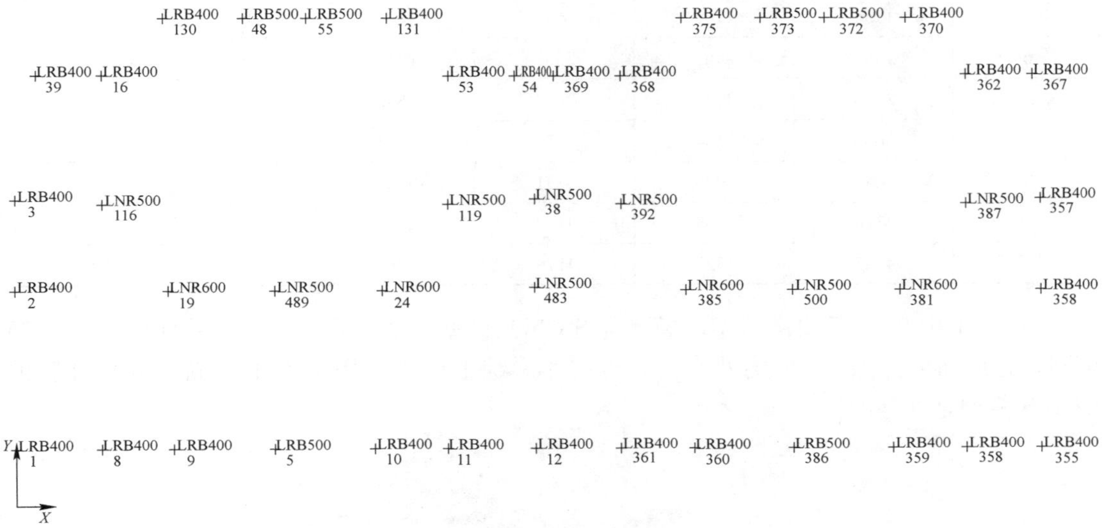

LRB400 130　LRB500 48　LRB500 55　LRB400 131　LRB400 375　LRB500 373　LRB500 372　LRB400 370
LRB400 39　LRB400 16　LRB400 53　LRB400 54　LRB400 369　LRB400 368　LRB400 362　LRB400 367
LRB400 3　LNR500 116　LNR500 119　LNR500 38　LNR500 392　LNR500 387　LRB400 357
LRB400 2　LNR600 19　LNR500 489　LNR600 24　LNR500 483　LNR600 385　LNR500 500　LNR600 381　LRB400 358
LRB400 1　LRB400 8　LRB400 9　LRB500 5　LRB400 10　LRB400 11　LRB400 12　LRB400 361　LRB400 360　LRB500 386　LRB400 359　LRB400 358　LRB400 355
Y　X

图 5　隔震支座编号及布置图

3.4.3 ETABS 模型建立以及准确性验证

本工程使用商业有限元软件 ETABS 建立隔震与非隔震结构模型，并进行计算与分析。为了验证所建立 ETABS 模型的准确性，现将 EATBS 和 SATWE 非隔震模型计算得到的质量、周期、层间剪力（振型分解反应谱法）进行对比，如表 23 ~ 表 25 所示。表中差值为：(｜ETABS - SATWE｜/SATWE) × 100%。

表 23　非隔震结构质量对比　(t)

SATWE	ETABS	差值/%
5654.1	5634.2	0.352

表 24　非隔震结构周期对比（前三阶）　(s)

振　型	SATWE	ETABS	差值/%
1	0.924	0.958	3.7
2	0.904	0.934	3.3
3	0.843	0.866	2.8

表 25　非隔震结构地震剪力对比　（kN）

层　数	PKPM		ETABS		差值/%	
	X	*Y*	*X*	*Y*	*X*	*Y*
9	96	115	84	81	11.9	29.1
8	925	928	803	794	13.2	14.5
7	1754	1745	1639	1614	6.5	7.5
6	2487	2463	2355	2310	5.3	6.2
5	3115	3077	2954	2892	5.2	6.0
4	3636	3584	3457	3383	4.9	5.6
3	4044	3986	3851	3769	4.8	5.4
2	4319	4259	4117	4031	4.7	5.4
1（隔震层）	4385	4323	4179	4087	4.7	5.5

由表 23 和表 24 可知，ETABS 模型与 SATWE 模型的结构质量、周期差异很小。表 25 可知，各层间剪力除 8 ~ 9 层外，差异也很小。综上所述，用于本工程隔震分析计算的 ETABS 模型是准确的。

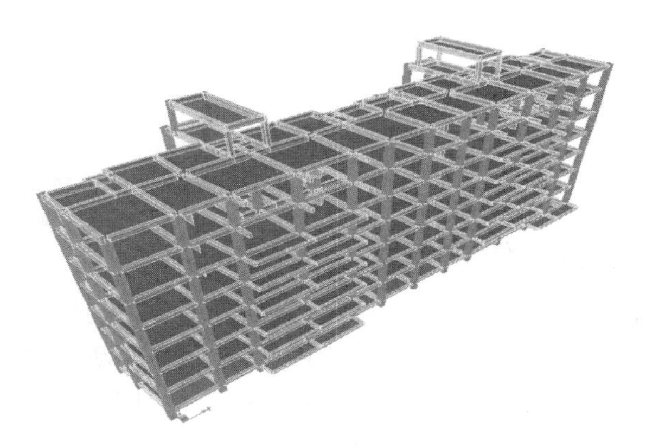

图 6　结构模型

3.4.4　地震波选择

本工程时程分析选择了一条人造波和两条天然波（LWD90、TAFT 、N21E），对比结果如表 26 所示，满足《建筑抗震设计规范》（GB 50011—2001）要求。

表 26　非隔震结构基底剪力

工　况		反应谱	TAFT	REN	LWD90	时程平均
剪力/kN	*X*	4179	3612	3583	3184	3460
	Y	4087	3393	3440	3139	3324
比例/%	*X*	100	86	86	76	83
	Y	100	83	84	77	81

注：比例为个各时程分析与振型分解反应谱法得到的结构基底剪力之比。

3.4.5 隔震分析计算结果

（1）多遇地震下，隔震结构与非隔震结构层间剪力及其比值见表27和表28。

表27 非隔震与隔震结构 *X* 向层间剪力及层间剪力比

楼层	非隔震结构层间剪力/kN			隔震结构层间剪力/kN			隔震结构与非隔震结构层间剪力比			
	REN	LWD90	TAFT	REN	LWD90	TAFT	REN	LWD90	TAFT	平均值
9	78	107	106	12	10	10	0.149	0.089	0.095	0.111
8	636	740	926	147	134	118	0.231	0.181	0.127	0.180
7	1157	1421	1944	320	300	261	0.276	0.211	0.134	0.207
6	1589	2117	2844	485	472	412	0.306	0.223	0.145	0.224
5	2221	2628	3423	631	633	559	0.284	0.241	0.163	0.229
4	2781	2911	3605	761	784	701	0.274	0.269	0.195	0.246
3	3217	3009	3468	879	919	829	0.273	0.305	0.239	0.273
2	3510	3127	3815	1038	1042	939	0.296	0.333	0.246	0.292
1	3583	3184	3905	1227	1161	1038	0.343	0.365	0.266	0.324

表28 非隔震与隔震结构 *Y* 向层间剪力及层间剪力比

楼层	非隔震结构层间剪力/kN			隔震结构层间剪力/kN			隔震结构与非隔震结构层间剪力比			
	REN	LWD90	TAFT	REN	LWD90	TAFT	REN	LWD90	TAFT	平均值
9	77	105	93	11	10	10	0.145	0.094	0.104	0.114
8	586	736	886	147	138	121	0.251	0.187	0.137	0.192
7	1107	1551	1919	319	308	266	0.288	0.199	0.138	0.209
6	1564	2242	2857	487	484	415	0.311	0.216	0.145	0.224
5	2059	2739	3407	635	648	564	0.308	0.236	0.166	0.237
4	2613	3005	3434	766	801	707	0.293	0.267	0.206	0.255
3	3065	3095	3132	886	937	833	0.289	0.303	0.266	0.286
2	3373	3114	3301	1044	1059	936	0.310	0.340	0.284	0.311
1	3440	3139	3393	1223	1178	1023	0.355	0.375	0.301	0.344

（2）罕遇地震下的分析结果。罕遇地震下，隔震结构各支座剪力和位移见表29和表30，轴力见表31。由表31可知在罕遇地震作用下，39号支座出现拉力，考虑到隔震支座实际的抗拉刚度不超过1.2MPa，因此该隔震支座在罕遇地震作用下是安全的。

表29 罕遇地震下的支座剪力

支座编号	支座剪力/kN							
	X 向			*Y* 向			平均值	
	REN	LWD90	TAFT	REN	LWD90	TAFT	*X* 向	*Y* 向
1	138	157	104	137	155	103	133	131
2	138	157	104	137	155	103	133	132
3	138	157	104	137	155	103	133	131
5	207	236	155	204	232	153	200	196
8	139	158	104	137	155	102	133	131

续表29

支座编号	支座剪力/kN							
	X向			Y向			平均值	
	REN	LWD90	TAFT	REN	LWD90	TAFT	X向	Y向
9	140	160	105	138	156	103	135	132
10	140	159	105	138	157	103	135	133
11	139	158	104	137	156	103	133	132
12	139	158	104	137	156	103	134	132
16	139	157	105	138	156	103	134	132
19	204	232	141	203	230	139	192	191
24	204	233	141	204	231	139	192	192
38	128	147	89	129	146	88	121	121
39	137	155	104	136	154	102	132	131
48	206	232	155	204	231	152	198	196
53	138	157	104	138	157	103	133	133
54	138	156	104	137	156	102	133	132
55	206	232	156	204	231	152	198	196
116	128	147	89	128	145	88	121	120
119	128	146	89	129	145	88	121	121
130	139	157	105	137	155	102	133	131
131	138	156	104	137	156	102	133	132
355	138	157	103	138	158	103	133	133
356	138	157	104	139	158	103	133	134
357	138	157	104	139	158	103	133	133
358	139	158	104	138	157	102	134	132
359	140	159	105	139	158	103	135	133
360	140	160	105	139	158	104	135	134
361	139	158	104	137	156	102	133	132
362	138	157	104	139	159	104	133	134
367	138	155	104	138	158	103	132	133
368	139	157	105	138	157	103	134	133
369	138	156	104	137	156	102	133	132
370	138	156	105	138	158	103	133	133
372	206	232	156	205	234	153	198	197
373	206	232	156	205	233	152	198	197
375	138	156	105	138	157	103	133	133
381	204	233	141	208	233	140	192	194
385	204	233	141	206	232	139	192	192
386	207	236	155	206	235	154	199	198
387	128	146	89	131	147	88	121	122
392	128	147	89	130	146	88	121	121
483	128	147	89	130	146	88	121	121
489	129	147	89	129	146	88	122	121
500	129	147	89	131	147	88	122	122

表30 罕遇地震下的支座位移

支座编号	支座位移/m							
	X向			Y向			平均值	
	REN	LWD90	TAFT	REN	LWD90	TAFT	X向	Y向
1	0. 152	0. 170	0. 102	0. 149	0. 168	0. 101	0. 141	0. 139
2	0. 150	0. 170	0. 103	0. 150	0. 168	0. 102	0. 141	0. 140
3	0. 150	0. 170	0. 103	0. 149	0. 168	0. 101	0. 141	0. 139
5	0. 151	0. 170	0. 102	0. 150	0. 167	0. 101	0. 141	0. 139
8	0. 152	0. 171	0. 102	0. 149	0. 168	0. 101	0. 142	0. 139
9	0. 154	0. 173	0. 104	0. 151	0. 169	0. 102	0. 143	0. 141
10	0. 153	0. 173	0. 103	0. 152	0. 170	0. 102	0. 143	0. 141
11	0. 152	0. 171	0. 102	0. 151	0. 169	0. 101	0. 142	0. 140
12	0. 152	0. 171	0. 102	0. 152	0. 169	0. 101	0. 142	0. 141
16	0. 150	0. 171	0. 104	0. 151	0. 169	0. 102	0. 141	0. 141
19	0. 151	0. 170	0. 102	0. 150	0. 168	0. 101	0. 141	0. 140
24	0. 151	0. 170	0. 103	0. 151	0. 169	0. 102	0. 141	0. 141
38	0. 150	0. 171	0. 103	0. 152	0. 169	0. 101	0. 141	0. 141
39	0. 148	0. 168	0. 102	0. 149	0. 167	0. 101	0. 139	0. 139
48	0. 147	0. 168	0. 102	0. 149	0. 167	0. 100	0. 139	0. 139
53	0. 149	0. 170	0. 103	0. 152	0. 170	0. 102	0. 141	0. 141
54	0. 148	0. 169	0. 103	0. 151	0. 169	0. 101	0. 140	0. 140
55	0. 147	0. 168	0. 102	0. 149	0. 167	0. 100	0. 139	0. 139
116	0. 150	0. 171	0. 103	0. 150	0. 168	0. 101	0. 141	0. 140
119	0. 150	0. 170	0. 103	0. 151	0. 169	0. 101	0. 141	0. 141
130	0. 149	0. 170	0. 104	0. 150	0. 168	0. 101	0. 141	0. 140
131	0. 148	0. 170	0. 103	0. 151	0. 169	0. 101	0. 140	0. 140
355	0. 151	0. 170	0. 102	0. 154	0. 171	0. 102	0. 141	0. 142
356	0. 150	0. 170	0. 102	0. 155	0. 172	0. 102	0. 141	0. 143
357	0. 150	0. 170	0. 103	0. 154	0. 171	0. 102	0. 141	0. 142
358	0. 152	0. 171	0. 103	0. 153	0. 170	0. 101	0. 142	0. 141
359	0. 153	0. 173	0. 103	0. 154	0. 171	0. 102	0. 143	0. 142
360	0. 154	0. 173	0. 104	0. 154	0. 171	0. 102	0. 143	0. 142
361	0. 152	0. 171	0. 102	0. 152	0. 169	0. 101	0. 142	0. 141
362	0. 149	0. 170	0. 103	0. 155	0. 172	0. 102	0. 141	0. 143
367	0. 148	0. 169	0. 102	0. 154	0. 171	0. 102	0. 140	0. 142
368	0. 150	0. 171	0. 104	0. 153	0. 171	0. 102	0. 141	0. 142
369	0. 148	0. 169	0. 103	0. 151	0. 169	0. 101	0. 140	0. 140
370	0. 149	0. 170	0. 103	0. 153	0. 171	0. 101	0. 141	0. 142
372	0. 147	0. 168	0. 102	0. 152	0. 169	0. 100	0. 139	0. 140
373	0. 147	0. 168	0. 102	0. 151	0. 168	0. 100	0. 139	0. 140
375	0. 149	0. 170	0. 103	0. 153	0. 170	0. 101	0. 141	0. 141
381	0. 151	0. 170	0. 103	0. 154	0. 171	0. 102	0. 141	0. 142

续表 30

支座编号	支座位移/m							
	X 向			Y 向			平均值	
	REN	LWD90	TAFT	REN	LWD90	TAFT	X 向	Y 向
385	0. 151	0. 170	0. 103	0. 152	0. 170	0. 101	0. 141	0. 141
386	0. 151	0. 170	0. 102	0. 152	0. 169	0. 101	0. 141	0. 141
387	0. 150	0. 170	0. 103	0. 154	0. 171	0. 102	0. 141	0. 142
392	0. 150	0. 170	0. 103	0. 152	0. 170	0. 102	0. 141	0. 141
483	0. 151	0. 170	0. 103	0. 152	0. 170	0. 102	0. 141	0. 141
489	0. 152	0. 172	0. 103	0. 151	0. 169	0. 102	0. 142	0. 141
500	0. 152	0. 171	0. 103	0. 154	0. 171	0. 102	0. 142	0. 142

表 31 罕遇地震下支座轴向力

支座编号	轴向力/kN		支座编号	轴向力/kN	
	最 大	最 小		最 大	最 小
1	-1429	-148	356	-1256	-543
2	-1291	-582	357	-1265	-146
3	-1345	-235	358	-1502	-795
5	-2128	-1058	359	-1647	-755
8	-1420	-707	360	-1578	-696
9	-1608	-721	361	-1433	-728
10	-1608	-721	362	-1259	-399
11	-1447	-742	367	-1045	-18
12	-1698	-495	368	-1236	-379
16	-1255	-400	369	-982	-49
19	-2394	-2353	370	-1318	-699
24	-2419	-2345	372	-1908	-1359
38	-1360	-928	373	-1879	-1337
39	-949	41	375	-1271	-640
48	-1933	-1397	381	-2412	-2368
53	-1269	-416	385	-2370	-2297
54	-973	-42	386	-2103	-1022
55	-1943	-1404	387	-1615	-1199
116	-1626	-1208	392	-1573	-1160
119	-1699	-1284	483	-1912	-993
130	-1293	-675	489	-2171	-1985
131	-1301	-671	500	-2296	-2102
355	-1521	-230			

3.5 七区 C06-2 隔震分析报告

3.5.1 隔震支座力学性能参数

隔震支座力学性能参数见表 32。

表 32 隔震支座力学性能参数

支座型号	竖向性能		等效水平本构				设计位移/mm
	刚度/kN · mm^{-1}	设计承载力(15MPa)/kN	等效水平刚度/kN · mm^{-1}		等效阻尼比/%		
			$\gamma=50\%$	$\gamma=250\%$	$\gamma=50\%$	$\gamma=250\%$	
LNR800	2600	7540	2.34	1.854 ($\gamma=100\%$)	6	5.4	≤440
LRB700	3000	5770	2.5	1.90 ($\gamma=100\%$)	23	16	≤375
LNR700	2100	5770	1.75	1.45 ($\gamma=100\%$)	6	5.4	≤375
LRB600	2200	4240	1.89	1.62 ($\gamma=100\%$)	24	19.2	≤330
LNR600	2000	4240	1.2	1.08 ($\gamma=100\%$)	6	5.4	≤330
LRB500	1950	2900	1.62	1.134	24	17	≤275
LNR500	1750	2900	1.0	0.71	7	5.4	≤275

3.5.2 隔震支座布置

本工程共使用 LNR800、LRB700、LNR700、LRB600、LNR600、LRB500、LNR500 的数量分别为 2 个、7 个、8 个、12 个、13 个、4 个、8 个，共计 54 个。隔震支座力学性能参数见表 32。

3.5.3 ETABS 模型建立以及准确性验证

本工程使用商业有限元软件 ETABS 建立隔震与非隔震结构模型，并进行计算与分析。为了验证所建立 ETABS 模型的准确性，现将 ETABS 和 SATWE 非隔震模型计算得到的质量、周期、层间剪力（振型分解反应谱法）进行对比，如表 33 ~ 表 35 所示。表中差值为：(｜ETABS − SATWE｜/SATWE) ×100%。

图 7 结构模型

表 33 非隔震结构质量对比 (t)

SATWE	ETABS	差值/%
13539.7	13491.9	0.4

表 34　非隔震结构周期对比（前三阶）　(s)

振　型	SATWE	ETABS	差值/%
1	1.341	1.237	7.8
2	1.277	1.117	12.5
3	1.096	1.091	0.5

表 35　非隔震结构地震剪力对比　(kN)

层数	PKPM		ETABS		差值/%	
	X	Y	X	Y	X	Y
21	162	182	120	126	26.1	31.0
20	987	1065	899	924	8.9	13.3
19	1754	1826	1695	1700	3.4	6.9
18	2323	2357	2321	2278	0.1	3.3
17	2779	2765	2829	2721	1.8	1.6
16	3143	3082	3243	3068	3.2	0.5
15	3437	3330	3595	3354	4.6	0.7
14	3680	3529	3899	3596	6.0	1.9
13	3891	3700	4166	3804	7.1	2.8
12	4088	3868	4410	3996	7.9	3.3
11	4286	4049	4649	4196	8.5	3.6
10	4497	4255	4897	4420	8.9	3.9
9	4723	4487	5153	4666	9.1	4.0
8	4964	4740	5410	4919	9.0	3.8
7	5214	5003	5660	5170	8.6	3.4
6	5458	5259	5900	5415	8.1	3.0
5	5683	5494	6118	5641	7.7	2.7
4	5872	5693	6295	5826	7.2	2.3
3	6123	5956	6479	6015	5.8	1.0
2	6274	6154	6550	6096	4.4	0.9
1（隔震层）	6276	6156	6550	6097	4.4	1.0

由表 33 ~ 表 35 可知，ETABS 模型与 SATWE 模型的结构质量、周期差异很小，各层间剪力除顶层外，差异也很小。综上所述，用于本工程隔震分析计算的 ETABS 模型是准确的。

3.5.4　地震波选择

时程分析选择了一条人造波和两条天然波（ELCENTRO、TAFT N21E），基底剪力对比结果如表 36 所示，符合《建筑抗震设计规范》（GB 50011—2001）的规定。

表 36 非隔震结构基底剪力

工况		反应谱	TAFT	REN	EL	时程平均
剪力/kN	*X*	6550	8454	5077	8064	7198
	Y	6096	7654	5714	6020	6463
比例/%	*X*	100	129	78	123	110
	Y	100	126	94	99	106

注：比例为各时程分析与振型分解反应谱法得到的结构基底剪力之比。

3.5.5 隔震分析计算结果

（1）多遇地震下，隔震结构与非隔震结构层间剪力及其比值见表 37 和表 38。

表 37 非隔震与隔震结构 *X* 向层间剪力及层间剪力比

楼层	非隔震结构层间剪力/kN			隔震结构层间剪力/kN			隔震结构与非隔震结构层间剪力比			
	REN	TAFT	EL	REN	TAFT	EL	REN	TAFT	EL	平均值
21	141	165	152	17	16	20	0.123	0.095	0.129	0.116
20	1029	1261	1165	149	132	166	0.145	0.104	0.142	0.131
19	1873	2379	2222	310	268	341	0.165	0.113	0.153	0.144
18	2437	3229	3057	465	395	508	0.191	0.122	0.166	0.160
17	2751	3832	3717	620	518	673	0.226	0.135	0.181	0.181
16	2964	4217	4283	773	635	831	0.261	0.151	0.194	0.202
15	3267	4693	4770	922	744	984	0.282	0.159	0.206	0.216
14	3513	5195	5237	1068	844	1132	0.304	0.162	0.216	0.228
13	3680	5575	5575	1211	936	1273	0.329	0.168	0.228	0.242
12	3802	5877	5775	1352	1019	1406	0.356	0.173	0.244	0.258
11	3979	6103	5833	1492	1092	1533	0.375	0.179	0.263	0.272
10	4218	6183	5818	1630	1152	1653	0.387	0.186	0.284	0.286
9	4432	6163	6040	1768	1200	1763	0.399	0.195	0.292	0.295
8	4602	6028	6576	1906	1242	1865	0.414	0.206	0.284	0.301
7	4709	6250	7051	2044	1273	1957	0.434	0.204	0.277	0.305
6	4773	6970	7427	2184	1295	2040	0.458	0.186	0.275	0.306
5	4828	7550	7700	2326	1317	2114	0.482	0.174	0.275	0.310
4	4864	7960	7874	2466	1342	2182	0.507	0.169	0.277	0.318
3	4931	8329	8015	2680	1412	2278	0.543	0.170	0.284	0.332
2	5077	8454	8064	2943	1549	2389	0.580	0.183	0.296	0.353
1	447	632	544	422	223	340	0.945	0.353	0.625	0.641

表 38　非隔震与隔震结构 Y 向层间剪力及层间剪力比

楼层	非隔震结构层间剪力/kN			隔震结构层间剪力/kN			隔震结构与非隔震结构层间剪力比			
	REN	TAFT	EL	REN	TAFT	EL	REN	TAFT	EL	平均值
21	128	175	124	21	18	22	0.164	0.103	0.179	0.148
20	993	1333	899	179	148	188	0.181	0.111	0.209	0.167
19	1892	2501	1614	369	297	385	0.195	0.119	0.239	0.184
18	2600	3410	2070	549	432	572	0.211	0.127	0.276	0.205
17	3147	4111	2332	727	559	755	0.231	0.136	0.324	0.230
16	3610	4566	2782	899	672	930	0.249	0.147	0.334	0.244
15	3892	4809	3161	1064	772	1096	0.273	0.160	0.347	0.260
14	3983	4902	3471	1223	857	1253	0.307	0.175	0.361	0.281
13	3964	4805	3783	1376	934	1398	0.347	0.194	0.370	0.304
12	4362	4659	4103	1524	1011	1531	0.349	0.217	0.373	0.313
11	4702	4752	4362	1666	1079	1652	0.354	0.227	0.379	0.320
10	5012	4835	4551	1804	1135	1760	0.360	0.235	0.387	0.327
9	5232	5370	4665	1937	1182	1855	0.370	0.220	0.398	0.329
8	5364	5879	4964	2067	1220	1937	0.385	0.207	0.390	0.328
7	5484	6249	5322	2194	1247	2006	0.400	0.200	0.377	0.325
6	5560	6487	5593	2319	1266	2063	0.417	0.195	0.369	0.327
5	5638	6681	5778	2444	1278	2110	0.433	0.191	0.365	0.330
4	5674	7045	5887	2568	1297	2147	0.452	0.184	0.365	0.334
3	5691	7483	5983	2760	1444	2195	0.485	0.193	0.367	0.348
2	5714	7654	6020	2998	1667	2243	0.525	0.218	0.373	0.372
1	601	783	687	424	241	317	0.706	0.307	0.460	0.491

（2）罕遇地震下的分析结果。罕遇地震下，隔震结构各支座剪力和位移见表 39 和表 40，轴力见表 41。由表 41 可知在罕遇地震作用下，2 号、5 号、6 号、9 号支座出现拉力，2 号、9 号布置是 LNR800 的支座，5 号、6 号布置是 600 的支座，考虑到隔震支座实际的抗拉刚度不超过 1.2MPa，因此该隔震支座在罕遇地震作用下是安全的。

表 39　罕遇地震下的支座剪力

支座编号	支座剪力/kN							
	X 向			Y 向			平均值	
	REN	TAFT	EL	REN	TAFT	EL	X 向	Y 向
2	543	279	383	504	269	357	401	377
5	448	242	327	418	241	310	339	323
6	286	146	201	270	143	191	211	201
9	545	278	380	518	273	365	401	385
14	514	275	374	487	275	357	388	373

续表 39

支座编号	支座剪力/kN							
	X向			Y向			平均值	
	REN	TAFT	EL	REN	TAFT	EL	X向	Y向
21	435	237	320	415	240	308	331	321
25	278	143	196	267	142	188	206	199
26	278	143	197	271	144	190	206	201
30	278	143	196	272	144	192	206	203
33	276	143	195	268	143	189	205	200
38	427	234	314	416	240	308	325	321
41	179	93	127	176	94	124	133	131
42	179	93	127	178	95	125	133	133
45	427	235	314	428	244	315	325	329
54	355	186	254	351	188	247	265	262
57	355	186	254	354	189	249	265	264
84	420	230	310	408	237	304	320	316
88	482	263	351	475	270	351	365	365
90	483	263	353	481	273	352	366	369
97	264	139	189	266	142	188	198	199
99	260	137	187	261	140	184	194	195
104	260	137	187	264	141	185	195	197
105	264	139	190	270	143	190	198	201
111	483	264	352	495	278	360	366	378
113	483	262	353	498	278	364	366	380
116	419	231	309	434	246	319	320	333
129	343	182	247	350	188	247	257	262
134	344	183	247	354	189	249	258	264
156	283	154	208	284	163	209	215	219
157	256	136	185	262	141	186	193	196
160	256	137	185	263	141	187	193	197
163	342	183	247	356	190	252	258	266
167	337	180	244	350	188	247	253	262
170	337	180	243	354	189	249	253	264
173	343	183	248	363	192	256	258	270
175	257	137	185	273	144	192	193	203
178	256	137	185	275	145	193	192	204
179	283	155	207	301	169	220	215	230
198	281	153	208	283	163	209	214	218

续表 39

支座编号	支座剪力/kN							
	X 向			Y 向			平均值	
	REN	TAFT	EL	REN	TAFT	EL	X 向	Y 向
205	281	154	207	301	169	220	214	230
209	403	222	307	411	239	304	311	318
212	403	222	307	414	240	306	311	320
214	465	253	341	483	274	354	353	370
218	402	222	306	422	243	310	310	325
219	403	221	308	423	243	311	311	326
223	464	254	341	493	277	359	353	377
225	403	222	307	430	245	315	311	330
228	403	222	307	433	246	317	311	332
245	159	85	113	171	92	120	119	128
246	160	85	114	172	93	121	120	128
248	159	86	113	174	94	122	119	130
250	160	85	114	177	94	123	120	131
252	160	86	114	179	95	124	120	133
254	158	86	113	181	95	126	119	134

表 40 罕遇地震下的支座位移

支座编号	支座位移/m							
	X 向			Y 向			平均值	
	REN	TAFT	EL	REN	TAFT	EL	X 向	Y 向
2	0. 262	0. 135	0. 183	0. 243	0. 128	0. 171	0. 193	0. 181
5	0. 263	0. 134	0. 183	0. 245	0. 129	0. 172	0. 193	0. 182
6	0. 263	0. 135	0. 183	0. 249	0. 130	0. 174	0. 194	0. 184
9	0. 263	0. 134	0. 182	0. 250	0. 130	0. 175	0. 193	0. 185
14	0. 261	0. 133	0. 182	0. 247	0. 130	0. 172	0. 192	0. 183
21	0. 256	0. 131	0. 179	0. 244	0. 129	0. 171	0. 189	0. 181
25	0. 256	0. 131	0. 179	0. 246	0. 129	0. 172	0. 189	0. 182
26	0. 256	0. 131	0. 179	0. 249	0. 130	0. 174	0. 189	0. 184
30	0. 256	0. 131	0. 179	0. 251	0. 131	0. 175	0. 189	0. 185
33	0. 254	0. 130	0. 178	0. 247	0. 130	0. 173	0. 188	0. 183
38	0. 250	0. 129	0. 176	0. 244	0. 129	0. 171	0. 185	0. 181
41	0. 251	0. 129	0. 176	0. 246	0. 130	0. 172	0. 186	0. 183
42	0. 251	0. 129	0. 177	0. 250	0. 131	0. 174	0. 186	0. 185
45	0. 251	0. 129	0. 176	0. 251	0. 131	0. 175	0. 185	0. 185
54	0. 244	0. 126	0. 172	0. 241	0. 127	0. 168	0. 181	0. 179

续表 40

支座编号	支座位移/m							
	X 向			Y 向			平均值	
	REN	TAFT	EL	REN	TAFT	EL	X 向	Y 向
57	0.244	0.126	0.172	0.243	0.128	0.169	0.181	0.180
84	0.243	0.126	0.173	0.239	0.127	0.169	0.181	0.179
88	0.243	0.127	0.172	0.241	0.128	0.170	0.181	0.179
90	0.243	0.126	0.173	0.244	0.129	0.170	0.181	0.181
97	0.244	0.127	0.173	0.245	0.129	0.172	0.181	0.182
99	0.239	0.125	0.170	0.241	0.127	0.168	0.178	0.179
104	0.240	0.125	0.170	0.243	0.128	0.169	0.178	0.180
105	0.244	0.127	0.173	0.249	0.130	0.174	0.181	0.184
111	0.244	0.127	0.172	0.251	0.131	0.174	0.181	0.185
113	0.243	0.126	0.173	0.252	0.131	0.176	0.181	0.186
116	0.244	0.127	0.172	0.254	0.132	0.177	0.181	0.187
129	0.235	0.124	0.168	0.240	0.127	0.168	0.176	0.178
134	0.236	0.124	0.168	0.243	0.128	0.169	0.176	0.180
156	0.235	0.124	0.168	0.240	0.128	0.169	0.176	0.179
157	0.236	0.124	0.169	0.241	0.128	0.170	0.176	0.180
160	0.236	0.125	0.169	0.242	0.128	0.170	0.176	0.180
163	0.235	0.124	0.168	0.244	0.129	0.171	0.176	0.181
167	0.231	0.122	0.165	0.240	0.127	0.168	0.173	0.178
170	0.231	0.122	0.165	0.243	0.128	0.169	0.173	0.180
173	0.235	0.124	0.168	0.249	0.130	0.174	0.176	0.184
175	0.236	0.125	0.169	0.251	0.131	0.175	0.176	0.186
178	0.236	0.125	0.168	0.253	0.132	0.176	0.176	0.187
179	0.235	0.124	0.168	0.255	0.132	0.177	0.176	0.188
198	0.234	0.123	0.167	0.240	0.128	0.169	0.174	0.179
205	0.233	0.124	0.166	0.255	0.132	0.177	0.174	0.188
209	0.232	0.122	0.165	0.242	0.128	0.169	0.173	0.180
212	0.232	0.123	0.165	0.243	0.129	0.170	0.173	0.180
214	0.232	0.122	0.165	0.245	0.129	0.171	0.173	0.182
218	0.231	0.123	0.165	0.247	0.130	0.172	0.173	0.183
219	0.232	0.122	0.165	0.248	0.130	0.173	0.173	0.184
223	0.231	0.123	0.165	0.250	0.131	0.174	0.173	0.185
225	0.232	0.123	0.165	0.252	0.131	0.175	0.173	0.186
228	0.231	0.123	0.165	0.253	0.132	0.176	0.173	0.187
245	0.223	0.118	0.157	0.239	0.128	0.167	0.166	0.178
246	0.224	0.118	0.158	0.240	0.128	0.167	0.167	0.179

续表 40

支座编号	支座位移/m							
	X 向			Y 向			平均值	
	REN	TAFT	EL	REN	TAFT	EL	X 向	Y 向
248	0. 223	0. 119	0. 157	0. 244	0. 130	0. 169	0. 166	0. 181
250	0. 223	0. 118	0. 158	0. 247	0. 130	0. 171	0. 166	0. 183
252	0. 223	0. 119	0. 157	0. 251	0. 131	0. 173	0. 166	0. 185
254	0. 221	0. 119	0. 156	0. 254	0. 132	0. 175	0. 165	0. 187

表 41　罕遇地震下支座轴向力

支座编号	轴向力/kN		支座编号	轴向力/kN	
	最　大	最　小		最　大	最　小
2	-4483	553	104	-3842	-1350
5	-5449	236	105	-3828	-2033
6	-5248	234	111	-6803	-375
9	-4421	556	113	-5417	-1521
14	-7551	-673	116	-4429	-751
21	-4348	-462	129	-5157	-1833
25	-3808	-1147	134	-4369	-1510
26	-4017	-1066	156	-2915	-404
30	-4315	-517	157	-3476	-1696
33	-3913	-1296	160	-3090	-1932
38	-4611	-601	163	-4303	-2107
41	-2047	-1260	167	-5142	-1429
42	-2063	-1683	170	-5156	-879
45	-4770	-650	173	-4312	-2167
54	-4491	-1545	175	-3067	-1933
57	-4582	-1555	178	-3546	-1799
84	-4344	-713	179	-2978	-465
88	-5327	-1537	198	-2988	-390
90	-6997	-180	205	-3001	-311
97	-4097	-1887	209	-4462	-402
99	-3871	-1384	212	-4758	-268
214	-6765	-712	245	-316	-67
218	-5083	-515	246	-588	-410
219	-5115	-593	248	-738	-545
223	-6769	-609	250	-712	-523
225	-4777	-380	252	-721	-533
228	-4470	-289	254	-403	-247

3.6 隔震支座的反力（支墩设计）

《抗规》第12.2.9条规定：与隔震层连接的下部构件（如地下室、支座下的墩柱等）的地震作用和抗震验算，应采用罕遇地震下隔震支座的竖向力、水平力和力矩进行计算。图8中，P 为在罕遇地震时设计组合工况下产生的轴向力；V_x 和 V_y 为罕遇地震时设计组合工况下产生的 X 和 Y 向水平剪力。U_x、U_y 为罕遇地震作用下隔震支座产生的水平位移；h_b 为隔震支座高度，H 为隔震支墩的高度。则有，隔震支座下支墩顶部产生的弯矩：$M_x = P \times U_x + V_x \times h_b$，$M_y = P \times U_y + V_y \times h_b$，用于支座连接件的承载力设计；隔震支座下支墩底部产生的弯矩：$M_x = P \times U_x + V_x \times (H + h_b)$，$M_y = P \times U_y + V_y \times (H + h_b)$，结合前面直接求得的轴力 N、剪力 V_x、剪力 V_y，可以进行下支墩的设计；上支墩的设计内力求得，与下支墩类似。

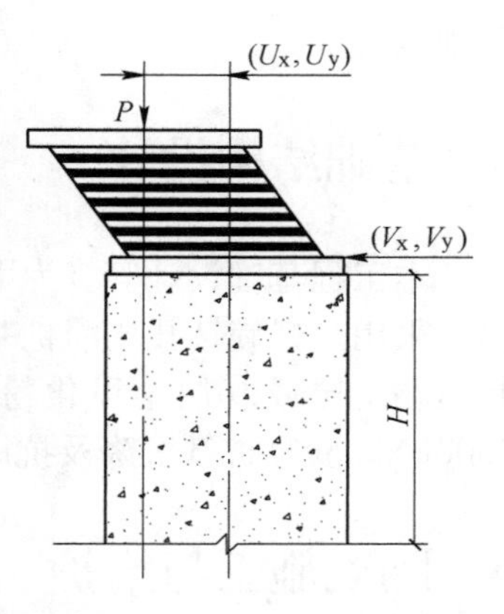

图8 隔震支座下支墩示意图

4 隔震层上部结构设计

4.1 计算及设计程序

采用中国建研院编制的2008版PKPM系列《多层及高层建筑结构空间有限元分析和设计软件SATWE》进行上部结构计算分析及设计。

4.2 抗震计算模型

各抗震单元各自隔震处理，隔震单元抗震缝宽度要满足罕遇地震作用下的位移的1.2倍，隔震单元之间不得小于600mm，隔震单元与非隔震单元之间不得小于400mm。

4.2.1 上部结构水平地震作用的确定

根据隔震计算，水平向减震系数为0.5，隔震层上部结构的水平地震作用影响系数最大值为0.16×0.5=0.08。

4.2.2 上部结构隔震后计算结果分析

从周期分析，结构扭转为主的第一自振周期与平动为主的第一周期之比均小于0.9，说明结构具有足够的抗扭刚度；从位移比分析，刚性楼板假定时，地震作用下，各抗震单元的楼层位移比及层间位移比均小于1.2，说明结构平面布置规则，能有效地减少结构在地震作用时产生的扭转效应；从地震作用下位移角分析，结构的层间位移角均小于等于1/550，保证在多遇地震作用下结构主体不受损坏，非结构构件不会严重破坏导致人员伤亡，保证建筑的正常使用功能；从剪重比分析，上部各楼层的剪重比均要求大于等于3.20%，以有效保证地震能量中长周期成分对结构产生反应谱分析不能估计的破坏；从轴压比分析，所有框架柱的轴压比均小于0.80，从而保证框架柱在地震作用的延性要求；从结构的空间振动图形分析，结构的前三个振型分别为 X 方向、Y 方向及扭转方向，结构的动力特性具有良好的抗震性能。

综合以上的分析，该工程上部结构体系选用合理、受力构件平立面布置规则，满足现行规范要求。

5　基础结构设计

本工程基础设计等级为甲级。

采用长螺旋钻孔压灌桩基础，桩径 ϕ400，桩端持力层为桩端持力层为⑤层粉砂、⑥粉质黏土层或⑨层全风化粉质泥岩层，根据《试桩报告》单桩竖向抗压极限承载力为2300kN。验算桩基沉降及抗震承载力，满足要求。

6　隔震施工与维护

6.1　隔震支座的检查和试验

隔震支座的生产厂家应为通过产品型式检验的企业。建设单位应对厂方提供的每一种型号的隔震支座按《抗规》第 12.1.5 条规定进行抽检，合格后才能使用。

6.2　施工安装

（1）支承隔震支座的支墩（或柱）其顶面水平度误差不宜大于5‰；在隔震支座安装后隔震支座顶面的水平度误差不宜大于 8‰。

（2）隔震支座中心的平面位置与设计位置的偏差不应大于 5.0mm。

（3）隔震支座中心的标高与设计标高的偏差不应大于 5.0mm。

（4）同一支墩上多个隔震支座之间的顶面高差不宜大于 5.0mm。

（5）隔震支座连接板和外露连接螺栓应采取防锈保护措施。

（6）在隔震支座安装阶段应对支墩（或柱）顶面、隔震支座顶面的水平度、隔震支座中心的平面位置和标高进行观测并记录。

（7）在工程施工阶段对隔震支座宜有临时覆盖保护措施，隔震房屋宜设置必要的临时支撑或连接，避免隔震层发生水平位移。

6.3　施工测量

（1）在工程施工阶段应对隔震支座的竖向变形做观测并记录。

（2）在工程施工阶段应对上部结构隔震层部件与周围固定物的脱开距离进行检查。

6.4　工程验收

隔震结构的验收除应符合国家现行有关施工及验收规范的规定外尚应提交下列文件：

（1）隔震层部件供货企业的合法性证明。

（2）隔震层部件出厂合格证书。

（3）隔震层部件的产品性能出厂检验报告。

（4）隐蔽工程验收记录。

（5）预埋件及隔震层部件的施工安装记录。

（6）隔震结构施工全过程中隔震支座竖向变形观测记录。

（7）隔震结构施工安装记录。

（8）含上部结构与周围固定物脱开距离的检查记录。

6.5　隔震层的维护与管理

（1）应制订和执行对隔震支座进行检查和维护的计划。

（2）应定期观测隔震支座的变形及外观情况。

（3）应经常检查是否存在有限制上部结构位移的障碍物，并及时予以清除。

（4）隔震层部件的改装、修理、更换或加固，应在有经验的专业工程技术人员的指导下进行。

（5）考虑到隔震技术的专业性，建议小区的物业管理公司人员应具有这方面的知识，最好是由对本工程施工过程比较熟悉的人员参加管理。

7　结论

本项目是总面积较大的大底盘多塔楼隔震住宅工程，共使用2768个隔震支座，最大直径为600mm。减震系数为0.5，结构周期从非隔震的1.34s延长到隔震结构的2.9s，隔震支座大震下最大位移为194mm，使得隔震结构的抗震性能大大提高。其中采用适量短肢墙的框架隔震结构及18层的剪力墙隔震结构，为云南首例，18层的隔震住宅也是当时省内的最高隔震建筑。

附录　普洱人家项目参与单位及人员信息

项目名称	普洱人家		
设计单位	云南省设计院集团		
用　途	住宅	建设地点	普洱市
施工单位	普洱城投置业有限公司、普洱至胜建筑工程有限公司	施工图审查机构	云南省安泰建设工程施工图设计文件审查中心
工程设计起止时间	2009.9～2011.3	竣工验收时间	2012.5

参与本项目的主要人员：

序号	姓　名	职　称	工 作 单 位
1	王宏伟	高　工	云南省设计院集团
2	梁　佶	高　工	云南省设计院集团
3	马　俊	高　工	云南省设计院集团
4	王绪华	高　工	云南省设计院集团

案例 15　宿迁经济开发区商务中心

1　工程概况

宿迁经济开发区商务中心位于宿迁市经济开发区人民大道与开发区大道交叉口东北角，项目为服务于地方的经济窗口。该工程主楼结构地上 23 层、地下 1 层，建筑面积 41.263m^2，主体建筑高度 97.2m，长边方向高宽比为 3.73，短边方向高宽比为 1.93。该工程建筑平面呈 L 字形，设计力求建筑单元的相对规整，设置了 3 条抗震缝。主楼标准层平面尺寸 51.2m×27.2m，柱网尺寸 8.0m×8.4m，属 A 级高度高层建筑结构。结构布置利用建筑的服务区域，围绕楼、电梯间设置剪力墙。剪力墙厚 0.45～0.35m，柱尺寸 1.2m×1.2m～0.9m×0.9m。建筑剖面图见图 1。

2　工程设计

2.1　设计依据

（1）该工程结构减震分析、设计采用的主要计算软件如下：

采用中国建筑科学院开发的商业软件 PKPM/SATWE 进行常规分析、设计；采用美国 CSI 公司开发的商业有限元软件 ETABS V8.5.5 非线性版本进行常规结构和消能减震结构的动力分析。

（2）设计过程中，采用的现行国家标准、规范、规程及图集主要包括：

1）《建筑结构可靠度设计统一标准》（GB 50068—2001）；

2）《建筑工程抗震设防分类标准》（GB 50223—2004）；

3）《建筑结构荷载规范》（GB 50009—2001）；

4）《混凝土结构设计规范》（GB 50010—2002）；

5）《建筑抗震设计规范》（GB 50011—2001）；

6）《高层建筑钢筋混凝土结构技术规程》（JGJ 3—2002）；

7）《建筑地基基础设计规范》（GB 50007—2002）；

8）《建筑桩基技术规范》（JGJ 94—94）；

9）《现浇混凝土空心楼盖结构技术规程》（CECS 175:2004）；

10）《工程建设标准强制性条文——房屋建筑部分》；

11）《超限高层建筑工程抗震设防管理规定》（中华人民共和国建设部令第 111 号）；

12）《宿迁经济开发区商务中心岩土工程勘察报告》（项目编号：KC2005109（2005 年 11 月）徐州中国矿大岩土工程新技术发展有限公司）；

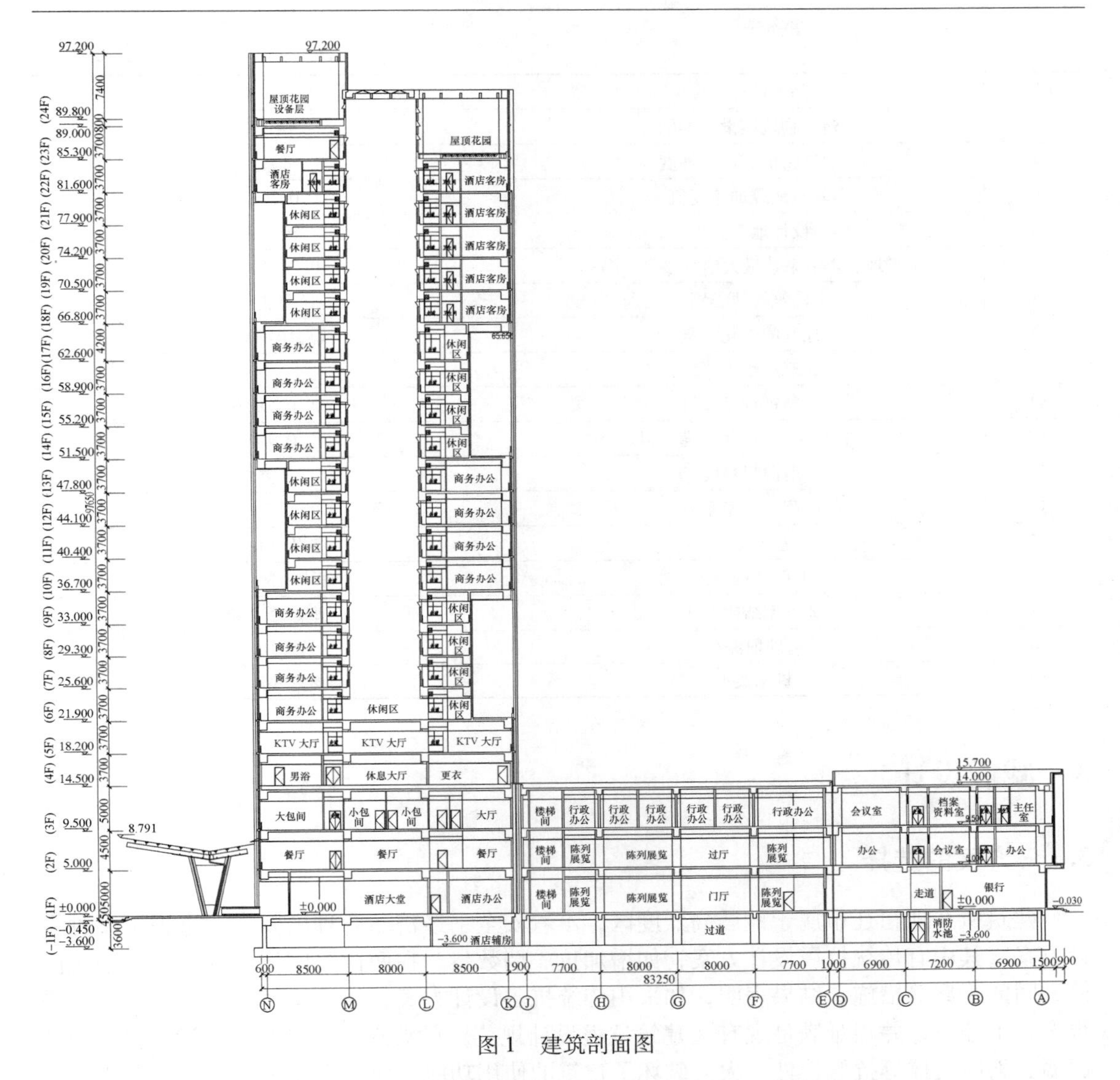

图1 建筑剖面图

13）江苏省地震工程研究院《宿迁经济开发区商务中心工程场地地震安全性评价报告》；

14）南京工业大学建筑技术发展中心《宿迁市教育大厦消能减震设计报告》；

15）南京工业大学建筑技术发展中心《宿迁市建设大厦消能减震设计报告》。

2.2 结构设计主要参数

结构设计主要参数见表1。

表1 结构设计主要参数

序号	基本设计指标	参数
1	建筑结构安全等级	二级
2	结构设计使用年限	50年

续表 1

序号	基本设计指标	参　数
3	建筑物抗震设防类别	丙类
4	建筑物抗震设防烈度	8 度
5	基本地震加速度值	0.30g
6	设计地震分组	第一组
7	水平地震影响系数最大值（多遇/罕遇）	0.24/1.20
8	建筑场地类别	Ⅲ类
9	地基的液化等级	浅层中等液化
10	建筑物耐火等级	一级
11	特征周期/s	0.45/0.50
12	基本风压（100 年一遇）/kPa	0.40
13	地面粗糙度	B 类
14	风荷载体型系数	1.3
15	基础形式	多节支盘桩
16	上部结构形式	框架-剪力墙
17	地下室结构形式	框架-剪力墙
18	基础埋深/m	5.10
19	桩基类型	支盘灌注桩

3　减震设计

3.1　方案的选择

建筑所在地宿迁市属于地震高烈度区，本着安全、经济、合理的要求，考虑了多种设计方案，其中有传统抗震设计方案，如增加抗震墙数量、在两筒之间增设钢支撑、缩短两筒之间的距离等措施。结果表明，如采用传统抗震设计方案，结构构件的断面过大、配筋很多、不经济，并很难满足现有《建筑抗震设计规范》的要求，而且由于增设了很多的抗震墙、斜向支撑等抗侧构件，大大破坏了建筑的使用功能。应业主要求结构尽可能满足建筑使用功能的要求，最后采用减震技术进行结构的抗震设计。

下面简要介绍和该工程密切相关的传统抗震设计方法和结构震动控制技术中的消能减震技术，并比较两种抗震设计方案的优劣性。

3.1.1　传统抗震设计方案

传统抗震设计方法包括强度理论和延性抗震设计方法。地震发生时，地面震动引起结构的地震反应。对于基底固结于地面的建筑结构物，其地震反应沿着高度从下到上逐层放大。通过加大结构截面、增加配筋来抵抗地震，结果是断面越大，刚度越大，地震作用也越大，所需断面及配筋也越大，结构层间位移角也越大。在结构遭遇罕遇地震时，应允许结构选定部位出现塑性铰以改变结构的动力特性并耗散地震能量来达到减小地震响应的目的，使大震下虽然结构损坏严重，但结构不倒坍。

图 2 和图 3 给出了按传统抗震设计方法设计的两种设计方案（设置角部墙体和设置斜

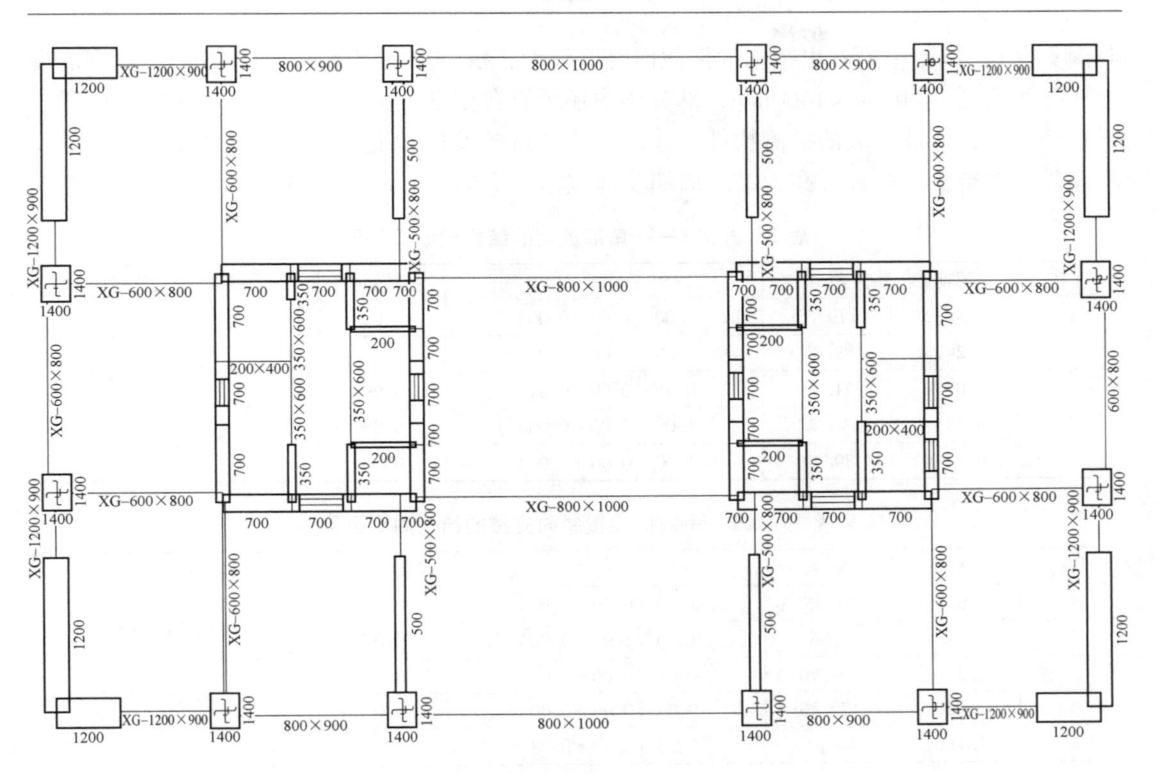

图 2　按传统抗震设计方案 1——角部加墙

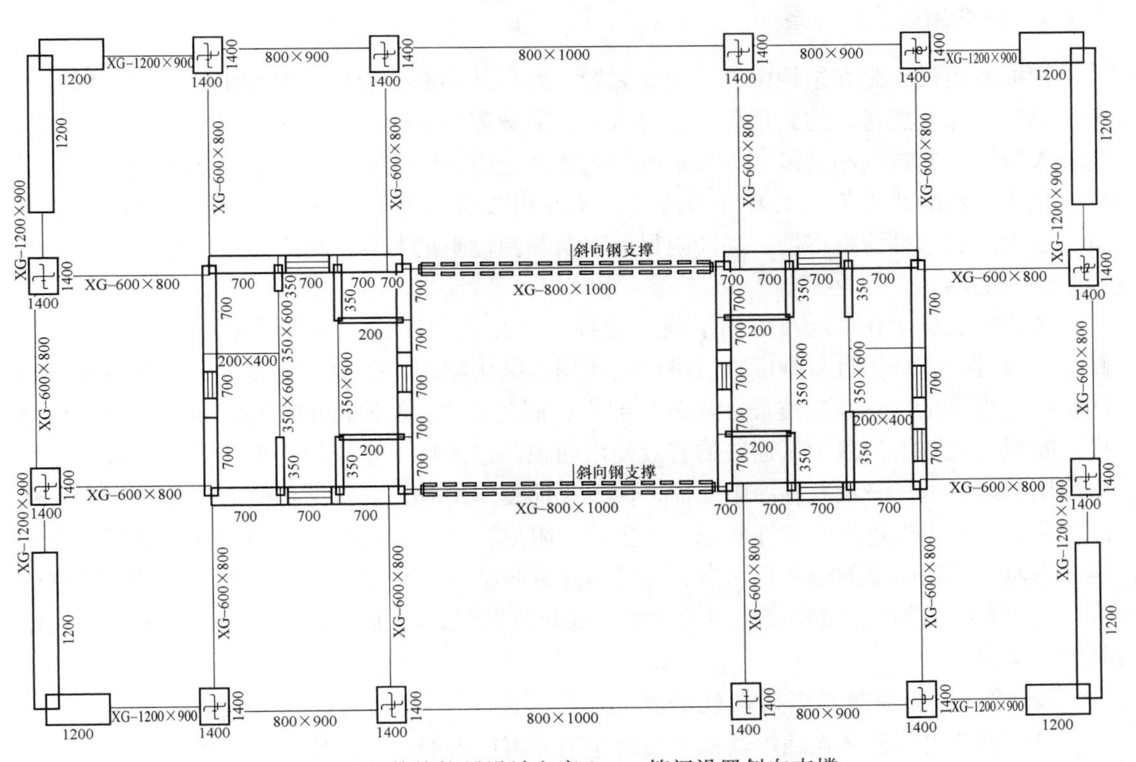

图 3　按传统抗震设计方案 2——筒间设置斜向支撑

向钢支撑），从图中可看出结构构件截面普遍较大，抗震墙厚度达到了1200mm，型钢混凝土柱截面达到1400mm×1400mm，部分梁中还须设置型钢。由于抗震墙和两筒之间设置了斜向钢支撑，以及较大的抗侧构件尺寸，使得建筑的使用功能遭到较大程度的限制。表2和表3分别给出了两种方案的结构周期及地震作用下的楼层最大位移。

表2　方案1——角部加墙的结构周期及位移

震型	周期	转角/(°)	平动系数	扭转系数	楼层最大位移
1	1.4732	179.76	1.00 （1.00+0.00）	0.00	X方向地震 1/854 5%偶然偏心 1/834 Y方向地震 1/851 5%偶然偏心 1/836
2	1.2425	89.83	1.00 （1.00+0.00）	0.01	
3	1.0750	71.29	0.01 （0.00+0.01）	0.99	
4	0.4314	179.87	1.00 （1.00+0.00）	0.00	
5	0.3344	89.90	1.00 （0.00+1.00）	0.00	

表3　方案2——筒间设置斜向支撑的结构周期及位移

震型	周期	转角/(°)	平动系数	扭转系数	楼层最大位移
1	1.5686	91.95	1.00 （0.00+1.00）	0.00	X方向地震 1/812 5%偶然偏心 1/786 Y方向地震 1/765 5%偶然偏心 1/690
2	1.5383	1.86	1.00 （1.00+0.00）	0.00	
3	1.2016	177.70	0.01 （0.00+0.00）	0.99	
4	0.4843	179.80	0.99 （0.99+0.00）	0.01	
5	0.4110	89.61	0.98 （0.00+0.98）	0.02	

3.1.2　消能减震设计方案

消能减震设计是在结构中设置消能装置，通过其局部变形提供附加阻尼，以消耗输入上部结构的地震能量，达到预期防震要求。消能减震技术被广泛用于高层建筑、高耸构筑物和大跨桥梁的抗震和抗风，以及现有建筑物的抗震加固等方面。目前已经运用于实际工程建设中的消能减震装置主要分为两类：速度相关型的消能装置和位移相关型的消能装置；前者主要指黏滞阻尼器、黏滞阻尼墙以及黏弹性阻尼器等，后者主要是指摩擦阻尼器和塑性消能器等。

消能减震技术在宿迁市得到了很好的推广，在高烈度区，若遵循常规抗震设计的思路——通过提高结构自身刚度来抵御地震作用，结构越刚，受地震力越大，构件设计、层间位移越难满足《建筑抗震设计规范》要求；同时结构自身刚度的提高，也使得结构构件设计断面过大，不仅减少了建筑的有效使用面积，也影响了建筑的平面布置。通过在结构中采用减震技术——设置黏滞阻尼器，使得在地震作用时，随着结构侧向变形的增大，黏滞阻尼器装置率先进入非弹性状态，产生较大阻尼，大量消耗输入结构的地震能量，使主体结构避免出现明显的非弹性状态，并且迅速衰减结构的地震反应（位移、速度、加速度等），使得构件设计、层间位移容易满足《建筑抗震设计规范》要求，确保主体结构在地震中的安全。

3.1.2.1　黏滞阻尼器的耗能机理

目前黏滞阻尼器是在减震结构中最常使用的阻尼器形式，其特点是其受力仅与质体运动的速度有关，而与结构的位移无关，即其本身无位移刚度存在。

黏滞阻尼器的阻尼力一般可用公式表示如下：

$$f_d(t) = c_\alpha | u\& |^{\alpha} \mathrm{sgn}(u\&)$$

式中，c_α 是广义阻尼系数；u 是阻尼器内的位移；& 是相应的速度；α 为速度指数，其值为0.2～1。阻尼力的方向总是和位移的方向相反，从而阻止结构运动，消耗能量。

图4为当 c_α 取相同数值、α 取不同值（α 分别为0、0.3、0.6）的滞回曲线，α 越小，滞回曲线越接近矩形。从图中可明显看出，黏滞阻尼器具有非常优越的耗能能力，尤以 α 较小时为宜。

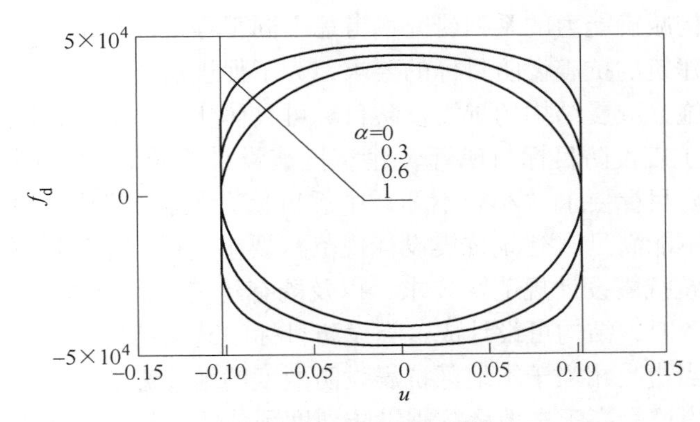

图4　c_α 值相同、α 值不同时的滞回曲线

3.1.2.2　黏滞阻尼器与结构的连接

工程实际中，黏滞阻尼器的形式以杆式为主，所以黏滞阻尼器很容易在结构中以支撑形式设置。常见的布置形式有对角形、交叉形、人字形三种。阻尼器在结构中的布置见图5。

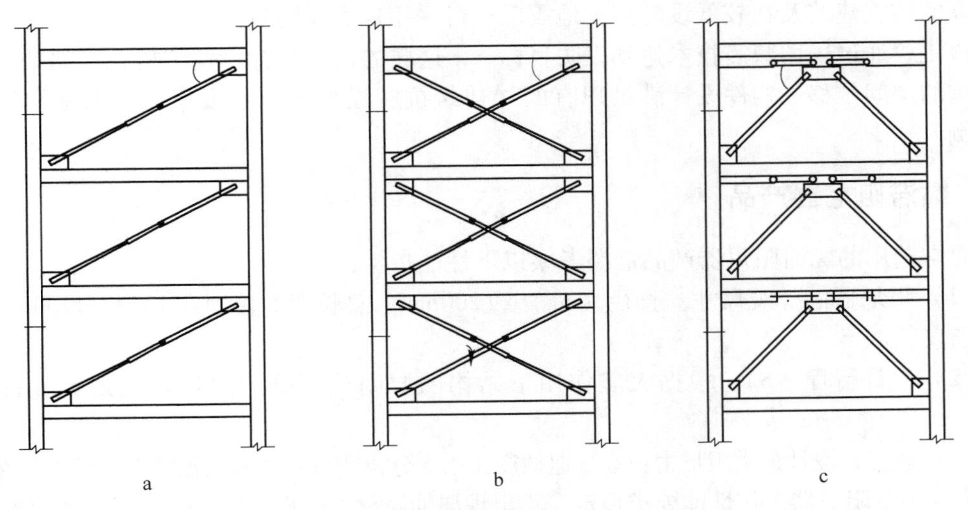

图5　阻尼器在结构中的布置

a—对角形；b—交叉形；c—人字形

当阻尼器采用对角形或交叉形布置时，地震作用下结构发生侧移震动，对角形或交叉形斜撑伸长或缩短迫使阻尼产生拉伸或压缩，从而产生与结构位移反向的斜向阻尼力；人字形支撑则直接产生与结构位移反向的水平阻尼力，并通过人字撑将力传至该层下角部。

3.2　减震结构的设防目标

《建筑抗震设计规范》（GB 50011—2001）规定："采用隔震或消能减震设计的建筑，当遭遇到本地区的多遇地震影响、抗震设防烈度地震影响和罕遇地震影响时，其抗震设防目标应高于本规范第 1.0.1 条的规定。"这里明确了消能减震建筑的抗震设防目标应高于一般依靠自身强度及变形能力（延性）来抗御地震的建筑的抗震设防目标，但未具体明确不同情况下消能减震结构的抗震设防目标。因而，要依据这一规定来进行抗震设计尚有困难。根据对减震结构减震能力的系列研究，考虑不同工程情况可能的不同要求以及工程实践经验并参考传统建筑的抗震设防目标的要求，为了促进消能减震结构抗震设计技术的进步与在工程中的实施，减震结构的抗震设防目标可具体化为如下 A、B、C 三类。

（1）A 目标。抗震设防目标与现行《建筑抗震设计规范》规定的传统结构抗震设防目标相同。这个设防目标要求"小震不坏，中震可修，大震不倒"。由于不同原因导致结构在多遇地震下尚不能满足《建筑抗震设计规范》要求、或需采取明显不合理的过分加强措施才能满足《建筑抗震设计规范》要求，以及既有建筑抗震加固要求设防目标与传统结构抗震设防目标一致时，结构可设计成这类设防目标的减震结构。

（2）B 目标。当遭受相当于本地区抗震设防烈度的地震影响时，一般不受损坏或不需修理可继续使用；当遭受高于本地区抗震设防烈度预估的罕遇地震影响时，可能损坏，经一般修理或不需修理仍可继续使用。这个设防目标要求"中震不坏，大震可修"。多数减震结构可按照这个设防目标设计。

（3）C 目标。当遭受高于本地区抗震设防烈度预估的罕遇地震影响时，一般不受损坏或不需修理或经简单修理可继续使用。这个设防目标要求"大震不坏"。对于消能减震要求更高的减震建筑及在较低设防烈度地震区，可采用这类设防目标。

该工程通过采用减震技术达到设防目标 A，这样的设防目标可使结构在多遇地震作用时结构的层间位移、构件设计满足现有的《建筑抗震设计规范》要求，并保证结构"大震不倒"。

3.3　黏滞阻尼器产品

通常选用的黏滞阻尼器产品需要考察以下性能指标：

（1）阻尼器的外观尺寸：直径（ϕ_D）约 200mm，总长度 L 控制在 1000～1200mm；便于现场安装。

（2）允许行程（S）：根据大震作用下结构的层间位移确定阻尼器的最大允许行程（S）。

（3）阻尼器设计最大阻尼力：在罕遇地震作用下分析所得到的阻尼器最大阻尼力。在这个阻尼力水平的阻尼器工作性能要求稳定，不出现漏油及材料磨损等影响阻尼器性能的现象。

（4）抗老化性：阻尼器产品在往复荷载作用（如风荷载）作用下具有良好的抗疲劳性能。确保阻尼器产品在建筑使用年限内满足设计的功能要求。

（5）阻尼器黏滞材料应满足阻尼器在 -10～60℃的温度下材料性能稳定，阻尼器的工作性能稳定。

（6）产品易安装，并具有可靠的连接构造设计，确保连接构造产生的间隙在允许范围之内，使阻尼器在地震或者风载作用下发挥较好的耗能性能。

由国内某材料研究所生产的黏滞阻尼器产品型号（KZ-300S、KZ-400S、KZ-500S）及其尺寸构造见图6和表4。图7给出了黏滞阻尼器阻尼力 F 与速度 v 的试验曲线和理论计算曲线。

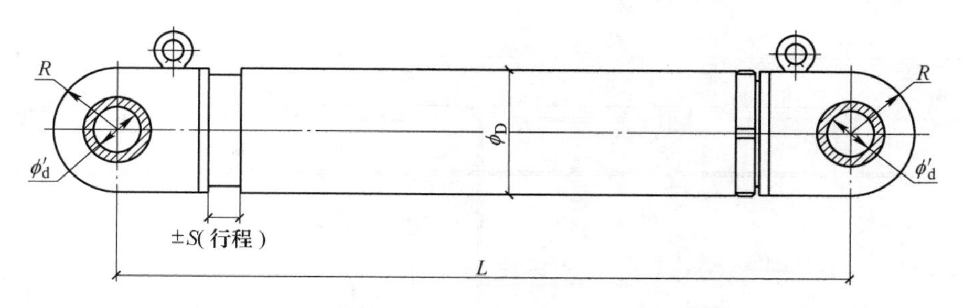

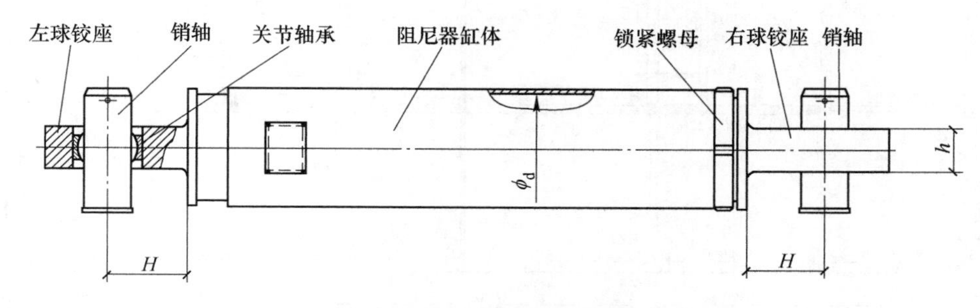

图6 阻尼器尺寸构造示意图

表4 阻尼器型号

型 号	最大阻尼力 /kN	ϕ_D /mm	ϕ'_d /mm	ϕ_d /mm	R /mm	h /mm	H /mm	S /mm	L /mm	重量 /kg
KZ-300S	±300	190	60	160	75	70	90	±50	1000	180
KZ-400S	±400	210	60	175	80	70	100	±50	1100	230
KZ-500S	±500	215	80	180	90	80	110	±50	1100	240

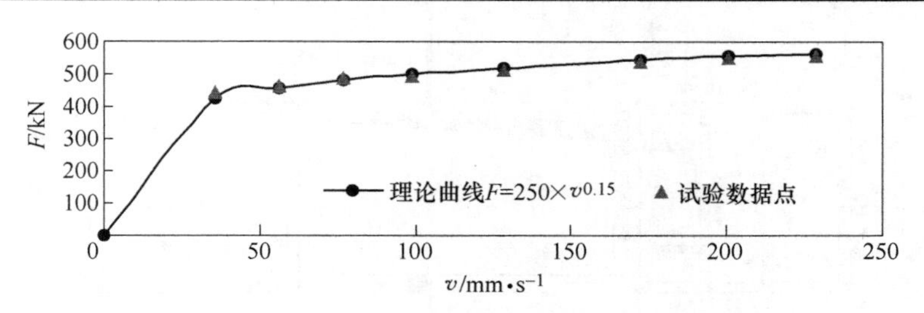

图7 阻尼器阻尼力 F 与速度 v 试验曲线和理论曲线

4 减震设计

4.1 减震方案的结构布置

该工程采用消能减震方案后，在不影响建筑平面布置、建筑功能的情况下，对原有的建筑平面进行局部调整，在结构的 4 个角部位置设置“L”墙肢，与黏滞阻尼支撑相连的梁采用型钢混凝土梁，一方面可以增加梁的刚度，使得阻尼支撑在地震作用时提供最大水平阻尼力；另一方面有利于阻尼支撑的预埋件埋设，也给后期阻尼支撑的安装带来方便。图 8 和图 9 给出了采用消能减震方案后结构平面布置图。

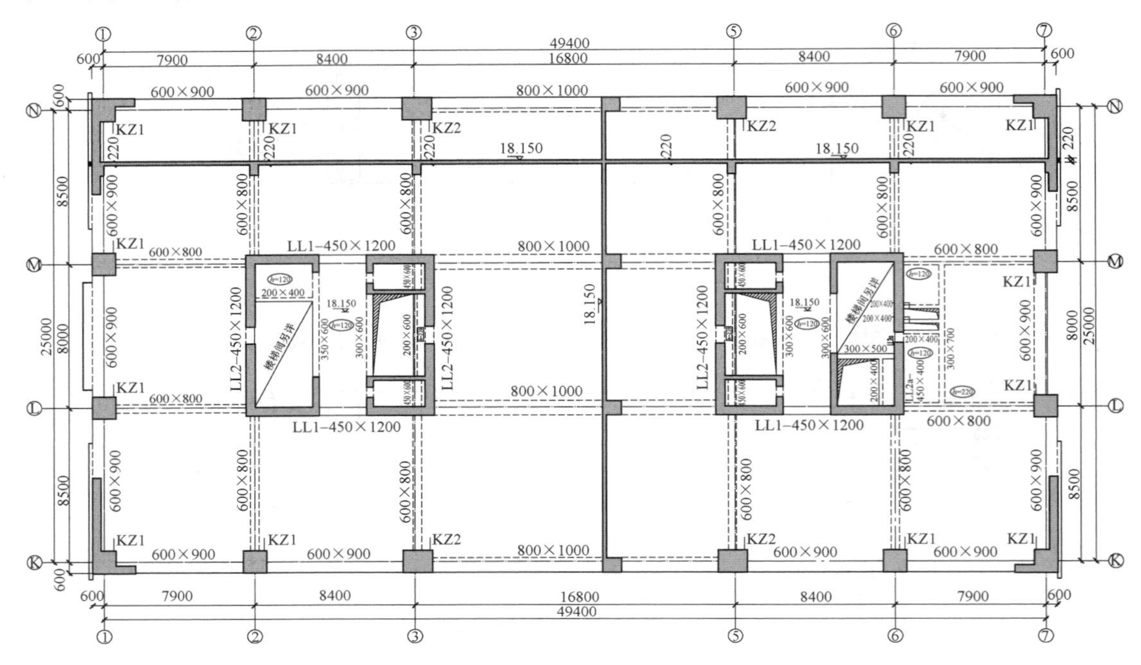

图 8　消能减震方案底层结构平面布置图

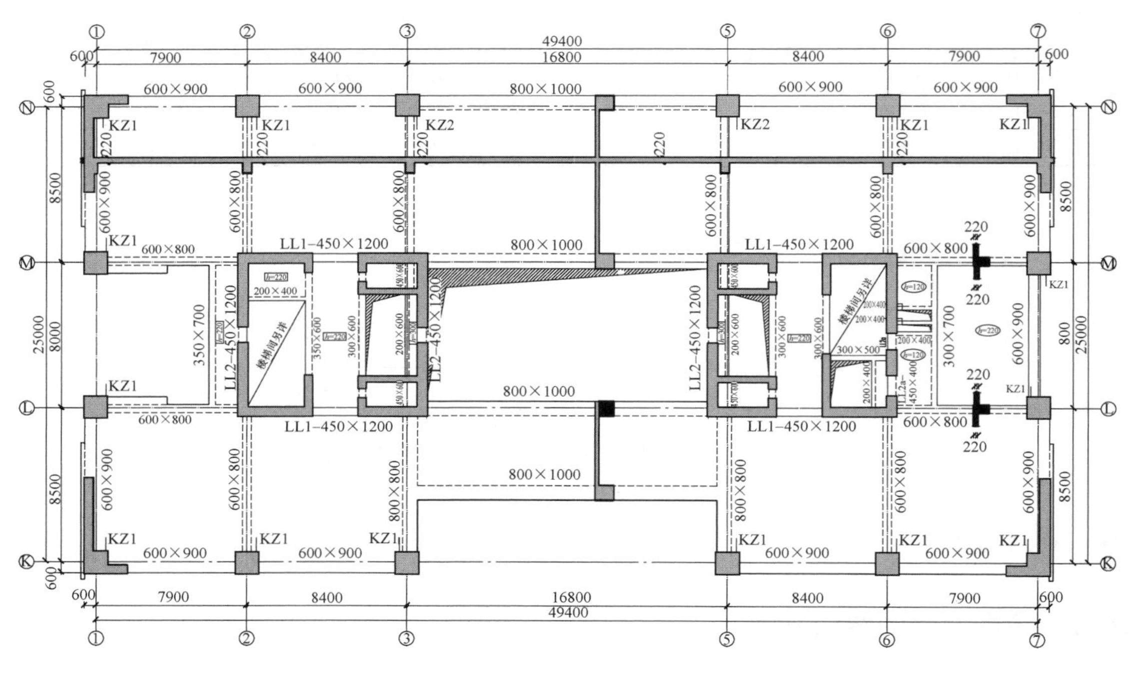

图 9　消能减震方案上部结构平面布置图

结构构件材料及梁柱主要断面如下：

混凝土强度等级：框架柱及剪力墙：负1~8层C50；9~15层C45；16层~屋顶层C40。框架梁、现浇板：首层~8层C40；9~15层C40；16层~屋顶层C35。

框架柱断面：1200×1200、1100×1100、1000×1000。

框架梁断面：600×800、600×900、800×1000，与阻尼支撑相连部分采用型钢混凝土梁。

抗震墙断面：核心筒外墙：450、400、350；核心筒内墙350、250；局部电梯井200。

角部L型墙：400、350。

该工程采用了正人字形和倒人字形组合的布置形式（阻尼支撑的布置见图10），黏滞阻尼器通常设置在位移角较大的楼层（通常是不满足规范位移限值），为此结构在14~20层 X 向每层共设置四榀阻尼支撑，每榀阻尼支撑包括两只黏滞阻尼器，共计使用阻尼支撑24套，在14~23层 Y 向每层共设置二榀阻尼支撑，在立面上呈交错布置，使得每层 Y 向

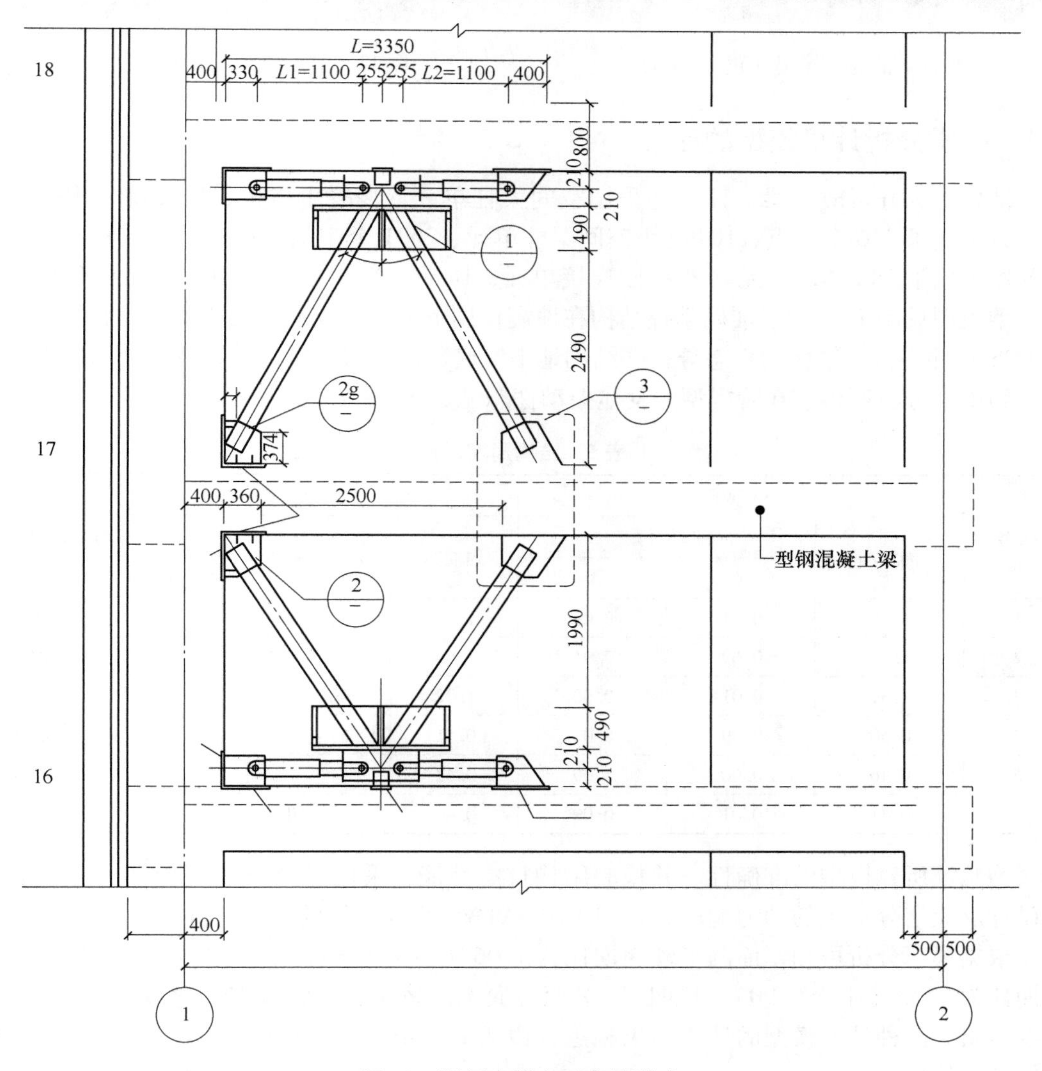

图10 阻尼支撑立面布置形式

均有阻尼器参与工作，Y 向共计使用阻尼支撑 24 套，两个方向总共设置阻尼支撑 48 套。图 11 和图 12 给出了消能支撑的现场照片，图 13 ~ 图 15 分别给出了消能支撑的平面布置及立面布置。

图 11　消能支撑图（正人字形）

图 12　消能支撑图（倒人字形）

4.2　减震分析计算模型的建立

结构计算分析时，梁、柱构件采用空间梁柱单元，混凝土楼板、抗震墙采用壳体单元。共采用了 726 个节点、10499 个空间梁柱单元、2591 个空间壳体单元，结构中的黏滞阻尼器采用了 NLLINK 单元（非线性连接单元，Damper）来模拟，ETABS 结构分析模型的三维视图见图 16。为了准确掌握结构在地震作用下的动力反应和结构的动力特征，采用 ETABS 软件进行了结构的模态分析。结构地下室底部形成嵌固端，并在首层外墙周围施加水平约束，分析所得前 6 阶震型的具体振动性态见表 5。

表 5　结构周期对比

振型	SATWE			ETABS			
	周期/s	平动系数		周期/s	振型描述	质量参与系数/%	
		X	Y			X 向	Y 向
1	1.70	0.91	0.09	1.76	Y 向第一平动	0.03	99.7
2	1.69	0.09	0.91	1.66	X 向第一平动	98.46	0.03
3	1.32	0.01	0.00	1.32	第一扭转	0.02	0.08
4	0.50	0.99	0.00	0.51	Y 向第二平动	0.00	0.02
5	0.46	0.00	1.00	0.43	X 向第二平动	1.02	0.00
6	0.41	0.01	0.00	0.40	第二扭转	0.01	0.00

为验证所建模型的准确性，并检验结构抗震性能，采用 ETABS 软件计算了结构在规范设计反应谱分析下的动力响应，并和采用 SATWE 程序计算的结果进行了比较。

根据模态分析可知，前两平动周期比为 1.06（小于 1.3），第一扭转周期和第一平动周期比为 0.75（小于 0.90），说明 X、Y 两方向刚度较接近，结构布置比较规则。从表 5 可以看出，两种计算模型的计算结果相近，说明 ETABS 采用的模型比较准确地反映了结构的基本特性。

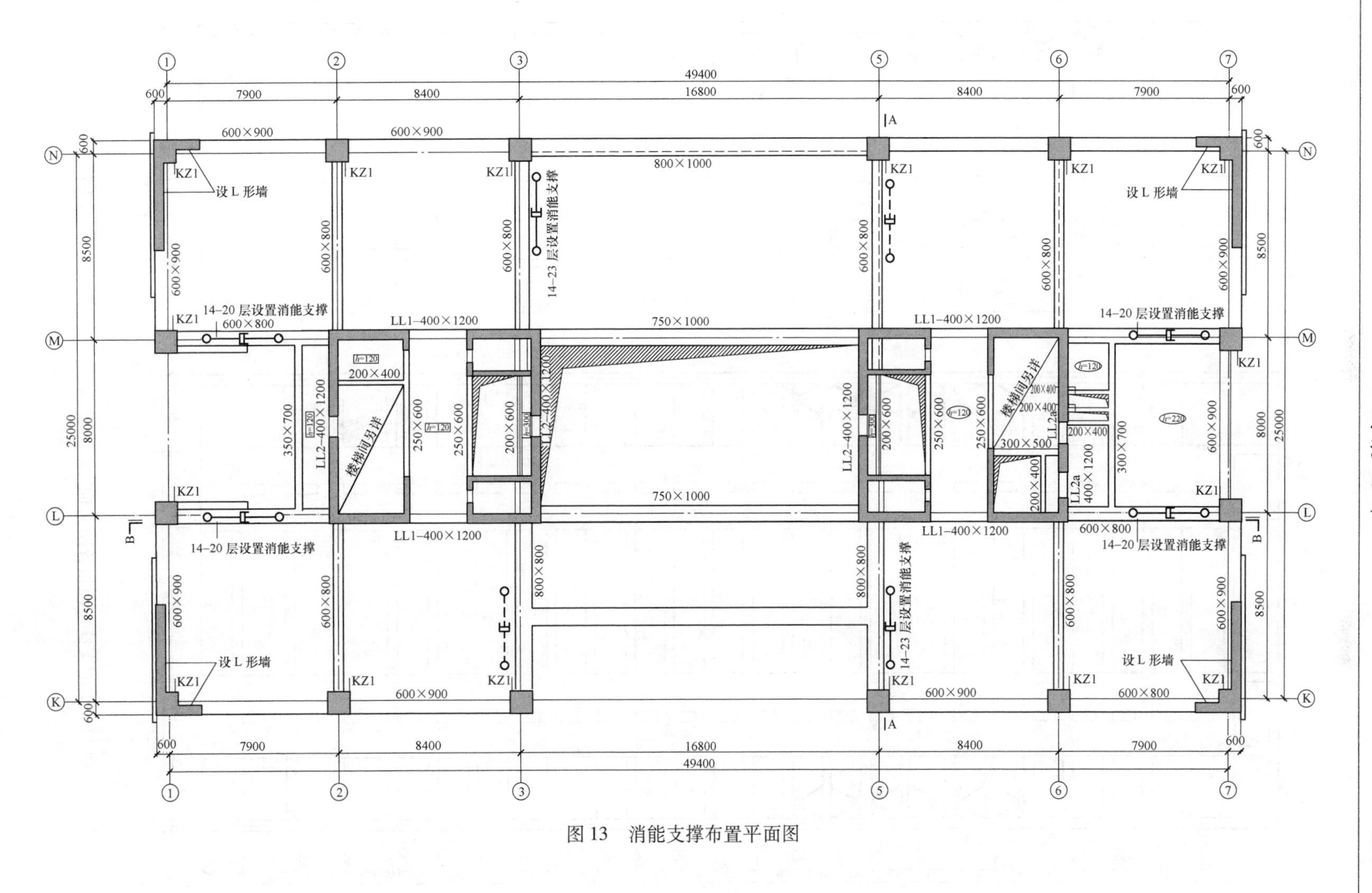

图 13 消能支撑布置平面图

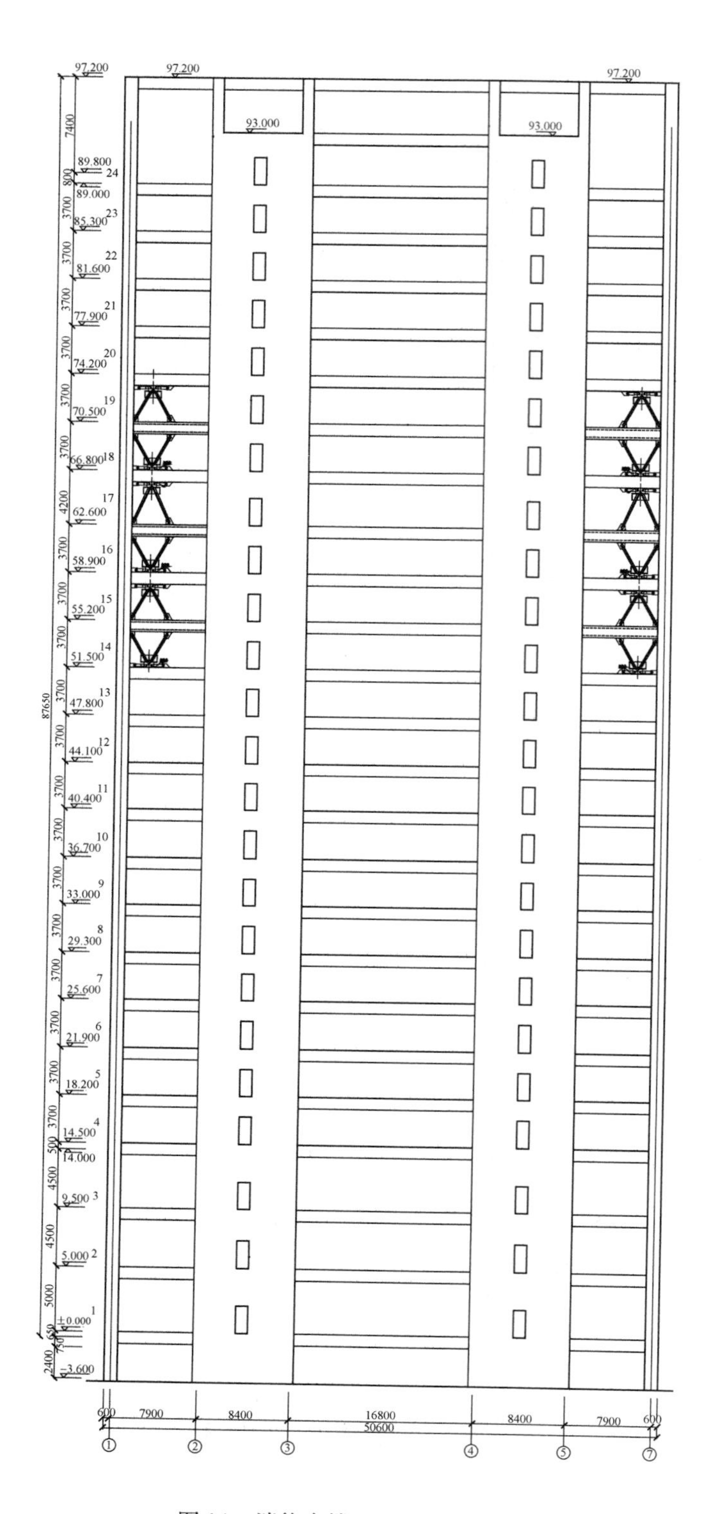

图 14　消能支撑立面布置图 *X* 向

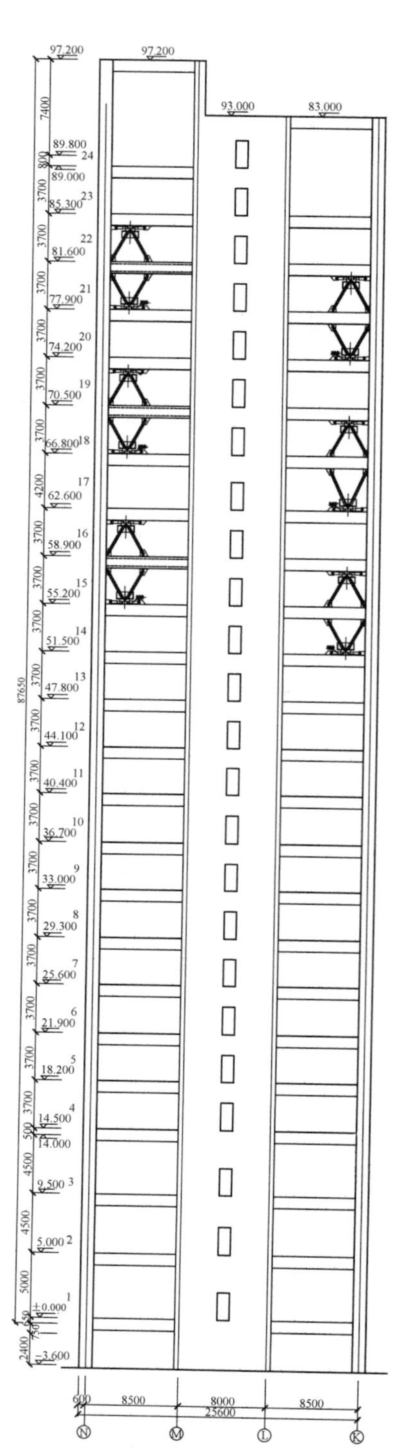

图 15　消能支撑立面布置图 *Y* 向

4.3 地震波的选择

根据《建筑抗震设计规范》中地震波选择的要求，选择了3条天然强震记录的加速度时程曲线和2条人工模拟的加速度时程曲线，用5条波作用下各自最大值的平均值作为时程分析的代表值。

采用弹性时程分析和震型分解反应谱法分析得到非减震结构在8度多遇地震下的结果，结构底层最大楼层地震剪力见表6，从表中可看出，每条时程曲线计算所得结构底部剪力均大于震型分解反应谱法计算结果的65%，其平均值大于震型分解反应谱法计算结果的80%。

图16 ETABS计算模型

4.4 反应谱的计算结果

在设置黏滞阻尼器后，结构总阻尼由结构本身的固有阻尼和黏滞阻尼器所提供的附加阻尼两部分组成。为了得到一个满足位移规范要求的结构总阻尼，可通过对比多个阻尼值下结构的反应谱计算结果来确定，并根据所需的等效附加阻尼的大小来估计阻尼器的型号及其数量。图17和图18分别给出了结构总阻尼分别为5.0%、7.5%、10.0%三种工况下的反应谱分析结果，图中可以看出总阻尼为5.0%（在未设置阻尼器）的时候，结构中上部的楼层层间位移不满足1/800的《建筑抗震设计规范》要求，当结构

表6 结构多遇地震下底层最大地震剪力比较

地震方向	时程分析结果/kN						谱分析结果/kN	65%谱结果/kN	80%谱结果/kN
	EL	TAFT	JAMES	人工波1	人工波2	平均值			
*X*向	31515	25602	29116	32780	30034	29810	28959	18823	23167
*Y*向	33206	25358	29234	29539	27177	28903	30692	11950	24553

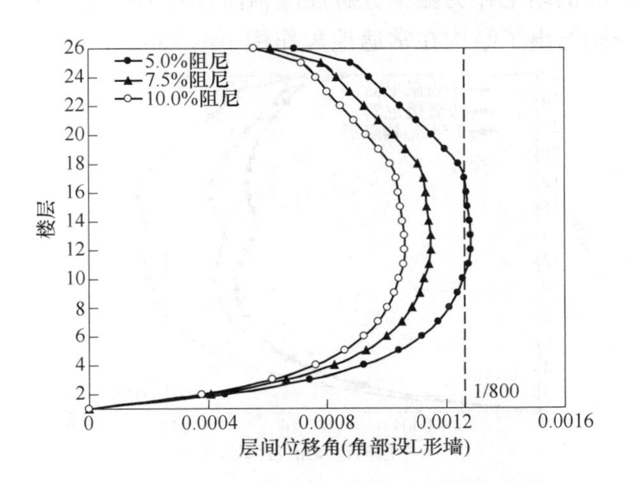

图17 反应谱法计算得到的*X*向层间位移角

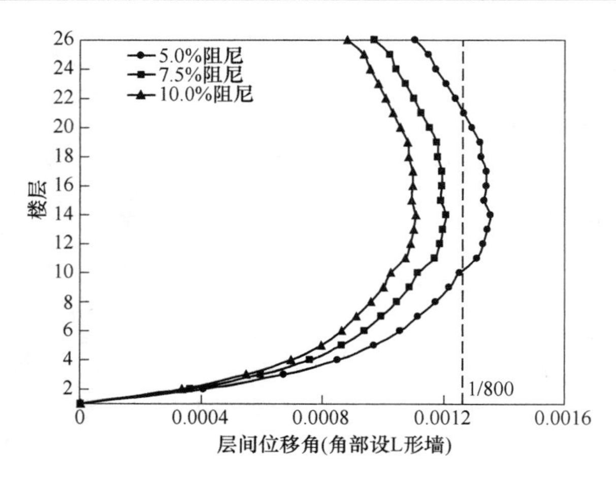

图 18　反应谱法计算得到的 Y 向层间位移角

总阻尼取为 7.5%（阻尼器所提供的附加等效阻尼为 2.5%）时结构能够较好的满足《建筑抗震设计规范》位移要求。

4.5　时程分析结果

由于阻尼器的非线性特征，以及阻尼器仅在结构的部分楼层设置，故通过对结构进行非线性时程分析，才能准确了解结构在地震作用下的动力特征和动力反应，如楼层位移、内力、加速度等。

时程分析的结果并不适合直接进行构件的设计，为了使振型分解反应谱法（通常商业软件采用的计算方法）能够适用于消能减震结构的计算，《建筑抗震设计规范》给出了附加阻尼比的计算公式，但由于阻尼器的设置并非均匀地分布在整个结构中，而是设置在结构的某一段范围，故《建筑抗震设计规范》的等效阻尼比公式有其局限性，不能直接计算得到等效阻尼比。为求得阻尼器提供的近似附加等效阻尼比，可考察设置阻尼器和未设置阻尼器（调整结构的固有阻尼，如取 7.5%）两种工况下的时程分析结果，当前者能较好地包络后者时，取此时的阻尼作为振型分解反应谱法计算的结构阻尼。

图 19 和图 20 分别给出了结构在常遇地震作用下（Taft，110gal），设置阻尼器、未设

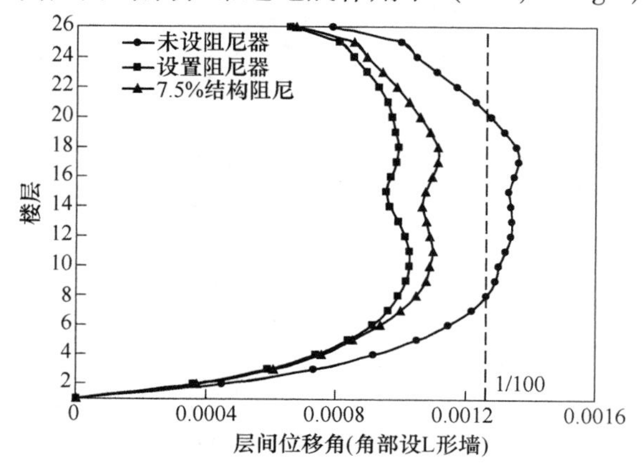

图 19　常遇地震下时程分析得到的 X 向层间位移角

置阻尼器以及结构阻尼为7.5%（考虑附加阻尼）三种工况下的时程分析结果，图中给出的是时程分析中的最大值。

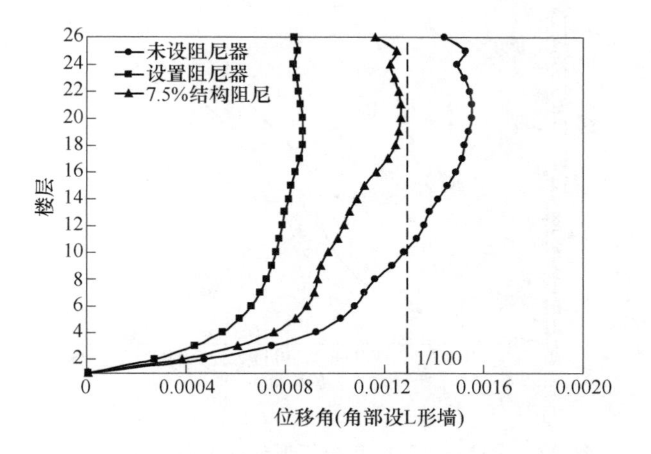

图20 常遇地震下时程分析得到的 Y 向层间位移角

图21和图22分别给出了结构在罕遇地震作用下（Taft，510gal），设置阻尼器、未设置阻尼器两种工况下的时程分析结果，图中给出的是时程分析中的最大值。

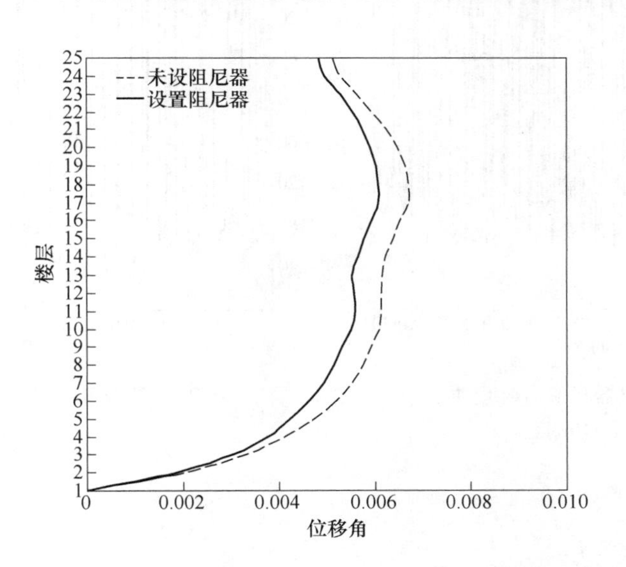

图21 罕遇地震下时程分析得到的 X 向层间位移角

图23和图24给出了黏滞阻尼器在小震（110gal）、大震（510gal）的时程分析结果，从图中可以看出在小震时，阻尼器能提供较大的阻尼力（图中阻尼器阻尼力最大值为219kN），耗能性能较好；在罕遇地震时阻尼器提供的阻尼力维持在一定水平（阻尼器阻尼力最大值为271kN）。

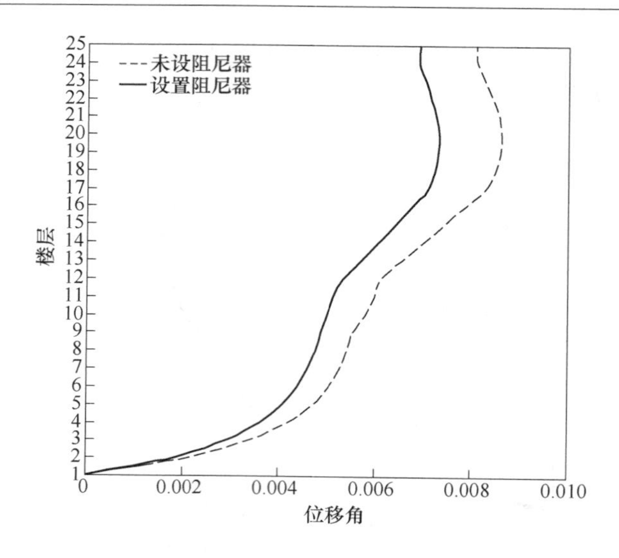

图 22　罕遇地震下时程分析得到的 Y 向层间位移角

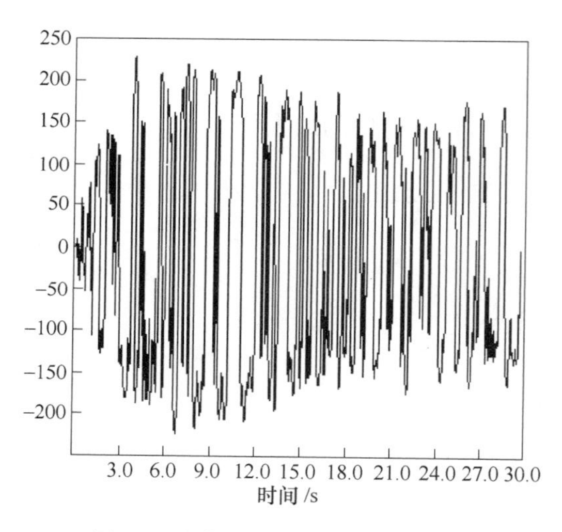

图 23　黏滞阻尼器阻尼力时程曲线
（TAFT，110gal）

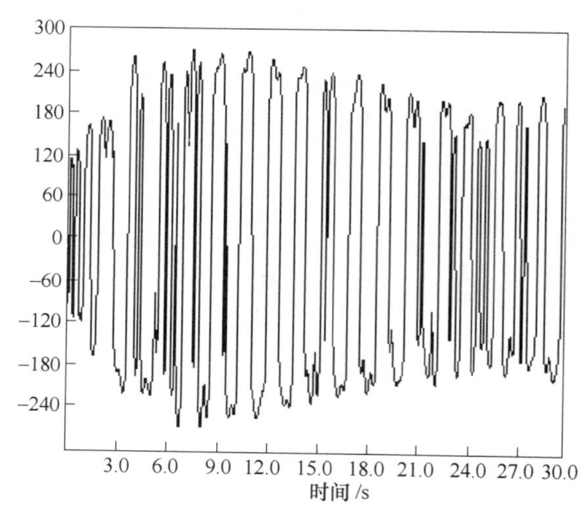

图 24　黏滞阻尼器阻尼力时程曲线
（TAFT，510gal）

5　经济性分析

采用传统抗震方法设计方案时，由于结构主要抗侧构件截面过大，墙、柱、框架梁的配筋率较高，部分梁、柱中还需设置型钢或是采用钢支撑，使得结构的用钢量明显增加，材料费用较多，直接导致工程造价大幅度提高；而且由于需要布置较多的抗震墙使得建筑物的使用功能、平面布置受到很大限制。

与传统抗震方案相比，采用减震方案的经济性较为显著，二者工程造价的比较在表 7 中列出，减震方案的土建总造价相比传统抗震方案可节省约 500 万元。

表 7 经济性分析

<table>
<tr><td colspan="4">传统抗震方案</td><td colspan="2">消能减震方案</td></tr>
<tr><td rowspan="3">钢筋用量</td><td>基础：271. 84t</td><td rowspan="3">型钢用量</td><td>—</td><td rowspan="3">钢筋用量</td><td>基础：230. 1t</td></tr>
<tr><td>柱/梁/墙：327/947/1205t</td><td>柱/梁/墙：140/177/42t</td><td>柱/梁/墙：568/958/565t</td></tr>
<tr><td>合计：2751. 5t（1305. 04 万元）</td><td>合计：360. 3t（243 万元）</td><td>合计：2121. 6t（1034. 62 万元）</td></tr>
<tr><td rowspan="3">混凝土量</td><td colspan="3">基础：1641. 4m^3</td><td rowspan="3">混凝土量</td><td>基础：1350. 3m^3</td></tr>
<tr><td colspan="3">柱/梁/板/墙：1979. 0/3585. 3/4605. 8/8604. 0m^3</td><td>柱/梁/板/墙：2054. 7/4265. 5/4605. 8/5618. 5m^3</td></tr>
<tr><td colspan="3">合计：20415. 5m^3（1061. 61 万元）</td><td>合计:17894. 8m^3(930. 54 万元)</td></tr>
<tr><td>其他</td><td colspan="3">—</td><td>其他</td><td>144 万元（消能元件 48 套）</td></tr>
<tr><td>总费用</td><td colspan="3">2609. 64 万元</td><td>总费用</td><td>2109. 16 万元</td></tr>
</table>

注：消能元件费用包括黏滞阻尼器及其检测费用、钢支撑、预埋件、相邻构件加强措施等项目费用。

6 结语

根据国内外减震技术研究和工程实践经验，消能减震技术适用于高层建筑或中高层建筑，对建筑物层数、高度、高宽比等方面没有特殊的要求，其适用范围较广，该工程采用消能减震技术方案具有一定优越性，表现在：

（1）采用减震技术，经济效益显著。采用减震技术以后，结构断面尺寸、抗震墙的数量以及配筋量较传统抗震方案有明显减小，并且总体上保持了原有的平面布局，可满足原有建筑功能的使用要求。在设置阻尼支撑的楼层，阻尼支撑可通过预埋件与结构构件相连，施工方便，可以很好地控制施工进度。

（2）从技术效果方面来说，通过在结构中适当的位置合理设置黏滞阻尼器，可以显著减少水平地震作用下结构的层间位移，使之满足现有的《建筑抗震设计规范》要求。采用减振技术以后结构的总阻尼约为 7. 5%（其中结构本身阻尼 5%，阻尼器提供的附加阻尼约为 2. 5%），在此阻尼下，可使结构在多遇地震作用时结构的层间位移、构件设计满足现有的《建筑抗震设计规范》要求。

（3）选用非线性指数较大的黏滞阻尼元件，在小震作用下，阻尼元件能够提供较大的阻尼力，具有非常好的耗能性能；而在罕遇地震作用下，黏滞阻尼器提供的阻尼力可维持在一定水平，有利于阻尼支撑与结构相连构件的设计。

综上所述，高烈度地区采用消能减震技术具有明显的技术、经济效益，所以，该工程采用消能减震方案是十分必要的。

附录　宿迁经济开发区商务中心建设参与单位及人员信息

项目名称	宿迁经济开发区商务中心		
设计单位	南京市建筑设计研究院有限责任公司 + 南京工业大学建筑技术发展中心		
用　途	办　公	建设地点	江苏宿迁
施工单位	江苏邗建集团	施工图审查机构	江苏省建设工程设计施工图审核中心
工程设计起止时间	2006. 5 ~ 7	竣工验收时间	2007. 10

参与本项目的主要人员

序号	姓　名	职　称	工　作　单　位
1	左　江	教授级高工	南京市建筑设计研究院有限责任公司
2	张松林	研究员级高工	南京市建筑设计研究院有限责任公司
3	章征涛	高　工	南京市建筑设计研究院有限责任公司
4	樊　嵘	高　工	南京市建筑设计研究院有限责任公司
5	刘伟庆	教授博导	南京工业大学

案例16 莲 荷 苑

1 工程概况

莲荷苑项目包括办公区及莲苑两大部分，位于昆明滇池旅游度假区内。其中莲荷苑办公区地上部分面积30572m²，根据建筑功能分成三个塔楼群，其中2个塔楼未隔震，中心区办公楼呈横向的日字形，采用隔震设计，其面积为18178.1m²。隔震的中心办公区结构体系为混凝土框架结构，层数为7层，典型楼层层高为3.6m，有两层地下室，层高均为3.9m。整栋建筑为大底盘多塔楼的结构形式，结构嵌固于地下室顶板。其中莲苑地上部分面积30841m²，根据建筑功能分成A、B二个区域，层数为4~6层，典型楼层层高为6.0m、3.6m。地下两层地下室，层高均为3.9m，莲苑主要对A座进行隔震分析。

2 工程设计

2.1 设计主要依据和资料

本工程结构隔震分析、设计采用的主要计算软件有：

(1) 中国建筑科学院开发的商业软件PKPM/SATWE，本项目利用该软件进行结构的常规分析和设计。

(2) 美国CSI公司开发的商业有限元软件ETABS，本项目利用该软件的非线性版本进行常规结构分析和隔震结构的非线性时程分析。

设计过程中，采用的现行国家标准、规范、规程及图集主要有：

(1)《建筑工程抗震设防分类标准》(GB 50223—2008)；

(2)《工程结构可靠性设计统一标准》(GB 50153—2008)；

(3)《建筑结构荷载规范》(GB 50009—2001)(2006年版)；

(4)《混凝土结构设计规范》(GB 50010—2010)；

(5)《建筑抗震设计规范》(GB 50011—2010)；

(6)《建筑地基基础设计规范》(GB 50007—2002)；

(7)《建筑桩基技术规范》(JGJ 94—2008)；

(8)《钢结构设计规范》(GB 50017—2003)；

(9)《叠层橡胶支座隔震技术规程》(CECS 126:2001)；

(10) 建设方提供的《云南城投医疗产业开发有限公司“莲荷苑办公楼项目岩土工程

勘察报告”（详细勘察阶段）》。

2.2 结构设计主要参数

结构设计主要参数见表 1。

表 1 结构设计主要参数

序 号	基本设计指标	参 数
1	建筑结构安全等级	二级
2	结构设计使用年限	50 年
3	建筑物抗震设防类别	丙类
4	建筑物抗震设防烈度	8 度
5	基本地震加速度值	0.20g
6	设计地震分组	第三组
7	水平向减震系数	0.353（办）0.321（A）0.32（B）
8	建筑场地类别	Ⅲ类
9	建筑物耐火等级	地上二级，地下一级
10	特征周期/s	0.65
11	基本风压（100 年一遇）	0.35（办公楼），0.35（A），0.30（B）
12	地面粗糙度	B 类
13	风荷载体型系数	1.3
14	基础形式	桩基础
15	上部结构形式	钢筋混凝土框架
16	地下室结构形式	钢筋混凝土框架
17	隔震层位置	±0.30m 楼板以下 −0.90m（办公楼） ±0.00m 楼板以下 −1.50m（A、B）
18	隔震层顶板体系	钢筋混凝土现浇梁板
19	隔震设计基本周期/s	2.794（办）2.418（A）2.75（B）
20	上部结构基本周期/s	1.108（办）1.034（A）0.997（B）
21	隔震支座设计最大位移/cm	33
22	高宽比	0.40（A），0.372（B）

3 隔震设计

3.1 隔震层设计

3.1.1 隔震支座的性能参数

办公楼和莲苑采用隔震设计后更好地满足了建筑功能，并提高了结构的抗震安全性，办公楼共使用隔震支座 114 个，莲苑 A 座隔震结构共使用隔震支座 70 个，莲苑 B 座隔震结构共使用支座 96 个，隔震支座性能参数详见表 2 和表 3。

表 2 有铅芯隔震支座力学性能参数

类　　别	LRB800	LRB700	LRB600
办公楼使用数量	4	32	30
莲苑 A 座使用数量	0	4	47
莲苑 B 座使用数量	0	16	44
竖向刚度 K_v/kN·mm^{-1}	3800	3000	2200
等效水平刚度 K_{eq}/kN·mm^{-1}	2.4	2.1	2.0
屈服前刚度 K_u/kN·mm^{-1}	23.35	19.02	18.96
屈服后刚度 K_d/kN·mm^{-1}	1.84	1.5	1.46
屈服力 Q_d/kN	106.1	90.4	62.8

表 3 无铅芯隔震支座力学性能参数

类　　别	LNR800	LNR700	LNR600
办公楼使用数量	10	20	18
莲苑 A 座使用数量	6	8	5
莲苑 B 座使用数量	8	28	
竖向刚度（K_v）/kN·mm^{-1}	3500	2800	2000
等效刚度（K_h）100%/kN·mm^{-1}	1.7	1.4	1.3

3.1.2 隔震支座的布置

办公楼隔震支座布置见图 1，莲苑 A 座隔震支座布置见图 2。

图 1　办公楼隔震支座布置

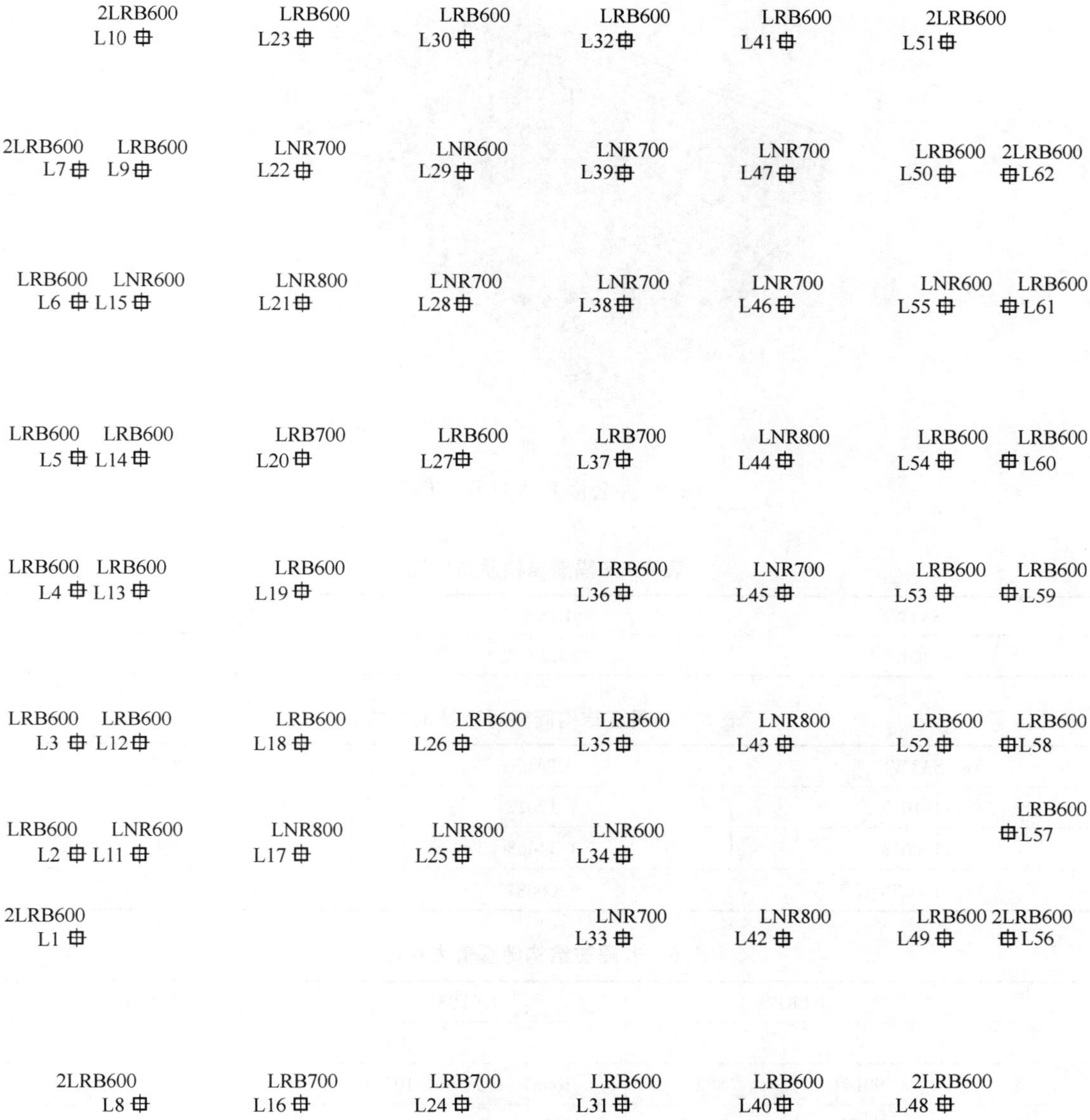

2LRB600 L10 LRB600 L23 LRB600 L30 LRB600 L32 LRB600 L41 2LRB600 L51

2LRB600 L7 LRB600 L9 LNR700 L22 LNR600 L29 LNR700 L39 LNR700 L47 LRB600 L50 2LRB600 L62

LRB600 L6 LNR600 L15 LNR800 L21 LNR700 L28 LNR700 L38 LNR700 L46 LNR600 L55 LRB600 L61

LRB600 L5 LRB600 L14 LRB700 L20 LRB600 L27 LRB700 L37 LNR800 L44 LRB600 L54 LRB600 L60

LRB600 L4 LRB600 L13 LRB600 L19 LRB600 L36 LNR700 L45 LRB600 L53 LRB600 L59

LRB600 L3 LRB600 L12 LRB600 L18 LRB600 L26 LRB600 L35 LNR800 L43 LRB600 L52 LRB600 L58

LRB600 L2 LNR600 L11 LNR800 L17 LNR800 L25 LNR600 L34 LRB600 L57

2LRB600 L1 LNR700 L33 LNR800 L42 LRB600 L49 2LRB600 L56

2LRB600 L8 LRB700 L16 LRB700 L24 LRB600 L31 LRB600 L40 2LRB600 L48

图2 莲苑A座隔震支座布置

3.2 隔震模型

3.2.1 办公楼模型

为了校核所建立ETABS模型（见图3）的准确性，将EATBS和SATWE非隔震模型计算得到的质量、周期、层间剪力（振型分解反应谱法）进行对比，如表4~表6所示。表中差值为：(｜ETABS－SATWE｜/SATWE)×100%

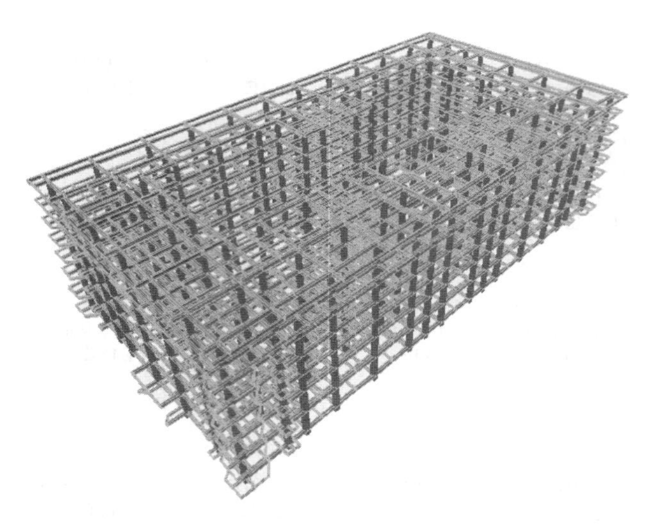

图 3　办公楼 ETABS 隔震模型

表 4　非隔震结构质量对比　　(t)

SATWE	ETABS	差值/%
35364.07	35317.7	0.3

表 5　非隔震结构周期对比（前三阶）　　(s)

SATWE	ETABS	差值/%
1.1077	1.17022	5.34
1.0613	1.11468	4.79
1.0278	1.06087	3.12

表 6　非隔震结构地震剪力对比　　(kN)

层　数	PKPM		ETABS		差值/%	
	X	*Y*	*X*	*Y*	*X*	*Y*
8	9014	8827	10837	10708	20.22	21.31
7	30793	30035	33396	32253	8.45	7.38
6	48159	46825	50918	49061	5.73	4.78
5	62490	60646	65260	62952	4.43	3.80
4	74332	72133	77492	74724	4.25	3.59
3	84465	82078	86703	83684	2.65	1.96
2	90453	88014	92196	88919	1.93	1.03
1（隔震层）	91420	89033	96241	91378	5.27	2.63

由表 4～表 6 可知，ETABS 模型与 SATWE 模型的结构质量、周期差异很小，各层（顶层除外）间剪力差异也很小。综上所述，用于本工程隔震分析计算的 ETABS 模型与 PKPM 模型是一致的。

3.2.2 莲苑A座模型

为了校核所建立ETABS模型的准确性，将ETABS和SATWE非隔震模型计算得到的质量、周期、层间剪力（振型分解反应谱法）进行对比，如表7～表9所示。表中差值为：(｜ETABS－SATWE｜/SATWE)×100%

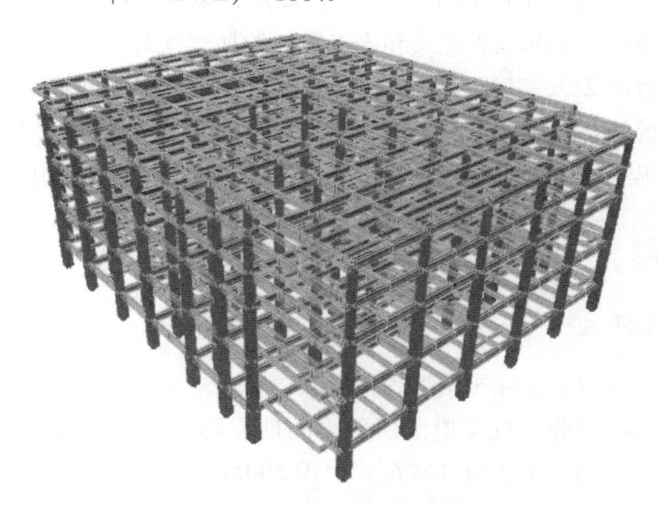

图4 莲苑A座ETABS隔震模型

表7 非隔震结构质量对比 (t)

SATWE	ETABS	差值/%
16246.5	16310.0	0.4

表8 非隔震结构周期对比（前三阶） (s)

SATWE	ETABS	差值/%
1.0342	1.02871	0.53
0.9953	0.99024	0.51
0.9554	0.95417	0.13

表9 非隔震结构地震剪力对比 (kN)

层数	PKPM		ETABS		差值/%	
	X	*Y*	*X*	*Y*	*X*	*Y*
5	2569.99	2713.71	2646.00	2774.00	3.0	2.2
4	4611.59	4901.06	4746.00	5002.00	2.9	2.1
3	6592.2	7031.09	6672.00	7048.00	1.2	0.2
2	7819.75	8354.31	7873.00	8330.00	0.7	0.3
1	8144.14	8685.86	8101.00	8576.00	0.5	1.3

由表7～表9可知，ETABS模型与SATWE模型的结构质量、周期差异很小。各层间

剪力差异也很小。综上所述，用于本工程隔震分析计算的 ETABS 模型与 PKPM 模型是一致的。

3.3　地震波选取

《建筑抗震设计规范》（GB 50011—2010）规定，采用时程分析法时，应按建筑场地类别和设计地震分组选用实际强震记录和人工模拟的加速度时程曲线，其中实际强震记录的数量不应少于总数的2/3，其平均地震影响系数曲线应与振型分解反应谱法所采取的地震影响系数曲线在统计意义上相符，非隔振结构前三周期点上相差最大值为 14.62%，不超过20%。弹性时程分析时，每条时程曲线计算所得结构底部剪力不应小于振型分解反应谱计算结果的65%，多条时程曲线计算所得结构底部剪力的平均值不应小于振型分解反应谱法计算结果的 80%。

3.3.1　办公楼地震波

办公楼时程分析选取了实际 5 条强震记录和 2 条人工模拟的加速度时程曲线，其平均地震影响系数曲线与振型分解反应谱法所取得的地震影响曲线比较如图 5 所示，从表 10 可知，基底剪力满足《建筑抗震设计规范》（GB 50011—2010）的规定。

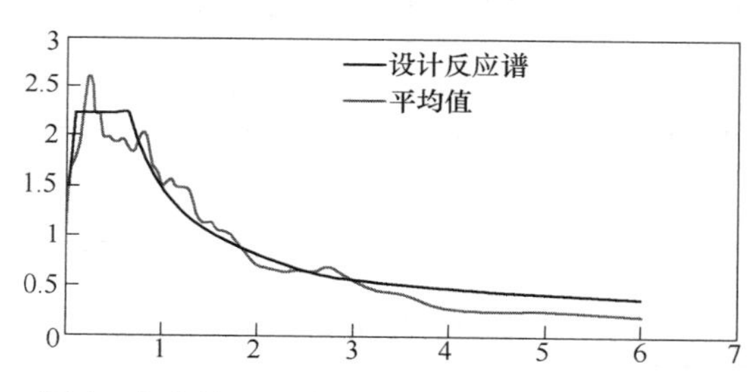

图 5　办公楼 7 条时程反应谱与规范反应谱曲线

表 10　非隔震结构基底剪力

工况		反应谱	TS	TRC	EL	TR1	REN1	REN2	KOB	时程平均
剪力/kN	*X*	96241	75332	80668	85415	70192	73075	72548	89794	78147
	Y	91378	74137	90654	65272	79124	63508	68932	89228	75836
比例/%	*X*	100	78	84	89	73	76	75	93	81
	Y	100	81	99	71	87	70	75	98	83

注：比例为各时程分析与振型分解反应谱法得到的结构基底剪力之比。

3.3.2　莲苑 A 座地震波

莲苑 A 座时程分析选取了实际 5 条强震记录和 2 条人工模拟的加速度时程曲线，其平均地震影响系数曲线与振型分解反应谱法所取得的地震影响曲线比较如图 6 所示，从表 11 可知，基底剪力满足《建筑抗震设计规范》（GB 50011—2010）的规定。

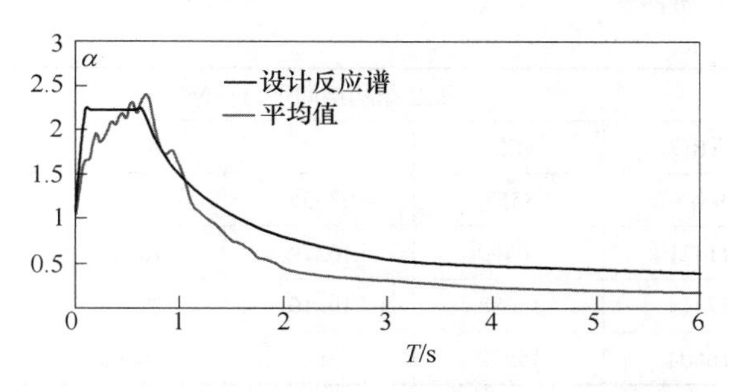

图6 莲苑A座7条时程反应谱与规范反应谱曲线对比

表11 非隔震结构基底剪力

工况		反应谱	USA00167	USA00152	USA02377	TH2	TH4	RG002	R4	时程平均
剪力/kN	*X*	8101	6398	6386	8851	7565	6596	6572	6366	6962
	Y	8576	6824	7181	8924	9109	8193	7134	6587	7707
比例/%	*X*	100	79	79	109	93	81	81	79	86
	Y	100	80	84	104	106	96	83	77	90

注：比例为各时程分析与振型分解反应谱法得到的结构基底剪力之比。

3.4 设防地震作用下的隔震分析结果

3.4.1 办公楼在设防地震作用下的分析结果

设防地震（中震）作用下，隔震结构的周期见表12，层间剪力见表13和表14，层间倾覆力矩见表15和表16。由表17可知在设防地震（中震）作用下，隔震层最大位移98mm（小于$0.55D=330$mm，D为所采用隔震支座的最小直径，为600mm），满足规范要求。

表12 隔震前后结构的周期

振型	ETABS（前）	ETABS（后）
1	1.071	2.794
2	1.028	2.775
3	0.997	2.506

表13 *X*向隔震结构层间剪力

楼层	隔震结构层间剪力/kN						
	TS	TRC	EL	TR1	REN1	REN2	KOB
8	941	958	880	1374	1527	1660	1071
7	3112	3168	2909	4543	5048	5488	3541
6	5100	5190	4767	7443	8272	8992	5802
5	7077	7203	6615	10329	11479	12478	8051

续表 13

楼层	隔震结构层间剪力/kN						
	TS	TRC	EL	TR1	REN1	REN2	KOB
4	9150	9313	8553	13355	14842	16134	10410
3	11223	11421	10490	16379	18203	19787	12767
2	13573	13814	12688	19810	22016	23932	15442
1	16315	16604	15250	23811	26463	28765	18560

表 14 *Y* 向隔震结构层间剪力

楼层	隔震结构层间剪力/kN						
	TS	TRC	EL	TR1	REN1	REN2	KOB
8	910	949	856	1384	1489	1646	1038
7	3010	3137	2829	4578	4924	5444	3433
6	4932	5139	4635	7500	8068	8919	5625
5	6845	7132	6432	10409	11196	12378	7806
4	8850	9221	8316	13458	14476	16004	10092
3	10854	11310	10200	16505	17754	19628	12378
2	13128	13679	12336	19963	21473	23740	14970
1	15779	16441	14827	23994	25810	28534	17994

表 15 *X* 向隔震结构层间倾覆力矩

楼层	隔震结构层间倾覆力矩/kN · m						
	TS	TRC	EL	TR1	REN1	REN2	KOB
8	3389	3449	3168	4946	5497	5975	3855
7	14593	14852	13641	21299	23671	25731	16602
6	32952	33536	30802	48093	53449	58100	37488
5	58430	59466	54618	85277	94774	103020	66473
4	91371	92991	85410	133350	148210	161100	103950
3	141870	144390	132620	207060	230120	250150	161400
2	202950	206550	189710	296200	329190	357840	230890
1	222530	226480	208010	324780	360950	392360	253160

表 16 *Y* 向隔震结构层间倾覆力矩

楼层	隔震结构层间倾覆力矩/kN · m						
	TS	TRC	EL	TR1	REN1	REN2	KOB
8	3278	3415	3080	4984	5361	5927	3737
7	14115	14707	13263	21463	23087	25524	16095

续表 16

楼层	隔震结构层间倾覆力矩/kN·m						
	TS	TRC	EL	TR1	REN1	REN2	KOB
6	31871	33208	29948	48463	52131	57633	36343
5	56513	58883	53104	85934	92437	102190	64443
4	88373	92080	83042	134380	144550	159810	100770
3	137220	142970	128940	208650	224450	248130	156470
2	196290	204530	184450	298490	321080	354960	223840
1	215230	224260	202250	327280	352050	389200	245430

表 17 隔震结构各支座剪力、位移和轴向力

支座编号	支座剪力平均值/kN		支座位移平均值/m		支座位移最大值/m	最大轴向力/kN
	X 向	*Y* 向	*X* 向	*Y* 向		
37	273	272	0.098	0.097	0.098	-4568
41	227	224	0.098	0.096	0.098	-3594
43	201	198	0.098	0.096	0.098	-2730
45	227	224	0.098	0.096	0.098	-3774
47	227	223	0.098	0.096	0.098	-4157
49	201	197	0.098	0.096	0.098	-3176
50	201	197	0.098	0.095	0.098	-2619
51	201	196	0.098	0.095	0.098	-3292
53	201	196	0.098	0.095	0.098	-3231
54	201	196	0.098	0.095	0.098	-2572
55	201	197	0.098	0.095	0.098	-3128
57	227	222	0.098	0.095	0.098	-4095
59	227	222	0.098	0.095	0.098	-3685
62	201	196	0.098	0.095	0.098	-2800
64	227	222	0.098	0.095	0.098	-4003
69	273	269	0.098	0.095	0.098	-5509
141	225	225	0.097	0.097	0.097	-4631
144	137	136	0.098	0.097	0.098	-4109
145	137	135	0.098	0.097	0.098	-3745
147	166	164	0.097	0.096	0.097	-5587
151	274	269	0.098	0.096	0.098	-6652
158	167	164	0.098	0.096	0.098	-5909
160	166	163	0.098	0.096	0.098	-5544
161	128	125	0.098	0.096	0.098	-746

续表 17

支座编号	支座剪力平均值/kN		支座位移平均值/m		支座位移最大值/m	最大轴向力/kN
	X 向	Y 向	X 向	Y 向		
165	128	125	0.098	0.096	0.098	-738
166	166	162	0.098	0.095	0.098	-5458
168	167	163	0.098	0.096	0.098	-5719
175	274	268	0.098	0.096	0.098	-6469
179	166	162	0.098	0.095	0.098	-5328
182	137	134	0.098	0.095	0.098	-3786
183	137	134	0.098	0.095	0.098	-4506
186	225	223	0.097	0.095	0.097	-5022
280	224	225	0.096	0.097	0.097	-4745
284	136	136	0.097	0.097	0.097	-4307
285	225	224	0.097	0.096	0.097	-4079
287	224	224	0.096	0.096	0.096	-4169
289	225	224	0.097	0.096	0.097	-4855
295	166	164	0.098	0.096	0.098	-5618
296	225	223	0.097	0.095	0.097	-3398
297	136	134	0.097	0.095	0.097	-4365
299	136	133	0.097	0.095	0.097	-4325
300	225	223	0.097	0.095	0.097	-3427
301	165	163	0.097	0.096	0.097	-5024
307	226	224	0.097	0.096	0.097	-4645
309	224	222	0.096	0.095	0.096	-4239
311	225	223	0.097	0.095	0.097	-4034
312	136	133	0.097	0.095	0.097	-4299
315	224	223	0.096	0.095	0.096	-4701
357	223	225	0.095	0.097	0.097	-4539
359	135	136	0.096	0.097	0.097	-3946
360	197	199	0.096	0.097	0.097	-2945
361	125	124	0.096	0.096	0.096	-1556
362	125	125	0.096	0.096	0.096	-2626
364	126	124	0.097	0.096	0.097	-2598
365	125	124	0.096	0.095	0.096	-1607
366	197	197	0.096	0.095	0.096	-2878
367	135	134	0.096	0.095	0.096	-4000
369	223	223	0.096	0.095	0.096	-4579
389	124	124	0.096	0.096	0.096	-2285

续表 17

支座编号	支座剪力平均值/kN		支座位移平均值/m		支座位移最大值/m	最大轴向力/kN
	X 向	Y 向	X 向	Y 向		
390	134	134	0.096	0.096	0.096	-4282
394	134	134	0.096	0.096	0.096	-4256
395	124	124	0.096	0.095	0.096	-2390
397	222	226	0.095	0.097	0.097	-3578
401	124	126	0.095	0.097	0.097	-3306
402	196	199	0.095	0.097	0.097	-2793
403	196	197	0.095	0.095	0.095	-2681
404	124	124	0.095	0.096	0.096	-3219
406	222	223	0.095	0.095	0.095	-3552
435	221	226	0.094	0.097	0.097	-3534
439	124	126	0.095	0.097	0.097	-3288
442	123	124	0.095	0.096	0.096	-3087
444	221	223	0.094	0.095	0.095	-3427
447	196	199	0.094	0.097	0.097	-2311
449	196	198	0.095	0.096	0.096	-2880
451	196	198	0.095	0.096	0.096	-3066
453	196	197	0.095	0.095	0.095	-2799
454	196	197	0.095	0.095	0.095	-2895
455	161	162	0.095	0.095	0.095	-5852
459	161	162	0.095	0.095	0.095	-5803
460	196	197	0.095	0.095	0.095	-2928
461	196	196	0.095	0.095	0.095	-2773
463	196	196	0.095	0.095	0.095	-3055
465	196	197	0.095	0.095	0.095	-2843
467	196	197	0.094	0.095	0.095	-2253
482	221	226	0.094	0.097	0.097	-4606
486	133	136	0.095	0.097	0.097	-4086
487	123	126	0.095	0.097	0.097	-2603
489	123	126	0.095	0.097	0.097	-3172
491	132	135	0.095	0.096	0.096	-3704
493	123	125	0.094	0.096	0.096	-3016
499	123	124	0.094	0.096	0.096	-2954
501	132	134	0.095	0.096	0.096	-3655
503	123	124	0.095	0.096	0.096	-3071
505	123	124	0.095	0.096	0.096	-2383

续表 17

支座编号	支座剪力平均值/kN		支座位移平均值/m		支座位移最大值/m	最大轴向力/kN
	X 向	Y 向	X 向	Y 向		
506	133	134	0.095	0.096	0.096	-3472
508	221	223	0.094	0.095	0.095	-4042
554	266	272	0.094	0.097	0.097	-5349
559	221	225	0.094	0.097	0.097	-4309
561	195	199	0.094	0.096	0.096	-3211
563	195	198	0.094	0.096	0.096	-3847
565	221	223	0.094	0.096	0.096	-4366
567	196	197	0.094	0.095	0.095	-3494
568	196	197	0.094	0.095	0.095	-2950
569	221	222	0.094	0.095	0.095	-4305
573	221	222	0.094	0.095	0.095	-4252
574	196	196	0.094	0.095	0.095	-2905
575	195	196	0.094	0.095	0.095	-3479
577	221	222	0.094	0.095	0.095	-4355
579	195	197	0.094	0.095	0.095	-3777
581	196	197	0.094	0.095	0.095	-2965
583	221	222	0.094	0.095	0.095	-3719
587	266	269	0.094	0.095	0.095	-4611

3.4.2　莲苑 A 座在设防地震作用下的分析结果

设防地震（中震）作用下，隔震结构与非隔震结构的周期对比见表 18。层间剪力值见表 19 和表 20，各层倾覆弯矩见表 21 和表 22。从表 23 可知在设防地震（中震）作用下，隔震层最大位移 71.4mm（小于 $0.55D=330$mm，D 为支座直径），满足规范要求，大部分支座均未出现拉应力，少数支座有拉力，但均小于 1.0MPa，满足规范要求。

表 18　隔震前后结构的周期

振　型	ETABS（前）	ETABS（后）
1	1.02871	2.4183
2	0.99024	2.3987
3	0.95417	2.1594

表 19　*X* 向隔震结构层间剪力

楼层	隔震结构层间剪力/kN						
	USA00167	USA00152	USA02377	TH2	TH4	RG002	R4
5	3780	3800	4618	4276	4536	3344	4394
4	5449	5598	7568	6516	6709	6008	6711
3	7837	7188	9937	6914	7318	8786	9246
2	9305	8026	9956	7344	6815	11277	11231
1 隔震层	8280	7364	10684	3924	4671	13745	14599

表 20 Y 向隔震结构层间剪力

楼层	隔震结构层间剪力/kN						
	USA00167	USA00152	USA02377	TH2	TH4	RG002	R4
5	3702	3895	4745	4274	4282	3681	4314
4	5634	5862	7918	6523	6200	6416	6583
3	7508	7663	10085	6762	6692	8968	9350
2	9038	7894	10800	7154	6626	11065	11484
1 隔震层	8532	7503	11051	4210	4608	13538	14462

表 21 X 向隔震结构各层倾覆力矩

楼层	隔震结构各层倾覆力矩/kN·m						
	USA00167	USA00152	USA02377	TH2	TH4	RG002	R4
5	13327	14020	17083	15386	15414	13250	15531
4	33610	35124	45589	38868	37734	36349	39231
3	78655	81101	106099	79443	77889	90160	95329
2	132881	128468	170896	122364	117646	156549	164232
1 隔震层	145679	139723	187472	128680	124558	176856	185924

表 22 Y 向非隔震与隔震结构各层倾覆力矩

楼层	隔震结构各层倾覆力矩/kN·m						
	USA00167	USA00152	USA02377	TH2	TH4	RG002	R4
5	8532	7503	11051	4210	4608	13538	14462
4	18287	16487	22820	10547	11274	27298	28959
3	26798	24030	33891	14712	15860	40898	43499
2	26798	24030	33891	14712	15860	40898	43499
1 隔震层	26798	24030	33891	14712	15860	40898	43499

表 23 隔震支座剪力、位移、轴向力平均值

支座编号	支座剪力平均值/kN		支座位移平均值/m		支座位移最大值/m	轴向力/kN	
	X 向	Y 向	X 向	Y 向		最大	最小
L1	314	317	0.068	0.069	0.069	-2198	-99
L2	159	160	0.069	0.070	0.070	-2134	-56
L3	159	160	0.069	0.070	0.070	-2329	-41
L4	159	160	0.070	0.070	0.070	-2450	-58
L5	159	160	0.070	0.070	0.070	-2695	-86
L6	160	160	0.070	0.070	0.070	-2443	-109
L7	317	315	0.069	0.068	0.069	-2448	-63
L8	315	320	0.068	0.070	0.070	-3059	-249
L9	161	160	0.071	0.070	0.071	-3082	-201

续表 23

支座编号	支座剪力平均值/kN		支座位移平均值/m		支座位移最大值/m	轴向力/kN	
	X 向	Y 向	X 向	Y 向		最大	最小
L10	317	316	0. 069	0. 069	0. 069	-2351	-135
L11	91	91	0. 070	0. 070	0. 070	-3353	-197
L12	160	161	0. 070	0. 070	0. 070	-2862	-186
L13	161	160	0. 070	0. 070	0. 070	-3202	-222
L14	161	161	0. 070	0. 070	0. 070	-3717	-268
L15	92	91	0. 071	0. 070	0. 071	-3494	-252
L16	188	190	0. 070	0. 071	0. 071	-4372	-358
L17	119	120	0. 070	0. 070	0. 070	-5439	-521
L18	160	161	0. 070	0. 070	0. 070	-3060	-260
L19	159	160	0. 069	0. 070	0. 070	-2987	-219
L20	188	189	0. 070	0. 070	0. 070	-3809	-355
L21	120	120	0. 070	0. 070	0. 070	-4859	-464
L22	98	99	0. 070	0. 071	0. 071	-4297	-412
L23	160	159	0. 070	0. 069	0. 070	-2829	-196
L24	188	190	0. 070	0. 071	0. 071	-4247	-343
L25	119	120	0. 070	0. 071	0. 071	-5103	-485
L26	160	160	0. 070	0. 070	0. 070	-2161	-108
L27	160	161	0. 070	0. 070	0. 070	-2762	-216
L28	98	99	0. 070	0. 070	0. 070	-3457	-340
L29	91	92	0. 070	0. 071	0. 071	-2807	-267
L30	160	159	0. 070	0. 070	0. 070	-2982	-209
L31	159	161	0. 070	0. 070	0. 070	-3310	-257
L32	160	160	0. 070	0. 070	0. 070	-3016	-209
L33	98	99	0. 070	0. 071	0. 071	-4450	-392
L34	91	92	0. 070	0. 071	0. 071	-2985	-256
L35	160	161	0. 070	0. 071	0. 071	-3215	-272
L36	159	161	0. 070	0. 070	0. 070	-2473	-177
L37	188	190	0. 070	0. 071	0. 071	-3402	-329
L38	98	99	0. 070	0. 071	0. 071	-4410	-430
L39	90	91	0. 064	0. 065	0. 065	-3901	-385
L40	160	161	0. 070	0. 070	0. 070	-2988	-227
L41	160	160	0. 070	0. 070	0. 070	-2792	-192
L42	119	121	0. 070	0. 071	0. 071	-5937	-573
L43	119	120	0. 070	0. 070	0. 070	-5181	-506
L44	120	121	0. 070	0. 071	0. 071	-4848	-469

续表 23

支座编号	支座剪力平均值/kN		支座位移平均值/m		支座位移最大值/m	轴向力/kN	
	X 向	Y 向	X 向	Y 向		最大	最小
L45	98	99	0.070	0.071	0.071	-3611	-346
L46	99	99	0.070	0.071	0.071	-4427	-420
L47	99	100	0.070	0.071	0.071	-3624	-349
L48	314	319	0.068	0.069	0.069	-2456	-178
L49	160	161	0.070	0.071	0.071	-3590	-228
L50	160	162	0.070	0.071	0.071	-2792	-173
L51	315	318	0.068	0.069	0.069	-2306	-138
L52	160	161	0.070	0.071	0.071	-3354	-210
L53	160	161	0.070	0.071	0.071	-2896	-184
L54	160	162	0.070	0.071	0.071	-3507	-250
L55	91	92	0.070	0.071	0.071	-3237	-225
L56	315	319	0.068	0.070	0.070	-2161	-48
L57	157	162	0.068	0.071	0.071	-1638	-101
L58	159	162	0.069	0.071	0.071	-2391	-70
L59	159	161	0.070	0.071	0.071	-2404	-59
L60	159	161	0.070	0.071	0.071	-2443	-53
L61	159	161	0.070	0.071	0.071	-2427	-62
L62	317	318	0.069	0.069	0.069	-2107	-29.77

3.5 罕遇地震作用下的分析结果

根据《减震抗震设计规范》第 12.2.9 条规定：隔震层的支墩、支柱及相连构件，满足罕遇地震下隔震支座底部的竖向力、水平力和力矩的承载力要求；隔震层以下的地下室，满足嵌固刚度比和隔震后设防地震的抗震承载力要求，并满足罕遇地震下的抗剪承载力要求。

罕遇地震下验算隔震层的位移，同时得到轴力、剪力用于支墩设计。这里的竖向地震力取 0.2 倍的重力荷载代表值。

短期极大竖向压应力的轴力计算：1.0(1.0×恒荷载+0.5×活荷载)+1.0×罕遇水平地震力产生的最大轴力+0.5×竖向地震力产生的轴力；其荷载组合为：$1.0(1.0D+0.5L)+1.0F_{ek}+0.5\times0.2(1.0D+0.5L)=1.1D+0.55L+1.0F_{ek}$。

3.5.1 办公楼在罕遇地震作用下的分析结果

罕遇地震下各个支座剪力、位移平均值和最大轴向力见表 24，由表 24 可知隔震层的最大水平位移 265mm（小于 $0.55D=330$mm，D 为所采用隔震支座的最小直径，为 600mm），满足规范要求。

表 24　罕遇地震时各支座剪力、位移、轴向力

支座编号	支座剪力平均值/kN		支座位移平均值/m		支座位移最大值/m	最大轴向力/kN
	X 向	Y 向	X 向	Y 向		
37	570	565	0. 263	0. 260	0. 263	-5581
41	470	462	0. 264	0. 259	0. 264	-4527
43	444	435	0. 265	0. 258	0. 265	-3572
45	470	460	0. 264	0. 258	0. 264	-4673
47	470	459	0. 264	0. 257	0. 264	-5075
49	443	432	0. 264	0. 257	0. 264	-4032
50	444	431	0. 265	0. 256	0. 265	-3239
51	444	430	0. 264	0. 255	0. 264	-3975
53	443	429	0. 264	0. 255	0. 264	-3989
54	444	430	0. 265	0. 255	0. 265	-3190
55	444	430	0. 264	0. 255	0. 264	-3982
57	470	456	0. 264	0. 255	0. 264	-4999
59	470	456	0. 264	0. 255	0. 264	-4612
62	444	430	0. 265	0. 255	0. 265	-3616
64	470	456	0. 264	0. 255	0. 264	-4847
69	570	556	0. 263	0. 255	0. 263	-6484
141	466	465	0. 261	0. 261	0. 261	-5359
144	368	364	0. 263	0. 260	0. 263	-4691
145	368	364	0. 263	0. 260	0. 263	-4101
147	446	441	0. 263	0. 259	0. 263	-5949
151	738	724	0. 264	0. 259	0. 264	-6733
158	449	441	0. 264	0. 259	0. 264	-6267
160	447	437	0. 263	0. 257	0. 263	-5749
161	344	337	0. 264	0. 259	0. 264	-882
165	344	337	0. 264	0. 259	0. 264	-890
166	447	436	0. 263	0. 256	0. 263	-5717
168	449	439	0. 264	0. 258	0. 264	-6077
175	737	720	0. 263	0. 257	0. 263	-6554
179	446	436	0. 262	0. 256	0. 262	-5679
182	368	359	0. 263	0. 256	0. 263	-4181
183	368	359	0. 263	0. 256	0. 263	-5032
186	465	458	0. 261	0. 256	0. 261	-5667
280	463	465	0. 259	0. 261	0. 261	-5419
284	365	364	0. 261	0. 260	0. 261	-4834
285	464	462	0. 260	0. 259	0. 260	-4635
287	463	459	0. 260	0. 257	0. 260	-4645

续表 24

支座编号	支座剪力平均值/kN		支座位移平均值/m		支座位移最大值/m	最大轴向力/kN
	X 向	Y 向	X 向	Y 向		
289	467	460	0. 262	0. 258	0. 262	-5529
295	446	439	0. 262	0. 258	0. 262	-6310
296	466	458	0. 261	0. 256	0. 261	-3588
297	366	359	0. 261	0. 256	0. 261	-4910
299	365	358	0. 261	0. 256	0. 261	-4930
300	465	457	0. 261	0. 255	0. 261	-3613
301	446	436	0. 262	0. 257	0. 262	-5702
307	466	459	0. 261	0. 257	0. 261	-5379
309	463	454	0. 260	0. 254	0. 260	-4717
311	464	457	0. 260	0. 255	0. 260	-4651
312	366	358	0. 261	0. 256	0. 261	-4772
315	462	458	0. 259	0. 256	0. 259	-5312
357	459	464	0. 257	0. 260	0. 260	-5166
359	362	364	0. 259	0. 260	0. 260	-4407
360	433	436	0. 258	0. 259	0. 259	-3989
361	337	334	0. 259	0. 257	0. 259	-2317
362	338	335	0. 260	0. 257	0. 260	-3029
364	337	334	0. 259	0. 257	0. 259	-3046
365	337	333	0. 259	0. 256	0. 259	-2297
366	434	431	0. 258	0. 256	0. 258	-4033
367	363	359	0. 259	0. 256	0. 259	-4415
369	459	457	0. 257	0. 256	0. 257	-5144
389	335	334	0. 257	0. 257	0. 257	-3138
390	362	360	0. 258	0. 257	0. 258	-4638
394	361	360	0. 258	0. 257	0. 258	-4691
395	335	333	0. 257	0. 256	0. 257	-3192
397	457	465	0. 255	0. 261	0. 261	-4424
401	334	339	0. 257	0. 260	0. 260	-3986
402	431	436	0. 256	0. 259	0. 259	-3910
403	431	431	0. 256	0. 256	0. 256	-3915
404	334	333	0. 257	0. 256	0. 257	-3858
406	456	458	0. 255	0. 256	0. 256	-4386
435	455	466	0. 254	0. 261	0. 261	-4133
439	332	339	0. 256	0. 261	0. 261	-3422
442	333	334	0. 256	0. 257	0. 257	-3156

续表 24

支座编号	支座剪力平均值/kN		支座位移平均值/m		支座位移最大值/m	最大轴向力/kN
	X 向	Y 向	X 向	Y 向		
444	454	459	0. 254	0. 257	0. 257	-3972
447	429	436	0. 254	0. 260	0. 260	-2828
449	430	435	0. 255	0. 259	0. 259	-4329
451	429	433	0. 255	0. 257	0. 257	-4613
453	430	432	0. 255	0. 256	0. 256	-4134
454	431	432	0. 256	0. 256	0. 256	-3069
455	435	436	0. 256	0. 256	0. 256	-6365
459	434	435	0. 255	0. 256	0. 256	-6438
460	431	430	0. 256	0. 255	0. 256	-3103
461	430	430	0. 255	0. 255	0. 255	-4103
463	429	430	0. 255	0. 255	0. 255	-4595
465	429	430	0. 255	0. 255	0. 255	-4284
467	428	432	0. 254	0. 256	0. 256	-2862
482	454	466	0. 254	0. 261	0. 261	-5273
486	357	365	0. 255	0. 261	0. 261	-4555
487	332	338	0. 255	0. 260	0. 260	-2885
489	331	338	0. 255	0. 260	0. 260	-3434
491	357	363	0. 255	0. 259	0. 259	-3966
493	330	335	0. 254	0. 258	0. 258	-3332
499	331	334	0. 254	0. 257	0. 257	-3271
501	357	359	0. 255	0. 257	0. 257	-3916
503	331	334	0. 255	0. 257	0. 257	-3344
505	331	334	0. 255	0. 257	0. 257	-2678
506	357	359	0. 255	0. 257	0. 257	-3908
508	454	459	0. 253	0. 256	0. 256	-4659
554	552	565	0. 253	0. 260	0. 260	-6561
559	454	462	0. 254	0. 259	0. 259	-5368
561	428	435	0. 254	0. 259	0. 259	-4211
563	428	434	0. 254	0. 258	0. 258	-4893
565	454	459	0. 254	0. 257	0. 257	-5443
567	428	431	0. 254	0. 256	0. 256	-4431
568	429	430	0. 254	0. 255	0. 255	-3527
569	455	456	0. 254	0. 255	0. 255	-4973
573	454	456	0. 254	0. 254	0. 254	-4993
574	429	429	0. 254	0. 254	0. 254	-3482

续表 24

支座编号	支座剪力平均值/kN		支座位移平均值/m		支座位移最大值/m	最大轴向力/kN
	X 向	Y 向	X 向	Y 向		
575	428	429	0.254	0.255	0.255	-4417
577	454	456	0.254	0.255	0.255	-5426
579	428	430	0.254	0.255	0.255	-4815
581	428	430	0.254	0.255	0.255	-3930
583	455	457	0.254	0.255	0.255	-4697
587	551	557	0.253	0.256	0.256	-5824

3.5.2 莲苑 A 座在罕遇地震作用下的分析结果

罕遇地震下各个支座承受剪力、位移和最大轴向力，见表 25。由表 25 可知隔震层的最大水平位移 182mm（小于 $0.55D = 330$mm，D 为所采用隔震支座的最小直径，为 600mm），满足规范要求。

表 25 罕遇地震下各支座剪力、位移和轴向力

支座编号	支座剪力平均值/kN		支座位移平均值/m		支座位移最大值/m	轴向力/kN	
	X 向	Y 向	X 向	Y 向		最大值	最小值
L1	627	632	0.175	0.177	0.177	-2793	-42
L2	318	321	0.179	0.181	0.181	-2946	14
L3	318	320	0.179	0.180	0.180	-3252	35
L4	318	320	0.179	0.180	0.180	-3337	17
L5	318	320	0.179	0.180	0.180	-3580	-10
L6	318	321	0.179	0.180	0.180	-3232	-38
L7	629	630	0.176	0.176	0.176	-3380	19
L8	630	637	0.176	0.178	0.178	-3328	-224
L9	321	320	0.180	0.180	0.180	-3589	-146
L10	627	632	0.175	0.177	0.177	-2812	-89
L11	235	235	0.181	0.181	0.181	-3996	-127
L12	321	321	0.180	0.180	0.180	-3349	-136
L13	321	321	0.180	0.180	0.180	-3665	-172
L14	321	321	0.180	0.181	0.181	-4199	-217
L15	235	233	0.181	0.179	0.181	-3941	-205
L16	353	355	0.180	0.181	0.181	-4705	-328
L17	307	307	0.180	0.181	0.181	-5526	-516
L18	319	321	0.179	0.180	0.180	-3234	-243
L19	316	320	0.177	0.180	0.180	-3322	-183
L20	351	354	0.179	0.180	0.180	-3893	-346

续表 25

支座编号	支座剪力平均值/kN		支座位移平均值/m		支座位移最大值/m	轴向力/kN	
	X 向	*Y* 向	*X* 向	*Y* 向		最大值	最小值
L21	306	307	0. 180	0. 181	0. 181	-4929	-456
L22	251	254	0. 179	0. 181	0. 181	-4367	-406
L23	318	318	0. 179	0. 179	0. 179	-3172	-163
L24	353	355	0. 180	0. 181	0. 181	-4590	-311
L25	307	308	0. 180	0. 181	0. 181	-5239	-472
L26	320	320	0. 179	0. 179	0. 179	-2601	-64
L27	319	320	0. 179	0. 180	0. 180	-3035	-191
L28	252	253	0. 180	0. 181	0. 181	-3461	-340
L29	233	235	0. 180	0. 181	0. 181	-2872	-262
L30	318	319	0. 179	0. 179	0. 179	-3335	-175
L31	320	320	0. 180	0. 179	0. 180	-3602	-231
L32	318	319	0. 179	0. 179	0. 179	-3380	-174
L33	252	253	0. 180	0. 181	0. 181	-4685	-370
L34	234	236	0. 180	0. 181	0. 181	-3172	-235
L35	320	321	0. 180	0. 180	0. 180	-3406	-253
L36	318	321	0. 179	0. 180	0. 180	-2808	-148
L37	352	355	0. 179	0. 181	0. 181	-3447	-325
L38	252	253	0. 180	0. 181	0. 181	-4460	-425
L39	233	235	0. 167	0. 168	0. 168	-3964	-385
L40	320	320	0. 180	0. 179	0. 180	-3282	-200
L41	319	319	0. 179	0. 179	0. 179	-3143	-158
L42	306	309	0. 180	0. 182	0. 182	-6025	-564
L43	307	307	0. 181	0. 180	0. 181	-5228	-502
L44	307	309	0. 180	0. 182	0. 182	-4913	-462
L45	252	254	0. 180	0. 181	0. 181	-3674	-340
L46	252	253	0. 180	0. 181	0. 181	-4506	-414
L47	252	254	0. 180	0. 181	0. 181	-3672	-346
L48	627	632	0. 176	0. 177	0. 177	-2756	-144
L49	320	321	0. 180	0. 181	0. 181	-4263	-170
L50	319	322	0. 179	0. 181	0. 181	-3345	-125
L51	624	633	0. 175	0. 177	0. 177	-2721	-97
L52	319	321	0. 180	0. 180	0. 180	-4011	-155
L53	319	322	0. 179	0. 181	0. 181	-3461	-136
L54	318	322	0. 179	0. 181	0. 181	-4037	-206
L55	233	235	0. 179	0. 181	0. 181	-3749	-182

续表 25

支座编号	支座剪力平均值/kN		支座位移平均值/m		支座位移最大值/m	轴向力/kN	
	X 向	Y 向	X 向	Y 向		最大值	最小值
L56	630	634	0.176	0.178	0.178	-2985	42
L57	314	322	0.176	0.181	0.181	-1916	-71
L58	318	322	0.179	0.181	0.181	-3139	12
L59	318	321	0.179	0.181	0.181	-3210	28
L60	318	321	0.178	0.181	0.181	-3232	31
L61	317	322	0.178	0.181	0.181	-3175	17
L62	628	633	0.176	0.177	0.177	-2964	63

4　地下室布置

4.1　办公楼地下室布置

由于各上部建筑计算模型是基于以 -1.5m 层作为上部结构嵌固层的前提，故地下室负一层须按上部结构嵌固层的要求进行设计，具体如下：

（1）计算分析上，地下室负一层的地震作用按上部结构地震作用计算，并且对应上部塔楼范围的地下一层的侧向刚度应是隔震层以上一层侧向刚度的 2 倍。

（2）地下一层的相关构件按嵌固层要求设置。

4.2　莲苑地下室布置

由于各上部建筑计算模型是基于以 -3.9m 层作为上部结构嵌固层的前提，故地下室负二层楼面须按上部结构嵌固层的要求进行设计，具体如下：

（1）计算分析上，地下室负二层楼面的地震作用按上部结构所传递地震作用计算，并且对应上部塔楼范围的地下二层的侧向刚度应是隔震层以上一层侧向刚度的 2 倍以上。

（2）地下一层的相关构件按嵌固层要求设置。

5　地基基础设计

5.1　设计原则

结合结构形式为框架结构的特点，拟采用桩基础的方案使设计能满足强度、变形和稳定性的要求。

5.2　基础方案的确定

根据《建筑地基基础设计规范》（GB 50007—2002），本工程地基基础设计等级为乙级。根据场地工程地质及水文地质条件，拟建建筑物适宜采用桩基础，主楼部分采用预应力混凝土管桩，桩长约 26m，桩端须进入地勘报告所述⑦层质粉土。对照地质报告桩基均穿越了 20m 深度范围内存在液化可能的饱和土层，从而达到了消除地基液化沉陷的要求。

6　结论

通过 SATWE 结构模型，并采用振型分解计算方法的分析，计算结果满足要求，表明结构计算模型，能够真实反映结构特性，各种加强措施合理有效，也表明结构具有足够的承载能力和变形能力，能够满足规范的各项要求。

ETABS Nonlinear C 软件进行分析，计算结果表明，采用隔震技术后：

（1）能够有效减小地震作用对上部结构的影响，减震效果明显，通过优化结构布置，采取隔震技术及相应的构造措施后，结构具有良好的抗震性能，能够满足“三水准”要求。

（2）隔震设计降低地震作用，使得建筑能够以一个较完整的结构单体实现，避免设置多条抗震缝。

（3）隔震有效降低上部不规则性影响，使得结构大开洞的建筑形式能很好的实现。

（4）隔震后结构平动周期大大延长，通过精心设计，合理布置隔震垫，使得结构扭转周期与平动周期比小于 0.9。

（5）计算采用新技术，区分隔震支座的拉压刚度，使得计算更为精确。

（6）在 AB 区有效设计隔震层较高的隔震结构。

（7）在处理带人防的隔震建筑方面积累了丰富经验。

（8）借鉴日本隔震理念，采用钢结构下挂电梯，解决电梯下挂高度过大对结构的不利影响。

附录　莲荷苑建设参与单位及人员信息

项目名称	莲荷苑		
设计单位	云南省设计院集团		
用　途	办公楼 宿舍楼	建设地点	云南省昆明市滇池路
施工单位	昆明一建建设集团有限公司	施工图审查机构	云南省安泰建设工程施工图设计文件审查中心
工程设计起止时间	2011. 3 ~ 2012. 3		

参与本项目的主要人员：

序号	姓　名	职　称	工 作 单 位
1	王宏伟	高　工	云南省设计院集团
2	梁　佶	高　工	云南省设计院集团
3	曹　阳	高　工	云南省设计院集团
4	肖　竞	高　工	云南省设计院集团
5	王　博	工程师	云南省设计院集团
6	赵　耀	工程师	云南省设计院集团
7	叶勇勇	工程师	云南省设计院集团
8	郭春林	工程师	云南省设计院集团

案例17　武汉保利广场

1　工程概况

武汉保利广场位于武汉市洪山广场南侧，凭借独特的建筑造型，成为武昌区域首屈一指的地标建筑。本工程总用地面积约1.2万平方米，总建筑面积约14.4万平方米，其中地上10.96万平方米，地下3.44万平方米。本工程地下4层，层高从下而上分别为5.1m、4.7m、4.7m、5.6m；地下一层有局部商业，其余为车库及设备用房。地上分为主楼、副楼及裙楼，裙楼为8层，主要为商业、娱乐、餐饮等，屋面标高51.0m；8层以上均为高级写字楼，副楼20层，屋面标高101.0m，标准层层高4.1m；主楼46层，大屋面结构高度209.9m，总高度219.0m，标准层层高4.1m。主楼平面尺寸为25.5m×58.5m，副楼为21.25m×25.5m，主楼、副楼及裙楼在1~8层连接为一个整体，平面尺寸为89.25m×59.5m；9~10层及16~20层主楼与副楼通过钢结构桁架相连，平面尺寸89.25m×59.5m。

2　工程设计

2.1　气象资料

据武汉气象资料，最高月平均气温为28.8℃，最低月平均气温为3.1℃；历年极端气温最高为41.3℃，最低为-18.1℃。连接体钢结构合拢温度控制在10~25℃的范围内，分析时采用的温差为升温28℃，降温-32℃。

2.2　设计主要软件

本工程采用了SATWE（中国建筑科学研究院）、MIDAS/Gen（韩国MIDAS公司）两种软件进行结构整体弹性阶段对比分析（不考虑黏滞阻尼器作用），采用MIDAS/Gen进行结构静力弹塑性分析（不考虑黏滞阻尼器作用，但可考虑BRB作用），采用ANSYS（美国ANSYS公司）程序进行结构动力弹塑性时程分析（考虑黏滞阻尼器与BRB混合减震作用）。

2.3　结构设计主要参数

结构设计主要参数见表1。

表 1 结构设计主要参数

序号	基本设计指标	参数
1	建筑物抗震设防类别	乙类
2	建筑物抗震设防烈度	6 度
3	基本地震加速度值	0.05g
4	设计地震分组	第一组
5	建筑场地类别	Ⅱ类
6	特征周期/s	0.35
7	基本风压（100 年一遇）/kPa	$W_0=0.40$
8	地面粗糙度	C 类
9	基础形式	人工挖孔墩
10	上部结构形式	圆钢管混凝土柱 + 钢梁（桁架）+ 钢筋混凝土筒体
11	地下室结构形式	钢筋混凝土框架 + 侧壁
12	高宽比	8.6

3 减震分析

3.1 消能减震设计方案

本工程主体结构的特点是：（1）两栋塔楼核心筒严重偏置，扭转较严重；（2）两栋塔楼高度、质量相差很大，且连接体与高塔的一端端部（而非中部）相连，属严重不对称连体高层；（3）连接体跨度大，达 42.5m，共有五层，结构质量大。以上特点导致结构扭转耦联振动较复杂。为减小及控制主体结构的扭转，除在塔楼长向两端加密框架柱外，还设置了一批非线性黏滞阻尼器和屈曲约束支撑。

3.1.1 消能构件的设计参数

为减小及控制主体结构的扭转，除在塔楼长向两端加密框架柱外，还设置了一批非线性黏滞阻尼器，阻尼器的设计参数见表 2。另外，分析表明，在中、大震下，若连体结构在中部能上下错动，将显著减小主体结构的扭转，为实现此目的，连接体主桁架中间跨腹杆均采用防屈曲约束支撑（BRB），BRB 在正常使用及小震下不屈服，以保证正常使用阶段的结构刚度，在中、大震作用下，BRB 屈服耗能，连接体在中部可上下错动，以减小主体结构扭转，并耗能保护连体构件，BRB 设计参数见表 3。

表 2 黏滞阻尼器设计参数

型号	阻尼系数 /kN·$(s/m)^{0.3}$	速度指数	最大出力 /kN	最大冲程 /mm	数量	安装位置所在层	安装方式
67DP-18900-01	2000	0.3	1200	±100	6	8、8 夹	人字型
67DP-18901-01	2000	0.3	1200	±75	20	37，39，41，43，44	对角型
67DP-18902-01	2000	0.3	1000	±75	36	8、8 夹、22、24、31、33、	对角型

表 3 防屈曲约束支撑设计参数

位置		数量/个	芯板钢材屈服强度/MPa	支撑屈服承载力/kN
连体 16～19 层	沿 K 轴，9～10 轴间	8	225	3600
	沿 N 轴，9～10 轴间	8	225	1600

3.1.2 消能构件的布置

为充分发挥黏滞阻尼器的作用，阻尼器设置在主楼和副楼层间位移角较大的部位，共计 62 个，此外，在连接体的主钢桁架中间跨设置了 16 个屈曲约束支撑，消能构件布置详见图 1 和图 2，现场布置图见图 3 和图 4。

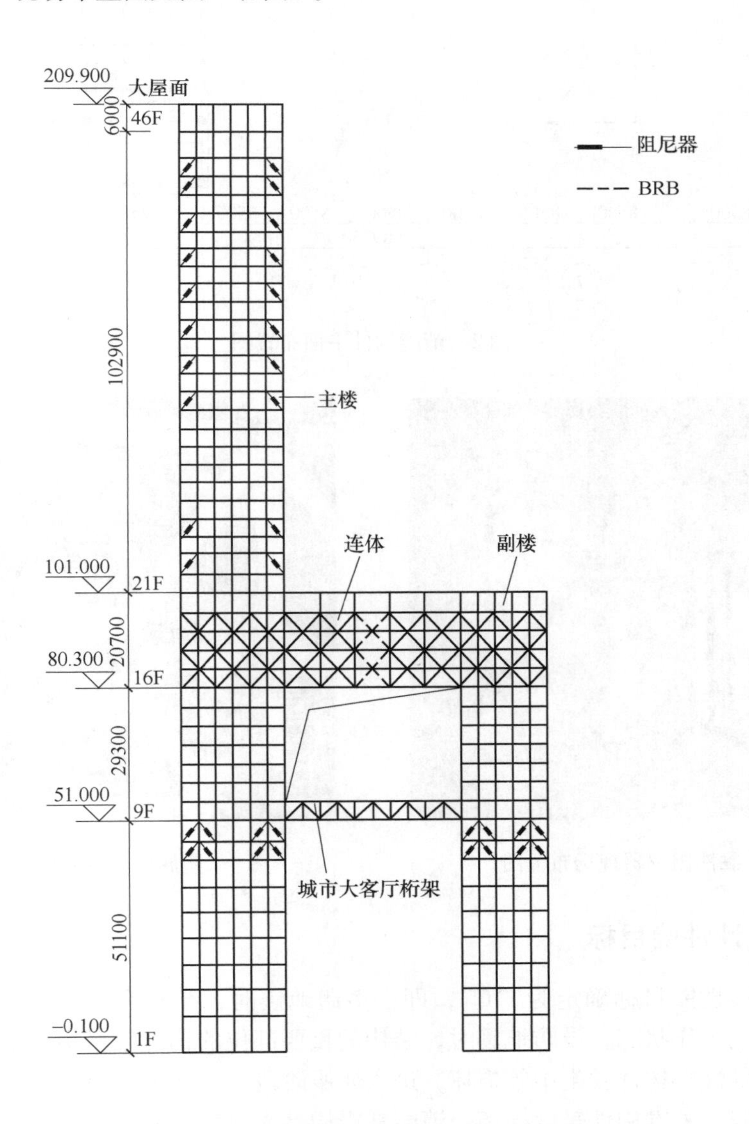

图 1 消能构件的北立面布置图

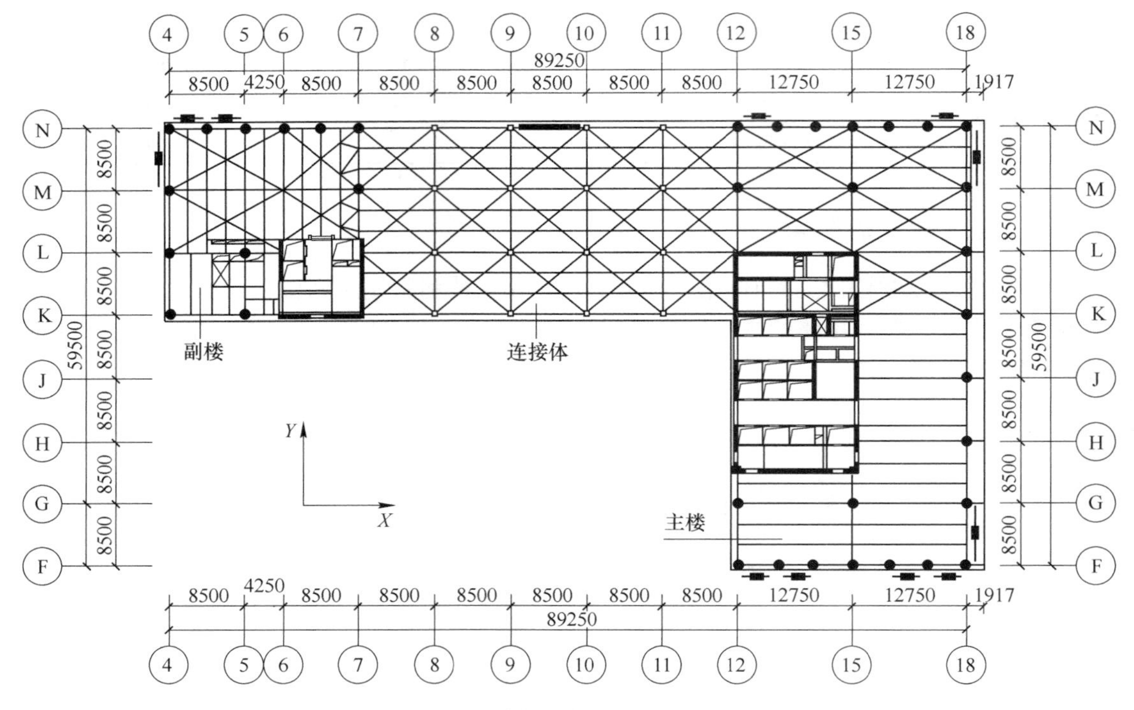

图 2　消能构件平面布置图

图 3　黏滞阻尼器现场布置图

图 4　防屈曲约束支撑现场布置图

3.2　减震设计性能目标

本工程抗震性能目标确定为“C”，即：多遇地震时，结构完好、无损伤，屈曲约束支撑不进入消能工作状态；设防地震时，结构的重要部位的构件轻微损坏，其他部位有部分选定的具有延性的构件发生中等损坏，进入屈服阶段；罕遇地震时，结构部分构件中等损坏，进入屈服，关键构件轻度损坏，消能减震构件充分发挥其耗能作用，但不失效。对于连体结构及与其相连的竖向构件，抗震性能适当提高，在小震下，结构完好、无损伤，在中震下，构件轻微损坏，在大震下构件轻度损坏。结构各构件对照性能目标的细化性能目标见表4。

表4 结构抗震设防性能目标细化表

地震烈度		多遇地震	设防地震	罕遇地震
层间位移角限值		1/590	1/295	1/100
关键构件	塔楼框架柱、底部加强区重要墙体、支撑连体的主要墙肢、连体桁架主要构件	弹性	正截面不屈服 抗剪弹性	正截面不屈服 抗剪不屈服
普通竖向构件	关键构件以外的竖向构件	弹性	正截面不屈服 抗剪不屈服	满足抗剪截面控制条件
耗能构件	阻尼器、BRB、连梁、框架梁	阻尼器进入耗能状态，其余构件弹性	BRB屈服、阻尼器进入耗能状态，连梁和框架梁受剪不屈服	阻尼器和BRB充分耗能，连梁和框架梁允许形成充分的塑性铰

3.3 弹性计算分析

在结构整体计算中，梁、柱均采用空间梁单元，混凝土剪力墙、楼板采用壳单元，计算中考虑 $P\text{-}\Delta$ 效应和扭转耦联效应。根据工程场地地震安全性评价报告，场地多遇地震加速度有效峰值为0.0267g，场地水平地震影响系数为0.0654。采用不同软件和模型的整体分析结果见表5。

表5 弹性计算的周期、地震力、位移角

项目		SATWE	MIDAS/GEN	时程分析结果
第一周期/s	Y向平动	5.9233（扭转占比10%）	5.8757（扭转占比28%）	—
第二周期/s	X向平动	4.4022（扭转占比2%）	4.3414（扭转占比1%）	—
第三周期/s	扭转	3.2854（扭转占比82%）	3.2516（扭转占比75%）	—
第四周期/s	Y向平动	2.0790（扭转占比20%）	1.9868（扭转占比8%）	—
第五周期/s	扭转	1.8980（扭转占比73%）	1.8417（扭转占比75%）	—
第六周期/s	X向平动	1.5363（扭转占比5%）	1.4719（扭转占比3%）	—
基底剪力（剪重比）	X向	11834.9kN（0.68%）	12268.1kN（0.72%）	11856.2kN（0.68%）
	Y向	10303.5kN（0.60%）	10324.0kN（0.61%）	10311.8kN（0.60%）
最大层间位移角	X向	1/924	1/867	1/1406
	Y向	1/1312	1/985	1/1381

根据《高层建筑混凝土结构技术规程》，扭转周期与平动周期的比值不得大于0.85，层间位移角不得大于1/590，表5中的计算结果均满足相关要求。

3.4 ANSYS软件动力弹塑性分析

采用ANSYS进行动力弹塑性分析，对加阻尼器和不加阻尼器的结构进行了对比，以了解阻尼器对结构减震效果（图5和图6）。在罕遇地震激励下的对比如表6所示。

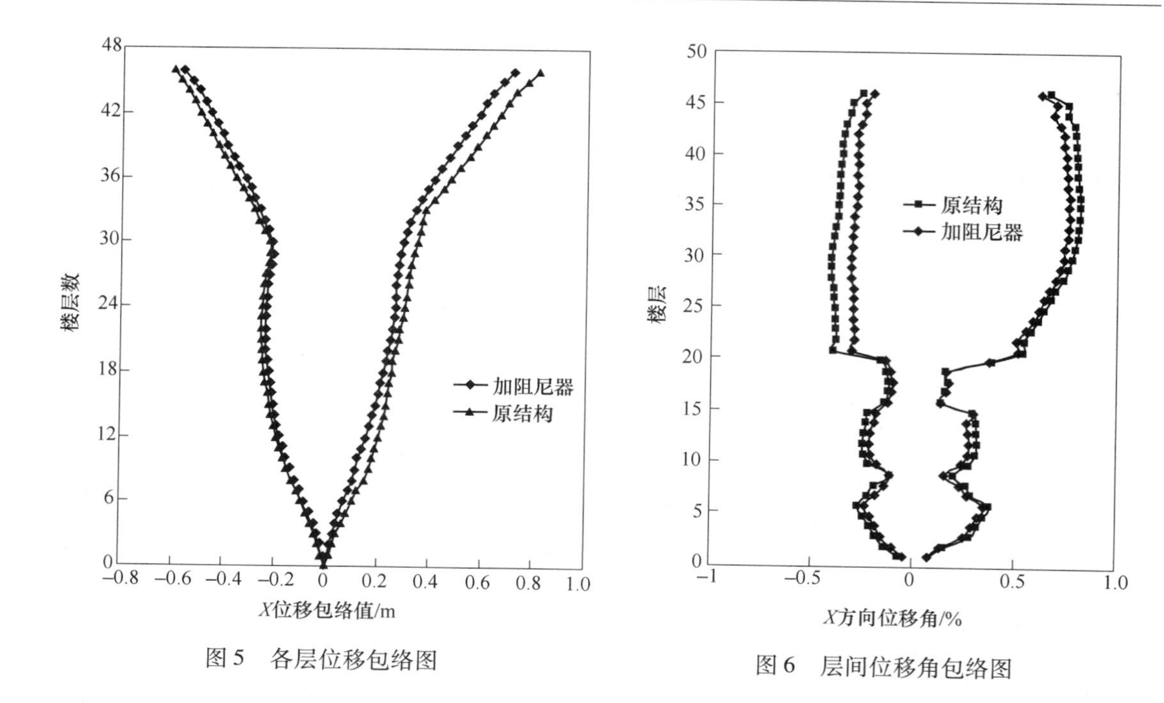

图5　各层位移包络图

图6　层间位移角包络图

表6　罕遇地震激励下的对比

项　　目	原结构	加阻尼器
X 向最大基底剪力/kN	181731.7	154124.5
X 向最大剪重比/%	10.9	9.26
Y 向最大基底剪力/kN	96180	81200
Y 向最大剪重比/%	5.78	4.88
X 向最大加速度/$m \cdot s^{-2}$	9.044	3.83
Y 向最大加速度/$m \cdot s^{-2}$	7.418	4.72
X 向最大顶点位移/m	0.808	0.712
Y 向最大顶点位移/m	0.580	0.542
X 向最大层间位移角	1/121（34 层）	1/133（33 层）
Y 向最大层间位移角	1/118（34 层）	1/131（32 层）

设置阻尼器之后结构在大震下的阻尼比增加4%左右，地震反应明显降低，其中，加阻尼器后结构Y方向最大加速度反应降低了36.4%；结构最大位移减小了11.9%；层间位移角减小了约10%　。

3.5　大跨减震连接体设计

本工程连接体与塔楼之间采用刚接连接形式，选择钢桁架体系，采用“2榀主桁架+次桁架转换”的布置方案：沿42.5m跨度方向的连接体外侧边设置两榀主桁架，与主、副楼结构刚接；在15层设置与主桁架正交的四榀次桁架，两端与主钢桁架刚接；主桁架弦杆及斜撑均延伸至主、副楼尽端或与筒体相连，防止因个别杆件的破坏产生的连续倒塌；与支座相连的剪力墙墙体内设置预应力索，以保证桁架端节点的节点拉力有效传至筒体。连接体内部采用钢柱、钢梁构成的钢框架结构，柱网为8.5m×8.5m（图7～图9）。

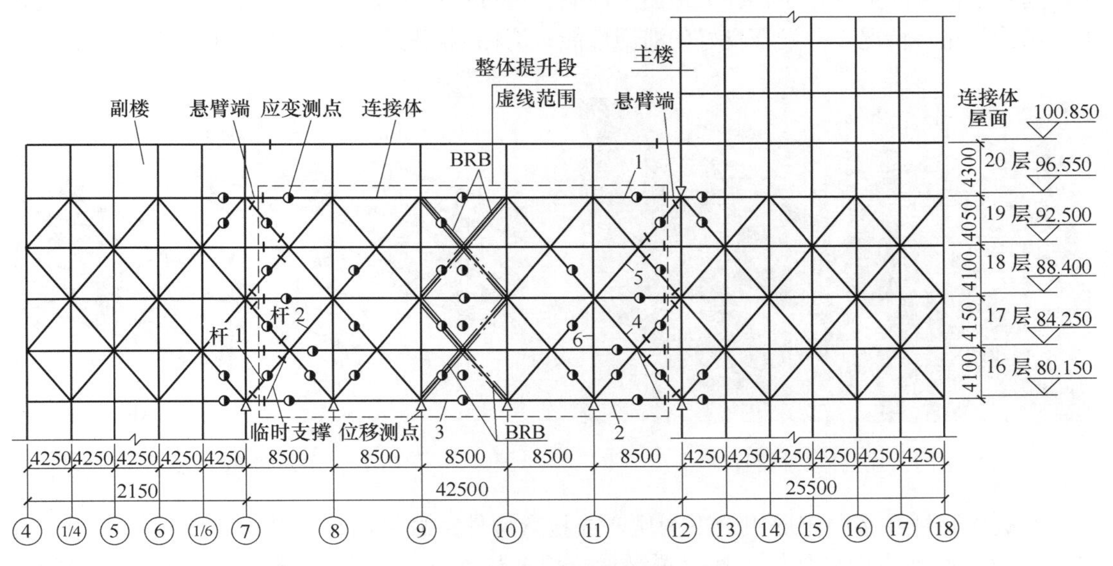

图7 主桁架立面（连接体纵向）

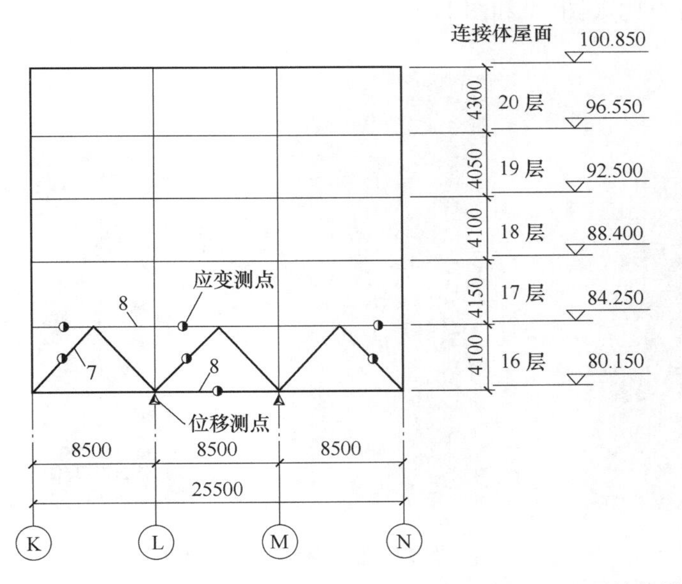

杆件截面表

①	□500×500×28×36
②	□500×500×32×45
③	□500×500×30×40
④	H500×600×50×50
⑤	H500×600×40×40
⑥	□500×600×50×50
⑦	□500×500×40×40
⑧	□500×500×50×50

图8 次桁架立面（连接体横向）

通过分析发现，连接体主桁架的平面内刚度对整体结构的动力特性有显著影响，主桁架中段刚度增加则地震作用导致的整体扭转效应增大。不设支撑整体扭转最小，而采用较强支撑时整体的扭转会增大。故设计中考虑尽量减小连接体中段的刚度来控制整体的扭转效应。

考虑到连接体中间跨在地震作用下能发生较大的上下错动变形，那么在此部位设置消能减震构件是非常适合的。在进一步的弹塑性分析中对设置黏滞阻尼器和BRB的情况分别进行了比较。考虑到风荷载作用下需要控制错动变形，以及整体提升过程中提升段需要形成完整的桁架，最终选择在中部设置 BRB 的方案（图 10）。BRB 在小震和风作用下不屈服，起到了控制变形的作用；在大地震下屈服，通过连接体中段的上下错动局部变形，改善整体结构的扭转情况，并发挥良好的滞回性能，消耗地震能量，保护连接体的其他构件。

图 9　连接体结构照片

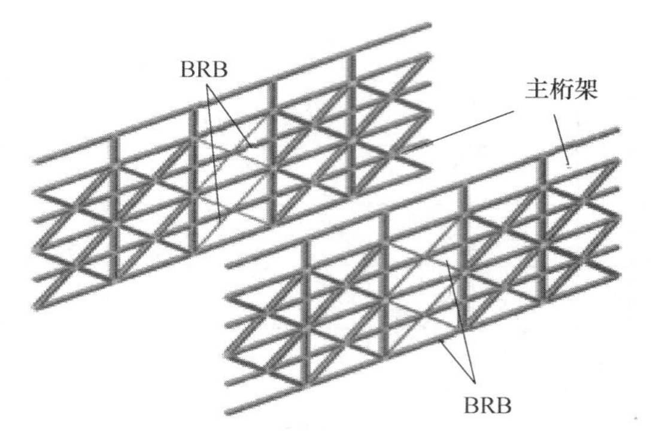

图 10　主桁架 BRB 布置

连接体弦杆在多种工况组合下为压弯或拉弯构件，故采用箱型截面，腹杆均采用倒置的 H 型钢。在节点中杆件轴力通过翼缘直接传至节点板，各轴力汇交于节点板取得平衡。

连接体安装采用液压同步提升技术，在设计中进行了全过程的施工模拟分析，施工中进行了全程监测并与计算分析进行对比（图 11 和图 12）。

图 11　连接体提升过程照片

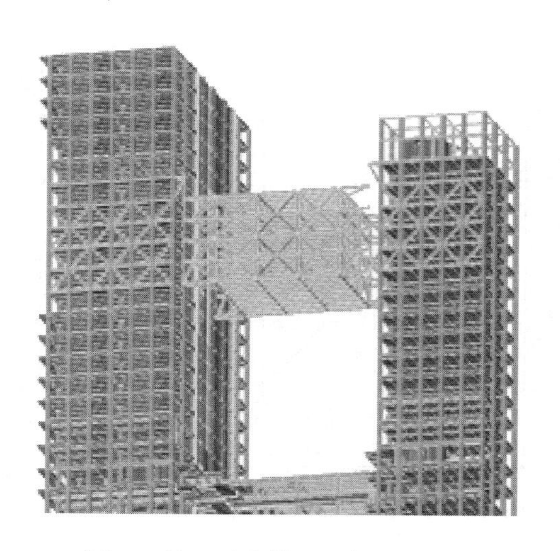

图 12　施工阶段模型（提升阶段）

3.6　复杂节点的有限元分析研究

本工程对连接体典型节点、支座部位关键节点以及地下室顶板嵌固端环梁节点进行了有限元分析研究，揭示了节点受力性能及承载能力，为设计提供依据。

地下室环形节点有限元分析（模型见图 13）显示，钢管的应力水平均为超过设计强度。三个抗剪环的应力分布相差不大，且应力均未超过钢材的屈服强度，不会被各个击破；钢管内部混凝土纵向应力较高，但是由于钢管的套箍作用，混凝土不会产生破坏，外部环梁混凝土纵向应力较小，局部出现拉应力，超过混凝土抗拉强度，但是此范围极小，影响不大；由于没有考虑钢筋和钢管之间的焊接连接作用，混凝土环梁和钢管之间的连接比实际要弱，所以计算结果显示钢管和环梁上部脱开较多，竖向挠度偏大。

K/12 轴下部支撑节点有限元分析（模型见图 14）显示，钢材均未进入塑性状态，但是连接钢板转角处局部应力水平偏高；杆件端部有小部分应力水平较高，为施力点处应力集中引起，实际上并不会在此处发生应力集中；混凝土在与加劲板接触处压应力较大，Z 向应力超过设计强度，此处混凝土应该合理设计。

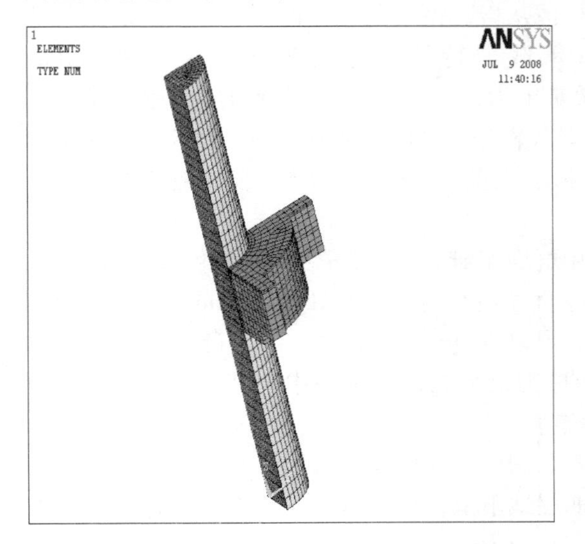

图 13　地下室环形节点有限元模型

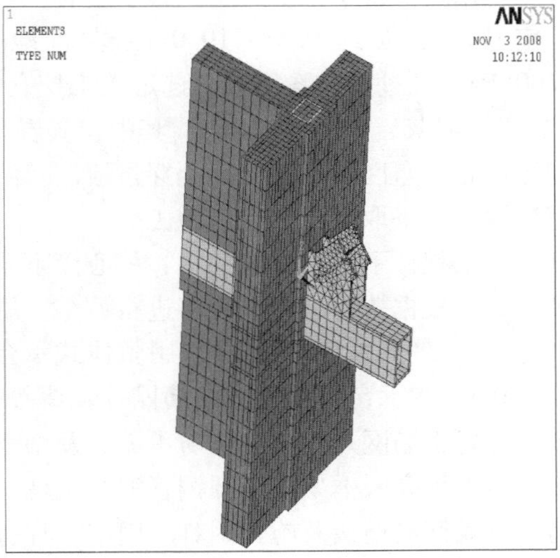

图 14　K/12 轴下部支撑节点有限元模型

连体桁架⑦号节点有限元分析（模型见图 15）显示，无论何种约束方式，整个节点

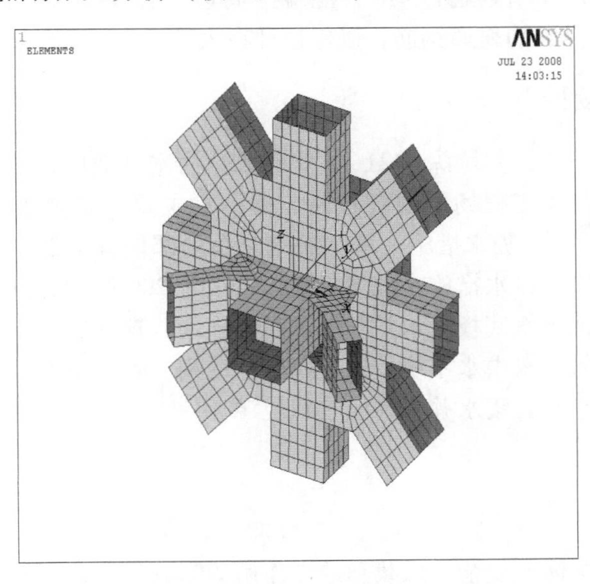

图 15　连体桁架⑦号节点有限元模型

大部分都处在较低的应力水平下，而只在某些小范围局部应力较高甚至进入塑性，但这种局部高应力范围较小，会随着施工焊接的影响而缓解，或者通过应力重分布而缓解，对结构整体的影响不大。

4　基础与地下室设计

4.1　塔楼基础设计

根据地质勘察报告，本工程基岩有灰岩、泥灰岩、钙质泥岩三种，中风化岩层面距地下室基坑底面约 0.5 ~ 10.0m，岩石地基承载力特征值分别为 5000kPa、2000kPa、2200kPa。经过多方案比较，选定人工挖孔墩基础为最优方案，墩底持力层为中风化岩石（灰岩、泥灰岩、钙质泥岩）。其中，灰岩和泥灰岩分布区内局部有溶洞，设计要求在灰岩和泥灰岩分布区域墩基础完全穿过溶洞及溶蚀层，进入完整的持力层。实际施工中，在穿越溶蚀层时采取了孔内爆破施工。

本工程柱下采用一柱一墩，核心筒下采用群墩基础，墩身混凝土强度为 C35，墩身及扩底尺寸根据持力层岩层分布进行调整。墩身直径最小为 0.9m，最大 3.2m，扩底直径最小 1.3m，最大 5.6m。主楼采用整体式承台，厚度 3.0m。由于大承台（筏板）厚度超过了 2.0m，在承台中部设置钢筋网片。厚筏剪应力最大处位于板厚中间部位，因此，板厚中部设置钢筋网片可提高抗剪承载力及增大抗剪延性。

本工程高层框架柱为圆钢管混凝土柱，若采用埋入式柱脚，圆钢管将切断大承台面钢筋，造成钢筋连接及施工困难。因本工程有四层地下室，柱底弯矩及剪力很小，可采用外露式柱脚，即将柱脚置于承台面上，柱脚详图见图 16。

需要注意的问题：(1) 因柱底压应力较大，承台必须进行局部承压验算并配置局部承压钢筋；(2) 钢柱脚下二次灌注的细石混凝土周边应补设钢环，以保证“套箍效用”；(3) 柱脚周边应设置足够的普通钢筋，以保证柱在大震下有足够的抗拔力。

4.2　地下室抗浮设计

本工程有四层地下室，基坑深达 21m，抗浮水位为室外地面，若采用传统的锚杆和抗拔桩抗浮，成本过高。本工程场地地势较高，地下水主要来自地表水，因此本工程采用“隔水—排水”抗浮设计。隔水措施：基坑回填时在上部设置素混凝土隔水层，回填土要求采用老黏土分层夯实。排水措施：地下室底板下设置 200 厚中粗砂垫层，设置若干道碎石盲沟通向集水井，地下室底板集水井与下部盲沟连通，这样底板下存在地下水时可排入集水井，然后抽排进入建筑中水系统。通过两年的使用，效果很好。采用这种抗浮设计的前提是地下水水量较小，且集水井水泵应有双电源。

5　结构试验

武汉保利广场结构体型复杂，风载和地震作用的影响很大，现有的资料及规范数据已不能满足工程设计的要求，为了准确掌握建筑物在风荷载及地震作用下的受力规律，本工

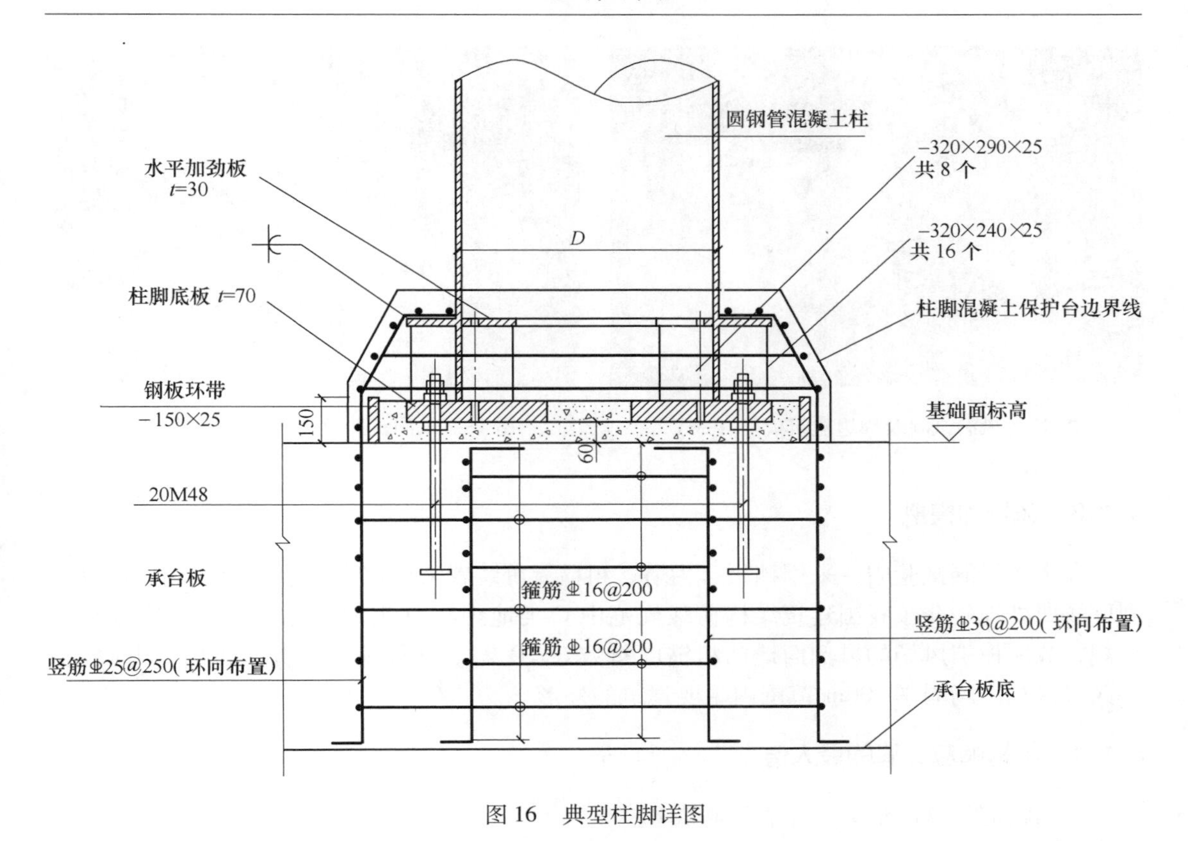

图 16　典型柱脚详图

程进行了风洞试验和振动台试验。

5.1　风洞试验

5.1.1　试验模型

武汉保利广场测压模型由透明有机玻璃制成，几何缩尺比为 1:200。共布置了 512 个测压点。测压管路与电子扫描阀相连，每个扫描阀有 64 个测点，在结构模型中共安装 8 个扫描阀。模型底部与连接板固连，连接板与风洞试验段工作转盘固连。

为了考虑武汉保利广场临近建筑物的干扰影响，本试验模拟了大厦周围 300m 半径内的主要建筑，大厦周围建筑采用 PVC 板制成模型模拟（见图 17 和图 18）。

5.1.2　试验方法

为了测量风洞试验参考高度处风速，在模型左前方处安装了美国 TSI 公司的 IFA300 热线/热膜风速仪与模型测压同步测量此处的风速，其安装高度为 1.0m。

本次试验采用美国 PSI 扫描阀公司 DTCnet 电子式压力扫描阀测压系统测量模型表面风压。8 个扫描阀同步测量，依次对所有测压点的压力信号进行扫描。脉动压力的采样时间为 20.0s，每个测点的采样频率为 330Hz，试验风速为 10.0m/s。

本试验通过旋转工作转盘，模拟 0°～360°风向角的情况，其角度间隔为 15°，共 24 个试验风向角。

图 17　风洞试验及周边建筑模型（一）

图 18　风洞试验及周边建筑模型（二）

5.1.3　风场的模拟

在本次风洞试验中，采用挡板、尖塔、粗糙元等装置来模拟大气边界层风场。武汉保利广场所处地貌介于我国建筑结构荷载规范中 C 类地貌与 D 类地貌之间，且更接近 C 类地貌，故所模拟风场的风剖面地面粗糙度指数 $\alpha=0.22$。几何缩尺比为 1:200。同时模拟了武汉保利广场周围 300m 范围内主要建筑的外形。

5.1.4　结构响应计算的最大值

结构响应计算的最大值见表 7 和表 8。

表 7　结构顶部节点最大位移响应

项　目		50 年	100 年
最大动态位移	*X* 轴/m	0.10869	0.12849
	Y 轴/m	0.1239	0.14655
	合值/m	0.1525	0.18795
最大位移	*X* 轴/m	0.21122	0.25066
	Y 轴/m	0.13989	0.16479
	合值/m	0.25053	0.29028

表 8　结构最高居住层（46 层）节点最大加速度响应

项　目		50 年	100 年
加速度最大值	*X* 轴/m · s^{-2}	0.17427	0.20598
	Y 轴/m · s^{-2}	0.13131	0.15666
	合值/m · s^{-2}	0.19512	0.23682

5.2　结构模型振动台试验

5.2.1　模型设计及制作

进行模拟地震振动台试验是研究和验证本工程这种多项超限高层建筑的抗震性能直

接、可靠的方法之一。振动台试验不可能做到所有物理量完全相似，因此在实际试验中只能要求保证主要的物理量相似。本次模型试验的模拟重点在保证结构的刚度相似，并兼顾强度相似。考虑振动台的承载能力、结构重量等因素，最终确定模型与原型的相似关系见表9。

表9 模型与原型的相似关系

尺 寸	弹性模量	加速度	频 率	质 量	时 间
1/35	0.33	3.33	10.80	1/12250	0.092

原结构设计的阻尼器在单层间布置，但由于阻尼器最小加工尺寸的限制，无法在缩尺模型的单层间安装阻尼器，因此采取了跨层布置的方法。对原设计的实际阻尼器的参数进行折算，将该方案布置的计算结果与按原结构设计布置方案的计算结果进行对比，保证阻尼的相似比关系。布置阻尼器后模型的侧立面示意图如图19所示。模型制作完成后全景如图20所示。

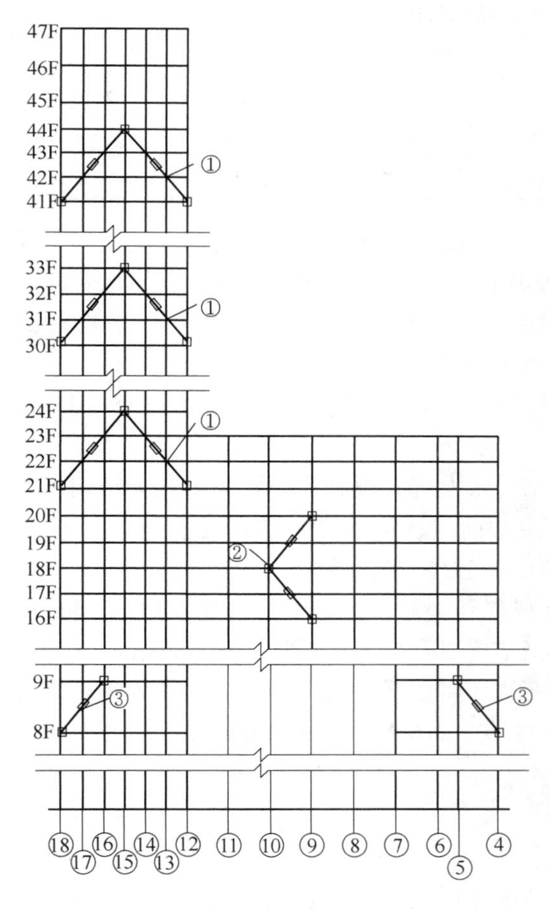

图19 阻尼器布置侧立面示意图

图20 制作完成后的试验模型

5.2.2 试验方案

试验按照小震、中震、大震的顺序加载。输入的地震波同弹塑性动力分析用地震波，分别进行 X 向、Y 向的单向输入，再进行 X + Y 双向输入。每个工况又分为安装阻尼器（有控）和不安装阻尼器（无控）两种情况。在每个地震水准试验前后，各输入一次白噪声用以测定结构动力特性的变化情况。试验总共进行了 66 种情况的测试。

在多个典型楼层的结构中心点和结构外围布置加速度传感器及位移传感器，以反映结构模型的整体变形情况和扭转效应，一共布置了 67 个测点。在连体部分阻尼器和底层设置两个激光位移观测点。应变测点重点布置在核心筒、连梁、型钢柱、连接体构件和钢管混凝土柱等部位，上部结构共 48 个测点。底板内预埋测点用于测量上部结构与底板间的相互作用，共 10 个测点。

5.2.3　动力特性和损伤情况

模型结构基本上模拟了原型结构的动力特性。不同水准地震作用前后测得的模型结构前几阶频率列于表 10 中。

表 10　不同水准地震作用后模型结构自振频率实测值　　(Hz)

参　数	震前	小震后	中震（有控）	中震（无控）	大震（有控）	大震（无控）
Y 向平动一阶	2. 44	2. 38	2. 36	2. 35	2. 16	2. 10
X 向平动一阶	2. 63	2. 53	2. 47	2. 41	2. 19	2. 10
整体扭转	4. 13	4. 10	3. 85	3. 82	3. 32	3. 22

不同水准地震作用后模型结构的各阶频率均有所变化。随着地震作用烈度的增加，模型结构的各阶频率呈下降趋势。在多遇地震作用后，结构的各阶频率与震前相比变化很小，平均下降 1. 85%；在设防烈度地震作用后，有控情况下各阶频率下降平均达到 4. 85% 左右，无控情况下各阶频率下降平均达到 6. 84% 左右；在罕遇地震作用后，有控情况下各阶频率下降平均达到 15. 88% 左右，无控情况下各阶频率下降平均达到 18. 70% 左右，结构发生了一定程度的损伤。

模型的损伤情况如下：在小震和中震下，结构未发现开裂破坏现象，可认为结构仍处于弹性状态。在大震后出现裂缝，主要出现在主楼筒体连梁端部，层数集中在 25 ~ 39 层之间，可见上部结构比较薄弱，但整体结构仍保持良好的整体性。

在罕遇地震作用下，混凝土剪力墙上没有观察到裂缝，但是最大拉应变达到 680$\mu\varepsilon$，超过混凝土的开裂应变，钢管混凝土柱、连体钢结构以及型钢构件均未进入屈服。从应变的减小程度看，各构件在有阻尼器时的拉压应变比无阻尼器时均减小。以大震为例，结构柱应变减小 10. 6% ~ 13. 6%，底部剪力墙减小 14. 6% ~ 16. 8%，可见阻尼器的减震效果非常显著。

5.2.4　模型结构加速度反应

加速度测试结果表明，不同地震波以不同强度作用时，结构的加速度反应规律基本相同。用三种地震波平均可以代表一般地震作用。主体结构加速度反应沿高度分布比较均匀，加速度最大值有时发生在结构顶层，有时发生在中间层，顶部鞭端效应不是十分显著。阻尼器对各测点加速度的减震控制效果不一。主楼加速度放大系数平均值在无阻尼器时为 2. 421，有阻尼器时平均值为 2. 351。

5.2.5　模型结构位移反应

试验表明，多遇地震作用下，无阻尼器时结构层间位移角最大值的平均值为1/452；设置阻尼器时结构层间位移角最大值的平均值为1/642，满足规范限值；在罕遇地震作用下，无阻尼器时结构层间位移角最大值为1/84，超过限值；设置阻尼器时结构层间位移角最大值的平均值为1/111，满足规范的相关要求。阻尼器设置对层间位移角具有一定的控制效果，但各层并不均匀。

由于结构模型和阻尼器模型尺寸较小，端部球铰连接处存在一定的间隙，从而导致模型的减震效果与实际工程的减震效果有一定的误差，可以判断，实际工程中的减震效果应更为显著。

6　结语

武汉保利广场结构为核心筒偏置的非对称双塔连体结构，为了减小及控制结构的扭转振动，在结构中设置了黏滞阻尼器及屈曲约束支撑进行混合减震。整体结构的弹塑性分析和振动台试验研究结果表明，该结构具有较好的抗震性能，能满足设定的抗震性能目标，减震效果明显。

在超高层复杂连体结构中设置黏滞阻尼器和屈曲约束支撑混合减震，可以发挥其耗能减震作用，在降低结构位移、改善构件受力状况、提高结构整体抗震性能以及降低非结构构件的地震反应等方面都可发挥有效作用。

附录　武汉保利广场建设参与单位及人员信息

项目名称	武汉保利广场		
设计单位	中南建筑设计院股份有限公司		
用　途	商业、办公	建设地点	湖北省武汉市
施工单位	中国建筑第三工程局有限公司	施工图审查机构	湖北建鄂勘察设计审查咨询有限公司
工程设计起止时间	2006.10～2008.9	竣工验收时间	2012.12

参与本项目的主要人员：

序号	姓　名	职　称	工 作 单 位
1	李　霆	教授级高工	中南建筑设计院股份有限公司
2	王小南	教授级高工	中南建筑设计院股份有限公司
3	袁理明	高级工程师	中南建筑设计院股份有限公司
4	范华冰	工程师	中南建筑设计院股份有限公司
5	彭林立	高级工程师	中南建筑设计院股份有限公司
6	刘　峻	高级工程师	中南建筑设计院股份有限公司
7	黄银燊	高级工程师	中南建筑设计院股份有限公司
8	阮祥炬	工程师	中南建筑设计院股份有限公司

案例18　上海世茂国际广场

1　工程概况

上海世茂国际广场工程坐落在上海浦西南京路上，地上60层，地下3层，总建筑面积为17万平方米，为浦西第一高楼。其中主楼为超五星级酒店，高度为333m，采用带伸臂桁架的空间巨型框架+核芯筒结构形式。裙房共10层，总高度为55m，靠南京路侧有两层下挂结构，悬空34.27m。裙房为酒店餐饮及大型百货商业用房，采用钢筋混凝土框架-剪力墙体系，悬空层采用钢管混凝土柱+钢框架梁体系。

2　工程设计

2.1　设计采用的主要软件

中国建筑科学院开发的商业软件PKPM/SATWE（简称为“SATWE”），进行常规分析、设计。

2.2　结构设计主要参数

结构设计主要参数见表1。

表1　结构设计主要参数

序号	基本设计指标	参　　数
1	建筑物抗震设防类别	丙类
2	建筑物抗震设防烈度	7度
3	基本地震加速度值	0.10g
4	设计地震分组	第一组
5	建筑场地类别	Ⅳ类
6	特征周期/s	0.9
7	基础形式	桩筏
8	上部结构形式	SRC巨型框架+RC核心筒
9	地下室结构形式	钢筋混凝土框架+核心筒
10	主体结构阻尼比	0.035
11	液化、震陷、断裂等不利场地因素措施	无液化土层等不利场地

3 消能减震设计

3.1 减震设计方案的提出

结构减震设计方案的确定可谓是经历了一个反复论证和修改的过程，在最终方案确定之前遇到了很多问题，但经过结构工程师的不懈努力，最终解决了以下难题，并确定了合理的减震设计方案。

3.1.1 裙房悬空层设置斜撑

本工程初步设计时，主楼与裙房通过抗震缝分开，裙房悬空层的立柱间设置了大斜撑增加抗侧刚度。但立面上的大斜撑不仅有碍建筑外观，而且还严重影响使用功能。施工图设计时，业主要求结构师取消该处的大斜撑。这给我们带来了很大的难题——悬空层结构刚度很差，而且偏于裙房一隅，裙房单元刚度中心与质量中心偏心很大，结构扭转严重，悬空层位移角达1/350，不能满足规范要求，因此，裙房悬空层的立柱间设置大斜撑的方案不可行。

3.1.2 主楼与裙房采用刚性连接

几经讨论，我们从孩童的蹒跚学步中得到了启发——孩童学步正是靠着大人的搀扶才能左右摇摆而不摔倒。我们的主楼就好比是大人，而悬空层结构就好比是小孩。如将主楼与裙房连成整体，共同抵抗水平荷载，就可以有效地控制悬空层的侧移。然而本工程主楼与裙房高度、质量、刚度相差甚远，如简单地采用刚性连接，可能导致某些位置出现应力集中。另外，由于主楼、裙房可能因刚性连接而造成整体质量中心与刚度中心偏离更大，从而在地震作用下出现严重的扭转反应，整体结构受力、传力路径不明确。所以，主楼与裙房之间采用刚性连接的方案被否决。

3.1.3 主楼与裙房及其悬空层采用弱连接方案

基于以上两种设计方案的失败，我们考虑采用弱连接的方案，即：用短刚性连杆连接主楼与裙房及其悬空层，连杆采用延性较好的Q235B低碳钢，连接杆端开设椭圆孔，并在孔内填充阻尼材料，以营造水平挤压耗能的效果。然而短刚性连杆连接刚度过大，在强震作用下由于主楼与裙房刚度、质量、高度、频率差异很大，连接杆的变形能力不够。

模型振动台试验结果表明：“在主塔楼和裙房之间采用连杆进行连接，能保证在小震作用下结构整体协同作用，但在大震作用下主塔楼与裙房间的连接被拉断，减少了裙房对主塔楼的作用，裙房位移明显增大，扭转反应强烈，震害显著（见图1和图2）。”能否找到一种连接方式，既能满足主楼、裙房的连接变形要求达到控制裙房悬空层位移的目的，又能不在三者间传递过大水平地震作用?

3.1.4 黏滞阻尼器连接设计方案

耗能减振技术可以解决以上这些方案难以解决的难题。通过连接相邻两个建筑物来防

图 1　主楼与广场间连杆破坏

图 2　主楼与裙房之间连杆破坏

止碰撞、减小风振和地震反应的研究已经得到了一定的重视，并进行了一些有意义的分析和试验工作。瞿伟廉等人提出用 ER/MR 智能阻尼器耦联高层建筑结构的主楼和裙房，并实现其对带裙房高层建筑结构地震反应的半主动控制的方法，能有效地减少主楼的鞭稍效应。

我们借鉴了这一构想，设想利用黏滞流体阻尼器替代刚性连杆，依靠主楼 10 层以下较好的抗侧刚度作为裙房及其悬空层的依托，利用阻尼器的缓冲功能降低悬空层在地震作用下的位移，同时希望在大震作用时，阻尼器能发挥其耗能作用，减小各单体间传递的地震力，保持各结构单体间的有效连接。另外在风荷载作用下也期望阻尼器能有传力杆作用和部分消能作用。

综上分析，确定了在裙房及其悬空层各个楼面与主楼外柱对应位置布置黏滞流体阻尼器的设计方案，见图 3 和图 4。

图 3　主楼与悬空层阻尼器连接

图 4　主楼与裙房阻尼器连接实景

3.2　黏滞流体阻尼器力学参数选择

黏滞流体阻尼器的力学性能可以如下数学公式表达：

$$F_d = C_v \mathrm{Sign}(v) \mid v \mid ^{\alpha}$$

式中　C_v——阻尼系数，kN/(mm/s)$^{\alpha}$；

v——阻尼器活舌相对阻尼器外壳的运动速度，mm/s；

α——常数，通常取0.1～1.0。

图5为当C_v取相同数值、α取不同值（α分别为0、0.3、0.6、1）时的滞回曲线，α愈小，滞回曲线愈接近矩形。从图中可明显看出，黏滞阻尼器具有非常优越的耗能能力，尤以α较小时为最优。图6给出了黏滞阻尼器的构造简图，当结构受到外部荷载（风载或地震荷载）作用时，黏滞阻尼器中的活塞杆做往复运动，阻尼材料在缸体内迅速流动，通过内摩擦的形式来耗散能量。

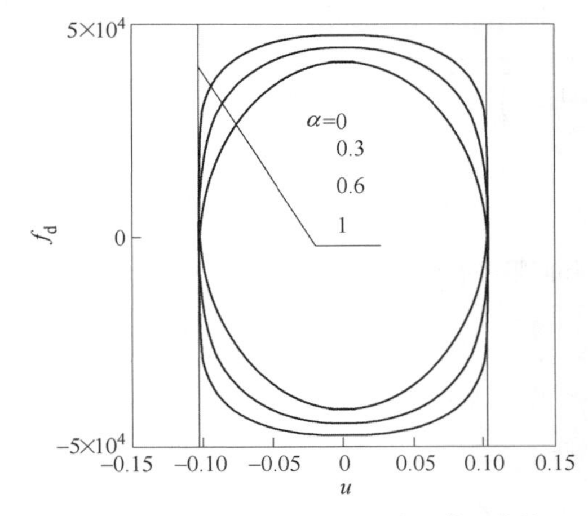

图5　C_α值相同、α值不同时的滞回曲线

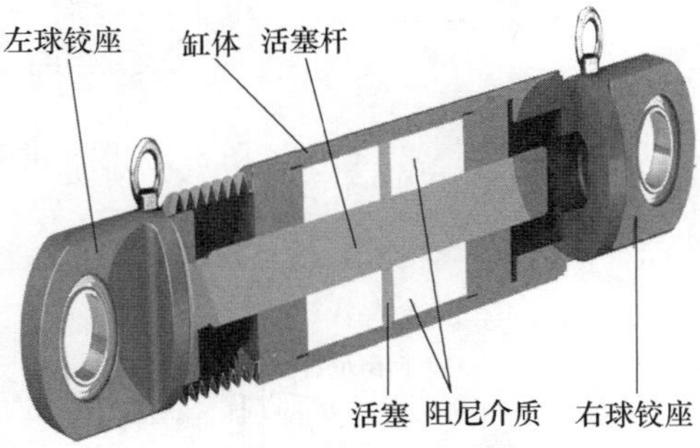

图6　黏滞阻尼器构造简图

本工程要求结构在小震及大震作用下变形均能满足国家抗震规范要求。为使阻尼器在这三个阶段均能发挥作用，需选用较小的α值。已知主楼的振动周期为4.8s，裙房的振动周期为2.6s，取$\alpha=0.15$，$C_v=250$，阻尼器相对运动速度在±360mm/s左右，这样能使得阻尼器在小、中、大震作用下的阻尼力约在400～650kN之间变化（见图7）。

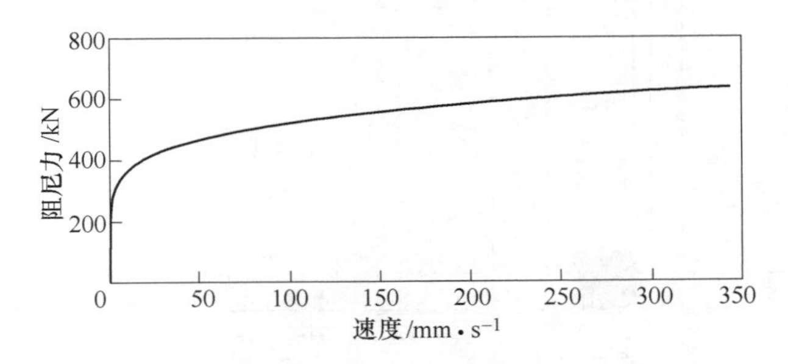

图7　设计阻尼力与速度、位移的关系曲线示意图

3.3　黏滞流体阻尼器的布置

在裙房及其悬空层各个楼面与主楼外柱对应位置布置了40个黏滞流体阻尼器来连接主楼与裙房，见图8～图13。

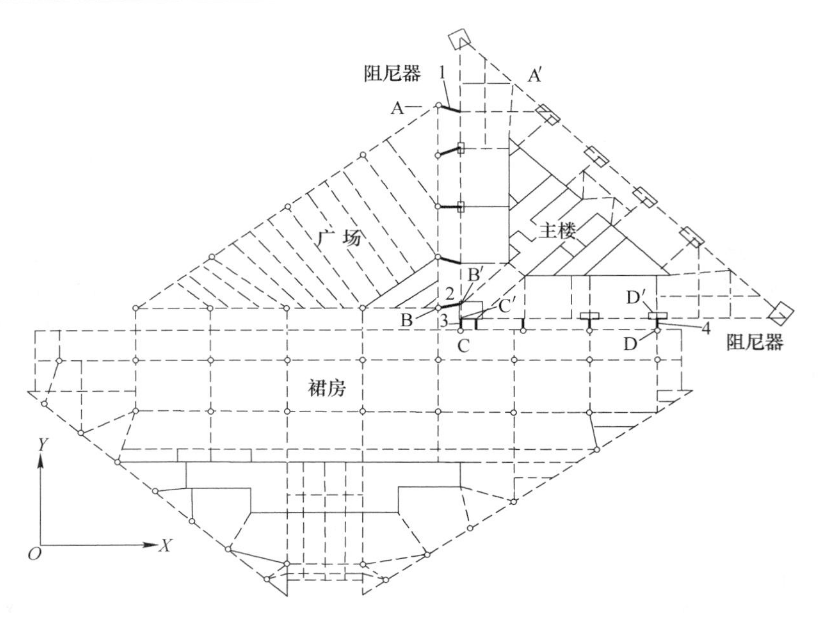

图 8　主楼、裙房、广场间阻尼器布置

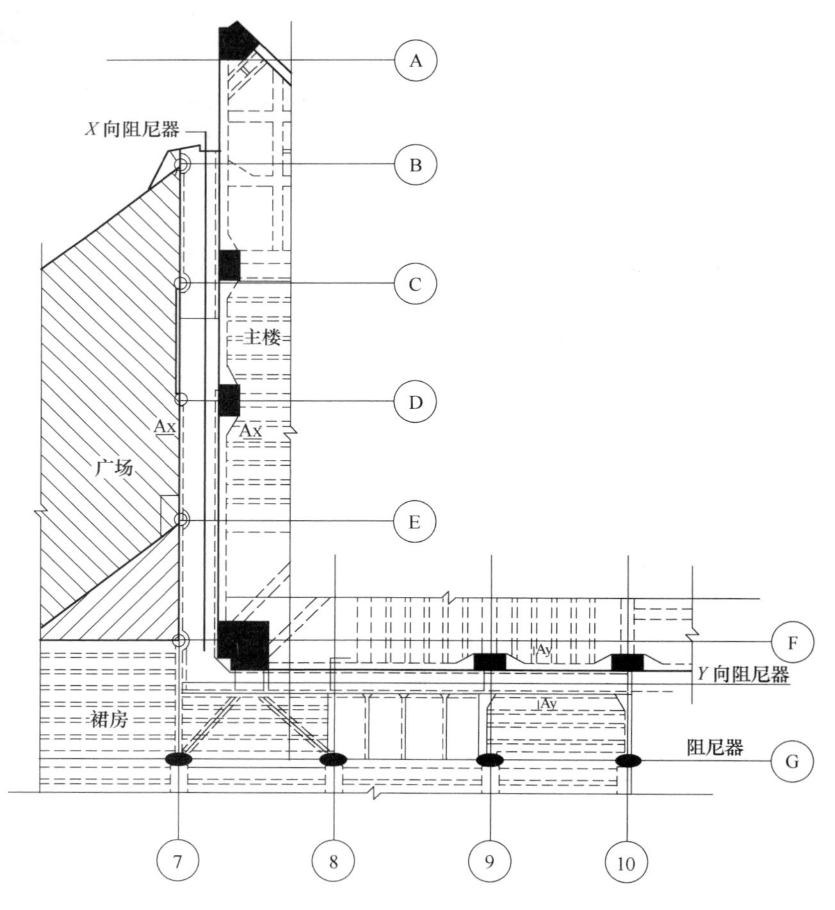

图 9　七～九层装有黏滞阻尼器的结构

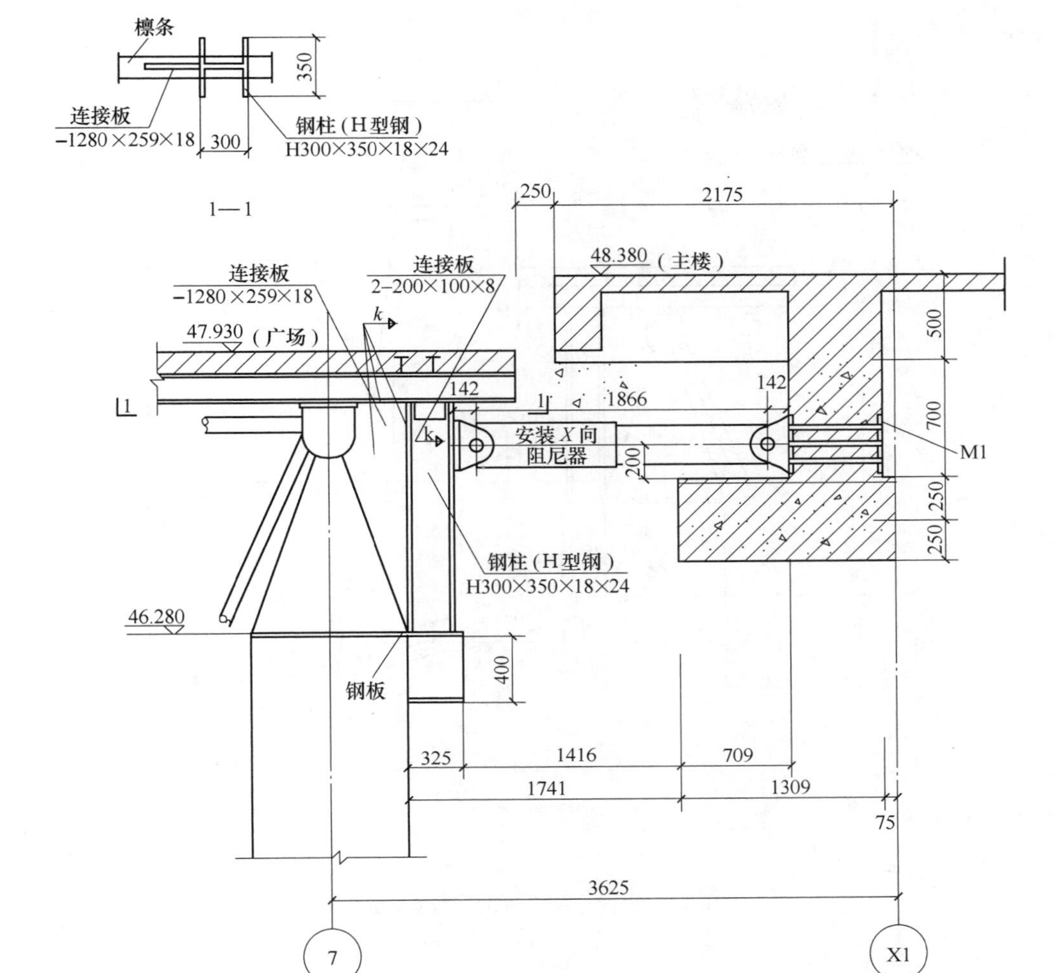

图 10 主楼广场连接剖面（AX 型）

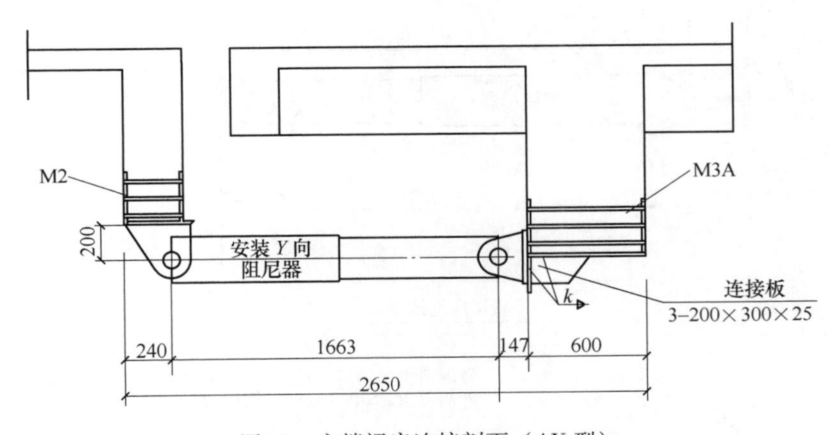

图 11 主楼裙房连接剖面（AY 型）

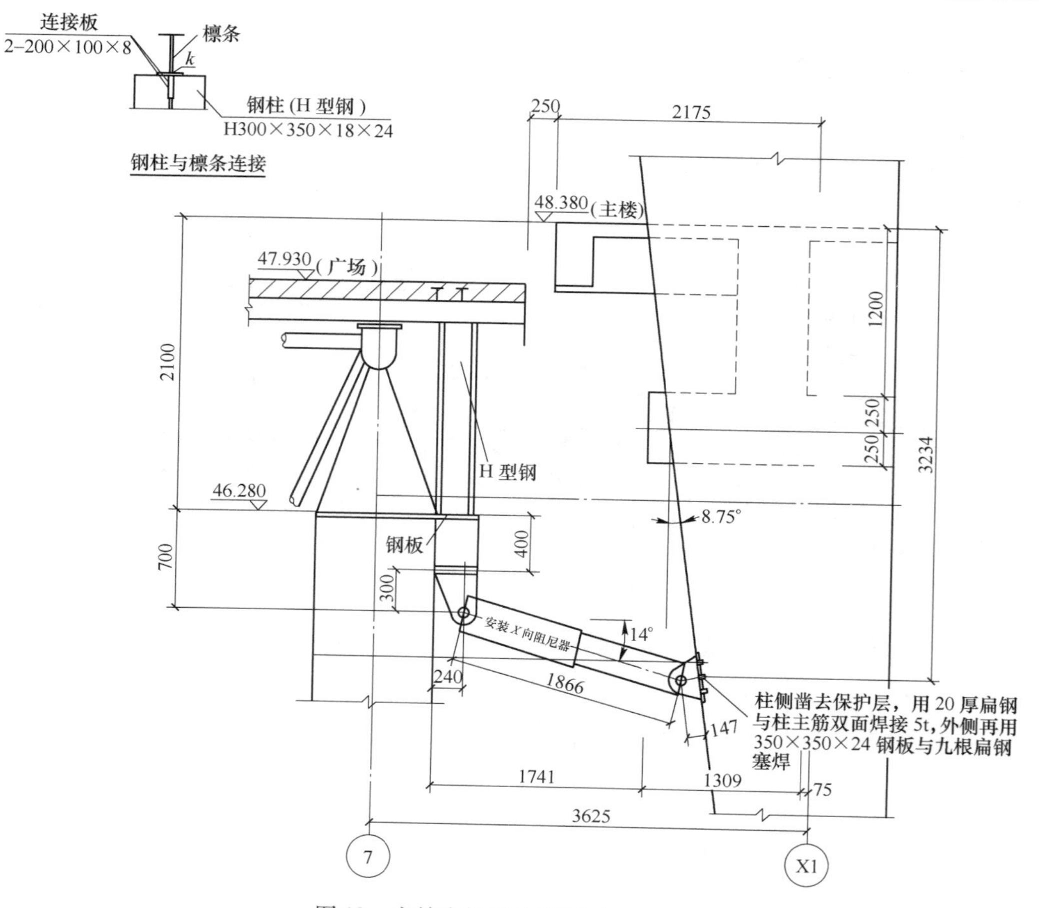

图 12　主楼广场连接剖面（BX 型）

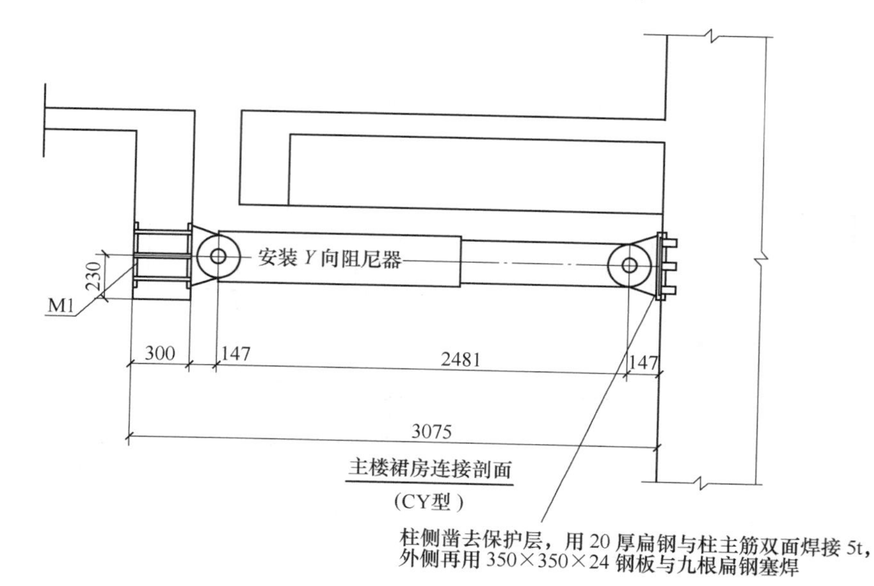

图 13　主楼裙房连接剖面（CY 型）

3.4　减震分析计算模型的建立

考虑到世茂国际广场体型复杂，我们主要对包括主楼、裙房的整体模型进行分析。结构模型在保证基本力学性能的条件下作了适当简化，采用可考虑扭转效应的拐把子串模型（见图14）。阻尼器采用了精确模型参数描述其设置位置、方向和数量。

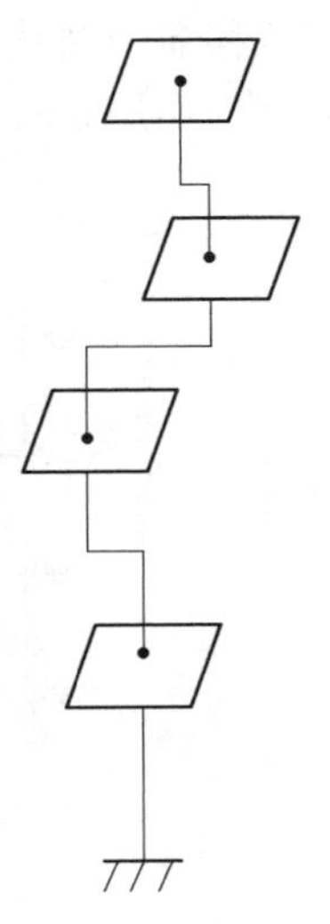

图14　拐把子串模型示意图

3.5　结构静力弹塑性分析（Pushover 分析）

为了保证大震下阻尼器的功能效应，拟估计加了阻尼器的受控结构在大震下可能出现的结构弹塑性变形的力学行为，以及阻尼器可能要经受的大行程位移，我们采用 Pushover 方法，分层推覆得出主楼、裙房上部无相互连接情况下的楼层水平抗剪屈服强度。计算全切线曲线的荷载有垂直荷载和水平荷载。垂直荷载是结构本身的静力荷载，一次加于结构。水平荷载是人为给定的试算荷载，试算荷载分级加在层刚性楼板的主节点上。试算荷载的方向可以任意选择，该方向就是将来时程分析的地震波输入方向。每一级试算荷载求出一个位移，它们组成了全曲线。

在层骨架曲线计算过程中，不但考虑了结构的平动刚度，还考虑了结构的扭转刚度和弯曲刚度。因此这里的层模型不仅能反映结构层间的剪切变形特性，而且也能反映出层间的弯曲变形特性。

4　结构计算与分析

4.1　抗震计算与分析结果

小震作用下，若主楼与裙房不存在连接的话，地面第七层的广场部分的 A 点在 X 向地震作用下层间位移达 96.8mm，位移角为 1/354，大大超出了规范要求。在通过安装阻尼器连接主楼、裙房后，裙房及其悬空层位移角均小于 1/1000，可满足规范要求。主楼位移角从 1/1300 ~ 1/1400 略微增加到 1/1200 ~ 1/1065，亦满足规范要求。裙房的扭转效应得到了有效控制。大震作用下，裙房和主楼的最大层间位移角为 1/187，满足规范 >1/100 的要求，实现了大震不倒的设计意图。图15 是大震下第七层节点 A 位移控制效果示意图。阻尼器在大震作用下的相对位移最大达到 200mm 左右，其最大相对速度接近于 500mm/s。

对比短刚性连杆与阻尼器连接方案可知：小震作用下采用短刚性连杆，杆中轴力最大可达到 3332kN，而阻尼器的最大阻尼力为 436kN；大震作用下，各阻尼器的内力在 500 ~ 680kN 之间。显然安装阻尼器后大幅降低了连接处的轴力，故采用黏滞阻尼器连接可以达到预期的限制广场位移、减小连接地震作用、保持大震下主楼与裙房及其悬空层连接不破坏的效果。

从表2 可以看出，增设了阻尼器后，小震作用下主楼所受到的基底剪力（刚性主轴方向）增加了，而对应于地震输入方向的广场、裙房的基底剪力相应地减少了。大震作用下，有无阻尼器对于结构基底剪力影响不大。这是因为大震情况下，地震作用虽然大大增大了，但是阻尼器的阻尼力增加不多，即这时阻尼力与结构楼层剪力相比很小。但是由于阻尼器的耗能作用，结构的位移响应大大减小了。图 16 为大震下第十层阻尼器 2 阻尼力与位移滞回曲线。从滞回曲线可以看出，阻尼器在大震下的滞回曲线饱满，阻尼器发挥了应有的作用，耗能性能良好。

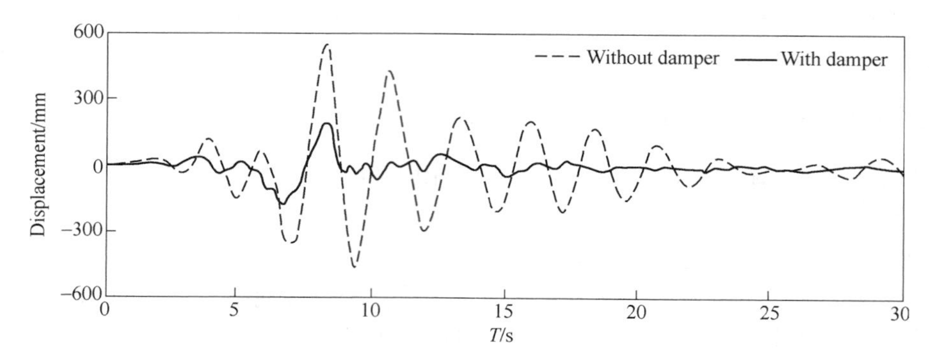

图 15　大震下第七层节点 A 位移（X 向）控制效果

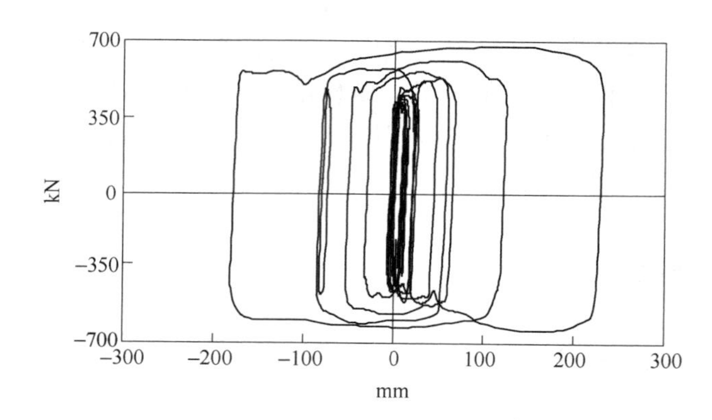

图 16　大震下第十层阻尼器 2 阻尼力与位移滞回曲线

表 2　主楼、裙房、广场基底剪力计算值比较

输入方向	工况	小震下基底剪力计算值/kN					
		主楼 X 向	主楼 Y 向	主楼 45°（主轴）	主楼 135°（主轴）	裙房、广场 X 向	裙房、广场 Y 向
X 向	1	26770	11050	19480	19880	18800	3300
	2	32160	12420	25080	22340	17800	6000
Y 向	1	12270	28460	19950	20670	3800	28200
	2	13540	29860	21560	22960	5700	16300
45°向	1	21330	19800	27800	3690	15400	21300
	2	25770	21420	33260	5140	10800	8500
135°向	1	21680	20820	3520	29430	13300	19300
	2	22410	22850	4830	31620	15600	14000

续表 2

输入方向	工况	小震下基底剪力计算值/kN					
		主楼 X 向	主楼 Y 向	主楼 45°（主轴）	主楼 135°（主轴）	裙房、广场 X 向	裙房、广场 Y 向
X 方向	1	152580	62580	111080	113260	106000	18400
	2	149580	59570	112570	103670	105800	24260
Y 方向	1	63610	149020	104460	108110	18320	144110
	2	59000	143440	101380	103730	21270	95710
45° 方向	1	111340	103470	145370	19310	79520	106000
	2	116450	101940	152370	21990	66920	62080
135° 方向	1	112640	108860	18570	153170	73140	100300
	2	102460	105800	23200	144150	83450	75020

注：工况 1 为主楼、裙房和广场地面以上全部脱开无连接的地震响应；工况 2 为地面上部七层至十层主楼、裙房和广场平面相接处安装阻尼器。带下划线的数字为“刚性主轴方向，主楼、裙房和广场的基底剪力”。

4.2 抗风计算与分析结果

本工程主楼高 246.56m，风是结构的控制荷载。为此，还有必要分析在风荷载作用下采用黏滞阻尼器连接方案后结构的性能，了解黏滞阻尼器在风荷载下的受力情况。通过风时程分析计算，我们可以得到以下几个结论：

（1）在主楼与裙房间增设黏滞阻尼器后，裙房在风荷载作用下的位移增大了，而主楼的位移普遍有所减小。这表明阻尼器在传递着裙房与主楼上所受的风压力。由于主楼很高，所受风压力较大，通过阻尼器的传力后，有一部分风压力传到裙房上，由裙房承担了，所以裙房的位移有所增大，而主楼由于分流了部分风压后本身的位移有所减小，这种情况对于高层建筑在风荷载作用下的响应是有利的。

（2）阻尼器在风荷载作用下的阻尼力比较小，均没有超过 350kN，说明阻尼器在风荷载作用下尚未充分发挥耗能作用，而阻尼器行程普遍较小，说明黏滞阻尼器在经常风荷载作用下是安全的。

5 结论

通过以上分析，我们可以得出如下结论：采用黏滞阻尼器在地面上第七至第十层楼面处把裙房及其悬空层与主楼相连，能有效消除裙房存在的质心与刚心的严重偏离，减小结构的扭转振动效应，使得在小震作用下结构的层间水平位移角满足国家规范的要求，大震作用下满足第二阶段抗倒塌要求。阻尼器在各种地震工况下都能保持各单体间的有效连接。增加阻尼器连接后，主楼的风位移响应减小，裙房的风位移响应增大，但仍远小于规范限值，在经常风荷载作用下，阻尼器能保持正常工作。

附录　上海世茂国际广场建设参与单位及人员信息

项目名称	上海世茂国际广场		
设计单位	华东建筑设计研究总院		
用　途	酒　店	建设地点	上海市
施工单位	上海建工集团		
工程设计起止时间	2001. 7 ~ 2004. 4	竣工验收时间	2006. 9. 25

参与本项目的主要人员：

序号	姓　名	职　称	工 作 单 位
1	汪大绥	国家勘察设计大师	华东建筑设计研究总院
2	张　坚	教授级高工	华东建筑设计研究总院
3	包联进	教授级高工	华东建筑设计研究总院
4	岑　伟	高　工	华东建筑设计研究总院
5	王经雨	高　工	华东建筑设计研究总院

案例19 天宁国际项目

1 工程概况

该项目为6层商业建筑，一层为停车库，平面形状为长方形，东西长53.70m、南北长55.50m，层高为3.6m；二层及其以上为商业用房，平面为“C”字形平面布置，中庭部分为开敞式的下沉商业广场，二层层高4.2m，3~6层层高均为3.9m。建筑总高为23.40m，总建筑面积为12692.8m^2。由于2层及其以上建筑平面为不规则的平面，为满足《建筑抗震设计规范》要求，从2层及其以上通过设抗震缝将建筑分成3个各自相对规则的结构抗震单元，底层连为一体，并在底层设置橡胶隔震垫，减小上部结构地震作用，满足建筑功能要求；结构形式采用现浇钢筋混凝土框架结构，底层为大底盘，上部为3个多塔结构（见图1）。

图1 天宁国际立面效果图

2 工程设计

2.1 场地概况

2.1.1 工程地质条件

拟建场地在地貌上处于东川区新村泥石流堆积的缓坡地段，经近期人工整平，场地地势较为平坦，2m深度范围内无产生液化的粉土及砂土层，属密实均匀的中硬土，不考虑砂土液化的问题。拟建场地整体稳定，适宜建设，场地为对建筑抗震有利地段。

据地勘报告揭示，地基土按地层形成的成因类型、工程性质划分为以下几层：

（1）杂填土①层，结构松散 ~ 稍密。

（2）角砾②层，以密实状态为主，地基承载力特征值为 500kPa，是该场地较佳的天然基础持力层。

（3）砾砂②-1 层，以密实状态为主，地基承载力特征值为 350kPa。

（4）含砾粉质黏土②-2 层，以坚硬状态为主，具中压缩性，地基承载力特征值为 210kPa。

2.1.2　水文地质条件

场地内钻孔揭露深度 30m 深度范围内未见地下水，可不考虑地下水对拟建建筑的影响。

2.2　设计主要依据和资料

（1）该工程结构隔震分析、设计采用的主要计算软件如下：

1）采用中国建研院编制的 2008 版 PKPM 系列《多层及高层建筑结构空间有限元分析和设计软件 SATWE》进行上部结构计算分析及设计。

2）采用美国 CSI 公司开发的商业有限元软件 ETABS 进行常规结构分析和隔震结构的非线性时程分析。

（2）设计过程中，采用的现行国家标准、规范、规程及图集主要包括：

1）《中华人民共和国建设部工程建设标准强制性条文》；

2）《建筑结构可靠度设计统一标准》（GB 50068—2001）；

3）《建筑工程抗震设防分类标准》（GB 50223—2008）；

4）《建筑结构荷载规范》（GB 50009—2001）（2006 年版）；

5）《建筑抗震设计规范》（GB 50011—2001）（2008 年版）；

6）《建筑地基基础设计规范》（GB 50007—2002）；

7）《建筑地基处理技术规范》（JGJ 79—2002）；

8）《混凝土结构设计规范》（GB 50010—2002）；

9）昆明名基岩土工程勘测有限公司 2008 年 1 月 8 日所做的《天宁国际商住楼施工图设计阶段岩土工程勘察报告》。

2.3　结构设计主要参数

结构设计主要参数见表 1。

表 1　结构设计主要参数

序号	基本设计指标	参　　数
1	建筑结构安全等级	二级
2	结构设计使用年限	50 年
3	建筑物抗震设防类别	丙类

续表1

序号	基本设计指标	参　数
4	建筑物抗震设防烈度	9度
5	基本地震加速度值	0.40g
6	设计地震分组	第一组
7	水平向减震系数	0.38
8	建筑场地类别	Ⅱ类
9	建筑物耐火等级	二级
10	特征周期/s	0.35
11	基本风压/kPa	$W_0=0.30$
12	地基基础设计等级	丙级
13	基础形式	桩基础
14	上部结构形式	混凝土框架
15	地下室结构形式	混凝土框架
16	隔震层顶板体系	梁板体系
17	隔震设计基本周期/s	2.52
18	上部结构基本周期/s	0.802
19	隔震支座设计最大位移/cm	244
20	高宽比	2.16

3 隔震设计

3.1 隔震设计的目标

通过隔震设计使2层及其以上结构自振周期延长、阻尼增大，输入到上部结构的地震能量减少，使结构构件断面以强度控制为主，大大减小梁柱断面，降低含钢量，达到使用方便、经济合理的目的，且使结构的抗震能力得到提高。

3.2 方案的选择

结合场地地形布置，底部两层在A、K、9外侧三面脱开设置重力式毛石挡土墙或其他支挡结构，1轴外侧临空，因此结构按地上6层的建筑进行设计，结构形式选用钢筋混凝土框架体系。

3.2.1 普通现浇钢筋混凝土框架结构

通过设置抗震缝把结构从下至上分为3个相对规则的抗震单元，经采用空间计算软件计算分析，框架柱断面最大取至达1000×1000，框架梁最大取至350×900，结构仍不能满足《建筑抗震设计规范》要求，且构件超限较多，计算分析表明采用普通现浇钢筋混凝土框架结构不合理，经济性较差。

3.2.2 采用橡胶隔震垫进行设计

底层设置橡胶隔震垫，2 层及其以上通过设置抗震缝措施把结构分为 3 个相对规则的抗震单元，经计算分析，采用橡胶隔震垫后能满足上部建筑功能的要求。

将隔震垫设置于车库顶板（3.750m）以下 1.0m 处，既不影响建筑使用，又可不必设置专门的检修层，方便今后隔震垫的更换，隔震垫下框架柱按罕遇地震作用下进行设计。

根据建筑功能布置及结构计算分析比较，该工程结构形式采用钢筋混凝土框架结构，并在底层采用橡胶隔震垫进行抗震设计。

3.3 隔震元件的布置

建筑隔震使用 LRB600（有铅芯 600mm 直径）、LRB500（有铅芯 500mm 直径）、LNR600（无铅芯 600mm 直径）、LNR500（无铅芯 500mm 直径）的数量，以及支座参数性能见表 2，隔震支座布置及支座编号见图 2。

表 2 隔震垫参数表

产品型号		LNR500	LNR600	LRB500	LRB600	汇总
数量/个		50	7	16	34	107
小震刚度/kN · mm^{-1}	$\gamma=50\%$	1.2	1.5	1.86	2.1	175.66
小震等效阻尼比	$\gamma=50\%$	0.07	0.07	0.23	0.24	0.196
大震刚度/kN · mm^{-1}	$\gamma=100\%$		1.35		1.8	132.56
	$\gamma=250\%$	0.85		1.26		
大震等效阻尼比	$\gamma=100\%$		0.054		0.192	0.145
	$\gamma=250\%$	0.047		0.17		
竖向刚度/kN · mm^{-1}		1750	2000	1950	2200	
竖向设计承载力/kN		2900	4240	2900	4240	
容许位移		275	330	275	330	

该工程隔震层设计时考虑竖向地震作用，按照局部和整体满足竖向承载力的原则布置隔震支座。

隔震支座层总竖向设计承载力为 $2900\times66+4240\times41=365240$kN。

隔震层以上总重力代表值为 189799.63kN。

考虑竖向地震竖向压力为 266079.8kN，其中轴向力/竖向设计承载力 $=266079.8/365240=0.729$。

隔震支座平均压应力设计值为 10.93MPa，满足《建筑抗震设计规范》（以下简称《抗规》）及《叠层橡胶支座隔震技术规程》（以下简称《隔震规程》）相关要求。

3.4 地震波选取

该工程选取了 3 条天然波和 1 条人工模拟地震波：

自然波 1：ELCENTRO 地震波；

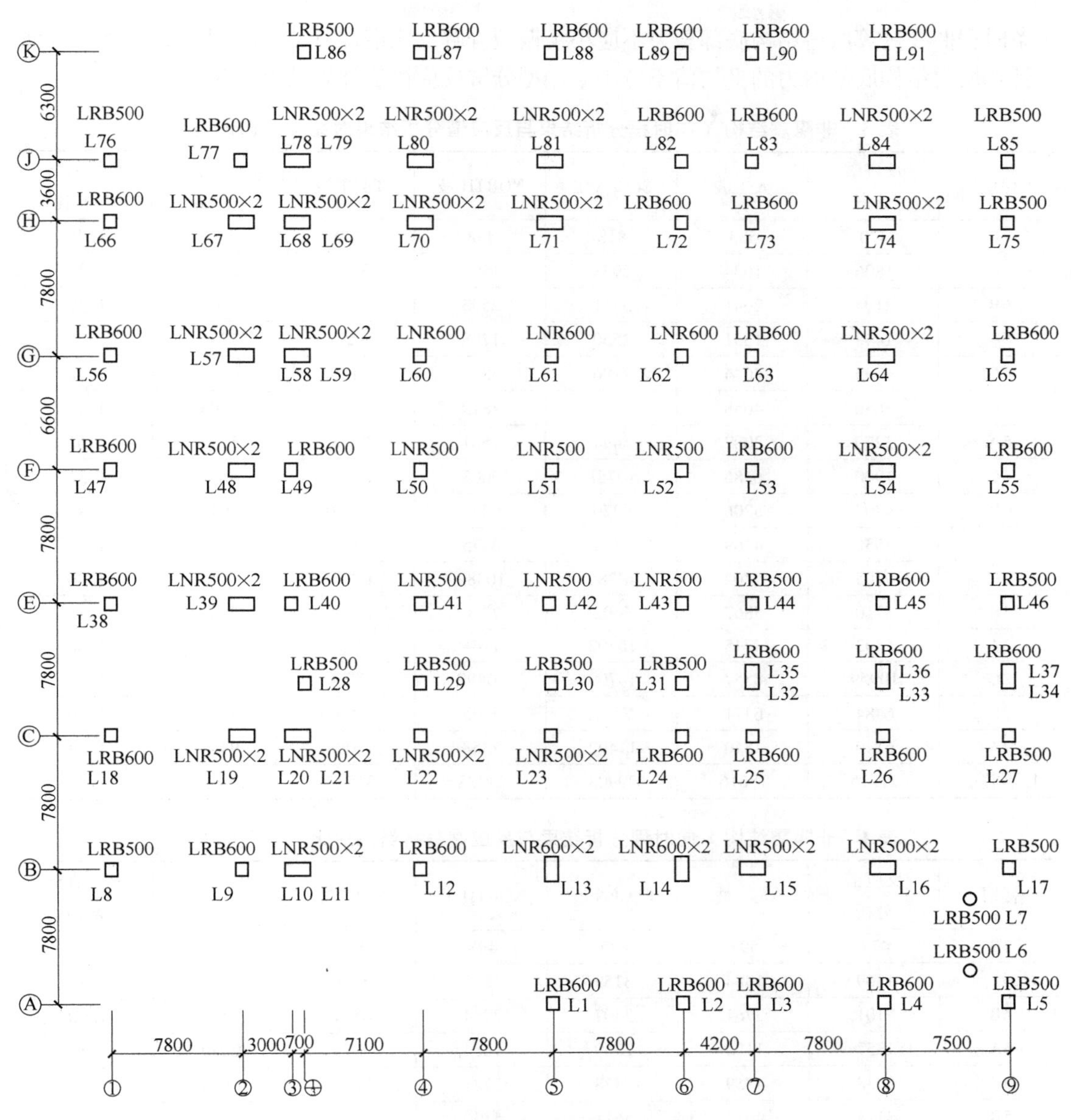

图 2 隔震支座布置图

自然波 2：LAKEWOOD-NORTHRIDGE 地震波；

自然波 3：TAFT-CALIFORNIA 地震波；

人工模拟地震波按二类场地第一组（$T_g=0.35$s）合成；

各自然波均为Ⅱ类场的地震波波库，根据《抗规》规定，通过归一化，将各条地震波最大加速度多遇地震设为 140cm/s^2，罕遇地震设为 620cm/s^2。非隔震结构时程分析结果与反应谱分析结果对比详见表 3 和表 4，计算结果表明，结构计算所选地震波能满足《建筑抗震设计规范》（GB 50011—2001）第 5.1.2 条：采用时程分析法时，应按建筑场地类别和设计地震分组选用不少于两组的实际强震记录和一组人工模拟的加速度时程，其平均地震影响系数曲线应与振型分解反应谱法采取的地震影响系数曲线在统计意义上相符。弹性时程分析时，每条时程曲线计算所得结构底部剪力不应小于振型分解反应谱计算结果的 65%，多条时程曲线计算所得结构底部剪力的平均值不应小于振型分解反应谱法计算结果的 80%。

表 3　非隔震结构 *X* 向时程分析结果与反应谱分析结果对比（多遇地震）

楼层	反应谱分析	人工波	ELCEN 波	NORTH 波	TAFT 波	4 条波平均	平均值与 SATWE 比值
7B	470	533	818	498	779	657	1.40
6C	1806	1634	2933	1590	3669	2456	1.36
6B	2104	2641	3411	2593	3935	3145	1.49
6A	1448	1331	2550	1788	3252	2230	1.54
5C	4795	4044	7196	4875	9136	6313	1.32
5B	3656	4058	5413	4879	7663	5503	1.51
5A	3270	3087	5494	4551	7958	5272	1.61
4C	7900	6185	10751	9003	15396	10334	1.31
4B	4807	5206	6270	6324	10360	7040	1.46
4A	4536	4169	8374	6175	10910	7407	1.63
3C	9705	7402	13284	10382	17840	12227	1.26
3B	5710	5867	6602	7270	11785	7881	1.38
3A	5503	4745	10402	7144	12876	8792	1.60
2C	10959	8557	14709	10499	17960	12931	1.18
2B	6484	6471	7635	7695	11946	8437	1.30
2A	6140	4840	11492	7358	14088	9444	1.54
1-隔震层	21716	18616	29908	21338	35837	26425	1.22

表 4　非隔震结构 *Y* 向时程分析结果与反应谱分析结果对比（多遇地震）

楼层	反应谱分析	人工波	ELCEN 波	NORTH 波	TAFT 波	4 条波平均	平均值与 SATWE 比值
7B	477	593	877	498	832	700	1.47
6C	1869	1884	3159	1865	3306	2553	1.37
6B	2101	2761	3407	2754	4557	3370	1.60
6A	1357	1154	2369	1684	3029	2059	1.52
5C	5038	4759	7328	5721	8867	6669	1.32
5B	3714	4031	5611	5190	8956	5947	1.60
5A	3082	2879	5365	4385	7528	5039	1.64
4C	8344	7635	11162	10140	14801	10935	1.31
4B	4900	5325	7111	6700	11881	7754	1.58
4A	4358	3939	7831	6239	10699	7177	1.65
3C	10241	8520	13457	12147	18550	13169	1.29
3B	5845	5785	7311	7624	13679	8600	1.47
3A	5343	4628	9836	7271	12533	8567	1.60
2C	11532	9969	15423	12223	21169	14696	1.27
2B	6633	6750	8183	8052	14462	9362	1.41
2A	5999	4956	10977	7409	13539	9220	1.54
1-隔震层	23548	20992	31061	25668	35132	28213	1.20

3.5 隔震分析计算模型的建立

结构隔震层设置于地下室，利用地下室顶板作为隔震层顶板，考虑了结构的整体性，充分利用了结构空间及地下室的结构刚度。隔震设计采用 ETABS Nonlinear C 软件进行分析，结构模型见图 3，各塔塔号示意见图 4。

图 3 结构模型

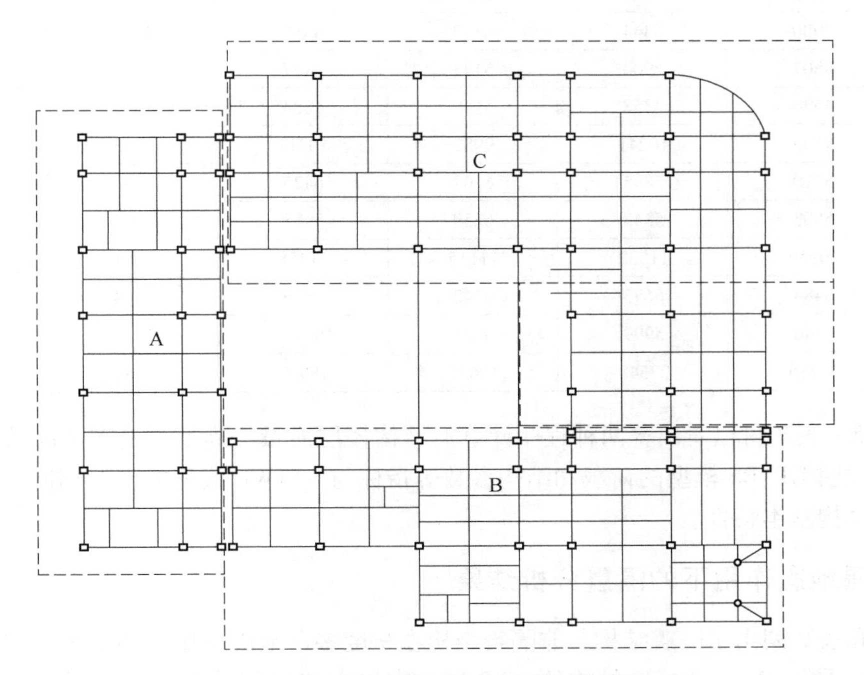

图 4 各塔塔号示意图（本图为 2 层平面）

为了验证 ETABS 模型的准确性及结构的抗震性能，模型分析了非隔震结构在规范设计反应谱下的动力响应，与 SATWE 程序计算结果进行比较，计算结果见表 5 ~ 表 7。

表 5 ETABS 与 SATWE 模型楼层质量对比 (t)

模型	STORY7	STORY6	STORY5	STORY4	STORY3	STORY2	STORY1	Totals
ETABS	95. 1	1426. 1	2838. 5	3322. 4	2967. 3	3256. 6	5129. 3	19099. 8
SATWE	100	1501. 6	2869. 7	3316. 7	2950. 1	3271. 8	4970	18979. 9

表 6 ETABS 与 SATWE 模型周期对比 (s)

模型	振型 1	振型 2	振型 3	振型 4	振型 5
ETABS	0. 796	0. 770	0. 735	0. 727	0. 698
SATWE	0. 802	0. 769	0. 738	0. 723	0. 697

表 7 ETABS 与 SATWE 模型层间剪力对比

楼层	SATWE	谱分析	ETABS	谱分析	与 SATWE 对比	
	X 向	Y 向	X 向	Y 向	X 向	Y 向
7B	470	477	445	451	0. 95	0. 95
6C	1806	1869	1787	1817	0. 99	0. 97
6B	2104	2101	2087	2152	0. 99	1. 02
6A	1448	1357	1535	1404	1. 06	1. 03
5C	4795	5038	4813	4961	1. 00	0. 98
5B	3656	3714	3831	4030	1. 05	1. 09
5A	3270	3082	3667	3406	1. 12	1. 11
4C	7900	8344	8112	8380	1. 03	1. 00
4B	4807	4900	5143	5457	1. 07	1. 11
4A	4536	4358	5159	4884	1. 14	1. 12
3C	9705	10241	9982	10311	1. 03	1. 01
3B	5710	5845	6102	6475	1. 07	1. 11
3A	5503	5343	6250	5988	1. 14	1. 12
2C	10959	11532	11115	11458	1. 01	0. 99
2B	6484	6633	6742	7146	1. 04	1. 08
2A	6140	5999	6857	6601	1. 12	1. 10
1ABC	21716	23548	17637	18969	0. 81	0. 81

从表 5 ~ 表 7 可以看出，两种程序计算的结构楼层质量、周期、地震层间剪力结果相差较小，说明 ETABS 模型的荷载和结构参数等指标与 SATWE 模型的设置相同，能较为真实地反映结构基本特性。

3. 6 多遇地震作用下的隔震分析结果

表 8 和表 9 列出了隔震结构与非隔震结构在 9 度多遇地震作用下的最大层间剪力。表格中的“楼层”，2、3 为实际结构的 1、2 层，表格中“层间剪力比”为时程分析所得楼层剪力最大值与 SATWE 结果之比。从表中可以看出，隔震层以上隔震结构与非隔震结构层间剪力最大比值 0. 24，根据《抗规》第 12. 2. 5 条的规定，实际结构 1 层以上结构可近似确定水平向减震系数为 0. 38。

表8 *X*向楼层层间剪力及剪力比（多遇地震）

楼 层	反应谱分析	人工波	ELCEN 波	NORTH 波	TAFT 波	层间剪力比
7B	470	47	56	40	46	0. 10
6C	1806	229	317	200	219	0. 13
6B	2104	304	344	244	272	0. 14
6A	1448	188	232	165	186	0. 13
5C	4795	746	1085	684	743	0. 17
5B	3656	654	753	516	568	0. 17
5A	3270	493	657	449	525	0. 16
4C	7900	1414	2118	1277	1457	0. 20
4B	4807	942	1100	751	859	0. 19
4A	4536	788	1033	683	805	0. 18
3C	9705	1933	2838	1630	1984	0. 22
3B	5710	1173	1439	933	1155	0. 21
3A	5503	1062	1373	860	1028	0. 20
2C	10959	2487	3568	1860	2480	0. 24
2B	6484	1391	1899	1104	1496	0. 23
2A	6140	1325	1762	977	1268	0. 22
1-隔震层	21716	7000	9827	4691	6732	0. 33

表9 *Y*向楼层层间剪力及剪力比（多遇地震）

楼 层	*Y*向	*Y*向	*Y*向	*Y*向	*Y*向	*Y*向
7B	477	50	58	40	43	0. 10
6C	1869	226	307	198	234	0. 13
6B	2101	282	350	240	259	0. 13
6A	1357	187	234	166	167	0. 14
5C	5038	763	1056	673	786	0. 16
5B	3714	596	767	511	557	0. 16
5A	3082	517	670	471	465	0. 17
4C	8344	1441	2040	1258	1506	0. 19
4B	4900	866	1139	734	847	0. 18
4A	4358	824	1073	729	714	0. 19
3C	10241	1867	2740	1597	2056	0. 20
3B	5845	1104	1496	906	1140	0. 20
3A	5343	1113	1450	933	950	0. 21
2C	11532	2353	3474	1825	2580	0. 22
2B	6633	1430	1969	1057	1476	0. 22
2A	5999	1396	1797	1077	1204	0. 23
1-隔震层	23548	6998	9854	4697	6741	0. 30

3.7 罕遇地震作用下的隔震分析结果

3.7.1 隔震支座最大位移、剪力和轴向力

表 10 和表 11 列出了隔震结构在 9 度罕遇地震作用下的隔震层各隔震支座的最大位移、剪力及轴向力。其中隔震层最大位移为 X 向，Y 向均为 244mm，该工程最小隔震支座直径为 500mm，其水平位移限值为 275mm，符合《抗规》要求。各隔震支座在 4 条地震波作用下除 L5、L28 支座外，均未出现可能的最大拉应力。最大拉力出现在右下角 L5 隔震支座，其拉力值为 207kN。根据《叠层橡胶支座隔震技术规程》（CECS 126：2001）第 4.3.7 条要求，隔震支座罕遇地震下拉应力不应超过 1.2MPa，L5 为 LRB500 支座，其容许最大拉力为 235.6kN，满足《隔震规程》第 4.3.7 条要求，并可在此支座位置适当增加配重，以减少拉力。

表 10 隔震支座位移、轴向力（罕遇地震）

支座标号	支座 X 向位移/m				支座 Y 向位移/m				支座位移均值/m		支座拉力均值/kN
	人工波	ELCEN 波	NORTH 波	TAFT 波	人工波	ELCEN 波	NORTH 波	TAFT 波	X 向	Y 向	
L41	0.315	0.326	0.142	0.175	0.298	0.319	0.141	0.175	0.239	0.233	1025
L42	0.308	0.324	0.142	0.175	0.298	0.318	0.141	0.174	0.237	0.233	1037
L43	0.301	0.321	0.142	0.175	0.298	0.319	0.141	0.175	0.235	0.233	771
L44	0.295	0.317	0.140	0.173	0.296	0.316	0.140	0.173	0.231	0.231	1371
L45	0.289	0.316	0.141	0.174	0.296	0.316	0.140	0.173	0.230	0.231	2616
L46	0.284	0.315	0.141	0.175	0.296	0.316	0.140	0.173	0.229	0.232	1109
L47	0.329	0.330	0.141	0.174	0.305	0.318	0.140	0.173	0.244	0.234	2062
L48	0.322	0.327	0.141	0.174	0.307	0.321	0.141	0.174	0.241	0.236	2288
L49	0.319	0.326	0.141	0.173	0.305	0.319	0.140	0.173	0.240	0.234	513
L5	0.281	0.313	0.140	0.174	0.270	0.308	0.140	0.174	0.227	0.223	-207
L50	0.314	0.326	0.142	0.175	0.307	0.321	0.141	0.174	0.239	0.236	1183
L51	0.308	0.323	0.142	0.175	0.307	0.321	0.141	0.174	0.237	0.235	1193
L52	0.301	0.321	0.142	0.175	0.307	0.321	0.141	0.174	0.235	0.236	988
L53	0.293	0.315	0.139	0.172	0.302	0.316	0.139	0.171	0.230	0.232	2137
L54	0.288	0.316	0.141	0.174	0.307	0.321	0.141	0.174	0.230	0.235	3698
L55	0.282	0.314	0.141	0.174	0.304	0.317	0.139	0.172	0.228	0.233	1619
L56	0.329	0.330	0.141	0.174	0.312	0.321	0.140	0.173	0.244	0.236	2195
L57	0.322	0.327	0.141	0.174	0.315	0.324	0.141	0.174	0.241	0.238	2438
L58	0.321	0.329	0.142	0.175	0.316	0.326	0.142	0.175	0.242	0.240	987
L59	0.320	0.327	0.142	0.174	0.316	0.325	0.142	0.175	0.241	0.240	940
L6	0.284	0.314	0.140	0.174	0.272	0.309	0.140	0.174	0.228	0.224	657
L60	0.311	0.322	0.140	0.173	0.311	0.320	0.139	0.172	0.237	0.236	2151

续表 10

支座标号	支座 X 向位移/m				支座 Y 向位移/m				支座位移均值/m		支座拉力均值/kN
	人工波	ELCEN 波	NORTH 波	TAFT 波	人工波	ELCEN 波	NORTH 波	TAFT 波	X 向	Y 向	
L61	0.304	0.320	0.140	0.173	0.311	0.320	0.139	0.172	0.234	0.236	2337
L62	0.298	0.318	0.140	0.173	0.311	0.320	0.139	0.172	0.232	0.236	1899
L63	0.293	0.315	0.139	0.172	0.309	0.318	0.139	0.171	0.230	0.234	2587
L64	0.288	0.316	0.141	0.174	0.314	0.323	0.141	0.174	0.230	0.238	3806
L65	0.282	0.314	0.141	0.174	0.311	0.320	0.139	0.172	0.228	0.235	1701
L66	0.329	0.330	0.141	0.175	0.321	0.324	0.140	0.172	0.244	0.239	1605
L67	0.322	0.327	0.141	0.174	0.324	0.327	0.141	0.174	0.241	0.241	1864
L68	0.322	0.329	0.142	0.175	0.325	0.329	0.142	0.175	0.242	0.243	579
L69	0.321	0.329	0.142	0.175	0.325	0.329	0.142	0.175	0.242	0.243	902
L7	0.284	0.314	0.140	0.174	0.276	0.310	0.140	0.174	0.228	0.225	731
L70	0.312	0.323	0.141	0.173	0.323	0.326	0.141	0.173	0.237	0.241	2608
L71	0.305	0.321	0.141	0.173	0.323	0.326	0.141	0.173	0.235	0.241	2740
L72	0.296	0.316	0.139	0.172	0.318	0.321	0.139	0.171	0.231	0.237	1859
L73	0.292	0.315	0.139	0.172	0.318	0.321	0.139	0.171	0.230	0.237	1913
L74	0.289	0.316	0.141	0.174	0.323	0.327	0.141	0.174	0.230	0.241	2530
L75	0.284	0.315	0.141	0.175	0.321	0.324	0.140	0.172	0.229	0.239	1097
L76	0.330	0.331	0.142	0.175	0.326	0.327	0.140	0.173	0.244	0.242	256
L77	0.322	0.327	0.141	0.174	0.326	0.327	0.140	0.173	0.241	0.242	248
L78	0.321	0.328	0.142	0.175	0.329	0.330	0.142	0.175	0.242	0.244	141
L79	0.321	0.329	0.142	0.175	0.329	0.330	0.142	0.175	0.242	0.244	797
L8	0.329	0.330	0.141	0.175	0.280	0.312	0.141	0.175	0.244	0.227	1033
L80	0.313	0.324	0.141	0.174	0.327	0.328	0.141	0.174	0.238	0.242	2566
L81	0.306	0.322	0.141	0.174	0.327	0.328	0.141	0.174	0.236	0.242	2702
L82	0.299	0.319	0.141	0.174	0.325	0.325	0.140	0.173	0.233	0.241	1834
L83	0.295	0.318	0.141	0.174	0.325	0.325	0.140	0.173	0.232	0.241	2071
L84	0.289	0.316	0.141	0.174	0.327	0.328	0.141	0.174	0.230	0.243	2806
L85	0.283	0.315	0.141	0.175	0.325	0.326	0.140	0.173	0.228	0.241	1013
L86	0.319	0.326	0.141	0.174	0.332	0.328	0.140	0.175	0.240	0.244	584
L87	0.311	0.322	0.140	0.173	0.332	0.328	0.140	0.175	0.236	0.243	1610
L88	0.304	0.320	0.140	0.173	0.332	0.328	0.140	0.175	0.234	0.243	1746
L89	0.297	0.318	0.140	0.173	0.332	0.328	0.140	0.175	0.232	0.244	1251
L9	0.321	0.327	0.141	0.173	0.280	0.312	0.141	0.175	0.240	0.227	967
L90	0.294	0.316	0.140	0.173	0.332	0.328	0.140	0.175	0.231	0.244	1375
L91	0.288	0.315	0.140	0.173	0.331	0.327	0.140	0.174	0.229	0.243	1760

注：表中轴向力压力为正，拉力为负，其数值地震力扣除重力荷载代表值结果。

表 11　隔震支座剪力（罕遇地震）

支座标号	支座 X 向剪力/kN				支座 Y 向剪力/kN				支座剪力均值/kN	
	人工波	ELCEN波	NORTH波	TAFT波	人工波	ELCEN波	NORTH波	TAFT波	X 向	Y 向
L41	268	279	123	149	255	273	122	149	205	200
L42	263	277	123	149	254	272	122	149	203	199
L43	257	275	123	149	255	273	122	149	201	200
L44	393	439	208	260	395	436	207	259	325	324
L45	559	643	310	392	574	644	309	390	476	479
L46	378	436	209	263	396	437	208	260	321	325
L47	639	674	315	390	591	651	310	389	505	485
L48	549	560	244	296	525	551	244	297	412	404
L49	619	665	313	390	592	651	310	390	497	486
L5	375	432	207	261	359	425	206	262	319	313
L50	268	279	123	149	262	275	122	149	205	202
L51	263	277	123	149	262	275	122	148	203	202
L52	257	275	123	149	262	275	122	149	201	202
L53	567	642	308	389	587	645	308	386	477	481
L54	492	540	243	296	524	550	243	297	393	403
L55	545	638	309	393	589	648	309	388	471	484
L56	639	674	315	390	606	656	311	388	505	490
L57	549	560	244	296	537	555	244	297	412	408
L58	274	281	123	149	270	279	122	149	207	205
L59	273	280	122	149	270	279	122	149	206	205
L6	378	434	208	261	362	426	206	262	320	314
L60	422	440	195	234	423	437	193	233	323	322
L61	413	437	195	235	423	437	193	233	320	322
L62	404	434	195	235	423	437	194	233	317	322
L63	567	642	308	388	601	650	308	385	477	486
L64	492	540	243	296	536	553	243	296	393	407
L65	545	638	309	393	604	653	310	387	471	488
L66	640	675	316	390	624	662	312	387	505	496
L67	549	560	244	296	553	560	244	297	412	413
L68	274	281	123	149	278	281	122	149	207	208
L69	274	281	123	149	278	281	122	149	207	208
L7	378	434	208	261	368	428	206	262	320	316
L70	532	554	243	296	551	558	243	296	406	412
L71	521	550	243	296	551	558	243	296	402	412

续表 11

支座标号	支座 X 向剪力/kN				支座 Y 向剪力/kN				支座剪力均值/kN	
	人工波	ELCEN 波	NORTH 波	TAFT 波	人工波	ELCEN 波	NORTH 波	TAFT 波	X 向	Y 向
L72	574	645	308	388	619	656	309	384	479	492
L73	567	642	308	388	619	656	309	384	476	492
L74	493	541	244	297	552	559	244	296	394	413
L75	378	436	209	263	430	449	209	257	321	336
L76	441	458	212	259	436	453	210	257	342	339
L77	625	668	314	390	634	668	313	388	499	501
L78	274	281	123	149	281	282	122	149	207	209
L79	274	281	123	149	281	282	122	149	207	209
L8	440	457	211	259	373	431	208	263	342	319
L80	534	555	244	296	559	561	243	297	407	415
L81	522	551	244	296	559	561	243	297	403	415
L82	579	651	312	392	632	665	312	386	483	499
L83	572	648	311	392	632	665	312	386	481	499
L84	493	541	244	297	559	561	243	297	394	415
L85	377	435	209	262	435	451	209	256	321	338
L86	426	451	210	259	445	454	210	255	337	341
L87	604	658	312	389	646	670	313	385	490	504
L88	590	653	311	389	646	670	313	385	486	503
L89	577	648	310	390	646	671	313	385	481	504
L9	624	667	314	390	541	635	309	395	499	470
L90	570	645	310	390	646	671	313	385	479	504
L91	557	641	309	391	645	669	312	384	474	503

3.7.2 罕遇地震隔震支墩设计

根据《建筑抗震设计规范》第 12.2.6 条原则，隔震支座下支墩根据《抗规》按罕遇地震设计，设计中将隔震层结构予以加强，隔震层框架柱（即隔震层上支墩）按罕遇地震设计。

从表 10 和表 11 可知，LNR500 无铅隔震支座剪力为 210kN，LRB500 有铅隔震支座剪力约为 335kN，2 个 LNR500 无铅复合隔震支座剪力为 410kN；LNR600 无铅隔震支座剪力为 325kN，LRB600 有铅隔震支座剪力为 500kN，2 个 LNR600 无铅复合隔震支座剪力为 650kN。隔震上下支墩的按悬臂的对称配筋的偏压构件设计，其受力考虑隔震支座的罕遇地震水平剪力和支座位移的作用。

3.7.3 罕遇地震隔震层楼板应力分析

罕遇地震下隔震层楼板的最大正应力、最大剪切应力出现在 Elcentro 强震记录的作用下，其中 X 向最大正应力为 0.686MPa，Y 向最大正应力为 0.698MPa，X 向最大剪切应力为 0.319MPa，Y 向最大剪切应力为 0.423MPa。在 4 条地震波作用下，X 向最大正应力均值为 0. 45MPa，*Y* 向最大正应力均值为 0. 436MPa；*X* 向最大剪切应力均值为 0. 217MPa，*Y* 向最大正应力均值为 0. 270MPa。故隔震层 200mm 厚 C30 混凝土等级的楼板，在罕遇地震 4 条强震记录作用下能满足设计要求。

4　隔震层上部结构设计

4.1　结构材料

4. 1. 1　混凝土

根据建筑物的受力状况采用不同的混凝土强度等级，经计算确定如下：

（1）框架柱（0. 00 ~ 7. 950）C40；

（2）框架柱（其余各层）C30；

（3）梁、次梁、板 C30。

4. 1. 2　钢筋及钢材

采用热轧 HPB235 级、HRB335 级及 HRB400 级钢筋。纵向钢筋优先采用符合抗震性能指标的 HRB400 级热轧钢筋，箍筋优先选用符合抗震性能指标的 HRB400 级热轧钢筋；同时要求钢筋的抗拉强度实测值与屈服强度实测值的比值不应小于 1. 25，钢筋的屈服强度实测值与强度标准值的比值不应大于 1. 3，且钢筋在最大拉力下的总伸长率实测值不应小于 9%。

4. 1. 3　填充墙体材料

（1）200 厚外墙采用 190 厚黏土空心砖，重量（含粉刷层）不大于 3. 6kPa。

（2）200 厚内墙采用 190 厚黏土空心砖，重量（含粉刷层）不大于 3. 3kPa。

（3）120 厚内墙采用 120 厚轻质填充墙，重量（含粉刷层）不大于 3. 0kPa。

4. 2　荷载取值

4. 2. 1　屋面活荷载标准值

（1）不上人混凝土屋面：0. 5kPa；

（2）上人混凝土屋面：2. 0kPa。

4. 2. 2　楼面活荷载标准值

（1）商业用房：3. 5kPa；

（2）厕所：2. 5kPa；

（3）走廊、门厅、消防疏散楼梯：3. 5kPa；

（4）电梯机房：7. 0kPa。

4. 2. 3　附加荷载标准值

（1）混凝土楼面（含粉刷荷载）：1. 3kPa；

（2）混凝土屋面（含粉刷、保温隔热荷载）：2. 5kPa。

4.3 抗震计算模型

从建筑使用功能及经济性分析，将隔震垫设置于标高2.60m处，有两种计算模型：

（1）模型一：自基础以上将建筑用抗震缝分为3个结构单元（包括隔震层也一同分开）。采用此计算模型，则3个塔楼单独计算，结构受力简单直接，内力分析清晰明了。但由于3个结构单元各自隔震处理，抗震缝宽度为满足罕遇地震作用下的位移而不得小于300mm。缝宽较大致使在建筑处理及使用上均较不方便。

（2）模型二：在3.750m层结构不设抗震缝，3.750m层以上用抗震缝分为3个结构单元，结构模型上成为大底盘多塔楼结构形式。此模型3.750m层处屋顶花园部分因不设缝而避免了诸如漏水等建筑处理难题，且上部各结构单元抗震缝宽度采用隔震以后的烈度计算，缝宽较小，建筑处理较为方便。3.750m作为上部多塔的下部支座层，采用专门软件分析该层楼板在复杂应力作用下的受力情况。

经综合比较分析，采用模型B的方法进行结构计算。

4.3.1 上部结构水平地震作用的确定

根据隔震计算，水平向减震系数为0.38，隔震层上部结构的水平地震作用影响系数最大值为0.32×0.38=0.1216。

4.3.2 上部结构隔震后计算结果分析

从周期分析，结构扭转为主的第一自振周期与平动为主的第一周期之比均小于0.9，说明结构具有足够的抗扭刚度；从位移比分析，刚性楼板假定时，双向地震作用下，结构主体的楼层位移比及层间位移比均小于1.2，说明结构平面布置规则，能有效地减少结构在地震作用时产生的扭转效应；从双向地震作用下位移角分析，结构的层间位移角均小于等于1/550，可保证在多遇地震作用下结构主体不受损坏，非结构构件不会严重破坏导致人员伤亡，保证建筑的正常使用功能；从剪重比分析，上部各楼层的剪重比均要求大于等于6.40%，可以有效保证地震能量中长周期成分不对结构产生反应谱分析不能估计的破坏；从轴压比分析，所有框架柱的轴压比均小于0.70，从而保证框架柱在地震作用的延性要求；从结构的空间振动图形分析，结构的前3个振型分别为X方向、Y方向及扭转方向，结构的动力特性具有良好的抗震性能。经计算分析后框架柱断面为700mm×700mm、600mm×600mm，框架梁断面均为300mm×800mm、300mm×700mm。

综合以上的分析，该工程上部结构体系选用合理，受力构件平立面布置规则，满足现行规范要求。

5 基础结构设计

根据《天宁国际商住楼施工图设计阶段岩土工程勘察报告》，按照《建筑地基基础设计规范》（GB 50007—2002），根据地基复杂程度、工程规模和功能特征以及地基问题可能造成建筑物破坏或正常使用的程度，将地基基础设计等级定位丙级。拟建场地平整后地面以下角砾②层分布较厚且均匀，并且地基承载力特征值较高，能够满足基础荷载要求。经过综合比较，基础采用浅基础方案，根据单柱荷重的情况可采用独立柱基或墩基础。

6　隔震施工与维护

6.1　隔震支座的检查和试验

隔震支座的生产厂家应为通过产品型式检验的企业。建设单位应对厂方提供的每一种型号的隔震支座按《抗规》第 12. 1. 5 条规定进行抽检，合格后才能使用。

6.2　施工安装

（1）支承隔震支座的支墩（或柱）其顶面水平度误差不宜大于 5‰；在隔震支座安装后隔震支座顶面的水平度误差不宜大于 8‰。

（2）隔震支座中心的平面位置与设计位置的偏差不应大于 5. 0mm。

（3）隔震支座中心的标高与设计标高的偏差不应大于 5. 0mm。

（4）同一支墩上多个隔震支座之间的顶面高差不宜大于 5. 0mm。

（5）隔震支座连接板和外露连接螺栓应采取防锈保护措施。

（6）在隔震支座安装阶段应对支墩（或柱）顶面、隔震支座顶面的水平度、隔震支座中心的平面位置和标高进行观测并记录。

（7）在工程施工阶段对隔震支座宜有临时覆盖保护措施，隔震房屋宜设置必要的临时支撑或连接，避免隔震层发生水平位移。

6.3　施工测量

（1）在工程施工阶段应对隔震支座的竖向变形做观测并记录。

（2）在工程施工阶段应对上部结构隔震层部件与周围固定物的脱开距离进行检查。

6.4　工程验收

隔震结构的验收除应符合国家现行有关施工及验收规范的规定外尚应提交下列文件：

（1）隔震层部件供货企业的合法性证明。

（2）隔震层部件出厂合格证书。

（3）隔震层部件的产品性能出厂检验报告。

（4）隐蔽工程验收记录。

（5）预埋件及隔震层部件的施工安装记录。

（6）隔震结构施工全过程中隔震支座竖向变形观测记录。

（7）隔震结构施工安装记录。

（8）含上部结构与周围固定物脱开距离的检查记录。

6.5　隔震层的维护与管理

（1）应制订和执行对隔震支座进行检查和维护的计划。

（2）应定期观测隔震支座的变形及外观情况。

（3）应经常检查是否存在有限制上部结构位移的障碍物，并及时予以清除。

（4）隔震层部件的改装、修理、更换或加固，应在有经验的专业工程技术人员的指导下进行。

（5）考虑到隔震技术的专业性，建议小区的物业管理公司人员应具有这方面的知识，最好是有对本工程施工过程比较熟悉的人员参加管理。

7 隔震构造措施

7.1 建筑专业

隔震建筑在地震时会发生较大的水平位移，该工程为保证隔震层在罕遇地震下具有发生较大变形的能力，设计时采取了如下措施：

（1）上部结构的周边设置竖向隔离缝，缝宽取为400mm。

（2）上部结构与下部结构之间设置完全贯通的水平隔离缝，缝高取20mm，并用柔性材料填充。

（3）隔震沟与雨水沟分开，采用水平隔离缝或雨水沟沟盖板斜口滑移做法。

（4）施工图设计时，按照图集《建筑结构隔震构造详图》（03G610-1）的要求进行设计。

7.2 给、排水专业

为保证结构在水平地震作用下有足够的空间发生水平移动，该工程在进行给排水的管道设计时，采取了如下措施：

（1）当给排水管道穿越隔震层时，采用柔性连接或其他有效措施适应隔震层在罕遇地震作用下对水平位移的要求。

（2）柔性连接管道的水平变形长度应不小于400mm。

（3）管道距柱或墙距离小于400mm时，刚性管道不得超过隔震层梁底。

（4）柔性连接管道的材料可选择不锈钢或橡胶等。

（5）构造做法按图集《建筑结构隔震构造详图》（03G610-1）进行设计。

7.3 电气专业

该工程在进行电气设计时，应满足下列要求：

（1）该工程电气强、弱电电缆及导线穿越隔震层时，应采用柔性电缆及柔性导线连接，或采用其他有效措施以适应隔震层在罕遇地震作用下对水平位移的要求。

（2）柔性连接管道的水平变形长度应不小于400mm。

（3）导雷体留出不小于400mm的多余长度。

（4）电缆、导线和蛇形软管留出不小于400mm的多余长度。

（5）主筋与预埋件焊接，预埋件与导雷体焊接。

（6）柔性连接管道的材料可选择不锈钢或橡胶等。

7.4　暖通专业

该工程在进行通风设计时，应满足下列要求：

（1）暖通供回水管道穿越隔震层时，应采用柔性连接或其他有效措施，以适应隔震层在罕遇地震作用下对水平位移的要求。

（2）防排烟风管穿越隔震层时应根据罕遇地震作用下水平位移的大小，采用耐火柔性连接，并挂在隔震层梁上，且要求距离墙和柱的距离不小于 400mm。

（3）燃气管道不宜穿过建筑物的隔震层，当引入管必须穿过时，入口段穿墙前应根据罕遇地震水平位移的大小设置金属波纹管连接，并设手动及紧急自动切断阀。

（4）设有减震台座的通风空调设备应有防止减震台座水平位移的措施。

8　结论

该工程为一大底盘多塔楼隔震建筑，共采用 107 个橡胶隔震支座，最大直径为 600mm。对整体结构进行了时程分析，得出如下结论：

（1）该工程隔震与非隔震两种情况下结构各层层间剪力最大比值为 0.24，进行隔震设计后，各层层间剪力明显减小。

（2）采取隔震设计后，结构周期从非隔震的 0.802s 延长到隔震结构的 2.52s，使结构远离地震动的卓越周期，从而达到隔离地震的目的。

（3）隔震支座大震下最大位移为 244mm，使得隔震结构的抗震性能大大提高。

（4）在罕遇地震作用下，对隔震支座进行拉力校核。计算结果表明除 L5、L28 这 2 个隔震支座外，其余支座均未出现拉应力，且这两个隔震支座拉应力符合《叠层橡胶支座隔震技术规程》（CECS 126：2001）第 4.3.7 条对隔震支座拉应力要求。

附录　天宁国际项目参与单位及人员信息

项目名称	天宁国际项目		
设计单位	云南省设计院		
用　途	商业	建设地点	云南省昆明市东川区
施工单位	云南工程建设总承包公司	施工图审查机构	昆明恒基建设工程施工图审查中心

参与本项目的主要人员：

序号	姓　名	职　称	工 作 单 位
1	方泰生	正　高	云南省设计院集团
2	梁　佶	高　工	云南省设计院集团
3	李照德	高　工	云南省设计院集团
4	叶勇勇	高　工	云南省设计院集团
5	徐丽红	高　工	云南省设计院集团

案例 20　天津梅江会展中心二期工程

1　工程概况

天津梅江会展中心二期工程位于天津市西青区梅江风景区内，友谊南路与外环线交口西北角，东至莹波道，南至汇川路，西至悦波路，北至江湾路。规划可用地面积为 18.41 公顷，建筑占地面积 55610m^2，总建筑面积 280550m^2，其中地上面积 215882m^2，地下面积 64668m^2，建筑为地下一层，地上三层，高度为 45.40m。结构为高层钢筋混凝土框架-支撑结构体系，部分支撑采用防屈曲约束支撑，部分框架柱采用钢骨混凝土柱和钢管混凝土柱。大跨度楼板采用钢桁架楼层结构，屋面为大跨度悬挑预应力钢桁架结构和网架结构。

2　工程设计

结构设计主要参数见表 1。

表 1　结构设计主要参数

序号	基本设计指标	参　　数
1	建筑结构安全等级	二级
2	结构设计使用年限	50 年
3	建筑物抗震设防类别	乙类
4	建筑物抗震设防烈度	7 度
5	基本地震加速度值	0.15g
6	设计地震分组	第二组
7	水平地震影响系数最大值	0.12（多遇），0.72（罕遇）
8	建筑场地类别	Ⅲ类
9	特征周期/s	0.55
10	基本风压（50 年）/kPa	W_0 =0.50
11	基本雪压（50 年）/kPa	0.40
12	基础形式	桩基础
13	地基基础设计等级	甲级
14	上部结构形式	高层钢筋混凝土框架-（少）支撑结构体系
15	地下室结构形式	高层钢筋混凝土框架-（少）支撑结构体系
16	高宽比	0.48

3　消能减震设计方案

3.1　调谐质量阻尼器（TMD）

3.1.1　调谐质量阻尼器简介

调谐质量阻尼器（TMD）由质块，弹簧与阻尼系统组成，又称动力吸振器，是结构被动控制措施的一种，主要应用于抗风和提高人体舒适性。通过在主体结构上增加一个辅助机构，在主体结构受到外界动态力作用时，提供一个频率几乎相等，与结构运动方向相反的力，来部分抵消外界激励引起的结构响应，其构造见图 1。

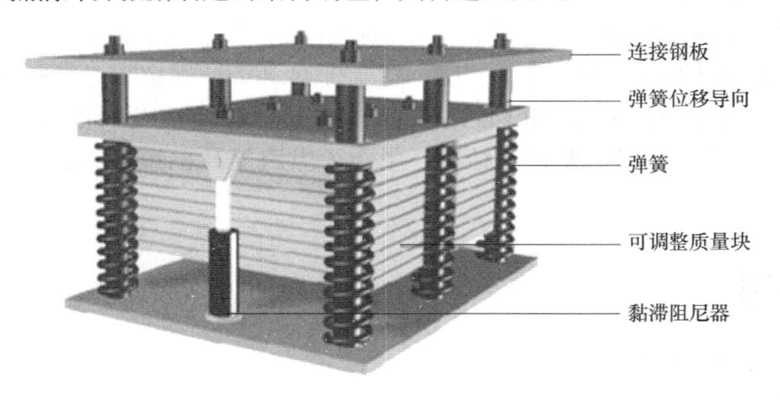

图 1　调谐质量阻尼器构造图

3.1.2　调谐质量阻尼器的设置

天津梅江会展二期工程登录大厅（见图 2）的楼面跨度 50m，楼面结构采用的型钢桁架 + 钢衬板混凝土组合楼板，其竖向自振基频为 2.53Hz < 3Hz，人的一般步行频率为 1.5 ~ 3.2Hz；因此大量人群在结构上活动时，容易造成共振。尽管结构的强度满足要求，不会发生强度引起的破坏，但是因为结构共振引起加速度的振幅过大超过人体舒适

图 2　登录大厅实景

度耐受极限，极易在人的心理上造成恐慌。楼面舒适度指标不满足规范要求，采取加大结构刚度的做法虽然可以改善结构的自振频率，但结构的含钢量增加很多，经济性很差，设计采用设置 TMD（Tuned Mass Damper）调谐质量阻尼器的减震措施，减震效果明显。

3.2 防屈曲约束支撑

3.2.1 BRB 防屈曲约束支撑的设置

中央展厅由于在楼层之间含有夹层，且夹层开洞面积较大，各刚性楼板之间连接较弱，楼层高，整体扭转效应较为明显，采用框架-(少）支撑体系及采用型钢混凝土和钢管混凝土柱的做法虽然对改善结构的抗震性能和减少扭转效应效果明显，但作为一个大型公共场所，其在罕遇地震作用下的结构安全性是尤为重要的，因此，设计采用了防屈曲约束支撑 BRB 代替部分普通钢支撑，在多遇地震下 BRB 支撑保持弹性，在中震和罕遇地震作用下，通过 BRB 支撑耗能来减少结构承受的地震作用，提高结构中震和预估罕遇地震下结构抗震性能。

3.2.2 抗震性能目标

在小震作用下，主体结构保持弹性，防屈曲支撑保持弹性；在中震作用下，主体结构基本保持弹性，部分构件进入弹塑性，部分防屈曲支撑发生屈服；在大震作用下，主体结构进入弹塑性，防屈曲支撑发生屈服，出现塑性铰，结构整体变形满足规范要求。

3.2.3 屈曲约束支撑的性能

屈曲约束支撑的性能见表2。

表2 屈曲约束支撑性能表

型 号	BRB-2500-5250	BRB-2500-4400	BRB-2500-4000	BRB-2500-3700	BRB-2000-4400	BRB-2000-4000	BRB-2000-3700
个 数	64	24	24	8	48	16	16
屈服位移/mm	9.3	7.7	6.9	6.4	7.7	6.9	6.4
屈服荷载/t	250	250	250	250	200	200	200
屈服后刚度/t·cm^{-1}	26.88	32.47	36.23	39.06	25.98	28.98	31.25
极限荷载/t	400	400	400	400	320	320	320
极限位移/mm	93	77	69	64	77	69	64

3.2.4 屈曲约束支撑的布置

屈曲约束支撑平面布置见图3，立面布置见图4～图7。

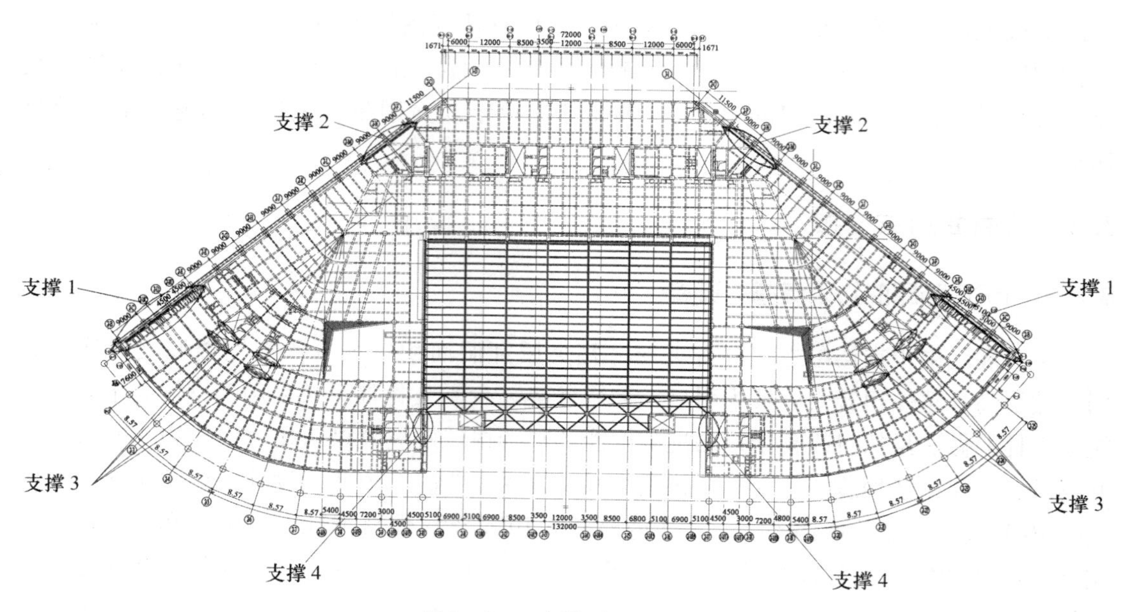

图3　BRB 支撑平面布置图

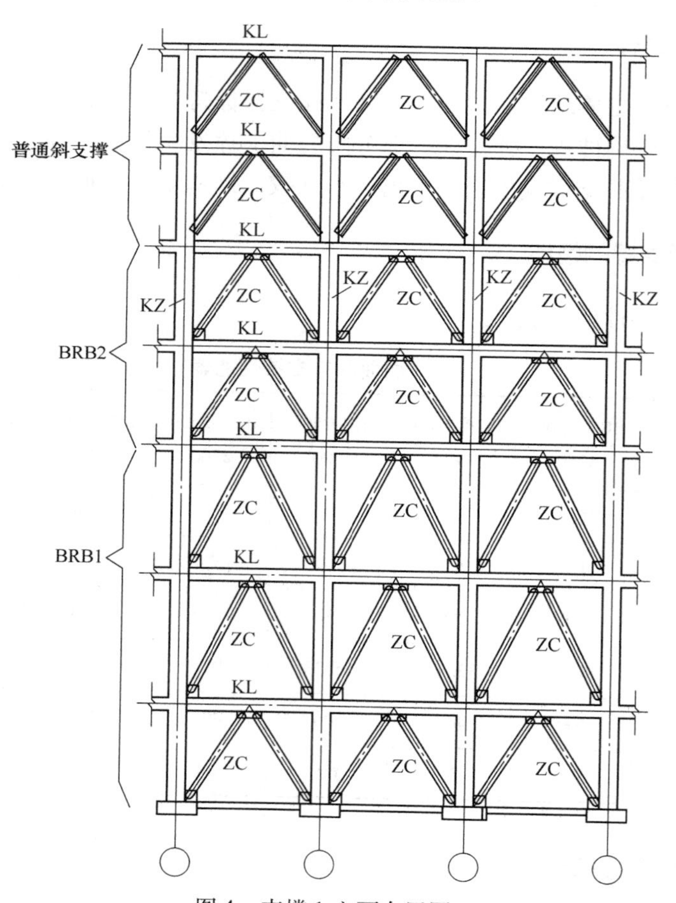

图4　支撑1立面布置图

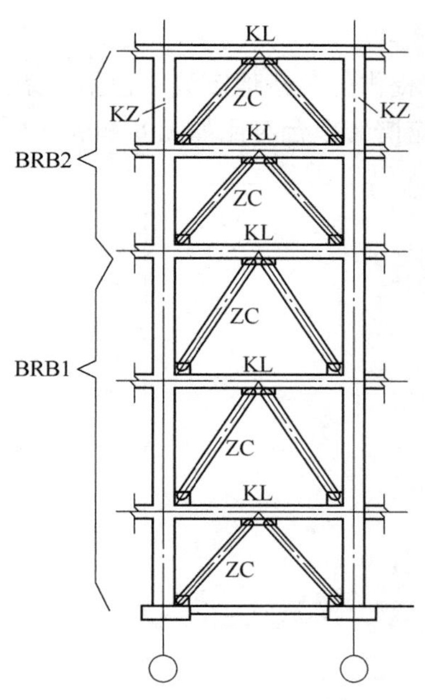

图5 支撑3立面布置图

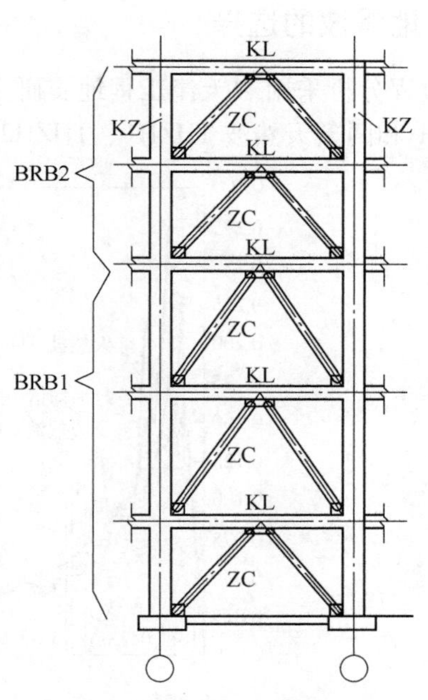

图6 支撑4立面布置图

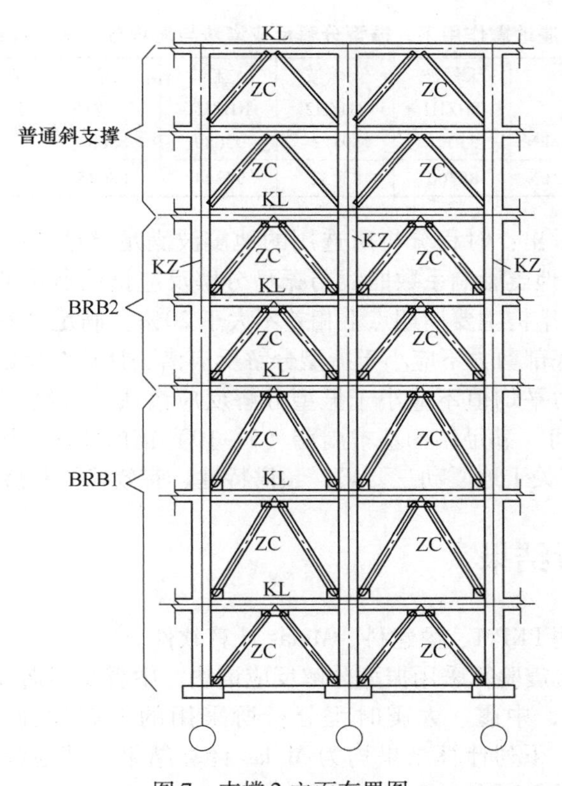

图7 支撑2立面布置图

3.3 地震波的选择

时程分析采用“天津工程地震研究所”为本工程提供的三条地震波，包括一条人工波 RHZH1 和两条天然波 THZH1、THZH2，其与规范反应谱的拟合对比如图 8 和表 3 所示。

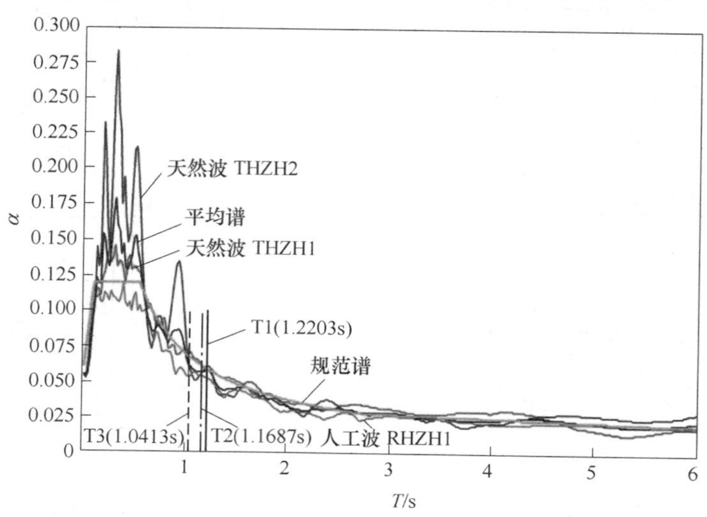

图 8　地震波拟合反应谱与规范反应谱比较

表 3　多遇地震作用下，振型分解反应谱法与时程分析法计算结果比较

地震波	天然波 THZH1	天然波 THZH2	人工波 RHZH1	三条波平均值	反应谱计算结果的 65%	反应谱计算结果的 80%
X 向地震作用结构底部剪力/kN	83091	89121	93689	88633	68994	84916
Y 向地震作用结构底部剪力/kN	85360	83432	95344	88045	70900	87262

从以上图表可以看出：时程分析所选用的地震波满足《建筑抗震设计规范》要求的“多组时程曲线的平均地震影响系数曲线与振型分解反应谱法所用的地震影响系数曲线在统计意义上相符”，在结构主要周期点上相差不大于 20%，满足“在弹性分析时，每条时程曲线计算所得结构底部剪力不应小于振型分解反应谱法计算结果的 65%，多条时程曲线计算所得结构底部剪力平均值不应小于振型分解反应谱法计算结果的 80%”的条件。地震波的“有效持续时间”满足结构基本周期（5～10）倍的要求，因此，所选地震波满足《建筑抗震设计规范》关于地震动三要素：频谱特性、有效峰值和持续时间的要求。

4　消能减震分析结果

结构抗震计算采用 PKPM、盈建科、Midas 计算软件。

多遇地震作用下抗震验算采用振型分解反应谱法，中震及罕遇地震作用的抗震验算采用弹塑性时程分析法，中震、大震时程分析所采用的地震加速度时程最大值分别为 150cm/s^2 和 310cm/s^2，下列计算结果均为 Midas 计算结果，其他程序的计算对比计算结果，限于篇幅，报告没有列出。

4.1 多遇地震作用下分析结果

多遇地震作用下分析结果见表4、表5和图9～图11。

表4 自振周期列表

序号	周期/s	X向平动参与系数	Y向平动参与系数	Z向扭转参与系数
1	1.2203	69.18	19.55	11.27
2	1.1687	17.01	80.20	2.79
3	1.0413	24.96	0.41	74.63
4	0.4202	0.34	17.97	81.69
5	0.4164	1.06	67.06	31.88
6	0.4107	98.21	1.43	0.36
7	0.1857	66.54	0.01	33.45
8	0.1800	4.76	89.06	6.18
9	0.1785	34.57	12.99	52.43
10	0.1354	38.56	2.66	58.78
11	0.1340	3.29	95.91	0.81
12	0.1277	37.92	0.36	61.72

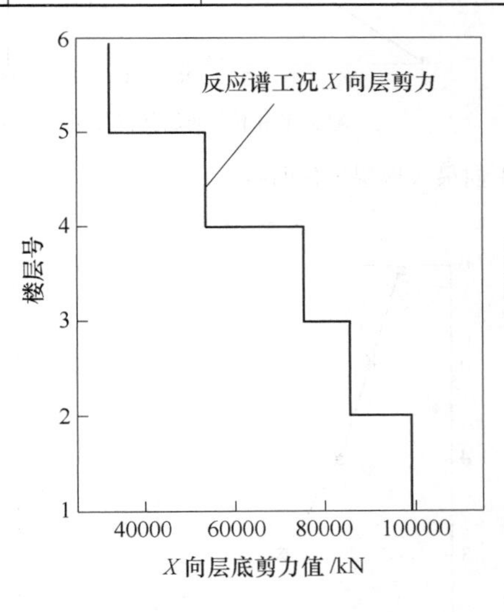

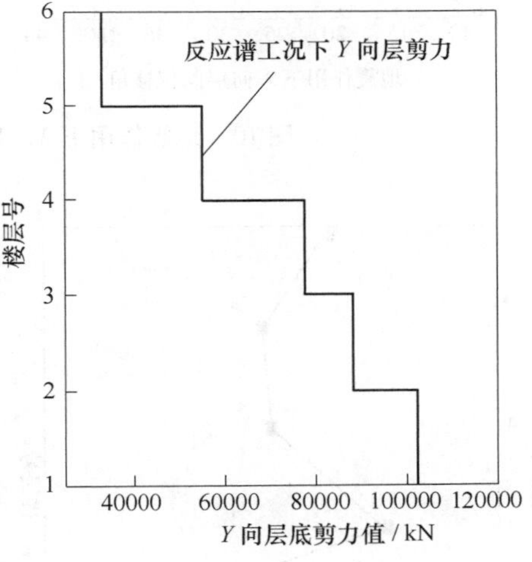

图9 地震作用下X、Y向最大楼层剪力

表5 主要控制参数

地震作用方向	X	Y
楼层最小剪重比	5.00%	6.16%
有效质量系数	100.0%	100.0%
$T_{\theta1}/T_1$	0.853	
最大层间位移与平均层间位移的最大比值	1.00	1.00

续表 5

地震作用方向	X	Y
楼层最大水平位移与该楼层平均值的最大比值	1.16	1.05
楼层层间最大位移与层高之比的最大值	1/654	1/646
（规定水平力下）最大层间位移与平均层间位移的最大比值	1.23	1.36
（规定水平力下）楼层最大水平位移与该楼层平均值的最大比值	1.20	1.22

注：《建筑抗震设计规范》规定钢筋混凝土框架弹性层间位移角限值为 1/550，对于框架—（少）支撑结构位移角限制应适当严格。

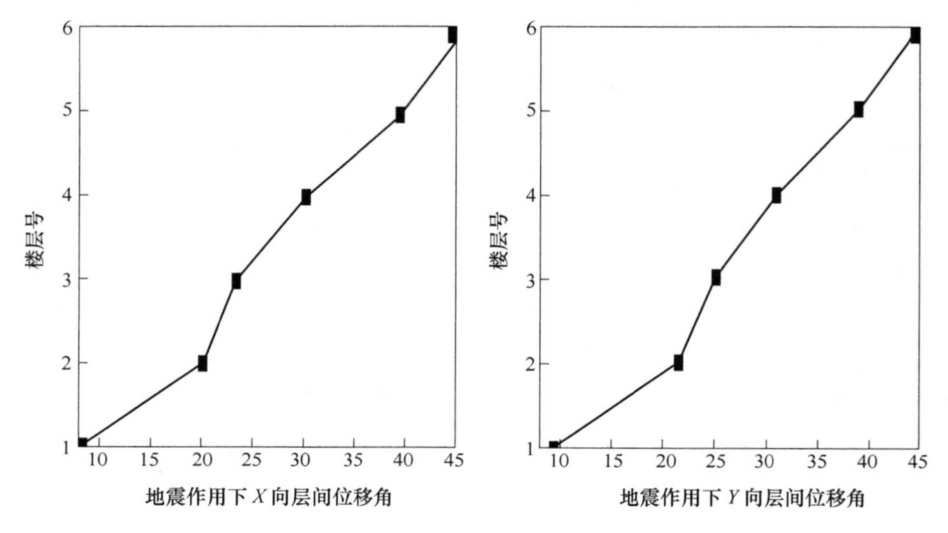

图 10　地震作用下 X、Y 向最大楼层位移曲线

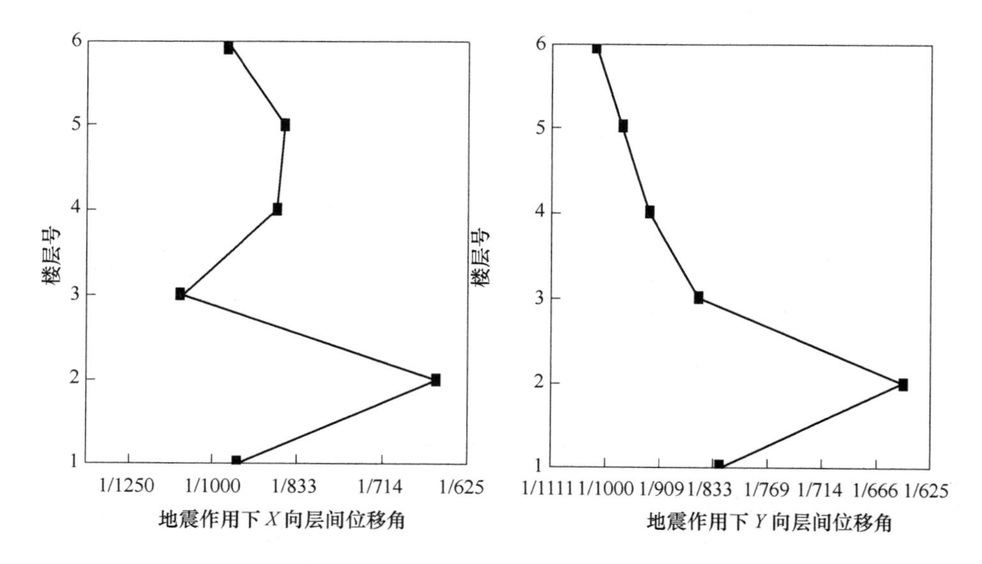

图 11　地震作用下 X、Y 向最大楼层位移角曲线

以上计算结果表明：结构满足多遇地震作用下结构抗震性能要求。

4.2 中震地震作用下计算结果

4.2.1 中震作用下 X 方向的分析结果

中震作用下 X 方向的分析结果见表 6 和图 12 ~ 图 15。

表 6 中震作用下，X 方向地震反应

项 目	屈曲约束支撑方案			普通支撑方案		
	TX1	TX2	RX	TX1	TX2	RX
基底剪力/kN	172887	141520	136266	193600	153850	151560
最大层间位移角	1/407（第 2 层）	1/367（第 2 层）	1/361（第 2 层）	1/319（第 2 层）	1/357（第 2 层）	1/382（第 2 层）

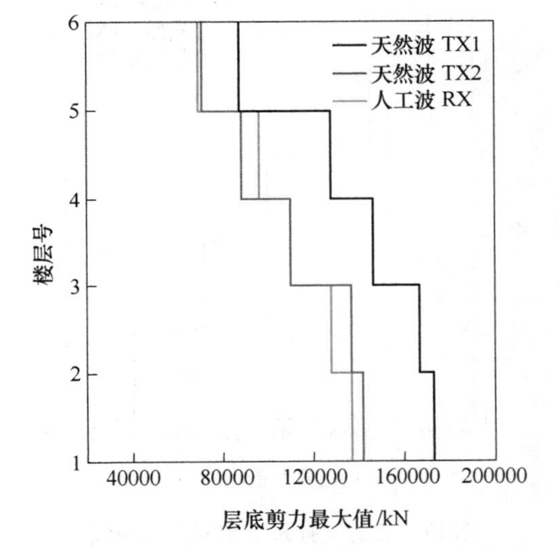

图 12 屈曲约束支撑最大层间剪力曲线

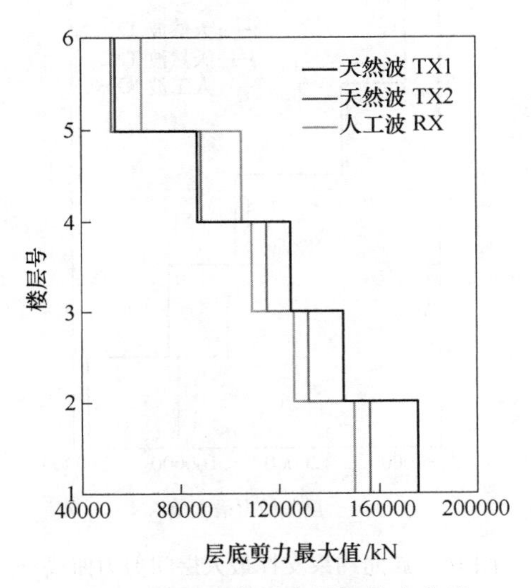

图 13 普通支撑最大层间剪力曲线

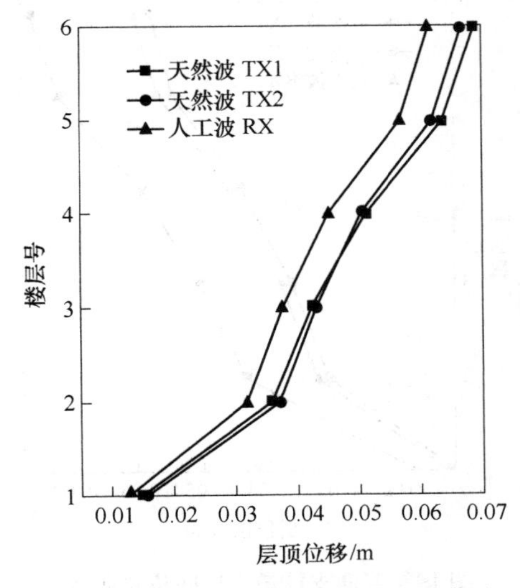

图 14 屈曲约束支撑最大层间位移曲线

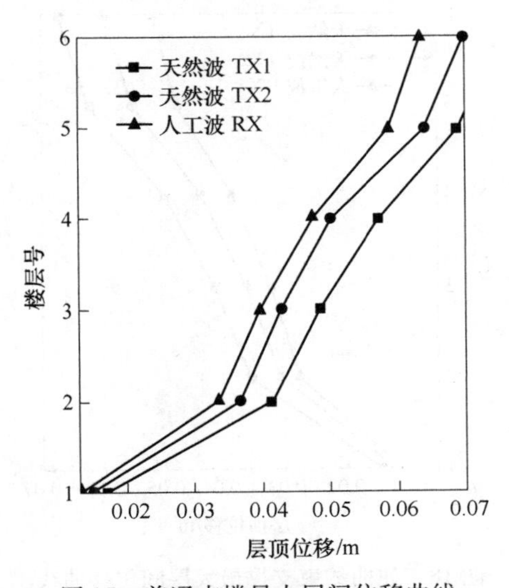

图 15 普通支撑最大层间位移曲线

4.2.2　中震作用下 Y 方向的分析结果

中震作用下 Y 方向的分析结果见表 7 和图 16 ~ 图 19。

表 7　中震作用下，Y 方向地震反应

项　目	屈曲约束支撑方案			普通支撑方案		
	TX1	TX2	RX	TX1	TX2	RX
基底剪力/kN	206812	166538	174435	227280	185850	191560
最大层间位移角	1/472（第 2 层）	1/363（第 2 层）	1/426（第 2 层）	1/306（第 2 层）	1/414（第 2 层）	1/403（第 2 层）

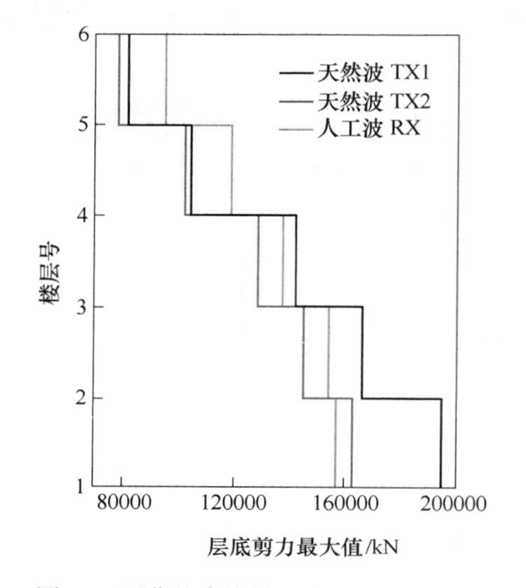

图 16　屈曲约束支撑最大层间剪力曲线

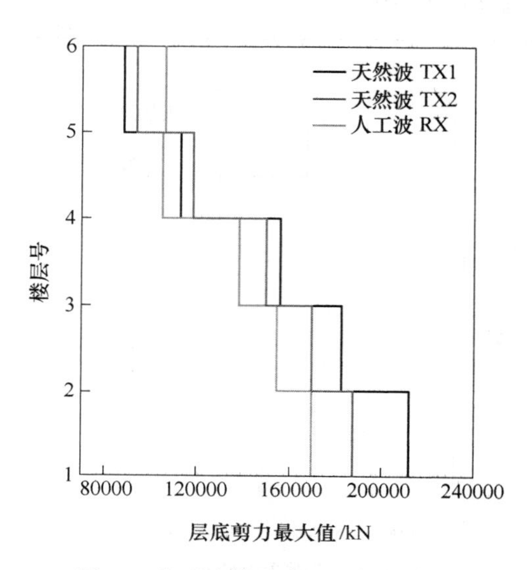

图 17　普通支撑最大层间剪力曲线

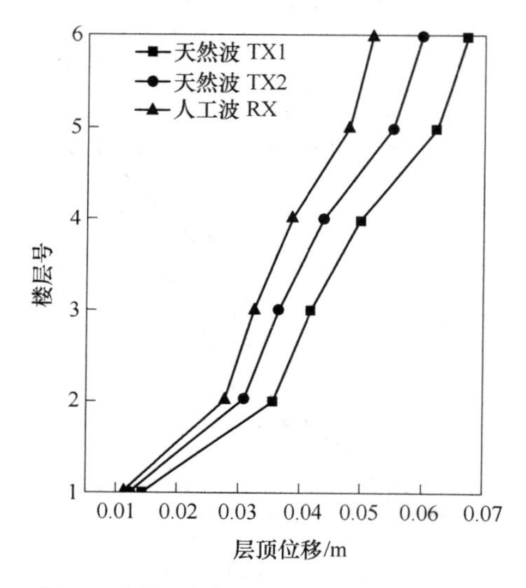

图 18　屈曲约束支撑最大层间位移曲线

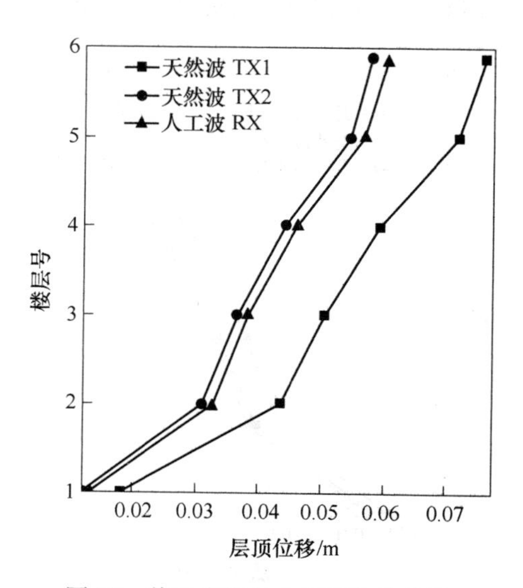

图 19　普通支撑最大层间位移曲线

4.2.3 中震作用下的分析小结

中震作用下的分析小结见图20。

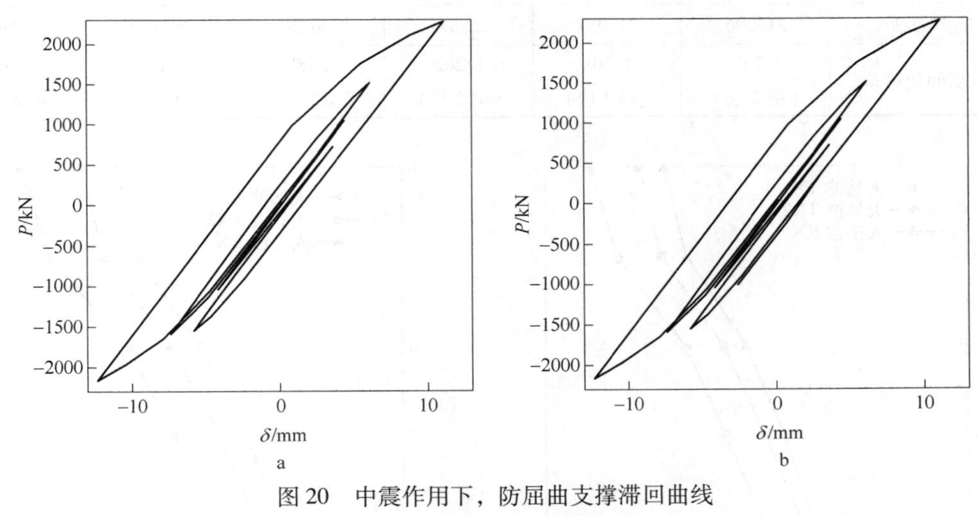

图20 中震作用下，防屈曲支撑滞回曲线

a—主波 X 向输入；b—主波 Y 向输入

中震作用下的抗震分析表明：结构部分进入弹塑性状态，部分防屈曲支撑屈服，对比含防屈曲支撑模型和全部普通支撑模型的计算结果可以看出，含防屈曲支撑模型结构底部剪力有一定的减少（减少10%左右），结构整体位移有一定的改善（顶点位移减少10mm左右），塑性铰出铰数量减少，塑性铰的发展程度较轻，防屈曲支撑起到了一定的耗能作用。

4.3 罕遇地震作用下的分析结果

4.3.1 罕遇地震作用下 X 方向的分析结果

罕遇地震作用下 X 方向的分析结果见图21～图24和表8。

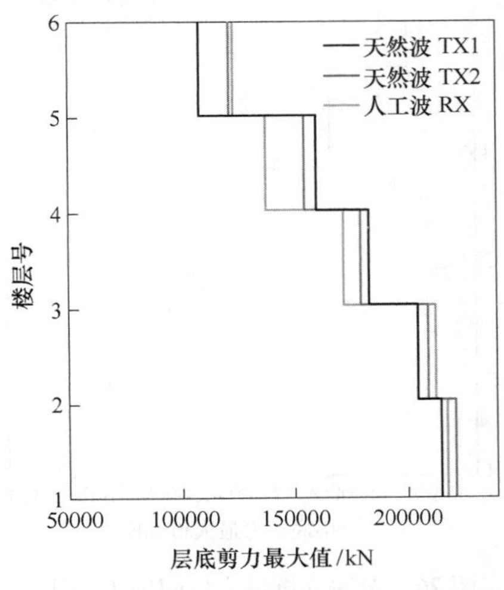

图21 屈曲约束支撑最大层间剪力曲线

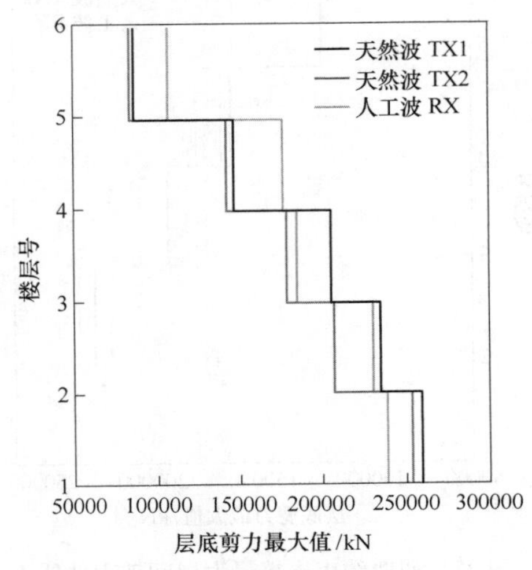

图22 普通支撑最大层间剪力曲线

表 8　罕遇地震作用下，X 方向地震反应

项　目	屈曲约束支撑方案			普通支撑方案		
	TX1	TX2	RX	TX1	TX2	RX
基底剪力/kN	215296	217957	221571	276220	284430	274560
最大层间位移角	1/217（第 2 层）	1/208（第 2 层）	1/202（第 2 层）	1/188（第 2 层）	1/156（第 2 层）	1/182（第 2 层）

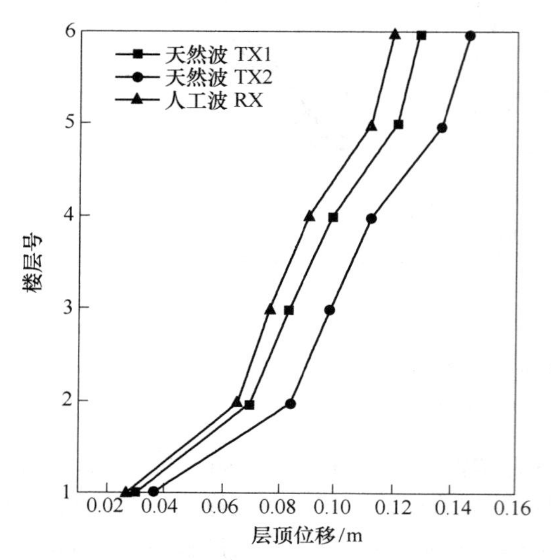

图 23　屈曲约束支撑最大层间位移曲线

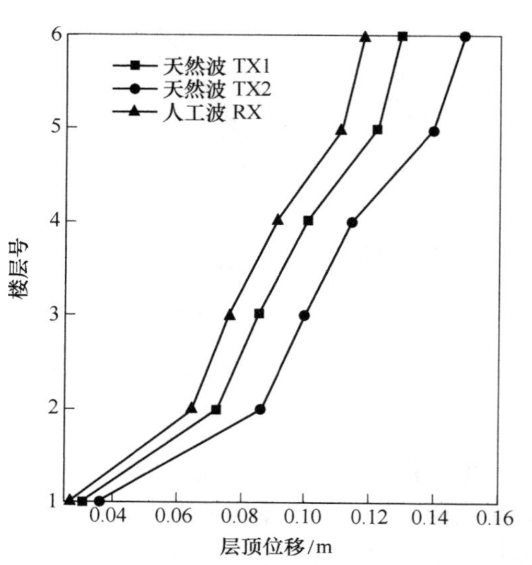

图 24　普通支撑最大层间位移曲线

4.3.2　罕遇地震作用下 Y 方向的分析结果

罕遇地震作用下 Y 方向的分析结果见图 25 ~ 图 28 和表 9。

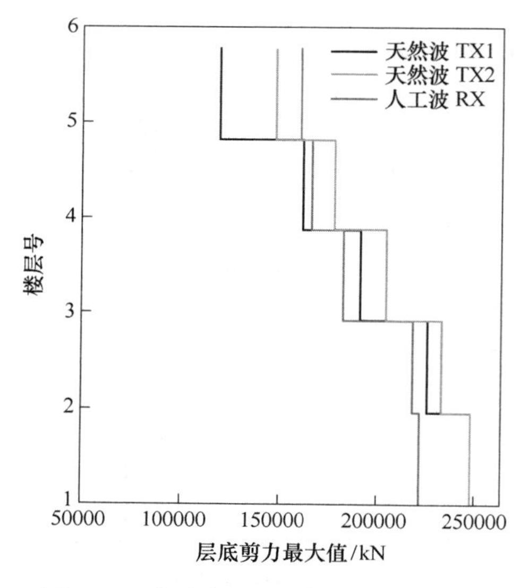

图 25　屈曲约束支撑最大层间剪力曲线

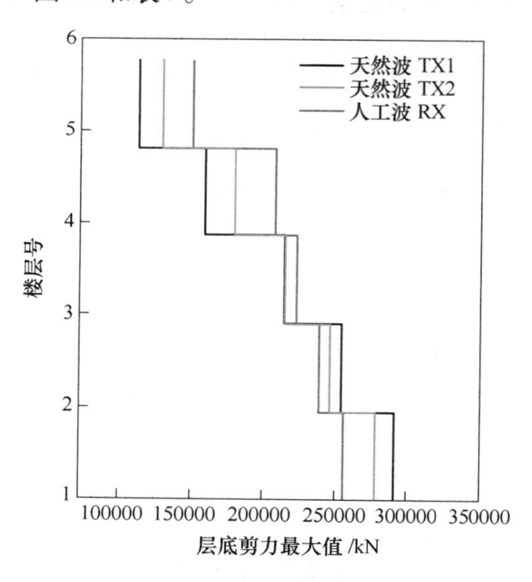

图 26　普通支撑最大层间剪力曲线

表9　罕遇地震作用下，*Y* 方向地震反应

项　目	屈曲约束支撑方案			普通支撑方案		
	TX1	TX2	RX	TX1	TX2	RX
基底剪力/kN	246716	222137	247728	323640	285730	311310
最大层间位移角	1/248（第2层）	1/228（第2层）	1/215（第2层）	1/157（第2层）	1/186（第2层）	1/164（第2层）

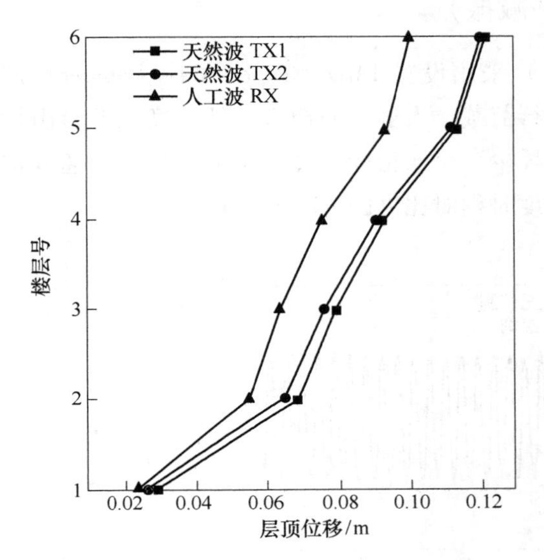

图27　屈曲约束支撑最大层间位移曲线

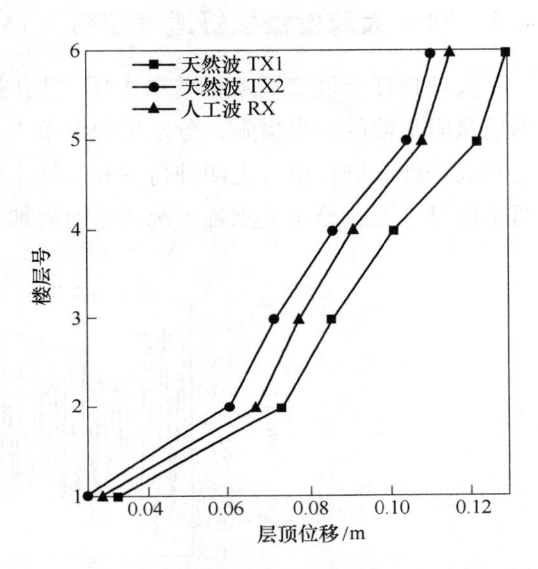

图28　普通支撑最大层间位移曲线

4.3.3　罕遇地震作用下的分析小结

罕遇地震作用下的分析小结见图29。

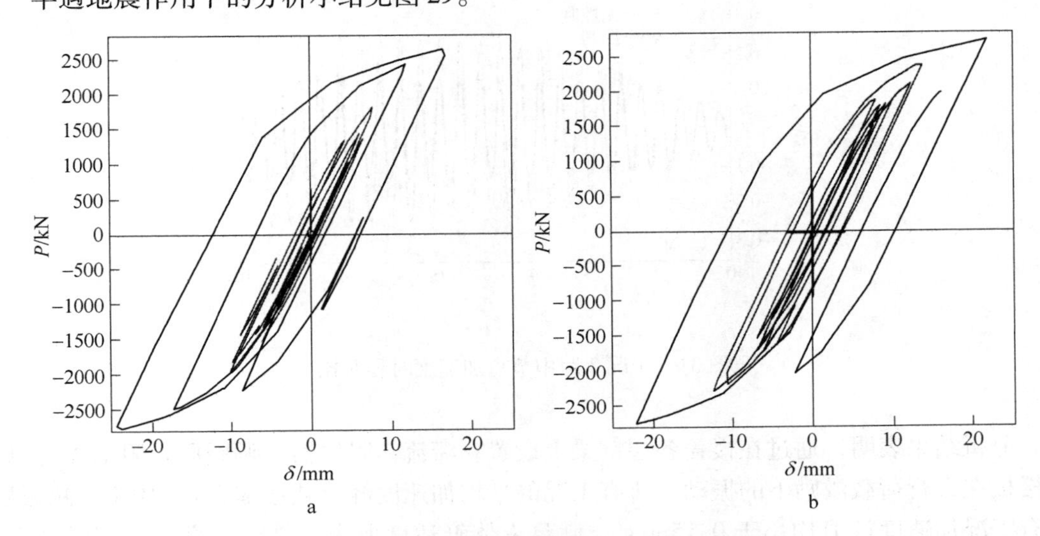

图29　罕遇地震作用下防屈曲支撑滞回曲线

a—主波 *X* 向输入；b—主波 *Y* 向输入

罕遇地震作用下的抗震分析表明：结构进入弹塑性状态，防屈曲支撑屈服，对比含防屈曲支撑模型和全部普通支撑模型的计算结果可以看出，含防屈曲支撑模型结构底部剪力的减少 24%，结构整体位移有明显的改善（顶点位移减少 16mm），塑性铰出铰数量减少，塑性铰的发展程度明显不同，防屈曲支撑滞回曲线饱满，起到了耗能作用，结构位移比规范限值明显减小。

4.4　50m 大跨度楼板舒适度控制（TMD 减振）

天津梅江会展二期工程登录大厅（见图 2）采用设置 TMD（Tuned Mass Damper）调谐质量阻尼器的减震措施，分别模拟了单人人行荷载、人群荷载模拟、低密度人群自由行走和高密度人群自由行走四种荷载和交通十分稀少、交通稀少、交通十分繁忙、交通异常繁忙四种工况；跨中节点各工况减振前后加速度时程对比见图 30 ~ 图 33。

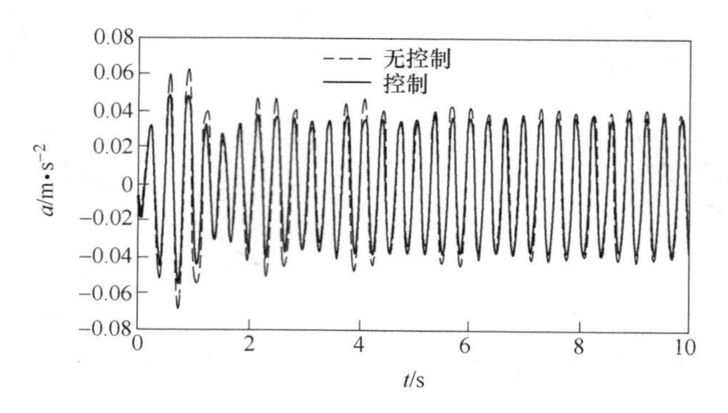

图 30　工况 1 跨中节点加速度时程对比

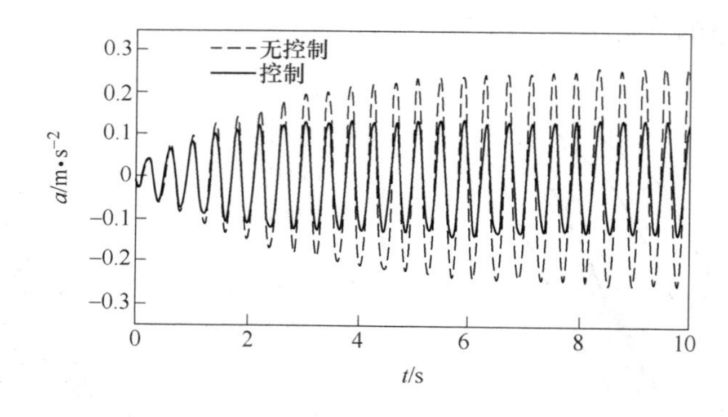

图 31　工况 2 跨中节点加速度时程对比

分析结果表明，通过在楼盖各层钢梁上设置黏滞流体阻尼器 - 调频质量阻尼器可以抑制楼板在人行荷载激励下的振动，所有工况的平均加速度峰值减振率为 21.10%；减振后，所有工况加速度峰值均小于 0.15m/s^2，满足人体舒适度要求，符合《高层建筑混凝土结构技术规程》（JGJ 3—2002）要求。

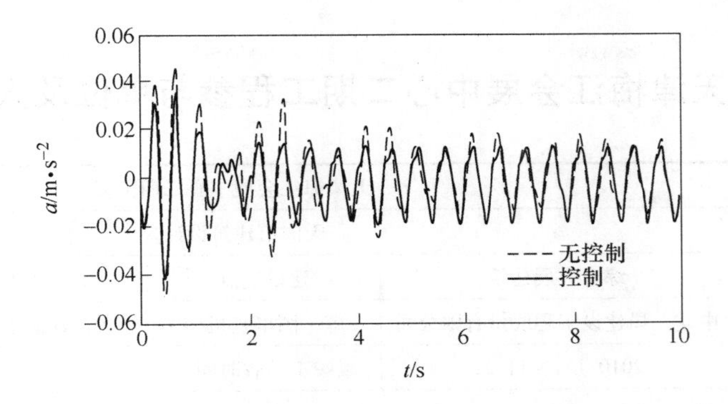

图 32 工况 3 跨中节点加速度时程对比

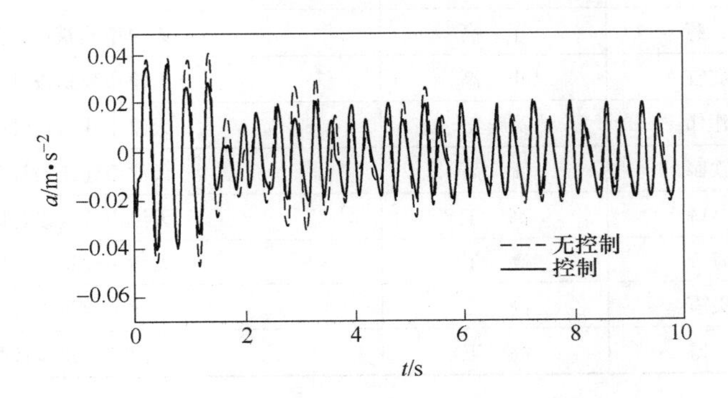

图 33 工况 4 跨中节点加速度时程对比

5 结论

从以上分析可以得出结论：

（1）中震作用下，防屈曲支撑相对于普通支撑，结构底部剪力有一定的减少（减少10%左右），结构整体位移有一定的改善（顶点位移减少 10mm 左右），表明防屈曲支撑起到了一定的耗能作用。

（2）罕遇地震作用下，防屈曲支撑相对于普通支撑，结构底部剪力减少 24%，结构整体位移有明显的改善（顶点位移减少 16mm），防屈曲支撑滞回曲线饱满，说明在罕遇地震下，防屈曲约束支撑起到了很好的耗能作用。

（3）在楼盖各层钢梁上设置黏滞流体阻尼器 - 调频质量阻尼器可以抑制楼板在人行荷载激励下的振动，所有工况的平均加速度峰值减振率为 21.10%；减振后，所有工况加速度峰值均小于 0.15m/s^2，满足人体舒适度要求，符合《高层建筑混凝土结构技术规程》（JGJ 3—2002）要求。

附录　天津梅江会展中心二期工程参与单位及人员信息

<table>
<tr><td>项目名称</td><td colspan="3">天津梅江会展中心二期工程</td></tr>
<tr><td>设计单位</td><td colspan="3">天津市建筑设计院</td></tr>
<tr><td>用　途</td><td>综合会展建筑</td><td>建设地点</td><td>天津市西青区梅江风景区内</td></tr>
<tr><td>施工单位</td><td>中建三局建设工程股份有限公司</td><td>施工图审查机构</td><td>天津建源工程设计咨询有限公司</td></tr>
<tr><td>工程设计起止时间</td><td>2010. 1. 1 ~ 11. 21</td><td>竣工验收时间</td><td>2012. 12. 18</td></tr>
<tr><td colspan="4">参与本项目的主要人员：</td></tr>
</table>

序号	姓　名	职　称	工作单位
1	乐　慈	正　高	天津市建筑设计院
2	陈敖宜	正　高	天津市建筑设计院
3	郭建伟	高　工	天津市建筑设计院
4	朱铁麟	正　高	天津市建筑设计院
5	冯　辉	高　工	天津市建筑设计院
6	袁海峰	高　工	天津市建筑设计院
7	韩美霞	高　工	天津市建筑设计院
8	黄　博	高　工	天津市建筑设计院

案例 21　福建厦门湖里中学北校区拆除重建教学楼

1　工程概况

厦门湖里中学北校区拆除重建项目位于厦门市湖里区南山路北侧、华昌路东侧，毗邻南山社区，总建筑面积为25780m^2，其中教学楼建筑功能为初中部教学用房，总建筑面积为11948m^2。教学楼地上5～6层，主要结构高度23.6m，变形缝将建筑分为1～3号教学楼，形成三个独立结构单元，其中变形缝宽度为450mm。教学楼采用隔震技术，隔震层位于底层柱顶，底层架空层兼隔震检修层，层高4.5m。厦门湖里中学北校区局部建筑效果见图1，三个独立结构单元结构特点类同，1号教学楼和3号教学楼的设计信息、计算结果等基本同2号教学楼，以下结构单元特点和说明以较为复杂的2号教学楼为主来进行阐述。

图1　建筑效果图

2　工程设计

2.1　设计主要依据和资料

本工程结构隔震分析、设计采用的主要计算软件有：

（1）中国建筑科学院开发的商业软件PKPM/SATWE，本项目利用该软件进行结构的常规分析和设计。

（2）美国 CSI 公司开发的商业有限元软件 ETABS，本项目利用该软件的非线性版本进行常规结构分析和隔震结构的非线性时程分析。

（3）运用国际上通用的 ABAQUS 6. 11 软件进行模型抗风支座的有限元分析。

设计过程中，采用的现行国家标准、规范、规程及图集主要有：

（1）《岩土工程勘察规范》（GB 50021—2001）（2009 年版）；

（2）《高层建筑岩土工程勘察规程》（JGJ 72—2004）；

（3）《建筑地基基础设计规范》（GB 50007—2011）；

（4）《建筑桩基技术规范》（JGJ 94—2008）；

（5）《建筑抗震设计规范》（GB 50011—2010）；

（6）《岩土工程勘察安全规范》（GB 50585—2010）；

（7）《土工试验方法标准》（GB/T 50123—1999）；

（8）福建省标准《岩土工程勘察规范》（DBJ13-84—2006）；

（9）福建省标准《建筑地基基础技术规范》（DBJ13-07—2006）；

（10）中华人民共和国住房和城乡建设部《房屋建筑和市政基础设施工程勘察文件编制深度规定》（2010 年版）。

2. 2　结构设计主要参数

结构设计主要参数见表 1。

表 1　结构设计主要参数

序号	基本设计指标	参　　数
1	建筑物抗震设防类别	乙类
2	建筑物抗震设防烈度	7 度
3	基本地震加速度值	0. 15g
4	设计地震分组	第二组
5	水平向减震系数	0. 34
6	建筑场地类别	Ⅱ类
7	特征周期/s	0. 40
8	基本风压（100 年一遇）/kPa	0. 8
9	地面粗糙度	B 类
10	风荷载体型系数	1. 4
11	基础形式	柱下独立基础
12	上部结构形式	现浇钢筋混凝土框架
13	隔震层位置	底层柱顶、3. 5m
14	隔震层顶板体系	现浇钢筋混凝土肋梁楼盖，板厚 160mm
15	隔震设计基本周期/s	2. 78（中震、Y 向）
16	上部结构基本周期/s	0. 81
17	隔震支座设计最大位移/cm	257
18	高宽比	1. 9

3 隔震设计

结构隔震设计的基本目标是尽可能减小上部结构所受的地震作用，同时将隔震层的变形控制在容许范围之内。

3.1 隔震层设计

3.1.1 隔震支座的性能参数（B）

隔震装置的生产厂家为株洲时代新材料科技股份有限公司，共采用了105只橡胶隔震支座，其中61只直径500mm铅芯支座和15只直径500mm普通橡胶支座，7只直径600mm铅芯支座和22只直径600mm普通橡胶支座，另外设置12个钢板抗风支座。橡胶隔震支座型号和力学性能指标如表2所示。

表2 橡胶隔震支座型号和力学性能指标

参数		单位	LNR500	LRB500	LNR600	LRB600
橡胶的剪切模量		MPa	0.392	0.392	0.392	0.392
有效直径		mm	500	500	600	600
第一形状系数		$S1$	26.39	27.78	29.69	31.25
第二形状系数		$S2$	5.85	5.85	5.68	5.68
竖向刚度		kN/mm	1866.8	2208.4	2443.1	2872
标准竖向荷载		kN/mm	2355	2355	3391	3391
屈服力		kN	—	70	—	90
100%水平性能	等效水平刚度	kN/m	886	1639	1033	1910
	等效阻尼比	%	5	28.5	5	28.5
	屈服后刚度 K_d	kN/m	—	900	—	1050
250%水平性能	等效水平刚度	kN/m	886	1053	1033	1230
	等效阻尼比	%	5	17.8	5	18.0
	屈服后刚度 K_d	kN/m	—	760	—	890

第三方检测数量为共24只橡胶隔震支座，其中12只直径500mm LRB铅芯支座；4只直径500mm LNR普通橡胶支座；3只直径600mm LRB铅芯支座；5只直径600mm LNR普通橡胶支座。经过第三方检测，检测结果满足国标《橡胶支座　第3部分：建筑隔震橡胶支座》（GB 20688.3—2006）中S-A类的要求。

3.1.2　隔震支座的布置

隔震支座的布置见图 2。

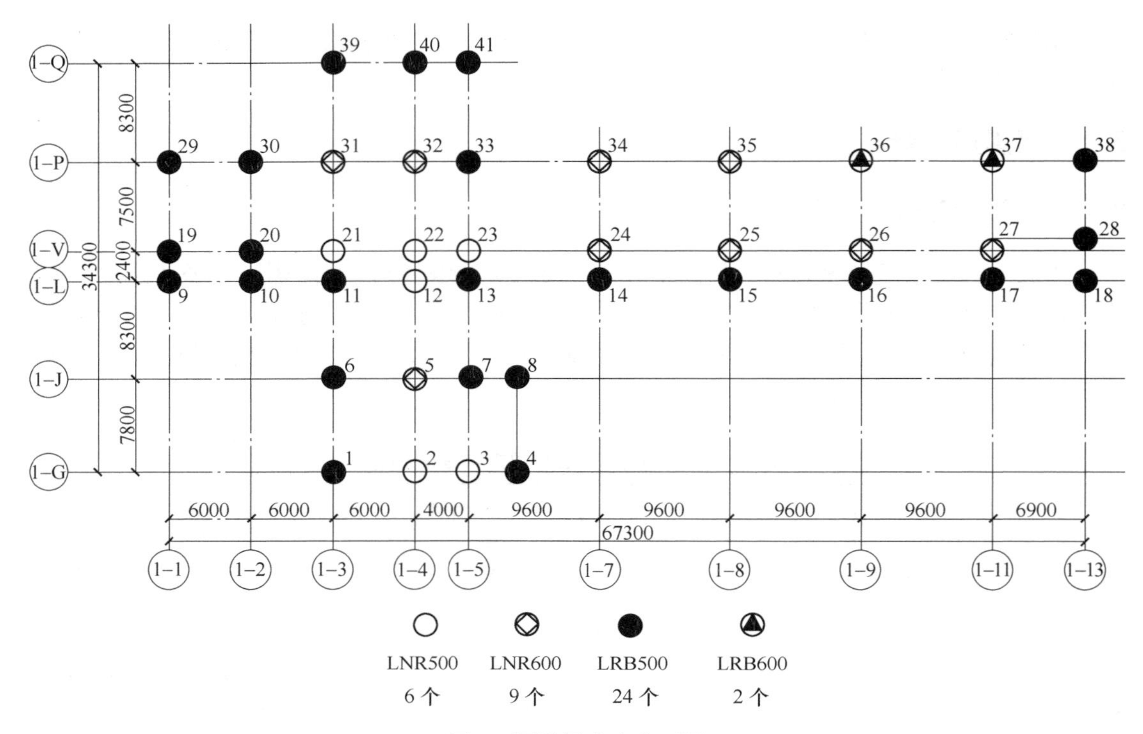

图 2　隔震层支座布置图

3.2　隔震模型

本工程的隔震分析计算由于采用的是 ETABS 软件（图 3），而施工图设计阶段采用的是 SATWE 软件，因此需要验证不隔震时 ETABS 模型与 SATWE 模型的一致性。二号教学楼 SATWE 模型和 ETABS 模型的结构自振周期比较如表 3 所示。

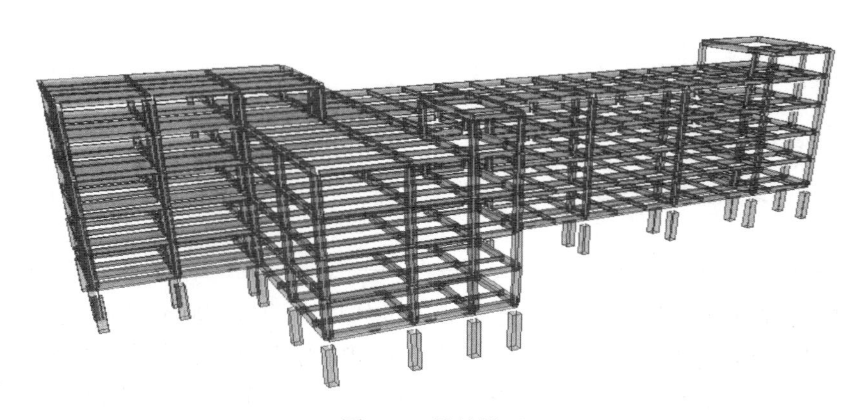

图 3　二号楼模型

表 3 SATWE 模型和 ETABS 模型结构自振周期比较

振型阶数	主要成分	不隔震/s		相对误差/%
		SATWE	ETABS	
1	*Y* 平动	0. 8107	0. 85477	-5. 16
2	*Y* 平动	0. 7797	0. 79804	-2. 30
3	*Z* 扭转	0. 7370	0. 76131	-3. 19
4	*Y* 平动	0. 2813	0. 28742	-2. 13
5	*X* 平动	0. 2664	0. 27509	-3. 16
6	*Z* 扭转	0. 2633	0. 26304	0. 10

从表 3 可以看出，两种软件的周期最大相对误差仅为 5. 16%，具有很好的一致性。

3. 3 地震波选取

《建筑抗震设计规范》（GB 50011—2010）第 12. 2. 2 条 2 款规定：一般情况下，隔震结构宜采用时程分析法进行计算；输入地震波的反应谱特性和数量，应符合本规范第 5. 1. 2 条的规定。又《建筑抗震设计规范》（GB 50011—2010）第 5. 1. 2 条 3 款规定：弹性时程分析时，每条时程曲线计算所得结构底部剪力不应小于振型分解反应谱法计算结果的 65%，多条时程曲线计算所得结果底部剪力的平均值不小于振型分解反应谱法计算结果的 80%。二号教学楼的天然波选用 EL-CENTRO 波和 Taft 波和唐山波（SN）。人工波根据场地地质条件生成的人工时程曲线。7 度（0. 15g）多遇地震下验算结果见表 4 和表 5。

表 4 时程法与反应谱法 *X* 向比较

不隔震结构底部剪力/kN	反应谱法	4722
	反应谱法的 65%	3069
	反应谱法的 80%	4013
不隔震结构底部剪力/kN	ELCENTRO 波	4354
	TAFT 波	4571
	唐山波（SN）	4891
	人工波	5171
	四条波平均值	4746

表 5 时程法与反应谱法 *Y* 向比较

不隔震结构底部剪力/kN	反应谱法	4017
	反应谱法的 65%	2611
	反应谱法的 80%	3414
不隔震结构底部剪力/kN	ELCENTRO 波	4072
	TAFT 波	3489
	唐山波（SN）	4974
	人工波	4027
	四条波平均值	4140

从表4和表5可以看出所选的每条波计算所得结构底部剪力大于振型分解反应谱法计算结果的65%，三条波计算所得底部剪力的平均值大于振型分解反应谱法计算结果的80%，满足《抗规》的规定。

3.4 中震7度（0.15g）下隔震结构的计算

3.4.1 水平向减震系数

水平向减震系数见表6～表9。

表6 ELCENTRO波计算结果

层号	不隔震结构层间剪力/N		隔震结构层间剪力/N		层间剪力比	
	X向	Y向	X向	Y向	X向	Y向
屋顶间	1650959	1403850	368538	353836	0.22	0.25
5	6598687	5586917	1373468	1345892	0.21	0.24
4	9861780	8332238	1967948	2030722	0.20	0.24
3	11592098	9793204	2204278	2377766	0.19	0.24
2	11742407	10321592	2350766	2448495	0.20	0.24
隔震层	—	—	3112362	3107100	—	—
1	13530818	12004380	2426468	2401222	0.18	0.20

表7 TAFT波计算结果

层号	不隔震结构层间剪力/N		隔震结构层间剪力/N		层间剪力比	
	X向	Y向	X向	Y向	X向	Y向
6	1986056	1706235	414172	383036	0.21	0.22
5	7014857	5973813	1371264	1300549	0.20	0.22
4	10900541	9281440	1886863	1820567	0.17	0.20
3	12404053	10557360	2081575	2036290	0.17	0.19
2	11782172	10015417	2258849	2250222	0.19	0.22
隔震层	—	—	3196286	3076174	—	—
1	13005217	11058399	2504177	2423931	0.19	0.22

表8 人工波计算结果

层号	不隔震结构层间剪力/N		隔震结构层间剪力/N		层间剪力比	
	X向	Y向	X向	Y向	X向	Y向
6	1504516	1321674	341520	333914	0.23	0.25
5	4507826	4168329	1296625	1225988	0.29	0.29
4	6906503	6303567	2138213	2037328	0.31	0.32

续表 8

层号	不隔震结构层间剪力/N		隔震结构层间剪力/N		层间剪力比	
	X 向	*Y* 向	*X* 向	*Y* 向	*X* 向	*Y* 向
3	9396241	7946485	2816409	2676375	0.30	0.34
2	11470499	9695714	3382096	3227721	0.29	0.33
隔震层	—	—	4014584	3903714	—	—
1	12118260	10233478	3796689	3650993	0.31	0.36

表 9　唐山波（SN）计算结果

层号	不隔震结构层间剪力/N		隔震结构层间剪力/N		层间剪力比	
	X 向	*Y* 向	*X* 向	*Y* 向	*X* 向	*Y* 向
6	1820462	1529431	494268	432135	0.27	0.28
5	7415963	6222500	1569315	1505364	0.21	0.24
4	12165952	10197905	2508600	2241800	0.21	0.22
3	15925975	13347474	3152921	2907523	0.20	0.22
2	18458509	15465313	3596016	3425414	0.19	0.22
隔震层	—	—	4003787	3932655	—	—
1	20096567	16841480	3699253	3621049	0.18	0.22

从表 6 ~ 表 9 可以看出上部结构（隔震层以上）层间剪力比最大值为 0.34，即减震系数为 0.34，满足《抗规》条文说明第 12.2.5 条表 6 中上部结构降半度设计的要求。

3.4.2　剪重比验算

根据《建筑抗震设计规范》（GB 50011—2010）第 12.2.5 条 3 款规定：隔震层以上结构的总水平地震作用不得低于非隔震结构在 7 度设防时的总水平地震作用，并应进行抗震验算；各楼层的水平地震剪力尚应符合本规范第 5.2.5 条对本地区设防烈度的最小地震剪力系数的规定，剪重比计算见表 10。

表 10　剪重比验算

楼层	剪力		剪重比/%	
	X 向	*Y* 向	*X* 向	*Y* 向
6	360	390	10.31	11.17
5	1325	1184	8.12	7.26
4	2106	1866	7.08	6.27
3	2675	2370	6.19	5.48
2	2983	2648	5.26	4.67

从以上看出，上部结构按照 7 度（0.1g）设计后，最小剪重比为 4.67%，满足工程所

在地设防烈度 7 度（0.15g）最小剪重比 2.4% 的要求。

3.5 罕遇地震作用下的分析结果

3.5.1 罕遇地震下隔震层位移验算

罕遇地震下隔震层位移验算见表 11。

表 11 7 度罕遇地震下隔震层位移验算

地震波名	隔震层位移 $\eta_i u_c$ /mm	
	X 向	*Y* 向
ELCENTRO 波	99	99
TAFT 波	87	88
人工波	187	185
唐山波（SN）	173	170
包络值	187	
[u_i]	257	

从表 11 看出，隔震支座在 7 度罕遇地震下的最大位移为 187mm，小于允许值 257mm，满足《建筑抗震设计规范》（GB 50011—2010）的要求。

3.5.2 隔震支座拉应力验算

《建筑抗震设计规范》（GB 50011—2010）第 12.2.4 条 1 款规定：隔震层在罕遇地震下应保持稳定，不宜出现不可恢复的变形；其橡胶支座在罕遇地震的水平和竖向地震同时作用下，拉应力不应大于 1MPa。同时根据抗震规范培训教材的解释，隔震支座在罕遇地震下隔震支座的压应力值不应超过 30MPa。

从表 12 可以看出，隔震支座在罕遇地震作用下的最大压应力为 17.33MPa，没有超过 30MPa（瞬间压应力）。从表 13 可以看出，隔震支座在罕遇地震作用下隔震支座的最大拉应力为 0.74MPa，没有超过 1MPa。

表 12 罕遇地震和重力荷载代表值作用下隔震支座压应力

支座编号	荷载组合时程包络值	
	1.3×罕遇地震（*X* 向）+1.2×重力荷载代表值 隔震支座上应力/MPa	1.3×罕遇地震（*Y* 向）+1.2×重力荷载代表值 隔震支座上应力/MPa
1	-8.92	-8.88
2	-10.43	-10.58
3	-10.13	-10.24
4	-9.80	-9.10
5	-11.60	-11.54
6	-12.69	-12.42
7	-12.83	-12.97

续表12

支座编号	荷载组合时程包络值	
	1.3×罕遇地震（*X*向）+1.2×重力荷载代表值隔震支座上应力/MPa	1.3×罕遇地震（*Y*向）+1.2×重力荷载代表值隔震支座上应力/MPa
8	-13.47	-13.19
9	-6.86	-6.90
10	-7.45	-7.81
11	-13.25	-13.49
12	-13.43	-13.63
13	-9.87	-10.42
14	-9.06	-9.46
15	-9.19	-9.64
16	-9.49	-9.98
17	-11.86	-12.38
18	-9.76	-10.48
19	-9.19	-8.75
20	-12.99	-13.15
21	-13.73	-14.12
22	-11.94	-12.40
23	-16.26	-16.27
24	-12.52	-12.63
25	-12.27	-12.38
26	-12.58	-12.71
27	-13.38	-13.52
28	-15.30	-15.28
29	-7.96	-7.54
30	-13.27	-13.58
31	-12.64	-12.71
32	-12.92	-12.82
33	-17.33	-16.98
34	-11.94	-12.20
35	-11.94	-12.23
36	-12.32	-12.64
37	-12.22	-12.66
38	-14.57	-14.67
39	-8.30	-8.17
40	-11.57	-11.97
41	-9.24	-9.07

表 13　罕遇地震和重力荷载代表值作用下隔震支座拉应力

支座编号	荷载组合时程包络值	
	1.3×罕遇地震（*X* 向）+1.0×重力荷载代表值隔震支座上应力/MPa	1.3×罕遇地震（*Y* 向）+1.0×重力荷载代表值隔震支座上应力/MPa
1	-2.17	-2.20
2	-5.69	-5.54
3	-5.42	-5.31
4	-4.07	-4.77
5	-9.28	-9.34
6	-7.73	-8.00
7	-10.17	-10.03
8	-1.96	-2.24
9	0.70	0.74
10	-2.82	-2.46
11	-6.76	-6.52
12	-6.98	-6.78
13	-7.44	-6.89
14	-3.19	-2.79
15	-2.88	-2.43
16	-2.68	-2.19
17	-3.67	-3.15
18	-4.03	-3.30
19	-4.74	-5.19
20	-8.11	-7.95
21	-8.12	-7.73
22	-7.22	-6.75
23	-5.43	-5.41
24	-9.21	-9.10
25	-8.98	-8.87
26	-9.28	-9.14
27	-9.31	-9.17
28	-8.19	-8.21
29	-4.88	-5.29
30	-6.99	-6.67
31	-10.14	-10.07
32	-9.97	-10.06
33	-9.01	-9.36

续表 13

支座编号	荷载组合时程包络值	
	1.3×罕遇地震（X 向）+1.0×重力荷载代表值隔震支座上应力/MPa	1.3×罕遇地震（Y 向）+1.0×重力荷载代表值隔震支座上应力/MPa
34	-6.89	-6.62
35	-6.55	-6.26
36	-6.59	-6.27
37	-7.56	-7.12
38	-2.48	-2.37
39	-6.22	-6.34
40	-7.82	-7.42
41	0.38	0.22

注：支座受拉为正

3.5.3 罕遇地震 8 度（0.20g）下柱顶内力计算（算柱子配筋用）

《建筑抗震设计规范》（GB 50011—2010）第 12.2.9 条 1 款规定：隔震层支墩、支柱即相连构件，应采用隔震结构罕遇地震下隔震支座底部的竖向力、水平力和力矩进行承载力验算。8 度（0.2g）罕遇地震作用下地下室一层柱顶内力计算见下式：

$$M_1 = 0.5 \times N_1 \times \Delta; \quad M_2 = 0.5 \times N_2 \times \Delta$$

$$M_3 = 0.5 \times N_3 \times \Delta_x; \quad M_4 = 0.5 \times N_4 \times \Delta_y$$

$$M_{vx} = 0.5 \times V_x \times H; \quad M_{vy} = 0.5 \times V_y \times H$$

式中 N_1——恒载作用下隔震支座轴力；

N_2——活载作用下隔震支座轴力；

N_3——X 向地震作用下隔震支座受到的轴力；

N_4——Y 向地震作用下隔震支座受到的轴力；

V_x——双向地震作用下隔震支座受到的 X 向的剪力；

V_y——双向地震作用下隔震支座受到的 Y 向的剪力；

M_1——N_1 对柱顶产生的附加弯矩；

M_2——N_2 对柱顶产生的附加弯矩；

M_3——N_3 对柱顶产生的附加弯矩；

M_4——N_4 对柱顶产生的附加弯矩；

M_{vx}——V_x 对柱顶产生的附加弯矩；

M_{vy}——V_y 对柱顶产生的附加弯矩；

Δ——双向地震作用下隔震层的最大位移；

Δ_x——双向地震作用下隔震层 X 向的最大位移；

Δ_y——双向地震作用下隔震层 Y 向的最大位移；

H——隔震支座高度。

表 14 和表 15 中，地震对支座产生压作用时，内力方向与图 4 中一致时取正。地震对支座产生拉作用时，内力方向与图 5 中一致时取正。表 14 中柱子 1 ~ 柱子 41 位置见图 6，混凝土强度等级为 C35。

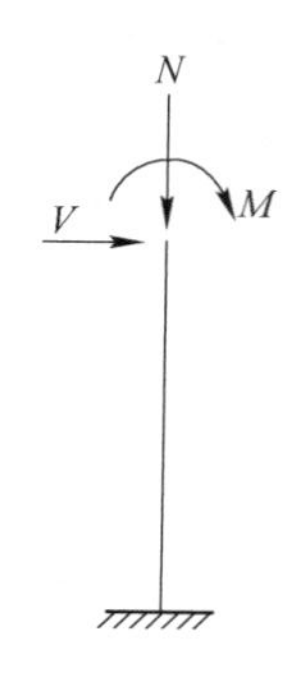

图 4　地震压作用时计算简图

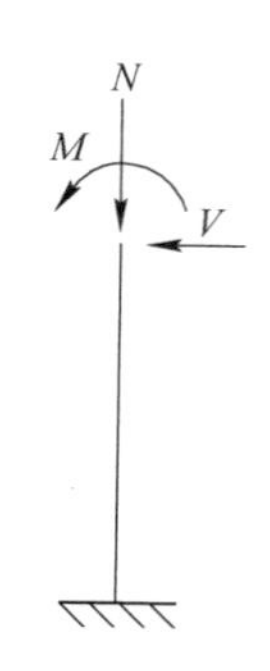

图 5　地震拉作用时计算简图

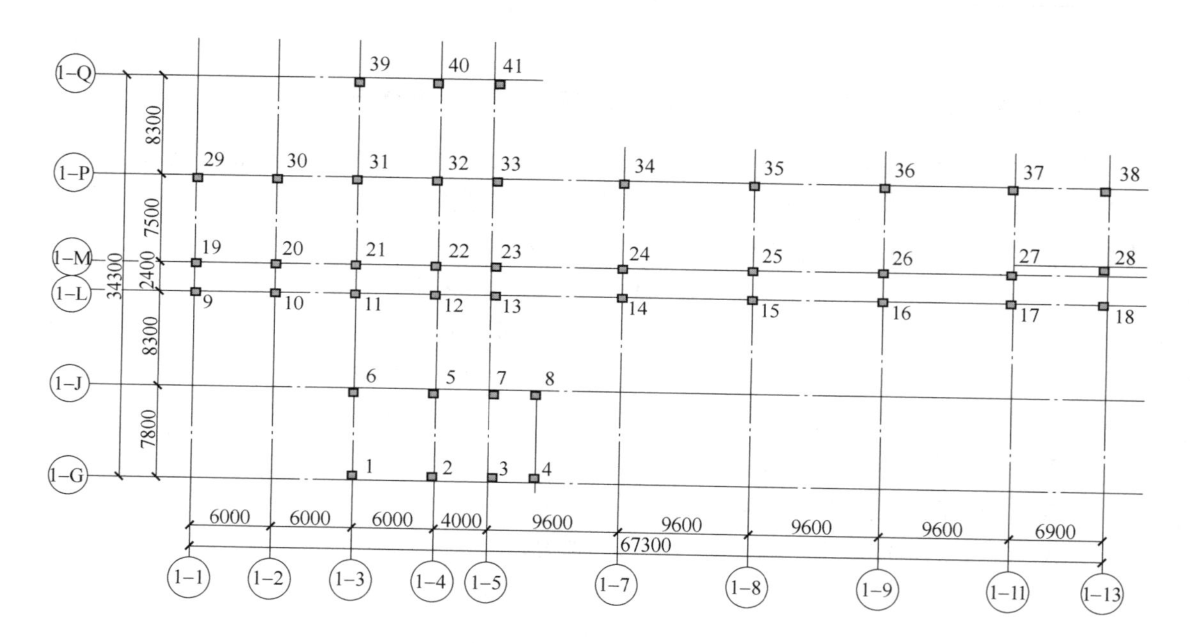

图 6　底层柱子编号图

表 14　罕遇地震作用对支座产生压作用时的隔震层 1 下柱顶内力标准值（轴力最大）

柱号	柱子截面 /mm × mm	轴力/kN				剪力/kN		附加弯矩 M/kN · m					
		N_1	N_2	N_3	N_4	V_x	V_y	M_1	M_2	M_3	M_4	M_{vx}	M_{vy}
1	660 × 660	938	101	433	428	179	212	94	10	43	43	21	18
2	660 × 660	1334	208	247	269	156	166	133	21	25	27	17	16
3	660 × 660	1299	176	249	266	184	166	130	18	25	27	17	18
4	660 × 660	1175	124	337	232	184	208	117	12	34	23	21	18
5	760 × 760	2450	464	46	33	181	189	245	46	5	3	19	18

续表 14

柱号	柱子截面/mm×mm	轴力/kN				剪力/kN		附加弯矩 M/kN·m					
		N_1	N_2	N_3	N_4	V_x	V_y	M_1	M_2	M_3	M_4	M_{vx}	M_{vy}
6	660×660	1705	233	235	194	184	209	171	23	23	19	21	18
7	660×660	1907	288	43	64	186	205	191	29	4	6	21	19
8	660×660	1306	141	763	721	186	204	131	14	76	72	20	19
9	660×660	519	61	528	535	180	208	52	6	53	53	21	18
10	660×660	853	126	279	333	182	206	85	13	28	33	21	18
11	660×660	1661	248	352	389	182	204	166	25	35	39	20	18
12	660×660	1667	307	347	378	187	161	167	31	35	38	16	19
13	660×660	1423	242	65	148	196	200	142	24	6	15	20	20
14	660×660	1011	164	360	420	204	196	101	16	36	42	20	20
15	660×660	996	161	394	461	212	193	100	16	39	46	19	21
16	660×660	1005	162	431	505	218	191	100	16	43	50	19	22
17	660×660	1303	163	511	590	222	189	130	16	51	59	19	22
18	660×660	1177	105	338	447	222	188	118	11	34	45	19	22
19	660×660	1170	147	240	173	181	207	117	15	24	17	21	18
20	660×660	1731	303	224	248	181	205	173	30	22	25	21	18
21	660×660	1802	294	273	333	155	161	180	29	27	33	16	15
22	660×660	1572	273	225	295	156	161	157	27	22	30	16	16
23	660×660	1767	334	668	671	189	161	177	33	67	67	16	19
24	760×760	2548	486	146	169	193	190	255	49	15	17	19	19
25	760×760	2494	473	147	172	197	190	249	47	15	17	19	20
26	760×760	2563	488	143	172	202	190	256	49	14	17	19	20
27	760×760	2685	462	218	249	222	190	268	46	22	25	19	22
28	660×660	1951	288	376	372	222	187	195	29	38	37	19	22
29	660×660	1089	113	145	82	182	203	109	11	14	8	20	18
30	660×660	1680	252	335	383	182	202	168	25	34	38	20	18
31	760×760	2713	427	46	62	183	188	271	43	5	6	19	18
32	760×760	2687	506	94	74	194	188	269	51	9	7	19	19
33	660×660	2162	375	447	394	194	195	216	37	45	39	19	19
34	760×760	2238	361	363	420	188	184	224	36	36	42	18	19
35	760×760	2200	352	403	466	193	184	220	35	40	47	18	19
36	760×760	2248	362	435	505	197	184	225	36	44	51	18	20
37	760×760	2360	362	312	406	223	184	236	36	31	41	18	22
38	660×660	1414	213	796	811	223	186	141	21	80	81	19	22
39	660×660	1218	155	58	39	195	194	122	15	6	4	19	19
40	660×660	1595	268	150	210	198	192	159	27	15	21	19	20
41	660×660	737	105	666	640	198	191	74	11	67	64	19	20

表 15　罕遇地震作用对支座产生压作用时的隔震层 1 下柱底内力设计值（轴力最大）

支墩截面/mm × mm	最大轴力/kN	最大剪力/kN	最大弯矩 M_x/kN · m	最大弯矩 M_y/kN · m	备注
660 × 660	3400	290	1654	1522	
760 × 760	3822	290	1732	1545	

3.5.4　罕遇地震下结构层间位移角

根据《建筑抗震设计规范》（GB 50011—2010）第 12.2.9 条 2 款的规定：隔震层以下地面以上的结构在罕遇地震下的层间位移角限值应满足表 12.2.9 要求。查表 12.2.9 得，罕遇地震下钢筋混凝土框架结构隔震层下的楼层层间位移角限值为 1/100。

从表 16 中可以看出 7 度（0.15g）罕遇地震作用下 1 层的层间位移角为 1/503，从表 17 中可以看出 8 度（0.2g）罕遇地震作用下 1 层层间位移角为 1/378 远小于 1/100 的要求。

表 16　罕遇地震 7 度（0.15g）作用下各层层间位移角

楼　层	最大层间位移角	
	X 向	Y 向
6	1/1080	1/1149
5	1/905	1/733
4	1/673	1/549
3	1/543	1/447
2	1/569	1/466
隔震层 1		
1	1/552	1/503

表 17　罕遇地震 8 度（0.20g）作用下各层层间位移角

楼　层	最大层间位移角	
	X 向	Y 向
6	1/901	1/968
5	1/764	1/620
4	1/564	1/460
3	1/450	1/370
2	1/464	1/381
隔震层 1		
1	1/413	1/378

3.6　隔震层抗风设计

3.6.1　隔震层设计方案

首先，隔震层设计设定 $\beta < 0.40$，经过有限元计算分析，隔震层确定选用 6 个

LNR500、9 个 LNR600、24 个 LRB500 和 2 个 LRB600，这时β为 0.34，满足$\beta<0.40$的设定目标。由于本工程场地基本分压较大，隔震层方向（Y向）的抗风设计不满足要求，因此考虑以下两种有（无）设置抗风支座的隔震层设计方案：（1）隔震层设计方案一（简称隔震一）：单纯考虑增加铅芯橡胶支座数量来满足抗风设计要求，适当降低减震效果，但要求$\beta\leqslant 0.53$，建立结构模型，通过有限元计算分析，β为 0.44，确定选用 5 个 LNR600、30 个 LRB500 和 6 个 LRB600，隔震支座平面布置如图 7 所示。（2）隔震层设计方案二（简称隔震二）：考虑通过设置抗风支座满足抗风设计要求的隔震方案，以此建立结构模型，仍然选用上述确定的 6 个 LNR500、9 个 LNR600、24 个 LRB500 和 2 个 LRB600，另外单独设置 4 个抗风支座，β值仍为 0.34，隔震支座及抗风支座（WRB）平面布置见图 8。

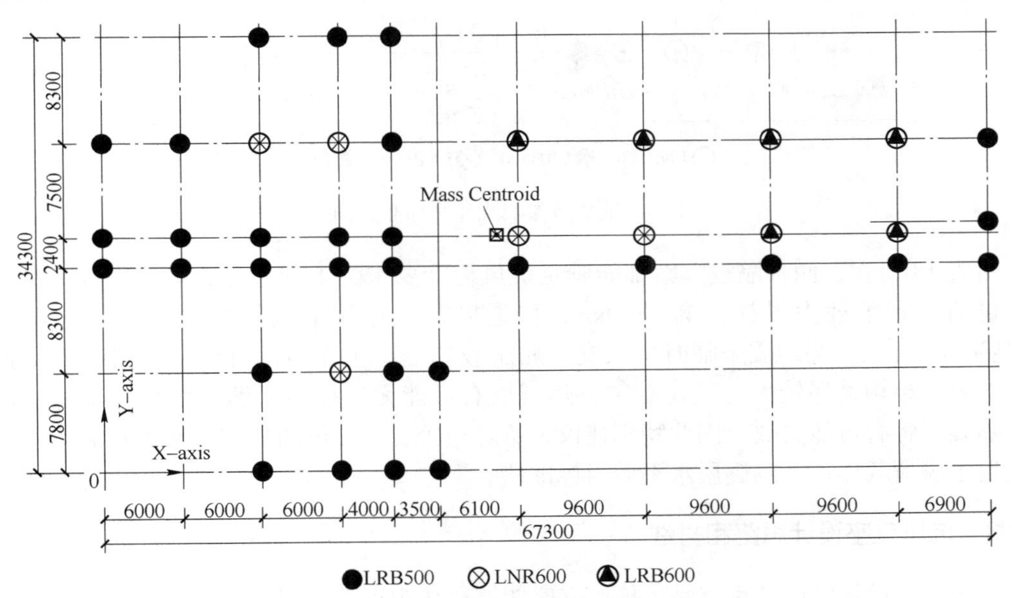

图 7　隔震方案一支座平面布置图

3.6.2　隔震层抗风验算

表 18 给出了两种隔震方案的隔震层最不利方向（Y向）抗风承载力验算情况。其中V_{RW}为抗风装置的水平承载力设计值；r_w为风荷载分项系数 1.4；V_{wk}为风荷载作用下隔震层的水平剪力标准值；$r_w V_{wk}$为风荷载作用下隔震层的水平剪力设计值。

表 18　隔震层 Y 向抗风验算

隔震方案	隔震一		隔震二		
支座类型	LRB500	LRB600	LRB500	LRB600	抗风支座
V_{RW}/kN	2640		1860		1000
$\sum V_{RW}$/kN	2640		2860		
V_{wk}/kN	1884				
$r_w V_{wk}$/kN	2637				

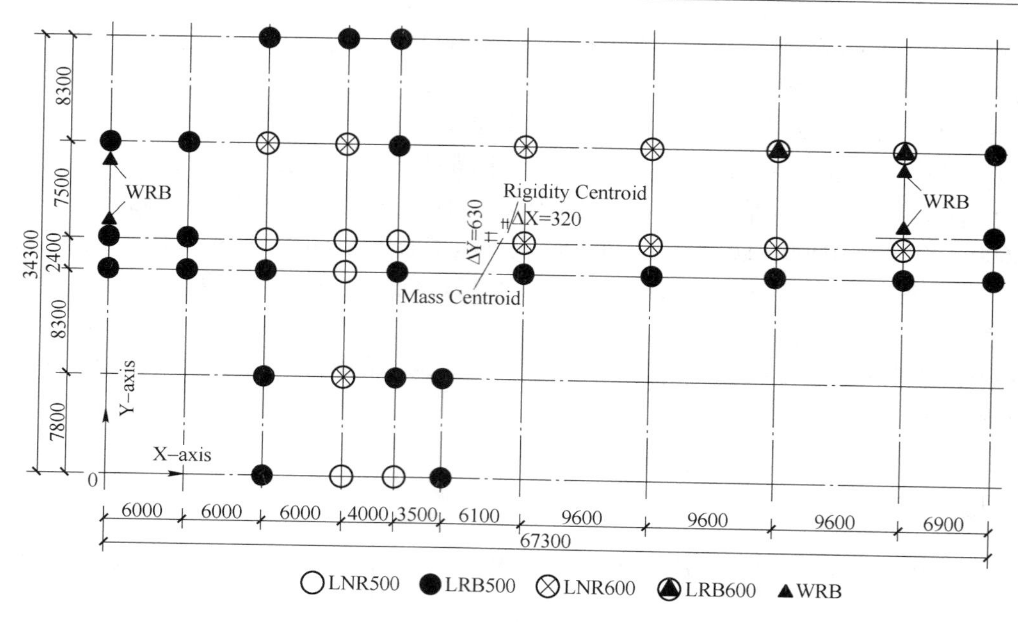

图 8　隔震方案二支座平面布置图

由表 18 得知，两种隔震方案都能满足抗风设计要求。工程选择方案二实施，铅芯支座提供的水平承载力设计值为 1860kN，接近风荷载作用下隔震层的水平剪力标准值 1884kN。实际上，当地震来临时抗风支座屈服破坏退出工作后不可能在短时间内更换安装，这时当结构遭遇较大的风荷载时，隔震层有可能无法提供足够的水平力来抵抗风荷载，隔震层将有可能失效。因此特别建议，铅芯橡胶支座提供的隔震层水平承载力设计值宜接近于风荷载作用下隔震层水平剪力标准值。

3.6.3　抗风支座设计思路和材性

抗风支座设计考虑的重点是，抗风支座能够在结构正常使用条件和小震作用下，抗风支座参与工作，提供水平承载力，隔震层不屈服；在结构遭遇中震及大震时，抗风支座能屈服并破坏，退出工作，上部结构的减震效果不变。同时要求其受力机理清晰，构造简单，震后更换方便。

抗风支座承受水平剪力，考虑由钢板提供承载力，这样抗风支座可由抗风钢板和上下 2 块连接钢板组成。设计采用具有一定强度和塑性变形较好的碳素结构钢 Q235B。为保证结构在遭遇中震时抗风钢板屈服，构造一个屈服面，将抗风钢板设计成容易形成应力集中且有明显屈服面的形状，即中间截面窄的截面形状。

3.6.4　抗风支座有限元模拟

（1）模型基本情况：每个抗风支座屈服力的设计值为 250kN，经多次有限元模型优化设计，确定抗风钢板宽度为 350mm，中间窄截面宽度为 100mm，高度为 250mm，厚度为 6mm，每组 3 块。图 9 给出了抗风支座的实体模型。抗风钢板高度取为 250mm 考虑的是使得钢板的塑性变形大一些。上下连接钢板分别与上部和下部结构用预埋钢板连接，连接方式采用螺栓套筒连接，这样方便进行抗风支座的更换工作。

抗风支座模型有限元分析运用国际上通用的 ABAQUS 6.11 软件进行，钢材采用 Solid 单元模拟，Q235B 钢材因为流幅较短，所以本构模型采用三折线强化模型，如图 10 所示。图 10 中完全弹性阶段应变 ε_s 为 0.01，弹性阶段的斜率为弹性模量 ES，强化阶段应变 ε_s 为 0.05，极限应变 ε_u 为 0.1，屈服强度设计值 f_y 为 210MPa，强化阶段强度设计值 f_s 为 325MPa，极限强度设计值 f_u 为 380MPa。抗风支座具体设计大样见图 11。

图 9 抗风支座实体模型

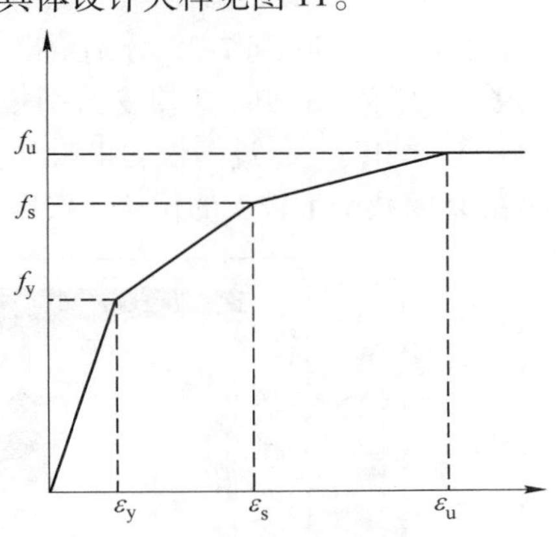

图 10 钢材本构模型图

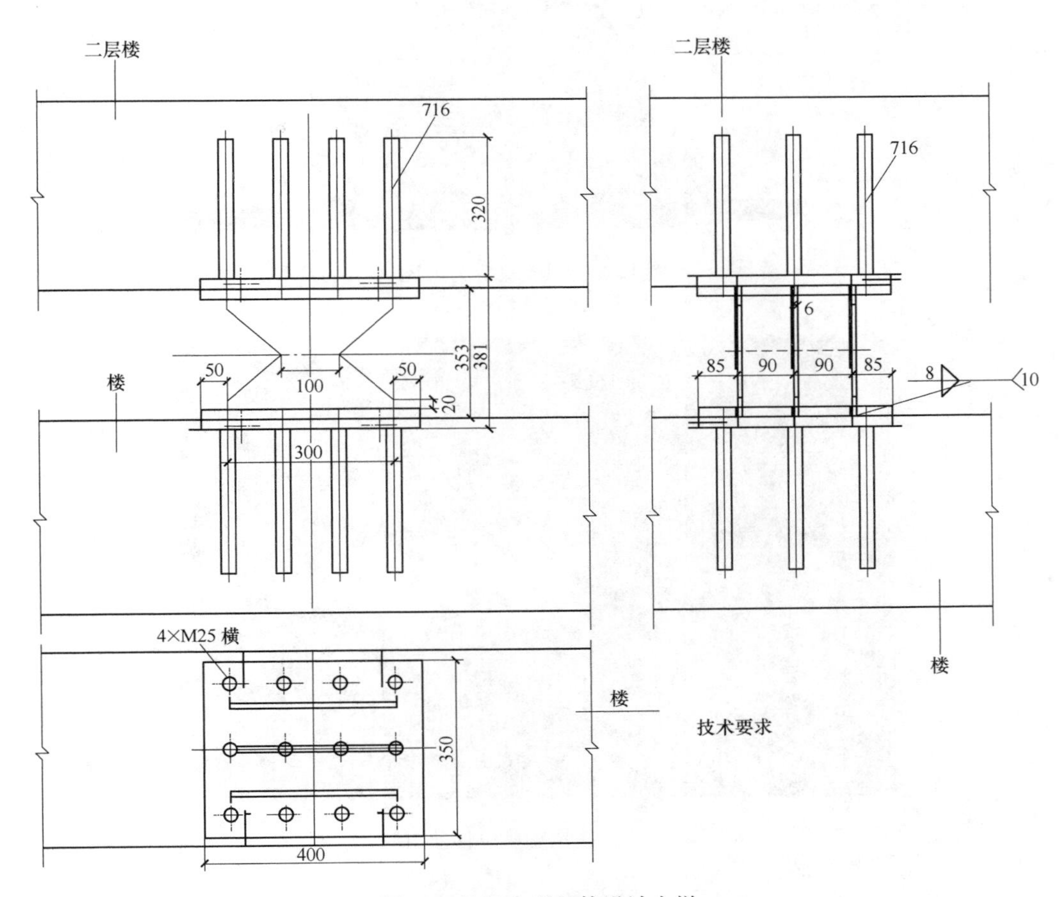

图 11 抗风支座具体设计大样

（2）边界条件及加载情况：抗风钢板的 3 个平动自由度和 3 个转动自由度全部约束，支座约束等边界条件也与实际工程情况吻合；对上连接钢板施加一个水平且平行于受力钢板，大小为 250kN 的静集中力。加载过程仅对耦合后的主节点加载，这种加载形式能很好地避免应力集中。

（3）计算结果：通过有限元模型分析，得到了抗风支座在水平集中力作用下的应力和位移变化情况。图 12 和图 13 分别给出了抗风支座在加载最终阶段的截面应力分布云图和位移云图。由图 12 得知，3 块受力钢板在屈服面 A 区域产生较大的应力集中，截面最大应力为 453. 10MPa，超过钢板的极限强度设计值 380MPa，已发生破坏。由图 13 得知，抗风支座在 B 区域产生较大的位移，极限位移为 15. 60mm。

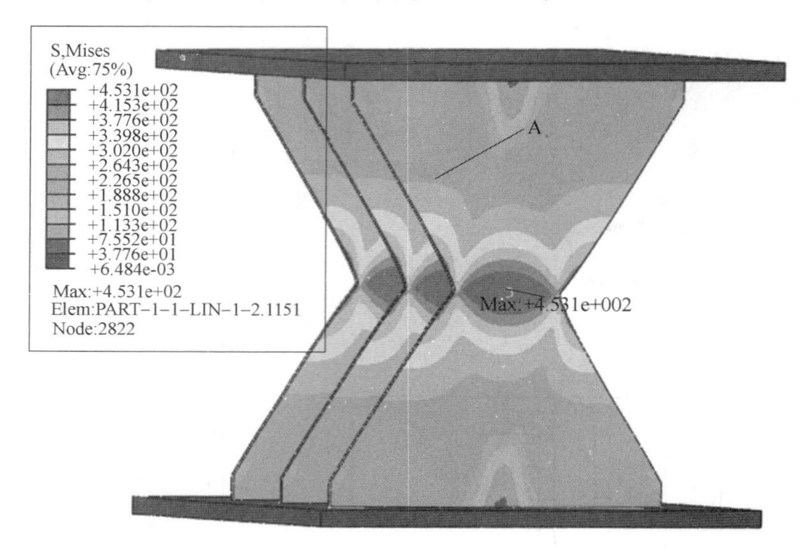

图 12　抗风支座应力云图

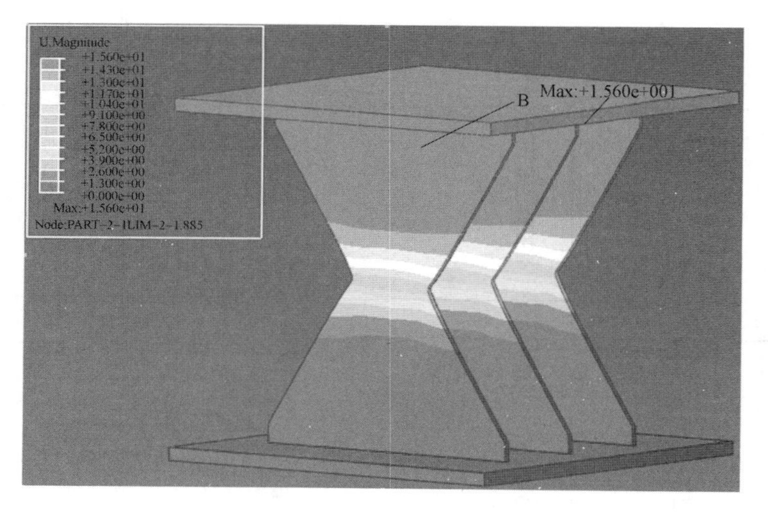

图 13　抗风支座位移云图

3.6.5 抗风支座布置

根据ETABS计算结果，隔震二的隔震层质心坐标为（29.97m，18.61m），刚心坐标为（30.29m，19.24m），偏心率为（$E_x=0.48\%$，$E_y=1.84\%$），偏心率小于3%的要求。经多次试算，最终确定4个抗风支座的位置坐标分别为（0.00m，19.10m）、(0.00m，25.40m）和（60.40，19.10m）、(60.40，25.40m）。需要说明的是，隔震层左右布置4个抗风支座考虑了抗风支座沿结构外围布置有利于结构的抗扭和抗风支座承受的水平力对隔震层质心的矩基本自平衡，这样的布置方案优于布置2个抗风支座。工程施工制作两组共8个抗风支座，一组长期备用待换。

3.6.6 组合隔震形式力学模型

隔震结构的运动微分方程为：

$$\boldsymbol{M}u\&(t)+\boldsymbol{C}u\&(t)+\boldsymbol{K}u(t)+F=f(t) \tag{1}$$

式中，$f(t)$ 为外部激励矩阵；$u(t)$ 为结构的位移矩阵；$u\&(t)$ 分别为结构的速度和加速度矩阵；$\boldsymbol{M}$ 为结构的质量矩阵；$\boldsymbol{K}$ 为结构的刚度矩阵；$\boldsymbol{C}$ 为结构的阻尼矩阵。

质量矩阵 $\boldsymbol{M}$、刚度矩阵 $\boldsymbol{K}$、阻尼矩阵 $\boldsymbol{C}$ 可以写成如下形式：

$$\boldsymbol{M}=\begin{bmatrix} m_1 & 0 & L & 0 \\ 0 & m_2 & L & 0 \\ M & M & O & M \\ 0 & 0 & L & m_n \end{bmatrix}\boldsymbol{K}=\begin{bmatrix} k_1 & -k_2 & L & 0 \\ -k_2 & k_2+k_3 & L & 0 \\ M & M & O & M \\ 0 & 0 & L & k_n \end{bmatrix}\boldsymbol{C}=\begin{bmatrix} c_1+c_2 & -c_2 & L & 0 \\ -c_2 & c_2+c_3 & L & 0 \\ M & M & O & M \\ 0 & 0 & L & c_n \end{bmatrix}$$

式（1）中，$F=\begin{cases} 0 & V\geqslant[V] \\ F(t) & V<[V] \end{cases}$，其中 V 为结构受到外部激励时隔震层的剪力，$[V]$ 为结构遭遇中震时抗风支座所受到的设计剪力，$F(t)$ 为抗风支座所受到的水平剪力。橡胶隔震支座提供的水平刚度体现在刚度矩阵 k 中，而对于抗风支座分为以下两种情况：(1) 结构在正常使用和小震作用下，即为 $V<[V]$ 状态，抗风支座参与工作并提供一个水平承载力 $F=F(t)\neq 0$；(2) 结构在遭遇中震及大震的情况下，即为 $V\geqslant[V]$ 状态，抗风支座屈服并破坏，退出工作，$F=0$。这就是抗风支座与橡胶隔震支座共同工作力学模型。

3.6.7 抗风支座模拟实现

在ETABS建立的有限元模型中，选用plastic1单元模拟抗风支座，Y 向等效刚度为ABAQUS设计计算结果（即抗风支座的设计剪力与其极限变形之比）反算而得到的等效刚度。并假设有：(1) X 向与 Z 向的刚度对相应方向的刚度影响可以忽略不计，即定为0值；(2) 抗风支座的阻尼比定为0值。

表19给出了隔震二在小震作用下隔震层的剪力设计峰值，表20给出了隔震二在小震及中震作用下隔震层Y向的位移峰值。小震（中震）地震作用的计算是，取隔震支座50%（100%）剪应变所对应的等效水平刚度和等效阻尼比。

表 19 小震作用下隔震层剪力 (kN)

Taft 波		人工波	
X 向	Y 向	X 向	Y 向
2002	1997	1962	1970

表 20 小震和中震作用下隔震层 Y 向位移 (mm)

地震波	小震	中震
El Centro 波	3.58	25.73
Taft 波	3.08	40.48

由表 19 得知，隔震二在小震作用下隔震层的最大剪力值为 2002kN 小于隔震二的抗风装置水平承载力设计值 2860kN；由表 20 得，隔震二在小震作用下隔震层 Y 向的位移峰值为 3.58mm 小于抗风支座的极限变形值 15.60mm，说明抗风支座未破坏，参与工作，满足变形协调条件。在中震作用下隔震层 Y 向的最小位移值为 25.73mm 大于抗风支座的极限变形值 15.60mm，说明抗风支座破坏，退出工作，内力重新分配到结构相当于去除抗风支座的影响，在 ETABS 中通过删除 plastic1 单元模拟的抗风支座实现，结构在中震和大震作用下内力重新分配的结果即为结构在不设抗风支座的隔震结构的计算结果。

3.6.8 风荷载和其他非地震作用的水平荷载标准值产生的总水平力验算

《建筑抗震设计规范》（GB 50011—2010）第 12.1.3 条 3 款规定：风荷载和其他非地震作用的水平荷载标准值产生的总水平力不宜超过总重力的 10%。验算过程如表 21 所示。

表 21 总水平力验算

方 向	总水平力/kN	重力/kN	(总水平力/重力)/%
X	1083	72190	1.5
Y	1919		2.66

从表 21 可以看出风载产生的总水平力没有超过结构总重力的 10%，满足《建筑抗震设计规范》（GB 50011—2010）的规定。

3.7 隔震层弹性水平恢复力验算

《叠层橡胶支座隔震技术规程》第 4.3.6 条规定：隔震支座的弹性恢复力需符合下列要求：

$$K_{100} t_r \geqslant 1.40 V_{RW}$$

式中 K_{100}——隔震支座在水平剪切应变 100% 时的水平有效刚度；

V_{RW}——抗风装置的水平承载力设计值。当抗风装置是隔震支座的组成部分时，取隔震支座的水平屈服荷载设计值；

t_r——隔震支座的橡胶层总厚度。

隔震支座的弹性恢复力验算见表 22。

表 22 隔震层弹性水平恢复力验算

支座类型	LNR500	LRB500	LNR600	LRB600
K_{100}/kN · m^{-1}	886	1639	1033	
t_r/mm	85.5	85.5	105.6	105.6
支座个数	6	24	9	2
各类型支座 $\sum K_{100}t_r$/kN	454	3363	981	
$\sum K_{100}t_r$/kN	4798			
1.40V_{RW}/kN	3976			

从表 22 看出，隔震支座的弹性水平恢复力均大于抗风装置的水平承载力设计值，满足《隔震技术规程》要求。

4 施工维护情况说明

4.1 隔震层下支墩钢筋和梁底模板安装

下支墩预埋板安装前，需将底层框架独立柱浇至预埋板锚筋底部。下支墩部位钢筋比较密集，有柱钢筋、支墩钢筋、梁钢筋、板钢筋等，各种钢筋纵横交错，需合理安排钢筋绑扎顺序及其位置。柱子主筋接长改为直螺纹连接，避免搭接处钢筋过密。绑扎下支墩外侧梁顶面标高以下的箍筋和拉钩，与此同时，将梁底模支设安装完成。下支墩钢筋绑扎应注意支墩钢筋下料长度应达到预埋板下沿。

4.2 下预埋钢板安装

上、下预埋板是指预埋于隔震支座上、下支墩中，使隔震支座与下部底层和上部结构相互连接的受力钢板。上、下预埋板由套筒、钢板和锚筋组成，见图 14。预埋件需进行进场检验。根据开孔尺寸，将其吊装至支墩上，然后利用人工将预埋件铺设到位，可利用调节螺栓控制预埋件水平和垂直方向，见图 15。

4.3 下支墩混凝土浇筑

预埋件混凝土浇灌过程中应将套筒用密封布料将其扎紧，避免杂物混入，同时为方便振捣隔震支座下部构件或基础的混凝土，在下部埋件钢板中心开孔，设计要求直径 150mm。振捣完成待混凝土初凝前用加入同直径的石子二次振捣，保证预埋件下支墩混凝土能够密实充分，见图 16。经过养护后，混凝土强度达到设计强度的 50%，将预埋件表面磨光，见图 17，这样方便于隔震支座的安装定位。

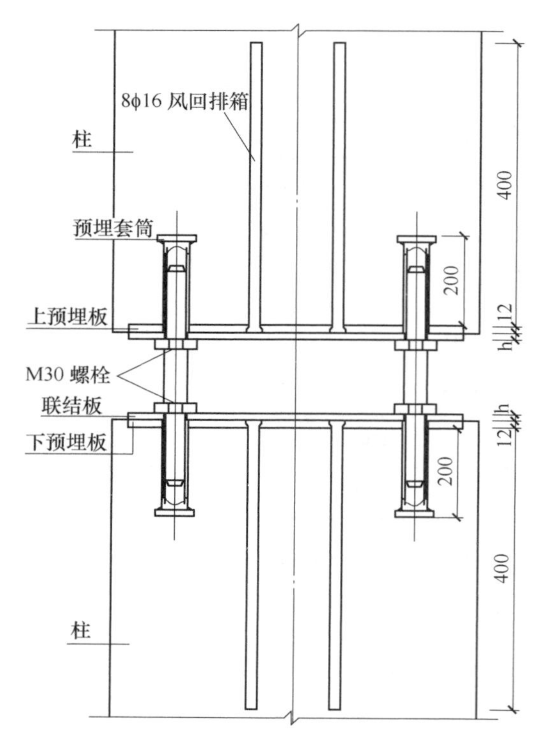

图 14 隔震支座预埋件

图 15 调节螺栓控制预埋件水平和垂直方向

图 16 下支墩混凝土二次振捣

图 17 浇筑完成后对预埋件磨光

4.4 隔震支座安装及质量精度控制

混凝土强度达到设计强度的 75% 后可进行隔震支座安装，安装前必须进行定位复测并记录，复测内容包括预埋件标高、中心位置及平整度。复测满足要求后可进行隔震支座安装。安装前应将下支墩面清理干净。在吊装隔震支座过程中需要 2 名工人进行配合（见图 18），对称拧紧螺栓，保证隔震支座定位准确，同时需要一名厂家技术负责人进行指导。

吊装隔震支座后，拧紧高强螺栓。隔震支座安装完后（见图19），复测隔震支座标高及平面位置并记录。

图18　工人配合安装

图19　隔震支座安装完成图

隔震支座安装质量精度控制：安装过程中，对支座水平度和轴线位置的控制精度要求较高，必须满足如下要求：

（1）隔震支座的标识齐全、清晰、丝扣无裂纹损毁。

（2）隔震支座表面清洁、无油污、泥沙、破损等，防腐涂层均匀、光洁无漏刷现象。

（3）支承隔震支座的下支墩，其顶面水平度误差不宜大于5‰；在隔震支座安装后，隔震支座顶面的水平度误差不宜大于8‰。

（4）隔震支座中心的平面位置与设计位置的偏差小于5.0mm。

（5）隔震支座中心的标高与设计标高的偏差小于5.0mm。

（6）同一支墩上多个隔震支座之间的顶面高差小于5.0mm。

（7）连接板和外露连接螺栓采取防锈保护措施。

（8）支座安装阶段，应对支墩（或柱）顶面、隔震支座顶面的水平度、隔震支座中心的平面位置和标高进行测量并记录。

4.5　上支墩及隔震层梁板施工

（1）上支墩预埋件固定。将上部预埋件用高强螺栓连接到隔震支座上，注意隔震层上层梁板受力筋与套筒位置关系。绑扎梁钢筋时，切忌碰撞预埋板，如单排钢筋位置与预埋锚筋和预埋螺栓套筒位置冲突时，见图20，施工中也可将梁钢筋呈二排或多排布置，箍筋肢数不变。

（2）上支墩底模安装钢筋绑扎。依次安装上支墩底模，绑扎上支墩钢筋、支侧模、浇筑混凝土。此部分施工方法与常规做法相同。

（3）由于隔震支座安装过程和模板支撑、拆除过程中不可避免对隔震支座油漆造成损坏及污染，待上支墩混凝土施工完毕，模板拆除后，对隔震支座油漆进行修补并清洁除污。

（4）上支墩钢筋网片加密。上支墩钢筋网片加密做法按照图纸设计要求制作和施工。

钢筋网片的作用是抗冲击，本工程设计为纵横向直径 10 钢筋间距 150mm，上下三排，排距 50mm，施工中应注意和上支墩纵筋的箍筋结合施工，必要时采用点焊固定位置。

图 20　梁底筋与套筒位置冲突

4.6　隔震层其他构造施工要点

4.6.1　隔震层墙体

设计要求分别为 250mm 和 20mm。墙体与之形成的缝隙填充沥青胶泥等柔性粘结材料，这种材料可以适应一定的变形且不老化。施工中隔震层墙体垂直隔震缝留置如图 21 所示。隔震层当顶部遇有梁时，梁边墙体两侧需要留置宽度 250mm 的空腔，如图 22 所示，空腔内填充柔性材料，表面塑料板封口，允许地震时塑料板破坏，支座与墙体隔震构造做法如图 23 所示。

图 21　一般墙体隔震缝做法

图 22　顶部有梁墙体隔震缝做法

4.6.2　隔震层处楼梯构造

楼梯隔震层处理应在相应梯段处断开，梯段上部与二层梁板悬臂连接，梯段下部与底层柱整体浇筑，如图 24 所示。施工中，模板工程认真安装，确保质量，使得隔震上部结构和下部结构完全断开，断开的垂直高度为 50mm，面层装修后，实际剩下 15mm，填充沥青胶泥，这样的施工方法能够完全满足要求。

图 23 支座与墙体隔震构造做法

图 24 梯段断缝构造处理

4.6.3 设备管线构造

通过隔震层的全部设备管线（如电线、上下给排水管、消防管、避雷线等）均做柔性接头处理（见图 25），以适应隔震层的变形，防止地震发生时产生次生灾害。

图 25 设备管线柔性构造处理

4.7 建筑沉降和隔震支座压缩变形观测

隔震建筑需对隔震支座的压缩变形进行观测，本工程采用的观测方法是在隔震层上的二层柱底放置观测预埋件，挂重锤进行变形观测。在隔震支座附近的上下连接部位四边分别弹一条水平线，量取这四组水平线之间的竖向距离并平均。隔震支座压缩变形量超过10%，需对隔震支座进行更换。工程竣工至今，经过观测，压缩变形量为 3 ~ 6mm，满足要求。平均每周观测一次，全过程主要的三次沉降观测分别是：（1）主体框架梁柱浇捣后；（2）填充墙砌体工程结束后；（3）工程竣工前。

建筑物的沉降观测仍然按照传统建筑的基础沉降观测方法。有所不同的是，基础沉降的值还需叠加隔震支座产生的压缩变形值。

5　结论

基于隔震原理及以上分析，上部结构受到的地震作用及效应显著减小，从而节省了一定的工程费用，但底层结构、基础及相关隔震构造措施等费用略有增加。与抗震结构相比较，本工程结构采用隔震设计，工程费用增加了 191 万元，约 160 元/m^2，占土建投资的 5.90%。

综上，本工程造价略有增加，但是结构的安全性却有较高的保障。在考虑隔震建筑的造价时，不仅要考虑其初始造价，还要考虑其使用阶段期间遭受地震破坏的维修、重建、内部物品的损坏和经济损失，在此意义上，隔震建筑具有较高的经济性，因此本工程具有显著的社会综合效益。

附录　福建厦门湖里中学北校区拆除重建教学楼参与单位及人员信息

项目名称	福建厦门湖里中学北校区拆除重建教学楼		
设计单位	福建福大建筑设计有限公司 + 厦门华旸建筑工程设计有限公司		
用　途	初中部教学用房	建设地点	福建省厦门市
施工单位	广东五华一建工程有限公司	施工图审查机构	厦门市建设工程施工图审查所
工程设计起止时间	2012. 6 ~ 10	竣工验收时间	2014. 5. 29

参与本项目的主要人员：

序号	姓名	职　称	工 作 单 位
1	吴应雄	高工、副教授	福建福大建筑设计有限公司、福州大学土木工程学院
2	祁　皑	教授、博导	福州大学土木工程学院
3	林树枝	教高、总工程师	厦门市建设局
4	徐晓良	工程师	厦门湖里区教育局
5	黄建南	高　工	厦门市建设局
6	黄鹏云	研究生	福州大学土木工程学院
7	江　泳	高　工	福建省住建厅
8	江栋恒	高　工	厦门湖里区教育局（代建方）
9	颜学渊	副教授	福州大学土木工程学院
10	卢惟铭	高　工	湖里区建设工程质安站
11	商昊江	高　工	福建省建筑科学研究院
12	郑国琛	高　工	福州大学土木工程学院
13	王兆樑	研究生	福州大学土木工程学院
14	蔡木水	工程师	华旸建筑工程设计有限公司
15	曾昭培	高　工	华旸建筑工程设计有限公司

案例22　古浪县人民医院扩建工程

1　工程概况

古浪县人民医院位于甘肃省古浪县，昌松路以东，昌灵路以西，南支一路以北。项目由急诊医技楼、住院楼及附属用房组成，总建筑面积为17894.7m^2。急诊医技楼地上五层，局部六层，一层层高4.2m，二~五层层高3.3m，六层层高4.2m，房屋高度22.05m，长88.60m，宽17.6m，地上主要功能为诊室、检查室、医生办公室及辅助用房；住院楼地上五层，一层层高4.2m，二~四层层高3.3m，五层层高4.5m，房屋高度19.65m，长95.0m，宽18.5m，地上主要功能为病房、医生办公室及辅助用房。

2　工程设计

2.1　设计主要依据和资料

本工程结构隔震分析、设计采用的主要计算软件有：

采用中国建研院编制的2010版PKPM系列《多层及高层建筑结构空间有限元分析和设计分析软件SATWE》进行上部结构计算分析及设计。隔震设计采用兰州理工大学防震减灾研究所编制的隔震结构动力分析软件ISDN1.0进行分析，该软件1999年通过甘肃省科技厅鉴定。此外还用通用有限元软件ETABS软件进行验证，该软件具有方便灵活的建模功能和强大的线性和非线性动力分析功能，其中连接单元能够准确模拟橡胶隔震支座。

设计过程中，采用的现行国家标准、规范、规程及图集主要有：

（1）《叠层橡胶支座基础隔震建筑构造图集》（甘02G10）；

（2）《建筑结构荷载规范》（GB 50009—2001）（2006年版）；

（3）《混凝土结构设计规范》（GB 50010—2002）；

（4）《建筑抗震设计规范》（GB 50011—2001）（2008年版）；

（5）《建筑地基基础设计规范》（GB 50007—2002）；

（6）《建筑工程抗震设防分类标准》（GB 50223—2008）；

（7）《工业建筑防腐蚀设计规范》（GB 50046—2008）；

（8）《建筑结构可靠度设计统一标准》（GB 5068—2001）；

（9）《甘肃省陇南、甘南灾区震后恢复重建建筑抗震技术规程》（DB62/T25-3039—2008）；

（10）《叠层橡胶支座隔震技术规程》（CECS 126:2001）；

（11）《建筑隔震橡胶支座》（JG 118—2000）；

（12）《橡胶支座　第 1 部分：隔震橡胶支座试验方法》（GB/T 20688. 1—2007）；

（13）《关于加强“5 · 12”汶川地震后我省城乡规划编制及房屋建筑和市政基础设施抗震设防工作的意见的通知》（甘建设［2008］249）。

2. 2　结构设计主要参数

结构设计主要参数见表 1。

表 1　结构设计主要参数

序号	基本设计指标	参　数
1	建筑结构安全等级	二级
2	结构设计使用年限	50 年
3	建筑物抗震设防类别	乙类
4	建筑物抗震设防烈度	9 度
5	基本地震加速度值	0. 40g
6	设计地震分组	第一组
7	水平向减震系数	0. 50
8	建筑场地类别	Ⅱ类
9	特征周期/s	0. 35
10	基本风压（50 年一遇）/kPa	W_0 =0. 35
11	基本雪压（50 年一遇）/kPa	0. 10
12	基础形式	独立基础
13	地基基础设计等级	丙级
14	上部结构形式	钢筋混凝土框架结构
15	隔震层位置	±0. 000 层楼盖梁底部
16	隔震层顶板体系	梁板结构
17	隔震设计基本周期/s	医技楼：1. 657，住院楼：1. 845
18	上部结构基本周期/s	医技楼：0. 719，住院楼：0. 793
19	隔震支座设计最大位移/cm	医技楼：34. 4，住院楼：34. 5
20	高宽比	1. 10 1. 02

3　隔震设计

3. 1　隔震设计的目标和方案

3. 1. 1　隔震设计的目标

（1）在进行隔震设计后，上部结构的水平向地震作用减小。

（2）在可能发生的罕遇地震的情况下，降低构件及主体结构发生塑性损伤的概率，使结构的地震反应仍能被控制在安全的范围内，确保结构物及人员安全。

3. 1. 2　隔震方案

医技楼和住院楼无地下室，因此隔震支座设置在独立基础顶面，每根框架柱下设置一个隔震支座。各隔震支座底标高相同，根据隔震支座高度推算隔震支座顶面标高。隔震支座上支墩、隔震支座形心、隔震支座下支墩和基础的截面形心重合。

3.2 隔震层设计

3.2.1 隔震支座一般规定

要达到良好的隔震效果，隔震橡胶支座必须具有较高的力学性能。

（1）能有效地支承上部结构，即使在隔震橡胶支座发生大变形时也能正常工作而不发生失稳破坏，竖向刚度大，竖向压缩变形小。

（2）具有较小的水平刚度，以有效地削减地震能量向上部结构的传递，延长整个结构体系的自振周期，达到降低上部结构地震作用的目的。

（3）具有水平弹性恢复力，使隔震结构体系在地震中具有瞬时自动“复位”功能。地震后，上部结构回复至初始状态，满足正常使用要求。

（4）具有足够的阻尼，从而具有较大的消能能力。较大的阻尼可使上部结构的位移明显减小。

（5）隔震支座具有可靠稳定的性能指标和满足使用要求的耐久性。

（6）隔震支座力学性能检测，按照总数量的100%竖向压缩检测。满足极限剪切变形不小于350%等技术指标，严格控制产品质量。

（7）隔震设计时，支座力学性能参数依据检测机构压剪试验机检测结果，因此支座力学性能参数可靠、稳定，能够很好地满足规范要求。

（8）根据《建筑抗震设计规范》第12.2.3条规定，该工程为乙类建筑，隔震支座的竖向压应力不应超过12MPa。计算得到各支座压应力均小于12MPa，有足够的安全储备。

（9）在罕遇地震作用下，各隔震支座的水平位移应小于其有效直径的0.55倍和隔震支座橡胶层总厚度的3倍。在罕遇地震作用下，隔震支座不出现拉应力。

3.2.2 隔震支座性能参数

最终医技楼共采用64个支座，住院楼共采用60个支座。各类型支座的型号、数量、尺寸和力学性能参数分别见表2～表4。

表2 隔震支座型号与数量

楼号	支座型号	数量	总计
医技楼	GZY600	37	64
	GZY700	20	
	GZP700	3	
	GZY800	4	
住院楼	GZY600	4	60
	GZY700	34	
	GZP700	4	
	GZY800	18	

表 3　隔震支座型号及尺寸

型　号	外观直径/mm	有效直径/mm
GZY600	620	600
GZY700	720	700
GZP700	720	700
GZY800	820	800

表 4　隔震支座性能参数

型　号	设计压应力/MPa	设计承载力/kN	竖向刚度/kN · mm^{-1}	等效水平刚度/kN · m^{-1}		等效阻尼比 ζ_{eq}	
				$\gamma=50\%$	$\gamma=100\%$	$\gamma=50\%$	$\gamma=100\%$
GZY600	12	3391	2200	2400	1762	0. 22	0. 16
GZY700	12	4616	4200	3100	2250	0. 27	0. 22
GZP700	12	4616	3600	1400	1300	0. 05	0. 04
GZY800	12	6029	5500	3500	2550	0. 27	0. 22

3. 2. 3　隔震支座平面布置

医技楼和住院楼的隔震支座平面布置图分别见图 1 和图 2。

3. 2. 4　隔震支座的支墩最小平面尺寸

为便于隔震支座的安装，与隔震支座相连的节点支墩平面最小尺寸如表 5 所示。

表 5　各隔震支座对应的支墩最小平面尺寸

支　座　型　号	最小尺寸/mm × mm
GZY600	1000 × 1000
GZY700	1100 × 1100
GZP700	1100 × 1100
GZY800	1200 × 1200

3. 2. 5　隔震支座连接

3. 2. 5. 1　设计螺栓用剪力

隔震支座采用精制螺栓与上下连接钢板和隔震层上下结构相连，螺栓承担的剪力设计值如表 6 所示。

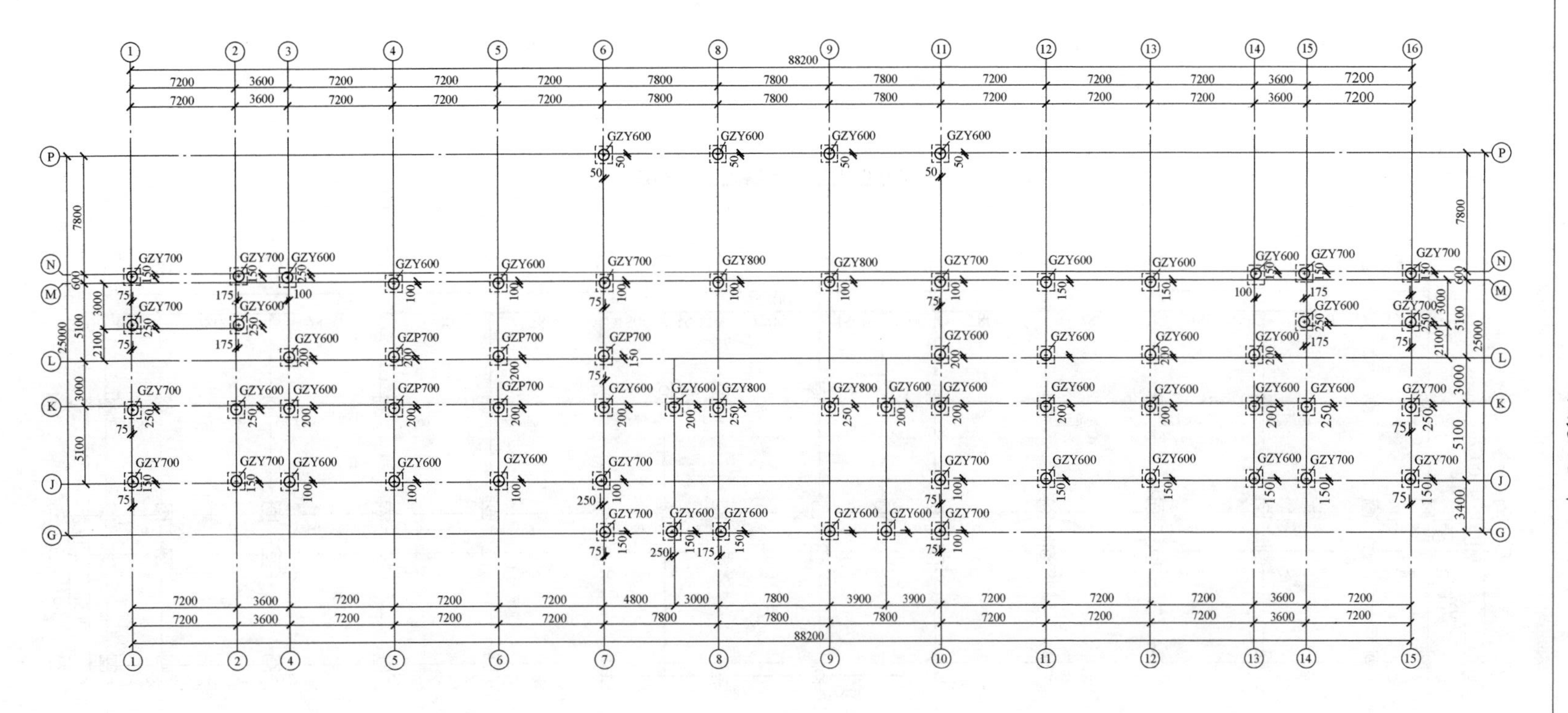

图 1 医技楼隔震支座布置图

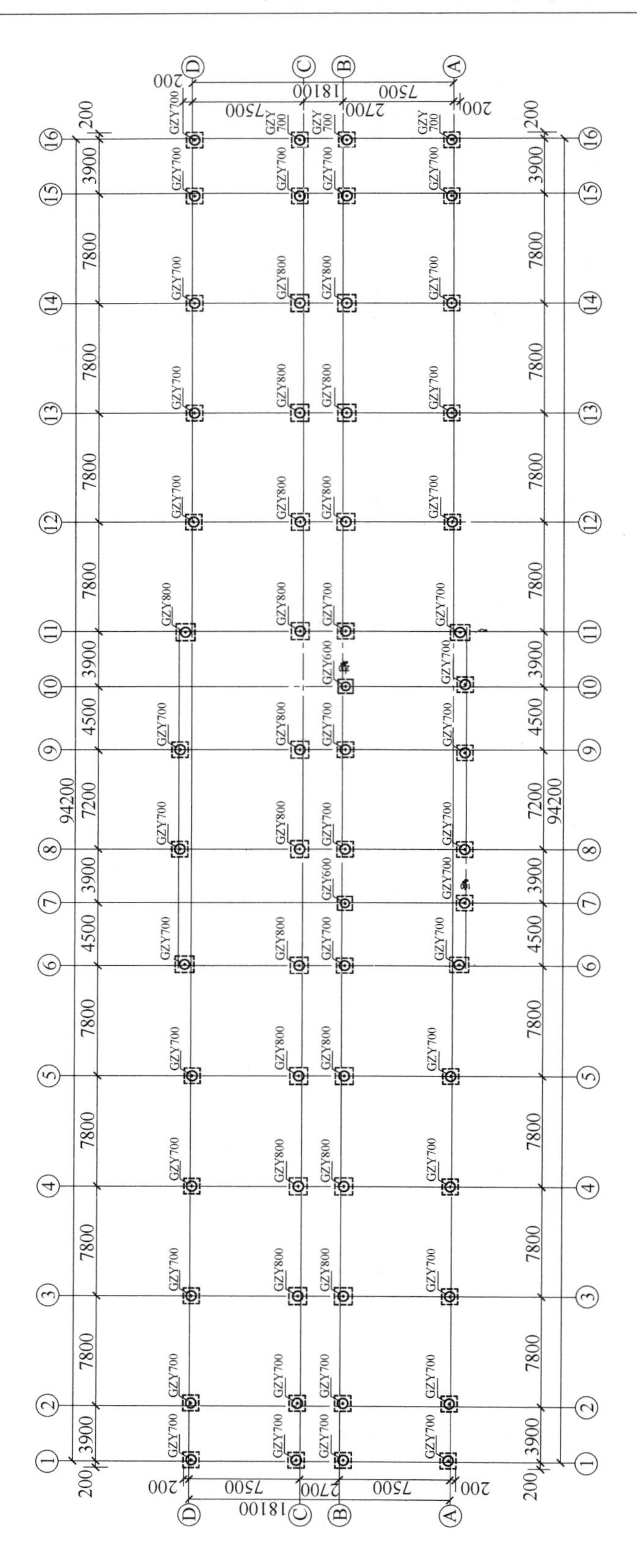

图 2　住院楼隔震支座布置图

表6 各隔震支座剪力设计值及设计用螺栓

楼 号	支座型号	最大剪力/kN	螺栓数量及型号	螺栓长度/mm
医技楼	GZY600	857	8 个 M30	130
	GZY700	1094	12 个 M30	130
	GZP700	632	8 个 M30	130
	GZY800	1240	12 个 M30	130
住院楼	GZY600	864	8 个 M30	130
	GZY700	1103	12 个 M30	130
	GZP700	637	8 个 M30	130
	GZY800	1250	12 个 M30	130

3.2.5.2 隔震支座主要连接构造

部分隔震支座上下连接钢板见图3，预埋钢板尺寸见图4和图5，配套预埋螺杆尺寸见图6。

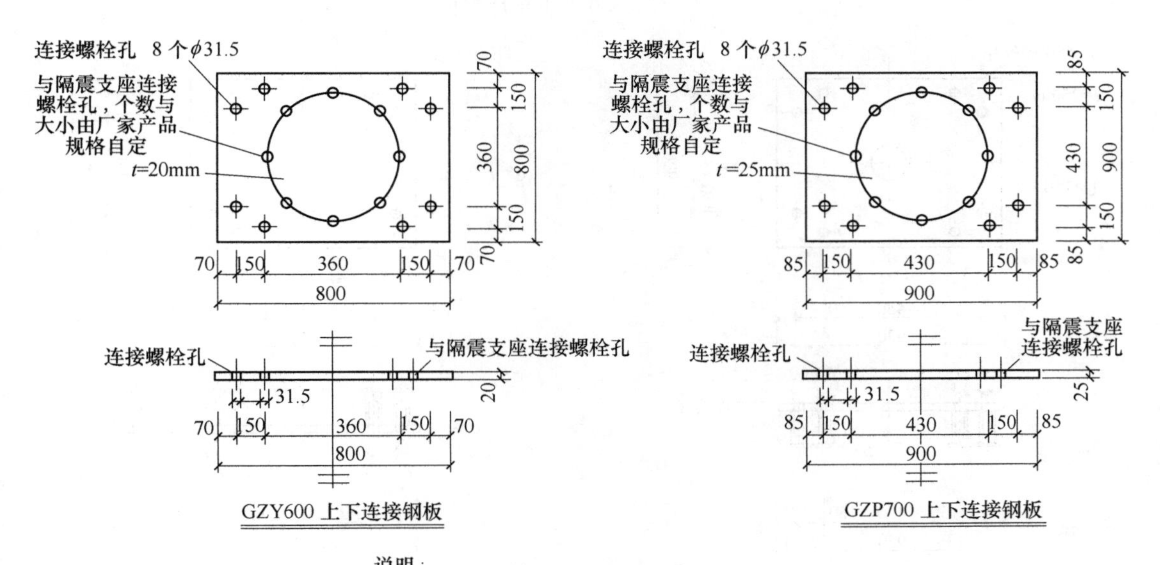

说明：
1、材料：Q235 符合 JIS G3101 5S400。
2、要求：表面完整，无缺陷、锈蚀，孔位必须用钻孔模定位，锐棱倒角45度。连接钢板表面电镀锌处理，要求无杂质，无漏液。
3、配料：精制螺栓 GZP700，配 8M30，GZY600，配 8M30。

图3 GZY600、GZP700 隔震支座上下连接钢板

以上所有连接件的数量统计见表7。

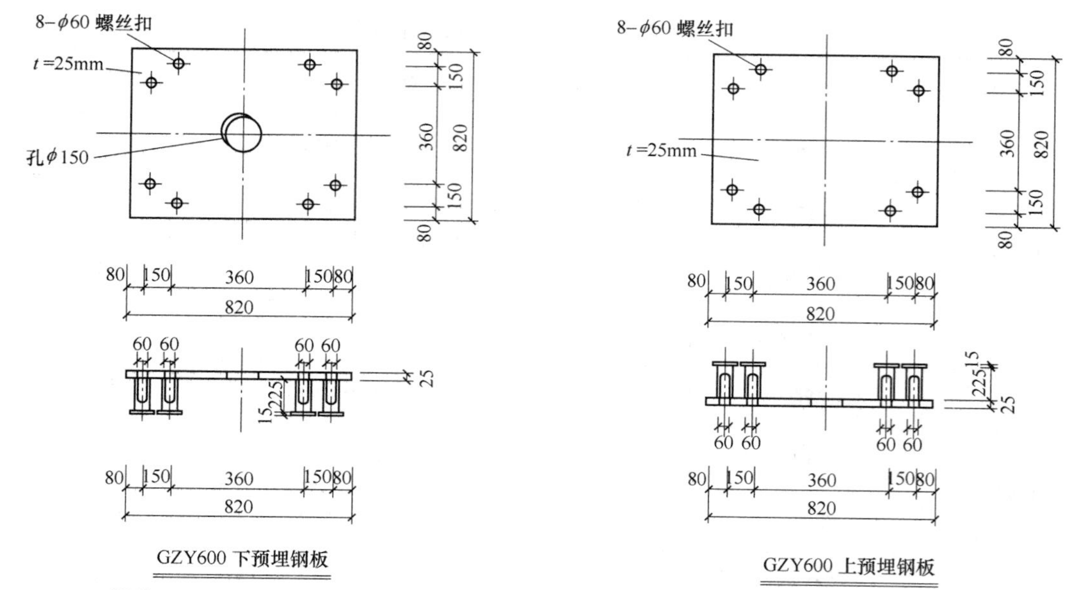

说明：
一、预埋钢板技术要求
1、材料采用Q235表面完整无缺陷，四边及中孔氧割割边，栓孔必须是钻孔而成。
2、为使构件紧密贴合，贴合面上严禁有电焊气割溅点，毛刺飞边，尘土油漆等不洁物质。
3、所有配件组装后，不得露出预埋板板面，且连接牢固。
二、配件：
GZY600 下预埋钢板均为8个M30的配套螺杆，上预埋钢板为8个M30的配套螺杆；

图4　GZY600 上下预埋钢板

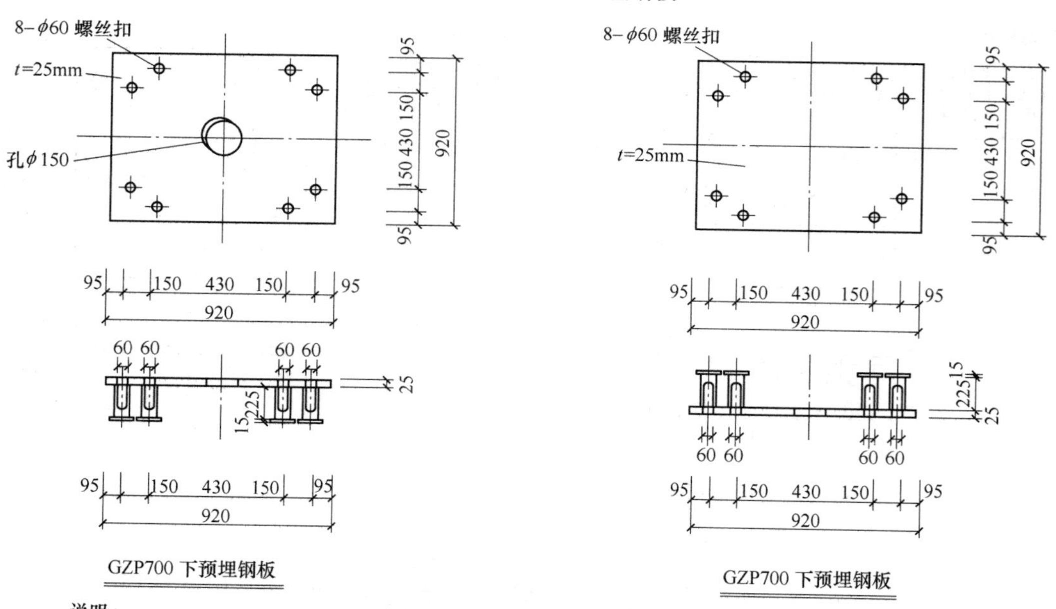

说明：
一、预埋钢板技术要求
1、材料采用Q235表面完整无缺陷，四边及中孔氧割割边，栓孔必须是钻孔而成。
2、为使构件紧密贴合，贴合面上严禁有电焊气割溅点，毛刺飞边，尘土油漆等不洁物质。
3、所有配件组装后，不得露出预埋板板面，且连接牢固。
二、配件：
GZP700 下预埋钢板均为8个M30的配套螺杆，上预埋钢板为8个M30的配套螺杆。

图5　GZP700 上下预埋钢板

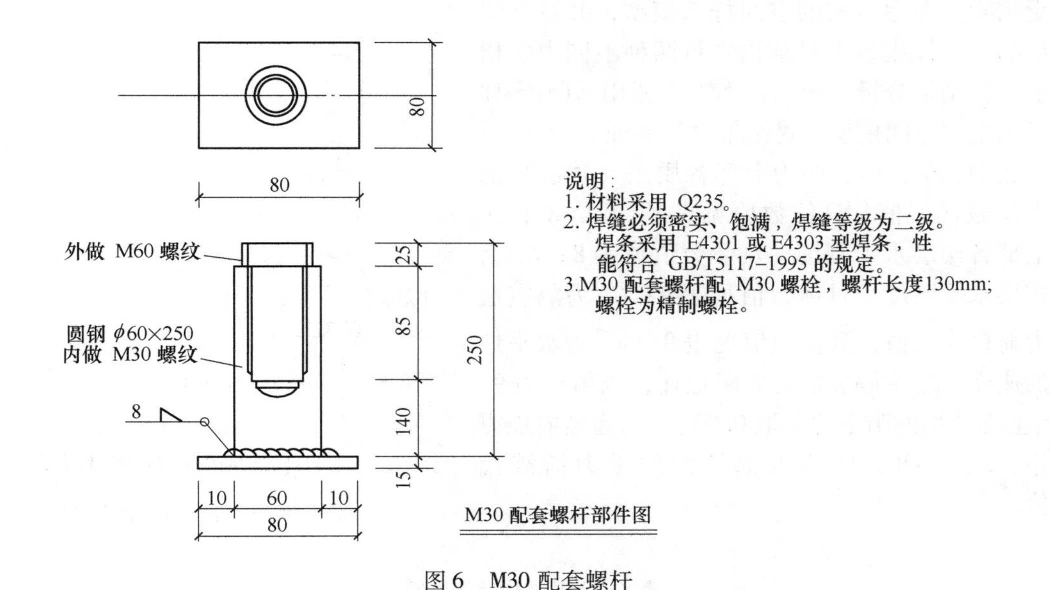

图 6 M30 配套螺杆

表 7 各支座对应的连接件数量

楼 号	支座型号	上连接钢板/个	下连接钢板/个	上预埋钢板/个	下预埋钢板/个	连接螺栓/个	配套螺杆/个
医技楼	GZY600	37	37	37	37	592	592
	GZY700	20	20	20	20	480	480
	GZP700	3	3	3	3	48	48
	GZY800	4	4	4	4	96	96
	合 计	64	64	64	64	1216	1216
住院楼	GZY600	4	4	4	4	64	64
	GZY700	34	34	34	34	816	816
	GZP700	4	4	4	4	64	64
	GZY800	18	18	18	18	432	432
	合 计	60	60	60	60	1376	1376

3.3 计算模型及程序

3.3.1 计算模型

抗震规范第 12.2.2 条规定：隔震体系的计算简图可采用剪切型结构模型，《叠层橡胶支座隔震技术规程》第 4.2.11 条规定，当采用时程分析时，对于一般建筑，计算模型可采用层间剪切模型，考虑隔震层的有效刚度和有限阻尼比。因此，采用 ISDN 分析时，医技楼和住院楼的隔震分析的计算简图均如图 7 所示。同时，考虑到该隔震体系的计算模型宜更精确，考虑结构的空间杆系模型，并建立隔震层的非线性模型，对结构进行两种不同力学模型的计算结果分析，所以，本工程还用 ETABS 建立了三维的空间模型，对结果进行验证。

图中，G_2，G_3，…为上部各质点（楼层）的重力荷载代表值，具体数值见表 8；K_2，K_3，…为上部各楼层水平刚度，具体数值见表 8；K_1 为隔震层水平刚度，具体数值见表 9；G_1 为隔震层重力荷载代表值，具体数值见表 9；$\ddot{u}_g$ 为水平地震加速度；ζ_{eq}为隔震层等效阻尼比，取值见表 9；ζ 为上部结构的阻尼比，取 0.05；F_{evk} 为竖向地震作用，取 0.4W，W 为上部结构的重力荷载代表值。

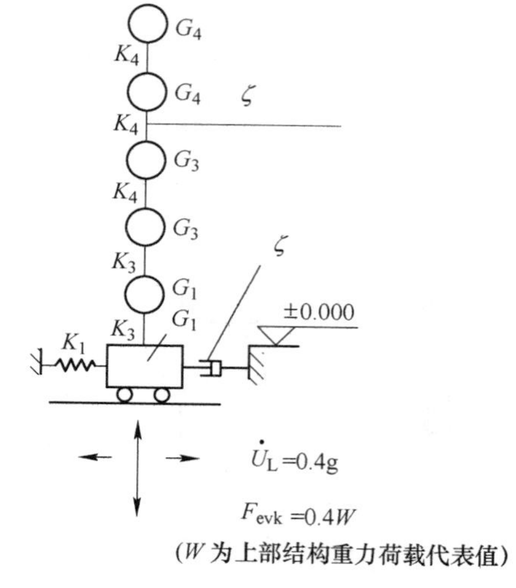

图 7　隔震结构计算简图

表 8　上部结构计算参数

楼　号	层号	重力荷载代表值 /kN	水平刚度/kN · m⁻¹	
			X	Y
医技楼	1	18604	1400000	1390000
	2	17793	1600000	1470000
	3	16716	1530000	1370000
	4	13534	1470000	1290000
	5	7989	1200000	1070000
	6	3958	1530000	1660000
	7	1231	203000	204000
住院楼	1	22915	1640000	1690000
	2	22571	1800000	1830000
	3	22962	1790000	1770000
	4	23029	1710000	1670000
	5	15491	954000	950000
	6	4139	486000	466000

表 9　隔震层计算参数

楼　号	隔震层重力荷载代表值 G_1/kN	隔震层水平刚度/kN · m⁻¹		隔震层等效阻尼比 ζ_{eq}	
		多遇	罕遇	多遇	罕遇
医技楼	21429	169000	124294	0.196	0.147
住院楼	26083	185000	135624	0.195	0.146

同时还建立了 ETABS 模型进行验证，两栋建筑的 ETABS 模型如图 8 和图 9 所示。

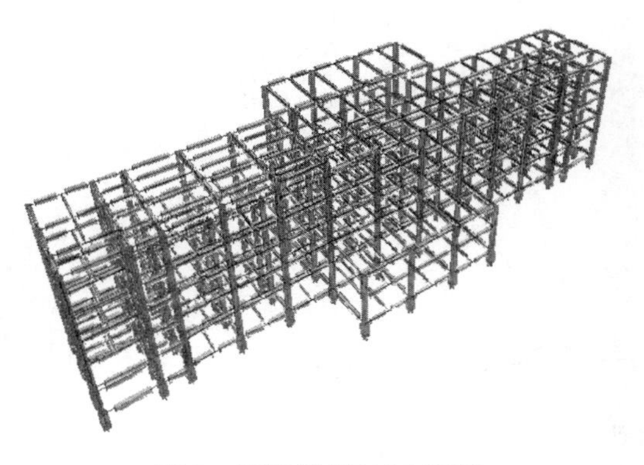

图 8　医技楼 ETABS 模型

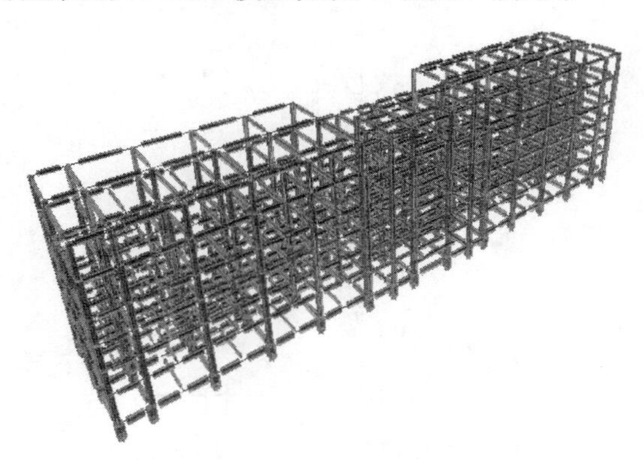

图 9　住院楼 ETABS 模型

3.3.2　模型验证

为校核建立的 ISDN 模型的准确性，将 ISDN 和 SATWE 求得的非隔震结构周期进行对比，结果如表 10 所示。表中差值为（ISDN－SATWE）/SATWE。

表 10　ISDN 和 SATWE 求得的非隔震结构周期

楼　号	周　期	ISDN	SATWE	差值/%
医技楼	T_1	0.719	0.786	-8.5
	T_2	0.697	0.760	-8.3
住院楼	T_1	0.793	0.876	-9.4
	T_2	0.789	0.874	-9.7

由表 10 可知，两种软件计算得到的前两阶自振周期误差小于 10%，且 ISDN 所采用的结构质量和刚度与 SATWE 完全相同，说明本工程隔震分析计算用的结构模型与 SATWE 模型基本一致。

3.4　地震波选取

《建筑抗震设计规范》（GB 50011—2001）第 5.1.2 条规定：采用时程分析法时，应按建筑场地类别和设计地震分组选用不少于 2 组的实际强震记录和人一组人工模拟的加速度时程，其平均地震影响系数曲线应与振型分解反应谱法所采用的地震影响系数曲线在统计意义上相符。

因此本项目用三条实际强震记录和一组人工模拟加速度时程曲线，天然波选取 NorthRidge 波、El-centro 波、Taft021 波、人工波 Ⅱ（1）-1 用设计反应谱生成，对应 T_g = 0.35s。本工程所选的 4 条地震波的反应谱及平均反应谱与规范反应设计谱曲线比较如图 10 所示。

4 条地震波的加速度峰值取为：多遇 140.0cm/s^2，罕遇 620.0cm/s^2。

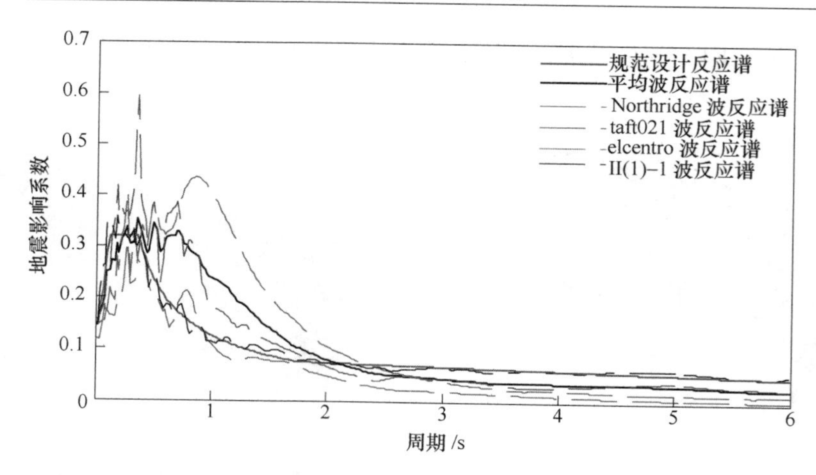

图 10　4 条地震波的反应谱及平均反应谱与规范反应设计谱曲线比较

3.5　隔震分析结果

3.5.1　结构基本周期

结构基本周期见表 11。

表 11　隔震结构与非隔震结构的周期对比

楼　号	方　向	隔震前/s	隔震后/s	
			多遇地震	罕遇地震
医技楼	X 向	0. 697	1. 651	1. 890
	Y 向	0. 719	1. 657	1. 895
住院楼	X 向	0. 793	1. 845	2. 113
	Y 向	0. 789	1. 843	2. 111

3.5.2　层间剪力比及水平地震影响系数最大值

3.5.2.1　各条地震波下结构层间剪力比

根据结构隔震与非隔震两种情况，得到建筑物在各条地震波作用下的层间剪力比，见表 12。

表 12　各条地震波下结构各层间剪力比

楼号	楼层	层　间　剪　力　比									
		El-centro 波		Taft021 波		NorthRidge 波		Ⅱ（1）-1 波		平均值	
		X 向	Y 向	X 向	Y 向	X 向	Y 向	X 向	Y 向	X 向	Y 向
医技楼	1	0. 430	0. 412	0. 278	0. 295	0. 287	0. 294	0. 402	0. 419	0. 3496	0. 3551
	2	0. 412	0. 390	0. 242	0. 261	0. 276	0. 278	0. 394	0. 428	0. 3310	0. 3394
	3	0. 406	0. 381	0. 217	0. 230	0. 270	0. 271	0. 372	0. 383	0. 3164	0. 3165
	4	0. 408	0. 381	0. 199	0. 204	0. 255	0. 267	0. 333	0. 345	0. 2989	0. 2991
	5	0. 391	0. 379	0. 185	0. 186	0. 232	0. 246	0. 308	0. 293	0. 2790	0. 2761
	6	0. 365	0. 370	0. 178	0. 179	0. 222	0. 237	0. 280	0. 268	0. 2612	0. 2636
	7	0. 321	0. 338	0. 167	0. 168	0. 207	0. 222	0. 234	0. 228	0. 2323	0. 2388

续表 12

楼号	楼层	层间剪力比									
		El-centro 波		Taft021 波		NorthRidge 波		Ⅱ(1)-1 波		平均值	
		X 向	*Y* 向	*X* 向	*Y* 向	*X* 向	*Y* 向	*X* 向	*Y* 向	*X* 向	*Y* 向
住院楼	1	0.311	0.314	0.283	0.287	0.307	0.304	0.501	0.500	0.3505	0.3512
	2	0.292	0.294	0.248	0.251	0.278	0.275	0.446	0.448	0.3159	0.3171
	3	0.280	0.282	0.229	0.233	0.261	0.258	0.431	0.435	0.3004	0.3020
	4	0.277	0.279	0.219	0.223	0.254	0.250	0.360	0.355	0.2774	0.2769
	5	0.284	0.285	0.190	0.194	0.244	0.239	0.300	0.295	0.2543	0.2534
	6	0.281	0.288	0.168	0.170	0.216	0.210	0.294	0.288	0.2396	0.2389

3.5.2.2 水平地震影响系数最大值

根据建筑抗震设计规范第 12.2.5 条，从表 12 取各层的层间剪力比最大值，再根据抗震设计规范表 12.2.5，得到结构的水平向减震系数，如表 13 所示。

表 13 结构的水平向减震系数

楼 号	方 向	最大层间剪力比	水平向减震系数
医技楼	*X*	0.3496	0.5
	Y	0.3551	0.5
住院楼	*X*	0.3505	0.5
	Y	0.3512	0.5

则隔震后上部结构的水平地震影响系数的最大值可采用本规范第 5.1.4 条规定的水平地震影响系数最大值和水平向减震系数的乘积，即 $0.5\times0.32=0.16$。两栋楼的水平地震影响系数如表 14 所示。

表 14 隔震后上部结构的水平地震影响系数

楼 号	水平向减震系数	隔震后水平地震影响系数最大值
医技楼	0.5	0.16
住院楼	0.5	0.16

3.5.3 罕遇地震下的隔震支座验算

3.5.3.1 隔震支座最大水平位移

罕遇地震下，隔震支座的最大水平位移如表 15 所示。

表 15 各型号支座的最大位移

楼 号	支座型号	最大位移/mm	允许位移/mm
医技楼	GZY600	324	330
	GZY700	344	385
	GZP700	291	385
	GZY800	288	440
住院楼	GZY600	325	330
	GZY700	345	385
	GZP700	290	385
	GZY800	345	440

从表 15 可看出，各支座均满足罕遇地震下位移要求。

3.5.3.2 隔震支座的水平剪力

按照《建筑抗震设计规范》（GB 50011—2001）第 12.2.6 条的规定：隔震支座的水平剪力应根据隔震层在罕遇地震下的水平剪力按各隔震支座的水平等效刚度分配，即：

$$V_i = \frac{K_{hi}}{\sum K_{hi}} V$$

由此得到各型号隔震支座的 X，Y 向的水平剪力。再考虑两个方向组合，得到各型号隔震支座的最大剪力标准值，见表 16。

表 16 各型号隔震支座的最大剪力标准值

楼 号	支座型号	最大剪力标准值/kN
医技楼	GZY600	857
	GZY700	1094
	GZP700	632
	GZY800	1240
住院楼	GZY600	864
	GZY700	1103
	GZP700	637
	GZY800	1250

3.6 超长隔震结构的温度及收缩效应验算

医技楼长度为 88.6m，住院楼长度为 95.0m，考虑到隔震结构设缝处理较为复杂，故两栋建筑的上部结构均不设伸缩缝，仅设置两道后浇带。对于超长的隔震结构来说，由于隔震层的水平刚度较小，上部结构在温度及收缩作用受到的竖向约束很小，故上部结构产生的应力远小于非隔震结构。利用 ANSYS 程序对整体结构进行了非线性分析。结果表明，设置隔震支座后，温度变化在结构中引起的附加温度应力减小到 1/10 左右。说明温度效应对隔震结构的上部结构影响较小，但由于隔震支座刚度较小，整个结构的变形主要集中在隔震层处，一些端支座的变形可能会超过容许值，此外，超长隔震结构收缩应力的影响也不容忽视，同时，目前的我国抗震规范对隔震结构的伸缩缝间距仍遵循非隔震结构的数值，这样的取值对上部结构偏于保守，对隔震支座可能偏于不安全。因此，隔震结构的伸缩缝间距也需特别考虑。

针对以上问题，本工程实测了该结构在温度和收缩作用下支座的变形，并理论计算了温度和收缩下的上部结构和隔震支座的变形量，由此给出隔震结构的伸缩缝间距，验证本工程给出的后浇带间距满足要求。

3.6.1 温度和收缩效应下的隔震支座变形实测

选择住院部进行实测。该建筑未设伸缩缝，仅在 5 轴 ~6 轴，11 轴 ~12 轴之间各设置了一道后浇带，如图 11 所示。

2011 年 4 月 1 日和 4 月 3 日两天，选择 6 个隔震支座测量了水平位移值，各隔震支座的位置、型号和纵向水平位移值见表 17。测量用三角尺，将三角尺的一侧放置在隔震支座下连接钢板处，测量上下钢板的水平位移差。规定水平位移向右为正，向左为负，并同时用温度计记录测量时的隔震支座处的环境温度。表17中2℃和4℃分别对应4月1日和4月3日隔震支座处的环境温度。

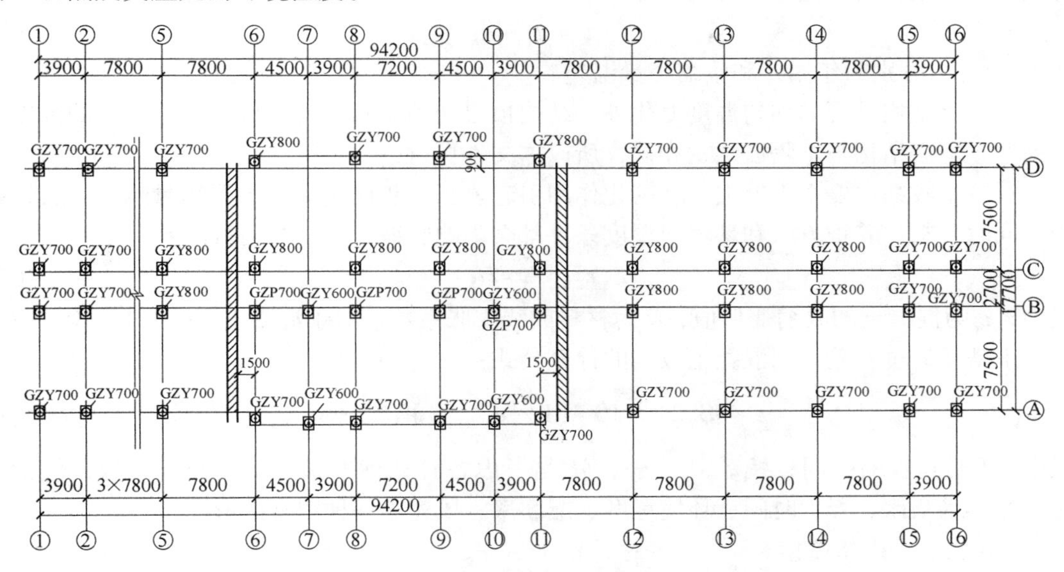

图11 建筑后浇带布置图

表17 隔震支座的水平位移 (mm)

轴线位置		1-B	5-B	6-B	11-B	12-B	15-B
支座型号		GZY700	GZY700	GZY600	GZY600	GZY700	GZY700
水平位移/mm	2℃	10	0	3	-2	-2	-10
	4℃	9	0	0	-2	-1	-10

从表17可看出，隔震支座的水平变形趋势为上部收缩变形。隔震支座安装时的容许水平位移为5mm，而实际测试的1-B，15-B隔震支座的水平位移为10mm，均超过容许值。原因是该工程的隔震支座安装时间为8月份，为该地区最热月，平均气温22℃，4月时该地区日气温为-5~5℃，隔震层以上结构由于温度降低而收缩，但由于隔震支座水平刚度较小，不能抵抗上部结构的收缩变形，即使该建筑设置了施工后浇带，由于上部结构的后浇带处已浇筑，因此，上部结构在温度和收缩作用下的水平变形在隔震支座处得以体现，端部隔震支座1-B，15-B的水平变形较大。但隔震层处的后浇带未浇筑，故后浇带附近5-B，6-B，11-B，12-B隔震支座的水平变形很小，满足要求。

此外，考虑到该结构所处环境干燥，且所用混凝土的水灰比较高，尽管初期养护较好，但混凝土仍有一定的收缩变形，故表17中的隔震支座的变形包括温度作用和混凝土收缩效应的共同作用。故以下分别对隔震支座在温度和收缩下的变形进行计算。

3.6.2 温度及收缩效应计算

3.6.2.1 计算温差

目前我国的隔震结构仍以混凝土结构为主，混凝土传热能力低，空气温度的变化向构件内部传播缓慢，而且多数建筑物都有保温措施，温度的月变化影响要比温度的日变化引起的结构应力大得多。因此，温差通常是指结构内部的年温差。同时，将混凝土收缩变形等效为温度效应后的温差，称为收缩当量温差。故整个结构的计算温差为：

$$t = t_1 + t_2 \tag{1}$$

式中，t_1、t_2分别为年温差和收缩当量温差。

除以上结构受到的均匀温度变化外，结构顶层受到太阳辐射热作用，但顶层的温度效应问题，隔震结构与不隔震结构相同，所以本文不再讨论。

混凝土收缩主要由干缩失水和碳化作用引起。当水灰比越大，水泥用量越多，收缩越大。同时骨料、养护方法和环境温湿度条件都会影响收缩。则收缩当量温差为：

$$t_2 = -\varepsilon/\alpha \tag{2}$$

式中，ε 为混凝土的收缩变形值；α 为材料的线膨胀系数，对于混凝土，α 为 $1\times10^{-5}/℃$。

王铁梦通过实验得到混凝土收缩的计算公式：

$$\varepsilon = 3.24\times10^{-4}(1-e^{-0.01T})M_1M_2\cdots M_n \tag{3}$$

式中，T 是指收缩时间；M_1，M_2，…，M_n是考虑各种非标准条件下的修正系数，包括水泥类型、水灰比、养护时间、环境湿度、配筋率、风速等各种因素的影响。

3.6.2.2　计算简图

隔震结构在年温差和收缩作用下，水平构件横向变形受到柱子的约束，在整个框架内产生应力，该应力与柱的侧移刚度成正比，即柱的侧移刚度越大，约束应力越大，而柱的侧移刚度总是与柱高的三次方成反比。随着柱高的增加，约束会越来越小，且隔震层水平刚度远小于上部结构各层，故为了简化计算，在均匀温差和收缩作用下，多层框架 2 层以上认为是自由变形，上部结构仅考虑 1 ~2 层。同时，将隔震支座看作一个柱，只是该柱的侧移刚度为隔震支座水平位移对应的刚度。

因此，上部结构为框架的隔震结构计算温度和收缩变形时，可按 3 层框架计算。其中第一层各柱的刚度为对应隔震支座的刚度，第 2、3 层对应隔震结构的上部结构 1、2 层结构，如图 12 所示。

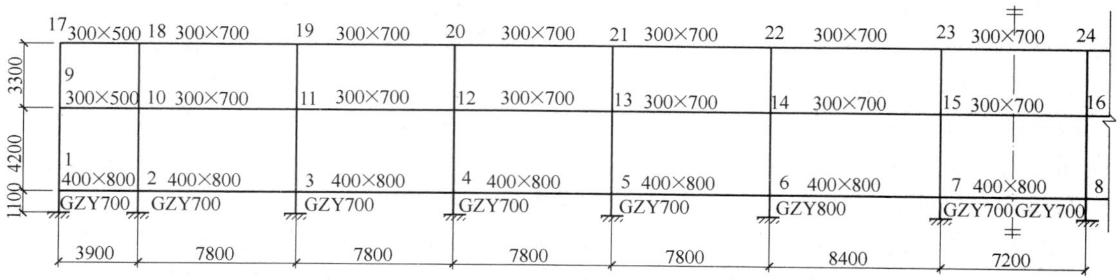

图 12　计算简图

3.6.2.3　内力及变形计算

计算超长结构的内力和变形有很多方法，为了进一步清晰地了解温度影响的基本规律，本文采用变形分配法。

在温度和收缩作用下，结构的变形如图 13 所示，由于整个结构完全对称，图中仅显示了一半结构。从图中可看出，整个结构在对称轴处变形为 0，越远离对称轴变形越大。

整个结构的变形主要由隔震支座承担，上部结构几乎为均匀变形。

图 14 ~ 图 16 分别为结构的弯矩、剪力和轴力图。从图中可看出，隔震层以上结构的内力非常小，几乎可忽略不计。温度和收缩引起内力主要由隔震层承担，特别是隔震层顶部梁。距离对称轴越远，梁柱的弯矩、剪力越大，轴力越小。

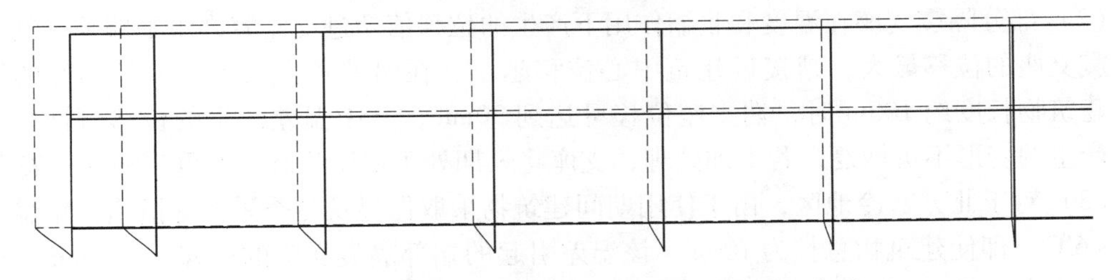

图 13 隔震结构在温度和收缩作用下的变形示意图

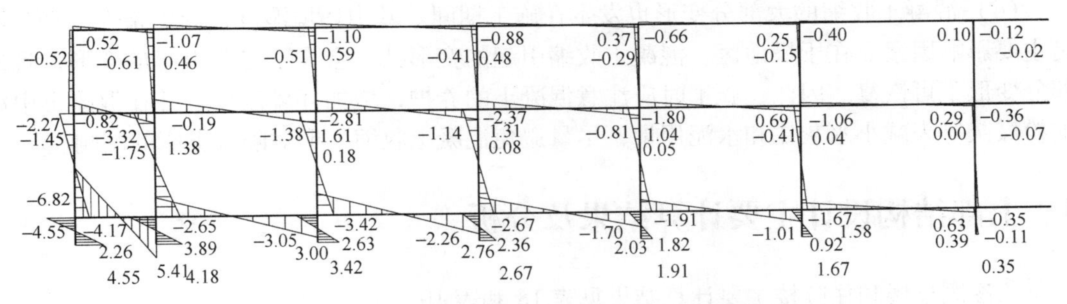

图 14 隔震结构在温度和收缩作用下的弯矩图（kN · m）

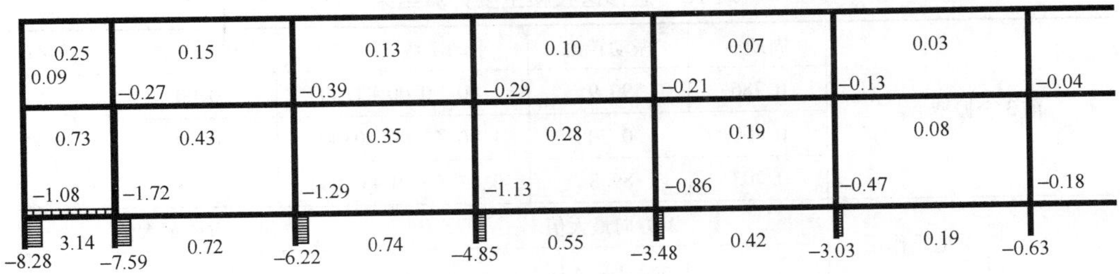

图 15 隔震结构在温度和收缩作用下的剪力图（kN）

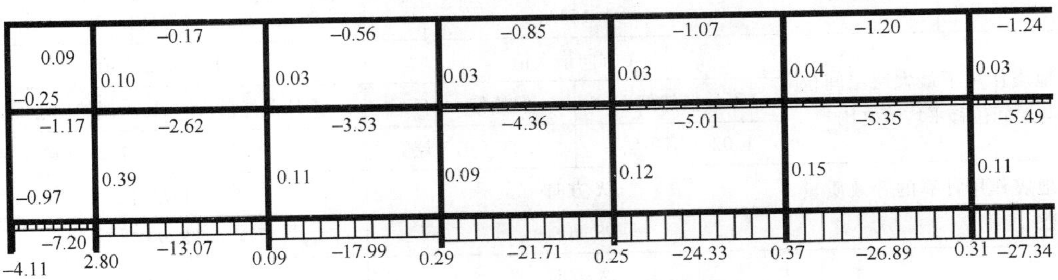

图 16 隔震结构在温度和收缩作用下的轴力图（kN）

总结以上分析，得到一些隔震结构在温度及收缩作用下的内力和变形规律：

（1）由于隔震结构的主要变形差集中在隔震层处，而隔震支座可释放该变形。整个隔震结构的变形为上部结构均匀伸长或缩短，各层变形基本相同，变形差很小，故上部结构在温度和收缩作用下的内力非常小，且各层内力变化不大。就以上实例而言，温度及收缩作用产生的结构内力远小于杆件截面承载力的15%。因此，一般情况下，隔震建筑上部结构的温度及收缩应力作用可不必考虑，计算时可仅取隔震层和隔震层以上一层，即可满足工程要求。

（2）部分隔震支座在温度和收缩作用下产生的位移值超过支座容许水平偏差，其中端部隔震支座的位移最大，越接近建筑中心位移越小。在温差较大及施工养护不好的情况下，建筑物长度约100m时，端支座位移可达到30mm，其中温差产生的位移可恢复，而收缩产生的变形不可恢复，若不加处理，支座将长期处于偏压状态，严重影响支座安全。

（3）对于北方寒冷地区，由于使用期间建筑物采取保温及冬季采暖等措施，年温差仅为5~6℃，即使建筑物总长为100m，该温差引起的端部隔震支座的位移仅为3mm，小于容许偏差值。因此，隔震支座的温度变形主要发生在施工期间，要特别注意。

（4）混凝土收缩的大部分变形也发生在施工期间。其中环境湿度、养护条件和水灰比是主要影响因素。在干燥地区，混凝土收缩引起的变形甚至会大于温差引起的变形，且这部分变形不可恢复。因此，施工时应注意混凝土的养护，增加环境湿度，并在混凝土中添加粉煤灰等来减小水灰比和水泥用量，尽量避免混凝土收缩变形对隔震支座的影响。

4 上部结构设计主要计算结果及分析

急诊医技楼和住院楼主要计算结果见表18和表19。

表18 急诊医技楼主要计算结果

<table>
<tr><td colspan="2" rowspan="4">前3个振型</td><td colspan="4">周期/s</td><td colspan="4">振动转角</td><td colspan="4">平动系数（X+Y）</td><td colspan="4">扭转系数</td><td colspan="4">T_t/T_1</td></tr>
<tr><td colspan="4">0.786</td><td colspan="4">90.9</td><td colspan="4">1.00（0.00+1.00）</td><td colspan="4">0.00</td><td colspan="4" rowspan="3">0.87</td></tr>
<tr><td colspan="4">0.760</td><td colspan="4">0.70</td><td colspan="4">1.00（1.00+0.00）</td><td colspan="4">0.00</td></tr>
<tr><td colspan="4">0.703</td><td colspan="4">89.8</td><td colspan="4">0.07（0.01+0.06）</td><td colspan="4">0.93</td></tr>
<tr><td rowspan="4">层间位移角</td><td rowspan="2">地震作用</td><td colspan="10">X方向最大值</td><td colspan="10">Y方向最大值</td></tr>
<tr><td colspan="10">1/885（第3层）</td><td colspan="10">1/794（第3层）</td></tr>
<tr><td rowspan="2">风荷载</td><td colspan="10">X方向最大值</td><td colspan="10">Y方向最大值</td></tr>
<tr><td colspan="10">1/15334</td><td colspan="10">1/3161</td></tr>
<tr><td colspan="2" rowspan="3">地震作用下最大层层间位移与层间位移平均值之比</td><td colspan="10">X方向最大值</td><td colspan="10">Y方向最大值</td></tr>
<tr><td colspan="5">不计偶然偏心</td><td colspan="5">偶然偏心5%</td><td colspan="5">不计偶然偏心</td><td colspan="5">偶然偏心5%</td></tr>
<tr><td colspan="5">1.02（第2层）</td><td colspan="5">1.03（第3层）</td><td colspan="5">1.08（第5层）</td><td colspan="5">1.27（第5层）</td></tr>
<tr><td colspan="2" rowspan="2">地震作用计算的等效质量系数</td><td colspan="10">X方向</td><td colspan="10">Y方向</td></tr>
<tr><td colspan="10">98.90%</td><td colspan="10">98.90%</td></tr>
<tr><td colspan="2" rowspan="3">底层地震剪力系数</td><td colspan="10">X方向</td><td colspan="10">Y方向</td></tr>
<tr><td colspan="5">调整前系数</td><td colspan="5">调整后数值</td><td colspan="5">调整前系数</td><td colspan="5">调整后数值</td></tr>
<tr><td colspan="5">1.00</td><td colspan="5">8.23%</td><td colspan="5">1.00</td><td colspan="5">7.80%</td></tr>
<tr><td colspan="2" rowspan="2">最大轴压比</td><td colspan="20">柱</td></tr>
<tr><td colspan="20">0.43</td></tr>
</table>

表 19 住院楼主要计算结果

<table>
<tr><td colspan="2" rowspan="4">前 3 个振型</td><td colspan="4">周期/s</td><td colspan="4">振动转角</td><td colspan="4">平动系数（X + Y）</td><td colspan="4">扭转系数</td><td colspan="4">T_t/T_1</td></tr>
<tr><td colspan="4">0.876</td><td colspan="4">-1.60</td><td colspan="4">1.00（1.00 +0.00）</td><td colspan="4">0.00</td><td colspan="4" rowspan="3">0.89</td></tr>
<tr><td colspan="4">0.874</td><td colspan="4">88.3</td><td colspan="4">1.00（0.00 +1.00）</td><td colspan="4">0.00</td></tr>
<tr><td colspan="4">0.784</td><td colspan="4">90.4</td><td colspan="4">0.00（0.00 +0.00）</td><td colspan="4">1.00</td></tr>
<tr><td rowspan="4">层间位移角</td><td rowspan="2">地震作用</td><td colspan="10">X 方向最大值</td><td colspan="10">Y 方向最大值</td></tr>
<tr><td colspan="10">1/809（第 3 层）</td><td colspan="10">1/799（第 3 层）</td></tr>
<tr><td rowspan="2">风荷载</td><td colspan="10">X 方向最大值</td><td colspan="10">Y 方向最大值</td></tr>
<tr><td colspan="10">1/19046</td><td colspan="10">1/3807</td></tr>
<tr><td colspan="2" rowspan="3">地震作用下最大层间位移与层间位移平均值之比</td><td colspan="10">X 方向最大值</td><td colspan="10">Y 方向最大值</td></tr>
<tr><td colspan="5">不计偶然偏心</td><td colspan="5">偶然偏心 5%</td><td colspan="5">不计偶然偏心</td><td colspan="5">偶然偏心 5%</td></tr>
<tr><td colspan="5">1.00（第 3 层）</td><td colspan="5">1.01（第 3 层）</td><td colspan="5">1.07（第 2 层）</td><td colspan="5">1.25（第 5 层）</td></tr>
<tr><td colspan="2" rowspan="2">地震作用计算的等效质量系数</td><td colspan="10">X 方向</td><td colspan="10">Y 方向</td></tr>
<tr><td colspan="10">99.10%</td><td colspan="10">99.20%</td></tr>
<tr><td colspan="2" rowspan="3">底层地震剪力系数</td><td colspan="10">X 方向</td><td colspan="10">Y 方向</td></tr>
<tr><td colspan="5">调整前系数</td><td colspan="5">调整后数值</td><td colspan="5">调整前系数</td><td colspan="5">调整后数值</td></tr>
<tr><td colspan="5">1.00</td><td colspan="5">7.22%</td><td colspan="5">1.00</td><td colspan="5">7.23%</td></tr>
<tr><td colspan="2" rowspan="2">最大轴压比</td><td colspan="20">柱</td></tr>
<tr><td colspan="20">0.52</td></tr>
</table>

（1）各结构单元结构第一扭转振型周期和第一平动振型周期的比值均小于 0.9，满足规范要求。

（2）各楼振型中平动分量和扭转分量分离，扭转作用小。

（3）不考虑 5% 楼层质量偶然偏心的单向地震作用下，楼层最大层间位移和层间位移平均值的比值均小于 1.2，结构平面布置基本满足规则性的要求。

在考虑 5% 楼层质量偶然偏心的单向地震作用下，楼层最大层间位移和层间位移平均值的比值均小于 1.30，满足规范要求。

（4）各楼层侧向刚度均不小于相邻上一楼层的 0.7 倍或相邻三层平均值的 0.8 倍，满足规范竖向刚度规则性要求。

5 产品检验及施工维护

5.1 隔震支座产品的检验

5.1.1 隔震支座的书面材料

在隔震支座施工之前，首先要对生产厂家及隔震支座的一些书面证明材料进行认定。包括：

（1）隔震层部件供货企业的合法性证明。

（2）隔震层部件出厂合格证。

（3）隔震层部件的产品性能出厂检验报告。

本工程的隔震产品厂家为广州宇泰隔震器材有限公司，该公司提供了以上文件，认为隔震产品合格，可用于本项目。

5.1.2　隔震支座及连接件的尺寸检查

现场对隔震支座的外观及尺寸进行抽检，抽检率 10%，隔震支座及连接钢板的尺寸检查项目及要求见表 20。

表 20　隔震支座及连接钢板的尺寸检查项目及要求

项　目	记　号	容许误差	备　注
总高度	H_n	设计值的 ±2%	可测量直角的 4 点取平均
隔震支座周长	R	±5mm	
上下表面的平行度	δ/l	≤1/300	
连接钢板边长	l	±3mm	JIS B0417 B 级
连接钢板板厚	t_n	±0.8mm	JIS G3193
孔中心距	e_2	±1.2mm	JIS B0405 中级
孔　径	ϕ_0	−0.3 ~ +0.8mm	

同时，预埋钢板对角线靠尺、塞尺测量螺栓孔外侧，测量水平误差不大于 2mm，预埋板表面平整度不大于 1/300，翘曲度不大于 3mm，螺栓孔径、孔中心距的要求与连接钢板相同，且与连接钢板的螺孔叠合通畅。本工程的连接钢板抽检满足要求。

5.1.3　隔震支座有无缺陷

隔震支座安装前检查支座外部有无损伤或缺陷，检查项目及要求如表 21 所示。

表 21　隔震支座缺陷检查项目及要求

缺陷名称	判断标准	处理方法	备　注
裂纹及擦伤（侧面）	深度 < 10mm 且不达钢板	厂家修补	
	深度 > 10mm 或达到钢板	厂家重新制作	JG 118—2000
脚部龟裂或缺陷	长度 < 30mm 且少于 3 处，并不达到钢板	厂家修补	
	长度 > 30mm 或多于 3 处达到钢板	厂家重新制作	JG 118—2000
缺　胶	钢板不外露且缺胶面积 < $150mm^2$	厂家修补	
	钢板外露或缺胶面积 > $150mm^2$ 并多于 2 处	厂家重新制作	JG 118—2000

连接钢板与预埋钢板的表面完整无缺陷和锈蚀，切割边整齐，无缺口毛刺，贴合面上严禁有电焊气割溅点、飞刺毛边、尘土油漆等不洁物质，抽检发现连接件满足要求。

5.2　隔震构造

在隔震支座设置部位，建筑上应留有检查和替换隔震部件的空间。

室外的台阶、外墙、上下水、供暖管道、电气管道线等穿越隔震层的部位，隔震沟等，均应做特殊处理，具体办法可参考《叠层橡胶支座基础隔震建筑构造图集》（甘

02G10）或《建筑结构隔震构造详图》（03SG610-1）。本项目的部分隔震构造如图 17 ~ 图 21 所示。

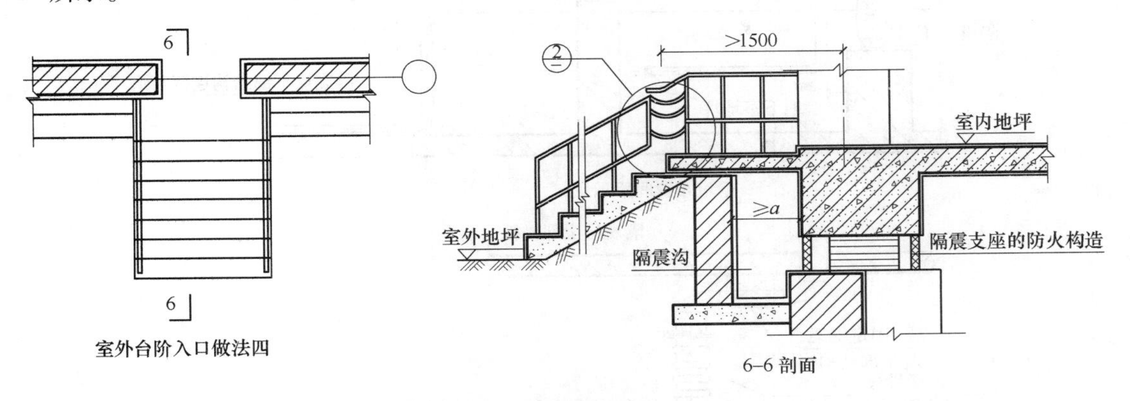

室外台阶入口做法四　　6–6 剖面

图 17　室外台阶的隔震构造

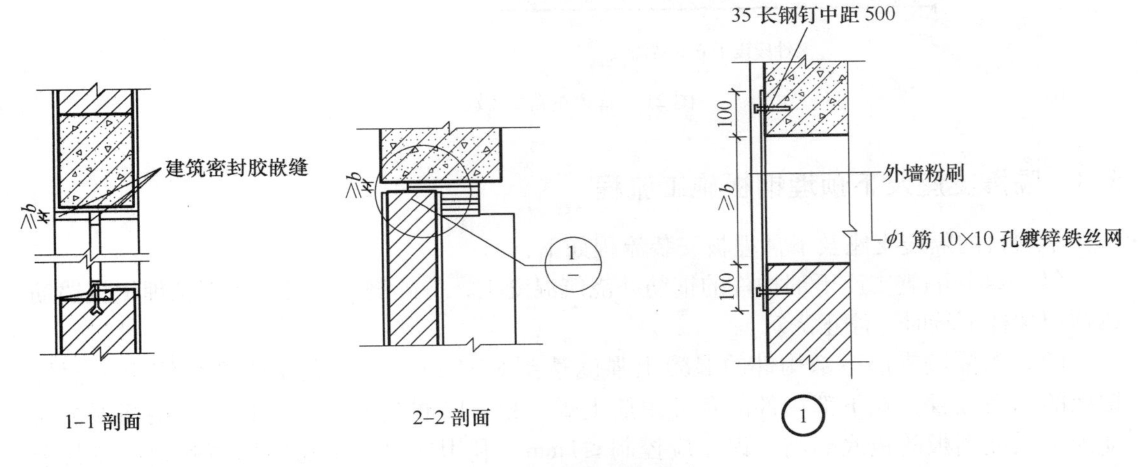

1–1 剖面　　2–2 剖面　　1

图 18　外墙隔震构造图

图 19　隔震支座周围及外墙处理

图 20　上下水管道的柔性连接

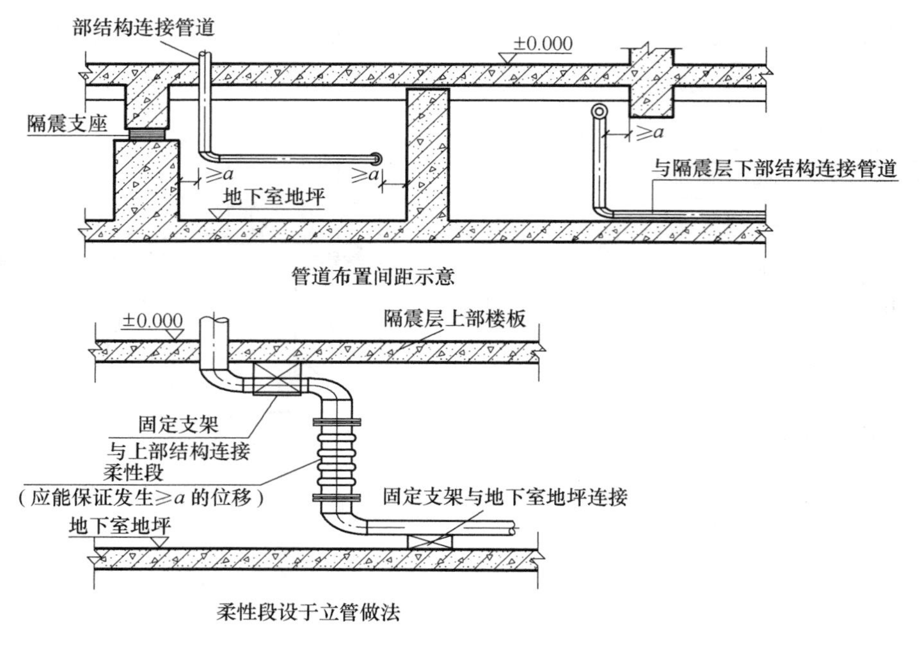

图 21　管道的隔震做法

5.3　隔震支座及下预埋钢板施工流程

本项目的隔震支座及下预埋板安装流程如下：

（1）绑扎隔震支座下部构件的钢筋并浇筑混凝土，待砼浇筑到设计的下预埋钢板锚筋或预埋螺杆下端时，停止浇筑。

（2）当隔震支座下部构件的混凝土强度达到 85% 以上时，利用水准仪测定下预埋钢板的标高位置，在下部构件的角部主筋上焊一根 $\phi12$ 的短钢筋头，这根短钢筋顶标高即为下预埋钢板的板底标高，误差应控制≤1mm。利用这根短钢筋的标高标记，在其余隔震支座下部构件的主筋上各焊一根短钢筋头，以控制每个隔震支座下预埋钢板的标高位置。

（3）利用经纬仪测定下预埋钢板轴线位置，并做好标记，在下预埋钢板上弹黑线，定出下预埋板中心洞的圆心位置。

（4）在已绑好钢筋的柱头（或基础顶）标定位置处放置下预埋钢板。若为预埋螺杆的连接方式，需要先把预埋螺杆拧入下预埋钢板。

（5）利用不同规格的楔形木垫对下预埋钢板的标高、平整度、中心圆孔的圆心与轴线距离等作微小调整，再用经纬仪、水准仪、拉通线精确检查安装，直至达到设计要求后，用两根 $\phi14$ 钢筋，将下部构件主筋与下预埋钢板的锚筋或预埋螺杆点焊，来固定下预埋钢板的位置。

（6）取出木垫，复核预埋板标高、轴线、平整度，合格后用加入微膨胀剂的同标号或高一标号的细石砼浇筑。浇筑中使用小直径的振动棒进行振捣，当砼浇筑到预埋钢板顶标高后停止浇筑，用小榔头敲击钢板表面，通过声音判断砼是否与钢板结合密实。

（7）浇筑完毕并确保密实后，立即对下预埋钢板的水平度及轴线位置进行二次检验，判断在砼浇筑中对钢板有无影响，如有，应作适当调整。

（8）待二次浇筑的砼达到设计强度的85%后，将下预埋钢板板面用钢丝刷清理干净，并涂黄油。将隔震支座调装到下预埋钢板处，并尽量与螺栓孔位对齐。螺栓沾黄油后拧紧，若设计采用高强螺栓，还应按高强螺栓的要求将螺栓拧紧。

（9）当隔震支座与下部构件固定好后，将上预埋钢板放置在隔震支座顶部，螺栓拧入对应的螺栓孔，与上预埋钢板连接牢固。

（10）绑扎隔震支座上部构件的钢筋，以上预埋钢板为底模，对隔震支座以上结构进行支模，并对整个体系作斜撑固定，防止整体位移。

（11）对隔震支座上预埋钢板的水平度和轴线位置进行复检，满足设计要求后，浇筑砼。

这样，隔震支座的安装基本完成，将以上的施工流程用图22表示。

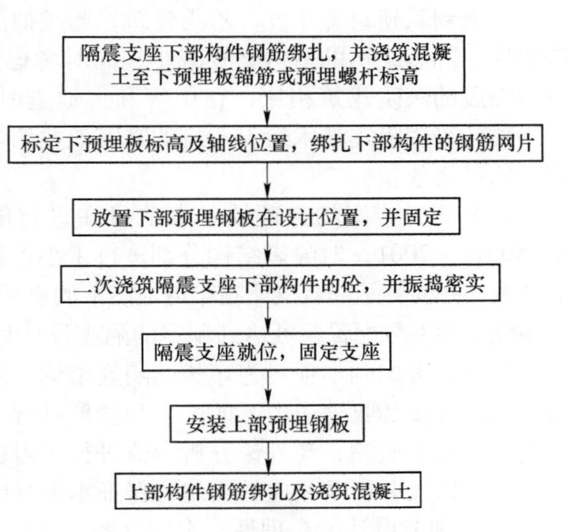

图22 安装隔震支座施工流程图

此外，在施工过程中，还应注意：

（1）在安装过程中做好施工纪录，对隔震支座下部构件顶面水平度、隔震支座中心的平面位置和标高进行观测并记录。

（2）隔震支座下部构件进行二次浇筑时，尽量不要碰撞预埋件、主筋，防止轴线位置、平整度发生变化，影响安装质量。

（3）固定隔震支座的螺栓时，应两人同时对称拧紧，防止支座连接板错位。

（4）严禁施工人员踩踏隔震支座，吊装时也应选择适当吊点，以防组装好的橡胶支座与连接钢板错位，吊装时应轻举轻放，防止损坏支座。

（5）隔震支座施工完毕后，用塑料布和薄木板等对支座进行临时覆盖，防止主体施工过程中支座受损。

（6）对隔震支座连接板和外露螺栓涂防锈漆，进行必要的保护。

5.4 使用维护

（1）业主应确保隔震工程的正常使用，不得随意改变、损坏、拆除隔震装置或填埋、破坏隔震构造措施。

（2）业主在隔震工程竣工后第1年、第3年、第5年、第10年对隔震层进行定期检查，10年以后每10年检查一次。

（3）业主定期检查，观察隔震层是否有异常位移及隔震支座和连接件是否有锈蚀、剥落及倾斜等外观质量缺陷。

6 结论

（1）经济适用性。2011年业主施工结算统计得到：

医技楼总建筑面积 7789.51m^2，其中隔震支座的造价 80.2 万元，建筑总造价 1207.1 万元，该建筑每平方米造价 1549.7 元。

住院楼总建筑面积 9390.49m^2，其中隔震支座的造价 96.7 万元，建筑总造价 1448.3 万元，该建筑每平方米造价 1542.3 元。

考虑到该建筑为 9 度，乙类建筑，与类似的非隔震结构的平均造价相比，隔震建筑的造价比非隔震结构的造价略有减小，同时考虑到隔震建筑可大幅度提高建筑的抗震性能，与不隔震的医院建筑相比，在中等和大地震时，医院功能不中断，医院的各种设备无损坏，估计采用隔震技术后，对应的减灾效益约 220 万元，因此该项目采用隔震技术后，有较好的经济效益。

（2）设计方案的合理性。本项目在进行隔震结构设计时，按照建筑抗震设计规范 GB 50011—2001，对隔震结构分别进行了小震和大震时的时程分析，得到结构的水平向减震系数，并验算了隔震支座在罕遇地震下的水平最大位移和拉应力，通过本项目采用的隔震支座数量和参数配置，可达到预定的隔震设计目标，且罕遇地震下隔震支座仍保证安全。

此外，考虑到本项目为超长的隔震结构，而设计时未设置伸缩缝，设计中还对超长隔震结构在温度和收缩应力下的内力和变形进行了分析，并在施工期间，对住院楼的隔震支座变形进行了监测，与理论分析数值进行了对比，确保隔震结构的安全。

通过以上分析及相应的措施，保证本项目的隔震设计方案合理。

（3）细节设计的合理性。本项目的一些隔震细节设计，如散水、室外台阶、楼梯、坡道进行外挑或设缝，保证不阻碍隔震支座在地震下的位移，同时，上下水管道和配线等，采用柔性连接，以适应隔震层罕遇水平位移，因此本项目的细节设计合理。

附录　古浪县人民医院扩建工程参与单位及人员信息

项目名称	古浪县人民医院扩建工程急诊医技楼、住院楼		
设计单位	甘肃省建筑设计研究院 + 兰州理工大学		
用　途	医疗用房	建设地点	甘肃省古浪县
施工单位	武威市金羊建筑工程公司	施工图审查机构	甘肃省建设工程咨询设计有限责任公司
工程建设起止时间	2009 ~ 2011	竣工验收时间	2011

参与本项目的主要人员：

序号	姓　名	职　称	工 作 单 位
1	黄　锐	教授级高工	甘肃省建筑设计研究院
2	党　育	副教授	兰州理工大学
3	杜永峰	教　授	兰州理工大学
4	王沛钦	工程师	甘肃省建筑设计研究院
5	何振军	工程师	甘肃省建筑设计研究院
6	杨福宝	工程师	甘肃省建筑设计研究院

案例23　宿迁汇金大厦

1　工程概况

宿迁汇金大厦位于江苏省宿迁市老城区鱼市口路南侧，东大街路东侧，地处老城区中心地带，是宿迁市中心重要的商业、居住综合楼之一。本工程总用地面积6026平方米，总建筑面积为36316m^2，由一层地下室、四层商业裙房和二十四层主楼组成，建筑高度约79.1m，最高处85.30m，主楼由两栋左右完全对称的塔楼组成，塔楼之间以及塔楼与裙楼之间均设置抗震缝，使整个建筑划分为相互独立的抗震单元，建筑图见图1。

2　工程设计

2.1　设计主要依据和资料

本工程结构减震分析、设计采用的主要计算软件有：

（1）中国建筑科学院开发的商业软件PKPM/SATWE（简称为“SATWE”），进行常规分析、设计。

（2）美国CSI公司开发的商业有限元软件ETABS V9.2.0（简称为“ETABS”）非线性版本软件进行消能减震结构的动力分析。

设计过程中，采用的现行国家标准、规范、规程及图集主要有：

（1）《建筑结构可靠度设计统一标准》（GB 50068—2008）；

（2）《建筑工程抗震设防分类标准》（GB 50223—2008）；

（3）《建筑结构荷载规范》（GB 50009—2001）（2006年版）；

（4）《混凝土结构设计规范》（GB 50010—2002）；

（5）《建筑抗震设计规范》（GB 50011—2001）（2008年版）；

（6）《高层建筑钢筋混凝土结构技术规程》（JGJ 3—2002）；

（7）《建筑地基基础设计规范》（GB 50007—2002）；

（8）《工程建设标准强制性条文　房屋建筑部分》；

（9）《宿迁汇金大厦岩土工程勘察报告》（工程编号K09-40）江苏华晟建筑设计有限公司提供；

（10）《宿迁市建设大厦消能减震设计报告》南京工业大学建筑技术发展中心；

（11）《宿迁商务中心消能减震设计报告》南京市建筑设计研究院有限责任公司；

（12）《宿迁市金柏年财富广场消能减震设计报告》南京工业大学建筑技术发展中心。

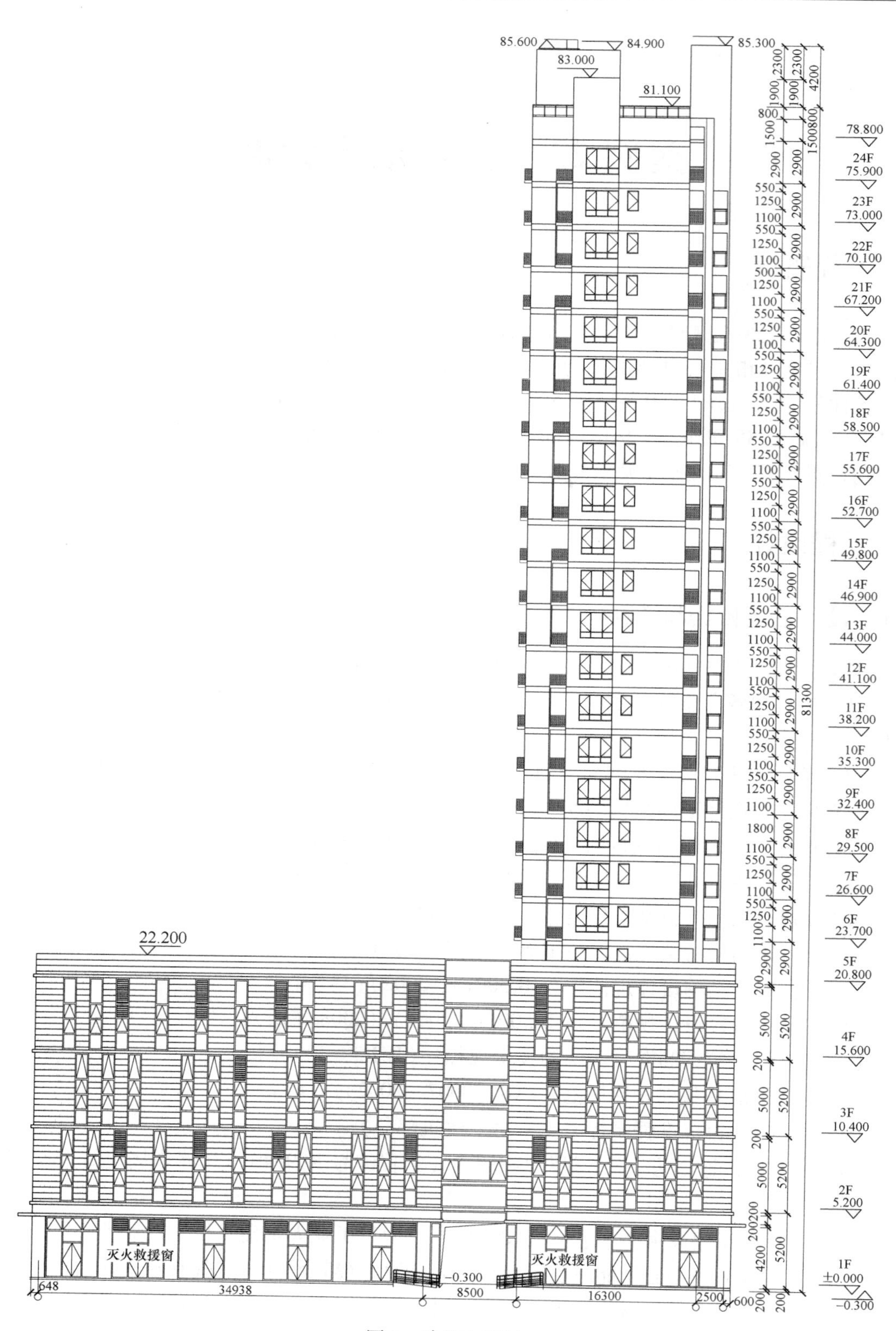

85.600
84.900
85.300
83.000
81.100
78.800
24F
75.900
23F
73.000
22F
70.100
21F
67.200
20F
64.300
19F
61.400
18F
58.500
17F
55.600
16F
52.700
15F
49.800
14F
46.900
13F
44.000
12F
41.100
11F
38.200
10F
35.300
9F
32.400
8F
29.500
7F
26.600
6F
23.700
5F
20.800
4F
15.600
3F
10.400
2F
5.200
1F
±0.000
-0.300
22.200
灭火救援窗
灭火救援窗
-0.300
648
34938
8500
16300
2500
600
81300

图 1　建筑立面图

2.2 结构设计主要参数

结构设计主要参数见表1。

表1 结构设计主要参数

序号	基本设计指标	参 数
1	建筑结构安全等级	二级
2	结构设计使用年限	50 年
3	建筑物抗震设防类别	标准设防类
4	建筑物抗震设防烈度	8 度
5	基本地震加速度值	0.30g
6	设计地震分组	第一组
7	水平地震影响系数最大值	0.24/1.20
8	建筑场地类别	Ⅱ类
9	特征周期/s	0.35/0.40
10	基本风压（100 年一遇）/kPa	$W_0=0.40$
11	基本雪压（50 年一遇）/kPa	0.35
12	地面粗糙度	C 类
13	风荷载体型系数	1.4
14	基础形式	天然基础
15	地基基础设计等级	甲级
16	上部结构形式	剪力墙结构（主楼），框架结构（裙房）
17	地下室结构形式	剪力墙
18	高宽比	4.76
19	地基液化等级	无液化土层

3 消能减震设计

消能减震设计是在结构中设置消能装置，通过其局部变形提供附加阻尼，以消耗输入上部结构的地震能量，达到预期防震要求。消能减震技术被广泛用于高层建筑、高耸构筑物和大跨桥梁的抗震和抗风，以及现有建筑物的抗震加固等方面。目前已经运用于实际工程建设中的消能减震装置主要分为两类：速度相关性的消能装置和位移相关性的消能装置；前者主要指黏滞阻尼器、黏滞阻尼墙以及黏弹性阻尼器等，后者主要是指摩擦阻尼器和塑性消能器等。

消能减震技术在宿迁市得到了很好的推广，并取得了良好的经济效益。宿迁市教育大厦、宿迁市建设大厦、宿迁市商务中心、宿迁市金柏年财富广场中均采用了消能减震技术，在高烈度区（宿迁8度，0.3g），若遵循常规抗震设计的思路—通过提高结构自身刚度来抵御地震作用，结构越刚，受地震力越大，构件设计、层间位移很难满足规范要求；同时结构自身刚度的提高，也使得结构构件设计断面过大，不仅减少了建筑的有效使用面积，也影响了建筑的平面布置。通过在结构中采用减震技术——设置黏滞阻尼器，在地震作用时，随着结构侧向变形的增大，黏滞阻尼器装置率先进入非弹性状态，产生较大阻尼，大量消耗输入结构的地震能量，使主体结构避免出现明显的非弹性状态，并且迅速衰减结构的地震反应（位移、速度、加速度等），使得构件设计、层间位移容易满足规范要求，确保主体结构在地震中的安全。

3.1　减震设计性能目标

减震设计性能目标见表 2。

表 2　减震设计性能目标

项　目	减震设计性能目标
多遇地震作用	最大层间位移角≤1/1000 整体结构阻尼约 8%（结构自身 5%，阻尼器附加约 3%）
罕遇地震作用	最大层间位移角≤1/120，满足大震不倒的要求
阻尼元件	在多震作用下，阻尼元件能够提供较大阻尼力，具有高耗能性能，而在罕遇地震作用下，黏滞阻尼器所提供的阻尼力维持在一定水平，有利于阻尼支撑与结构相连构件的设计

3.2　黏滞阻尼器

3.2.1　黏滞阻尼器的耗能机理

目前黏滞阻尼器是在减震结构中最常使用的阻尼器形式，其特点是其受力仅与质体运动的速度有关，而与结构的位移无关，即其本身并无位移刚度存在。阻尼力可用公式表示如下：

$$f_{\mathrm{d}}(t) = C_{\alpha}\,|\dot{u}|^{\alpha}\mathrm{sgn}(\dot{u}) \tag{1}$$

式中，C_{α}为广义阻尼系数；u 为阻尼器内的位移，是相应的速度；α 为速度指数，其值大致在 0.2 到 1 的范围。阻尼力的方向总是和位移的方向相反，从而阻止结构运动，消耗能量。

当 $\alpha=0$ 时，f_{d}为一常数，其滞回曲线为矩形。当 $\alpha=1$ 时阻尼系数记为 C_{e}，阻尼力简化为

$$f_{\mathrm{d}}(t) = C_{\mathrm{e}}\dot{u} \tag{2}$$

阻尼器为线性特征。设

$$u(t) = u_0\sin(\omega t) \tag{3}$$

由式（2）和式（3）可以得到

$$\left(\frac{f_{\mathrm{d}}}{c_{\mathrm{e}}\omega u_0}\right)^2 + \left(\frac{u}{u_0}\right)^2 = 1 \tag{4}$$

此时阻尼力和位移为椭圆关系。当 $\alpha\neq1$ 时表现为非线性，α 值离开 1 愈远，非线性

程度愈高。

图 2 为当 C_α 取相同数值、α 取不同值（α 分别为 0、0.3、0.6、1）时的滞回曲线，α 愈小，滞迴曲线愈接近矩形。从图中可明显看出，黏滞阻尼器具有非常优越的耗能能力，尤以 α 较小时为最优。

图 3 给出了黏滞阻尼器的构造简图，当结构受到外部荷载（风载或地震荷载）作用时，黏滞阻尼器中的活塞杆做往复运动，阻尼材料在缸体内迅速流动，通过内摩擦的形式来耗散能量。图 4 给出了阻尼器产品试验得到的阻尼力和速度关系曲线。

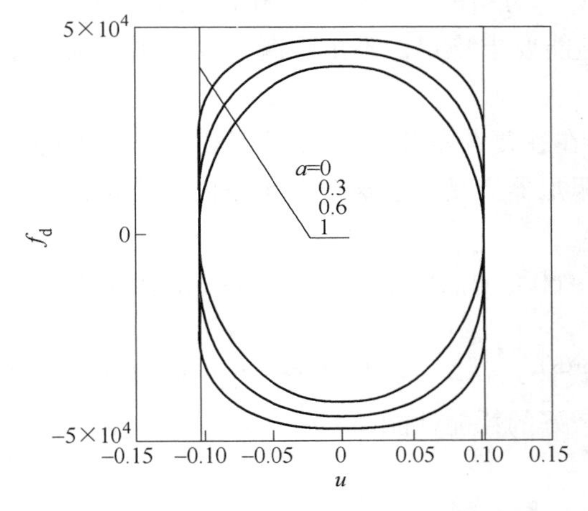

图 2　C_α 值相同、α 值不同时的滞回曲线

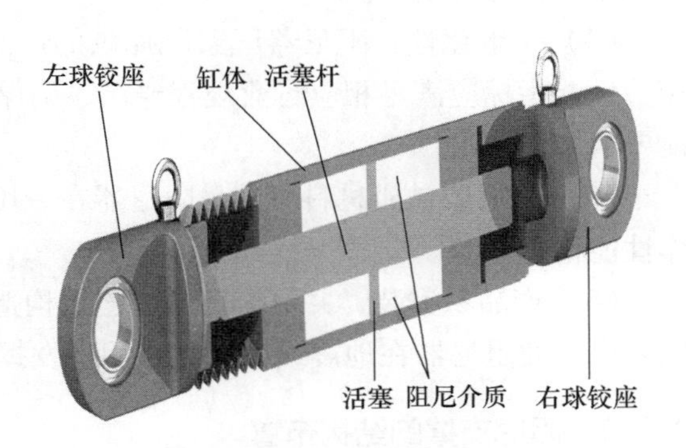

图 3　黏滞阻尼器构造简图

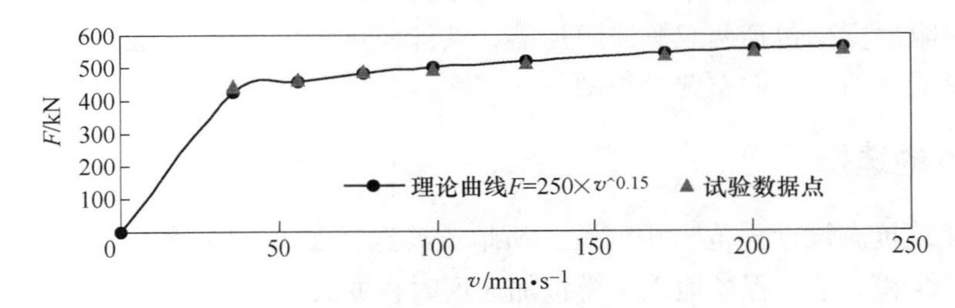

图 4　阻尼器产品试验得到的阻尼力和速度关系曲线

3.2.2　黏滞阻尼器设计参数

黏滞阻尼器设计参数见表 3。

表 3　黏滞阻尼器设计参数

布置方向	阻尼系数/kN·(m/s)$^{-0.4}$	阻尼指数	行程/mm	布置形式及数量
X 向	500	0.20	±50	对角斜撑 5 套
Y 向	500	0.20	±50	人字撑 17 套

黏滞阻尼器力学滞回曲线要求符合公式（设计时按两个阻尼器组合所提供的阻尼力加以考虑）

$$F = C \cdot V^{\alpha} = 1000 \cdot v^{0.20}$$

黏滞阻尼器产品在不同频率（0.1～2.0Hz）、不同位移幅值的条件下，其试验曲线与理论计算误差应在15%以内，并根据阻尼器设计参数选择合适类型的产品，黏滞阻尼器产品应满足下列性能指标：

（1）阻尼器的外观尺寸：直径（外径）约200mm，总长度控制在900～1100mm；单个阻尼器的重量控制在200～300kg。

（2）允许冲程：工作状态下阻尼器的最大允许冲程±50mm。

（3）阻尼器承受力：在地震作用下阻尼器计算分析所产生的最大阻尼力约350kN（单个阻尼器），在这个阻尼力水平的阻尼器工作性能要求稳定，不出现漏油及材料磨损等影响阻尼器性能的现象。

（4）抗老化性：阻尼器厂家所提供的产品在往复荷载作用（如风荷载）作用下的抗疲劳性能指标应满足相应行业规程要求，确保阻尼器产品在建筑使用年限内满足设计的功能要求。

（5）阻尼器黏滞材料应满足阻尼器在－10～60℃的温度下材料性能稳定，阻尼器的工作性能稳定。

（6）产品易安装，并具有可靠的连接构造设计，确保连接构造所产生的间隙在允许范围之内，使阻尼器在地震或者风载作用下发挥较好的耗能性能。

3.2.3　阻尼支撑的结构布置

本工程采用了正人字形和倒人字形组合的布置形式，在5～21层 Y 向每层设置一榀阻尼支撑，每榀阻尼支撑包括两只黏滞阻尼器，共计使用阻尼支撑17套。图5～图7分别给出了消能支撑的立面、平面布置及详图。

3.3　地震波的选择

根据《建筑抗震设计规范》中时程分析地震波选择要求，选择了2条天然强震记录的加速度时程曲线和1条工程场地人工模拟加速度时程曲线。

采用弹性时程分析和震型分解反应谱法分析得到非减震结构在8度多遇地震下的结果，结构底层最大楼层地震剪力见表4，从表中可看出，每条时程曲线计算所得结构底部剪力均大于震型分解反应谱法计算结果的65%，其平均值大于震型分解反应谱法计算结果的80%，满足《建筑抗震设计规范》（GB 50011—2001）2008年版的要求。

3.4　消能减震技术的优越性

消能减震技术适用于高层建筑或中高层建筑，对建筑物层数、高度、高宽比等方面没有特殊的要求，其适用范围较广，本工程采用消能减震技术方案具有一定优越性，表现在：

（1）阻尼支撑的设置于建筑的墙体位置，基本保持了原有的平面布局，同时不需要额外增加结构抗侧力构件，或者增大结构构件的尺寸断面，较好地满足原有建筑功能的使用要求。

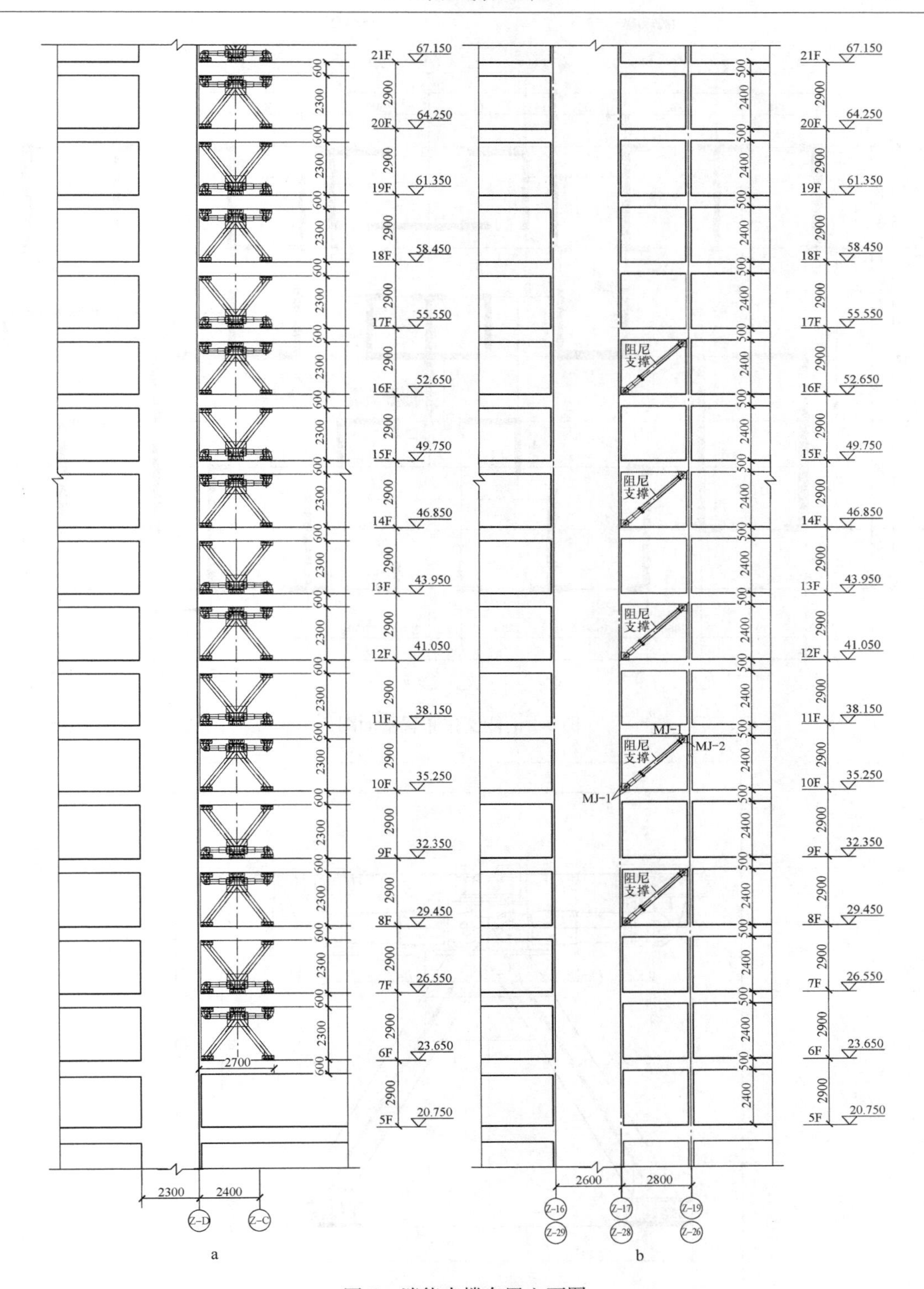

图5 消能支撑布置立面图

a—阻尼支撑立面定位图1；b—阻尼支撑立面定位图2

（a图为左塔阻尼器立面布置，右塔与左塔对称设置。阻尼支撑（人字形）数量共34套。b图为左塔阻尼器立面布置，右塔与左塔对称设置。阻尼支撑（斜撑形）数量共10套）

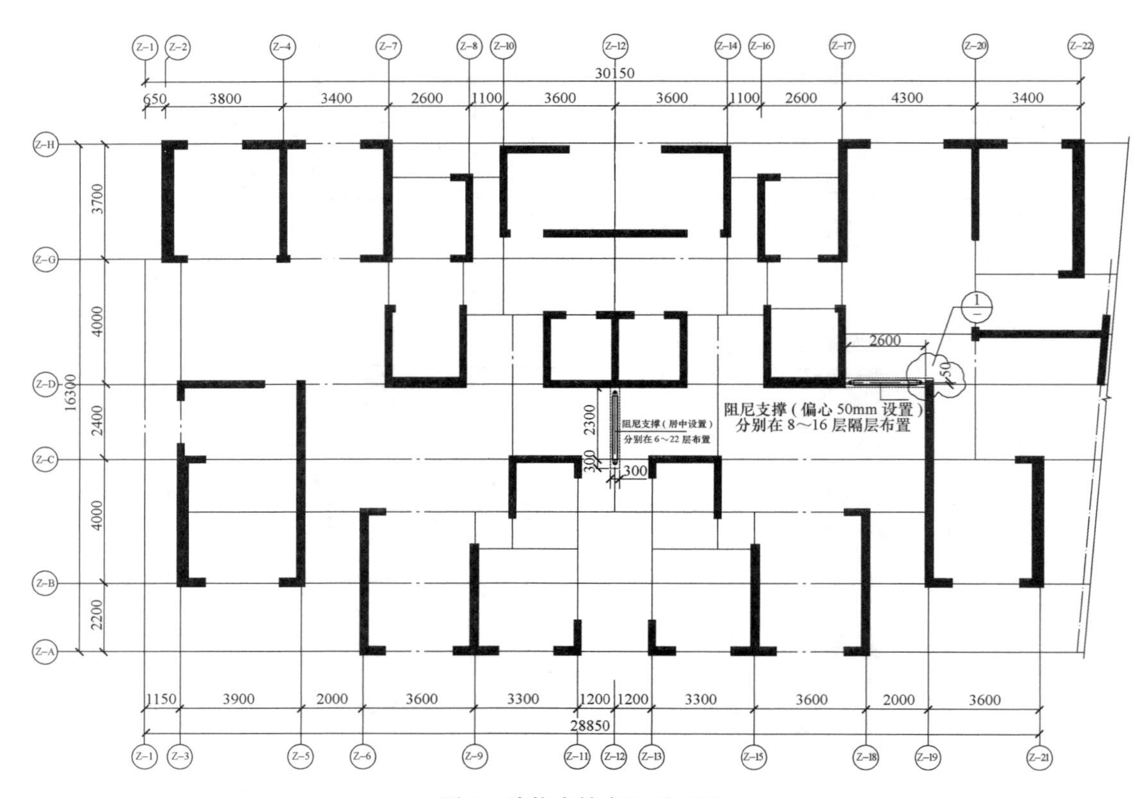

图 6　消能支撑布置平面图

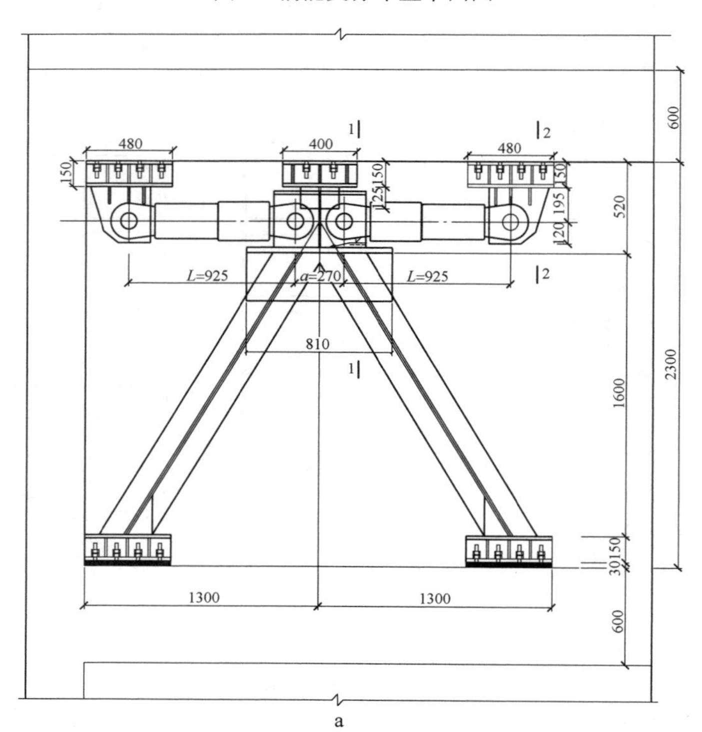

a

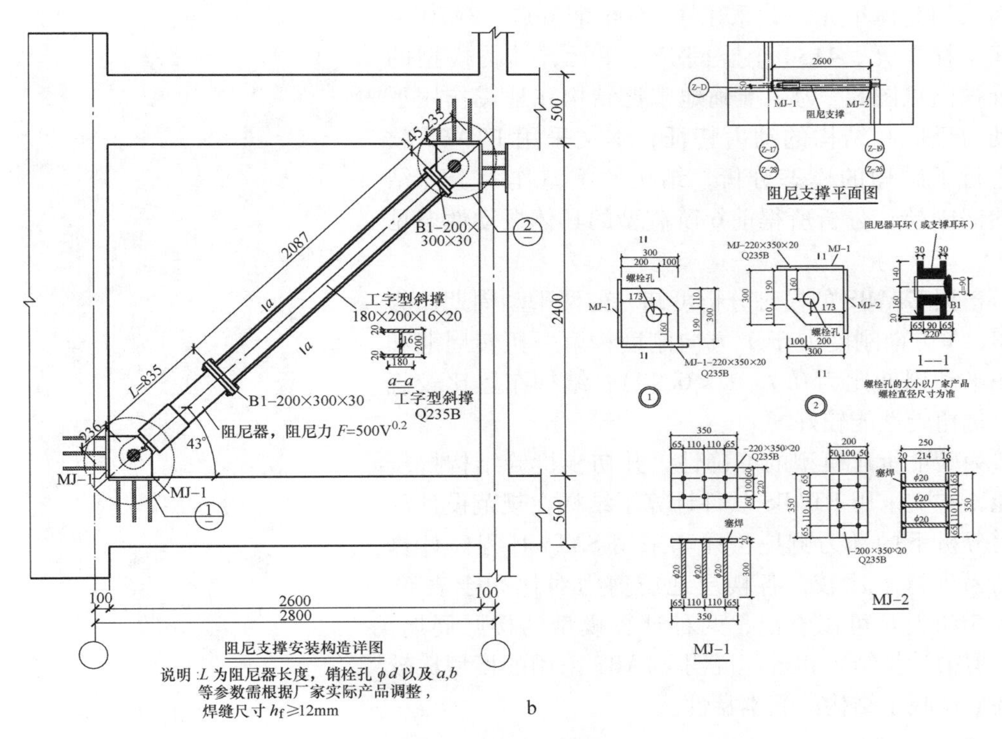

图7　消能支撑详图

a—消能支撑安装构造详图1；b—消能支撑安装构造详图2

表4　结构最大楼层地震剪力

地震方向	时程分析结果/kN				谱分析结果/kN	65%谱结果/kN	80%谱结果/kN
	EL	TAFT	人工波 R1	平均值			
X 向	9995	10124	12447	10855	10420	6773	8336
Y 向	10194	9714	9498	9802	9991	6494	7992

注：*X* 向剪重比：5.35%；*Y* 向剪重比：5.43%。

（2）从技术效果来说，本工程结构布置较规则，采用减振技术以后结构的总阻尼约8%（其中结构本身阻尼5%，阻尼器提供的附加阻尼约3%），在此阻尼下，可使结构在多遇地震作用时结构的层间位移（*Y* 向）满足现有的规范要求。

（3）阻尼支撑仅设置在结构的上部（5～21层），下部楼层可按正常抗震结构进行施工，在设置阻尼支撑的楼层，阻尼支撑可通过预埋件与结构构件相连，施工较为方便，可以很好地控制施工进度。

4　结构减震分析

4.1　主楼结构动力特性分析

主楼结构计算分析时，梁、柱构件采用空间梁柱单元，混凝土楼板采用膜单元、抗震墙采用壳体单元，共采用了 4606 个节点、3470 个空间梁柱单元、4134 个空间壳体单元，结构模型的三维视图见图 8。为了准确地掌握结构在地震作用下的动力反应和结构的动力特征，本文采用 ETABS 软件进行了结构的模态分析，结构地下室作为上部结构的嵌固端，分析所得前 6 阶震型的具体振动性态见表 5。

根据 ETABS 的模态分析可知，前两平动周期比为 1.08，X 方向刚度大于 Y 方向刚度；第一扭转周期和第一平动周期比为 0.75（<0.90），结构布置比较规则，抗扭转性能较好。

为验证所建模型的准确性，并初步检验结构抗震性能，本文采用 ETABS 软件计算了结构在规范设计反应谱分析下的动力响应，并和采用 SATWE 程序计算的结果进行了比较，各楼层地震剪力对比列于表 6。从表 5 和表 6 可以看出，两种计算模型的楼层周期、地震剪力计算结果相近，说明 ETABS 采用的模型比较准确地反映了结构的基本特性。

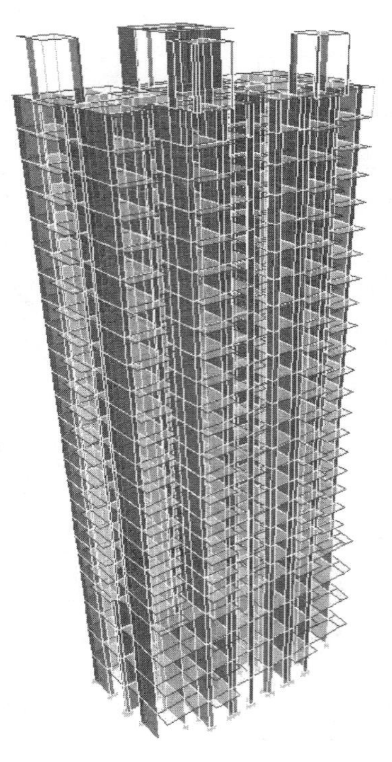

图 8　ETABS 计算模型

表 5　SATWE 与 ETABS 的周期对比

振型	SATWE			ETABS	
	周期/s	平动系数		周期/s	振型描述
		X	Y		
1	1.69	0.00	1.00	1.62	Y 向第一平动
2	1.58	1.00	0.00	1.51	X 向第一平动
3	1.04	0.00	0.00	1.22	第一扭转
4	0.50	1.00	0.00	0.43	Y 向第二平动
5	0.45	0.00	0.99	0.41	X 向第二平动
6	0.40	0.00	0.01	0.37	第二扭转

表 6　楼层剪力对比

楼层号	X 向分析结果比较			Y 向分析结果比较		
	SATWE/kN	ETABS/kN	比值	SATWE/kN	ETABS/kN	比值
26	485.22	365	1.33	585.82	437.59	1.34
25（屋面）	1703.3	1646.71	1.03	1918.79	1778.29	1.08
24	2566.15	2638.18	0.97	2845.31	2789.82	1.02
23	3259.64	3458.58	0.94	3544.7	3573.3	0.99
22	3809.65	4114.19	0.93	4052.36	4140.96	0.98
21	4259.8	4650.33	0.92	4429.2	4555.23	0.97

续表 6

楼层号	X 向分析结果比较			Y 向分析结果比较		
	SATWE/kN	ETABS/kN	比值	SATWE/kN	ETABS/kN	比值
20	4637.92	5091.98	0.91	4714.26	4855.36	0.97
19	4960.5	5459.78	0.91	4929.52	5069.68	0.97
18	5243.75	5770.32	0.91	5097.06	5223.8	0.98
17	5502.53	6041.03	0.91	5240.52	5345.43	0.98
16	5747.62	6287.22	0.91	5380.78	5459.14	0.99
15	5983.92	6520.5	0.92	5531.14	5582.66	0.99
14	6214.47	6750.44	0.92	5698.17	5729.58	0.99
13	6442.01	6984.06	0.92	5886.58	5912.87	1.00
12	6669.41	7227.2	0.92	6102.83	6143.15	0.99
11	6896.39	7484.71	0.92	6346.96	6421.67	0.99
10	7124.91	7757.37	0.92	6616.2	6739.77	0.98
9	7355.8	8044.14	0.91	6907.64	7088.58	0.97
8	7593.02	8343.16	0.91	7222.85	7462.05	0.97
7	7838.03	8649.49	0.91	7559.09	7853.53	0.96
6	8089.57	8956.64	0.90	7909.78	8252.65	0.96
5	8581.85	9427.4	0.91	8569.05	8849.32	0.97
4	9036.86	9909.15	0.91	9145.81	9439.58	0.97
3	9397.16	10259.92	0.92	9558.95	9835.32	0.97
2	9594.18	10420.24	0.92	9743.24	9991.4	0.98

注：表中比值指 SATWE 与 ETABS 剪力的比值。

4.2 反应谱计算结果

结构在多遇地震作用下反应谱的计算分析结果（见图 9）表明，*X* 方向楼层位移角（见表 7）均小于 1/1000，满足规范的要求；*Y* 方向楼层位移角（见表 8）在 10 ~ 25 层的分析结果均大于 1/1000，最大值为 1/870，不能满足规范要求。当结构的整体阻尼按 8% 计算时（见表 9），结构的楼层位移角均小于 1/1000，可满足规范要求。

表 7 *X* 方向反应谱计算分析的位移角（5% 阻尼）

楼 层	最大位移点	坐标 *X*	坐标 *Y*	坐标 *Z*	位移角
26	328	17.3	29.651	84	0.000519
25	347	28.7	29.851	78.7	0.000490
24	347	28.7	29.851	75.8	0.000527
23	347	28.7	29.851	72.9	0.000569
22	347	28.7	29.851	70	0.000608
21	347	28.7	29.851	67.1	0.000645

续表 7

楼　层	最大位移点	坐标 X	坐标 Y	坐标 Z	位移角
20	6	21.8	12.051	64.2	0.000679
19	6	21.8	12.051	61.3	0.000710
18	6	21.8	12.051	58.4	0.000736
17	6	21.8	12.051	55.5	0.000756
16	6	21.8	12.051	52.6	0.000771
15	347	28.7	29.851	49.7	0.000785
14	347	28.7	29.851	46.8	0.000798
13	347	28.7	29.851	43.9	0.000807
12	347	28.7	29.851	41	0.000813
11	347	28.7	29.851	38.1	0.000816
10	347	28.7	29.851	35.2	0.000815
9	347	28.7	29.851	32.3	0.000807
8	347	28.7	29.851	29.4	0.000785
7	347	28.7	29.851	26.5	0.000751
6	347	28.7	29.851	23.6	0.000666
5	347	28.7	29.851	20.7	0.000572
4	6	21.8	12.051	15.5	0.000517
3	6	21.8	12.051	10.3	0.000416
2	30	21.8	13.551	5.1	0.000192

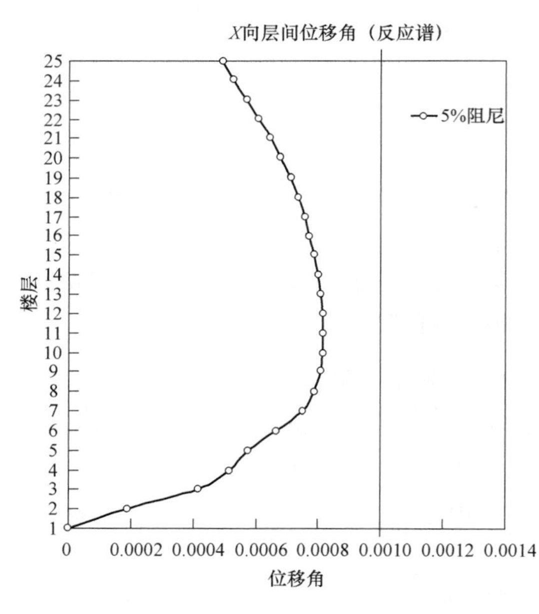

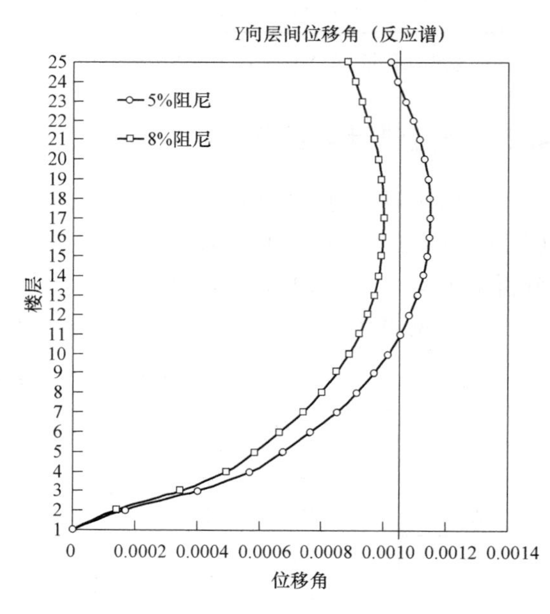

图 9　反应谱计算得到的层间位移角（ETABS）

表 8 *Y* 方向反应谱计算分析的位移角（5%阻尼）

楼 层	最大位移点	坐标 *X*	坐标 *Y*	坐标 *Z*	位移角
26	275	-1.45	26.151	84	0.000932
25	275	-1.45	26.151	78.7	0.001021
24	275	-1.45	26.151	75.8	0.001044
23	275	-1.45	26.151	72.9	0.00107
22	275	-1.45	26.151	70	0.001093
21	275	-1.45	26.151	67.1	0.001113
20	275	-1.45	26.151	64.2	0.00113
19	275	-1.45	26.151	61.3	0.001142
18	275	-1.45	26.151	58.4	0.001149
17	275	-1.45	26.151	55.5	0.00115
16	275	-1.45	26.151	52.6	0.001146
15	275	-1.45	26.151	49.7	0.001138
14	275	-1.45	26.151	46.8	0.001125
13	275	-1.45	26.151	43.9	0.001106
12	275	-1.45	26.151	41	0.001082
11	275	-1.45	26.151	38.1	0.001053
10	275	-1.45	26.151	35.2	0.001016
9	275	-1.45	26.151	32.3	0.00097
8	275	-1.45	26.151	29.4	0.000914
7	275	-1.45	26.151	26.5	0.000849
6	275	-1.45	26.151	23.6	0.000764
5	329	-0.8	29.851	20.7	0.000676
4	329	-0.8	29.851	15.5	0.000571
3	329	-0.8	29.851	10.3	0.000405
2	329	-0.8	29.851	5.1	0.000168

表 9 *Y* 向反应谱计算（8%阻尼）

楼 层	最大位移点	坐标 *X*	坐标 *Y*	坐标 *Z*	位移角
26	275	-1.45	26.151	84	0.000808
25	275	-1.45	26.151	78.7	0.000886
24	275	-1.45	26.151	75.8	0.000906
23	275	-1.45	26.151	72.9	0.000928
22	275	-1.45	26.151	70	0.000948
21	275	-1.45	26.151	67.1	0.000967
20	275	-1.45	26.151	64.2	0.000982
19	275	-1.45	26.151	61.3	0.000993
18	275	-1.45	26.151	58.4	0.000996
17	275	-1.45	26.151	55.5	0.000999
16	275	-1.45	26.151	52.6	0.000995
15	275	-1.45	26.151	49.7	0.000994
14	275	-1.45	26.151	46.8	0.000984

续表 9

楼　层	最大位移点	坐标 X	坐标 Y	坐标 Z	位移角
13	275	-1.45	26.151	43.9	0.000968
12	275	-1.45	26.151	41	0.000947
11	275	-1.45	26.151	38.1	0.000922
10	275	-1.45	26.151	35.2	0.000889
9	275	-1.45	26.151	32.3	0.000849
8	275	-1.45	26.151	29.4	0.000798
7	275	-1.45	26.151	26.5	0.000740
6	275	-1.45	26.151	23.6	0.000666
5	329	-0.8	29.851	20.7	0.000587
4	329	-0.8	29.851	15.5	0.000494
3	329	-0.8	29.851	10.3	0.000349
2	329	-0.8	29.851	5.1	0.000144

通过反应谱的计算分析可以看出，结构（非减震结构，结构阻尼 5%）在多遇地震作用下，X 方向楼层位移角均小于 1/1000，满足规范的要求，在 Y 方向结构 10～25 层的楼层位移角均大于 1/1000，最大值为 1/870（0.0015），不能满足规范要求。结构的整体阻尼按 8% 计算时，结构的楼层位移角均小于 1/1000，能满足规范要求。

4.3　多遇地震作用下的时程分析结果

4.3.1　时程分析结果（5%阻尼，未设置阻尼器）

图 10 给出了结构在未设置阻尼器（5%阻尼）多遇地震作用下（110gal）时程分析结果的最大值。从图中可以看出结构在多遇地震作用下，X 方向楼层位移角均小于 1/1000，满足规范的要求，在 Y 方向结构上部楼层位移角均大于 1/1000，不能满足规范要求。表 10～表 15 分别给出了多遇地震作用下不同地震波输入得到的时程分析结果。

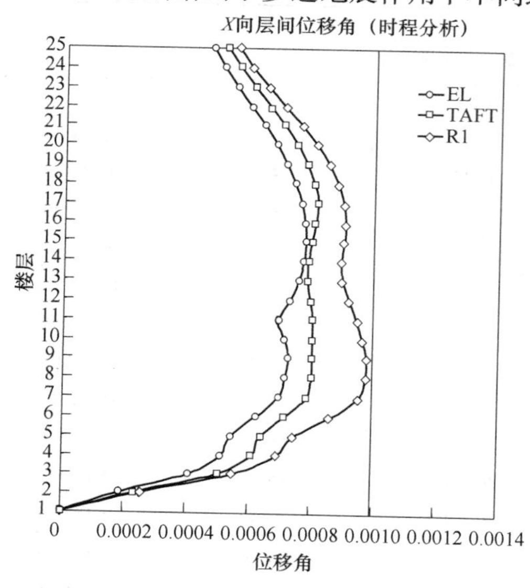

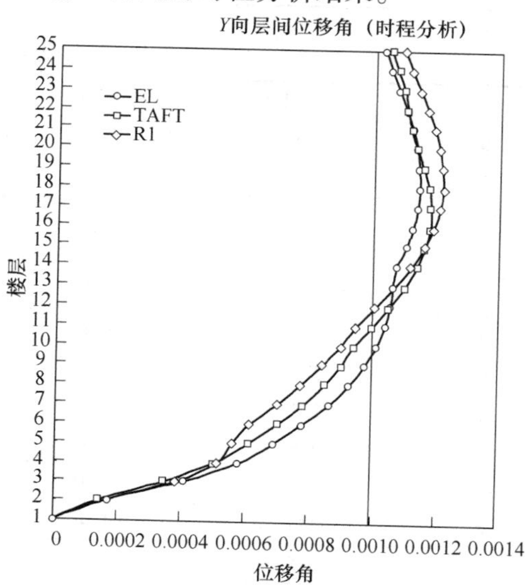

图 10　不同工况下时程分析得到的层间位移

表 10 X 向时程分析结果（EL Centro，5%阻尼）

楼 层	最大位移点	坐标 X	坐标 Y	坐标 Z	位移角
26	328	17.3	29.651	84	0.000498
25	347	28.7	29.851	78.7	0.000471
24	347	28.7	29.851	75.8	0.000508
23	347	28.7	29.851	72.9	0.000552
22	6	21.8	12.051	70	0.000596
21	6	21.8	12.051	67.1	0.000640
20	6	21.8	12.051	64.2	0.000680
19	6	21.8	12.051	61.3	0.000714
18	6	21.8	12.051	58.4	0.000743
17	6	21.8	12.051	55.5	0.000764
16	6	21.8	12.051	52.6	0.000774
15	6	21.8	12.051	49.7	0.000778
14	6	21.8	12.051	46.8	0.000772
13	6	21.8	12.051	43.9	0.000756
12	6	21.8	12.051	41	0.000728
11	6	21.8	12.051	38.1	0.000691
10	6	21.8	12.051	35.2	0.000713
9	6	21.8	12.051	32.3	0.000725
8	6	21.8	12.051	29.4	0.000717
7	347	28.7	29.851	26.5	0.000695
6	347	28.7	29.851	23.6	0.000623
5	6	21.8	12.051	20.7	0.000540
4	6	21.8	12.051	15.5	0.000511
3	6	21.8	12.051	10.3	0.000411
2	30	21.8	13.551	5.1	0.000189

表 11 X 向时程分析结果（TAFT，5%阻尼）

楼 层	最大位移点	坐标 X	坐标 Y	坐标 Z	位移角
26	328	17.3	29.651	84	0.000547
25	347	28.7	29.851	78.7	0.000518
24	347	28.7	29.851	75.8	0.000560
23	347	28.7	29.851	72.9	0.000610
22	347	28.7	29.851	70	0.000659
21	6	21.8	12.051	67.1	0.000705
20	6	21.8	12.051	64.2	0.000747
19	6	21.8	12.051	61.3	0.000777

续表 11

楼　层	最大位移点	坐标 X	坐标 Y	坐标 Z	位移角
18	6	21. 8	12. 051	58. 4	0. 000802
17	6	21. 8	12. 051	55. 5	0. 000815
16	6	21. 8	12. 051	52. 6	0. 000809
15	6	21. 8	12. 051	49. 7	0. 000796
14	6	21. 8	12. 051	46. 8	0. 000786
13	347	28. 7	29. 851	43. 9	0. 000784
12	347	28. 7	29. 851	41	0. 000794
11	347	28. 7	29. 851	38. 1	0. 000803
10	347	28. 7	29. 851	35. 2	0. 000804
9	347	28. 7	29. 851	32. 3	0. 000803
8	347	28. 7	29. 851	29. 4	0. 000800
7	347	28. 7	29. 851	26. 5	0. 000786
6	347	28. 7	29. 851	23. 6	0. 000717
5	347	28. 7	29. 851	20. 7	0. 000636
4	6	21. 8	12. 051	15. 5	0. 000609
3	6	21. 8	12. 051	10. 3	0. 000501
2	30	21. 8	13. 551	5. 1	0. 000236

表 12　X 向时程分析结果（R1，5%阻尼）

楼　层	最大位移点	坐标 X	坐标 Y	坐标 Z	位移角
26	328	17. 3	29. 651	84	0. 000585
25	347	28. 7	29. 851	78. 7	0. 000554
24	347	28. 7	29. 851	75. 8	0. 000597
23	6	21. 8	12. 051	72. 9	0. 000651
22	6	21. 8	12. 051	70	0. 000707
21	6	21. 8	12. 051	67. 1	0. 000760
20	6	21. 8	12. 051	64. 2	0. 000808
19	6	21. 8	12. 051	61. 3	0. 000850
18	6	21. 8	12. 051	58. 4	0. 000881
17	6	21. 8	12. 051	55. 5	0. 000898
16	6	21. 8	12. 051	52. 6	0. 000904
15	6	21. 8	12. 051	49. 7	0. 000902
14	6	21. 8	12. 051	46. 8	0. 000891
13	347	28. 7	29. 851	43. 9	0. 000894
12	347	28. 7	29. 851	41	0. 000920
11	347	28. 7	29. 851	38. 1	0. 000945

续表 12

楼　层	最大位移点	坐标 X	坐标 Y	坐标 Z	位移角
10	347	28.7	29.851	35.2	0.000964
9	347	28.7	29.851	32.3	0.000978
8	347	28.7	29.851	29.4	0.000975
7	347	28.7	29.851	26.5	0.000954
6	347	28.7	29.851	23.6	0.000860
5	347	28.7	29.851	20.7	0.000746
4	6	21.8	12.051	15.5	0.000689
3	6	21.8	12.051	10.3	0.000552
2	30	21.8	13.551	5.1	0.000254

表 13　*Y* 向时程分析结果（EL Centro，5%阻尼）

楼　层	最大位移点	坐标 X	坐标 Y	坐标 Z	位移角
26	275	-1.45	26.151	84	0.000939
25	275	-1.45	26.151	78.7	0.001028
24	275	-1.45	26.151	75.8	0.00105
23	275	-1.45	26.151	72.9	0.001075
22	275	-1.45	26.151	70	0.001097
21	275	-1.45	26.151	67.1	0.001117
20	275	-1.45	26.151	64.2	0.001131
19	275	-1.45	26.151	61.3	0.001139
18	275	-1.45	26.151	58.4	0.00114
17	275	-1.45	26.151	55.5	0.001134
16	275	-1.45	26.151	52.6	0.001120
15	275	-1.45	26.151	49.7	0.00110
14	275	-1.45	26.151	46.8	0.001072
13	275	-1.45	26.151	43.9	0.001060
12	275	-1.45	26.151	41	0.001052
11	275	-1.45	26.151	38.1	0.001038
10	275	-1.45	26.151	35.2	0.001013
9	275	-1.45	26.151	32.3	0.000976
8	275	-1.45	26.151	29.4	0.000926
7	275	-1.45	26.151	26.5	0.000864
6	275	-1.45	26.151	23.6	0.000779
5	329	-0.8	29.851	20.7	0.000687
4	329	-0.8	29.851	15.5	0.000578
3	329	-0.8	29.851	10.3	0.000408
2	329	-0.8	29.851	5.1	0.000167

表 14　*Y* 向时程分析结果（TAFT，5%阻尼）

楼　层	最大位移点	坐标 *X*	坐标 *Y*	坐标 *Z*	位移角
26	275	-1.45	26.151	84	0.000977
25	275	-1.45	26.151	78.7	0.001045
24	275	-1.45	26.151	75.8	0.001067
23	275	-1.45	26.151	72.9	0.001088
22	275	-1.45	26.151	70	0.001103
21	275	-1.45	26.151	67.1	0.001111
20	275	-1.45	26.151	64.2	0.001131
19	275	-1.45	26.151	61.3	0.001154
18	275	-1.45	26.151	58.4	0.001171
17	275	-1.45	26.151	55.5	0.001179
16	275	-1.45	26.151	52.6	0.001175
15	275	-1.45	26.151	49.7	0.001161
14	275	-1.45	26.151	46.8	0.001136
13	275	-1.45	26.151	43.9	0.001098
12	275	-1.45	26.151	41	0.001049
11	275	-1.45	26.151	38.1	0.000997
10	275	-1.45	26.151	35.2	0.000939
9	275	-1.45	26.151	32.3	0.000900
8	275	-1.45	26.151	29.4	0.000848
7	275	-1.45	26.151	26.5	0.000785
6	275	-1.45	26.151	23.6	0.000702
5	329	-0.8	29.851	20.7	0.000610
4	329	-0.8	29.851	15.5	0.000501
3	329	-0.8	29.851	10.3	0.000352
2	329	-0.8	29.851	5.1	0.000145

表 15　*Y* 向时程分析结果（R1，5%阻尼）

楼　层	最大位移点	坐标 *X*	坐标 *Y*	坐标 *Z*	位移角
26	275	-1.45	26.151	84	0.000996
25	275	-1.45	26.151	78.7	0.001090
24	275	-1.45	26.151	75.8	0.001113
23	275	-1.45	26.151	72.9	0.001140
22	275	-1.45	26.151	70	0.001165
21	275	-1.45	26.151	67.1	0.001187
20	275	-1.45	26.151	64.2	0.001203
19	275	-1.45	26.151	61.3	0.001213

续表 15

楼 层	最大位移点	坐标 X	坐标 Y	坐标 Z	位移角
18	275	-1.45	26.151	58.4	0.001214
17	275	-1.45	26.151	55.5	0.001205
16	275	-1.45	26.151	52.6	0.001185
15	275	-1.45	26.151	49.7	0.001156
14	275	-1.45	26.151	46.8	0.001116
13	275	-1.45	26.151	43.9	0.001066
12	275	-1.45	26.151	41	0.001007
11	275	-1.45	26.151	38.1	0.000945
10	275	-1.45	26.151	35.2	0.000899
9	275	-1.45	26.151	32.3	0.000843
8	275	-1.45	26.151	29.4	0.000776
7	275	-1.45	26.151	26.5	0.000701
6	275	-1.45	26.151	23.6	0.000616
5	329	-0.8	29.851	20.7	0.000559
4	329	-0.8	29.851	15.5	0.000514
3	329	-0.8	29.851	10.3	0.000388
2	329	-0.8	29.851	5.1	0.000169

4.3.2 时程分析结果（设置阻尼器、8%阻尼）

图 11～图 14 给出了在多遇地震作用下（110gal），结构设置阻尼器与 8% 阻尼的最大层间位移角。从图中可以看出在结构上部设置阻尼器后，Y 方向楼层位移角均小于 1/1000，满足规范的要求。表 16～表 21 分别给出了多遇地震作用下不同地震波输入得到的时程分析结果。

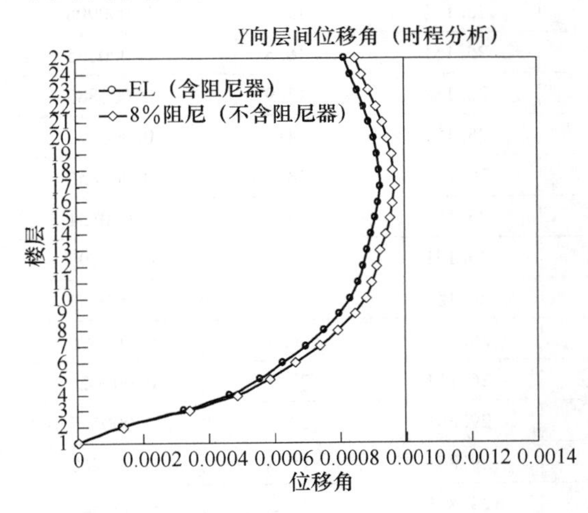

图 11 Y 向时程分析结果（EL Centro 波）

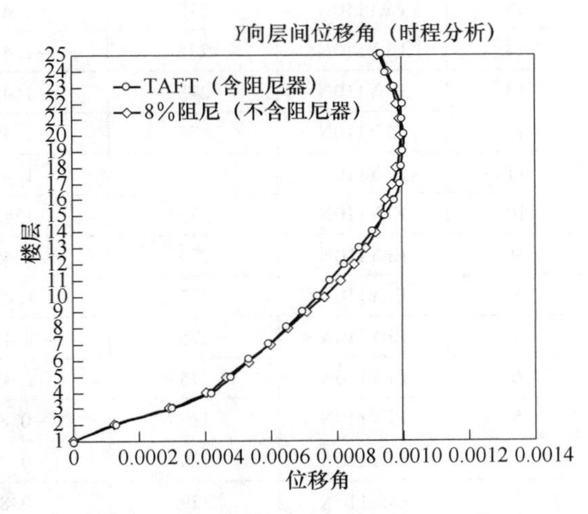

图 12 Y 向时程分析结果（TAFT 波）

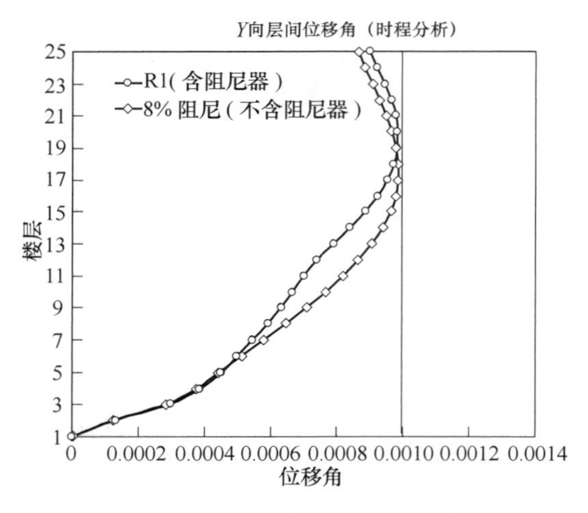

图 13　Y 向时程分析结果（人工波 R1）

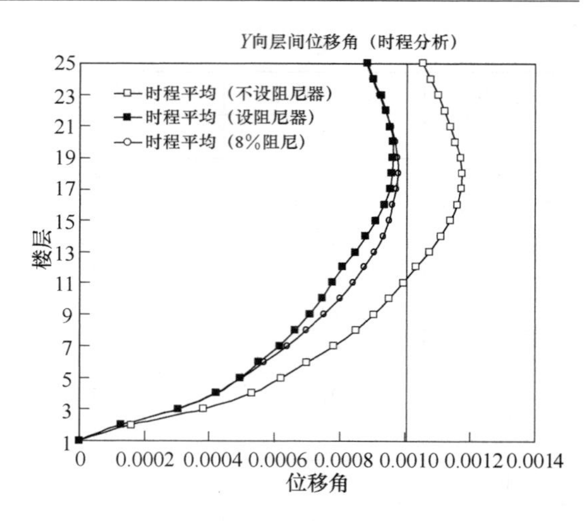

图 14　楼层位移角对比（时程平均值）

表 16　*Y* 向时程分析结果（EL，设置阻尼器）

楼　层	工　况	最大位移点	坐标 *X*	坐标 *Y*	坐标 *Z*	位移角
26	ELY110N	275	−1.45	26.151	84	0.000735
25	ELY110N	275	−1.45	26.151	78.7	0.000816
24	ELY110N	275	−1.45	26.151	75.8	0.000834
23	ELY110N	275	−1.45	26.151	72.9	0.000854
22	ELY110N	275	−1.45	26.151	70	0.000873
21	ELY110N	275	−1.45	26.151	67.1	0.000890
20	ELY110N	275	−1.45	26.151	64.2	0.000904
19	ELY110N	275	−1.45	26.151	61.3	0.000915
18	ELY110N	275	−1.45	26.151	58.4	0.000921
17	ELY110N	275	−1.45	26.151	55.5	0.000922
16	ELY110N	275	−1.45	26.151	52.6	0.000917
15	ELY110N	275	−1.45	26.151	49.7	0.000908
14	ELY110N	275	−1.45	26.151	46.8	0.000895
13	ELY110N	275	−1.45	26.151	43.9	0.000883
12	ELY110N	275	−1.45	26.151	41	0.000872
11	ELY110N	275	−1.45	26.151	38.1	0.000856
10	ELY110N	275	−1.45	26.151	35.2	0.000831
9	ELY110N	275	−1.45	26.151	32.3	0.000797
8	ELY110N	275	−1.45	26.151	29.4	0.000751
7	ELY110N	275	−1.45	26.151	26.5	0.000696
6	ELY110N	275	−1.45	26.151	23.6	0.000626
5	ELY110N	329	−0.8	29.851	20.7	0.000553
4	ELY110N	329	−0.8	29.851	15.5	0.000462
3	ELY110N	329	−0.8	29.851	10.3	0.000323
2	ELY110N	329	−0.8	29.851	5.1	0.000131

表 17 Y 向时程分析结果（EL，不设阻尼器，考虑 8% 阻尼）

楼 层	工 况	最大位移点	坐标 X	坐标 Y	坐标 Z	位移角
26	ELYP8	275	-1.45	26.151	84	0.000768
25	ELYP8	275	-1.45	26.151	78.7	0.000849
24	ELYP8	275	-1.45	26.151	75.8	0.000868
23	ELYP8	275	-1.45	26.151	72.9	0.000890
22	ELYP8	275	-1.45	26.151	70	0.000910
21	ELYP8	275	-1.45	26.151	67.1	0.000929
20	ELYP8	275	-1.45	26.151	64.2	0.000945
19	ELYP8	275	-1.45	26.151	61.3	0.000957
18	ELYP8	275	-1.45	26.151	58.4	0.000964
17	ELYP8	275	-1.45	26.151	55.5	0.000966
16	ELYP8	275	-1.45	26.151	52.6	0.000961
15	ELYP8	275	-1.45	26.151	49.7	0.000953
14	ELYP8	275	-1.45	26.151	46.8	0.000940
13	ELYP8	275	-1.45	26.151	43.9	0.000923
12	ELYP8	275	-1.45	26.151	41	0.000913
11	ELYP8	275	-1.45	26.151	38.1	0.000899
10	ELYP8	275	-1.45	26.151	35.2	0.000876
9	ELYP8	275	-1.45	26.151	32.3	0.000842
8	ELYP8	275	-1.45	26.151	29.4	0.000795
7	ELYP8	275	-1.45	26.151	26.5	0.000739
6	ELYP8	275	-1.45	26.151	23.6	0.000665
5	ELYP8	329	-0.8	29.851	20.7	0.000584
4	ELYP8	329	-0.8	29.851	15.5	0.000486
3	ELYP8	329	-0.8	29.851	10.3	0.000339
2	ELYP8	329	-0.8	29.851	5.1	0.000137

表 18 Y 向时程分析结果（TAFT，设置阻尼器）

楼 层	工 况	最大位移点	坐标 X	坐标 Y	坐标 Z	位移角
26	TA110Y	275	-1.45	26.151	84	0.000875
25	TA110Y	275	-1.45	26.151	78.7	0.000936
24	TA110Y	275	-1.45	26.151	75.8	0.000955
23	TA110Y	275	-1.45	26.151	72.9	0.000975
22	TA110Y	275	-1.45	26.151	70	0.000993
21	TA110Y	275	-1.45	26.151	67.1	0.000996
20	TA110Y	275	-1.45	26.151	64.2	0.001002
19	TA110Y	275	-1.45	26.151	61.3	0.000997

续表 18

楼　层	工　况	最大位移点	坐标 X	坐标 Y	坐标 Z	位移角
18	TA110Y	275	-1.45	26.151	58.4	0.000995
17	TA110Y	275	-1.45	26.151	55.5	0.000991
16	TA110Y	275	-1.45	26.151	52.6	0.000972
15	TA110Y	275	-1.45	26.151	49.7	0.000945
14	TA110Y	275	-1.45	26.151	46.8	0.000909
13	TA110Y	275	-1.45	26.151	43.9	0.000869
12	TA110Y	275	-1.45	26.151	41	0.000823
11	TA110Y	275	-1.45	26.151	38.1	0.000777
10	TA110Y	275	-1.45	26.151	35.2	0.000741
9	TA110Y	275	-1.45	26.151	32.3	0.000696
8	TA110Y	275	-1.45	26.151	29.4	0.000647
7	TA110Y	275	-1.45	26.151	26.5	0.000597
6	TA110Y	275	-1.45	26.151	23.6	0.000532
5	TA110Y	329	-0.8	29.851	20.7	0.000478
4	TA110Y	329	-0.8	29.851	15.5	0.000416
3	TA110Y	329	-0.8	29.851	10.3	0.000303
2	TA110Y	329	-0.8	29.851	5.1	0.000128

表 19　*Y* 向时程分析结果（TAFT，不设阻尼器，考虑 8% 阻尼）

楼　层	工　况	最大位移点	坐标 X	坐标 Y	坐标 Z	位移角
26	TAYP8	275	-1.45	26.151	84	0.000860
25	TAYP8	275	-1.45	26.151	78.7	0.000930
24	TAYP8	275	-1.45	26.151	75.8	0.000949
23	TAYP8	275	-1.45	26.151	72.9	0.000969
22	TAYP8	275	-1.45	26.151	70	0.000983
21	TAYP8	275	-1.45	26.151	67.1	0.000993
20	TAYP8	275	-1.45	26.151	64.2	0.000995
19	TAYP8	275	-1.45	26.151	61.3	0.000992
18	TAYP8	275	-1.45	26.151	58.4	0.000984
17	TAYP8	275	-1.45	26.151	55.5	0.000968
16	TAYP8	275	-1.45	26.151	52.6	0.000947
15	TAYP8	275	-1.45	26.151	49.7	0.000937
14	TAYP8	275	-1.45	26.151	46.8	0.000918
13	TAYP8	275	-1.45	26.151	43.9	0.000889
12	TAYP8	275	-1.45	26.151	41	0.000851
11	TAYP8	275	-1.45	26.151	38.1	0.000811

续表 19

楼 层	工 况	最大位移点	坐标 *X*	坐标 *Y*	坐标 *Z*	位移角
10	TAYP8	275	-1.45	26.151	35.2	0.000762
9	TAYP8	275	-1.45	26.151	32.3	0.000708
8	TAYP8	275	-1.45	26.151	29.4	0.000651
7	TAYP8	275	-1.45	26.151	26.5	0.000597
6	TAYP8	275	-1.45	26.151	23.6	0.000529
5	TAYP8	329	-0.8	29.851	20.7	0.000465
4	TAYP8	329	-0.8	29.851	15.5	0.000403
3	TAYP8	329	-0.8	29.851	10.3	0.000292
2	TAYP8	329	-0.8	29.851	5.1	0.000123

表 20 *Y* 向时程分析结果（人工波 R1，设置阻尼器）

楼 层	工 况	最大位移点	坐标 *X*	坐标 *Y*	坐标 *Z*	位移角
26	R110Y	275	-1.45	26.151	84	0.000818
25	R110Y	275	-1.45	26.151	78.7	0.000897
24	R110Y	275	-1.45	26.151	75.8	0.000920
23	R110Y	275	-1.45	26.151	72.9	0.000944
22	R110Y	275	-1.45	26.151	70	0.000962
21	R110Y	275	-1.45	26.151	67.1	0.000977
20	R110Y	275	-1.45	26.151	64.2	0.000983
19	R110Y	275	-1.45	26.151	61.3	0.000982
18	R110Y	275	-1.45	26.151	58.4	0.000971
17	R110Y	275	-1.45	26.151	55.5	0.000951
16	R110Y	275	-1.45	26.151	52.6	0.000922
15	R110Y	275	-1.45	26.151	49.7	0.000886
14	R110Y	275	-1.45	26.151	46.8	0.000841
13	R110Y	275	-1.45	26.151	43.9	0.000791
12	R110Y	275	-1.45	26.151	41	0.000739
11	R110Y	275	-1.45	26.151	38.1	0.000699
10	R110Y	298	29.743	26.149	35.2	0.000664
9	R110Y	275	-1.45	26.151	32.3	0.000630
8	R110Y	275	-1.45	26.151	29.4	0.000591
7	R110Y	275	-1.45	26.151	26.5	0.000545
6	R110Y	275	-1.45	26.151	23.6	0.000498
5	R110Y	329	-0.8	29.851	20.7	0.000452
4	R110Y	329	-0.8	29.851	15.5	0.000389
3	R110Y	329	-0.8	29.851	10.3	0.000295
2	R110Y	329	-0.8	29.851	5.1	0.000130

表 21　Y 向时程分析结果（人工波 R1，不设阻尼器，考虑 8% 阻尼）

楼　层	工　况	最大位移点	坐标 X	坐标 Y	坐标 Z	位移角
26	RYP8	275	-1.45	26.151	84	0.000781
25	RYP8	275	-1.45	26.151	78.7	0.000865
24	RYP8	275	-1.45	26.151	75.8	0.000884
23	RYP8	275	-1.45	26.151	72.9	0.000907
22	RYP8	275	-1.45	26.151	70	0.000928
21	RYP8	275	-1.45	26.151	67.1	0.000949
20	RYP8	275	-1.45	26.151	64.2	0.000966
19	RYP8	275	-1.45	26.151	61.3	0.000979
18	RYP8	275	-1.45	26.151	58.4	0.000986
17	RYP8	275	-1.45	26.151	55.5	0.000986
16	RYP8	275	-1.45	26.151	52.6	0.000978
15	RYP8	275	-1.45	26.151	49.7	0.000963
14	RYP8	275	-1.45	26.151	46.8	0.000939
13	RYP8	275	-1.45	26.151	43.9	0.000906
12	RYP8	275	-1.45	26.151	41	0.000865
11	RYP8	275	-1.45	26.151	38.1	0.000818
10	RYP8	275	-1.45	26.151	35.2	0.000766
9	RYP8	275	-1.45	26.151	32.3	0.000707
8	RYP8	275	-1.45	26.151	29.4	0.000645
7	RYP8	275	-1.45	26.151	26.5	0.000577
6	RYP8	275	-1.45	26.151	23.6	0.000510
5	RYP8	329	-0.8	29.851	20.7	0.000443
4	RYP8	329	-0.8	29.851	15.5	0.000374
3	RYP8	329	-0.8	29.851	10.3	0.000282
2	RYP8	329	-0.8	29.851	5.1	0.000123

4.4　罕遇地震作用下的时程分析结果

图 15 给出了在罕遇地震作用下（510gal），时程分析得到的结构楼层位移角最大值，其中计算模型中考虑了黏滞阻尼器（沿 Y 向设置）的非线性特性，从图中可以看出结构的层间位移角均小于 1/120，满足规范要求的“大震不倒”的性能目标。

5　结论

本报告对宿迁汇金大厦主体结构进行了减震分析，在多遇地震和罕遇地震作用下，采用三维非线性时程分析方法对设置黏滞阻尼器的结构动力性能进行了研究，并得出以下主要结论：

（1）在结构的适当位置设置黏滞阻尼器，可以显著的减少水平地震作用下结构的层间位移，使之满足现有的规范要求。

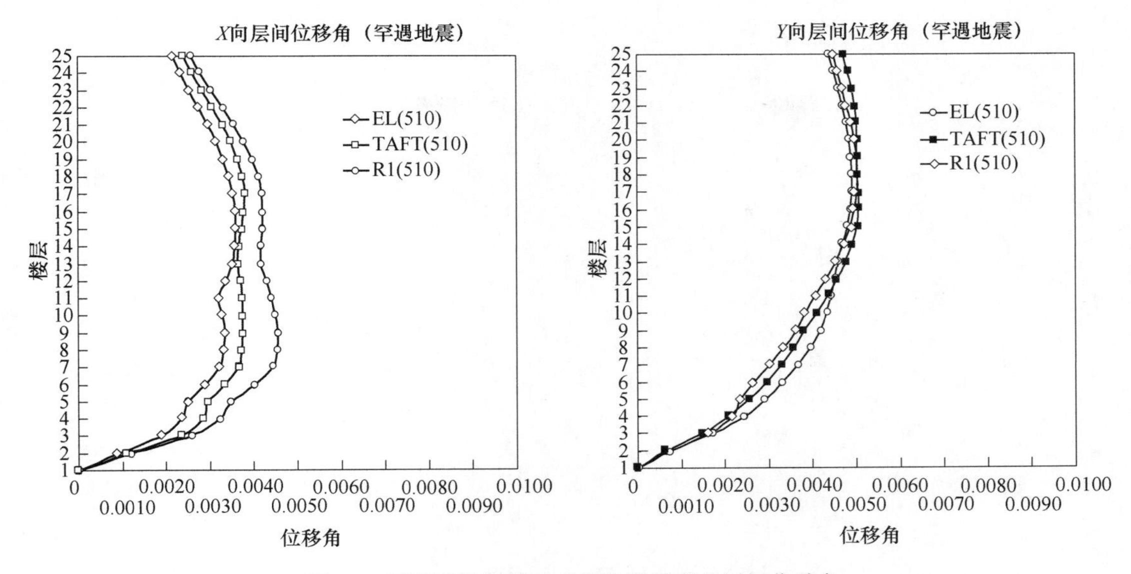

图 15　罕遇地震作用下时程分析得到的层间位移角

（2）采用减振技术以后结构的总阻尼约为 8.0%（其中结构本身阻尼 5%，阻尼器提供的附加阻尼约 3.0%），在此阻尼下，可使结构在多遇地震作用时结构的层间位移、构件设计满足现有的规范要求。

（3）采用减震技术，经济效益显著；采用减震技术以后，结构断面尺寸、抗震墙的数量以及配筋量较传统抗震方案有明显下降，并且总体上保持了原有的平面布局，满足原有建筑功能的使用要求。未设置阻尼器的下部楼层可按正常抗震结构进行施工，并且阻尼支撑可以后安装，便于加快施工进度。

附录　宿迁汇金大厦建设参与单位及人员信息

项目名称	宿迁汇金大厦		
设计单位	南京市建筑设计研究院有限责任公司		
用　途	办公	建设地点	江苏宿迁
施工单位	江苏兴邦建工集团有限公司	施工图审查机构	江苏省建设工程设计施工图审核中心
工程设计起止时间	2009.6～10	竣工验收时间	2014.2

参与本项目的主要人员：

序号	姓　名	职　称	工 作 单 位
1	左　江	教授级高工	南京市建筑设计研究院有限责任公司
2	章征涛	高　工	南京市建筑设计研究院有限责任公司
3	夏长春	研究员级高工	南京市建筑设计研究院有限责任公司
4	樊　嵘	高　工	南京市建筑设计研究院有限责任公司

双峰检